U. Meißner · P. v. Mitschke-Collande
G. Nitsche (Hrsg.)

CAD im Bauwesen

Entscheidungshilfen zu Organisation, Technik und Arbeit

Mit Beiträgen von
J. Abel, M. Brede, A. Heinze, L. Lämmer, U. Meißner,
P. v. Mitschke-Collande, Chr. Niestroj, G. Nitsche,
C. Pientka, M. Resch, F. Wehrmann, K. Werthebach

Mit 100 Abbildungen

Springer-Verlag
Berlin Heidelberg NewYork
London Paris Tokyo
Hong Kong Barcelona Budapest

Prof. Dr.-Ing. Udo Meißner
Institut für Numerische Methoden und Informatik im Bauwesen
Technische Hochschule Darmstadt
Petersenstraße 13
6100 Darmstadt

Prof. Dr. rer. pol. Peter v. Mitschke-Collande
Weiterbildungsstudium Arbeitswissenschaft (WA)
Universität Hannover
Lange Laube 7
3000 Hannover 1

Dr.-Ing. Günter Nitsche
Weiterbildendes Studium Bauingenieurwesen
Universität Hannover
Am Kleinen Felde 30
3000 Hannover 1

ISBN 3-540-55019-4 Springer-Verlag Berlin Heidelberg NewYork

Die Deutsche Bibliothek – CIP-Einheitsaufnahme
CAD im Bauwesen : Entscheidungshilfen zur Einführung /
U. Meißner ; P. v. Mitschke-Collande ; G. Nitsche.
Berlin ; Heidelberg ; NewYork ; London ; Paris ; Tokyo ;
Hong Kong ; Barcelona ; Budapest : Springer, 1992
ISBN 3-540-55019-4 (Berlin ...)
ISBN 0-387-55019-4 (NewYork ...)
NE: Meißner, Uwe; Mitschke-Collande, Peter v.; Nitsche, Günter

Satz: Reproduktionsfertige Vorlage der Herausgeber
Druck: Mercedes-Druck, Berlin; Bindearbeiten: Lüderitz & Bauer, Berlin
68/3020 5 4 3 2 1 0 – Gedruckt auf säurefreiem Papier

Vorwort des Verbandes Beratender Ingenieure (VBI)

Computer Aided Design, kurz CAD, ist das Zauberwort moderner Planung. Es erhöht nicht nur die Arbeitsproduktivität der Ingenieure, sondern auch die Qualität der Planung. Davon profitieren nicht zuletzt auch die Auftraggeber.

CAD ist in aller Munde und Gegenstand vieler Diskussionen. Geht es aber um die Einführung von CAD, so sind viele Fragen zu lösen: Der Markt bietet eine unüberschaubare Vielzahl von Hard– und Software mit den unterschiedlichsten Leistungsmerkmalen. Konzeptionelle Lösungen, die eine integrierte Bearbeitung von Bauprojekten möglich machen, gibt es kaum. Die erforderlichen Investitionen für Hard– und Software sowie für die permanente Schulung und Weiterbildung des Personals sind erheblich. Hinzu kommt, daß eine Computergeneration nach wenigen Jahren meist nicht mehr den aktuellen Anforderungen entspricht. Entscheidungen, die gestern getroffen wurden, sind heute nur noch eingeschränkt gültig und können sich morgen bereits als überholt erweisen. Am Ende bleiben oft Ratlosigkeit und Unsicherheit. Die Folge: Notwendige Entscheidungen werden vertagt, Innovationen auf die lange Bank geschoben – kurz: Es bleibt alles beim alten.

In dieser Situation tut professionelle Beratung not. Aber der Ratsuchende findet nur schwer entsprechende Stellen, die ihm weiterhelfen. So versucht er mehr schlecht als recht, sich die für seine Entscheidung erforderlichen Informationen selbst zu beschaffen. Der Aufwand ist aber für Ingenieurbüros in der Regel unverhältnismäßig hoch.

Abhilfe aus dieser Situation kann der vorliegende Leitfaden zur Einführung von CAD schaffen. Er ist einer der notwendigen Bausteine zur Unterstützung des technischen Büros bei der Einführung neuer Betriebsmittel, eine willkommene Hilfe für den Ingenieur.

Im Namen des VBI möchte ich den Herausgebern und Autoren Dank und Anerkennung für dieses Buch aussprechen. Im Interesse der Ingenieurbüros der Bauwirtschaft hoffe ich auf eine weitere gute Zusammenarbeit.

Dipl.–Ing. Rainer Weiske

Bundesvorstandsmitglied des VBI,
Leiter des Arbeitskreises EDV/CAD

Vorwort der Herausgeber

Ausgangspunkt für dieses Buch sind die tiefgreifenden Veränderungen durch die moderne Informationsverarbeitung und Kommunikationstechnik (IuK), die sich im Bauwesen beim rechnergestützten Planen, Konstruieren und Fertigen in letzter Zeit vollzogen haben. Mit vielen betroffenen Fach- und Führungskräften aus Ingenieurbüros der Bauwirtschaft wurden darüber in den beiden Weiterbildenden Studiengängen Bauingenieurwesen und Arbeitswissenschaft der Universität Hannover intensive Dialoge geführt. Aus der Baupraxis und der Wissenschaft entstand der Bedarf nach einer systematischen Analyse des Berufsfeldes und nach daraus abzuleitenden Entscheidungshilfen für die Einführung von CAD und die Gestaltung der Arbeit unter ingenieur- und arbeitswissenschaftlichen Gesichtspunkten.

Das Bauwesen war für 'Neue Technologien der Datenverarbeitung (DV)' schon immer sehr aufgeschlossen. Nach der Entwicklung des modernen Digitalrechners durch den Bauingenieur Konrad Zuse in den vierziger Jahren wurde die elektronische Datenverarbeitung relativ früh seit den fünfziger Jahren eingesetzt und intensiv weiterentwikkelt. Als volkswirtschaftliche Schlüsselindustrie ist das Bauwesen auf moderne Arbeitsmittel und Organisationsformen angewiesen, um effizient, qualitativ hochwertig und kostengünstig zu arbeiten, attraktive Arbeitsplätze zu sichern und international wettbewerbsfähig zu bleiben.

Der Einsatz der IuK-Techniken ist im Bauwesen darauf gerichtet, die vielfältigen Aufgaben des Planens, Bauens und Unterhaltens von Bauwerken und Anlagen sowie der Veränderung, Regulierung und Erhaltung von Natursystemen fachgerecht zu unterstützen. Die Systemanbieter stellen dazu eine Vielfalt von Hardware- und Software-Werkzeugen bereit. Die Bauwirtschaft muß die geeigneten Systeme auswählen und für den firmenspezifischen Einsatz anpassen. Zugleich müssen die DV-gestützten Arbeitsprozesse menschengerecht gestaltet werden. Dies ist für jedes Unternehmen eine sehr komplexe Aufgabe, die neben der Investitionsbereitschaft eine hohe fachliche Qualifikation der Beschäftigten und die Fähigkeit der Betriebe zur Reorganisation voraussetzt.

Ist schon die Einführung neuer DV-Betriebsmittel für das Ingenieurbüro sehr aufwendig, so wird dies noch erschwert durch die betriebsübergreifende 'systemische Rationalisierung'; die organisatorischen und DV-technischen 'Integrationskonzepte' stellen sich auf zwei Ebenen dar. Einerseits sind sie auf die Abwicklung von Bauvorhaben in Zusammenarbeit aller Prozeßbeteiligten gerichtet, die in Deutschland in der Regel verschiedenen selbständigen Organisationen angehören. Wir sprechen hier von 'vertikaler Integration'. Andererseits zielen sie auf die durchgängige Bearbeitung der Projekte innerhalb einzelner Organisationen. Hier sprechen wir von der 'horizontalen Integration'. Allerdings unterscheidet sich die Ausgangslage für solche Integrationsbemühungen im Bauwesen erheblich von der in anderen Branchen, wie beispielsweise im Maschinenbau oder in der Elektrotechnik. Hauptmerkmal im Bauwesen ist der hohe Grad der Arbeitsteilung zwischen dem sehr heterogenen Spektrum der an der Planung und Fertigung beteiligten selbständigen Fachleute. Außerdem werden Bauwerke nicht als Serienartikel fabrikmäßig gefertigt, sondern als Unikate individuell geplant und gestaltet.

Die Realisierung des Computer–Integrierten Bauens (CIB) ist eine Aufgabe der Zukunft. Auch in anderen Branchen sind die Konzepte zur 'Fabrik oder zum Büro der Zukunft' noch Gegenstand der Forschung und Erprobung. Die Praxis ist bisher in allen Branchen eher durch 'Insellösungen' als durch integrierte DV–Systeme gekennzeichnet. Aber die Entwicklung der angewandten Informatik im Bauwesen schreitet vehement voran. Mit dem konsequenten Einsatz der IuK–Technologien vollzieht sich ein starker Strukturwandel. Damit rückt das Thema 'Strategie der Einführung Neuer Technologien' in den Mittelpunkt des Interesses. In diesen Rahmen sind auch die zentralen Fragen einzuordnen, die gegenwärtig in der Bauwirtschaft diskutiert werden: Welche Tätigkeiten lassen sich bei der Bearbeitung eines Bauprojektes durch moderne IuK–Techniken unterstützen? Welches sind die geeigneten Organisationsformen, Arbeitsmethoden und DV–Betriebsmittel? Wie läßt sich die Durchgängigkeit der Projektbearbeitung verbessern? Wie kann die Einführung von neuer Technik aufgabengerecht, wirtschaftlich und sozialverträglich organisiert werden? Dies sind Fragen, die besonders von kleinen und mittleren Betrieben gestellt werden, die aufgrund ihrer Struktur kein Personal für die Lösung dieser Planungsaufgaben vorhalten. Trotzdem gehen wir davon aus, daß es in den Büros und Berufsverbänden ein hinreichendes Potential gibt, den Strukturwandel aus eigener Kraft zu bewältigen. Dieses Buch ist deshalb als 'Leitfaden', als 'Hilfe zur Selbsthilfe' gedacht.

Das systematische Vorgehen bei der Einführung von CAD ist das zentrale Anliegen dieses Leitfadens. Jedes Ingenieurbüro sollte deshalb unter Berücksichtigung seiner speziellen Aufgaben und individuellen Kommunikationsbeziehungen zu anderen Planungspartnern zunächst eine sorgfältige Zielfindung und Ist–Analyse betreiben und daraus eine geeignete Soll–Konzeption entwickeln, bevor eine konkrete Systemauswahl und –bewertung vollzogen wird.

Inhaltlich liegt der Schwerpunkt dieses Buches auf dem Bereich des Konstruktiven Ingenieurbaus, hier besonders bei der Tragwerksplanung. Von der bürointernen Struktur werden nur solche Teilaspekte betrachtet, die von der CAD–Einführung unmittelbar berührt werden. Die für uns wichtigen Fragen sind: Welche Möglichkeiten bietet die neue Technik zur Lösung der fachlichen Aufgaben? Welche Anforderungen ergeben sich daraus für die Organisation der Arbeit und die Qualifizierung der Mitarbeiter? Die Herangehensweise an diese Frage ist exemplarischer Natur. Die an diesem Beispiel gewonnenen Erkenntnisse können leicht auf vergleichbare Einführungsprozesse übertragen werden.

Das Buch ist so aufgebaut, daß die Systematik der Technikeinführung als Planungsprozeß im Mittelpunkt steht. Einzelprobleme werden in einem Lexikonteil ohne Anspruch auf Vollständigkeit behandelt. Insgesamt wird der Einführungsprozeß aus ingenieur– und arbeitswissenschaftlicher Perspektive beleuchtet. Während die Ingenieurwissenschaften integrative Lösungen für den aufgabengerechten Einsatz der IuK–Technologien im Konstruktiven Ingenieurbau behandeln, ist die Arbeitswissenschaft mit Fragen der Arbeitsorganisation und Arbeitsplatzgestaltung befaßt. Gemeinsam werden die Fragen der Qualifizierung betrachtet.

Einigkeit besteht darin, daß nur sozialverträgliche Lösungen Bestand haben können und der Weg dorthin über einen systematisch geplanten und beteiligungsorientierten Einführungsprozeß verlaufen muß. Dieser Leitgedanke hat das Weiterbildende Studium Bauingenieurwesen (WBBau) der Universität Hannover, das Weiterbildungsstudium Arbeitswissenschaft (WA) der Universität Hannover und das Institut für Numerische Methoden und Informatik im Bauwesen der Technischen Hochschule Darmstadt zu einem interdisziplinären Forschungsprojekt veranlaßt, das vom Bundesminister für Forschung und Technologie (BMFT) unter der Projektnummer 01HK8666 gefördert wurde. Die Ergebnisse dieses Vorhabens stellen wir hier vor.

Der Dank der Herausgeber geht an alle namentlich genannten Autoren, die durch ihre ausgewiesenen Beiträge an diesem Buch eigenverantwortlich mitgewirkt haben. Unseren Dank möchten wir auch an Herrn cand.–ing. Andreas Heinze und Frau cand.–soz. Corinna Pientka richten, die an der Ausgestaltung dieses Buches beteiligt waren. Im Namen aller Autoren danken wir ganz besonders Herrn cand.–ing. Frank Sellerhoff, Frau cand.–soz. Christiane Kompch, unserer Technischen Angestellten Frau Heidi Egly sowie unseren Verwaltungsangestellten Frau Anne Gerhardts und Frau Barbara Bandermann, die für die redaktionelle Bearbeitung der Manuskripte, die drucktechnischen Vorbereitungen und die Projektverwaltung zuständig waren.

Die gute Zusammenarbeit mit dem Verband der Beratenden Ingenieure (VBI) und der Bundesvereinigung der Prüfingenieure für Baustatik, die die Untersuchungen in den Ingenieurbüros der Bauwirtschaft nachhaltig gefördert und uns sehr wertvolle Informationen zugänglich gemacht haben, möchten wir an dieser Stelle besonders hervorheben.

Unser abschließender Dank gilt der Unterstützung und fachlichen Beratung durch den Projektträger Arbeit und Technik beim BMFT. Er hat viele Fachgespräche und gemeinsame Workshops ermöglicht, in denen der Erfahrungsaustausch zwischen Wissenschaft und Bauwirtschaft praktiziert wurde und aus denen sich wichtige Anregungen für die Forschung ergaben.

Udo Meißner, Peter von Mitschke–Collande, Günter Nitsche

Hannover, im Mai 1992

Autorenverzeichnis

Abel, Jörg
Dipl.-Sozialwiss., Gesamthochschule Kassel

Geboren am 26.10.1958 in Schwerin. Studium der Sozialwissenschaften an der Universität Hannover. Mitarbeit an Forschungsvorhaben des Soziologischen Forschungsinstituts Göttingen und des Weiterbildungsstudiums Arbeitswissenschaft der Universität Hannover (Einführung von CAE in Ingenieurbüros der Bauwirtschaft) sowie freiberufliche Tätigkeit für das Institut für Arbeitspsychologie und Arbeitspädagogik (IAP) Berlin. Seit dem 1. Juni 1991 als wissenschaftlicher Angestellter an der Gesamthochschule Kassel. Forschungsbereiche: Arbeits- und Industriesoziologie mit dem Schwerpunkt Technisches Büro, Einsatz neuer Techniken; Ingenieursoziologie; Techniksoziologie.

Brede, Manfred
Dipl.-Ing., Techn. Angestellter beim Bausenator in Bremen

Geboren am 28.06.1959 in Bremerhaven. 1980 – 1988 Studium des Bauingenieurwesens (Vertiefungsrichtung: Konstruktiver Ingenieurbau) an der Universität Hannover. 1988 bis 1990 wissenschaftlicher Mitarbeiter der Universität Hannover, Weiterbildendes Studium Bauingenieurwesen, im BMFT-Forschungsvorhaben "Einführung von CAE in Ingenieurbüros der Bauwirtschaft". Seit 1991 technischer Angestellter beim Senator für das Bauwesen der Freien Hansestadt Bremen in der ISYBAU-Koordinierungsstelle für CAD.

Lämmer, Lutz
Dr.-Ing., Technische Hochschule Darmstadt

Geboren am 20.11.1962 in Leipzig. Studium des Bauingenieurwesens an der Technischen Universität Dresden (Vertiefungsrichtung: Konstruktiver Ingenieurbau, Bauinformatik); Forschungsstudium am Wissenschaftsbereich Bauinformatik. Schwerpunkte: Datenbankanwendung, Integration von Planungsabläufen, Pre- and Postprozessing für Finite-Elemente, Computergraphik. 1991 Promotion "Beiträge zur Integration von Entwurf, Berechnung und Konstruktion in einem Programmsystem" an der Technischen Hochschule Darmstadt. Seit dem 1. Februar 1991 wissenschaftlicher Mitarbeiter am Institut für Numerische Methoden und Informatik im Bauwesen an der Technischen Hochschule Darmstadt.

Meißner, Udo
Dr.-Ing., Universitätsprofessor Technische Hochschule Darmstadt

Geboren am 26.01.1940 in Düsseldorf. Studium des Bauingenieurwesens, 1967 Technische Hochschule Hannover Diplom-Ingenieur; 1967 Mitarbeiter des Ingenieurbüros Dipl.-Ing. W. Bung Heidelberg; 1971 Promotion zum Dr.-Ing. an der Technischen Universität Hannover; 1972 Habilitation für das Fachgebiet Mechanik an der Technischen Universität Hannover; 1974/75 Forschungsaufenthalt an der University of California, Berkeley; 1978 Professor für Mechanik an der Universität Hannover; 1985/86 Forschungsaufenthalt an der Chuo University Tokyo; 1987 Habilitation für das Fachgebiet Angewandte Informatik im Konstruktiven Ingenieurbau an der Universität Hannover; 1980–1990 Mitglied des Instituts für Baumechanik und

Numerische Mechanik der Universität Hannover; 1982–1990 wiss. Leiter des Weiterbildenden Studiums Bauingenieurwesen der Universität Hannover, Abt. Numerische Methoden und Datenverarbeitung im Konstruktiven Ingenieurbau; 1987–1991 Projektleiter des BMFT–Forschungsvorhabens "Einführung von CAE in Ingenieurbüros der Bauwirtschaft"; seit 1990 Universitätsprofessor für Numerische Methoden und Informatik im Bauwesen an der Technischen Hochschule Darmstadt; Beratender Ingenieur für Bauwesen und Angewandte Informatik.

Mitschke–Collande, Peter v.
Dr. rer. pol., Universitätsprofessor Universität Hannover

Geboren am 30.03.1942 in Berlin. 1958–1960 Ingenieurpraktikum bei Siemens & Halske, Berlin. 1963 Dipl.–Ing. Nachrichtentechnik, Fachhochschule Gauß Berlin. 1970 Dipl.–Soz. Freie Universität Berlin; 1973–78 Senior Lecturer 'Production Management', Dep. of Mechanical Engineering, University of Dar es Salaam, Tansania. 1980 Promotion zum Dr. rer. pol. (Wirtschafts- und Sozialwissenschaften) an der Freien Universität Berlin. 1979–1983 Projektleiter des Modellversuchs Arbeitswissenschaft, Universität Hannover, 1983 Berufung zum Professor für Arbeitswissenschaft und Leiter des Weiterbildungsstudiums Arbeitswissenschaft, wissenschaftliche zentrale Einrichtung der Universität Hannover. Projektleiter des BMFT–Forschungsvorhabens "Einführung von CAE in Ingenieurbüros der Bauwirtschaft".

Niestroj, Christian
Dipl.–Ing., CIP GmbH Hannover

Geboren am 25.03.1955 in Oppeln, Oberschlesien. 1979–1987 Studium des Bauingenieurwesens (Vertiefungsrichtung: Konstruktiver Ingenieurbau) an der Universität Hannover. 1987–1990 wissenschaftlicher Mitarbeiter der Universität Hannover, Weiterbildendes Studium Bauingenieurwesen, Abt. Numerische Methoden und Datenverarbeitung im Konstruktiven Ingenieurbau. Mitarbeit am Forschungsvorhaben "Einführung von CAE in Ingenieurbüros der Bauwirtschaft". Lehrtätigkeit an der Universität Hannover zum Thema CAD. Seit 1991 Mitarbeiter der CIP - Computer Integrierte Planung - GmbH, Hannover. Tätigkeitsgebiete: Einführungsplanung von DV–Betriebsmitteln, CAD, FEM, Programmierung und Beratung.

Nitsche, Günter
Dr.–Ing., Universität Hannover

Geboren 27.03.1946 in Groß–Reken, NRW. 1965–1968 Studium des Maschinenbaus an der Fachhochschule Münster/Steinfurt; Abschluß: Dipl.–Ing. FH. 1968–1971 Planungsingenieur der Fa. Porsche, Stuttgart–Zuffenhausen. 1971–1977 Studium des Bauingenieurwesens (Vertiefungsrichtung: Konstruktiver Ingenieurbau) an den Universitäten Stuttgart und Hannover. 1978–1982 wissenschaftlicher Mitarbeiter am Institut für Strömungsmechanik und elektronisches Rechnen im Bauwesen der Universität Hannover. Seit 1983 Oberingenieur im Weiterbildenden Studium Bauingenieurwesen, Abt. Numerische Methoden und Datenverarbeitung im Konstruktiven Ingenieurbau. 1985 Promotion zum Dr.–Ing. an der Universität Hannover. 1987–1991 Mitarbeit im BMFT–Forschungsvorhaben "Einführung von CAE in Ingenieurbüros der Bauwirtschaft".

Resch, Martin
Dr. phil., Dipl.–Psych., IAP e.V., Seevetal b. Hamburg

Geboren am 06.02.1955 in Freiburg/Breisg. 1973–1980 Studium der Psychologie an der Technischen Universität Berlin. 1981–1987 wissenschaftlicher Mitarbeiter der Technischen Universität Berlin, Institut für Humanwissenschaft in Arbeit und Ausbildung. 1987–1990 wissenschaftlicher Mitarbeiter der Universität Hannover, Weiterbildungsstudium Arbeitswissenschaft, Mitarbeit am Forschungsvorhaben "Einführung von CAE in Ingenieurbüros der Bauwirtschaft". Seit 1991 Geschäftsführer des IAP Institut für Arbeitspsychologie und Arbeitspädagogik e.V. (Berlin und Seevetal b. Hamburg). Tätigkeitsgebiete: Arbeitsanalyse im technischen und administrativen Büro, Arbeitsgestaltung bei der Einführung von DV-Techniken, Beratung bei Einführungsvorhaben im technischen und administrativen Büro.

Wehrmann, Frank
Assistent des Lehramtes, VW-AG Wolfsburg

Geboren am 19.03.1959 in Hildesheim. 1985 1. Staatsprüfung für das Lehramt (Fächer: Deutsch und Politik) Universität Osnabrück, 1987 2. Staatsexamen in Wolfsburg. 1987-1989 Weiterbildungsreferent für IuK-Technologien und Politische Bildung beim Landesverband Arbeit und Leben in Hannover. 1989-1991 wissenschaftlicher Mitarbeiter im Weiterbildungsstudium Arbeitswissenschaft, Forschungsvorhaben "Einführung von CAE in Ingenieurbüros der Bauwirtschaft". Seit 1991 in der Qualitätssicherung Produktion der VW-AG Wolfsburg.

Werthebach, Kornelia
Assisstentin des Lehramtes, Universität Hannover

Geboren am 12.03.1961 in Zell/Mosel. 1980-1985 Studium für das Lehramt an Gymnasien (Fächer: Romanistik, Germanistik und Sport) an den Universitäten Duisburg und Hannover. 1987 2. Staatsprüfung für das Lehramt an Gymnasien in Hannover. 1990-1992 Studium der Erwachsenenpädagogik. Seit 1988 wissenschaftliche Mitarbeiterin der Universität Hannover im Weiterbildenden Studium Bauingenieurwesen, Abt. Numerische Methoden und Datenverarbeitung im Konstruktiven Ingenieurbau. Tätigkeitsgebiete: Entwicklung und Gestaltung von didaktischen und methodischen Konzepten in der Erwachsenenbildung; Lehrtätigkeiten im Bereich der DV-Ausbildung.

INHALTSVERZEICHNIS

3. Lexikonteil 123

1. Einleitung

1.1 Anleitung zum Gebrauch des Leitfadens

Martin Resch

Das Forschungsprojekt hat sich zur Aufgabe gesetzt, den Einführungsprozeß von CAD in Ingenieurbüros des Bauwesens zu untersuchen und aus dieser Untersuchung Vorschläge zu entwickeln, wie die Einführung und Gestaltung der neuen CAD–Technik in Ingenieurbüros organisiert werden kann. Das vorliegende Buch soll die Ergebnisse des Forschungsprojektes in Form eines Leitfadens für die Praxis nutzbar machen.

Der Leitfaden richtet sich an

- Büroinhaber aus dem Bauwesen,
- Leiter von Technischen Büros in Baubetrieben,
- Betriebsräte der angesprochenen Bereiche,
- an CAD interessierte Mitarbeiter und Mitarbeiterinnen.

Prinzip des Leitfadens ist die *Hilfe zur Selbsthilfe*. Der Leitfaden ist zum Selbststudium gedacht. Er soll den Leser in die Lage versetzen, die Einführung von CAD human und aufgabengerecht zu gestalten. Selbstverständlich wird es dabei auch zu Konflikten kommen, da Büroinhaber andere Prioritäten setzen werden als ihre Mitarbeiter und die in seltenen Fällen vorhandenen Betriebsräte. Wir haben uns vorgenommen, diese Konflikte nicht zuzudecken, sondern vielmehr Lösungen für das Austragen der Konflikte vorzuschlagen. Zentrale Aussage dieses Leitfadens ist daher: Die CAD–Einführung kann nur dann erfolgreich sein, wenn von Anfang an die betroffenen Mitarbeiter und, wenn vorhanden, der Betriebsrat (Vertrauensmann) beteiligt werden und dem Prozeß eine systematische Planung zugrunde liegt (☞ *Kapitel 3, Mitarbeiterbeteiligung*).

Mit dem Leitfaden wollen wir Ihnen helfen, Fehler, wie sie bei der Einführung von CAD häufig gemacht werden, in Ihrem Hause zu vermeiden. Die Unterstützung bei der Aufstellung einer Einführungsstrategie ist das primäre Ziel!

Sie sind der Meinung, daß Sie wenig Zeit haben? Sie wollen möglichst schnell die für Sie wichtigsten Informationen finden. Am liebsten wäre Ihnen, wir würden Ihnen genau sagen, welche Hardware und Software Sie sich kaufen sollen?

Ganz so schnell und ohne Zeitaufwand geht es mit der CAD–Einführung leider nicht.

Zur Lösung ihres Problems bieten sich drei Möglichkeiten an:

- Sie kaufen das Know–how, z.B. bei einem externen Berater. Ihr Zeitaufwand bleibt gering, Ihre Kosten leider nicht. Zugleich sind Sie auf absehbare Zeit von dem externen Berater abhängig.
- Sie investieren Zeit und führen eine gründliche Ist–Erhebung in Ihrem Büro durch, bevor Sie Hardware und Software beschaffen. In diesem Fall kann Ihnen der vorliegende Leitfaden eine nützliche Hilfe sein.
- Sie verzichten auf zeit– und kostenaufwendige Vorbereitungen und kaufen einfach das erstbeste CAD–System. Leider ist zu befürchten, daß Sie nach einiger Zeit ein sehr hohes Lehrgeld zahlen müssen.

Besonders vor letzterem wollen wir Sie bewahren. Auch wollen wir Ihre Zeit nicht über Gebühr beanspruchen. Sie müssen überhaupt nicht alle Seiten dieses Buches lesen. Vieles ist Ihnen entweder schon bekannt oder für Sie im Moment noch gar nicht von Interesse. Verschaffen Sie sich einen Überblick durch folgende Schritte:

- Informieren Sie sich im Abschnitt 1.2 über einige Begriffe zur CAD–Technik im größeren Zusammenhang des Computer–Integrierten Bauens (CIB) und im Abschnitt 1.3 über die Auswahl von Gestaltungskriterien für die CAD–Arbeit.
- Lesen Sie dann zuerst die Ergebnisse der Feldstudie im Abschnitt 1.4 sowie die Fallbeispiele im Abschnitt 1.5. Dies soll Sie für die Probleme der CAD–Einführung sensibilisieren.
- Im Abschnitt 1.6 können Sie Konsequenzen für die notwendige systematische Organisation der Technik–Einführung ziehen.
- Im Abschnitt 1.7 finden Sie sechs Arbeitsschritte zur Organisation des CAD–Einführungsprozesses, die wir empfehlen:
    - Zielfindung,
    - Ist–Erhebung und –Analyse,
    - Erstellen des Soll–Konzeptes,
    - Systemauswahl und –bewertung,
    - Vorbereitung des CAD–Einsatzes,
    - Installation und Erfolgskontrolle.

  Zu jedem der sechs Arbeitsschritte finden Sie im Abschnitt 1.7 wichtige Leitfragen. Versuchen Sie, im ersten Durchgang alle Fragen für sich zu beantworten. Dazu brauchen Sie höchstens zehn Minuten. Die Fragen, die Sie mit NEIN beantworten müssen, deuten auf einen Informationsbedarf hin. Hinter jeder Frage, die Sie mit NEIN beantwortet haben, stehen Stichwörter mit Querverweisen auf die verschiedenen Abschnitte dieses Buches. Wenn Sie alle Fragen des Abschnitts 1.7 beantwortet haben, wissen Sie bereits, welche Abschnitte die Informationen enthalten, die Sie zur Zeit am dringendsten benötigen.

- Im Kapitel 2 werden die Planungsphasen und –schritte des Einführungsprozesses sehr ausführlich in systematischer Abfolge beschrieben.

- Die Fachartikel des Lexikonteils im Kapitel 3 dieses Buches richten sich schwerpunktmäßig auf folgende Themenbereiche:

  - CAD–Einführungsprozeß,
  - Arbeiten mit CAD,
  - Grundlagen der CAD–Technik.

  Sie finden die Artikel in alphabetischer Reihenfolge. Jeder Fachartikel behandelt einen geschlossenen Teilaspekt. Das Kapitel 3 des Buches ist also modular aufgebaut.

- Literaturhinweise und –empfehlungen sind jeweils am Ende der Artikel bzw. Abschnitte zusammengestellt.

- Im Anhang (Kapitel 4) finden Sie

  - ein Glossar zu technischen Begriffen (Abschnitt 4.1),
  - eine Auswahl von Checklisten (Abschnitt 4.2), die Ihnen bei der Analyse und Entscheidungsvorbereitung helfen sollen,
  - Beratungsinstitutionen und –adressen (Abschnitt 4.3).

- Das Buch schließt mit dem Stichwortverzeichnis (Kapitel 5) zur Suche nach entsprechenden Fachartikeln bzw. Abschnitten.

So können Sie sich Ihr Lesepensum selbst zusammenstellen und nach Bedarf erweitern.

1.2 CAD als Teilaspekt des Computer-Integrierten Bauens (CIB)

Peter v. Mitschke-Collande/Günter Nitsche

Die Diskussionen zum Computer Integrated Manufacturing (CIM) richten sich bisher vorrangig auf Fabriksysteme im Maschinenbau und in der Automobilindustrie. Hier wird der DV-Einsatz sowohl in der Produktion im engeren Sinne (Fertigung, Montage) als auch in produktionsnahen Bereichen (Konstruktion, Arbeitsvorbereitung, Fertigungssteuerung, Qualitätssicherung etc.) intensiv vorangetrieben.

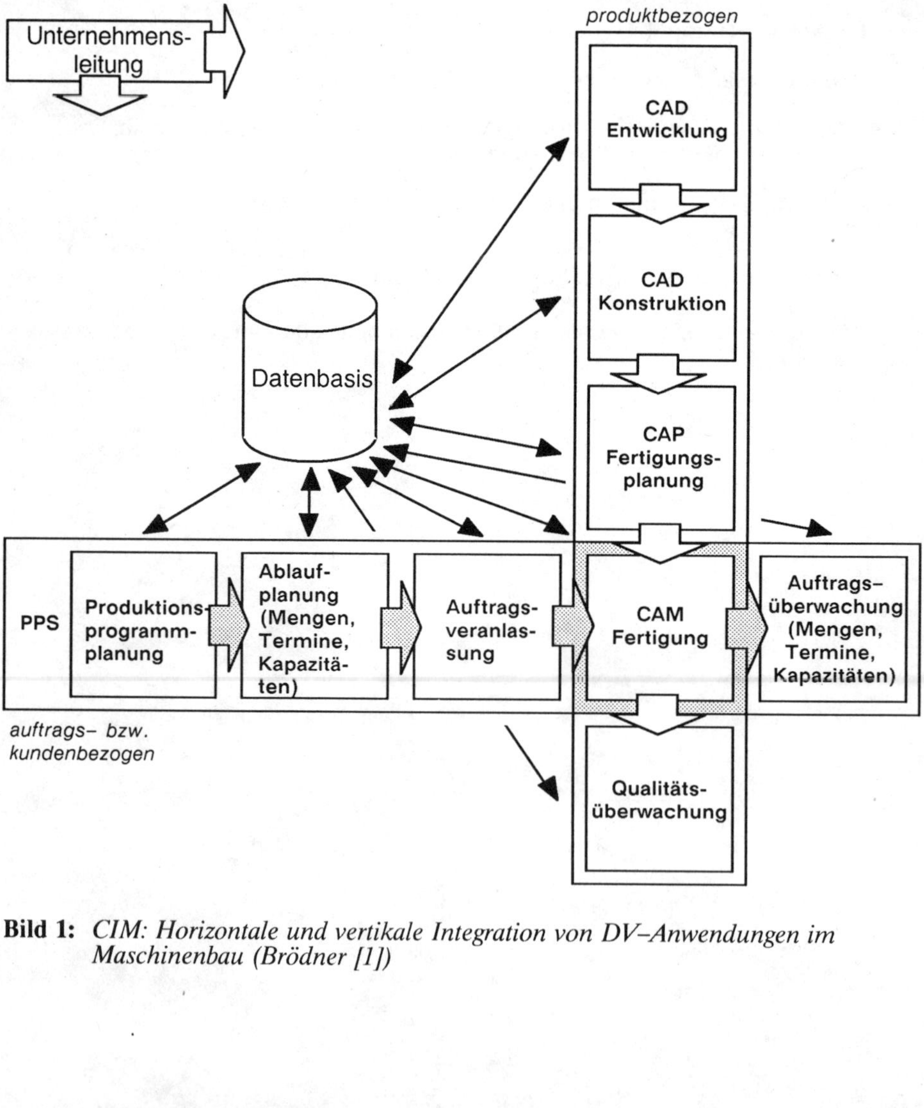

Bild 1: *CIM: Horizontale und vertikale Integration von DV-Anwendungen im Maschinenbau (Brödner [1])*

Dies sind zwar "Schlüsselfunktionen künftiger CIM–Strukturen" [2], aber gegenwärtig findet man sie fast nur als Insellösungen. Deshalb wird aus ingenieurwissenschaftlicher Sicht das Ziel verfolgt, die bisher isoliert eingesetzten DV–Systeme zu vernetzen und datentechnisch zu integrieren, um den Produktionsprozeß rechnerintegriert ablaufen zu lassen.

Brödner [1] nennt drei technische Grundvoraussetzungen zur Erreichung dieses Zieles:

- ein Datenübertragungsnetz, das die DV–Systeme miteinander verbindet,
- Datenschnittstellen, die eine Kombination von DV–Anwendungen verschiedenen Ursprungs ermöglichen und
- eine gemeinsame Datenbasis, auf die alle Anwendungen zugreifen können.

Auf dieser Grundlage lassen sich zwei Integrationstendenzen erkennen: die 'produktbezogene vertikale' und die 'auftragsbezogene horizontale Integration' von DV–Anwendungen im Rahmen des CIM–Konzeptes, das allerdings speziell auf den Produktionsbereich (CAM) des Fabriksystems mit Serienfertigung ausgerichtet ist (Bild 1).

Wird dieses CIM–Konzept auf das Bauwesen übertragen, so läßt sich speziell für den Bereich des Konstruktiven Ingenieurbaus ein vergleichbares Konzept des Computer–Integrierten Bauens (CIB) [3] entwickeln. Bild 2 zeigt speziell die Ebene der Ingenieurbüros, die mit der Fachplanung (z.B. Tragwerksplanung) befaßt sind.

Zentrales Thema ist auch hier die Vernetzung und Integration auf der Grundlage einer gemeinsamen Datenbasis für alle Anwendungen. Aber das Bauwesen unterscheidet sich nach [4] in seiner logistischen Struktur und in den zu fertigenden Objekten wie folgt vom Fabriksystem: Ein Bauwerk wird nicht als Serienartikel fabrikmäßig erstellt, sondern muß als Unikat individuell geplant und gestaltet werden. An diesem Prozeß sind viele Fachdisziplinen und Gewerke beteiligt. Der Kooperationszusammenhang läßt sich als 'logistische Kette' bezeichnen, entlang der zahlreiche eigenständige juristische Personen mit der Planung, dem Bau, der Bestandsverwaltung und der Unterhaltung des Bauwerkes befaßt sind. Im allgemeinen wird von den beteiligten Unternehmen eigenverantwortlich eine große Vielfalt von unterschiedlichen Aufträgen und Teilprojekten bearbeitet. Viele Strukturteile und Arbeitshandlungen sind nicht standardisierbar. Dennoch muß eine Vielzahl von Normen und Vorschriften berücksichtigt werden. In den verschiedenen Stadien der Abwicklung des Bauprojektes entsteht die Notwendigkeit zu Abstimmung, Rückkopplung und Änderung der Planungsunterlagen.

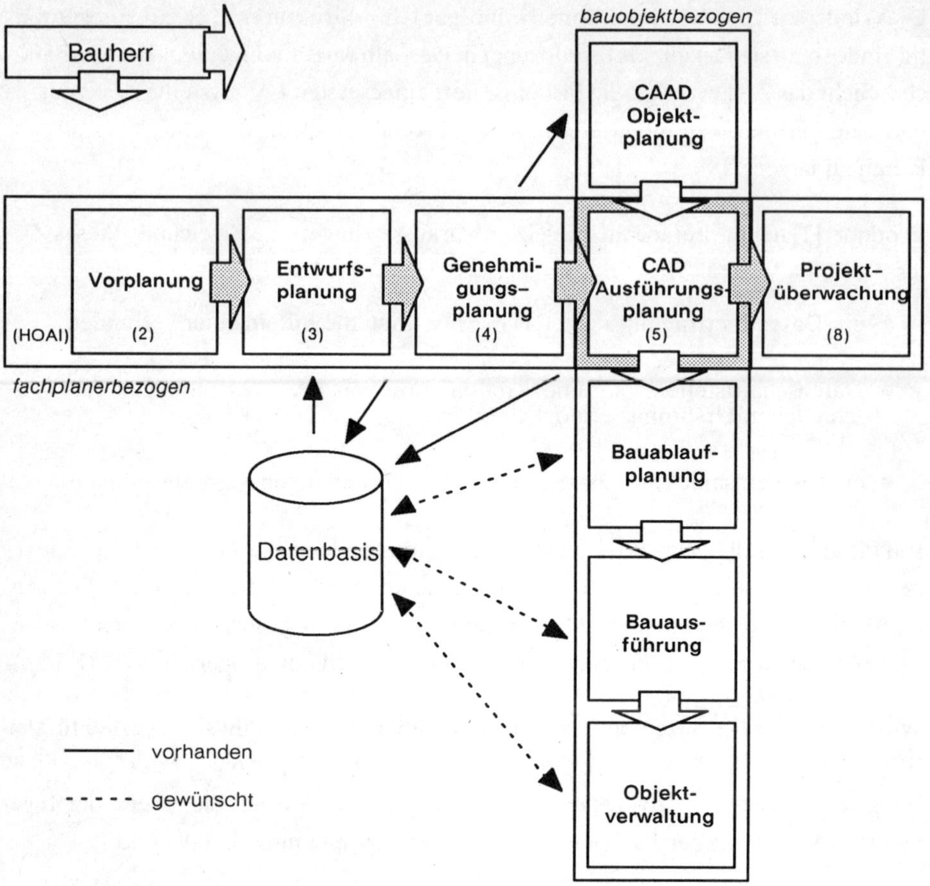

Bild 2: *CIB: Horizontale und vertikale Integration von DV–Anwendungen im Bauwesen*

Sieht man das CIB als 'Konzept zur systemischen Rationalisierung', so sind im Bauwesen gegenwärtig zwei Entwicklungstrends erkennbar, die sich vorrangig auf technische Lösungen stützen:

- 'Vertikale Integration' (Bauobjektbezug): Entlang der logistischen Kette sollen die verschiedenen Bearbeitungsstadien des Bauobjektes DV–technisch unterstützt und verknüpft werden. Hier gibt es erste technische Integrationsschritte zwischen Architekten und Tragwerksplanern, aber auch zwischen Tragwerksplanern und der Produktion im Bereich der Fertigteilindustrie.

- 'Horizontale Integration' (Bauprojektbezug): DV–technische Zusammenfassung aller Teilaufgaben innerhalb eines Planungsbüros (z.B. CAE in der Tragwerksplanung). Hier ist jedes beteiligte Unternehmen bemüht, die Durchgängigkeit der Abwicklung seines Teilprojektes gemäß den Phasen der Honorarordnung für Architekten und Ingenieure (HOAI) [5] zu optimieren.

Die DV–Konzepte, die gegenwärtig im Maschinenbau und im Bauwesen verfolgt werden, haben eine verwirrende Vielfalt von Bezeichnungen. Die wichtigsten Abkürzungen sind:

AVA = **A**uftrags**v**ergabe und -**a**brechnung,
CIM = **C**omputer **I**ntegrated **M**anufacturing,
CIB = **C**omputer **I**ntegrated **B**uilding,
CAE = **C**omputer **A**ided **E**ngineering,
CAAD = **C**omputer **A**ided **A**rchitectural **D**esign,
CADD = **C**omputer **A**ided **D**rafting and **D**esign,
CAD = **C**omputer **A**ided **D**esign/**D**rafting,
FEM = **F**inite-**E**lemente-**M**ethode
CAP = **C**omputer **A**ided **P**lanning,
CAM = **C**omputer **A**ided **M**anufacturing,
PPS = **P**roduktions**p**lanungs- und -**s**teuerungssysteme,
CAQ = **C**omputer **A**ided **Q**uality Control,
DTP = **D**esk**t**op **P**ublishing,
CATD = **C**omputer **A**ided **T**echnical **D**ocumentation.

Betrachten wir den DV–Einsatz im Bauwesen, so gibt Tabelle 1 einen Überblick, insbesondere über die Einsatzmöglichkeiten von CAD in den verschiedenen Leistungsphasen gemäß der HOAI.

Tabelle 1: *DV–Einsatz in den HOAI–Phasen der Tragwerksplanung*

	HOAI–Phase	Eingesetzte DV–Techniken	CAD–Einsatzbereiche
1.	Grundlagenermittlung		
2.	Vorplanung	CAD, CAAD	Visualisierung der Architektenplanung
3.	Entwurfsplanung	CAD	Übernahme und Durcharbeitung der Architektenpläne
4.	Genehmigungsplanung	CAD, DTP, FEM	Zeichnerische Darstellung der Positionspläne
5.	Ausführungsplanung	CAD, DTP	Durcharbeitung der Konstruktions–, Schal– und Bewehrungspläne
6.	Vorbereitung bei der Vergabe	AVA	Mengenermittlung
7.	Mitwirkung bei der Vergabe	AVA, DTP	Mengenermittlung
8.	Objektüberwachung	PPS, CAQ	Balkenpläne, Netzplantechnik
9.	Objektbetreuung und Dokumentation	DTP	Bestandspläne, Objektverwaltung

Der gegenwärtige Stand der Technik und die Untersuchungen im Bauwesen zeigen, daß Integrationsansätze noch weit weniger realisiert sind als im Fabriksystem. Sie sind zwar erkennbar, insgesamt aber nur als Insellösungen zu finden. Für die technischen Integrationsbemühungen im Bauwesen ist im Unterschied zum Fabriksystem das wichtigste Hindernis, daß die Partner des Bauwesens entlang der logistischen Kette räumlich getrennte und juristisch eigenständige Unternehmen sind. Damit ist zumindest die Grundvoraussetzung Brödners, die sich auf die gemeinsame Datenbasis bezieht, im Bauwesen sehr viel schwerer zu realisieren. Dies hat Konsequenzen sowohl für die vertikale Integration als auch für die Projektabwicklung, die formal in der Hand des Bauherren liegt, faktisch aber an eine Vielzahl von 'Erfüllungsgehilfen' delegiert wird.

Die DV–technischen Integrationstendenzen innerhalb des Ingenieurbüros sollen in diesem Buch unter dem Oberbegriff des Computer Aided Engineering (CAE) zusammengefaßt werden. Unsere entsprechende Definition lautet:

> CAE schließt alle Aktivitäten ein, bei denen die DV direkt oder indirekt zur Unterstützung von Konstruktions– und Entwicklungstätigkeiten eingesetzt wird. Dies kann sich auf die allgemeine technische Berechnung mit oder ohne graphische Ausgabe, den Einsatz von technischen Informations– und Kommunikationssystemen, die Zeichnungserstellung, das Konstruieren und die technische Dokumentation beziehen.

Solche DV–technischen Verknüpfungen bestehen in der Tragwerksplanung im Hochbau bisher nur in Ansätzen:

- Bauwerksgestaltung (Entwurf/Tragwerksplanung),
- Bauwerksdimensionierung (Statik/Bemessung/Konstruktion),
- Bauwerkszeichnungen (Werk–/ Schal–/ Bewehrungspläne),
- Ausschreibung – Vergabe – Abrechnung (Entwurf/Mengenermittlung),
- Terminplanung, Objektkontrolle (Ausführungspläne/Bauablaufpläne),
- Objektverwaltung (Ausführungspläne/Soll–Ist–Abgleich).

Bei der Erstellung der zeichnerischen Planungsunterlagen ist die Realisierung der Integrationsbemühungen am weitesten vorangeschritten. Zwischen dem CAD–System des Architekten und dem des Tragwerksplaners existieren bereits Schnittstellen, über die die Architektenpläne DV–technisch ausgetauscht werden können.

Innerhalb der Tragwerksplanung sind bereits Verknüpfungen zwischen der Strukturanalyse (FEM), der konstruktiven Durchbildung und der zeichnerischen Erstellung der Ausführungszeichnungen vorhanden. Hier werden DV–Systeme schon seit über 20 Jahren mit großem Erfolg eingesetzt. Programme für technische Berechnungen gehören zum selbstverständlichen Handwerkszeug des Bauingenieurs. Sie sind für eine

Vielzahl von Anwendungen verfügbar. Es ist erkennbar, daß diese hauptsächlich für die statische Berechnung eingesetzten Programme zukünftig in Konzepte zur horizontalen Integration (CAE) eingebunden werden und CAD als umfassendes Werkzeug Verwendung findet.

Im Rahmen dieses Buches werden wir uns besonders mit der CAD-Technologie als Teilaspekt der Planerstellung befassen. Wir gehen von folgender CAD-Definition aus:

> Ein CAD-System ist ein Arbeitsmittel zur Erstellung von technischen Unterlagen unter Verwendung leistungsfähiger Rechner und entsprechender Graphikunterstützung, einschließlich der Hilfsmittel zur effektiven Ein- und Ausgabegestaltung.

Bei der Definition des CAD-Begriffes ist allerdings zu berücksichtigen, daß sich in der CAD-Technologie seit 1960 eine rasante Entwicklung vollzogen hat. So waren CAD-Systeme der ersten Generation nur Medium zur DV-gestützten Zeichnungserstellung. Heute herrschen fachspezifische Systeme mit codiertem Wissen zur Unterstützung der Konstruktion unter Einsatz von Arbeitsplatzrechnern vor. Der Entwicklungstrend geht zu CAD als objektorientiertem Software-System auf der Basis von Methoden-, Daten- und Wissensbanken.

Wir stellen fest, daß CAD-Systeme von den Ingenieurbüros gegenwärtig überwiegend als Arbeitsmittel zur Erstellung von Schal- und Bewehrungsplänen eingesetzt werden. Trotzdem soll dieser Leitfaden auch dazu beitragen, die absehbaren technologischen Entwicklungen zu skizzieren, die auf eine stärkere Integration des Entwurfs- und Konstruktionsprozesses hin konzipiert sind. Diesem Buch unterliegt allerdings die zentrale Hypothese:

> Die Technik erzwingt nicht eine bestimmte Form der Arbeitsorganisation, sondern setzt nur Rahmenbedingungen, die ein weites Feld von organisatorischen Einsatzvarianten eröffnen.

Wir vertreten deshalb die Auffassung, daß mit der Entwicklung der CAE-Konzeption eines Unternehmens nicht nur technische, sondern auch soziale Gestaltungsziele verbunden sind. Von daher sind bei der Einführung Neuer Technologien immer Entscheidungen auf mehreren Ebenen zu treffen:

Inwieweit berührt die Einführung von CAD die

- Auswahl der Betriebsmittel (Hard- und Software),
- Arbeitsorganisation (Aufbau- und Ablaufstrukturen),
- Gestaltung von Arbeit und Arbeitsplätzen (Arbeitsmethodik, Ergonomie),
- Personalstruktur (Arbeitsteilung und Kooperation),
- Qualifikation (fachliche, DV-technische und soziale Kompetenzen),
- Betriebswirtschaft (Leistungs- und Kostenfaktoren, Wirtschaftlichkeit)?

Auf entsprechende Gestaltungskriterien soll im nächsten Abschnitt eingegangen werden.

Literatur

[1] Brödner, P.: Computersysteme – Ersatz oder Hilfsmittel des Menschen in der Produktion. Tagungsbeitrag zur Tagung "Computer Integrated Manufacturing. Herausforderung von Mensch und Technik", 30.–31. Mai 1990. Rüschlikon/Schweiz: Gottlieb Duttweiler Institut 1990.

[2] Hirsch-Kreinsen, Hartmut; Rainer Schultz-Wild, Christoph Köhler u. Marhild von Behr: Einstieg in die rechnerintegrierte Produktion. Frankfurt am Main/New York: Campus Verlag 1990.

[3] Schwarz, Werner: Computerintegriertes Bauen. In: Hans Kahlen (Hrsg.): Bauen in den neuen Bundesländern. Facility Management Bd.4, Stuttgart: Verlag W. Kohlhammer 1991.

[4] Hartmann, D., U. Meißner und G.Nitsche: Entscheidungshilfen für die Einführung von CAD/CAE-Systemen in Ingenieurbüros des Bauwesens. VDI-Berichte Nr. 700.4, 1988.

[5] HOAI: Verordnung über die Honorare für die Leistungen der Architekten und der Ingenieure. Düsseldorf: Werner 1991.

1.3 Gestaltungskriterien für die CAD–Arbeit

Martin Resch

Der Einsatz Neuer Technologien ist Bestandteil einer Rationalisierungsstrategie zur Verbesserung der Produktivität und Qualität der Arbeit. Bei der Auswahl der Technik und bei ihrer organisatorischen Einbettung ins Büro sind zwei zentrale Zielsetzungen zu berücksichtigen:

- Die CAD–gestützte Arbeit soll 'aufgabengerecht' gestaltet werden.
- Das gesamte Arbeitsumfeld ist 'menschengerecht' zu organisieren.

Dazu sollen in den nächsten beiden Abschnitten Kriterien entwickelt werden, die einerseits der Beurteilung der Ist–Situation in den untersuchten Büros dienen, andererseits können sie als Gestaltungsziele bei der Neueinführung von CAD in Ingenieurbüros genutzt werden.

1.3.1 Aufgabengerechte Gestaltung der Arbeit

Die Durchführung der Arbeit kann als aufgabengerecht bezeichnet werden, wenn die Aufgabenstellungen so effizient wie möglich bearbeitet werden können und die Arbeitsergebnisse von hoher Qualität sind. Die Einführung neuer Techniken dient normalerweise der Beschleunigung und der Erhöhung der Qualität der Arbeit. Neue Techniken sind jedoch nicht per se 'aufgabengerecht'. Vielmehr müssen sie so ausgewählt oder angepaßt werden, daß sie den Anforderungen des Büros entsprechen.

Das Ziel, die Arbeit aufgabengerecht zu gestalten, kann in Konflikt zur menschengerechten Gestaltung der Arbeit geraten. So läßt sich etwa die Arbeit kurzfristig beschleunigen, indem der Leistungsdruck erhöht und die Arbeit verdichtet wird. Die Beschleunigung der Aufgabenbearbeitung wird also erkauft mit einem Anstieg der Belastung der arbeitenden Menschen. Längerfristig wird diese Erhöhung des Leistungsdrucks aber nicht das gewünschte Ziel erreichen, denn:

- Durch die Verdichtung der Arbeit sind informelle Absprachen zwischen den Mitarbeitern nicht mehr möglich. Diese informellen Absprachen sind aber gerade in Ingenieur– und Planungsbüros von großer Bedeutung. Der höhere Leistungsdruck führt in diesem Fall zwar dazu, daß die Pläne schneller erstellt werden, aber aufgrund mangelnder Absprache werden sie auch mehr Fehler enthalten.
- Der höhere Leistungsdruck führt bei den Mitarbeitern langfristig zu Ermüdungserscheinungen und sinkender Konzentration. Auch läßt die Motiva-

> tion der Mitarbeiter nach, wenn sie spüren, daß die Beschleunigung der Arbeit allein auf ihre Kosten durchgesetzt werden soll. Die Folge wird wiederum sein, daß häufiger Fehler vorkommen und wenig motivierte Mitarbeiter auch wenig mitdenken. Der Vorgesetzte muß also genauere Vorgaben machen und die Arbeitsergebnisse stärker kontrollieren, so daß die Bearbeitung insgesamt gesehen doch wieder länger dauert.

Aus den genannten Gründen gehen wir davon aus, daß die aufgabengerechte Gestaltung nicht in Widerspruch zur menschengerechten Gestaltung der Arbeit geraten darf; beide sollten sich ergänzen.

Was ist nun 'aufgabengerechte Arbeit'? Im Detail läßt sich dies natürlich nur bestimmen, wenn die Aufgaben der Mitarbeiter bekannt sind. In den Ingenieurbüros des Bauwesens gibt es eine große Bandbreite verschiedener Aufgaben und entsprechender Konzepte zur aufgabengerechten Gestaltung und DV–Unterstützung der jeweiligen Aufgaben. Es lassen sich jedoch – über alle Aufgaben hinweg – Prinzipien aufstellen, die für alle Tätigkeiten im Ingenieurbüro gültig sind.

Diese Prinzipien sind:

- Einheitlichkeit der Arbeitsmittel,
- Dezentralisierung der Bearbeitung,
- Vollständigkeit der Informationen,
- Durchgängigkeit der Bearbeitung mit DV–Unterstützung.

Sie sollen im folgenden kurz erläutert werden:

Einheitlichkeit der Arbeitsmittel

Arbeitsmittel sind Hilfsmittel zur Erreichung eines bestimmten Ziels. Sie sollen daher einfach zu handhaben sein. Mit einem Arbeitsmittel sollen möglichst viele Ziele erreichbar sein. Sind verschiedene Arbeitsmittel erforderlich, z.B. unterschiedliche DV–Programme, so sollte die Handhabung vereinheitlicht werden, was durch Einsatz standardisierter Oberflächen (X–Windows) erreicht werden kann. Der ständige Wechsel von Arbeitsmitteln hat zur Folge, daß sich der Mitarbeiter immer wieder mit der Handhabung auseinandersetzen muß. Zwangsläufig ist dies mit einem erhöhten Koordinations– und Reproduktionsaufwand verbunden.

Deshalb muß bei der Beschaffung neuer Arbeitsmittel auf weitgehende Standardisierung geachtet werden. Das Arbeitsmittel muß der Aufgabenerfüllung dienen und darf nicht zu weiteren Schwierigkeiten bei der Bearbeitung führen.

Dezentralisierung der Bearbeitung

Der Konstrukteur, der Technische Zeichner, der Ingenieur ist es gewohnt, seine Aufgaben am Arbeitsplatz eigenverantwortlich zu organisieren und auszuführen. Bei der traditionellen Bearbeitung steht ihm hierzu eine Vielzahl von Hilfsmitteln zur Verfügung (Telefon, Telefax, Akten, Formulare, Zeichenbrett, DIN–Vorschriften, Taschenrechner usw.). Diese Form der dezentralen Bearbeitung hat sich bewährt und soll mit der Einführung von DV–Systemen auch nicht verändert werden.

Alle zur Bewältigung der Aufgabenstellung notwendigen Schritte (Planerstellung, Planänderung, Berechnungen und erläuternde Beschreibungen) sollen deshalb auch nach der Einführung neuer Techniken möglichst am Arbeitsplatz erledigt werden können. Eine Zusammenfassung von Arbeitsmitteln zu sogenannten räumlichen 'Pools' widerspricht diesem Postulat der dezentralen Bearbeitung. Eine Pool–Bildung ist nur zu rechtfertigen, wenn die benötigten Arbeitsmittel nicht zu einem erheblichen Prozentsatz am Arbeitsplatz zu nutzen sind. Dies ist z.B. bei hochwertigen Ausgabemedien (Plotter, Laserdrucker) oder Datenerfassungsgeräten (Digitalisierer) der Fall.

Durch Erhaltung der Dezentralisierung wird die Flexibilität der Projektbearbeitung gesichert.

Vollständigkeit der Informationen

Soll das Konzept der dezentralen Bearbeitung verfolgt werden, dann müssen alle zur Aufgabenbewältigung benötigten Unterlagen, Informationen, Handbücher, Normen usw. am Arbeitsplatz verfügbar sein. Suchprozesse sollen soweit wie möglich reduziert werden. Zur Vervollständigung der Informationen müssen dem Mitarbeiter über die technischen Kommunikationsmöglichkeiten hinaus alle Wege eines direkten Austausches *(face to face)* zur Verfügung stehen.

Durchgängigkeit der Bearbeitung mit DV–Unterstützung

Die Durchgängigkeit der Projektbearbeitung, die im Maschinenbau durch CIM– oder CAM–Lösungen angestrebt wird, ist unter dem Begriff Computer–Integriertes Bauen (CIB) auch im Bauwesen ein Thema. Auch wenn es im Vergleich zum Maschinenbau sehr viel mehr Restriktionen gibt, die überbetriebliche Zusammenarbeit rechtlich selbständiger Fachexperten DV–technisch zu unterstützen, ist eindeutig der Trend zur durchgängigen Bearbeitung erkennbar. Dabei wird das Ziel verfolgt, alle Daten, die im Planungsprozeß mehrfach verwendet werden, möglichst nur einmal zu erfassen. Die mehrfache Eingabe identischer Datenbestände widerspricht der aufgabengerechten Gestaltung der Arbeit. Auch aufwendige Datentransformationen sind nicht aufgabengerecht. Durch die Wiederverwendung einmal erfaßter Daten soll Doppelarbeit vermieden und zugleich die Möglichkeit von Fehlern reduziert werden.

Eine weitere Konkretisierung der aufgabengerechten Gestaltung der Arbeit findet sich im Lexikonteil (☞ *Kapitel 3, Multifunktionale DV–Ausstattung, CAE im Konstruktiven Ingenieurbau, DV–technischer Informationsaustausch).*

1.3.2 Menschengerechte Gestaltung der Arbeit

Arbeit kann dann als menschengerecht bezeichnet werden, wenn sie die dem Menschen innewohnenden Möglichkeiten und Stärken optimal fördert und seine Entfaltung sowenig wie möglich behindert und einschränkt [3]. Arbeitswissenschaftliche Gestaltung von Arbeitsprozessen hat das Ziel, daß die arbeitenden Menschen in produktiven und effizienten Arbeitsprozessen

- "...schädigungslose, ausführbare, erträgliche und beeinträchtigungsfreie Arbeitsbedingungen vorfinden,
- Standards sozialer Angemessenheit nach Arbeitsinhalt, Arbeitsaufgabe, Arbeitsumgebung sowie Entlohnung und Kooperation erfüllt sehen,
- Handlungsspielräume entfalten, Fähigkeiten erwerben und in Kooperation mit anderen ihre Persönlichkeit erhalten und entwickeln können." [2]

Die arbeitswissenschaftliche Gestaltung von Arbeitsprozessen kann sich an folgenden Leitlinien orientieren [1]:

- Vollständige Handlungen ermöglichen,
- zeitliche Freiräume lassen,
- Kooperation ermöglichen,
- Arbeit individuell gestalten,
- die nötigen Rahmenbedingungen schaffen.

Diese Leitlinien werden im folgenden näher erläutert.

Vollständige Handlungen ermöglichen

Eine an den Stärken des Menschen orientierte Arbeitsgestaltung sollte möglichst vollständige Handlungen erlauben. Das ist zu erreichen, wenn folgende Elemente Berücksichtigung finden:

- *Orientierung* über die durchzuführende Aufgabe und die dabei zu berücksichtigenden Rahmenbedingungen (Material, Werkzeuge usw.),
- *Planung* der Handlungen,
- *Ausführung* der geplanten Handlungen,
- *Überprüfung*, ob die Handlungen zu dem gewünschten Resultat geführt haben.

In vielen Bereichen der Arbeitswelt sind nur mehr oder weniger vollständige Handlungen möglich, d.h.,

- die Arbeit wird durch andere geplant und vorbereitet,
- die Arbeitsergebnisse werden von anderen kontrolliert.

So bleibt den Beschäftigten in ausgeprägt arbeitsteiligen Betrieben häufig nur die 'Ausführung' der Arbeit.

Für die Qualität der Arbeit ist es aber besonders wichtig, daß der Ausführende seine Arbeit selbst planen und einteilen kann. Das Ausmaß, in dem er noch selbst planen darf, wird als 'Handlungsspielraum' bezeichnet. Das arbeitspsychologische Konzept des Handlungsspielraums ist also ein Maßstab für die 'Vollständigkeit der Handlungen'. Mit dem Begriff Handlungsspielraum werden die Möglichkeiten des Arbeitenden bezeichnet, seine Arbeit eigenverantwortlich zu planen und Entscheidungen zu treffen. Arbeitspsychologische Untersuchungen haben gezeigt, daß ein großer Handlungsspielraum zu mehr Selbstbewußtsein, weniger psychischen und psychosomatischen Beschwerden, zu qualitativ hochwertigen Arbeitsergebnissen, aktiverem Freizeitverhalten und generell zu größerem gesellschaftspolitischem Engagement führt.

Zeitliche Freiräume lassen

Maschinen bringen unermüdlich die gleichen Leistungen. Menschen sind anders: Für Routinearbeiten sind sie nicht geschaffen, und jeder Mensch hat eine ganz persönliche Leistungskurve. Eine an den Besonderheiten des Menschen orientierte Gestaltung des Arbeitsprozesses muß dafür sorgen, daß genügend Zeit verbleibt und jeder Arbeitende in bestimmtem Umfang über seine Zeit verfügen kann. Dies kann auch zum Abbau von Arbeitsbelastungen führen.

Kooperation ermöglichen

Der Mensch ist ein soziales Wesen – mit anderen Menschen zusammenzuwirken, ist ein zentrales Bedürfnis. Oft läßt sich die Arbeit gemeinsam mit anderen viel besser ausführen, z.B. in Gruppenarbeit. So zeigen auch Entwicklungen im Automobilbau den Trend weg von arbeitsteiligen Fertigungsabläufen hin zur Zusammenfassung der Arbeit im Team. Die Kollegen und Kolleginnen können sich gegenseitig helfen, austauschen, voneinander lernen und ggf. Defizite ausgleichen. 'Teilautonome Gruppen' könnten z.B. entscheiden über

- Arbeitszeit (z.B. Teilzeitarbeit),
- Wahl der Arbeitsmittel,
- interne Aufgabenverteilung,
- Aufnahme neuer Gruppenmitglieder,
- Außenbeziehungen (Sprecher).

Auch wenn dem Team nur ein Teil der Entscheidungsbefugnis zugesichert wird, stellt die Gruppenarbeit eine wesentliche Verbesserung der Arbeitsbedingungen dar.

Arbeit individuell gestalten

Einer der Kernsätze der herkömmlichen Arbeitsgestaltung besagt, daß es nur einen einzigen Weg gebe, um eine bestimmte Aufgabe so schnell und effizient wie möglich zu erledigen. Generationen von Firmenchefs, Ingenieuren und Arbeitsstudienfachleuten haben ihre ganze Energie darauf konzentriert, diesen *one best way* zu finden. Menschen sind jedoch verschieden, und die 'Effizienz' als Maßstab für die optimale Arbeitsgestaltung ist – gerade im Bürobereich – ein wenig sinnvolles Kriterium. Ein Mitarbeiter, der sich bei der Bearbeitung Zeit nimmt, sein Vorgehen systematisch plant, kann dem Betrieb Geld sparen, weil Pannen vermieden werden können, die unvermeidlich aufgetreten wären, wenn er den 'effizientesten' Weg der Bearbeitung gewählt hätte.

Ein an den Stärken des Menschen orientiertes System-Design muß Platz lassen für individuelle Strategien. Der einzelne sollte sich die Arbeitsweise aussuchen können, die für ihn am besten geeignet ist, die also *für den jeweiligen Arbeitenden* am effizientesten ist.

Heutige 'dialogorientierte' DV-Systeme sind wenig geeignet, Tätigkeitsabläufe individuell zu gestalten; dies ist insbesondere dann der Fall, wenn der gesamte mit dem Eingabemedium zu führende Dialog in strenger sequentieller Folge abzuarbeiten ist. Der Mitarbeiter wird eingeengt und muß den Anweisungen des Mediums folgen. Abhilfe ist hier nur möglich durch die Auswahl 'interaktiver' DV-Systeme, die verschiedene Formen der Bearbeitung zulassen, z.B. durch frei wählbare Reihenfolge der Bearbeitung oder beliebig einzusetzende Werkzeuge.

Die nötigen Rahmenbedingungen schaffen

Viele gutgemeinte Gestaltungsideen scheitern letztlich am Detail. Eine Arbeit ist dann als nicht human zu bezeichnen, wenn zwar der Arbeitsinhalt angereichert wird, aber gleichzeitig z.B. die Belastung wesentlich zunimmt oder das Betriebsklima sich verschlechtert. Solche 'ungeplanten Nebeneffekte' sollten soweit wie möglich vermieden werden. Außer den für jeden einzelnen Betrieb typischen Problemen (z.B. Umgebungsbedingungen wie Lärm, Zugluft oder Zeitdruck) sind folgende Gestaltungsaspekte noch besonders zu beachten:

- *Flache Hierarchien schaffen*
  Die vorgeschlagenen Arbeitsgestaltungsmaßnahmen sind nur in einem sozialen Umfeld möglich, das auf mehr Vertrauen und weniger Kontrolle beruht. Eine wichtige soziale Bedingung ist daher, daß hierarchische Struktu-

ren zurücktreten und statt dessen Teamarbeit gefördert wird. Künstlich aufgebaute hierarchische Strukturen sind hinderlich und schränken den Mitarbeiter ein. Gerade die Aufgaben in einem Ingenieurbüro sind geeignet, weitgehend Freiräume zu schaffen und die Mitarbeiter in den Entscheidungsprozeß einzubinden.

- *Leistungskontrollen zurücknehmen*
  Oft werden unter der Hand mit der Einführung von DV-Systemen auch neue Leistungskontrollen (☞ *Kapitel 3, Leistungskontrolle*) möglich, z.B. protokollieren viele DV-Systeme die Betriebszeiten und die Anzahl der Eingaben automatisch mit. Es ist ein leichtes, über eine Auswertung des mitgeführten Protokolls ein individuelles Leistungsprofil jedes Mitarbeiters zu erhalten.
  Die Leistungskontrollen lassen sich nur schwer verhindern, denn ein DV-System kann kaum gegen eine nachträgliche Veränderung der Programme geschützt werden. Wenn sich ein System zum Zeitpunkt der Einführung nicht zur Leistungskontrolle nutzen läßt, so heißt das nicht, daß nicht morgen schon ein entsprechendes Zusatzprogramm eingebaut werden kann. Der beste Schutz vor einer Leistungskontrolle besteht darin, auf eine Speicherung persönlicher Identifikationsnummern und *passwords* ganz zu verzichten, so daß keine personenbezogenen Leistungsprofile mehr ermittelt werden können. In vielen Betrieben werden diese Fragen über Betriebsvereinbarungen geregelt.

- *Persönliche Kommunikation erhalten*
  Moderne Informations- und Kommunikationstechnologien fördern zwar die Informationsbeschaffung und beschleunigen den technischen Kommunikationsprozeß; sie haben aber auch die Eigenart, den Mitarbeiter zu isolieren und von herkömmlichen sozialen Kommunikationsbeziehungen abzuschneiden. Zu einem human gestalteten Arbeitsplatz gehört aber eine angemessene soziale Umgebung. Da es keine formalen und technischen Sachzwänge gibt, DV-Arbeitsplätze in speziellen Räumen einzurichten, können Arbeitsplatzrechner auch nach den Bedürfnissen der Beschäftigten aufgestellt werden. Gerade die lokale Vernetzung spricht für eine Anordnung der Geräte direkt am Arbeitsplatz.
  Wenn schon keine Gruppenarbeit möglich ist, sollten die Kommunikationsbeziehungen wenigstens in den Arbeitspausen gefördert werden.

- *Arbeitsbelastungen verringern*
  Ein wichtiger Beitrag dazu ist die Einhaltung der Kriterien zur ergonomischen Gestaltung (☞ *Kapitel 3, Arbeitsplatzgestaltung, Arbeitsbelastungen).*

1.3.3 Schlußbemerkung

Zusammenfassend soll hier noch einmal betont werden, daß nach unseren Erfahrungen die menschengerechte eng mit der aufgabengerechten Gestaltung des Arbeitsprozesses verknüpft sein muß. Beide Zielsetzungen dürfen nicht konkurrieren, sondern müssen sich ergänzen. Im Idealfall ist sogar zu erwarten, daß sich beide Zielsetzungen gegenseitig verstärken - eine wirklich aufgabengerechte Gestaltung ist auch unter Humanaspekten positiv zu beurteilen. Umgekehrt setzt die Berücksichtigung der Humankriterien wiederum ein Motivationspotential der Mitarbeiter frei, das die aufgabengerechte Gestaltung der Arbeit erleichtert und fördert.

Diese Gestaltungskriterien bilden den Maßstab für die Beurteilung der Ergebnisse der Feldstudie (Abschnitt 1.4) und der Fallbeispiele (Abschnitt 1.5).

Literatur

[1] Dunckel, Heiner u. Resch, Martin: Computer für den Menschen? Risiken und Chancen des Computereinsatzes am Arbeitsplatz. Köln: Bund-Verlag 1987.

[2] Luczak, Holger, Walter Volpert, Arne Raeithel u. Willi Schwier: Arbeitswissenschaft: Kerndefinition - Gegenstandskatalog - Forschungsgebiete. Eschborn: RKW-Verlag 1987.

[3] Volpert, Walter: Kontrastive Analyse des Verhältnisses von Mensch und Rechner als Grundlage des System-Designs. Zeitschrift für Arbeitswissenschaft 41 (1987), S. 147/52.

1.4 Analyse der Ingenieurbüros (Feldstudie)

Jörg Abel/Martin Resch/Christian Niestroj

Die Empfehlungen des Leitfadens beruhen u.a. auf empirischen Untersuchungen, die während der Laufzeit des Forschungsprojektes durchgeführt wurden. Dabei konnten folgende Erhebungsverfahren genutzt werden:

- Fragebogenerhebung,
- Informationsgespräche mit Software–Anbietern,
- Informationsgespräche mit fortgeschrittenen CAD–Anwendern,
- Informationsgespräche in Büros ohne CAD–Einsatz,
- Intensiverhebung bei fortgeschrittenen CAD–Anwendern,
- Intensiverhebung in Büros ohne CAD–Einsatz.

1.4.1 Fragebogenerhebung

Der Fragebogen zur Struktur des Büros und zum CAD–Einsatz wurde Ende 1987 an alle Mitglieder des Verbandes Beratender Ingenieure (VBI) verschickt. Der VBI ist der größte Verband für Ingenieurbüros des Bauwesens und hatte 1986/1987 nach eigenen Angaben 2350 Mitgliedsfirmen. Der Anteil der Büros mit dem Aufgabenbereich Konstruktiver Ingenieurbau, dem unser Forschungsinteresse galt, liegt bei ca. 70%.

Zurückgeschickt wurden 384 verwertbare Fragebögen. Diese Rücklaufquote ist mit 16,4% recht niedrig, so daß die Ergebnisse nur Trendaussagen zulassen, aber keine repräsentativen Rückschlüsse ermöglichen. Eine zusammenfassende Darstellung der Fragebogenergebnisse findet sich in [1], eine detaillierte Auswertung in [2]. In der folgenden Darstellung werden die Ergebnisse der Fragebogenerhebung deshalb nur auszugsweise zusammengestellt. Sie werden jedoch jeweils in den Abschnitten herangezogen, in denen sie zur Abstützung der Argumentation sinnvoll sind.

1.4.2 Informationsgespräche und Intensiverhebungen

Insgesamt wurden Informationsgespräche in dreißig Ingenieur– und Planungsbüros sowie bei sechs Anbietern bauspezifischer CAD–Software durchgeführt.

Für die Informationsgespräche wurden die Büros nach Beschäftigtenzahl und CAD-Ausstattung (mit/ohne) ausgewählt (Tabelle 1).

Tab. 1: *Verteilung der untersuchten Büros nach Mitarbeiterzahl*

Beschäftigtenzahl	Büros mit CAD	Büros ohne CAD
1–10 Mitarbeiter	8	3
11–30 Mitarbeiter	8	2
31–500 Mitarbeiter	8	–
über 500 Mitarbeiter	1 (Baufirma)	–

Dabei wurde das Ziel verfolgt, zu etwa gleichen Teilen Büros aufzunehmen, die nach der Mitarbeiterzahl den Kategorien klein, mittel, groß zuzuordnen sind. Größere Büros (über 500 Mitarbeiter) sind für das Bauwesen atypisch. Hier konnte ein Großunternehmen untersucht werden, das sowohl Planungsaufgaben wahrnimmt als auch zu einem erheblichen Teil mit der Bauausführung befaßt ist.

Zusätzlich zu den Informationsgesprächen wurden in neun dieser Büros auch Intensiverhebungen durchgeführt, die jeweils mehrere Tage in Anspruch nahmen. Hierbei wurden auf der Grundlage von Befragungsleitfäden mit verschiedenen betrieblichen Funktionsträgern (Geschäftsleitung, Abteilungsleiter, Projektleiter, Betriebsrat usw.) strukturierte Interviews geführt.

Zusätzlich wurden pro Büro drei bis vier Zeichen- und Konstruktionsarbeitsplätze untersucht, überwiegend solche Arbeitsplätze, an denen die Zeichnungserstellung einen größeren Teil der Arbeitszeit beansprucht. Dabei wurden Personen befragt, die mit CAD-gestützter bzw. konventioneller Zeichenarbeit befaßt sind. Zum Einsatz kamen sowohl das standardisierte Arbeitsanalyseverfahren VERA-G [3], mit dem das Ausmaß der Planungs- und Denkanforderungen an die Beschäftigten erfaßt wird, als auch strukturierte Interviews zu Belastung, Arbeitszeit, Kontrolle, Kommunikation usw.

In Tabelle 2 sind die untersuchten Büros hinsichtlich der Strukturmerkmale

- Unternehmensart,
- Arbeitsgebiete,
- Mitarbeiterzahl,
- Zahl der CAD-Arbeitsplätze,
- Jahr der CAD-Einführung,
- Art der Hardware-Leistungsklasse,
- eingesetzte CAD-Software

beschrieben.

Tab. 2: *Struktur der untersuchten Büros*

1	2	3	4	5	6	7	8	9
	Nr.	Unternehmensart	Arbeitsgebiete des Büros	MA-Zahl	CAD-Plätze	Jahr der Einführung	Hard-ware-Leistg.	Soft-ware-Typ
ohne CAD	1	Ing.-Büro	Tragwerksplanung	2	–	–	–	–
	2	Ing.-Büro	Prüfungen	2	–	–	–	–
	3	Ing.-Büro	Brückenbau Fernwärme	6	–	–	–	–
	4	Ing.-Büro	Tragwerksplanung Sonderbauten Prüfungen	13	–	–	–	–
	5	Ing.-Büro	Tragwerksplanung	30	–	–	–	–
mit CAD	6	Ing.-Büro	Tragwerksplanung	2	2	1986	PC	1
	7	Ing.-Büro	Tragwerksplanung	5	1	1984	PC	3
	8	Architektur-Büro	Gesamtplanung	5	1	1989	PC	3
	9	Ing.-Büro	Tragwerksplanung	6	1	1987	PC	3
	10	Ing.-Büro	Tragwerksplanung	7	4	1987	PC	3
	11	Ing.-Büro u. Software-Anbieter	Tragwerksplanung	7	2	1988	WS	3
	12	Architektur-Büro	CAD-Service	7	7	1981	WS	3
	13	Architektur-Büro	Entwurfsplanung	7	2	1987	PC	3
	14	Ing.-Büro	Tragwerksplanung	12	1/1	1986	WS/PC	3/3
	15	Ing.-Büro	Tragwerksplanung	19	2	1980	ZR	3
	16	Ing.-Büro	Tragwerksplanung		2	1987	PC	3
	17	Ing.-Büro	Tragwerksplanung Prüfungen	20	2	1987	WS PC	3 3
	18	Architektur-Büro	Entwurfsplanung	20	1	1987	WS	3
	19	Ing.-Büro	Tragwerksplanung Tiefbau	25	4	1986	PC	3
	20	Ing.-Büro u. Software-Anbieter	Tragwerksplanung Brückenbau Prüfungen	29	4	1980	WS	3
	21	Ing.-Büro	Tragwerksplanung	30	1	1987	PC	3
	22	Ing.-Büro u. Software-Anbieter	Tragwerksplanung	70	5	1981	ZR	1
	23	Ing.-Büro	Tragwerksplanung Straßenbau Brückenbau Entwurfsplanung	95	4	1985	PC	3
	24	Ing.-Büro	Gesamtplanung Fachplanungen	100	5 2	1987	WS PC	3 3
	25	Fachplaner	Gebäudeplanung Technik	100	2	1987	WS	3
	26	Ing.-Büro	Gesamtplanung Fachplanungen	120	4 1	1985	WS WS	3 2
	27	Ing.-Büro	Gesamtplanung Fachplanungen	160	3 2	1985	ZR WS	3 3
	28	Ing.-Büro	Gesamtplanung Fachplanungen	250	5	1982	WS	3
	29	Ing.-Büro	Gesamtplanung Fachplanungen	340	10	1975	ZR	1
	30	Techn. Büro (Baufirma)	Gesamtplanung Fachplanungen Aufstellungen	28 Tsd.	80 5	1983	PC ZR	3 1

Erläuterungen zur Tabelle:

Spalte 8 Hardware-Leistungsklassen:
PC = Personal Computer
WS = Workstation
ZR = Zentralrechner (main frame)

Spalte 9 Software-Typen:
1 = allgemeine CAD-Prgramme
2 = allgemeine CAD-Programme mit bauspezifischen Modulen
3 = bauspezifische CAD-Programme

1.4.3 Die wichtigsten Ergebnisse

Im Rahmen der Fragebogenaktion und der Felduntersuchungen wurde die Hard- und Software-Ausstattung in den Ingenieurbüros erfaßt. Der Schwerpunkt der Untersuchungen lag auf CAD-Betriebsmitteln. Von den im Jahre 1988 befragten 2344 Mitgliedsfirmen des VBI haben 384 Mitgliedsfirmen geantwortet. Nur 25% dieser Büros gaben an, CAD einzusetzen. Der CAD-Einsatz steht somit im Bauwesen noch am Anfang. Von einer breiten Diffusion dieser Technik zu sprechen, wäre verfehlt.

1.4.3.1 Entwicklung des CAD-Einsatzes

Nach den Ergebnissen der Fragebogenaktion hatte CAD bis etwa 1985 für die Ingenieurbüros kaum Bedeutung, erst danach konnte eine wesentliche Zunahme der Investitionsbereitschaft für CAD beobachtet werden (Bild 1).

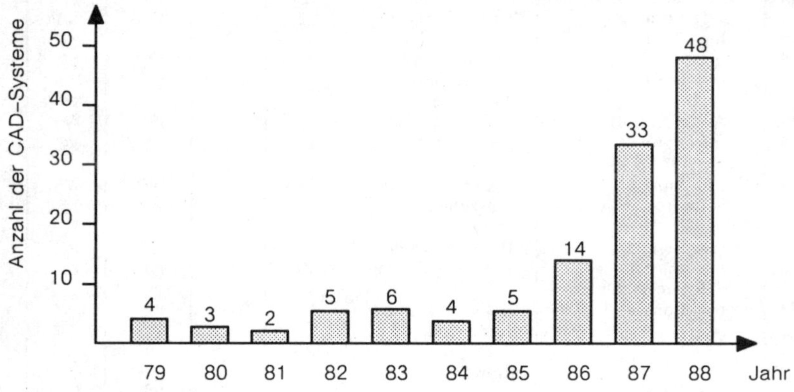

Bild 1: *CAD-Erstinstallationen pro Jahr*

Der starke Anstieg seit Mitte der achtziger Jahre beruht vermutlich auf den sinkenden Preisen bei Hard- und Software der PC-Klasse und auf dem Rationalisierungsdruck, dem sich die Büros ausgesetzt sahen. Wir gehen davon aus, daß sich der in der Graphik dargestellte rasante Anstieg in den nächsten Jahren fortsetzen wird. Während früher für einen CAD-Arbeitsplatz Investitionen in Höhe von mehr als 100.000 DM erforderlich waren, reichen heute weit weniger Mittel aus, um wesentlich leistungsfähigere CAD-Systeme zu beschaffen.

1.4.3.2 Betriebsgröße und CAD–Einsatz

Bild 2 verdeutlicht, wie sich der CAD–Einsatz nach Betriebsgrößen unterscheidet.

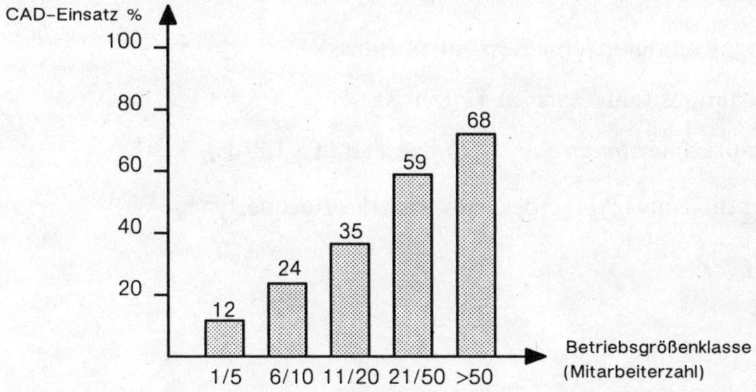

Bild 2: *CAD–Einsatz in Abhängigkeit von der Betriebsgröße (Stand 1988)*

Es zeigt sich, daß der Verbreitungsgrad von CAD mit der Betriebsgröße ansteigt. Während die Einsatzquote bei Betrieben mit bis zu 5 Beschäftigten um die 12% schwankt, kann konstatiert werden, daß Ingenieurbüros mit mehr als 20 und ab 50 Beschäftigten mit einem Anteil von 59 % bzw. 68 % in der Betriebsgrößenklasse die Hauptanwender von CAD sind. Dies zeigt, daß die CAD–Anschaffung – trotz fallender Preise – in kleinen Büros noch immer an die Grenzen der Investitionskraft stößt.

1.4.3.3 Typen der eingesetzten CAD–Software

Bei der Untersuchung wurde zwischen folgenden Software–Typen unterschieden:

Typ 1: allgemeine, nicht baubezogene CAD–Programme,

Typ 2: allgemeine CAD–Programme mit bauspezifischen Modulen,

Typ 3: bauspezifische CAD–Software.

Es fällt auf, daß der Software–Typ 3 mit etwa 85% in den untersuchten Büros des Konstruktiven Ingenieurbaus schon heute dominiert. Typ 1 und 2 wurden mit nur etwa 5% bzw. 10% vorgefunden. Werden nur die Büros betrachtet, die ihr Arbeitsgebiet eindeutig mit Tragwerksplanung benennen, dann ist festzustellen, daß auch dort der Software–Typ 3 vorherrscht. Er wird insbesondere für die Erstellung von Schalplänen in der Gebäudeplanung eingesetzt.

1.4.3.4 Eingesetzte Hardware–Klassen

Bei der Untersuchung wurde unterschieden zwischen den Hardware–Leistungsklassen:

- Personalcomputer (eingesetzt in 14 Büros),
- Workstations (eingesetzt in 11 Büros),
- Zentralrechner *(main frame)*, (eingesetzt in 5 Büros).

Bild 3 zeigt die Entwicklung des Einsatzes der Rechnertypen.

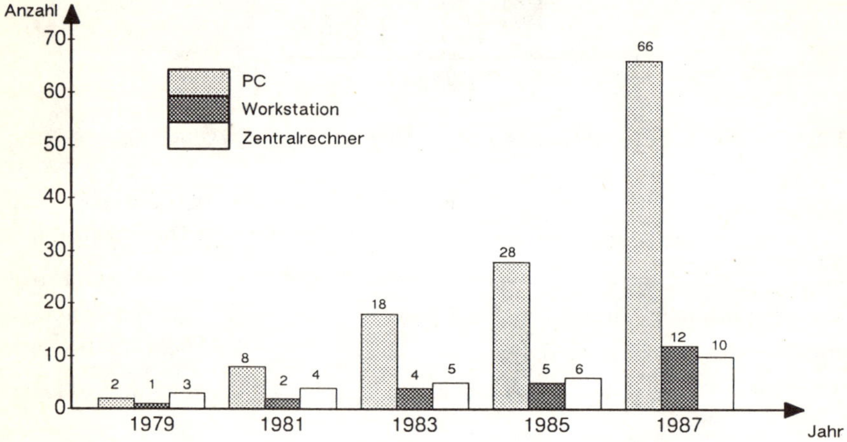

Bild 3: *Verteilung der Rechnertypen beim CAD–Einsatz*

Der Trend geht zum verstärkten Kauf von Rechnern der höheren PC–Klasse, wobei die Grenzen zwischen PC und Workstation nicht mehr so deutlich zu fassen sind, da sich die Leistungsfähigkeit der PCs in den letzten Jahren zunehmend der der Workstations angenähert hat.

Zur Zeit ist noch davon auszugehen, daß sich die meisten CAD–anwendenden Büros auf einen oder zwei CAD–Arbeitsplätze der PC–Leistungsklasse beschränken. CAD wird hier hauptsächlich für Schalpläne im Bereich der Gebäudeplanung eingesetzt. Ein breiterEinsatz dieser Technik ist somit auch in CAD–Anwenderbüros die Ausnahme.

1.4.3.5 Zur Begründung des CAD–Einsatzes

Alle Ingenieurbüros wurden befragt, wie sie die CAD–Einführung begründen. Dabei wurden folgende Ziele genannt:

- *Produktivitätssteigerung*
  Auf die Steigerung der Arbeitsproduktivität richtet sich seit jeher das Hauptinteresse von Investoren, wenn Technik in der Fertigung oder im Bürobereich installiert wird. Ob diese Hoffnungen allerdings in bezug auf CAD berechtigt sind, läßt sich aufgrund der Untersuchung bezweifeln (☞ *Kapitel 3, Nutzen des CAD–Einsatzes*). Zwar wurden einzelne Felder benannt, auf denen CAD produktiver eingesetzt werden kann als das Zeichenbrett. Dazu zählen ohne Zweifel die Massenermittlung (Generierung der Stahllisten) im Anschluß an die Erstellung von Bewehrungsplänen und der CAD–Einsatz bei Bauvorhaben mit einem hohen Fertigteilanteil. Dagegen sehen die untersuchten Büros bei der CAD–gestützten Ersterstellung von Schal- und Bewehrungsplänen bisher nur geringe Vorteile. Das Produktivitätsverhältnis von 1:1 bei dem Vergleich zwischen Zeichenbrett und CAD kann hier als Maßstab für eine Bewertung dienen. Eine Änderung wird erst dann erwartet, wenn Schalpläne auf der DV–technischen Datenbasis der CAD–Architektenpläne erstellt werden können. Diese wünschenswerte Produktivitätssteigerung durch Integration des Informationsflusses ist jedoch erst in Anfängen realisiert.

- *Qualitätsverbesserung*
  Ähnlich widersprüchlich sind die Ergebnisse in bezug auf das Ziel 'Qualitätsverbesserung durch CAD'. So wird in den Büros gesehen, daß sich mit CAD durchaus eine Verringerung der Fehlerquote erreichen läßt. Die automatische Vermaßung beispielsweise verhindert viele mögliche Fehler in den Einzelmaßen. Ob allerdings der Konstrukteur, der jetzt mit CAD–Unterstützung arbeitet, die Zeit zur Ermittlung mehrerer Lösungsvorschläge für ein konstruktives Problem findet - wie in der Literatur immer wieder behauptet - darf bezweifelt werden. Der Konstrukteur wird im Streß des Tagesgeschäftes seinen vertrauten Lösungsweg präferieren.

- *Sicherung der Wettbewerbsfähigkeit*
  In der Begründung der CAD–Einführung durch das Argument 'Sicherung der Wettbewerbsfähigkeit' steht der 'Akquisitionsaspekt' an vorderster Stelle. Die Geschäftsleitungen versprechen sich von CAD, Eindruck auf den Bauherrn machen zu können. CAD soll den hohen technischen Standard des Büros sowie die hohe Planungsqualität symbolisieren. Dieser Versuch, das Büroimage aufzubessern, wird funktionieren, solange CAD der "Hauch des Neuen" anhaftet. Wenn sich die CAD–Technik erst breiter durchgesetzt haben wird, wird dieses Motiv bedeutungslos werden.
  Als neues Argument wird von den Büros aber der "Zwang zur CAD–Einführung" genannt: Gerade die größeren Kunden gehen verstärkt dazu über, den Auftrag für Architekten und Tragwerksplaner an die Auflage zu knüpfen, daß diese ein digitales CAD–Modell des Bauwerks für die Bestandsverwaltung liefern. Nicht selten wird dabei auch vorgeschrieben, welches CAD–System genutzt werden muß. Aus diesem Grund war bei den größeren Bauingenieurbüros der 'Trend zum Zweit- oder Dritt–System' feststellbar. Dies zeigt, daß die Entscheidungsfreiheit der einzelnen Ingenieurbüros auch ihre Grenzen haben kann.

1.4.3.6 Probleme beim Einsatz von CAD

Wenngleich die Anwendungssituation und die Erfahrungen mit CAD bei den untersuchten Ingenieurbüros sehr unterschiedlich waren, so traten doch immer wieder typische Problemkonstellationen auf, die den CAD-Einsatz erschwerten oder das Scheitern der CAD-Einführung zur Folge hatten.

- *Leistungsgrenzen von Hard- und Software*
  Erstaunlicherweise war die getroffene Auswahl der Hard- oder Software nur selten Anlaß für länger andauernde Schwierigkeiten. Diesbezüglich war die Nutzungssituation immer dann befriedigend, wenn auch die anderen Rahmenbedingungen stimmten. Allerdings muß einschränkend gesagt werden, daß fast alle Anwender im Laufe der Zeit in ihren Erwartungen enttäuscht wurden, wenn sie die tatsächliche Leistungsfähigkeit der Hard- und Software feststellten. Hier klaffen Prospektbeschreibung und Bürowirklichkeit nach wie vor weit auseinander. Nach ihrer Anwendererfahrung würden viele Nutzer die Vorbereitung der Kaufentscheidung heute anders gewichten. Die Grenzen der CAD-Systeme sind ihnen oft durch schmerzliche Erfahrung klargeworden; so spielt die vernachlässigte Berücksichtigung einer späteren Erweiterung von Hard- und Software nach einigen Jahren der Anwendung eine erhebliche Rolle. Die eigenen Anforderungen an das CAD-System entwickeln sich eben oft erst im Laufe der Anwendung.

- *Fehlende Mitarbeiterbeteiligung*
  Eine der ganz wesentlichen Voraussetzungen für den erfolgreichen Einsatz von CAD liegt in der Motivation der Mitarbeiter. Motivation fehlt immer dann, wenn die Mitarbeiter nicht von Anfang an in die Entscheidung zur CAD-Einführung einbezogen wurden. Aufgrund des in der Projektbearbeitung üblichen Termindrucks gilt Gleiches für fehlende Schulungsmaßnahmen und Freiräume zur Einarbeitung in die CAD-Handhabung.

- *Ergonomische Gestaltungsmängel*
  Gravierende Mängel sind bei der Gestaltung von Hardware und Software feststellbar. Viele Anwender klagen über unzureichend gestaltete Bildschirm-Arbeitsplätze und daraus resultierende Beschwerden der Augen oder des Haltungsapparates (☞ *Kapitel 3, Arbeitsplatzgestaltung*). Auch die Zahl der Software-Mängel ist nach wie vor erschreckend hoch (☞ *Kapitel 3, Software-Ergonomie*).

- *Falsche Arbeitsorganisation*
  Ein wesentlicher Faktor für den Erfolg oder Mißerfolg des CAD-Einsatzes liegt in der Wahl einer für die Bürostruktur und das Spektrum der fachlichen Aufgaben geeigneten Arbeitsorganisation, da deren Ausgestaltung entscheidenden Einfluß auf den menschen- und aufgabengerechten Einsatz von CAD hat. Die verschiedenen empirisch gefundenen Einsatzformen können zu drei Typen zusammengefaßt werden (☞ *Kapitel 3, Arbeitsorganisation*):

  - *CAD-Serviceabteilung*
    Die CAD-Serviceabteilung oder auch Pool- oder Dienstleistungsform bildet in der Regel den Beginn der CAD-Einführung. Hier werden mehrere Mitarbeiter (ggf. innerhalb einer neu zu gründenden Abteilung) zusammengefaßt, die sich auf die CAD-Arbeit spezialisieren. Diese neue Abteilung arbeitet dann quasi Aufträge für die anderen Fachabteilungen ab, in der Regel Zeichnungen mit geringem konstruktiven Anspruch.

- *CAD–Springer*
  Im Gegensatz zur CAD–Serviceabteilung ist der arbeitsplatzbezogene CAD–Einsatz von Spezialisten stärker dezentralisiert. Die Aufgaben des Mitarbeiters sind dadurch bestimmt, daß er CAD–Kenntnisse besitzt. Er wird immer dort eingesetzt, wo – aus welchen Gründen auch immer – die CAD–Bearbeitung gewünscht wird.

- *CAD und Zeichenbrett*
  Von dieser Form der Arbeitsorganisation ('Mischarbeit') kann gesprochen werden, wenn die CAD–Systeme in den Fachabteilungen den einzelnen Mitarbeitern zur Verfügung stehen. Die Projektbearbeiter können zwischen CAD und Zeichenbrett selbst entscheiden, so daß sie aus ihrer Erfahrung heraus das jeweils günstigere Arbeitsmittel wählen werden.

Die Untersuchungen ergaben, daß sich lediglich die Form der CAD–Serviceabteilung eindeutig negativ auf die Qualifikation der CAD–Anwender auswirkt, weil diese sich nur noch auf die Zeichnungserstellung spezialisieren. Bei den beiden anderen Organisationstypen lassen sich die Folgen nicht eindeutig zuordnen. Vielmehr sind in Abhängigkeit von der bürospezifischen Ausgangssituation, den betroffenen Berufsgruppen und den Zielvorstellungen über den CAD–Einsatz unterschiedliche Folgen bei gleichen Organisationsformen zu erkennen (☞ *Kapitel 3, Arbeitsorganisation, Qualifikationsveränderungen*).

1.4.4 Schlußbemerkung

In dieser Untersuchung hatte die Frage der Arbeitsorganisation besonderes Gewicht. So sahen wir unsere zentrale Hypothese (Abschnitt 1.2) bestätigt, daß die Technik nicht eine bestimmte Organisationsform erzwingt, sondern Rahmenbedingungen setzt, die ein weites Feld von organisatorischen Einsatzvarianten offenhalten. Bedauerlicherweise ist jedoch nur wenigen der untersuchten Büros bewußt, daß ihre unter bestimmten Voraussetzungen 'gewachsene' Struktur des CAD–Einsatzes nur eine Übergangsform, eine von vielen möglichen Formen der Arbeitsorganisation darstellt. Nur wenige Ingenieurbüros haben systematisch nach arbeitsorganisatorischen Gestaltungsalternativen gesucht. Daher setzt die Mehrzahl der Büros CAD weder aufgaben- noch menschengerecht ein.

Literatur

[1] Abel, Jörg u. Manfred Brede: Wie sinnvoll ist CAD im Ingenieurbüro? In: Beratende Ingenieure (1989) Nr. 1–2, S. 92/97.

[2] Waldminghaus, Petra: Stand und Entwicklungstendenzen des CAD–Einsatzes in Ingenieurbüros der Bauwirtschaft – Ergebnis einer Umfrage. In: Abel, Jörg, Martin Resch u. Petra Waldminghaus: CAD statt Reißbrett? In: Reihe Materialien 1.: Weiterbildungsstudium Arbeitswissenschaft Hannover, Selbstverlag 1990.

[3] Resch, Martin: Verfahren zur Ermittlung von Regulationserfordernissen in der geistigen Arbeit (VERA–G)–Langfassung. 3.Vorentwurf. Hamburg: Photodruck 1988.

1.5 Fallbeispiele zum Einführungsverlauf

Jörg Abel/Martin Resch

Wurden im Abschnitt 1.4 die Untersuchungsergebnisse zum 'CAD–Einsatz' dargestellt, so wird in diesem Abschnitt der 'Einführungsprozeß' thematisiert. Drei Fallbeispiele sollen die unterschiedlichen Ausgangsbedingungen, Vorgehensweisen und Ergebnisse der CAD–Einführung beschreiben.

1.5.1 Fallbeispiel 1: 'Kaufen und in die Ecke stellen'

Das kleine Planungsbüro Meier in Dieburg (Name und Ort geändert) wurde Ende 1988 zum ersten Mal untersucht. Der Büroinhaber und seine drei Mitarbeiter waren voller Energie und Tatendrang. Sie hatten gerade einen Vertrag mit einem Hard– und Software–Lieferanten abgeschlossen. Anfang des nächsten Jahres sollte ein CAD–System geliefert werden mit einem 3–D–CAD–Programmpaket, Plotter, Laserdrucker, kurz: mit allem, was das Herz eines Technikbegeisterten begehrt. Da niemand im Büro über Erfahrung mit DV verfügte, wurde auch ein umfangreiches Schulungsprogramm mit dem Händler vereinbart – was sollte also schiefgehen?

Der nächste Besuch fand im März 1989 statt. Die Stimmung war merklich verändert. Die Einarbeitung in die DV und speziell in CAD schien jetzt doch eine sehr große Herausforderung. Ein älterer Mitarbeiter, der mit dem AVA–Programm arbeiten sollte, hatte bereits das "Handtuch geworfen". An den CAD–Schulungen hatten auch die beiden Architekten teilgenommen. Sie waren aber mit der Schulung nicht zufrieden, weil sie viel zu kurz war und der Stoff nur "durchgezogen" werden konnte. Einer der Architekten arbeitete noch öfter mit dem CAD–System; allerdings hatte er bis dahin noch kein Projekt mit CAD bearbeitet, sondern nur zur Übung Pläne erstellt.

Mittlerweile sind den Mitarbeitern Bedenken gekommen, ob sie das richtige CAD–System gekauft haben. Sie hatten sich alles viel leichter vorgestellt. Wenn sie jetzt noch einmal mit einem Verkäufer reden könnten, würden sie ganz andere Fragen stellen.

Für die nächste Zeit plante man, alle Bauantragszeichnungen und einen Teil der Ausführungspläne mit CAD zu erstellen. Schließlich muß sich "die Anlage ja rechnen".

Im Herbst 1989 statteten wir dem Büro unseren dritten Besuch ab. Zu dem Zeitpunkt lag das AVA–Programmpaket immer noch ungenutzt auf der Festplatte. Die CAD–Arbeit hatte sich noch weiter verringert. Der Architekt erklärte uns, er erlebe CAD "als zusätzliche Belastung" neben der Alltagsarbeit. Er versuche zwar, alle Bauantragszeichnungen mit CAD zu machen, wenn er aber unter Zeitdruck stehe, ließe er sie doch nach seinen Skizzen von der Bauzeichnerin erstellen. So kommt es, daß deutlich weniger als 50 % der Bauantragszeichnungen mit CAD bearbeitet werden.

Der Architekt schilderte uns, daß er durch die CAD–Tätigkeit plötzlich viel mehr mit Zeichenarbeit beschäftigt sei als vorher. Ihm falle jetzt auf, daß man eigentlich die Bauzeichnerin an CAD hätte schulen müssen. Diese sei allerdings nur stundenweise beschäftigt und habe bisher wenig Lust gezeigt, sich in CAD einzuarbeiten.

Der zweite Architekt, der die Schulung mitgemacht hat, ist mittlerweile ganz von CAD abgekommen. Nach der Schulung fehlte ihm die Zeit zum Üben, jetzt hat er fast alles vergessen, was er damals gelernt hatte.

Ein halbes Jahr später haben wir das Büro zum vierten und letzten Mal besucht. Trotz vieler guter Vorsätze war die Situation unverändert. Das AVA–Programm lag brach. Der Architekt äußerte sich eher resigniert: Unter den jetzigen Bedingungen würde er nicht noch einmal in CAD investieren, obwohl ihn die Technik nach wie vor faszinierte. CAD sei für sein Büro nur sinnvoll, wenn ein Mitarbeiter dafür abgestellt würde. Aber die derzeitigen Mitarbeiter hätten keine Zeit, und einen neuen Mitarbeiter könne das Büro nicht tragen. Deshalb muß die CAD–Investition wohl als Lehrgeld betrachtet werden – für ein kleines Büro eine nicht unbeträchtliche Summe.

Fazit

Woran lag es, daß diese CAD–Einführung gescheitert ist?

Zunächst eine Vorbemerkung: Es lag ganz bestimmt nicht an der DV–Einführung generell. Das parallel dazu eingeführte Textverarbeitungssystem wird intensiv eingesetzt und führte zu einer großen Erleichterung der täglichen Arbeit.

Die Gründe für das Scheitern der CAD–Einführung lagen woanders. Zunächst einmal darin, daß vorher nicht gründlich überlegt wurde, *wer* mit CAD arbeiten sollte. Die Architekten fühlten sich dazu berufen, aber sie hatten nicht bedacht, daß sie bisher nur wenig Zeit für Zeichnungserstellung aufwendeten. Sie machten knappe Entwürfe, die von der Bauzeichnerin ausgearbeitet wurden. Die geplante CAD–Einführung hätte also eine deutliche Aufgabenverschiebung mit sich gebracht, die eigentlich keiner wollte. Wie so oft hat sich dann auch hier die eingefahrene Büroorganisation als hartnäckiger erwiesen. Eine vorherige Analyse, welcher Mitarbeiter zu welchem Anteil an der Zeichenarbeit beteiligt ist und welche dieser Tätigkeiten CAD–geeignet sind, hätte viel Lehrgeld erspart.

Zweitens wurden die Einarbeitungszeiten für CAD und AVA weit unterschätzt. Solche Programme lernt man nicht "nebenbei". Die Einarbeitungszeit kann leicht ein halbes oder ein ganzes Jahr dauern. Wer sich dazu nicht die Zeit nimmt oder nehmen kann, wird das neue Arbeitsmittel auch nicht effektiv nutzen können.

Zum dritten ist das Büro Meier der Werbung des Software–Anbieters erlegen, man könne "eben mal so" aus dem CAD–Modell die Daten an das AVA–Programm überspielen. Im Prinzip ist das alles kein Problem, aber in der Praxis läuft es selten so glatt. Es wäre sicher sinnvoll, zunächst ein Programmpaket vollständig zu beherrschen, bevor man sich dem nächsten zuwendet und über Kopplungsmöglichkeiten nachdenkt.

1.5.2 Fallbeispiel 2: 'Versuch und Irrtum'

Dem Inhaber eines mittleren Ingenieurbüros mit 25 Mitarbeitern und einem Leistungsspektrum, das von der Wasserwirtschaft über die Straßenplanung bis hin zum Industriebau alles umfaßte, kam Mitte der 80er Jahre während eines Messebesuchs die Idee, daß CAD mit den von den Anbietern versprochenen Produktivitätssteigerungen ihn seinem Ziel näherbringen könnte, die Ingenieure "ihren Kram selber zeichnen zu lassen". Sein Kommentar zum Messeangebot: "Das sah verführerisch aus!"

Das 1. CAD-System

Da der Inhaber selbst keine Zeit hatte, fuhren seine Frau und sein Sohn im nächsten Frühjahr mit dem Auftrag, Prospekte zu dem Thema CAD zu sammeln, zu einer großen Computermesse im norddeutschen Raum. Konkretere Hinweise, etwa welchen Leistungsumfang das CAD-Paket aufweisen sollte oder auch nur, für welches Arbeitsgebiet es eingesetzt werden sollte, gab es nicht.

Gekauft wurde bei einem Software-Anbieter, der dem Inhaber "am akquisitionsfreudigsten" erschien. Kurze Zeit später installierte die beauftragte Firma ein Mehrplatzsystem, ein Konzept, das nach Auffassung des Anbieters für den Käufer am günstigsten wäre. Doch dieser war aus verschiedenen Gründen mit dem System unzufrieden, so daß er den Anbieter aufforderte, die Anlage, die er, wie er meinte, als Testinstallation geordert hatte, wieder abzubauen. Ein böses Erwachen gab es nach einem Blick in die Verträge, die nichts über eine Testinstallation enthielten. Nach langem Hin und Her einigten sich beide Seiten, den Kaufvertrag nach einer Zahlung von 15.000 DM zu annulieren.

Das 2. CAD-System

Nach dieser nicht ganz preiswerten Erfahrung ging der Inhaber vorsichtiger vor. Mit der Unterstützung eines informatikkundigen Studenten suchte er auf dem Software-Markt intensiv nach einem geeigneten CAD-System, bis zwei Systeme in die engere Wahl kamen. Investiert wurde auf Anraten seines Beraters in das 'offenere System', obwohl dem Inhaber selbst das Konkurrenzprodukt eigentlich besser zusagte.

An dem installierten Arbeitsplatz sollte dann eine Ingenieurin arbeiten, die zum einen viel von Hardware verstand und zum anderen sich bislang noch nicht so recht in dem Büro hatte profilieren können. Nach einer zweitägigen Schulung arbeitete sie sich durch Probieren und Studium der Handbücher weiter ein. Doch kam die Mitarbeiterin mit dem System nicht zurecht, wofür der Inhaber fehlendes fachliches Können und mangelndes Engagement seitens der Ingenieurin sowie unzureichende Software verantwortlich machte.

Um den CAD-Einsatz zu verbessern, wurde ein freier Berater engagiert, der sowohl die für CAD notwendigen Analysen im Büro durchführen als auch die Akzeptanz der

Mitarbeiter steigern sollte, denn nicht nur die CAD–Anwenderin, sondern auch die Projektleiter widersetzten sich CAD, da sie beispielsweise das Bewehrungsprogramm für unzureichend hielten. Ergebnis des Beratereinsatzes war, daß dieser seinen Umsatz um 30.000 DM steigern konnte, das Büro aber bei der Bewältigung seiner Probleme kein Stück weitergekommen war.

Inzwischen hat sich der Einsatz dieses CAD–Programms erheblich verbessert. Die Ingenieurin wurde mit einer anderen Aufgabe betraut. Als Nachfolger kam ein junger Ingenieur an den Arbeitsplatz, der sich – und hier liegt in diesem Fall der ausschlaggebende Faktor – ausschließlich mit CAD befassen konnte und zudem die besseren fachlichen Qualifikationen einbrachte. An diesem CAD–Arbeitsplatz werden jetzt die Schal– und zum Teil die Bewehrungspläne für die Hochbau–Abteilung erstellt, wobei der CAD–Anwender in die traditionelle Projektorganisation eingebunden ist.

Das 3. CAD–System

Parallel zum zweiten CAD–System kaufte der Inhaber ein drittes Paket für das Aufgabengebiet Ausführungsplanung. Die Beschaffung war Voraussetzung für den Abschluß eines Auftrages, der dann aber nicht realisiert wurde. In diesem Fall verlief die "Fehlinvestition" glimpflicher. Ähnlich wie bei dem zweiten System wurde ein Mitarbeiter nur für CAD abgestellt, der inzwischen für alle Abteilungen Entwurfszeichnungen für Hoch– und Tiefbauprojekte erstellt.

Fazit

Die hier von einem Ingenieurbüro gesammelten Erfahrungen sind beileibe kein Einzelfall, wenn sie sich auch durch die Häufung der Probleme aus der Vielzahl mißlungener CAD–Einführungsfälle unterscheiden. Es hat sich aber sehr deutlich herauskristallisiert, daß CAD nicht "so nebenbei" eingeführt werden kann, ohne daß viel Lehrgeld zu bezahlen ist. In diesem Fall hat sich zwar der CAD–Einsatz inzwischen konsolidiert, aber von einer produktiven Anwendung kann immer noch nicht gesprochen werden. Fehlende Vorüberlegungen, der Verzicht auf eine Ist–Analyse und ein Soll–Konzept sowie mangelhafte Planung des endgültigen Einsatzes im Büro, haben viel Geld, Zeit und Nerven gekostet, auch wenn das Büro noch einmal mit einem blauen Auge davongekommen ist.

1.5.3 Fallbeispiel 3: 'Einigkeit macht stark'

Im Gegensatz zur Mehrzahl der Architektür– und Ingenieurbüros, die DV im Alleingang einführen, beschritten ca. ein Dutzend Firmen aus dem norddeutschen Raum ein anderen Weg. Angeregt durch Weiterbildungsseminare kamen sie auf den Gedanken, den DV–Auswahl– und –Einführungsprozeß gemeinsam zu bestreiten, da ihnen durch die gemeinsam besuchten Veranstaltungen das Gefühl vermittelt wurde, daß "Einigkeit stark macht". Die auf diesem Wege entstehende Marktmacht war denn auch eine entscheidende Antriebsfeder für den Zusammenschluß. Es war geplant, ein DV-System anzuschaffen, das aus CAD, AVA, Baukostenplanung, Textverarbeitung und einigen anderen Software-Anwendungen bestehen sollte.

In den Seminaren wurde das notwendige "Handwerkszeug" zur Ermittlung des Ist-Zustandes und zur Aufstellung des Bedarfsprofils vermittelt. Hier erkannten die Teilnehmer, wie schwierig es ist, die eigenen Anforderungen spezifiziert zu formulieren und schriftlich festzuhalten. Äußerungen wie "Ich brauche DV-Unterstützung für einen Wohnungsbau" sind zu allgemein gehalten. Die Beteiligten lernten, das in ihren Köpfen vorhandene Wissen so zu ordnen und zu sortieren, daß der DV-Anbieter eindeutig die Wünsche des Kunden erkennen kann. Dabei galt die wichtige Devise, daß die DV-Anforderungen aus der Sicht des Anwenders formuliert werden sollten. Es ging also um fachlich begründete Anforderungen. Wie diese dann DV-technisch umgesetzt werden, war der Gruppe zunächst gleichgültig. Man wollte sich mit dieser Vorgehensweise nicht auf das DV-Terrain begeben, auf dem man sich als Laie (selbst mit einem Halbwissen) nur mühsam bewegen konnte. Das Bedarfsprofil wurde immer wieder diskutiert und verbessert. Nach Aussagen der Teilnehmer war dieser Schritt der schwierigste.

Im Anschluß daran wurde der Anforderungskatalog aufgestellt, in den die DV-technischen Wünsche Eingang fanden. Die gesamten Ausschreibungsunterlagen (Bedarfsprofile und Anforderungslisten) umfaßten dann ca. 200 Seiten und wurden an 60 Anbieter versandt.

In dieser Phase kam man auf den Gedanken, den bislang lockeren, über die Seminarbesuche zusammengehaltenen Verbund zu institutionalisieren, um so seine Stellung gegenüber den Anbietern noch zu verbessern. Gegründet wurde zu diesem Zweck eine Gesellschaft nach dem Bürgerlichen Gesetzbuch (BGB). Innerhalb dieser Gesellschaft übernahm ein Büro die Führungsrolle und damit die Auswertung der Angebote sowie die Verhandlungen mit den Anbietern.

Von den 60 angeschriebenen DV-Anbietern antworteten 30, wobei nur ein Unternehmen die Ausschreibungsunterlagen vollständig ausgefüllt hatte. Bei interessant erscheinenden, aber unvollständigen Angeboten bemühte man sich, die fehlenden Angaben zu ergänzen. Aus den Rückmeldungen wurden fünf Anbieter ausgewählt, die zur eintägigen Demonstration eingeladen wurden. Anhand einer von der Gruppe zuvor verschickten Aufgabe mußte der DV-Anbieter die Leistungsfähigkeit seiner DV-Software vor den Augen der Gruppe unter Beweis stellen. Preise spielten bis dahin noch keine Rolle, das wichtigste Entscheidungskriterium war der Leistungsumfang der Hard und Software. Nach den einzelnen Vorführungen füllten die anwesenden Mitglieder Bewertungsbögen aus. Aus diesen Ergebnissen kristallisierten sich nochmals drei Anbieter heraus, mit denen man dann auch in Preisverhandlungen getreten ist. Danach entschied man sich einvernehmlich für ein Angebot. Der Vertrag konnte aufgrund der "Marktmacht" zu sehr günstigen Bedingungen abgeschlossen werden (u.a. eine Verlängerung der gesetzlichen Garantiefrist und die vollständige Bezahlung des Kaufpreises erst nach Unterschreiben des Abnahmeprotokolls durch den Kunden).

Durch die Konstruktion als BGB-Gesellschaft hatten die Mitglieder den Vorteil, von der Gesellschaft, die als Generallizenznehmer auftrat, nun Unterlizenzen erwerben zu können, für die nur noch ca. 25 % des Erstanschaffungspreises zu entrichten waren.

Dieses erfolgreiche Experiment einer kollektiven Vorgehensweise bei der Anschaffung von DV-Arbeitsmitteln hatte allerdings mehrere Voraussetzungen, deren Erfüllung bei einer Übernahme des Modells kritisch zu prüfen ist:

- Der Auswahlprozeß hat mit 2½ Jahren äußerst lange gedauert. Dies ist allerdings dem sehr gründlichen Vorgehen und der angestrebten DV-Gesamtlösung zuzuschreiben.
- Die Gruppe mußte sich einer Führungsperson (deren Arbeitsaufwand natürlich finanziell zu entgelten ist) unterordnen, die die Fäden in der Hand hielt sowie das Vertrauen und die Handlungsvollmacht der Mitglieder besaß. Das bedeutete aber nicht, daß die Mitglieder die gesamte Arbeit delegieren konnten. Auch ihr Arbeitsanteil war sehr hoch.
- Eine wichtige Voraussetzung war auch die größere räumliche Trennung der einzelnen Beteiligten, so daß kein Konkurrenzdenken aufkommen konnte. Ein ähnlicher Versuch in einer anderen Großstadt scheiterte u.a. an diesem Problem.

Auch nach dem erfolgreichen Abschluß der DV-Einführung blieb die Gruppe zusammen, um zum einen die DV-Entwicklung in den einzelnen Büros weiterzutreiben (z.B. durch Vergabe von Aufträgen für Anwendungsprogramme, deren Ergebnisse den einzelnen Mitgliedern wieder als Unterlizenzen zur Verfügung gestellt werden), aber zum anderen auch, um Erfahrungen auszutauschen und Weiterbildungsveranstaltungen zu organisieren.

1.6 Technik-Einführung als organisierter Prozess

Peter v. Mitschke-Collande

Wichtigstes Ergebnis der Feldstudie und der Fallbeispiele ist, daß zahlreiche Büros bei der Einführung der Neuen Technologie gescheitert sind oder sich zumindest sehr schwer getan haben. Beziehen wir die Ergebnisse der Untersuchungen auf die Zielkriterien der aufgaben- und menschengerechten Gestaltung der CAD-Arbeit, so ergibt sich für die untersuchten Büros folgende Beurteilung:

- Die *neue Technik* wird bisher noch nicht *aufgabengerecht* eingesetzt.
- Die Arbeitsstrukturen werden weder *aufgaben–* noch *menschengerecht* organisiert.
- Die Mitarbeiter werden nicht angemessen *qualifiziert*.
- Die Entscheidungen zur Gestaltung der Arbeitsorganisation und zur Auswahl der Technik werden nur selten unter *Beteiligung* der Mitarbeiter getroffen.
- Der Reorganisationsprozeß des Büros verläuft in der Regel wenig *systematisch.*

Die Konsequenz daraus ist, daß

> "... Innovation in immer stärkeren Maße nicht mehr nur rein technisch begriffen werden kann. Zumindest die Gestaltungsdimensionen Organisation und Qualifikation sind neben der Technik als Faktoren erkannt worden, die es gemeinsam zu optimieren gilt, um Innovation erfolgreich durchführen zu können." ([1], S. 77)

Vor diesem Hintergrund muß die Frage nach der Vorgehensweise bei der Reorganisation behandelt werden. Hierzu sollen folgende Aspekte der *Organisationsentwicklung* (OE)[2] skizziert werden:

- das Konzept,
- die Akteure,
- der Ablauf,
- die Voraussetzungen für den Erfolg.

1.6.1 Das Konzept der Organisationsentwicklung

Das Konzept geht davon aus, daß organisatorische, technische und qualifikatorische Gestaltungsmaßnahmen als integrale Bestandteile betrieblicher Strukturveränderung gesehen werden. Zugleich ist die Mitarbeiterbeteiligung die wichtigste Voraussetzung zur Förderung der Akzeptanz und zur Mobilisierung von Innovationspotentialen. Das heißt, die OE ist eine sogenannte 'methodische Interventionsstrategie', die alle Beschäftigten einer Institution in den Beratungsprozeß einbezieht. Zielsetzungen der OE sind die

> "... Förderung der Partizipationsmöglichkeiten, des Lernens durch Erfahrung und der Persönlichkeitsentwicklung der beteiligten Menschen wie auch die Erhöhung der Leistungsfähigkeit und Flexibilität der gesamten Organisation. Dabei werden vor allem betriebswirtschaftliche und psychologische Erkenntnisse berücksichtigt." ([2], S. 57).

Während es in verschiedenen Großbetrieben heute bereits eigene Stäbe gibt, die für die OE im Sinne einer beteiligungsorientierten Veränderung betrieblicher Strukturen zuständig sind, entsteht die Frage, wer diesen Prozeß in kleinen Betrieben tragen könnte.

Sofern die Reorganisation nicht 'Chefsache' ist, sollten die Steuerungsfunktionen bei einer 'Projektgruppe' liegen, die sich wie folgt zusammensetzen kann:

- Projektleitung,
- Mitarbeitervertreter aus den Funktionsbereichen,
- Betriebsrat,
- Systembetreuer,
- Nutzerbetreuer,
- externe Berater etc.

Diesem Buch liegt zur Beschreibung und Durchführung des Technik-Einführungsprozesses das Modell des 'kybernetischen Regelkreises' zugrunde; d.h., der Ist-Zustand des Büros wird an den Soll-Vorgaben gemessen. Die Projektgruppe entwickelt Gestaltungsmaßnahmen und greift steuernd in den OE-Prozeß ein.

1.6.2 Die Akteure der Organisationsentwicklung

Versteht man die Einführung von CAD als Innovationsprozeß, so ist die zentrale Frage: **Wer sind die möglichen Akteure?**

Das In-Gang-Setzen des OE-Prozesses könnte mit Unterstützung durch *Externe Beratung*, ☞ *Kapitel 3*, erreicht werden.

> "Die OE-Beratung ... dient der Einleitung und Förderung der OE... Sie besteht aus den Interaktionen zwischen OE-Berater und Klient und wird in der Regel von einem externen OE-Berater und den betroffenen Organisations-

> mitgliedern gemeinsam getragen, bis die Organisation die OE selbständig weiterführen kann." ([2], S. 120)

Damit ist die Frage nach der Rollenverteilung zwischen externen Beratern und Organisationsmitgliedern im Einführungsprozeß zu klären.

Der *Prozeßberater* ist in der Regel externer Verfahrensspezialist für Fragen der Organisations– und Personalentwicklung. Er wird insbesondere für das In–Gang–Setzen des Reorganisationsprozesses in den Phasen *Zielfindung* sowie *Ist–Erhebung und –Analyse*, ☞ *Kapitel 2*, benötigt. Als neutraler Moderator kann er hier 'Hilfe zur Selbsthilfe' geben.

Die *Fachberater* werden so lange den Reorganisationsprozeß in Fragen der

- DV–Technik,
- Arbeitsorganisation,
- Schulung etc.

von außen unterstützen, bis diese Aufgaben z.B. durch eigene System– und Nutzerbetreuer übernommen werden können.

Der *Promotor* wird im Gegensatz zum Prozeßberater und zum Fachberater ein Beschäftigter des Ingenieurbüros sein und zugleich die Funktion des Projektleiters wahrnehmen. Er ist somit nicht neutral, sondern vielmehr Promotor für die anstehenden fachlichen und organisatorischen Fragen sowie für das Projektmanagement.

Die *Mitarbeiter* sind nach dem Konzept der OE in allen Planungsphasen aktiv zu beteiligen, damit die fachliche Erfahrung und die sozialen Interessen von Anfang an berücksichtigt werden können; so ist eine direkte Mitwirkung in der Projektgruppe denkbar. Verschiedene Betriebe gehen sogar so weit, neben der Projektgruppe eine Nutzergruppe [3] einzurichten, die nicht nur Vorschläge zur Systementwicklung diskutiert und Modifizierungen anregt, sondern insbesondere die arbeitsorganisatorische Einbettung der technischen Lösung entwickelt. Neben der Mitwirkung der Mitarbeiter in der Projektgruppe sind weitere Beteiligungsebenen (☞ *Kapitel 3, Mitarbeiterbeteiligung*) denkbar, z.B.:

- Beteiligung gemäß Betriebsverfassungsgesetz (☞ *Kapitel 3, Betriebsrat*),
- Betriebsversammlung,
- Workshops etc.

Der Reorganisationsprozeß wird somit im Zusammenwirken von Geschäftsleitung, Projektgruppe, externen Beratern und unter Beteiligung der Mitarbeiter durchgeführt. Auf diese Weise sollen die nötige Sachkompetenz eingebracht und alle bei der

Technik-Einführung auftretenden Schwierigkeiten, Beschwerden und Anregungen aufgenommen und im Sinne des Hauptzieles - einer aufgaben- und menschengerechten Reorganisation des Ingenieurbüros - aufbereitet werden.

1.6.3 Ablauf der Technikeinführung

Weil die CAD-Einführung in zahlreichen Fällen wenig systematisch verlaufen ist, wird hier der positive Handlungsablauf zur Reorganisation beispielhaft in Orientierung an [2] skizziert:

- Planungsanstoß
    - Geschäftsleitung und Mitarbeiter nehmen Störungen oder neue externe Anforderungen an die Auftragsabwicklung wahr.
    - Der Bedarf zur Reorganisation wird festgestellt, die Mitarbeiter werden informiert, der Planungsprozeß wird angestoßen.
- Zielfindung und Projektmanagement
    - Die Geschäftsleitung benennt einen Projektleiter und beauftragt ihn mit einer Vorstudie.
    - Die Vorstudie führt zur Präzisierung der Aktionsziele, zur Definition der Projektaufgaben: Eine Projektgruppe wird eingesetzt.
    - Geschäftsleitung und Projektgruppe legen die Projektinfrastruktur fest: Projektsteuerung, Nutzergruppe, Dokumentation von Projektverlauf und -ergebnissen, Anbindung von Zusatzkapazitäten und Beratungs-Know-how, Informationsstrategie (Medien; Abstimmungen im Betrieb, mit dem Betriebsrat, mit externen Entscheidungsträgern wie Banken etc.), Terminüberwachung, Kostenkontrolle etc.
    - Die Projektgruppe klärt die Fragen: Wollen wir externe Beratung, was soll als Auftrag vergeben, was kann vom Büro selbst beigetragen werden (Engagement, Zeit, Geld), und welche Vorstellungen bestehen schon zum Einführungsprozeß? Es werden Vorgespräche mit externen Prozeß- und Fachberatern geführt.
    - Die Geschäftsleitung schließt einen Rahmenkontrakt mit Prozeß- und Fachberatern. Zentrale Punkte sind: Beteiligung in welchen Fragen, erwartete Ergebnisse, Rollen und Zuständigkeiten, Regeln zur Fortschrittsüberprüfung und zum Abbruch der Beratung etc.
- Ist-Analyse
    - Die Projektgruppe schließt den Kontrakt mit den Beratern, um beispielsweise mit allen Beschäftigten des Büros einen Diagnose-Workshop durchzuführen. Themen sind: Ist-Analyse des Betriebes (Datensammlung, Auswertung) und Analyse der externen Bedingungen (Absatzmarkt, Konkurrenz, Wissenschaft, Technik etc.)
    - Die Projektgruppe führt Feinuntersuchungen durch und formuliert Gestaltungsforderungen.

- Soll-Konzept
  - Die Projektgruppe entwickelt alternative Soll-Konzepte für das Büro.
  - Das Büro führt eine Wirtschaftlichkeitsbeurteilung durch und wählt das organisatorische Grobkonzept (Entscheidung über den Vorrang von organisatorischen oder technischen Maßnahmen) aus.
  - Die Projektgruppe entwickelt das DV-technische Feinkonzept (unter Umständen in Zusammenarbeit mit Systemberatern oder -anbietern) und erstellt ein Pflichtenheft.
- Bewertung und Auswahl der Technik
  - Auf der Grundlage des Pflichtenheftes und der Auswertung der Angebote werden Testinstallationen durchgeführt und die Systemauswahl getroffen.
- Vorbereitung der Einführung
  - Die Einführung wird vorbereitet mit dem Treffen einer Kaufentscheidung.
  - Die organisatorischen Umstellungen und die Gestaltung des räumlichen Umfeldes sind vorzubereiten.
  - In Abstimmung mit dem Anbieter der Qualifizierungsmaßnahme ist deren Planung und Durchführung zu organisieren.
- Installation und Erfolgskontrolle
  - Die organisatorischen Umstellungen und technischen Installationen werden abgeschlossen.
  - Nach ersten Erprobungen der organisatorischen Veränderungen und des technischen Systems wird eine Erfolgskontrolle durchgeführt.
  - Die Abnahme des Arbeitssystems erfolgt erst nach organisatorischen und technischen Anpassungsmaßnahmen.
- Projektabschluß
  - Mit der Auflösung der Projektgruppe und der Beraterkontrakte ist das Projekt abgeschlossen.
- Betreuung des Arbeitssystems
  - Die Zuständigkeit für die weitere Betreuung des Arbeitssystems liegt auch künftig bei den System- und Nutzerbetreuern.

1.6.4 Voraussetzungen für den erfolgreichen Ablauf

Der beschriebene Ablauf läßt erkennen, daß ein solch komplexer Prozeß hohe Anforderungen an alle Beteiligten stellt, wenn Verlauf und Ergebnisse erfolgreich sein sollen.

Becker faßt die Faktoren, die nach den Erfahrungen von Beratern und Klienten den OE-Prozeß begünstigen, in folgender Übersicht zusammen ([4], S. 151):

- *Aufgeschlossenes Management*
  Wahrnehmung der Probleme und Wunsch nach Lösung durch OE-Berater. Einer - mindestens einer - muß die Veränderung wollen.

- *Autonome organisatorische Einheit*
  Relativ unabhängiges System oder Subsystem. Keine Eingriffe durch übergeordnete Instanzen.

- *Geeignete Berater als Prozeßbegleiter*
  Der richtige Berater als entscheidender Einflußfaktor für Problemdiagnose und das weitere Vorgehen (Art der Intervention).

- *Kooperativer Führungsstil*
  Relativ gesunde Gesamtsituation der Organisation und eine intakte Infrastruktur sind wichtige Voraussetzungen (Häufiges Mißverständnis: "Wir haben keine Probleme").

- *Kontinuität des Prozesses*
  Ständiges "Am-Ball-Bleiben" und wenig "Spielerwechsel". Prozeßorientiertes Vorgehen setzt "Kontinuität der Köpfe" voraus.

- *Lernbereitschaft der Beteiligten*
  Mitwirkung der Betroffenen an der Bearbeitung gemeinsamer Probleme erfordert - als Voraussetzung - Lernfähigkeit und eine gewisse Lernbereitschaft.

- *Kooperativer Betriebsrat*
  "Querschüsse" können Projekte zum Scheitern bringen. Gute interne Zusammenarbeit ist entscheidend. "Dulden" oder "Mitmachen". Kein "Klassenkampf"!

- *Positive Zwischenergebnisse*
  "Nichts ist erfolgreicher als der Erfolg." Gelungene Konfliktbearbeitung und kleine Problemlösungen helfen weiter. Aus begrenzten Aktionen mit nachweisbarem Erfolg ("Nutzen") wächst Akzeptanz.

Auf der Grundlage des idealtypischen Ablaufes und der Voraussetzungen für eine erfolgreiche Reorganisation eines Ingenieurbüros soll im folgenden Kapitel ein Leitfaden mit sechs Arbeitsschritten zur CAD-Einführung entwickelt werden.

Literatur

[1] Lay, G.: Entwicklungstendenzen, Problemfelder, Gestaltungspotentiale und FuE-Bedarf im Zusammenhang mit CIM-Strategien, in: Noack,M., K. Wegener, D. Gluch, K. Dienhart (Hrsg.), CIM-Integration und Vernetzung, Berlin: Springer-Verlag 1990, S. 77.

[2] Wohlgemuth, A. C.: Das Beratungskonzept der Organisationsentwicklung. Bern: 1982.

[3] Bösterling, B.: Beteiligung der Betroffenen bei der Einführung informationstechnischer Systeme. Weiterbildungsstudium Arbeitswissenschaft, Universität Hannover (Selbstverlag) 1990.

[4] Becker, H. u. I. Langosch: Produktivität und Menschlichkeit. 2. Aufl. Stuttgart: Ferdinand Enke Verlag 1986.

1.7 Arbeitsschritte der CAD-Einführung

Martin Resch

Der vorliegende Leitfaden geht von sechs Arbeitsschritten bei der CAD-Einführung aus. Diese bilden zugleich die Gliederung dieses Buches (Bild 1).

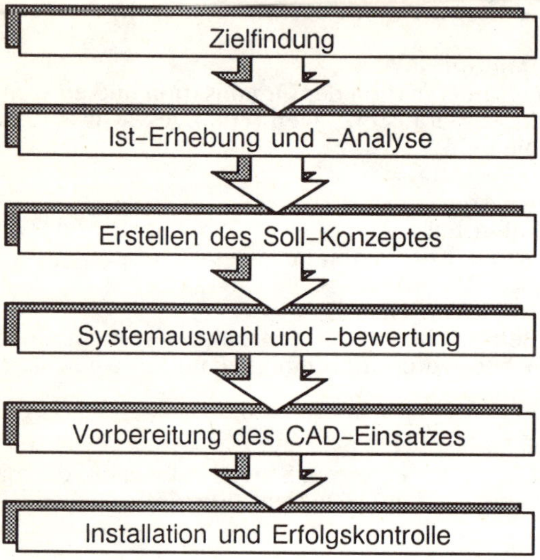

Bild 1: *Die sechs Arbeitsschritte bei der CAD-Einführung*

In diesem Abschnitt sollen die sechs Arbeitsschritte kurz erläutert werden (die ausführliche Beschreibung erfolgt im Kapitel 2). Mit einigen Leitfragen wird auf wichtige Artikel in diesem Buch verwiesen. So haben Sie die Möglichkeit, zuerst die Themen anzukreuzen, bei denen Sie Informationsbedarf verspüren. Sie erhalten auf diese Weise eine Liste von Artikeln und Checklisten, die Sie unbedingt durcharbeiten sollten. Nach dieser Informationsphase können Sie sich überlegen, zu welchen Punkten Sie ausführlichere Informationen oder gar externe Hilfe benötigen.

Dieses Vorgehen haben wir gewählt, um es Ihnen zu ersparen, auf endlosen Seiten Informationen durchlesen zu müssen, die Ihnen entweder schon bekannt sind oder die Sie zur Zeit gar nicht interessieren. Deshalb sollten Sie unbedingt zuerst die sechs Arbeitsschritte in diesem Abschnitt durchgehen und Ihren Informationsbedarf eingrenzen.

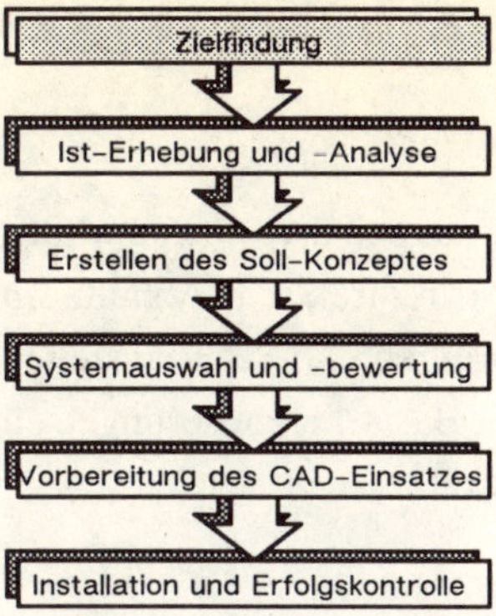

1. Arbeitsschritt:

Zielfindung

Mit der Zielfindung sollen erste Schwachstellen in der Organisationseinheit aufgedeckt, Hauptziele und Aufgaben zur Reorganisation benannt werden. Zudem soll dieser Arbeitsschritt den zukünftigen Anwender in die Lage versetzen, zu erkennen, ob der Einsatz von DV–Betriebsmitteln für die im Büro anfallenden Aufgaben überhaupt sinnvoll ist.

Fragen:	JA NEIN	Wenn *NEIN*, dann lesen Sie:
Wissen Sie, was zur Abwicklung des Reorganisationsprojektes alles bedacht werden muß?	❑ ❑	☞ *Technik–Einführung als organisierter Prozeß (Kapitel 1)* ☞ *Checkliste Zielfindung (Abschnitt 4.2)*
Wissen Sie, wie die Zielfindung organisiert wird?	❑ ❑	☞ *Zielfindung (Kapitel 2)*
Kennen Sie die technischen und/oder organisatorischen Schwachstellen in Ihrem Büro?	❑ ❑	☞ *Vorstudie (Kapitel 3)*
Ist die Mitarbeitervertretung über die bevorstehenden Veränderungen informiert worden?	❑ ❑	☞ *Betriebsrat (Kapitel 3)* ☞ *Checkliste CAD–Betriebsvereinbarung (Abschnitt 4.2)*
Haben Sie sich darüber informiert, warum andere Büros CAD einführen?	❑ ❑	☞ *Nutzen des CAD–Einsatzes (Kapitel 3)*
Sind Ihnen Konzepte zur DV–Unterstützung bei der Projektbearbeitung bekannt?	❑ ❑	☞ *CAE im Konstruktiven Ingenieurbau (Kapitel 3)*
Können Sie die wichtigsten Aspekte einer möglichen Reorganisation benennen?	❑ ❑	☞ *Zielfindung (Kapitel 2)* ☞ *Reorganisation der Projektbearbeitung (Kapitel 3)*
Haben Sie schon kalkuliert, welche Ausgaben auf das Büro zukommen?	❑ ❑	☞ *Wirtschaftlichkeitsbeurteilung (Kapitel 3)* ☞ *Finanzierung (Kapitel 3)*
Sind die Büromitarbeiter in den Entscheidungsprozeß einbezogen?	❑ ❑	☞ *Mitarbeiterbeteiligung (Kapitel 3)* ☞ *CAD–Betriebsvereinbarung (Kapitel 3)*
Wissen Sie schon, ob Sie Berater hinzuziehen wollen?	❑ ❑	☞ *Externe Beratung (Kapitel 3)*

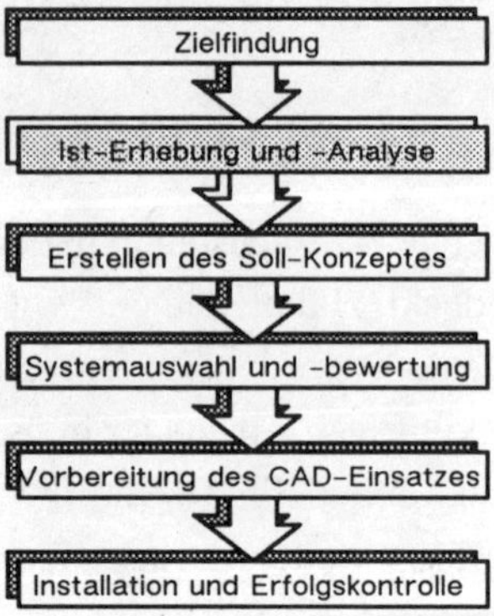

2. Arbeitsschritt:

Ist–Erhebung und –Analyse

Die Ist–Erhebung und –Analyse soll das Ingenieurbüro in die Lage versetzen, die Strukturen und Abläufe im Büro systematisch zu beschreiben und Schwachstellen zu analysieren, um auf dieser Basis die Forderungen an das Soll–Konzept zu entwickeln.

Fragen:	JA	NEIN	Wenn *NEIN*, dann lesen Sie:
Halten Sie eine Ist–Analyse für notwendig?	❑	❑	☞ *Fallbeispiele (Kapitel 1)*
Wissen Sie, wie eine Ist–Erhebung organisiert wird?	❑	❑	☞ *Ist–Erhebung und –Analyse (Kapitel 2)* ☞ *Checkliste Ist–Erhebung und Forderungen (Abschnitt 4.2)* ☞ *Arbeitssystem (Kapitel 3)*
Trauen Sie sich zu, eine Ist–Analyse ohne fremde Hilfe durchzuführen?	❑	❑	☞ *Ist–Erhebung und –Analyse (Kapitel 2)* ☞ *Externe Beratung (Kapitel 3)*
Können Sie in Ihrem Büro ohne Anleitung • die Strukturen erheben? • die Aufgaben beschreiben? • die Bearbeitungsabläufe aufzeichnen? • die Kommunikationsbeziehungen beschreiben? • die Tätigkeiten der Mitarbeiter ermitteln? • ein Mengengerüst ermitteln?	 ❑ ❑ ❑ ❑ ❑ ❑	 ❑ ❑ ❑ ❑ ❑ ❑	☞ *Ist–Erhebung und –Analyse (Kapitel 2)* ☞ *Checkliste Ist–Erhebung und Forderungen (Abschnitt 4.2)*
Sind Sie in der Lage, aus der Ist–Analyse Forderungen für das Soll–Konzept abzuleiten?	❑	❑	☞ *Zielfindung (Kapitel 2)* ☞ *Ist–Erhebung und –Analyse (Kapitel 2)*

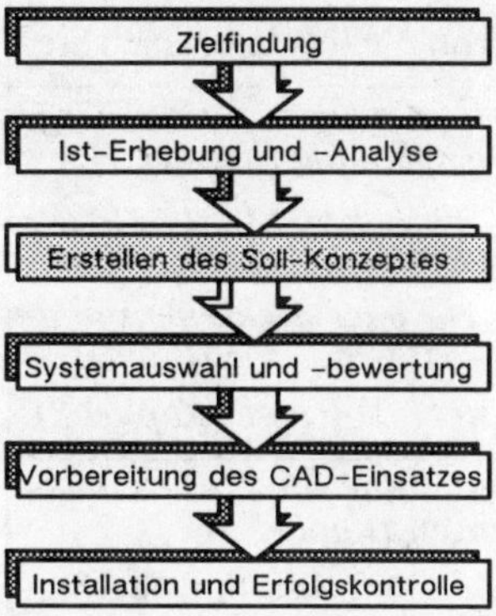

3. Arbeitsschritt:

Erstellen des Soll-Konzeptes

Das Soll-Konzept beinhaltet zunächst Lösungsalternativen für das Grobkonzept. Erst dann wird eine Entscheidung getroffen, ob schwerpunktmäßig eine technische oder organisatorische Lösung anzustreben ist. Im Anschluß erfolgt die Aufstellung des DV-technischen Feinkonzeptes, dessen 'Anforderungskatalog' im Pflichtenheft zusammengefaßt wird.

Fragen:	JA	NEIN	☞ Wenn *NEIN,* dann lesen Sie:
Wissen Sie, wie ein Soll-Konzept aufgestellt wird?	❑	❑	☞ *Erstellen des Soll-Konzeptes (Kapitel 2)*
Benötigen Sie eine Anleitung für die Entwicklung des Soll-Konzeptes?	❑	❑	☞ *Checkliste Grobkonzept* ☞ *Checkliste DV-technisches Feinkonzept (Abschnitt 4.2)*
Kennen Sie die Forderungen an das zukünftige Arbeitssystem?	❑	❑	☞ *Zielfindung (Kapitel 2)* ☞ *Ist-Erhebung und -Analyse (Kapitel 2)*
Haben Sie dafür gesorgt, daß Ihre Mitarbeiter den CAD-Einsatz befürworten und unterstützen?	❑	❑	☞ *Mitarbeiterbeteiligung (Kapitel 3)* ☞ *Arbeitsbelastungen (Kapitel 3)* ☞ *Beschäftigungseffekte (Kapitel 3)* ☞ *Leistungskontrolle (Kapitel 3)*
Haben Sie daran gedacht, daß die Aufgaben der Mitarbeiter neu gestaltet werden müssen?	❑	❑	☞ *Arbeitsorganisation (Kapitel 3)* ☞ *Qualifikationsveränderungen (Kapitel 3)* ☞ *Nutzung und Belegung von Arbeitsplätzen (Kapitel 3)*
Wissen Sie, wie das Grobkonzept zur neuen Organisationsstruktur ausgewählt wird?	❑	❑	☞ *Wirtschaftlichkeitsrechnung (Kapitel 3)*
Sind Sie sich im klaren, welche Aufgaben die Software unterstützen soll?	❑	❑	☞ *Erstellen des Soll-Konzeptes (Kapitel 2)* ☞ *CAE im Konstruktiven Ingenieurbau (Kapitel 3)* ☞ *CAD-Software für die Tragwerksplanung (Kapitel 3)*

Fragen:	JA	NEIN	☞ Wenn *NEIN*, dann lesen Sie:
Sind die Anforderungen der Nutzer an die Software bekannt?	❑	❑	☞ *CAD-Software für die Tragwerksplanung (Kapitel 3)* ☞ *Gestaltung von CAD-Umgebungen (Kapitel 3)* ☞ *Zwei- oder dreidimensionale-CAD-Systeme (Kapitel 3)* ☞ *System-Software (Kapitel 3)*
Wissen Sie, wie Ihre firmenspezifischen Belange durch ein CAD-System abgedeckt werden können?	❑	❑	☞ *Gestaltung von CAD-Umgebungen (Kapitel 3)* ☞ *CAD-Software für die Tragwerksplanung (Kapitel 3)*
Haben Sie sich überlegt, was die Hardware in Zukunft leisten soll?	❑	❑	☞ *Arbeitsplatzrechner (Kapitel 3)* ☞ *Rechnerkommunikation (Kapitel 3)* ☞ *Multifunktionale DV-Ausstattung (Kapitel 3)*
Sind die Anforderungen an die Hardware bekannt?	❑	❑	☞ *Arbeitsplatzrechner (Kapitel 3)* ☞ *Peripheriegeräte (Kapitel 3)* ☞ *Arbeitsbelastungen (Kapitel 3)*
Sind Sie über die Datenhaltung bei CAD informiert?	❑	❑	☞ *Datenbanken (Kapitel 3)*
Ist Ihnen bekannt, was alles zur Neuausstattung der Arbeitsplätze nötig ist?	❑	❑	☞ *Software-Ergonomie (Kapitel 3)* ☞ *Vorbereitung des CAD-Einsatzes (Kapitel 2)* ☞ *DV-technischer Informationsfluß (Kapitel 3)* ☞ *Arbeitsplatzgestaltung (Kapitel 3)*
Haben Sie bereits ein Konzept für die Schulungsmaßnahmen?	❑	❑	☞ *Schulungsanforderungen (Kapitel 3)* ☞ *Schulungsplanung (Kapitel 3)* ☞ *Universitäre Aus- und Weiterbildung (Kapitel 3)*
Haben Sie ein Pflichtenheft erstellt?	❑	❑	☞ *Erstellen des Soll-Konzeptes (Kapitel 2)* ☞ *Checkliste Pflichtenheft (Abschnitt 4.2)*
Wissen Sie, was Sie von den Anbietern erwarten können?	❑	❑	☞ *Anbieter-Kunden-Beziehung (Kapitel 3)*

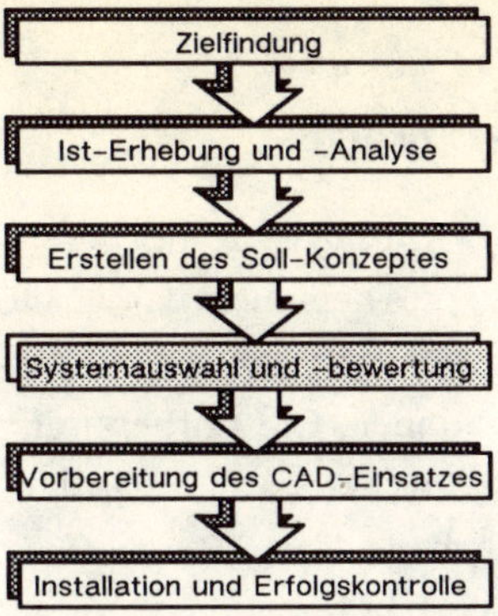

4. Arbeitsschritt:

Systemauswahl und -bewertung

Die Systemauswahl und -bewertung besteht aus der Informationsbeschaffung zur Vorauswahl sowie einer mehrstufigen Bewertung und Auswahl des Arbeitssystems auf der Basis des *Soll-Konzeptes (Pflichtenheft)*. Die Auswahl und Bewertung der Betriebsmittel muß evtl. durch Testinstallationen abgesichert werden.

Fragen:	JA NEIN	Wenn *NEIN*, dann lesen Sie:
Wissen Sie, wie die Systemauswahl und -bewertung durchgeführt wird?	❑ ❑	☞ *Systemauswahl und -bewertung (Kapitel 2)* ☞ *Vorgehensweise bei der Bewertung (Kapitel 3)*
Benötigen Sie Anleitung zur Durchführung einer Bewertung?	❑ ❑	☞ *Checkliste CAD-Software (Abschnitt 4.2)* ☞ *Checkliste Hardware (Abschnitt 4.2)* ☞ *Checklisten Beschaffung von Hard- und Software (Abschnitt 4.2)*
Sind Sie ausreichend über das Hard- und Software-Angebot informiert?	❑ ❑	☞ *Anbieter-Kunden-Beziehung (Kapitel 3)* ☞ *Beratungsinstitutionen und -adressen (Abschnitt 4.3)*
Wissen Sie, welche Bedingungen für den Erwerb von Hard- und Software zu vereinbaren sind?	❑ ❑	☞ *Beschaffung von Hard- und Software (Kapitel 3)*
Haben Sie klare Vorstellungen, wie Sie Beratungsgespräche mit Hardware- und Software-Anbietern führen wollen?	❑ ❑	☞ *Anbieter-Kunden-Beziehung (Kapitel 3)* ☞ *Externe Beratung (Kapitel 3)* ☞ *Arbeitsplatzrechner (Kapitel 3)* ☞ *CAD-Software für die Tragwerksplanung (Kapitel 3)*
Haben Sie Klarheit darüber, welche Ausgaben für Reorganisation und Betriebsmittel auf das Büro zukommen?	❑ ❑	☞ *Wirtschaftlichkeitsbeurteilung (Kapitel 3)* ☞ *Checkliste Kosten (Abschnitt 4.2)* ☞ *Finanzierung (Kapitel 3)*

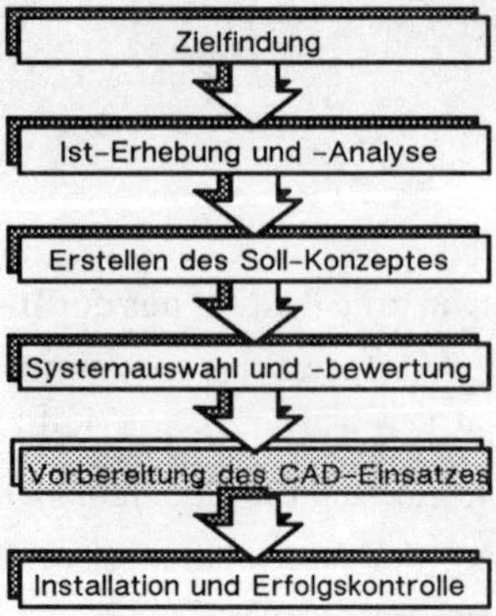

5. Arbeitsschritt:

Vorbereitung des CAD-Einsatzes

Die Vorbereitung des CAD-Einsatzes sollte bereits mit Abschluß des Soll-Konzeptes beginnen, damit alle notwendigen Maßnahmen rechtzeitig vor der Installation abgeschlossen werden können. Die Vorbereitung umfaßt Reorganisation der Projektbearbeitung, Gestaltung der Räume und Arbeitsplätze, Beschaffung des technischen Systems, Vorbereitung der System- und Nutzerbetreuung sowie der Schulung.

Fragen:	JA NEIN	Wenn *NEIN*, dann lesen Sie:
Wissen Sie, wie der CAD-Einsatz vorbereitet wird?	❑ ❑	☞ *Vorbereitung des CAD-Einsatzes (Kapitel 2)*
Sind die Mitarbeiter an der Vorbereitung des CAD-Einsatzes beteiligt?	❑ ❑	☞ *Mitarbeiterbeteiligung (Kapitel 3)* ☞ *Betriebsrat (Kapitel 3)*
Ist die Nutzer- und Systembetreuung (Hard- und Software) geregelt?	❑ ❑	☞ *Reorganisation der Projektbearbeitung (Kapitel 3)*
Ist bereits klar, welche Projekte mit CAD abgewickelt werden sollen?	❑ ❑	☞ *Ist-Erhebung und -Analyse (Kapitel 2)* ☞ *Reorganisation der Projektbearbeitung (Kapitel 3)*
Sind die Auswirkungen auf die Projektablauforganisation bedacht worden?	❑ ❑	☞ *Erstellen des Soll-Konzeptes (Kapitel 2)* ☞ *Arbeitsorganisation (Kapitel 3)*
Sind Regeln für die CAD-Bearbeitung und -Organisation im Büro aufgestellt worden?	❑ ❑	☞ *Reorganisation der Projektbearbeitung (Kapitel 3)*
Sind die Arbeitsabläufe bei der Raum- und Arbeitsplatzgestaltung angemessen berücksichtigt?	❑ ❑	☞ *Erstellen des Soll-Konzeptes (Kapitel 2)* ☞ *Vorbereitung des CAD-Einsatzes (Kapitel 2)* ☞ *Multifunktionale DV-Ausstattung (Kapitel 3)* ☞ *Arbeitsplatzgestaltung (Kapitel 3)*

Fragen:	JA NEIN	Wenn *NEIN*, dann lesen Sie:
Haben Sie daran gedacht, Arbeitsbelastungen abzubauen bzw. neue zu verhindern?	❑ ❑	☞ *Ist–Erhebung und –Analyse (Kapitel 2)* ☞ *Mitarbeiterbeteiligung (Kapitel 3)* ☞ *Arbeitsbelastungen (Kapitel 3)* ☞ *Arbeitsplatzgestaltung (Kapitel 3)* ☞ *Software–Ergonomie (Kapitel 3)*
Sind alle für die Geräte nötigen Installationen vorhanden (Stromanschluß, Kabelschienen, Beleuchtung, Mobiliar, Jalousien usw.)?	❑ ❑	☞ *Arbeitsplatzrechner (Kapitel 3)* ☞ *Arbeitsplatzgestaltung (Kapitel 3)* ☞ *Rechnerkommunikation (Kapitel 3)* ☞ *Peripheriegeräte (Kapitel 3)*
Ist eine ausreichende Schulung und Freistellung der Mitarbeiter gewährleistet?	❑ ❑	☞ *Schulungsplanung (Kapitel 3)* ☞ *Schulungsanforderungen (Kapitel 3)*
Sind die Interessen des Büros in den Verträgen angemessen berücksichtigt?	❑ ❑	☞ *Anbieter–Kunden–Beziehung (Kapitel 3)* ☞ *Finanzierung (Kapitel 3)* ☞ *Beschaffung von Hard– und Software (Kapitel 3)*
Benötigen Sie Handlungsanleitungen zur Vorbereitung des CAD–Einsatzes?	❑ ❑	☞ *Checkliste Beschaffung von Hard– und Software (Abschnitt 4.2)* ☞ *Checkliste Arbeitsplatzgestaltung (Abschnitt 4.2)* ☞ *Checkliste Schulung (Abschnitt 4.2)* ☞ *Checkliste Kosten (Abschnitt 4.2)* ☞ *Checkliste CAD–Betriebsvereinbarung (Abschnitt 4.2)*

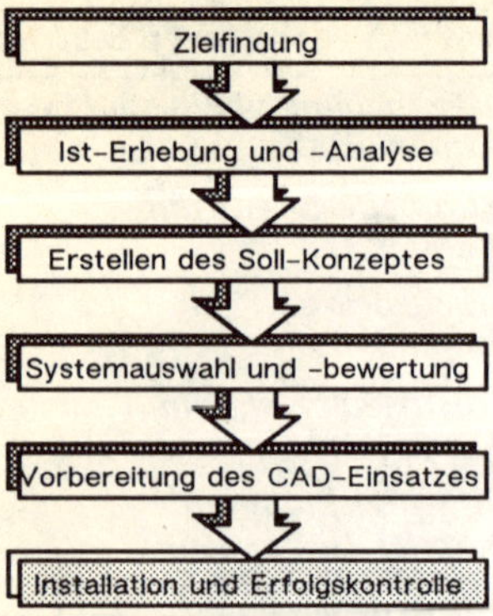

6. Arbeitsschritt:

Installation und Erfolgskontrolle

Die Installation soll durch Fachkräfte erfolgen. In jedem Fall sollte ein Mitarbeiter des Büros die Installation begleiten, um die nötigen Kenntnisse für den späteren Betrieb zu erhalten. Nach angemessener Erprobungszeit sollten sowohl die neuen Arbeitsstrukturen als auch das technische System hinsichtlich der Erfüllung der Ziele (Arbeitsschritt 1) überprüft werden. Durch die Erfolgskontrolle ist zu prüfen, ob die Ziele realisiert wurden, ob weitere Anpassungsmaßnahmen erforderlich sind oder ob eine erneute Reorganisation nötig wird.

Fragen:	JA	NEIN	Wenn *NEIN*, dann lesen Sie:
Wissen Sie, wie eine Erfolgskontrolle durchgeführt wird?	❑	❑	☞ *Installation und Erfolgskontrolle (Kapitel 2)*
Sind Ihnen die wichtigsten Schritte zur Installation bekannt?	❑	❑	☞ *Beschaffung von Hard– und Software (Kapitel 3)* ☞ *Technische Abnahme eines DV–Systems (Kapitel 3)* ☞ *Checkliste Installation (Abschnitt 4.2)*
Ist eine angemessene System– und Nutzerbetreuung gewährleistet?	❑	❑	☞ *Schulungsanforderungen (Kapitel 3)* ☞ *Vorbereitung des CAD–Einsatzes (Kapitel 2)*
Haben Sie genügend Einarbeitungszeit für Ihre Mitarbeiter kalkuliert?	❑	❑	☞ *Arbeitsbelastungen (Kapitel 3)* ☞ *Wirtschaftlichkeitsbeurteilung (Kapitel 3)*
Haben die Anbieter von Technik und Dienstleistungen ihre Vertragsbedingungen (Pflichtenheft) erfüllt?	❑	❑	☞ *Erstellen des Soll–Konzeptes (Kapitel 2)* ☞ *Beschaffung von Hard– und Software (Kapitel 3)*
Haben Sie Ihre Ziele erreicht?	❑	❑	☞ *Zielfindung (Kapitel 2)* ☞ *Erstellen des Soll–Konzeptes (Kapitel 2)* ☞ *Checkliste Erfolgskontrolle (Abschnitt 4.2)*

2. Phasen des Einführungsprozesses

Vorbemerkungen

Peter v. Mitschke–Collande/Günter Nitsche

In der Einleitung konnte den Fallbeispielen und der Feldstudie entnommen werden, wie sich der CAE/CAD–Einsatz heute darstellt und welche Erfahrungen einige Ingenieurbüros mit der neuen Technik gesammelt haben. Darüber hinaus wurden die besonderen Defizite eines systematischen Vorgehens bei der Planung und Realisierung des Einführungsprozesses angesprochen. Dies hat uns dazu veranlaßt, besonderes Augenmerk auf die Entwicklung einer 'Einführungsstrategie' zu legen und auf der Grundlage der Arbeitsschritte im Abschnitt 1.7 sechs Planungsphasen für den Einführungsprozeß zu definieren (Bild 1).

In den letzten Jahren wurde eine Reihe von Vorgehensweisen [1], [2], [3] zur Analyse, Bewertung und Auswahl von CAD–Systemen entwickelt, wobei jeweils unterschiedliche Aspekte im Vordergrund standen. In diesem Kapitel sind die Planungsphasen und die damit verbundenen Arbeitsschritte, die wir als Einführungsstrategie empfehlen, ausführlich beschrieben. Damit soll den Ingenieurbüros eine Handlungsorientierung zum systematischen Vorgehen bei der organisatorischen und technischen Planung, Realisierung und Erfolgskontrolle der CAD–Einführung gegeben werden. Die sechs Arbeitsschritte wurden pragmatisch ausgewählt und zunächst in sequentieller Reihenfolge beschrieben. Den Herausgebern ist dabei bewußt, daß eine strenge lineare Folge der Arbeitsschritte nicht realisierbar ist. Vielmehr wird sich ein *iteratives* Vorgehen in Regelkreisen einstellen, das sowohl Vorwärts– als auch Rückwärtsverkettungen beinhaltet. Einige Planungsschritte werden auch Querverbindungen erfordern. Dies ist z.B. bei der Erstellung des Soll–Konzeptes der Fall, in das nicht nur Informationen aus der Ist–Erhebung und –Analyse, sondern ebenso Konzepte aus der wissenschaftlichen Diskusssion und Modelle aus der Praxis eingehen. Es sind aber auch Regelkreise innerhalb einer Phase denkbar, z.B. die Entwicklung von Grob– und Feinkonzepten bei der Erstellung des Soll–Konzeptes.

Da die Arbeitsbedingungen und der Stand der Technik in jedem Büro unterschiedlich sind, kann eine exakte Vorgabe einzelner Planungsschritte kaum erfolgen. Sind doch die Verknüpfungen zu vielschichtig und die Zusammenhänge zu komplex. Das heißt, die Ingenieurbüros selbst müssen die Phasen und Schritte gemäß ihren Rahmenbedingungen modifizieren und ergänzen. So sind in größeren Ingenieurbüros die organisatorischen Fragen von zentraler Bedeutung, da mit der Einführung neuer Techniken möglicherweise der gesamte Aufgabenbereich umzustrukturieren ist. Für kleine und mittlere Ingenieurbüros dagegen sind die Technik und die damit verbundene Qualifizierung zentrale Themen.

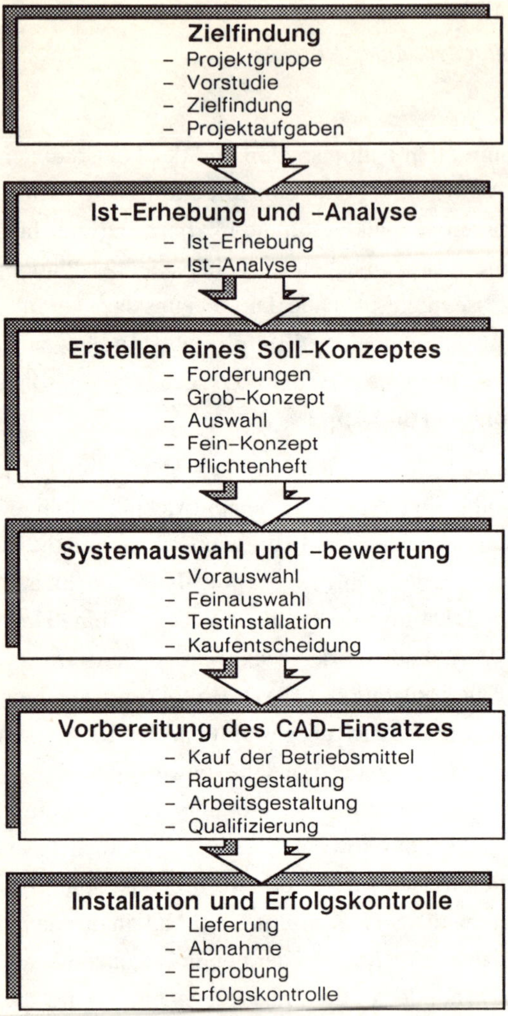

Bild 1: *Phasen und Schritte der CAD-Einführung*

In allen Phasen des Einführungsprozesses soll eine differenzierte Betrachtung der wesentlichen Problemstellungen erfolgen. So bilden im Entwurf der VDI-Richtlinie 2216 [1] organisatorische, technische, betriebswirtschaftliche und personelle Fragen die Schwerpunkte (Bild 2).

Im Unterschied dazu haben wir uns entschieden, in diesem Leitfaden die ingenieur- und arbeitswissenschaftlichen Aspekte in den Mittelpunkt zu stellen, ohne die übrigen Planungsebenen zu vernachlässigen.

Phasen / Planungssicht	Vorbereitung		Einsatz	
	Analyse	Bewertung und Entscheidung	Einführung und Betrieb	Erweiterung
organisatorische	UNTERNEHMENSEXTERN Marktsituation UNTERNEHMENSINTERN Aufbau-, Ablauforganisation Produktspektrum	CAD-ANWENDUNGSBEREICHE KONSTRUKTIONSBEREICHE Pilotanwendungen	ABLAUFORGANISATION funktionale Stellen Eingliederung ABLAUFORGANISATION CAD-Systembetrieb Arbeitstechnik	ERWEITERUNG DER EINSATZBEREICHE tätigkeitsorientiert (horizontal) ablauforientiert (vertikal)
technische	CAD-LEISTUNGSSPEKTRUM (allgemein)	CAD-SYSTEM Hardwarekomponenten Softwarekomponenten	INSTALLATION anwenderspezifische Systemaufbereitung (Implementierung)	SYSTEMERWEITERUNG Hardwarekomponenten Softwarekomponenten
betriebswirtschaftliche	VEFAHRENSVERGLEICH (ex ante) K_{man}/K_{masch}	VERFAHRENSVERGLEICH (ex ante) K_{masch1}/K_{masch2}	VERFAHRENSVERGLEICH (ex post) accounting	VERFAHRENSVERGLEICH (ex ante) K_{man}/K_{masch}
personelle	ARBEITSRECHTLICHE BESTIMMUNGEN	INDUSTRIAL RELATIONS VORSCHULUNG	MOTIVATION SCHULUNG BERUFSBILD ENTLOHNUNGSSYSTEME	

Bild 2: *Planungssichten bei der Vorbereitung und dem Einsatz von CAD-Systemen [1]*

Wenn Sie die einzelnen Planungsphasen und Arbeitsschritte betrachten, wird der Eindruck aufkommen, daß der Reorganisationsprozeß komplex ist. Damit entsteht die zentrale Frage: Kann das Büro den Prozeß allein organisieren, oder wäre es nicht sinnvoller, externe Berater hinzuzuziehen? Natürlich gibt es auf diese Frage keine allgemeingültige Antwort. Wir wollen hier nur folgendes zu bedenken geben:

- Auf der einen Seite kann ein erfahrener Berater besonders die Technikauswahl wesentlich beschleunigen, Fehlentscheidungen verhindern und gerade in der Anfangszeit viele wichtige Tips geben.

- Andererseits ist das Büro früher oder später wieder auf sich gestellt. Es führt also langfristig kein Weg daran vorbei, daß das Büro sich sowohl organisatorisches als auch DV-technisches Wissen erwirbt (oder einkauft), sofern es nicht in ständiger Abhängigkeit von externen Beratern leben will (☞ *Kapitel 3, Externe Beratung*).

Literatur

[1] VDI-Richtlinie 2216 (Entwurf): Datenverarbeitung in der Konstruktion, Einführungsstrategien und Wirtschaftlichkeit von CAD-Systemen. Düsseldorf: VDI Verlag 1990.

[2] Grob, R. u. H. Haffner: Planungsleitlinien Arbeitsstrukturierung, Systematik zur Gestaltung von Arbeitssystemen. Berlin: Siemens AG 1982.

[3] Fischer, W. u. M. Himmelstein: CAD/CAM-Anwendungen für die Elektrokonstruktion in der Fertigungsindustrie. Frankfurt/M.: Hüthig 1987.

2.1 Zielfindung

Günter Nitsche/Peter v. Mitschke-Collande

Vor dem eigentlichen Einführungsprozeß steht die Zielfindung. Gestaltungsziele beschreiben eine gewünschte künftige Situation. Es können Mängel in der heutigen Organisation vorliegen, die den Anstoß zur Reorganisation oder zur Einführung 'neuer Techniken' geben. Planungsbeteiligte, Management und Anwender sind sich dessen bewußt, daß zur Bewältigung der Aufgaben innerhalb der Organisationseinheit eine Veränderung herbeigeführt werden muß. Für die Einführung oder Erweiterung eines DV-Systems können die unterschiedlichsten Motive vorliegen. Anregungen können zum Beispiel durch Messebesuche, Berichte in Fachzeitschriften, strukturelle Veränderungen im Umfeld, Herstellerinformationen, generelle Entwicklungen in der Branche oder auch durch den Wunsch der Mitarbeiter zur Verbesserung der Arbeitssituation entstanden sein. Jeder der Beteiligten legt andere Kriterien zugrunde und argumentiert auf der Basis seines Kenntnisstandes. Ein einheitliches Meinungsbild existiert nicht. Vor diesem Hintergrund wird bereits deutlich, daß die Zielfindung von einer Vielfalt von Informationen, Bedürfnissen und Interessen beeinflußt werden kann.

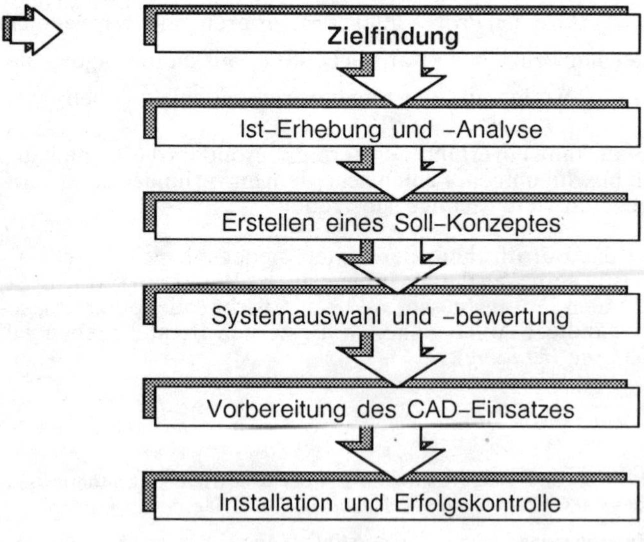

Bild 1: *Phase der Zielfindung bei der CAD-Einführung*

Der 'Problemdruck' ist sicherlich der wichtigste Anlaß für die Suche nach Gestaltungszielen für eine Veränderung. Beispielhaft sollen einige Aspekte angeführt werden:

- Die Auftragslage zwingt zur Steigerung der Kapazität oder zur Erhöhung der Arbeitsproduktivität.
- Es treten Symptome wie Zeitdruck, Streß, Krankenstand, Personalengpässe usw. auf, die die Abstellung der Ursachen erfordern.
- Der Auftraggeber verlangt eine bessere und konstantere Qualität der Ergebnisse.
- Der Änderungsdienst ist zu groß, der Zeitaufwand immens.
- Der Auftraggeber erwartet mehr Leistung in kürzerer Zeit. Der konventionelle Planungsprozeß ist zu langwierig und umständlich.
- Der Auftraggeber erwartet die Einführung eines neuen Systems. Wird die Einführung verweigert, kommt es nicht zum Vertragsabschluß!

Der Problemdruck, die vorgegebenen Sachzwänge oder die Konkurrenzsituation zwingen letztlich zu einer näheren Analyse in der Organisationseinheit, um Schwachstellen aufzuzeigen und Engpässe einzukreisen. Unter Einsatz geeigneter Instrumente lassen sich die Probleme in einen bestimmten Ursache–Wirkungs–Zusammenhang bringen und auf diesem Wege einem 'Problembaum' zuordnen, aus dem ein Zielbaum für die Reorganisation des Ingenieurbüros abgeleitet werden kann. Hierbei können technische oder organisatorische Ziele gleichrangig nebeneinander stehen. Eine Entscheidung über den Technikeinsatz als zentrale Maßnahme ist in dieser Phase noch nicht möglich. Vielmehr werden zur Realisierung eines Zieles i.d.R. alternative Maßnahmen möglich sein, die in den weiteren Planungsphasen zu bestimmen sind. Erfahrungen zeigen, daß ein Problem, eine momentane Situation, eine anstehende Veränderung bei genauerer Betrachtung sehr unterschiedliche Bewertungen erlaubt. Dieses wird besonders dann deutlich, wenn man sich eine gewisse Zeit mit den Fragen befaßt hat, evtl. sogar versucht, eine Niederschrift anzufertigen oder auch nur skizzenhaft etwas festhält. Der zunächst enge Blickwinkel vergrößert sich, und viele Randbedingungen und Restriktionen werden sichtbar, bis sich ein Zielbaum als Grundlage für die Reorganisation des Ingenieurbüros erstellen läßt (Bild 2).

Für die Entwicklung eines Zielbaumes ist es zunächst wichtig, sich ein Oberziel vorzugeben. Es könnte lauten: *Verbesserung der Aufgabenbearbeitung.* Als Hauptziele sind die Verbesserung der Arbeitsbedingungen und der Leistungsfähigkeit der Organisationseinheit zu nennen. Eine weitere Differenzierung ist bei der Setzung der Subziele notwendig. Im Zentrum stehen dabei die Mitarbeiter, die Neue Technologie und die Arbeitsorganisation.

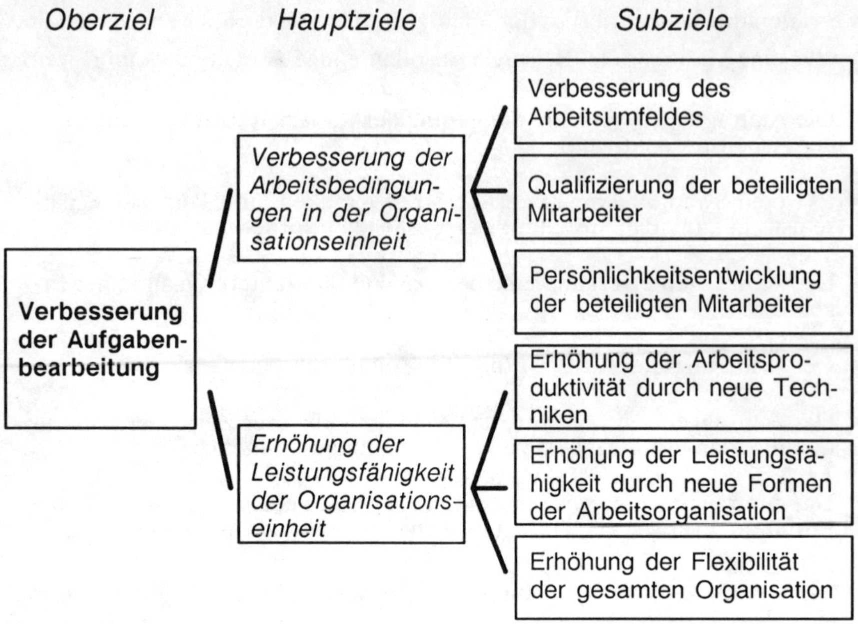

Bild 2: *Zielbaum zur Organisationsentwicklung (in Anlehnung an [1])*

2.1.1 Vorgehensweisen bei der Zielfindung

Die Zielfindung bedarf eines systematischen Vorgehens. Es empfiehlt sich, bereits in dieser Phase eine Projektgruppe zu bilden.

Die Zielfindung kann nur dann erfolgreich verlaufen, wenn die Betroffenen bereits frühzeitig in den Entscheidungsprozeß eingebunden (☞ *Kapitel 3, Mitarbeiterbeteiligung)* werden. Das Management sollte nicht allein entscheiden; zu viele Investitionsruinen mahnen. Die Entscheidung läßt sich auch nicht als Einzelentscheidung herbeiführen; vielmehr ist in Gruppengesprächen, an denen auch die Interessenvertreter (☞ *Kapitel 3, Betriebsrat*) teilnehmen sollten, eine intensive Diskussion notwendig. Es stellt sich die Frage, ob schon in diese Phase externe Beratungsleistungen eingebunden werden sollten. Sicherlich ist dies schwer zu beantworten, doch können Außenstehende die Problematik oft wesentlich schneller erfassen und möglicherweise neutraler beurteilen.

Zur Absicherung einer Zielvorgabe empfiehlt es sich, eine ☞ *Vorstudie, Kapitel 3,* zu initiieren, die die Rahmenbedingungen absteckt und eine erste Grobanalyse der Schwachstellen der Arbeitsorganisation, der Technikausstattung und der Personalstruktur umfaßt.

Im Rahmen dieser Vorstudie sind Fragen wie

- Was ist das Problem?
- Welche Schwachstellen liegen im System vor?
- Welche organisatorischen Engpässe gibt es?
- Existieren Ansatzpunkte für eine Reorganisation?
- Welche Ziele sollen verfolgt werden?

zu beantworten.

Die Versuchung ist sehr groß, auf diesen Planungsschritt zu verzichten. Eine Vielzahl Verantwortlicher glaubt, alle Lösungen parat zu haben und die einzelnen Strukturen genau zu kennen. Eine voreilige Entscheidung und damit vielleicht die Anschaffung eines ungeeigneten Systems kann dadurch verhindert werden, daß die Nutzer, möglicherweise die Anbieter, die Interessenvertreter und das Management, beteiligt werden (Bild 3).

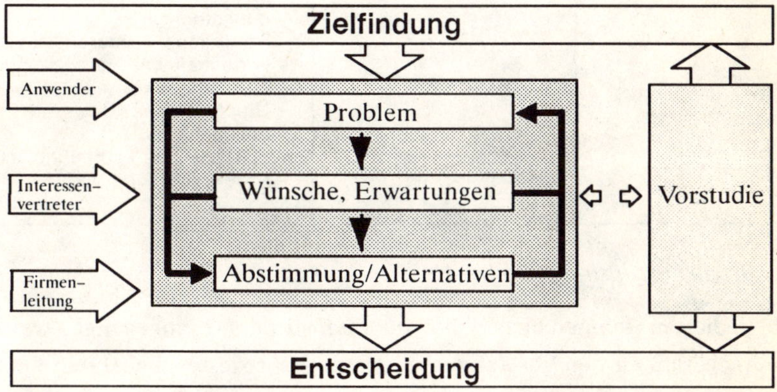

Bild 3: *Regelkreis zur Zielfindung*

Insofern erfordert die Zielfindung den Dialog zwischen den verschiedenen Beteiligten:

- Das Management bringt Kriterien zur Gesamtorganisation ein und macht Zielvorgaben.
- Der Nutzer bringt sein Fachwissen und die Anforderungen seines Fachgebietes ein.
- Der Anbieter, *wenn erforderlich,* bringt sein Wissen über die verfügbare Software und über alternative Möglichkeiten zur Realisierung ein.
- Die Interessenvertreter bringen soziale, rechtliche und arbeitsorganisatorische Aspekte ein.

Eine offene Diskussion zwischen diesen Partnern ermöglicht eine abgestimmte und sichere Zieldefinition. Dieses kommunikative Vorgehen bietet den Vorteil, daß neben den technischen Zielen auch soziale Aspekte einfließen. Durch eine frühe Einbindung der Beteiligten wird eine weitgehend konsensfähige Lösung gefunden. Voraussetzung für eine sozialverträgliche Zieldefinition ist die Beteiligung der betrieblichen Gruppen und Individuen in den verschiedenen Phasen des Zielfindungsprozesses über sog. 'Sozial-Techniken'. So sieht z.B. der Bund Junger Unternehmer für die Zielfindungsphase des Einführungsprozesses folgende Beteiligungsinstrumente vor (Bild 4):

Planungsphase	*Arbeitsstufe*	*Ausgewählte Instrumente*
Zielfindung	1. Zielsetzung	- Kommunikationstechniken - Problemlösungstechniken - Zielfindungsmethoden - Gruppenarbeit
	2. Strategie und Maßnahmeentwicklung	- Kommunikationstechniken - Problemlösungstechniken - Systems Engineering - Bewertungs- und Entscheidungstechniken - Operations Research Methoden - Wirtschaftlichkeitsrechnung - Teamentwicklung - Gruppenarbeit - Rollenanalysetechnik - Lebens- und Laufbahnplanung - Arbeitsstrukturierung

Bild 4: *Beteiligungsinstrumente [2]*

Obwohl in diesem Rahmen nicht näher auf die Instrumente eingegangen werden soll, wird deutlich, daß für den Verlauf des Zielfindungsprozesses die Akteure und deren Fachkompetenz von zentraler Bedeutung sind.

2.1.2 Ergebnis der Zielfindung

Ergebnis der Zielfindung muß die Präzisierung des Hauptzieles der Reorganisation des Ingenieurbüros und die Zusammenstellung eines überschaubaren Kataloges von Unterzielen sein. Der folgende Katalog von Unterzielen ist als Ergebnis denkbar:

- *Erhöhung der Arbeitskapazität des Ingenieurbüros*
  z.B. durch Steigerung der Arbeitsproduktivität bei gleichzeitiger Erhaltung des erfahrenen Personals
- *Steigerung der Auftragsflexibilität*
  z.B. durch Überwindung der engen Spezialisierung der Mitarbeiter und entsprechende Qualifizierung für alle Auftragsarten

- *Steigerung der Arbeitsproduktivität und –qualität*
  z.B. durch angemessene DV–Unterstützung

- *Verbesserung der internen Durchgängigkeit der Projektbearbeitung*
  z.B. durch horizontale Integration von Entwurf, Konstruktion, Zeichnen, Berechnen, Angebotserstellung, Textverarbeitung, Verwaltung etc.

- *Auswahl von leistungsfähiger Hard– und Software*
  z.B. unter Berücksichtigung der für das Büro erforderlichen flexiblen aufgabenspezifischen und software–ergonomischen Anpassungs– und Erweiterungsmöglichkeiten

- *Optimierung des technischen Ausstattungsgrades der Arbeitsplätze*
  z.B. mit Rechnern und Bildschirmen unter Beibehaltung eines bestimmten Anteils konventioneller technischer Arbeitsmittel (Mischarbeitsplätze)

- *Reduzierung der Arbeitsbelastungen*
  z.B. durch organisatorische Gestaltung der Arbeit, durch Vermeidung einseitiger körperlicher und mentaler Belastungen durch Mischarbeit mit nicht mehr als vier Stunden Bildschirmarbeit etc.

- *Qualifizierung aller Mitarbeiter*
  z.B. unter Berücksichtigung der neuen Aufbau– und Ablauforganisation des Büros, der Mischarbeit und der durch CAD bedingten neuen individuellen Arbeitsmethoden.

Die Zielfindung sollte mit einer Diskussion unter Einbindung aller Beteiligten abschließen. Dies ist von besonderer Bedeutung, da in dieser Phase noch erhebliche finanzielle Mittel eingespart werden können, wenn es nicht zur Einführung neuer DV–Techniken kommen sollte.

2.1.3 Beschreibung der Projektaufgaben

Neben den Gestaltungszielen für die Reorganisation sind auch die Aufgaben für die weitere Abwicklung des Einführungsprozesses (Projektmanagement) zu beschreiben.

Die Aufgabenbeschreibung kann sich beispielsweise an folgenden Fragen orientieren:

- Wie werden die Ziele gewichtet?
- Welche wirtschaftlichen Kriterien sollen erfüllt werden?
- Welche Bürobereiche werden mit welcher Priorität umstrukturiert?
- Welcher Finanzrahmen steht zur Verfügung?
- Welcher Zeitraum wird für die Veränderung vorgegeben?
- Welche Partner werden beratend von außen hinzugezogen?
- Wie setzt sich die Projektgruppe zusammen?

- Welche Kompetenzen hat die Projektgruppe?
- Wie werden die Mitarbeiter beteiligt?
- Welcher Personenkreis fällt die Entscheidungen?
- Welches sind die weiteren Arbeitsschritte bei der CAD-Einführung?

Literatur

[1] Wohlgemuth, A.C.: Das Beratungskonzept der Organisationsentwicklung. Bern 1982.

[2] Bundesverband Junger Unternehmer (Hrsg.),: Heute für morgen Inititativen mobilisieren, ein Leitfaden der Organisationsentwicklung. Bonn 1978.

2.2 Ist-Erhebung und -Analyse

Manfred Brede/Günter Nitsche

Die Erhebung und die Analyse des Ist-Zustandes der Gesamtorganisation des Ingenieurbüros bilden einen wichtigen Bestandteil des Einführungsprozesses. Sie ordnen sich nach der Zielfindung und vor der Erstellung des Soll-Konzeptes ein.

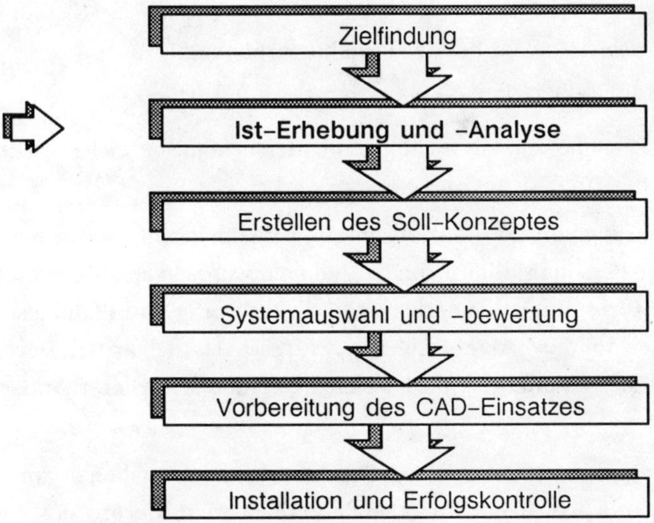

Bild 1: *Phase der Ist-Erhebung und -Analyse bei der CAD-Einführung*

In der Regel messen die Ingenieurbüros, die vor der Einführung neuer DV-Betriebsmittel stehen, der Erhebung und der Analyse des Ist-Zustandes eine zu geringe Bedeutung bei. Es wird entweder komplett auf eine Ist-Analyse verzichtet, oder sie wird nur unzureichend durchgeführt. Die Gründe für diese Situation liegen in der mangelnden Einsicht in die Notwendigkeit einer solchen, in der Scheu, Geld und Zeit dafür zu investieren. Vielfach wird auch deshalb darauf verzichtet, weil die Überzeugung vorherrscht, das Ergebnis der Untersuchungen aus der täglichen Arbeit bereits zu kennen. Einige vertreten die Auffassung, daß ihnen das Tätigkeitsfeld, respektive der Aufgabenbereich, genauestens bekannt ist, und verzichten deshalb auf eine Erhebung. Diese ablehnende Haltung ist u.a. durch fehlende Kenntnis über Art und Weise der Analysedurchführung begründet, aber auch durch das Unvermögen, die sich einstellenden Ergebnisse richtig bewerten zu können.

Eine zielgerechte und zeitsparende Abwicklung der Ist-Erhebung und -Analyse erfordert Kenntnisse, die dieser Artikel in einem ersten Schritt vermitteln will.

2.2.1 Organisation der Ist–Erhebung

Für die Durchführung der Ist–Erhebung und –Analyse ist der Zielkatalog *(☞ Kapitel 2, Zielfindung)* die wichtigste Grundlage. Mit der Einführung von DV–Betriebsmitteln werden beispielsweise folgende Ziele verfolgt:

- Produktivitätserhöhung oder eine Kostensenkung,
- Beschleunigung des Informationsflusses zwischen den Beteiligten,
- effizientere Abstimmung der einzelnen Bearbeitungsschritte,
- verbesserte Planungsqualität,
- verbesserte Durchgängigkeit bei der Projektbearbeitung,
- Vermeidung von Doppelarbeit.

Diese angestrebten Ziele helfen, die wichtigsten Untersuchungsbereiche festzulegen und die Ergebnisse der Analyse auszuwerten.

Projekten zur Einführung von DV–Betriebsmitteln ist gemeinsam, daß bisher i.d.R. keine Einsparung von Personalstellen erfolgte. Vielmehr wurde in den Ingenieurbüros erreicht, die Wettbewerbsfähigkeit zu erhalten und gleichzeitig ihre Planungsvielfalt zu erweitern. Bezogen auf die CAD–Einführung wird dies deutlich an den Beispielen Variantenkonstruktion, Planungsqualität und leichterer und schnellerer Änderungsdienst.

Aber Rationalisierungseffekte lassen sich u.U. auch mit konventionellen organisatorischen Maßnahmen erreichen. In der Regel reicht die Umstrukturierung der Arbeitsabläufe, die Ausweitung des Kompetenzbereiches der Mitarbeiter oder auch die bessere Abstimmung von Zeittakten. Sind solche Maßnahmen geplant, so muß in jedem Fall eine Ist–Erhebung mit anschließender Analyse und Bewertung durchgeführt werden.

Gegenstände der Erhebung des Ist–Zustandes sind:

- die vorhandene Organisationsstruktur,
- die Aufgaben, die in der vorhandenen Organisationsstruktur erfüllt werden,
- die Auftraggeber und ihre Aufträge,
- die Tätigkeiten der Mitarbeiter in dem zu untersuchenden Bereich,
- die Kooperationsbeziehungen innerhalb wie auch außerhalb der Abteilung,
- das Mengengerüst mit Feststellung des Bedarfs,
- die fachliche Qualifikationsstruktur der Mitarbeiter,
- Wünsche und Verbesserungsvorschläge.

2.2.1.1 Vorgehensweise bei der Durchführung einer Ist–Erhebung

Für die Durchführung einer Ist–Erhebung bietet die Fachliteratur grundsätzlich zwei Vorgehensweisen an.

Induktive Vorgehensweise: Vom Einzelfall zum Allgemeinen

Wird eine Ist–Erhebung nach der induktiven Vorgehensstrategie durchgeführt, werden alle in der Organisationseinheit vorhandenen Aufgaben, Abläufe, Kooperationsbeziehungen und Informationen nacheinander vollständig aufgenommen und im Rahmen der Ist–Analyse anschließend geordnet und bewertet. Die induktive Vorgehensweise ist dann anzuwenden, wenn das Untersuchungsfeld der Projektgruppe unbekannt ist, keine deutliche Organisationsstruktur vorliegt, die Erhebung überschaubar ist und eine klare Zielvorgabe sich noch nicht herauskristallisiert hat. Daraus läßt sich nicht zwingend eine Abwertung dieser Vorgehensweise ableiten. Als *Vorteile* dieser Methode sind u.a. zu nennen:

- die Neutralität,
- die Vollständigkeit der Untersuchungen.

Dem stehen folgende *Nachteile* gegenüber:

- erhöhter Zeitaufwand,
- Erfassung irrelevanter Daten.

Deduktive Vorgehensweise: Den Einzelfall aus dem Allgemeinen ableiten

Bei einer Ist–Erhebung nach der deduktiven Vorgehensweise werden, ausgehend von einer konkreten Zielvorstellung, nur Punkte aufgenommen, die zur Realisierung der DV–Einführung von Bedeutung sind. Dabei erfolgt parallel zur Erhebung eine ständige Abstimmung der gewonnenen Informationen mit der Zielvorgabe, so daß weitere Erhebungen zur Verfeinerung des Modells eingeleitet werden können. Dieses Vorgehen folgt dem *Top–Down*–Prinzip, von der Zielvorgabe über ein grobes Modell zu einer immer feineren Erhebung führend, wobei das verfeinerte Modell über eine punktuelle Erhebung gewonnen wird. Die Durchführung einer Ist–Erhebung nach der deduktiven Methode erfordert aufgrund ihrer Komplexität die Unterstützung der Projektgruppe durch erfahrene Berater (☞ *Kapitel 3, Externe Beratung*).

Die *Vorteile* dieser Methode sind:

- hohe Zeitersparnis,
- eine inhaltlich exakt auf das anstehende Organistionsproblem zugeschnittene Ist–Erhebung.

Diesen Vorteilen stehen folgende *Nachteile* gegenüber:

- Der Schwierigkeitsgrad erfordert Erfahrungen, an denen es oft im eigenen Hause mangelt.

- Eine Erhebung von Daten, deren Aufnahmenotwendigkeit vom Team bestimmt wurde, kann zur Vernachlässigung auf den ersten Blick nicht relevanter Bereiche führen. Unter Umständen ist damit keine neutrale Ist-Analyse mehr zu erzielen.

In der Praxis wird keine der Methoden ausschließlich angewandt, sondern es wird in Abhängigkeit von der Zielvorgabe des Projektes, von der Erfahrung der Projektgruppe und von den vorhandenen Restriktionen (z.B. zeitliche und finanzielle Aspekte) auf beide Vorgehensweisen zurückgegriffen.

2.2.2 Zuständigkeiten der Projektgruppe

In anderen Branchen haben sich zur Technikeinführung Stabsabteilungen etabliert, die i.d.R. der Arbeitsvorbereitung zugeordnet sind und den Produktionsablauf technisch und organisatorisch kontinuierlich umstrukturieren sollen. Besonders ausgeprägt ist dies im Automobil- und Maschinenbau, also in Bereichen mit Serienfertigung (große Stückzahlen, Massenproduktion). Für das Bauwesen stellt sich die Einführung moderner Betriebsmittel anders dar.

Es gibt keine Stäbe zur Reorganisation. Deshalb muß für die Ist-Erhebung ein Team aus dem Mitarbeiterkreis gebildet werden, das diese Aufgabe auf Zeit wahrnimmt. Eine Ausnahme sind kleinere Ingenieurbüros, deren Finanzsituation bzw. Personalstruktur es nicht zuläßt, mehr als eine Person mit der Ist-Erhebung zu beauftragen. Diese Personen müssen besonders hohen methodischen und fachspezifischen Anforderungen genügen. Das bedeutet, sie sollen Kenntnisse über Erhebungstechniken, über Darstellungstechniken und Analysearten besitzen und zugleich über ein ausreichendes Fachwissen, bezogen auf das zu untersuchende Fachgebiet und die einzuführende Technik, verfügen.

Im Vorfeld der Erhebungen ist die Projektgruppe für folgende Teilaspekte und Aufgaben verantwortlich:

- generelle Planung des Erhebungsablaufes,
- Auswahl der Teilerhebungen mit den zu Befragenden,
- Festlegung der Erhebungstechnik,
- Festlegung der Befragungstiefe,
- Erstellung von Fragebögen,
- Erstellung der Leitfäden zur Interviewführung.

Während der Durchführung der Erhebung hat die Projektgruppe folgende Aufgaben wahrzunehmen:

- Mithilfe bei der Durchführung,

- Dokumentation der Befragung,
- Koordination der Abläufe und Überwachung der Erhebung,
- Ortung möglicher Schwachstellen.

Es stellt sich generell die Frage, ob mit der Ist-Erhebung und -Analyse interne oder externe Personen beauftragt werden (☞ *Kapitel 3, Externe Beratung*). Die Vor- und Nachteile der beiden Personengruppen sollten nach den vorliegenden Gegebenheiten beurteilt werden. Für eine interne Personengruppe sprechen z.B. deren

- Kenntnisse über das Untersuchungsfeld,
- Wissen über interne Strukturen,
- Kenntnisse über die Anforderungen an das neue DV-System.

Eine externe Personengruppe ist bei Erwartungen an

- eine hohe Objektivität und Neutralität,
- eine größere Erfahrung hinsichtlich der Rationalisierung

zu empfehlen.

Eine gemischte Gruppe ist sinnvoll, wenn

- technische Aspekte nur von externen Spezialisten in das Projekt eingebracht werden können,
- neue Organisationsstrukturen zu schaffen sind,
- interne Arbeitsabläufe von Bedeutung sind.

2.2.3 Erhebungstechniken

Die Ist-Erhebung stellt eine Sammlung aller relevanten Informationen dar. Ziel ist es, mit möglichst geringem finanziellem und zeitlichem Aufwand vollständige und unverfälschte Informationen zu erheben. Als dazu benötigte Werkzeuge und Erhebungstechniken werden an dieser Stelle vorgestellt:

- das Interview,
- der Fragebogen,
- das Dokumentenstudium,
- die Beobachtung.

Auf andere, für ein DV-Einführungsprojekt weniger bedeutende Erhebungstechniken (z.B. Selbstaufschreibung, Berichtstechnik) wird an dieser Stelle nicht weiter eingegangen.

Der Erfolg ist nur dann sichergestellt, wenn die Betroffenen rechtzeitig in den Erhebungsprozeß eingebunden werden. Sie sollten im Vorfeld Informationen über die Ziele und den Ablauf der Ist–Erhebung erhalten, um damit Wünsche zu berücksichtigen, etwaige Widerstände abzubauen, also eine Beteiligung der Mitarbeiter zu forcieren, und ein möglichst gutes Verhältnis zur Projektgruppe entstehen zu lassen.

2.2.3.1 Interview

Das Interview als mündliche Befragung bietet der Projektgruppe die Möglichkeit, direkt und gezielt die benötigten Informationen zu erhalten. Der Projektgruppe, die in der Interviewtechnik (Grundsätze der Fragestellung, Gesprächstaktik, Dokumentation etc.) geschult sein sollte, stehen drei Interviewformen zur Verfügung:

- *Einzelbefragung*
  Eine Anzahl im Vorfeld ausgesuchter Mitarbeiter wird einzeln interviewt. Dadurch ist eine hohe Anzahl sachlicher Informationen, aber auch persönlicher Meinungen erhebbar. Die Einzelbefragung erfordert bei der Auswertung einen großen Zeitaufwand und ist bei der Durchführung mehrerer Gespräche oft nicht frei von Redundanz, was aber als Kontrolle durchaus erwünscht ist.

- *Gruppenbefragung*
  Die Gruppe ist homogen (Mitarbeiter gleicher Stellung in der betrieblichen Hierarchie) zusammenzusetzen. Die Gruppenbefragung erlaubt die schnelle Klärung von Zweifelsfragen und ist durch hohe Genauigkeit und Objektivität der Ergebnisse gekennzeichnet.

- *Konferenz*
  Die Konferenz sollte aus möglichst gleichrangigen Mitarbeitern der verschiedenen fachlichen Ebenen des Erhebungsfeldes bestehen. Es sollte sich eine Diskussion ergeben, in der neben den Informationen über Arbeitsabläufe, Aufgaben und Kommunikationswege auch die Schwachstellen des momentanen Zustandes und die Entwicklungstendenzen erfaßt werden. Die Steuerung der Diskussion und die exakte Dokumentation der Ergebnisse bereiten oft Schwierigkeiten.

Die Erhebung sollte auf einem systematisch vorbereiteten Fragenkatalog bzw. Gesprächsleitfaden basieren, der unbedingt der jeweiligen Zielgruppe angepaßt sein muß. Bei der Auswahl der zu Befragenden ist darauf zu achten, daß auch die Verantwortlichen (Chef, Abteilungsleiter usw.) nicht ausgespart bleiben. Während des Interviews sind die Antworten in einem Protokoll festzuhalten; später erstellte Gedächtnisprotokolle sind lückenhaft.

2.2.3.2 Fragebogen

Ein Fragebogen verlagert die Erhebungsarbeit auf die zu befragenden Mitarbeiter. Sie müssen über den Grund und das Ziel dieser Aktion ausreichend informiert werden, denn nur so ist eine ausreichende Motivation für die Ausfüllung des Fragebogens zu erreichen. Der Einsatz eines Fragebogens als schriftliche Erhebungstechnik ist nur dann sinnvoll, wenn

- der Kreis der Befragten ausreichend groß ist,
- die Fragen eindeutig formulier– und strukturierbar sind,
- die Fragen den spezifischen Gegebenheiten der Befragten angepaßt sind,
- die Auswertung durch die Projektgruppe ohne zeitraubende Nachfragen möglich ist.

Die *Vorteile* des Fragebogens im Vergleich zum Interview liegen u.a.

- im geringeren Zeit– und Kostenaufwand,
- im Wegfall bewußter und unbewußter Manipulationen durch den Erheber,
- in den durchdachteren und besser recherchierten Antworten der Befragten.

Die *Nachteile* gegenüber dem Interview bestehen u.a. darin, daß

- ein Fragebogen 'stationär' ist,
- keine Sicherheit über die Richtigkeit der gemachten Angaben besteht,
- keine flexible Anpassung der Fragestellungen an die Interviewsituation möglich ist.

Eine Fragebogenaktion muß sehr intensiv vorbereitet werden, das Untersuchungsfeld sollte bekannt sein. Die Fragestellungen müssen derart gestaltet sein, daß die Beantwortung eindeutig ist und mit der Zielvorgabe übereinstimmt.

In der Praxis hat es sich als günstig erwiesen, eine Kombination von Fragebogen und Interview für die Ist–Erhebung einzusetzen. Der Fragebogen dient dabei als Einstieg in die Ist–Erhebung. In ihn können im Vorfeld der durchzuführenden Interviews quantitative (z.B. Mengengerüste) und qualitative (z.B. Organisationsstrukturen) Fakten aufgenommen werden, die in eine effektive Vorbereitung der Interviews einfließen und die Interviewzeiten wesentlich verkürzen können.

2.2.3.3 Dokumentenstudium

Das Dokumentenstudium beinhaltet die Sichtung und Auswertung aller sachlichen Informationsträger, die Erkenntnisse über das zu analysierende Gebiet liefern. Das können sein:

- *organisatorische Unterlagen* (Organigramme, Stellenbeschreibungen etc.),
- *fachspezifische Unterlagen* (statische Berechnungen, Zeichnungen etc.).

Es bietet sich an, das Dokumentenstudium am Anfang einer Ist–Erhebung als Vorbereitung für andere Erhebungstechniken oder als Ergänzung durchzuführen.

2.2.3.4 Beobachtung

In der Literatur wird zwischen *ungeplanten Beobachtungen* und *speziellen Beobachtungstechniken* unterschieden. Zu den *ungeplanten Beobachtungen* zählen z.B. die Aufnahme der Häufigkeit und Dauer von Störungen der Mitarbeiter. Die ungeplanten Beobachtungen ergeben sich bei jedem Besuch der Projektgruppe oder bei der Durchführung der Interviews.

Bei der *speziellen Beobachtungstechnik* wird der Mitarbeiter am Arbeitsplatz beobachtet. Als anzuwendende Methoden kommen in Betracht:

- die *Multimomentmethode*,
  ein Stichprobenverfahren, das Aussagen über die prozentuale Dauer bzw. Häufigkeit von Vorgängen liefert und
- die *Dauerbeobachtungsmethode*,
  die eine kontinuierliche Beobachtung des Arbeitsplatzes über mehrere Tage verlangt.

Die Anwendung der Beobachtungsmethoden ist der Literatur zu entnehmen. Beide Techniken sind nur mit Zustimmung des zu beobachtenden Mitarbeiters durchzuführen, da es sonst zu falschen Ergebnissen kommen kann.

2.2.4 Erhebung und Analyse

Gegenstände und Methoden der *Erhebung* des Ist-Zustandes können nicht von einer Organisation auf die andere übertragen werden, da die Randbedingungen grundsätzlich unterschiedlich sind. Das Aufgabenspektrum, die Mitarbeiterstruktur, die Zielsetzung, die Kommunikationsbeziehungen, die Größe der Organisationseinheit u.a. können die Art der Erhebung maßgeblich beeinflussen. Deshalb sollte vor der Durchführung der Erhebung in jedem Fall ein Informationsgespräch zwischen dem Auftraggeber und der Projektgruppe stattfinden, in dem alle wichtigen Fragen geklärt und hinsichtlich ihrer Bedeutung gewichtet werden. Aus diesem Informationsgespräch lassen sich dann erste Strategien zur Durchführung entwickeln, aber auch das Untersuchungsfeld läßt sich definieren.

Bei der *Analyse* des Ist-Zustandes werden die erhobenen Daten, Informationen, Unterlagen, Wünsche der Mitarbeiter etc. geordnet, gefiltert und gewichtet. Um mit der Analyse eine wichtige Arbeitsgrundlage für das ☞ *Erstellen des Soll-Konzeptes, Kapitel 3,* zu schaffen, muß die Ist-Analyse schriftlich festgehalten werden. Aus dieser Dokumentation sollte hervorgehen, welche Erhebungen vorgenommen wurden und zu welchen Ergebnissen sie geführt haben.

Es empfiehlt sich, Ist-Erhebung und Ist-Analyse in zwei getrennten Durchgängen durchzuführen. Zur Vereinfachung der Darstellung werden diese beiden Schritte hier zusammengefaßt.

Folgende Bereiche sind bei der Ist-Erhebung und -Analyse Gegenstand der Untersuchungen:

- Organisationsstruktur,
- Kommunikationsbeziehungen,
- Mengengerüst,
- Aufgaben der Abteilungen,
- Arbeitsabläufe,
- Datenstruktur,
- vorhandene Betriebsmittel,
- Räume und Arbeitsplätze,
- Tätigkeiten der Mitarbeiter.

2.2.4.1 Organisationsstruktur

Erhebung

Die Erhebung der Organisationsstruktur der zu analysierenden Abteilung (☞ *Kapitel 3, Arbeitssystem*) bildet für die Projektgruppe den Einstieg in die Ist-Erhebung. Aufgenommen werden:

- die Organisationsstruktur,
- die Stellenbeschreibungen der Mitarbeiter,
- die Qualifikationsmerkmale der Mitarbeiter,
- die Mitarbeiterentwicklung der letzten Jahre.

Die Organisationsstruktur stellt ein grobes Raster dar, dessen Feinstruktur sich aus der weiteren Erhebung ergibt. Es ist zweckmäßig, den vorgefundenen Organisationsaufbau anhand eines Organigramms aufzuzeigen; darin sollte die Mitarbeiterstruktur mit folgenden Angaben enthalten sein:

- Name,
- Qualifikation,
- Alter,
- Dauer der Betriebszugehörigkeit,
- Vertreter,
- wahrzunehmende Haupt- und Nebenaufgaben.

Besonders die *Stellenbeschreibungen der Mitarbeiter* entsprechen oft nicht dem aktuellen Stand. Das Tätigkeitsfeld hat sich verändert, die Beschreibungen sind dem Ist-Zustand anzupassen. Zudem ist die Mitarbeiterentwicklung der letzten zehn Jahre mit Auflistung der Qualifikationen und unter Berücksichtigung der Fluktuation zu erstellen:

- Dipl.-Ing. TU,
- Dipl.-Ing. FH,
- Techniker,
- Bauzeichner,
- Verwaltungsangestellte.

Vorschläge zur Änderung von Organisationsstrukturen oder zu Veränderungen auf der Ebene der Mitarbeiter sollen an dieser Stelle nicht vorgenommen werden. Erkenntnisse über die Leistungsfähigkeit und zu den Problemen der Organisationsstruktur sollen jedoch Berücksichtigung finden.

2.2.4.2 Kommunikationsbeziehungen

Erhebung

Im Rahmen der Einführung moderner DV-Betriebsmittel kommt der Erhebung vorhandener Kommunikationsbeziehungen eine wesentliche Bedeutung zu. Zur Durchführung einer Kommunikationserhebung muß zunächst Klarheit darüber herrschen, welche informellen Beziehungen zwischen den Mitarbeitern und gegebenenfalls zu den externen Partnern bestehen. Es sind auch Beziehungen aufzunehmen, die nicht direkt aus der Erhebung der Arbeitsabläufe oder der Organisationsstruktur hervorgehen.

Informationsaustausch bzw. -beschaffung findet über verschiedene Medien statt. Diese können z.B. sein:

- Besprechungen, Abstimmungsgespräche,
- Telefongespräche,
- Sichten von Akten, Zeichnungen, Vermerken und Vorschriften,
- Austausch von Handskizzen, z.B. per Telefax,
- Einsichtnahme in Literatur.

Diese stichpunktartige Auflistung zeigt bereits, daß der Kommunikationsumfang erheblich sein kann, besonders dann, wenn eine starke Einbindung externer Partner besteht. Hinsichtlich der Erhebung stehen verschiedene Techniken (mündliche Befragung, Fragebogen, Strichliste, Beobachtung) zur Verfügung.

Eine komprimierte Erfassung der Kommunikationsbeziehungen ist – trotz sich ergebender Überschneidungen – unerläßlich und sollte folgende Punkte umfassen:

- Kommunikationswege,
- Kommunikationsmittel,
- Kommunikationsinhalte,

- Kommunikationsdauer und -häufigkeit,
- Kommunikationspartner.

Eine Unterteilung in eine interne und externe Kommunikationsstruktur-Erhebung bietet sich an.

Analyse

Auch die Analyse richtet sich auf die internen und externen Kommunikationsstrukturen. Sie muß Aufschluß über Form, Inhalt und Bedeutung der Informationen und den momentanen Übermittlungsweg geben. Es ist zu untersuchen, welche Personen bzw. Gruppen (interne wie auch externe) miteinander kommunizieren.

Einen Schwerpunkt der Analyse bildet die Aufnahme der Kommunikationswege und ihrer Intensität. Gegebenenfalls sind von der Projektgruppe auch Kontakte zu externen Partnern aufzunehmen, um deren Informationsbedarf und die sich daraus ergebenden Anforderungen an eine DV-gestützte Kommunikation in die Analyse einzubeziehen.

2.2.4.3 Mengengerüst

Erhebung

Unter dem Begriff *Mengengerüst eines Ist-Systems* wird das Volumen der zu bearbeitenden Aufgaben verstanden (Bild 2).

Dazu gehören z.B. für ein Büro für Tragwerksplanung:

- die Anzahl der Aufträge pro Jahr in Abhängigkeit von der Rohbausumme, untergliedert z.B. nach Aufstellung und Prüfung einer Tragwerksplanung;
- der Umfang der statischen Berechnungen (Anzahl der Seiten), unterteilt in schriftliche Berechnungen und DV-Berechnungen;
- die Anzahl der Positions- und Ausführungspläne, unterteilt z.B. für den Stahlbetonbau in Schal- und Bewehrungspläne;
- der Umfang (Anzahl der Seiten, Telefongespräche etc.) der Kommunikation mit den Planungsbeteiligten.

Es geht hierbei nicht um exakte Angaben, sondern mehr um eine größenmäßige Einordnung des Volumens.

Die Ergebnisse der Erhebung des Mengengerüstes sind wichtige Eingangsparameter für das *Soll-Konzept*. Denn nur wenn das vorhandene Volumen bekannt ist, lassen sich die Komponenten des neuen DV-Systems (Anzahl der CAD-Arbeitsplätze, Art der Ausgabemedien, z.B. Stiftplotter oder Elektrostat, und Datenträger, z.B. Speichermedien) richtig dimensionieren.

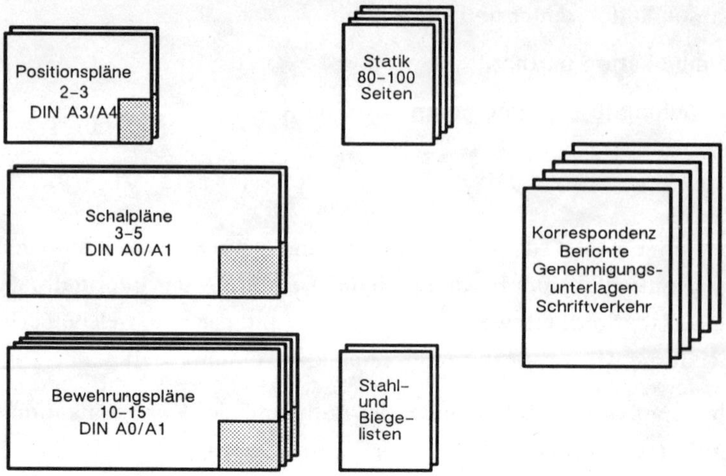

Bild 2: *Mengengerüst am Beispiel einer Tragwerksplanung*

Analyse

In der Analyse soll eine Zusammenstellung des erhobenen Mengengerüstes erfolgen. Es werden nur die vorhandenen Ist–Werte dargestellt. Eine Abschätzung der möglichen quantitativen Veränderung des Mengengerüstes durch DV–Einführung muß innerhalb des Soll–Konzeptes geschehen.

2.2.4.4 Aufgaben der Abteilungen

Erhebung

Ziel der Erhebung ist es, eine klar strukturierte Aufstellung der in den Abteilungen anfallenden Aufgaben inkl. der daraus resultierenden detaillierten Anforderungen zu erhalten. Eine Übersicht wird durch die Erfassung der Aufgaben einzelner Hierarchieebenen erreicht. So ist es möglich, von den Hauptaufgaben (z.B. Tragwerksplanung) zu den Teilaufgaben (z.B. Erstellung der Stahl– und Biegeliste) zu gelangen, die in den meisten Fällen von verschiedenen Mitarbeitern ausgeführt werden. Die Zuordnung der Teilaufgaben setzt die genaue Erhebung der Gesamtaufgaben voraus.

Im Vorfeld ist zu untersuchen, welche Schwerpunkte hinsichtlich der Ausrichtung der Abteilung vorliegen. Sind es unterschiedliche Objekte, z.B. des Massiv–, Holz– oder Stahlbaus, so ergeben sich daraus Unterschiede in der Bearbeitung der zeichnerischen Unterlagen (Beispiel: Schal– und Bewehrungspläne, Stahlbaupläne, Holzkonstruktionspläne). Sind es generell Aufgaben des Massivbaus, dann ergibt sich daraus eine Differenzierung nach dem Material, z.B. in Stahlbeton oder Spannbeton. Es empfiehlt sich, die gewonnenen Erkenntnisse mit Hilfe eines Aufgabenbaumes darzustellen. Bild 3 zeigt den Ausschnitt eines Aufgabenbaumes aus einem Büro für Tragwerksplanung.

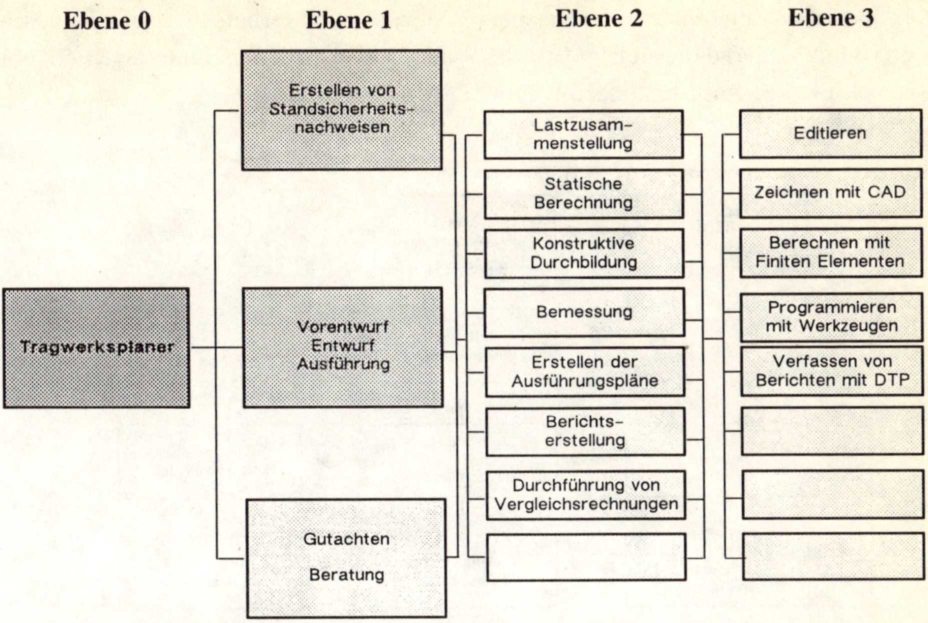

Bild 3: *Beispiel eines Aufgabenbaums der Tragwerksplanung*

Da Haupt- und Teilaufgaben nicht isoliert gesehen werden können, ist eine Erhebung der Aufgabenzusammenhänge und -abhängigkeiten erforderlich. Erkennbar ist, daß eine Teilaufgabe durchaus mehrere Verknüpfungen mit den Hauptaufgaben enthalten kann. Während der Sammlung der Aufgaben stößt man zwangsläufig auf Abläufe und Arbeitsschritte, die zur Lösung einer Aufgabe gehören. Daher erfolgt die im nächsten Abschnitt beschriebene Erhebung der Arbeitsabläufe in der Regel parallel zur Aufgabenerhebung.

2.2.4.5 Arbeitsabläufe

Erhebung

Die Erhebung der Arbeitsabläufe führt zur Einordnung der Aufgaben in den zeitlich ausgerichteten Ablaufplan (Bild 4). Ein Aufgabenablaufplan ist eine dynamische Ergänzung zur statischen Aufgabensammlung, wie sie z.B. der Aufgabenbaum darstellt. Es werden sowohl die zeitliche Abfolge der Aufgaben nacheinander als auch aufgabenbedingte Wiederholungen (z.B. Optimierungsschleifen) erfaßt. Der Detaillierungsgrad der Ablaufpläne ist dem angestrebten Ziel anzupassen. Ist z.B. in einem Ingenieurbüro die CAD-Einführung zur Erstellung von Schal- und Bewehrungsplänen vorgesehen, so ist der Ablauf der Planerstellung mit allen Einflüssen aus anderen Aufgabengebieten detailliert zu erfassen. Die Ablaufpläne können in einzelnen Stufen entwickelt und dann an den relevanten Punkten verfeinert werden. Die Aufgaben und die daraus resultierenden Arbeitsabläufe sind sowohl verbal als auch graphisch (vgl. Bild 2 und 4) darzustellen. Erst die Sichtung aller Erhebungsunterlagen erlaubt die vollständige Auflistung der Aufgaben.

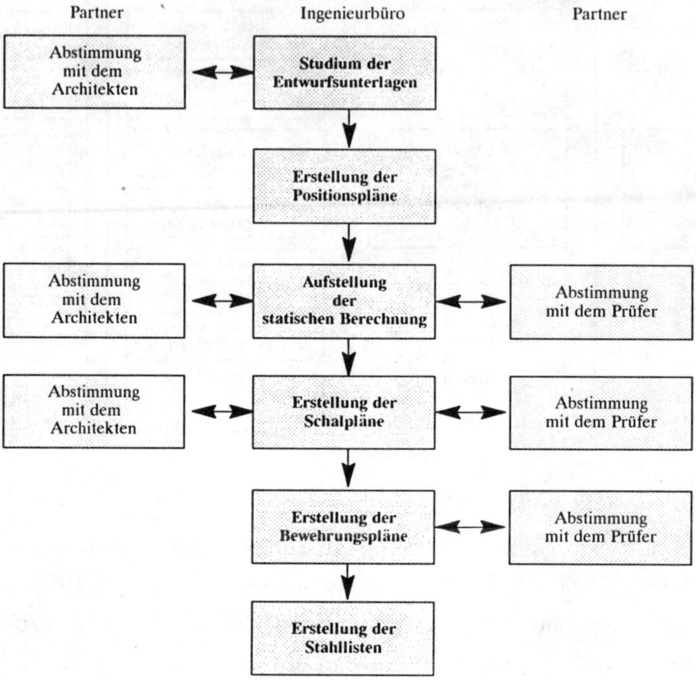

Bild 4: *Grober Ablaufplan einer Tragwerksplanung im Stahlbetonbau*

Analyse

Die Analyse der Aufgaben und der daraus resultierenden Arbeitsabläufe ist die Voraussetzung für eine vollständige Organisationsanalyse. Es werden allerdings nur diejenigen Teilbereiche einer ausführlichen Analyse unterzogen, die auch nach Abschluß des Einführungsprozesses noch vorhanden sein werden. Grundlage der Aufgaben- und Ablaufanalyse sind folgende Fragestellungen:

- Ist die Aufgabe insgesamt sinnvoll und notwendig?
- Ist der Arbeitsablauf richtig strukturiert und organisiert?
- Welche Hilfsmittel werden zur Bearbeitung eingesetzt?
- Welche Kontrollinstanzen sind eingebunden, und wann greifen sie in den Ablauf ein?
- Sind die Arbeitsergebnisse akzeptabel?

- Wie oft wird die Aufgabe ausgeführt?
- Ist das Arbeitsergebnis noch zeitgemäß?
- Wie ist der Aufwand zu beurteilen?
- Welche Probleme treten auf?
- Gibt es Verbesserungsvorschläge der Mitarbeiter?

2.2.4.6 Datenstruktur

Erhebung

Die Zusammenstellung der Informationsträger und die kritische Sichtung ihrer Informationsinhalte bilden einen weiteren Aufnahmeschwerpunkt. In einem Büro für Tragwerksplanung gehören zu den bei der Auftragsabwicklung zu erstellenden Informationsträgern z.B.

- statische Berechnungen,
- Zeichnungen,
- Materiallisten.

Demgegenüber stehen die ständig vorhandenen Informationsträger, z.B.

- DIN–Normen,
- spezielle technische Vorschriften,
- vorhandene Richtlinien des Büros.

Analyse

Die *Informationsanalyse* widmet sich folgenden Fragestellungen:

- Welche Informationen liegen vor der Bearbeitung in welcher Form und von wem vor? (Sind sie rechtzeitig vorhanden?)
- Unterliegen die Eingangsinformationen im Laufe einer Auftragsabwicklung Änderungen?
- Wer kontrolliert wie und wann die zu bearbeitenden Informationen?
- Welche Informationen liegen nach der Bearbeitung vor? (In welcher Form? An wen werden sie weitergegeben?)
- Wer kontrolliert wie und wann das Ergebnis der Bearbeitung?
- Fehlen aus der Sicht der Mitarbeiter noch Informationen für die Bearbeitung? (Wie werden sie derzeit beschafft?)
- Ergeben sich aus den Inhalten besondere Anforderungen an die neu einzuführenden DV–Betriebsmittel?
- Fehlen aus der Sicht der Mitarbeiter Informationen zur optimalen Aufgabenerfüllung?
- Können Informationen DV–gerecht aufgearbeitet werden?

2.2.4.7 Vorhandene Betriebsmittel

Erhebung

Eine Auflistung der vorhandenen Betriebsmittel ist vorzunehmen. Es sollen nicht nur die vorhandenen DV–Ausstattungen erfaßt, sondern auch konventionelle Betriebsmittel (Zeichenmaschinen, Lichtpauseinrichtungen u.ä.) berücksichtigt werden. Zur Veranschaulichung der vorhandenen räumlichen Situation sollte eine Skizze erstellt werden.

Analyse

Die *Betriebsmittelanalyse* soll Aufschluß über die weitere Nutzung der vorhandenen Betriebsmittel nach Einführung eines neuen Arbeitssystems geben und insbesondere die mögliche Einbindung der vorhandenen DV–Ausstattung in die neue Umgebung bewerten. Dabei ist zu untersuchen, ob die vorhandenen DV–Betriebsmittel noch dem technischen Stand und den Anforderungen der Mitarbeiter entsprechen.

2.2.4.8 Räume und Arbeitsplätze

Erhebung

Bei der Ist–Erhebung für DV–Einführungsprojekte wird den vorhandenen Räumen und Arbeitsplätzen oft wenig Beachtung geschenkt. Folgende Bedingungen sollten jedoch erfaßt werden:

- *Die Zuordnung der Räume zueinander*
  stellt ein wichtiges Kriterium für die künftige Installation vernetzter Arbeitsplätze und zentraler Ausgabemedien dar.
- *Die vorhandene Installation*
  ist auf das Vorhandensein von Versorgungsleitungen und eine ausreichende Anzahl von Anschlüssen zu überprüfen.
- *Die Ausstattung der Räume,*
  wozu u.a. die Raumaufteilung, die Beleuchtung und die Möglichkeit der Verdunkelung der Fenster zählen, ist aufzunehmen.
- Auch die *Ausstattung der Arbeitsplätze* (Tische, Stühle, Arbeitsplatzleuchten etc.) und deren Anordnung sind zu erfassen.

Die Erfassung der vorhandenen Räume und Arbeitsplätze bietet die Grundlage für mögliche Umbaumaßnahmen und die Neubeschaffung von Büromöbeln.

Analyse

Die Analyse umfaßt sowohl die Arbeitsräume als auch die darin befindlichen Arbeitsplätze. Zur Veranschaulichung der vorhandenen Situation sollte eine Skizze erstellt werden. Die Analyse erfolgt nach funktionalen, technischen und ergonomischen Kriterien und hat das Ziel, die Nutzbarkeit der Räume und Arbeitsplätze im Zusammenhang mit der Einführung eines neuen Arbeitssystems sicherzustellen.

2.2.4.9 Tätigkeiten der Mitarbeiter

Erhebung

Sind die Aufgaben und die Arbeitsabläufe bekannt, bildet die Erhebung der Tätigkeiten der Mitarbeiter den nächsten Schritt. Im einzelnen sind Erhebungen zu folgenden Aspekten notwendig:

- Tätigkeiten der einzelnen Mitarbeiter,
- Zeitaufwand für die einzelnen Tätigkeiten,
- Arbeitsschwerpunkte der gegenwärtigen Struktur,
- Zuordnung der Mitarbeiter zu den Tätigkeiten aus den Ablaufplänen (z.B. *Statiker*: Aufstellung der statischen Berechnung, z.B. *Bauzeichner*: Erstellung der Schalpläne),
- besondere Probleme der Auftragsabwicklung aus Mitarbeitersicht,
- Arbeitsbelastungen.

Analyse

Die *Tätigkeitsanalyse* besteht aus einer Zusammenstellung aller von den Mitarbeitern wahrgenommenen Tätigkeiten. Es ist zu untersuchen, ob gleiche Tätigkeiten von mehreren Mitarbeitern durchgeführt werden. Unterschiede in der bisherigen Abwicklung sind zu analysieren und, es ist zu untersuchen, ob Informationen zentral vorgehalten werden. Ferner ist zu ermitteln, ob die Tätigkeiten dem jeweiligen Qualifikationsniveau der Mitarbeiter entsprechen.

Die Tätigkeitsanalyse gibt noch keine Auskunft über Arbeitsvorgänge, die sich nach der DV-Einführung neu ergeben.

2.2.5 Auswertung der Ist-Analyse

Die Ergebnisse der Ist-Erhebung werden in Form von Beschreibungen und Zeichnungen dokumentiert, die eine wichtige Grundlage für die weitere Planung bilden. Mögliche Auswertungsergebnisse der Ist-Erhebung eines Ingenieurbüros sollen beispielhaft in Form folgender Thesen zusammengefaßt werden:

- *Organisationsstruktur*
  Das Ingenieurbüro ist durch einen Personalbestand von 8 Personen mit einem Altersdurchschnitt von 50 Jahren gekennzeichnet. Es ist streng hierarchisch an den Aufgaben der Tragwerksplanung entlang organisiert. Beschäftigt sind neben dem Büroleiter (Dipl.-Ing.TU), 3 Statiker (Dipl.-Ing. TU), 3 Konstrukteure (Dipl.-Ing. FH) und 2 Technische Zeichner. Der Anteil der Bauzeichner liegt bei 25%. Es liegen keinerlei Erfahrungen mit CAD vor.

- *Kommunikationsbeziehungen*
  Im Ingenieurbüro gibt es zwar DV-Unterstützung für den Aufgabenbereich Statik und Textverarbeitung, nicht aber für Konstruktion und Planerstellung. Es ist keinerlei technische Integration (horizontal) vorzufinden, ineinander verzahnte Aufgabenbereiche tauschen Informationen nur über konventionelle Hilfsmittel (Zeichnungen, Formulare, Akten) aus, hausinterne Abstimmungsgespräche sind von zentraler Bedeutung. Für den Informationsaustausch zwischen dem Ingenieurbüro und den externen Planungsbeteiligten stehen Postweg, Telefon und Telefax zur Verfügung.

- *Mengengerüst*
  Eine DV-gestützte vertikale Integration der Projektbearbeitung ist nicht vorhanden. Aufgrund der erheblichen Mengen und des immensen Zeitdrucks werden die Zeichnungen durch Boten zur Baustelle oder zum Prüfingenieur gesandt. Der Postversand der Zeichnungen verursacht unnötigen Zeitaufwand. Die erforderlichen Abstimmungsgespräche sind mit einem erheblichen Zeitaufwand verbunden, sowohl intern als auch extern. Die wachsende Auftragslage führt zur Ausweitung des Mengengerüstes. Die gegenwärtige Situation - hohe Auftragslage - wird durch eine erhebliche Anzahl an Überstunden bewältigt.

- *Aufgaben der Abteilungen*
  Die Statiker beschäftigen sich ausschließlich mit dem Aufstellen von Standsicherheitsnachweisen. In geringem Umfang nehmen sie an Abstimmungsgesprächen teil. Die Konstrukteure sind für die gesamte konstruktive Durchbildung der Bauobjekte zuständig. Die Statiker machen Vorschläge zu den Bauteilabmessungen. Die Konstrukteure nehmen Anleitungsfunktionen für die Technischen Zeichner wahr. Die Zeichnungserstellung erfolgt derzeit immer noch am Zeichenbrett. Die Technischen Zeichner sind ausschließlich für die Erstellung der Schal- und Bewehrungspläne zuständig. Ein Technischer Zeichner ist auf Bewehrungspläne spezialisiert. Als besonders nachteilig erweist sich diese Trennung und Spezialisierung bei der Projektbearbeitung.

- *Arbeitsabläufe*
  Die vorgefundene starre Arbeitsteilung hat zur Konsequenz, daß der verantwortliche Abteilungsleiter alle Stadien der Projektbearbeitung kontrollieren muß. Die Abstimmungen, insbesondere zwischen Konstrukteur und Technischem Zeichner, sind zeitintensiv. Organisations- bzw. Kommunikationsstruktur und starre Arbeitsteilung zwischen den Abteilungen führen zu sehr hohen Durchlaufzeiten bei der Tragwerksplanung. Die Schwachstellen zeigen, daß eine Verbesserung der Durchgängigkeit sowohl auf organisatorischem als auch auf technischem Wege möglich ist.

- *Datenstruktur*
  Im Ingenieurbüro gibt es eine Vielfalt von Daten- und Informationsbeständen, die bisher weitgehend konventionell erstellt werden. Lediglich aus den durchgeführten statischen Berechnungen existieren Datenbestände in Form von Dateien, die auf Disketten und Magnetbändern archiviert werden. Hinderlich ist, daß die in Zusammenarbeit mit anderen Planungsbeteiligten entstandenen Datenbestände nicht DV-technisch ausgetauscht werden können.

- *Vorhandene Betriebsmittel*
  Bei der Projektbearbeitung dominieren konventionelle Arbeitsmittel. Die Zeichnungserstellung erfolgt am Zeichenbrett, die statische Berechnung wird mit veralteten Rechnern (nicht aufwärtskompatibel) durchgeführt. Der gesamte administrative Schriftverkehr wird ohne das vorhandene Textverarbeitungssystem der Statiker ausgeführt, moderne Ausgabemedien

fehlen. Die Archivierung aller Unterlagen erfolgt in Akten– und Zeichnungsschränken.

- *Räume und Arbeitsplätze*
Die Räume erfüllen weder in funktionaler und technischer noch in ergonomischer Hinsicht die Anforderungen eines modernen Büros. Die Mitarbeiter sind erheblichen Lärmbelästigungen ausgesetzt, Ruhezonen fehlen. Die Gesamtfläche ist schon jetzt sehr knapp bemessen, die Beleuchtung entspricht nicht den neuesten arbeitsmedizinischen Erkenntnissen, direkter Sonneneinfall ist ungehindert möglich. Für die Einführung eines neuen Arbeitssystems müssen die Räume und Arbeitsplätze weitgehend neu gestaltet werden.

- *Tätigkeiten der Mitarbeiter*
Aufgrund der gewachsenen betrieblichen Strukturen gibt es keine klare Aufgabengliederung, keine Stellenbeschreibungen; die steigende Arbeitsbelastung läßt sich nur durch die hochgradige Improvisationsfähigkeit der Mitarbeiter bewältigen. Die Mitarbeiter beklagen das Anwachsen der Belastung und den sich daraus ergebenden Streß. Fehlzeiten und Fluktuation nehmen zu. Andererseits ist das Interesse an einer Reorganisation sehr stark.

2.2.6 Schlußbemerkung

Die Erhebung, Analyse und Auswertung des Ist–Zustandes ist eine wichtige Voraussetzung für die erfolgreiche Einführung von neuen DV–Betriebsmitteln, da das neu zu schaffende Arbeitssystem immer auf dem vorhandenen *Ist–System* aufbaut. Die Ergebnisse der Ist–Erhebung und –Analyse sind bereits Forderungen an das zukünftige Arbeitssystem. Sie bilden die Grundlage für die im Soll–Konzept aufzustellenden Anforderungen (Pflichtenheft).

Dieser Abschnitt sollte dem interessierten Leser die Erhebungstechniken, die Erhebungsobjekte und die Analyse des Ist–Zustandes näherbringen. Die Effektivität einer Ist–Analyse wächst sicherlich mit der vorhandenen Erfahrung der Projektgruppe. Es sollte sich jedoch auch niemand scheuen, seine erste Analyse des Ist–Zustandes im eigenen Büro durchzuführen. Durch das Studium geeigneter Literatur können weitergehende Kenntnisse erworben werden.

Literatur

[1] Grupp, B.: Methoden der Ist–Erhebung und Problemanalyse. Wiesbaden: Forkel–Verlag 1987.

[2] Studienkreis Dr. Pärli: Ist–Erhebung und automatisierte Datenverarbeitung. Wiesbaden: Betriebswirtschaftlicher Verlag Dr. Th. Gabler 1972.

2.3 Erstellen des Soll–Konzeptes

Christian Niestroj/Günter Nitsche

Die Erstellung des Soll–Konzeptes stützt sich auf die Ergebnisse der ☞ *Zielfindung, Abschnitt 2.1* und der ☞ *Ist–Erhebung und –Analyse, Abschnitt 2.2.*

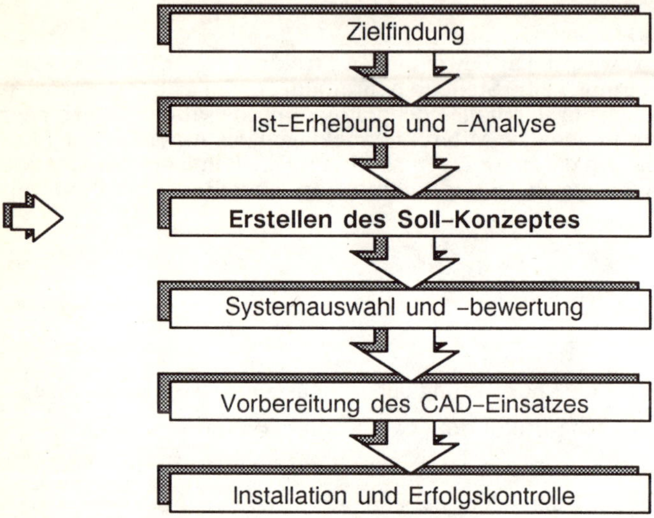

Bild 1: *Phase der Erstellung des Soll–Konzeptes bei der CAD–Einführung*

Hier wird das methodische Vorgehen bei der Aufstellung eines Soll–Konzeptes skizziert. Das Soll–Konzept ist im allgemeinen der Entwurf eines zukünftigen Systems (☞ *Kapitel 3, Arbeitssystem*), es beschreibt, wie das geplante System nach der Realisierung aussehen soll. Insofern gleicht das Erstellen des Soll–Konzeptes der Planungs– und Entwurfsphase bei Bauobjekten; es lassen sich auch Analogien zwischen Grobkonzept und Entwurfsplanung sowie zwischen Feinkonzept und Ausführungsplanung feststellen. Die hier gewählte Vorgehensweise ist universell einsetzbar, im vorliegenden Falle ist der Planungsgegenstand eine DV–gestützte Arbeitsumgebung in Ingenieurbüros der Bauwirtschaft.

Zielsetzung dieser Planungsphase ist es, das Instrumentarium zur Gestaltung des (zukünftig DV–gestützten) Planungs– und Konstruktionssystems zu erarbeiten. Denn stets sollte auch bedacht werden, daß der Kauf eines Software–Systems (z.B. CAD) zwar vielleicht die zeichnerische Bearbeitung beschleunigt, aber andere Aufgaben, die nicht DV–gestützt bearbeitet werden, später die zeitlichen Engpässe bilden können. Deshalb empfiehlt es sich, den gesamten Aufgabenbereich des Büros in die Erstellung eines Soll-Konzeptes einzubeziehen und nach organisatorisch-technischen Gesamtlösungen zu suchen.

Um möglichen technischen oder organisatorischen Fehlentwicklungen, die sich zwangsläufig aus der Vielzahl der teilweise sehr komplizierten Systeme ergeben, vorzubeugen, ist die Erstellung eines Konzeptes zur DV-Einführung erforderlich, das alternative Lösungsansätze aufzeichnet und Kriterien zur Bewertung beinhaltet. Damit soll ein wirtschaftlicher und effizienter Einsatz der DV-Technik erreicht werden, so daß auch längerfristig geeignete Instrumente für Entwurf, Planung, Berechnung und Konstruktion von Bauobjekten zur Verfügung stehen. Insofern muß das Gesamtkonzept auch Aspekte berücksichtigen, die die Integration und den Ausbau vorhandener DV-Systeme erlauben.

Die vorhergehende Phase des Einführungsprozesses, die ☞ *Ist-Erhebung und -Analyse* im *Abschnitt 2.2* liefert eine zusammenhängende Darstellung der organisatorischen, technischen und personellen Fakten, die den Ist-Zustand des Büros charakterisieren. Bei der Aufstellung eines Soll-Konzeptes wird im ersten Schritt der Ist-Zustand bewertet, und daraus werden Forderungen abgeleitet, die in einem Forderungskatalog münden. Im zweiten Schritt werden *Grobkonzepte* für das ganze Büro entwickelt und der günstigste Lösungsansatz ausgewählt. Für den gewählten Ansatz wird im dritten Schritt ein *Feinkonzept* erarbeitet. Das Ergebnis ist das *Pflichtenheft*, das die Grundlage für die folgende Phase ☞ *Systemauswahl und -bewertung, Abschnitt 2.4,* bildet.

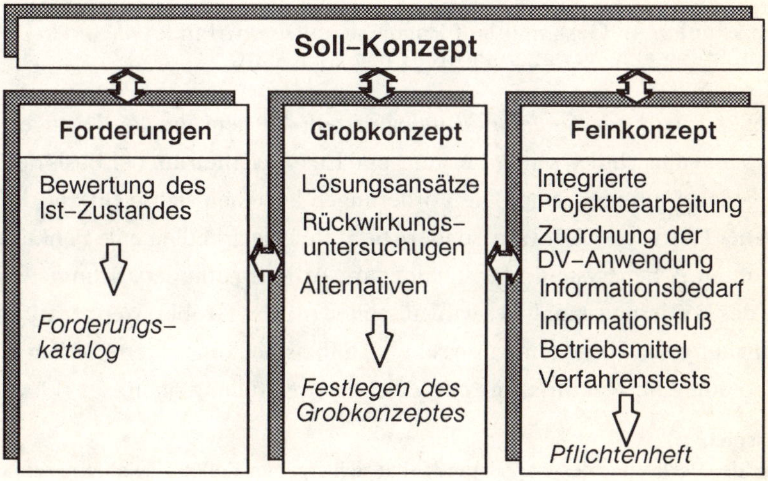

Bild 2: *Die Teilschritte bei der Erstellung eines Soll-Konzeptes*

Die Vorgehensweise beim Aufstellen von Soll-Konzepten wird in der Literatur [1], [2] und [3] und in ☞ *Technik-Einführung als organisierter Prozeß, Kapitel 1,* ausführlich beschrieben.

In den Artikeln ☞ *CAE im Konstruktiven Ingenieurbau,* ☞ *DV-technischer Informationsaustausch* und ☞ *Multifunktionale DV-Ausstattung* im *Kapitel 3* sind inhaltliche Gestaltungshinweise zu finden, die beim Aufstellen von Soll-Konzepten zur Einführung von CAD/CAE in Ingenieurbüros der Bauwirtschaft berücksichtigt werden sollten. Dies sind Konzepte, die DV-technisch möglich und auch aus technisch-wissenschaftlicher Sicht wünschenswert sind. Einige davon sind bereits in der Praxis realisiert und erprobt, andere wiederum sind Gegenstand der Entwicklung.

2.3.1 Forderungen

Der erste Schritt zur Aufstellung von Forderungen ist eine Bewertung der Ergebnisse der Ist-Analyse anhand wirtschaftlicher, arbeitsorganisatorischer, verfahrenstechnischer und DV-technischer Ziele, die in der Phase der ☞ *Zielfindung, Abschnitt 2.1,* aufgestellt wurden. Bei der Bewertung stehen folgende Fragen im Vordergrund:

- Sind alle in der Ist-Erhebung festgestellten Arbeiten des Ingenieurbüros überhaupt notwendig? In welchem Verhältnis steht der Arbeitsaufwand zum Ergebnis der betrachteten Teilaufgabe?
- Gibt es für Teilaufgaben oder gar für die Gesamtaufgabe konventionelle Reorganisationsmöglichkeiten?
- Welche Teilaufgaben eignen sich für eine DV-Unterstützung?
- Wo könnten im Gesamtablauf Engpässe auftreten? Findet nach der DV-Einführung eine Verlagerung von Engpässen statt?

Anschließend wird der *Forderungskatalog* erstellt, in dem die Forderungen an das Arbeitssystem hinsichtlich seiner Leistung und Eigenschaften auf der Basis des Ist-Zustandes genau formuliert sind. Die Forderungen beziehen sich nicht auf die Eigenschaften der Hard- und Software, sondern betreffen die grundlegende Funktionsweise des geplanten Arbeitssystems: Personalbedarf, Arbeitsmethoden, Schnittstellen usw. Anhand des Forderungskataloges wird anschließend das Grobkonzept erarbeitet. Zur Verdeutlichung der Vorgehensweise sei ein Fallbeispiel konstruiert, in dem ein Ingenieurbüro eine Umstrukturierung der Zeichnungserstellung plant.

Beispiel:
Aus der Bewertung des Ist-Zustandes hat sich ergeben, daß die Zeichnungserstellung neu organisiert werden muß, um den Qualitätsansprüchen der Auftraggeber gerecht zu werden. Der aufzustellende Forderungskatalog enthält Forderungen an die Gesamtorganisation aus arbeitswissenschaftlicher und fachlicher Sicht. Im Bild 3 sind einige Forderungspunkte aufgelistet.

Analyse von	Bewertung	Forderung
Aufgaben/Informationsträgern und Informationsinhalten	Die gezeichneten Bauteile besitzen oft ähnliche Formen (Wiederholteile).	Intensivere Nutzung bereits bearbeiteter Zeichnungen
	Die Zeichenarbeit nimmt viel Zeit in Anspruch, weil für Bewehrungszeichnungen die Umrisse neu gezeichnet werden, obwohl sie bereits für die Schalpläne einmal gezeichnet worden sind.	Intensivere Nutzung von Mutterpausen
	Die äußere Gestaltung der Zeichnungen weicht bei den einzelnen Mitarbeitern zu sehr voneinander ab.	Standardisierung der Planungsunterlagen
	Fehler in den Zeichnungsinhalten (z.B. weichen die Maße der Bauteile in Schal– und Bewehrungsplan voneinander ab)	Verbesserung der Arbeitsqualität
Abläufen	Durch den großen Änderungsaufwand ergeben sich lange Bearbeitungszeiten für die Zeichnungserstellung.	Beschleunigung des Änderungsdienstes
	Das Suchen von alten Zeichenvorlagen im Archiv nimmt viel Zeit in Anspruch.	Verkürzung von Suchprozessen bei der Informationsbeschaffung
...	...	...
Globale Forderungen: • Beschleunigung der Zeichnungsbearbeitung • Verbesserung der Planungsqualität		

Bild 3: *Beispiel für einen Forderungskatalog*

2.3.2 Grobkonzept

In dem Schritt *Grobkonzept* werden definitiv die Weichen für die Realisierung bzw. Einstellung der Einführung neuer DV–Mittel gestellt. Das bedeutet, daß nach Fertigstellung des Grobkonzeptes die einzelnen Lösungsvarianten mit allen Konsequenzen (inklusive Wirtschaftlichkeit) erkennbar sein müssen. Zu folgenden Punkten muß es Aussagen enthalten (vgl. [1]):

- *Organisationsstruktur*
  Damit sind eventuelle Reorganisationsmaßnahmen im Stellen–, Zuständigkeits– und Kompetenzgefüge des Ingenieurbüros gemeint.

- *Aufgaben der Organisationseinheiten*
  Neu hinzugekommene Aufgaben sind auf vorhandene Abteilungen und deren Mitarbeiter zu verteilen, oder es sind neue Abteilungen aufzubauen, die mit neuen Aufgaben betraut werden.

- *Ablauforganisation*
  Die Darstellung der evtl. neuen Ablauforganisation muß Aufschlüsse darüber geben, welche Abteilungen und Mitarbeiter an welcher Stelle an der Projektabwicklung beteiligt sind und welche Konsequenzen sich für die Personalkosten, für die Qualifikation der Mitarbeiter, für den Raumbedarf usw. ergeben.

- *Arbeitsabläufe*
  Die geplanten Aufgabenabläufe, das sind Projektabwicklung und deren Teilaufgaben, werden graphisch beschrieben und u.U. verbal ergänzt. Darin müssen Angaben über die Eingangsinformationen (Art und Herkunft), die Verarbeitung und die Ergebnisse (Art, weitere Verwendung) enthalten sein. Aus der Ablaufdarstellung sollten logische Fehler erkennbar werden und der grobe Speicherplatzbedarf abgeschätzt werden können.

- *Kommunikationsstruktur*
  Daraus müssen der Fluß der Informationen innerhalb des Büros und die Schnittstellen zu Nachbarsystemen, z.B. externen Planungspartnern, ersichtlich sein.

- *Materialfluß*
  Im Ingenieurbüro fallen im wesentlichen Zeichnungen und technische Unterlagen als 'Material' an. Der Weg dieser Unterlagen innerhalb des Büros und nach außen muß beschrieben werden. In der Regel ist der Materialfluß eng mit der Informationsstruktur gekoppelt.

- *Struktur der Datenbasis*
  Sinnvoll ist eine Abschätzung der Art der zu erwartenden Daten, um die Speicherart (Datenbanken o.ä.) festzulegen. Es ist wichtiger, die möglichen Datenarten festzustellen, als den genauen Umfang zu kennen, denn es ist leichter, die Massenspeicher zu erweitern, als die Gesamtkonzeption umzustellen, weil eine wichtige Datenart vergessen wurde.

- *Betriebsmittel/Arbeitsplatzeinrichtungen*
  Der Umfang der Hardware mit den dazugehörigen Peripheriegeräten ist grob abzuschätzen. Bezüglich der Software ist zu überlegen, ob und wie die am Markt erhältliche CAD/CAE-Software durch Eigen- oder Fremdentwicklung zu ergänzen wäre. Auch die dazugehörigen Arbeitsplatzeinrichtungen sollten berücksichtigt werden. Gleichzeitig können die Kosten für Hardware- und Software-Beschaffung bzw. Software-Entwicklung grob ermittelt werden.

Die praktische Vorgehensweise bei der Entwicklung des Soll-Konzeptes gliedert sich in mehrere Teilschritte: Erarbeitung von Lösungsansätzen, Rückwirkungsuntersuchung, Erarbeitung von Lösungsalternativen sowie Festlegung des Grobkonzeptes.

2.3.2.1 Erarbeitung von Lösungsansätzen

Zuerst werden verschiedene Lösungsansätze erarbeitet, die sowohl konventioneller als auch DV-gestützter Art sein können. Dabei wird prinzipiell zwischen einer *empirischen* und einer *konzeptionellen bzw. deduktiven* Vorgehensweise unterschieden. Die erste Strategie basiert auf dem Ist-Zustand und sollte angewendet werden, wenn sich das vorhandene System bewährt hat. In die entgegengesetzte Richtung zielt die konzeptionelle bzw. deduktive Vorgehensweise, bei der eine völlige Neuorganisation des Systems beabsichtigt ist. Bei der empirischen Strategie gestaltet sich die Einführung der neuen Methoden reibungsloser und somit risikoloser. Hat sich jedoch die vorhandene Organisationsstruktur als unbrauchbar erwiesen, so muß nach einer neuen Idealkonzeption gesucht werden, die dann schrittweise an die Realität angepaßt wird. Da sich beide Strategien gegenseitig nicht ausschließen, wird in der Praxis meistens ein Kompromiß konstruiert, der sich an den vorhandenen Ressourcen orientiert, aber durchaus eine Umstrukturierung der Organisation beinhalten kann.

Beispiel (Fortsetzung):
Es wurden folgende Lösungsansätze entwickelt:

Ansatz 1: Konventionelle Zeichnungserstellung
Bei diesem Lösungsansatz wird die konventionelle Methode der Zeichnungserstellung am Zeichenbrett beibehalten. Die bei der Ist-Analyse festgestellten Mängel sollen durch Neuorganisation des Zeichenbereiches behoben werden.

Ansatz 2: CAD-gestützte Zeichnungserstellung
Der zweite Lösungsansatz besteht in der Einführung von CAD im Zeichenbereich.

Ansatz 3: Vergabe der Zeichenarbeit
Diese Lösung verfolgt den Ansatz, die gesamte Zeichenarbeit an ein externes Zeichenbüro zu vergeben.

Das Vorgehen beim Finden von Lösungsansätzen orientiert sich in einem ersten Schritt an denkbaren Lösungen, weniger an einschränkenden Bedingungen des Büros. Deshalb müssen an dieser Stelle nachträglich die personellen, technischen, organisatorischen und finanziellen Auswirkungen beleuchtet werden.

2.3.2.2 Rückwirkungsuntersuchung

Die gefundenen Lösungsansätze werden in dem sich anschließenden Schritt hinsichtlich ihrer Einflüsse auf

- Aufbau- und Ablauforganisation,
- Nachbarsysteme,
- Tätigkeitsprofile,
- Motivation und Akzeptanz der Mitarbeiter,
- Personalbedarf und
- Kosten

untersucht.

Dieser Schritt stellt einen Sicherungsmechanismus dar, der die Lösungsansätze auf Randbedingungen des Ist-Zustandes überprüfen und somit logische Planungsfehler bei den einzelnen Lösungsansätzen aufdecken soll.

Beispiel (Fortsetzung):

Von den im vorigen Absatz genannten Lösungsansätzen 1 bis 3 soll aufgrund der Rückwirkungsuntersuchung der Ansatz 3 (Vergabe der Zeichenarbeit an ein externes Zeichenbüro) nicht weiter verfolgt werden, weil aus bürointernen Gründen eine direkte und schnelle Einflußnahme auf die Zeichnungserstellung beibehalten werden muß. Ferner sollen die daraus entstehenden Abhängigkeiten vermieden werden.

2.3.2.3 Erarbeitung von Lösungsalternativen und deren Bewertung

Aufgrund der Rückwirkungsuntersuchung können die nicht realisierbaren Lösungsansätze ausgesondert werden. Die verbleibenden Ansätze werden so weit detailliert, daß sie auch einer Bewertung standhalten können und zu Lösungsalternativen (☞ *Kapitel 3, Arbeitsorganisation*) werden. Die einzelnen Alternativen werden so weit dokumentiert, daß daraus der Informations- und Materialfluß, die Abläufe, die Struktur der Informationen, die Ablauf-, Aufgaben- und Aufbauorganisation sowie benötigte Betriebsmittel/Arbeitsplatzeinrichtungen erkennbar werden.

Beispiel (Fortsetzung):

Gegenstand weiterer Betrachtungen sind die Lösungsansätze 1 und 2. Zu jedem Ansatz wurden mehrere Lösungsalternativen erarbeitet.

- **Lösungsansatz 1: Konventionelle Zeichnungserstellung**

Alternative 1-1: Spezialisierung
Durch bürointerne Organisation sollen die Mitarbeiter, die an der Zeichnungserstellung beteiligt sind, veranlaßt werden, ihre Arbeit effizienter zu erledigen. Durch Spezialisierung der Mitarbeiter auf bestimmte Zeichnungsarten (Bewehrungspläne, Schalpläne, Fertigteilpläne o.a.) soll dieser Effekt zusätzlich verstärkt werden.

Alternative 1-2: Flexibilisierung
Methodisch in die entgegengesetzte Richtung zielen Schulungsmaßnahmen, die alle Mitarbeiter im Zeichenbereich auf ein etwa gleichmäßiges Qualifikationsniveau bringen sollen. Durch flexiblen Einsatz für verschiedene Aufgaben soll z.B. der ständige Termindruck abgebaut werden.

Alternative 1-3: Erweiterung der Personalkapazität
Durch zusätzliche Neueinstellung von Bauzeichnern bzw. Konstrukteuren sollen die Kapazität erhöht, der Termindruck verringert und zugleich die Qualität gesteigert werden.

- **Lösungsansatz 2: CAD-gestützte Zeichnungserstellung**

Alternative 2-1: CAD für die Schalplanung
Diese Lösungsalternative sieht vor, CAD nur für die Erstellung von Schalplänen einzuführen. Die anderen Planarten werden weiterhin konventionell erstellt.

Alternative 2-2: CAD für die Bewehrungsplanung
Im Gegensatz zur Alternative 2-1 ist hier die Einführung von CAD nur für die Bewehrungsplanerstellung vorgesehen.

Alternative 2–3: CAD–Pool für diverse Zeichendienste
Es wird ein selbständiger CAD–Bereich mit 4 CAD–Arbeitsplätzen aufgebaut (Bild 4), in dem erfahrene CAD–Anwender im Auftrag der Fachabteilungen Zeichnungen erstellen. Die Zeichnungen, die mit CAD bearbeitet werden, werden nach gewissen Kriterien ('CAD–gerecht' oder Vorgaben des Auftraggebers) ausgewählt.

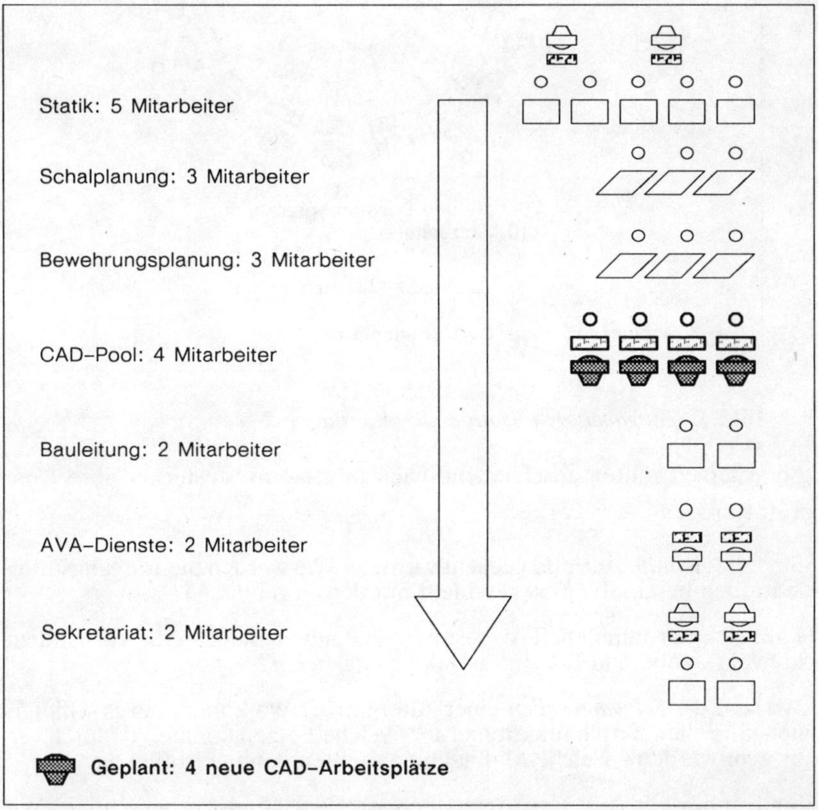

Bild 4: *Aufgabenorganisation zur Alternative 2–3 (sequentiell)*

Alternative 2–4: CAD für den gesamten Zeichenbereich
Der gesamte Zeichenbereich wird mit zehn CAD–Arbeitsplätzen entsprechend Bild 5 ausgestattet. Zudem werden für den Bereich Strukturanalyse (Statik) 3 neue Arbeitsplatzrechner beschafft. Darüber hinaus wird die Einbindung der bereits vorhandenen sechs Arbeitsplatzrechner, die mit Statik- (2), Textverarbeitungs- (2) und AVA–Software (2) ausgestattet sind, in das Gesamtkonzept angestrebt.

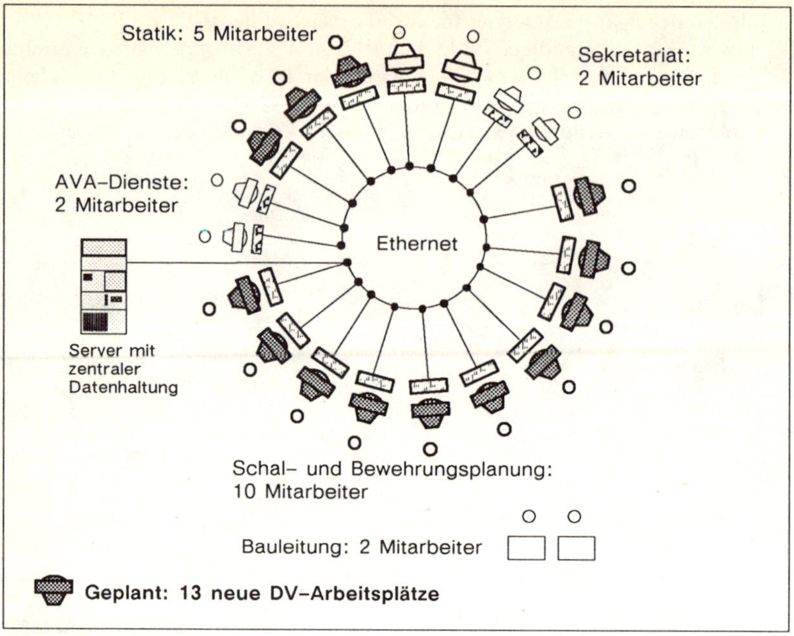

Bild 5: *Aufgabenorganisation zur Alternative 2–4*

Alle Alternativen sollten anschließend nach folgendem Muster auf ihre Konsistenz überprüft werden:

- Sind die *Abläufe* zu Ende gedacht worden? Wie werden die Eingangsinformationen beschafft? Was geschieht mit den Ergebnissen?
- Läßt sich der nunmehr DV-gestützte Aufgabenablauf in die vorhandene konventionelle und DV-Infrastruktur *integrieren*?
- Wo sind die *Schwachstellen* einer Alternative? Wo könnte etwas schiefgehen, ausfallen, falsch funktionieren? Welche Folgen könnten dadurch verursacht werden? Welche Maßnahmen müßten dann getroffen werden?
- Sind unbewußt *Annahmen* getroffen worden? Sind sie berechtigt? Wie wirkt sich das bei Fehlen dieser Voraussetzungen aus?
- Welche *Konsequenzen* in personeller, technischer, organisatorischer oder finanzieller Hinsicht ergeben sich aus der Wahl einer Alternative? Welche Maßnahmen könnten ergriffen werden, um negative Folgen zu vermeiden?

Auf der Grundlage dieser Konsistenzprüfung wird erkennbar, in welchem Maße die Einführung von CAD eine Änderung in der Aufbau- und Ablauforganisation erzwingt. Es ist z.B. zu klären, welchen Platz innerhalb der Aufbauorganisation der Systemadministrator einnimmt, wie sich der modifizierte Änderungsdienst oder ein neues Archivierungssystem auf die Ablauforganisation auswirken (☞ *Kapitel 3, Reorganisation der Projektbearbeitung)*.

Verständlicherweise ergeben sich auch Änderungen in den Tätigkeitsprofilen der Mitarbeiter (☞ *Kapitel 3, Qualifikationsveränderungen*). Die potentiellen CAD-Anwender müssen aus dem Kreis der Mitarbeiter bestimmt werden, die daraus resultierenden Qualifizierungsmaßnahmen müssen berücksichtigt werden (☞ *Kapitel 3, Schulungsanforderungen*). Im direkten Zusammenhang damit steht die Frage nach der möglichen Motivation und Akzeptanz, die auch durch die vorhandene Altersstruktur beeinflußt wird (☞ *Kapitel 3, Schulungsplanung*). Erfahrungsgemäß hängt das Gelingen der Einführung neuer Arbeitsmethoden zu einem maßgeblichen Teil von den Mitarbeitern ab. Einige Lösungsansätze haben Auswirkungen auf den Personalbedarf.

Bei der Untersuchung der Auswirkung auf die Nachbarsysteme muß der Informationsfluß zu den vor- und nachgelagerten Prozessen sichergestellt werden, damit u.U. Doppelarbeiten bei der Datenerfassung vermieden werden.

> **Beispiel** (Fortsetzung):
>
> Die sieben Lösungsansätze müssen nach dem obigen Muster auf ihre Schlüssigkeit überprüft werden: Was passiert im nachgelagerten Tätigkeitsbereich, wenn nur die Schalpläne mit CAD erstellt werden? Läßt sich die Lösungsalternative 2-3 vom Ablauf her in die vorhandene Infrastruktur einbinden? Welche Konsequenzen entstehen, wenn die Software-Firma aufgelöst wird? Ist die Annahme, daß neueingestellte Mitarbeiter ihre Aufgabe besser und effizienter erledigen, vielleicht falsch? Welcher Lösungsansatz verursacht die größten Personalkosten, welcher die höchsten Gesamtinvestitionen?
>
> Jede Lösungsalternative muß so dokumentiert werden, daß derartige Fragen darin beantwortet werden. Anhand dieser Unterlagen wird das Grobkonzept festgelegt.

Natürlich können durch diese Konsistenzprüfung nicht alle Mängel im Vorfeld entdeckt werden, aber Fehlplanungen können mit größerer Wahrscheinlichkeit vermieden werden.

Die verbleibenden Lösungsalternativen zur Gesamtorganisation des Büros werden mit Hilfe von Bewertungsmethoden miteinander verglichen. Als Methoden sind z.B. Nutzwertanalysen oder die Arbeitssystemwertanalyse einsetzbar (☞ *Kapitel 3, Wirtschaftlichkeitsbeurteilung*). Ob eine bzw. welche Bewertungsmethode zur Beantwortung solcher Fragen herangezogen wird, hängt davon ab, wieviel Zeit und welchen Aufwand man in diesen Schritt investieren will. Einschränkend muß an dieser Stelle gesagt werden, daß mit solchen Methoden nur beschränkte Aussagen über den Nutzen z.B. einer CAD-Einführung möglich sind, da die Gründe für die Einführung nicht nur rein wirtschaftlicher Natur sind (☞ *Kapitel 3, Nutzen des CAD-Einsatzes;* ☞ *Kapitel 2, Zielfindung*).

2.3.2.4 Festlegung des Grobkonzeptes

Der letzte Schritt bei Aufstellung des Grobkonzeptes ist die Auswahl der günstigsten Lösungsalternative. Dazu sollten alle erarbeiteten Alternativen mit den Ergebnissen der Wirtschaftlichkeitsbeurteilungen einem größeren Kreis der Betroffenen und Beteiligten vorgestellt werden. Diese sollten auch an der Entscheidungsfindung beteiligt werden (☞ *Kapitel 1, Technik-Einführung als organisierter Prozeß*, ☞ *Kapitel 3, Mitarbeiterbeteiligung*). An diesem Punkt besteht zum letzten Mal Gelegenheit, die Einführung der Technik abzubrechen (*point of no return!*), denn die folgende Phase der fachlichen Feinkonzeption ist bereits mit größerem finanziellen Aufwand verbunden.

Beispiel (Fortsetzung):

Der Lösungsansatz 1 (Konventionelle Zeichnungserstellung) soll insgesamt nicht weiter verfolgt werden, weil mit dem Büro zusammenarbeitende Planungspartner durch ihre CAD-Zeichnungen eine CAD-Einführung erzwingen.

Eine Teileinführung von CAD (Alternativen 2-1, 2-2 und 2-3) wurde verworfen, weil sie lediglich eine Verschiebung der Engpässe bewirkt.

Das Ergebnis der Festlegung des Grobkonzeptes ist die Lösungsalternative 2-4 (CAD-Einführung für den gesamten Zeichenbereich, siehe Bild 5, S.90).

Die Lösungsalternative 2-4 erfordert sicherlich eine Neuorganisation des Zeichenbetriebes, also u.U. eine Spezialisierung der Mitarbeiter auf bestimmte Zeichnungsarten (oder aber eine Flexibilisierung, s. Alternative 1-2) und auch Neueinstellungen (z.B. Systemadministrator, erfahrenen CAD-Konstrukteur). Zur Verwirklichung dieses Konzeptes müssen jedoch auch Aspekte der anderen Alternativen berücksichtigt werden.

Das gewählte Grobkonzept muß Aussagen zum Informations- und Materialfluß, zur Hard- und Software, zur Ablauf- und Aufbauorganisation sowie zu Personal- und Qualifizierungsbedingungen beinhalten. Nur so können die Rahmenbedingungen für die Aufstellung des Feinkonzeptes als vollständig gelten.

Die Unterlagen zu den nicht ausgewählten Lösungsansätzen sollten jedoch nicht sofort vernichtet werden; vielleicht werden sie noch einmal benötigt, wenn sich das festgelegte Grobkonzept aus unvorhersehbaren Gründen nicht realisieren läßt.

2.3.3 Feinkonzept

Mit der Auswahl des Grobkonzeptes für die Gesamtorganisation des Büros kann davon ausgegangen werden, daß die Entscheidung für die Einführung von DV-Betriebsmitteln einschließlich der daraus resultierenden Veränderungen für die Organisation gefallen ist. Im weiteren muß das gewählte Grobkonzept so in ein DV-technisches Feinkonzept umgesetzt werden, daß die Forderungen aus der Zielfindung und aus der Ist-Analyse Berücksichtigung finden.

Beispiel (Fortsetzung):

In dem Fallbeispiel (Abschnitt 2.3.2.4) wurde ein Grobkonzept gewählt, das für die Entwicklung des Feinkonzeptes folgende Rahmenbedingungen setzt:

- Unterstützung der Projektbearbeitung durch fachspezifische Software-Produkte,
- Arbeitsteilung durch Festlegung der Tätigkeitsbereiche Schal- und Bewehrungsplanung und Bildung entsprechender Arbeitsgruppen,
- Realisierung der horizontalen Integration durch DV-technische Verknüpfung einzelner Tätigkeitsbereiche,
- dezentrale Anordnung der Rechner an den Arbeitsplätzen der Mitarbeiter,
- Aufbau eines lokalen Netzwerkes (LAN) zum Informationsaustausch und zur Nutzung gemeinsamer Ressourcen,
- Einbindung von Rechnern unterschiedlicher Leistungsklassen in das lokale Netzwerk,
- Nutzung der Kommunikationsdienste der Deutschen Bundespost zur Einbindung in ein Weitverkehrsnetz (WAN),
- gemeinsame physikalische Datenbasis für alle DV-Anwendungen.

Das Feinkonzept detailliert das gewählte Grobkonzept aus der Sicht der fachlichen Aufgaben hinsichtlich

- der integrierten Projektbearbeitung,
- der Zuordnung der DV-Anwendungen zu Arbeitsplätzen,
- der Aspekte zum Informationsbedarf/-fluß,
- der einzusetzenden DV-Betriebsmittel,
- der Überlegungen zum Verfahrenstest.

Auf dieser Grundlage soll für das Ingenieurbüro eine *integrierte DV-Umgebung* entworfen werden. Dazu ist im Abschnitt 4.2 eine ☞ *Checkliste DV-technisches Feinkonzept* enthalten, die der Gliederung der folgenden Teilaspekte folgt.

Integrierte Projektbearbeitung

Der Einsatz von DV-Betriebsmitteln erfordert Überlegungen zur Integration der einzelnen DV-Anwendungen in ein Gesamtkonzept. Unter Beachtung der genannten Rahmenbedingungen wird es ermöglicht, in einem Ingenieurbüro eine integrierte DV-Umgebung zu entwerfen, insbesondere dann, wenn alle Fachanwendungen über den Informationsfluß in das Gesamtkonzept eingebunden werden.

Zuordnung der DV-Anwendungen

Im ersten Schritt müssen die künftig erforderlichen Aufgaben und DV-Anwendungen bestimmten Arbeitsplätzen zugeordnet werden. Denn die DV-Arbeitsplätze müssen in Büros mit strikter Arbeitsteilung anders ausgestattet werden als in Ingenieurbüros, in denen die Mitarbeiter eigenverantwortlich alle Aufgaben bei der Projektbearbeitung durchführen.

Informationsbedarf

Der *Informationsbedarf* jedes Arbeitsplatzes mit seinen verschiedenen DV-Anwendungen muß nach Umfang, Zeitpunkt und Ort festgelegt werden. Dazu muß definiert werden, welche Informationen vorliegen müssen, damit die betrachtete Aufgabe (Anwendung) erledigt werden kann. Für die Erstellung von *Schal-* oder auch *Bewehrungsplänen* mit CAD werden Informationen aus den Entwurfsplänen des Architekten, aus der statischen Berechnung, aus einschlägigen Normen und Vorschriften sowie bürointernen Standards ebenso wie mündliche Informationen benötigt. Der Informationsbedarf der einzelnen Anwendungen ist aus den zur Verfügung zu stellenden technischen Unterlagen zu decken. Hier ist zu prüfen, inwieweit der Bedarf durch die Aufbereitung digitaler Informationen befriedigt werden kann. Die in digitaler Form vorliegenden Informationen sind über ein Mengengerüst und über Zusammenhänge/Verknüpfungen mit anderen DV-Anwendungen zu definieren. Durch Mengenabschätzung der benötigten digitalen Informationen kann z.B. der minimale Speicherbedarf (Haupt-/Massenspeicher) ermittelt werden.

Informationsfluß

Der nächste Schritt beschreibt den *Informationsfluß* zwischen den Anwendungen über Definition der Quellen, Ziele und Verzweigungen.Während der Informationsbedarf das Gesamtsystem aus einer statischen Sichtweise beschreibt, charakterisiert der Informationsfluß die dynamische Komponente. Auf der einen Seite müssen die Quellen der eingehenden Informationen bekannt sein, auf der anderen Seite muß festgelegt sein, wohin die Arbeitsergebnisse (Zeichnungen, Berechnungen usw.) gelangen.

Betriebsmittel

Die Eigenschaften der *Betriebsmittel* orientieren sich im wesentlichen an den Festlegungen der DV-Anwendungen, den zu verarbeitenden Informationen und organisatorischen Aspekten zur Integration. Die Betriebsmittel umfassen die Anwender-Software, die Hardware mit der zugehörigen System-Software und das Netzwerk. Ferner gehört die Arbeitsplatzumgebung (Räume, Beleuchtung, konventionelle Arbeitsmittel usw.) dazu.

Unter *Anwender-Software* wird die Software verstanden, die mit der Unterstützung der anfallenden Aufgaben in einem Büro für Tragwerksplanung in direktem Zusammenhang stehen: CAD-, Statik-, AVA- und Administrations-Software. Die Anpassung der Software an die firmenspezifischen Belange erfordert den Einsatz von Entwicklungsumgebungen.

Heutige CAD-Systeme bieten den Mitarbeitern Spielraum für die Wahl einer individuellen *Arbeitsmethodik* zur Zeichnungserstellung. Aus der Sicht des Büros wird es sich jedoch als notwendig erweisen, ein bestimmtes Maß an Standardisierung festzulegen. So sollten häufig vorkommende Bauteile als Makros in Bibliotheken vorgehalten werden. Ferner kann festgelegt werden, daß bei Standardfertigteilen Muster zu verwenden sind. Hierzu bietet sich die Variantentechnik an. In jedem Büro existieren solche internen Standards, die auch im Pflichtenheft angesprochen werden sollten.

Bei der Auswahl der *Hardware* sollten die spezifischen Anforderungen der Anwendersoftware bedacht werden. Weiterhin sind für das gewählte Arbeitssystem die Leistungsklassen der in Betracht kommenden Hardware einzugrenzen.

Ist die Einrichtung mehrerer CAD-Arbeitsplätze geplant, so ist die Einbindung in ein lokales *Netzwerk* eine Selbstverständlichkeit. Die Zusammenarbeit mit externen Planungspartnern läßt die Anbindung an ein Weitverkehrsnetz als sinnvoll erscheinen.

Verfahrenstest

Schließlich muß in Vorbereitung der Software-Auswahl der *Verfahrenstest* festgelegt werden. Dazu gehören die Teststrategie (Zeitverhalten, Handhabung des Systems, Umfang der verarbeitbaren Informationen usw.), der Testbereich (z.B. Schalplanung, Bewehrungsplanung, 3-D-Anwendungen) sowie die Auswahl von Testbeispielen (Standardfälle, extreme, aber korrekte Fälle als auch fehlerhafte Fälle). Verfahrenstests können kritische Stellen im Gesamtverfahren ermitteln.

Getestet wird während der Phase ☞ *Systemauswahl und -bewertung, Kapitel 2.* Spätestens zu diesem Zeitpunkt müssen die Testaufgaben formuliert sein.

Umfang des Feinkonzeptes

Ein ausführliches Feinkonzept sollte nur dann entwickelt werden, wenn

- mit der Einführung von DV-Betriebsmitteln auch eine Umstrukturierung der Büroorganisation beabsichtigt ist;
- umfangreiche Software-Entwicklungen notwendig werden, z.B. weil Software-Produkte an die speziellen Bedürfnisse eines Ingenieurbüros angepaßt werden müssen;
- Software für unterschiedliche Arbeitsbereiche (Statik, Zeichnungserstellung, Büroorganisation usw.) eingeführt werden soll.

Im Falle der Einführung von Standard-CAD-Software ist ein derart detailliertes Vorgehen nicht notwendig, da z.B. die Software-Gestaltung bereits gelöst ist. Anforderungen an Zuverlässigkeit, Benutzerfreundlichkeit, Zeitverhalten, Pflege/Wartung und Portierbarkeit sollten jedoch auch in diesem Fall formuliert werden.

2.3.4 Anforderungsbereiche des Pflichtenheftes

Ziel der Arbeiten am fachlichen Feinkonzept ist die Aufstellung eines *Pflichtenheftes*. Im Pflichtenheft sind alle bürospezifischen Anforderungen an die Leistungsmerkmale der Hard- und Software sowie an die Anbieter, vor allem im DV-technischen Sinne, festzuhalten. Das Pflichtenheft dient als Grundlage zur ☞ *Systemauswahl und -bewertung, Kapitel 2.* Die Anforderungen an CAD lassen sich in folgende Bereiche gliedern [4]:

- funktionsbezogene Anforderungen,
- mengenbezogene Anforderungen,
- strategische Anforderungen und
- ergonomische Anforderungen.

Weitere Anforderungen an

- Arbeitsorganisation und
- Qualifizierung

sind bürointern durch konzeptionell abgesicherte Maßnahmen zu regeln und sind Gegenstand eines *Erweiterten Pflichtenheftes*. Die Anforderungsbereiche des Pflichtenheftes werden im folgenden erläutert.

2.3.4.1 Funktionsbezogene Anforderungen

Funktionsbezogene Anforderungen orientieren sich unmittelbar an der fachspezifischen Tätigkeit der Konstrukteure im Büro. Sie wurden in der Ist-Analyse ermittelt und betreffen die Funktionalität des CAD-Systems aus fachspezifischer Sicht. Folgende Systematisierung ist dabei möglich:

- *Allgemeine Eignungsmerkmale*
  Einsatzgebiete (allgemeines oder bauspezifisches CAD-System), besondere Eigenschaften
- *Systemarchitektur*
  Programmiersprachen, rechnerinterne Darstellung (2-D, 2½-D, 3-D-Darstellung), Anwendungswerkzeuge (Makrotechnik, Variantentechnik, Anwendungsprogrammierung), Beziehungsbildung, Ebenentechnik
- *Bedieneroberfläche*
  Befehlseingabe (Kommandosprache, Menübaum, Dialogsprache, Hilfefunktion, Dateneingabe), Bemaßung (interaktiv, automatisiert, Kopplung Geometrie - Bemaßung), Flexibilität (Tastenbelegung, Erstellung eigener Masken und Menüs)
- *Schnittstellen*
  Geometrieschnittstellen (IGES, STEP-2DBS, DXF usw.), Austauschschnittstellen für nichtgraphische Daten und zur Mengenermittlung
- *Forderungen aus dem Konstruktiven Ingenieurbau*
  Oberfläche, Bemaßung, zu konstruierende Bauteile, Baustoffe, Mengenermittlung, Schalplanerstellung, Bewehrungsplanerstellung.

In der ☞ *Checkliste CAD-Software, Abschnitt 4.2,* sind diese Anforderungen bereits in Fragen umformuliert worden, die dazu dienen, zur Auswahl stehende CAD-Systeme zu bewerten. Sie können jedoch keine bürospezifische Beurteilung und Wichtung der Anforderungsbereiche und Anforderungspunkte enthalten.

In [2] ist eine Methodik beschrieben, wie Forderungen an DV-Systeme - insbesondere an CAD für Ingenieurbüros der Bauwirtschaft - systematisch aufgestellt werden. In dieser Arbeit wird CAD als ein komplexes Werkzeug zum Planen, Konzipieren, Entwerfen und Ausarbeiten von Objekten verstanden, bei dem sich die Entstehung von Zeichnungen als 'Abfallprodukt' aus den graphischen Fähigkeiten der Hard- und Software ergibt. Ausgangspunkt ist, daß sowohl auf Software- als auch auf Hardware-Seite die geeigneten Systemkomponenten vorhanden sind, sie aber erst mit Mitteln der Informatik und des Ingenieurwesens zu einer komplexen DV-Umgebung für Ingenieuraufgaben realisiert werden. Ein wesentliches Mittel dazu ist die Aufstellung der Forderungen, die auf einer vorgangsorientierten Sicht der Dateninhalte und -flüsse basieren. In der Literatur wird die Analyse und Definition von Forderungen als *Requirements Engineering* bezeichnet und ist Teildisziplin des *Software Engineering.*

2.3.4.2 Mengenbezogene Anforderungen

Mengenbezogene Anforderungen betreffen die im Büro anfallenden Datenmengen in Form von Zeichnungen oder zu bearbeitenden Projekten und stellen Anhaltswerte für die Kapazität der zu beschaffenden Hardware dar. Darüber hinaus werden hier auch Anforderungen allgemeiner Art an die Hardware und die dazugehörige Peripherie fixiert:

- *Rechner*
  Prozessor, Arbeitsspeicher, Graphikkarte, Schnittstellen, Taktfrequenz, Betriebssystem, Entwicklungsumgebung, Leistungswerte für den numerischen und graphischen Bereich
- *Peripherie*
  Bildschirm (Art, Größe, Bildwiederholfrequenz, Anzahl der Pixel), Tastatur (Zahlenblock, Cursorblock, deutsche Tastatur, Funktionstasten), Maus (mechanisch, optisch, Anzahl der Tasten), Graphiktablett (Größe, Kompatibilität, Lupe/Stift), Scanner (Größe, Auflösung, Text-/Vektorgraphikerfassung), Archivierungssystem (Disketten, Magnetband, Kapazität, Zugriffszeiten), Plattenspeicher (Größe, Zugriffszeiten), Drucker (Art, Graphikfähigkeit, Druckgeschwindigkeit, Zeichensätze, Farbe, Papierart, Geräuschentwicklung), Plotter (Stift-/Rasterplotter, Papierart, Geräuschentwicklung)
- *Rechnerkommunikation*
  Kommunikation der Rechner innerhalb und außerhalb des Büros.

Entsprechende Anforderungspunkte bietet die ☞ *Checkliste Hardware, Abschnitt 4.2.* Die angemessene Wichtung und Wertung bleibt auch hier dem Anwender vorbehalten.

2.3.4.3 Strategische Anforderungen

Die strategischen Anforderungen dienen dazu, den längerfristigen CAD-Einsatz abzusichern. Sie gelten deshalb in erster Linie dem Hersteller bzw. Anbieter der CAD-Software. Falls die Hardware nicht vom Software-Hersteller geliefert wird, sollten diese Anforderungen auch an den Hardware-Lieferanten gestellt werden. Sie beziehen sich auf:

- Produktphilosophie,
- Entwicklungskapazität,
- Referenzen,
- Anzahl und Verlauf (Trend) der Installationen,
- Anzahl der Vertretungen (regional, überregional),
- wirtschaftliche Situation,
- Marktposition,
- Dokumentation (Handbücher, Benutzeranleitung),
- Schulung und Anwenderbetreuung,
- Kooperationsbereitschaft (Integration der Systeme in bürospezifische Architektur, Erweiterung).

Der Stellenwert der strategischen Anforderungen sollte nicht unterschätzt werden, da Fehleinschätzungen an dieser Stelle weitreichende Folgen für die Unternehmensstrategie haben können. Forderungspunkte diesen Typs enthält die ☞ *Checkliste CAD-Software, Abschnitt 4.2.*

2.3.4.4 Ergonomische Anforderungen

Ergonomische Anforderungen lassen sich in Software-Ergonomie und Hardware-Ergonomie unterteilen. Das Erfüllen oder Nichterfüllen dieser Anforderungen hat unmittelbare Auswirkungen auf Akzeptanz, Effektivität und Arbeitsplatzzufriedenheit. Software-Ergonomie umfaßt alle Eigenschaften des Betriebssystems und der Anwendungsprogramme bezüglich der Nutzer-System-Kommunikation. Im Artikel ☞ *Software-Ergonomie, Kapitel 3,* werden die Kriterien näher beschrieben.

Hardware-ergonomische Anforderungen beziehen sich auf alle Eigenschaften des Arbeitsplatzes mit der dazugehörigen Peripherie. Mindestvoraussetzung sollte hier sein, daß der Arbeitsplatz den gültigen Sicherheitsvorschriften entspricht und nach den allgemein anerkannten Regeln der Technik und gesicherten arbeitswissenschaftlichen Erkenntnissen gestaltet ist. In der ☞ *Checkliste Arbeitsplatzgestaltung, Abschnitt 4.2,* und dem Artikel ☞ *Arbeitsplatzrechner, Kapitel 3,* lassen sich solche ergonomischen Anforderungen finden.

2.3.4.5 Anforderungen an die Arbeitsorganisation

Hilfen zum Bereich Arbeitsorganisation sind in den Artikeln ☞ *Arbeitsorganisation* und ☞ *Reorganisation der Projektbearbeitung* im *Kapitel 3* zu finden.

2.3.4.6 Anforderungen an Qualifizierungsmaßnahmen

Ein wesentlicher Beitrag zur CAD–Einführung besteht in der Durchführung von Schulungen. Zu diesem Thema sind Anforderungen in den Artikeln ☞ *Schulungsanforderungen* und ☞ *Schulungsplanung* im *Kapitel 3* zu finden, die ☞ *Checkliste Schulung, Abschnitt 4.2,* enthält entsprechende Kriterien.

2.3.5 Gestaltung des Pflichtenheftes

Funktionsbezogene, mengenbezogene, strategische und ergonomische Anforderungen sind Gegenstand eines CAD–Pflichtenheftes, das die Grundlage für Verhandlungsgespräche mit den CAD–Anbietern bilden sollte.

Für die Bereiche Arbeitsorganisation und Qualifizierung sind zusätzliche Blöcke im *Erweiterten Pflichtenheft* vorgesehen. Arbeitsorganisatorische Anforderungen können beispielsweise einem Organisationsberater übergeben werden. Anforderungen betreffs Qualifizierungsmaßnahmen können an Anbieter gerichtet sein, die Schulungen als Dienstleistung durchführen. Weiterhin können diese Anforderungsbereiche auch Grundlage für innerbetriebliche Regelungen zwischen Geschäftsleitung und Mitarbeitern sein (☞ *Kapitel 3, Mitarbeiterbeteiligung,* ☞ *Abschnitt 4.2, Checkliste CAD–Betriebsvereinbarung*).

Jeder in Betracht kommende Anbieter sollte den ihn betreffenden Teil des Pflichtenheftes zugeschickt bekommen und dazu Stellung nehmen, indem er verbindlich erklärt, ob das von ihm vertriebene System bzw. die Dienstleistung die darin enthaltenen Forderungen erfüllt. Aus diesem Grunde sollten die Fragen so formuliert werden, daß seitens der Anbieter nur eindeutige Antworten (Ja oder Nein) möglich sind.

Um später einen quantifizierenden Vergleich der einzelnen Systeme zu erleichtern, sollten die Anforderungsarten je nach beigemessener Bedeutung verschieden gewichtet werden. Darüber hinaus können die konkreten Forderungspunkte den 'Stufen' Festforderung, Mindestforderung oder Wunsch zugeordnet werden. Im Bild 6 ist ein Ausschnitt aus einem CAD–Pflichtenheft dargestellt.

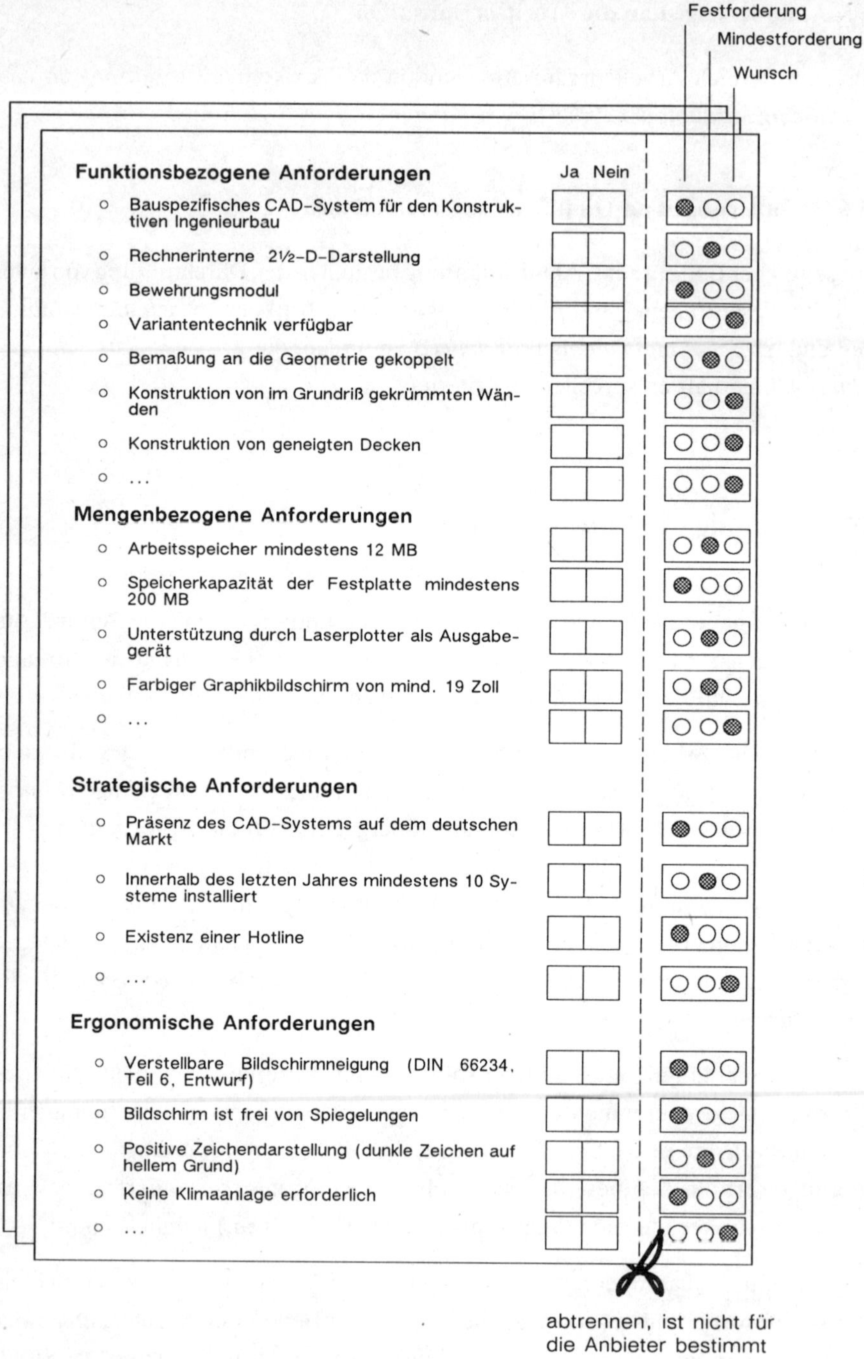

Anforderung	Ja	Nein	Festforderung	Mindestforderung	Wunsch
Funktionsbezogene Anforderungen					
o Bauspezifisches CAD-System für den Konstruktiven Ingenieurbau			●	○	○
o Rechnerinterne 2½-D-Darstellung			○	●	○
o Bewehrungsmodul			●	○	○
o Variantentechnik verfügbar			○	○	●
o Bemaßung an die Geometrie gekoppelt			○	●	○
o Konstruktion von im Grundriß gekrümmten Wänden			○	○	●
o Konstruktion von geneigten Decken			○	○	●
o ...			○	○	●
Mengenbezogene Anforderungen					
o Arbeitsspeicher mindestens 12 MB			○	●	○
o Speicherkapazität der Festplatte mindestens 200 MB			●	○	○
o Unterstützung durch Laserplotter als Ausgabegerät			○	●	○
o Farbiger Graphikbildschirm von mind. 19 Zoll			○	●	○
o ...			○	○	●
Strategische Anforderungen					
o Präsenz des CAD-Systems auf dem deutschen Markt			●	○	○
o Innerhalb des letzten Jahres mindestens 10 Systeme installiert			○	●	○
o Existenz einer Hotline			●	○	○
o ...			○	○	●
Ergonomische Anforderungen					
o Verstellbare Bildschirmneigung (DIN 66234, Teil 6, Entwurf)			●	○	○
o Bildschirm ist frei von Spiegelungen			●	○	○
o Positive Zeichendarstellung (dunkle Zeichen auf hellem Grund)			○	●	○
o Keine Klimaanlage erforderlich			●	○	○
o ...			○	○	●

abtrennen, ist nicht für die Anbieter bestimmt

Bild 6: *Beispiel für ein CAD–Pflichtenheft*

Für das gewählte Beispiel sollen die einzelnen Anforderungsbereiche folgendermaßen gewichtet werden:

Beispiel (Fortsetzung):

funktionsbezogene Anforderungen	4
mengenbezogene Anforderungen	1
strategische Anforderungen	3
ergonomische Anforderungen	2
gesamt:	10

Die Auswertung der von den Anbietern ausgefüllten Pflichtenhefte (bzw. Checklisten) wird vom Ingenieurbüro selbst vorgenommen. Sie ist Gegenstand der nächsten Phase. Bewertungsfragen und Entscheidungen zur Systemauswahl werden dagegen zu einem späteren Zeitpunkt auf der Grundlage von Demonstrationen oder einer Testinstallation durch den Kunden selbst beantwortet. Die Vorgehensweise ist in ☞ *Systemauswahl und –bewertung, Kapitel 2,* beschrieben.

2.3.6 Schlußfolgerungen

In diesem Artikel wurde beschrieben, wie ein Soll–Konzept in den drei Schritten Forderungen, Grobkonzept, Feinkonzept systematisch erarbeitet werden kann und wie sich dies im Pflichtenheft niederschlägt. Es ist hier nicht möglich, für jeden Einführungsprozeß die exakten Inhalte und den Detaillierungsgrad der drei Arbeitsschritte anzugeben, da sie von den in jedem Einzelfall unterschiedlichen Anfangsbedingungen abhängen. Der Inhalt des Grobkonzeptes im Falle eines Büros, das zum ersten Mal moderne Informations– und Kommunikationstechnologien einführt, unterscheidet sich sicherlich erheblich von dem eines Büros, das bereits seit Jahren erfolgreich CAD einsetzt und nun einen Ausbau seines CAD–Bereiches plant. Dementsprechend verschieben sich die Inhalte des Feinkonzeptes und somit auch die des Pflichtenheftes.

Literatur

[1] Becker, Mario, Reinhard Haberfellner u. Georg Liebetrau: EDV–Wissen für Anwender. Ein Handbuch für die Praxis. München: CW Publikationen 1982.

[2] Groth, Andreas: Methodische Beiträge zur Beschreibung von Anforderungen an integrierte DV–Systeme (CAD) für verteilte Bauentwurfsorganisationen. Düsseldorf: VDI Verlag, 1990.

[3] Grupp, Bruno: Methoden der Istaufnahme und Problemanalyse. Wiesbaden: Forkel Verlag 1987.

[4] VDI–Richtlinie 2216 (Entwurf): Einführungsstrategien und Wirtschaftlichkeit von CAD–Systemen. Berlin: Beuth Verlag 1990.

2.4 SYSTEMAUSWAHL UND -BEWERTUNG

Günter Nitsche/Martin Resch

Nach der Festlegung des Soll–Konzeptes (Pflichtenheft) steht die Bewertung und Auswahl des technischen Systems an. Die Systemauswahl ist mit einer Marktanalyse und durch eine Vorauswahl einzuleiten.

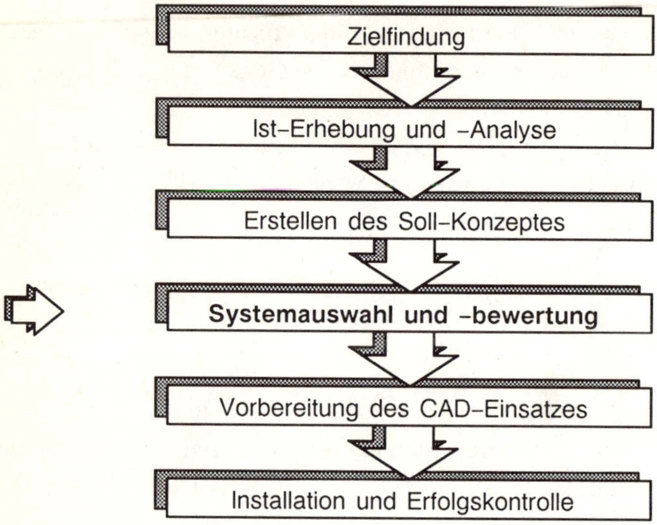

Bild 1: *Phase der Systemauswahl und –bewertung bei der CAD–Einführung*

Die Vorgehensweise bei der Systemauswahl und –bewertung hängt davon ab, ob am Entscheidungsprozeß externe Berater mit entsprechender Fachkompetenz beteiligt sind, ob eine Projektgruppe alle Arbeiten übernimmt oder ob der Auswahlprozeß durch eine Einzelperson erfolgt. In den ersten beiden Fällen kann die Firmenleitung oder das Entscheidungsgremium sich darauf beschränken, den Prozeß zu begleiten, evtl. einzugreifen und erst in der letzten Phase, wenn die endgültige Entscheidung zu treffen ist, eine Beteiligung suchen.
Wird die Auswahl und Bewertung jedoch von einer internen Gruppe oder von einer Einzelperson durchgeführt, dann ist es unbedingt notwendig, daß sich dieser Personenkreis vorher das nötige Fachwissen über technische Betriebsmittel und arbeitswissenschaftliche Aspekte aneignet. Darüber hinaus sind Kenntnisse über neue Formen der Arbeitsorganisation und Gestaltung von Arbeitsplätzen (Ergonomie) wünschenswert.

Die Auswahl geeigneter Hard- und Software für den Einsatz im Ingenieurbüro sollte dann in mehreren Stufen erfolgen. Diese lassen sich grob folgendermaßen gliedern:

- **Verschaffen Sie sich zunächst einen allgemeinen Überblick und treffen Sie eine Vorauswahl nach K.o.-Kriterien!**
- **Beschaffen Sie sich vertiefende Informationen zu Teilaspekten und treffen Sie eine Feinauswahl, z.B. anhand von Kriterien aus dem Pflichtenheft!**
- **Verlangen Sie eine Testinstallation, um die bevorstehende Kaufentscheidung abzusichern!**
- **Treffen Sie ihre Kaufentscheidung!**

2.4.1 Allgemeiner Überblick/Vorauswahl

2.4.1.1 Allgemeiner Überblick

Der weniger versierte Entscheidungsträger benötigt zunächst systemunabhängiges Wissen über DV-Grundlagen, Funktionsweise und Komponenten von CAD-Systemen, Peripheriegeräten usw. Dazu eignet sich das Studium von Fachbüchern. Auch der Lexikonteil dieses Buches ist geeignet, DV- und CAD-Grundlagenwissen zu vermitteln. Sehr empfehlenswert ist auch der Besuch systemneutraler Einführungskurse. Angeboten werden diese beispielsweise von Ingenieur- und Architektenkammern, Handwerkskammern, Beratungsverbänden, von Universitäten und Hochschulen, aber auch von der Volkshochschule oder vergleichbaren öffentlichen Bildungseinrichtungen (☞ *Abschnitt 4.3, Beratungsinstitutionen und -adressen*).

Auf dieser Grundlage muß sich der Kaufinteressent Informationen über die angebotene Soft- und Hardware verschaffen.

Speziell für Anwendungen im Baubereich gibt es eine sehr sorgfältig überarbeitete Marktübersicht vom IAP an der Universität Hannover [4], die jährlich im November zur Architekten-Computer-Messe ACS in Wiesbaden neu erscheint. Aktuelle Überblicke und Bewertungen finden sich auch regelmäßig in Fachzeitschriften.

Hilfreich sind in einem gewissen Umfang auch die Prospektmaterialien der Anbieter. Sie sind insofern dienlich, als sie in sehr schön illustrierten Darstellungen das gesamte Leistungsspektrum der CAD-Software wiedergeben. Nachteilig ist sicherlich, daß die Schwachstellen nicht angeführt und nicht abgedeckte Leistungsbereiche verschwiegen werden. Weiterreichende Informationen sind in Handbüchern und Benutzeranleitungen enthalten. Sie sind jedoch schwer zugänglich und werden vom Anbieter erst nach Kauf des Produktes zur Verfügung gestellt.

Als weitere Informationsquellen über Software-Anbieter bieten sich die Fachmessen – insbesondere die CEBIT in Hannover (März), die CAT in Stuttgart (Juni) und speziell für den Baubereich die ACS in Wiesbaden (November) – an. Allerdings erfordert der Besuch von Messen schon bestimmte Vorinformationen. Sonst führt die Vielzahl von Informationen mehr zur Verwirrung als zur Klarheit (☞ *Kapitel 3, Anbieter–Kunden–Beziehung*). Eine Verbesserung des Informationsstandes kann auch durch den Erfahrungsaustausch mit Fachkollegen oder mit Anwendern erreicht werden. So bietet es sich an, während Fachtagungen, Fachkonferenzen und Verbandstreffen den Gedankenaustausch zu pflegen. Aber auch hier ist Vorsicht geboten. In der Regel werden nur Erfolgsmeldungen weitergegeben! Mißerfolge und Fehlentscheidungen werden verschwiegen.

2.4.1.2 Vorauswahl

Die Vorauswahl sollte mit einer Marktanalyse eingeleitet werden. Hierzu ist es notwendig, die gesteckten Ziele und Anforderungen an das Arbeitssystem aus den vorgelagerten Arbeitsschritten zu übernehmen und auf dieser Grundlage die möglichen Anbieter zu sondieren. Einen Überblick erhalten Sie aus Messekatalogen, über Publikationen, aus Gesprächen mit Fachkollegen. Mit der Marktanalyse kann bereits eine grobe Sortierung der Systeme nach Leistungsklassen erfolgen; es können die Systeme aussortiert werden, die aufgrund der Zielkriterien nicht in Betracht kommen bzw. die die aus der Ist–Analyse resultierenden Forderungen nicht erfüllen.

Vorrangiges Ziel der Vorauswahl ist es, die Anzahl der Anbieter auf drei bis sechs zu reduzieren. Als Auswahlkriterium geeignet sind Festforderungen oder auch sogenannte K.o.–Kriterien, die dem Pflichtenheft zu entnehmen sind. Bei der Definition der Fest– oder auch Mindestforderungen ist darauf zu achten, daß die firmenspezifischen Randbedingungen genügend Beachtung finden. So kann es z.B. für ein Unternehmen wichtig sein, daß standardisierte Schnittstellen zu anderen Programmsystemen vorhanden sind, während ein anderes Unternehmen den Schwerpunkt z.B. bei der einzusetzenden Rechnerklasse (PC, Workstation, Minirechner) sieht. In jedem Fall ist die Definition der Festforderung vom Einzelfall abhängig. In der Regel reichen Festforderungen wie

- Marktrelevanz (Verfügbarkeit, Anzahl der Installationen, Referenzen),
- Standard–Betriebssystem,
- bauspezifisches 2–D– oder $2^1/_2$–D–CAD–System,
- Erstellung von Schal– und Bewehrungsplänen,
- Werkzeuge zur eigenen Programmierung,
- Schnittstellen (z.B. STEP–2DBS),
- Preis < 50.000 DM

aus, um eine Selektion der angebotenen Systeme auf max. sechs durchzuführen. Die Vorauswahl sollte entsprechend den Ausführungen im Artikel ☞ *Vorgehensweise bei der Bewertung, Kapitel 3,* getroffen werden. Erst nach Abschluß der Vorauswahl sollte die Feinauswahl durch Beschaffung weiterer Informationen eingeleitet werden.

Beispiel:

Die Marktanalyse hat ergeben, daß nur ein begrenzter Anbieterkreis (10 Systeme) in Betracht kommt. Die Anbieter wurden hauptsächlich über Annoncen in Fachzeitschriften und durch Empfehlungen ausgesucht. Weitere Informationen über den Leistungsumfang, über Hardware und Betriebs-Software, über den Verbreitungsgrad der Produkte am Markt und über die Bandbreite der abgedeckten Aufgabenbereiche lagen nicht vor. Sie mußten vom Anbieter angefordert werden und sind jetzt in Form von Prospekten vorhanden. Auf dieser Basis wird die Vorauswahl durchgeführt (Bild 2).

	Festforderungen	Betriebssystem			CAD-Anwendersystem				Schnittst.		Anbieter	
	System	Multi-User-Betrieb	Entwicklungsumgebung	Programmier- und Graphiksprachen	21/2-D-Modell	Bauspezifische Ausrichtung	Variantentechnik	Parametrisierte Makros	Informationsübertragung STEP-2DBS	Firmenspezifische Ausrichtung des Systems	Preis < 50.000 DM	Hotline
	System A	●	◉	○	○	◉	◉	◉	○	○	●	●
	System B	○	◉	●	○	◉	◉	◉	○	○	●	●
➧	System C	●	●	●	●	●	●	●	◉	○	●	●
➧	System D	●	◉	●	●	◉	●	●	●	●	●	●
➧	System E	●	◉	●	●	●	◉	○	●	●	◉	●
	System F	●	●	○	○	○	◉	○	●	○	◉	●
➧	System G	●	◉	◉	●	●	●	●	●	●	◉	●
➧	System H	●	◉	○	●	●	●	●	●	◉	○	●
	System I	●	◉	○	●	○	◉	○	○	○	●	●
	System J	●	●	○	●	◉	◉	◉	○	○	◉	●

● = erfüllt ◉ = teilweise erfüllt ○ = nicht erfüllt

Bild 2: *Vorauswahl nach K.o.-Kriterien*

Ergebnis:

Die Vorauswahl hat zum Ergebnis, daß nur fünf Systeme den gestellten K.o.-Kriterien standhielten. Keines der Systeme konnte alle Kriterien erfüllen, fünf schnitten zufriedenstellend ab, die restlichen fünf erhielten nur wenige Punkte.

2.4.2 Vertiefende Information/Feinauswahl

2.4.2.1 Vertiefende Information

Für die überschaubare Anzahl von Software-Paketen ist eine detaillierte Informationsbeschaffung notwendig. Dazu gibt es verschiedene Möglichkeiten:

- Am bekanntesten sind die sog. *Demovorführungen*, bei denen der Kunde um die Abarbeitung einer von ihm gestellten Aufgabe bittet, die aber für das Büro typisch und kein "Exot" sein sollte.
- Mitarbeiter besuchen *Schulungen des Anbieters*. Diese Methode bietet sich an, damit die späteren CAD-Anwender erste Erfahrungen mit den zur Disposition stehenden Systemen sammeln können. Darüber hinaus haben diese Mitarbeiter den direkten Bezug zu den Aufgaben, die mit dem System im Büroalltag bearbeitet werden sollen, sie sind also im Grunde genommen urteilsfähiger als die Geschäftsleitung.
- Eine lohnende Variante ist der *Besuch von CAD-Anwendern*. Der zukünftige Anwender kann mit gegenwärtigen Nutzern "auf einer Ebene reden" und sich informieren, ohne das Gefühl zu haben, ein System "aufgeschwatzt" zu bekommen.
- Erprobung der CAD-Systeme im eigenen Hause.

Wenn Sie die Phase zur Beschaffung vertiefender Informationen abgeschlossen haben, sollte die Bewertung der verbleibenden Systeme auf der Grundlage des Pflichtenheftes erfolgen.

2.4.2.2 Feinauswahl

Die Feinauswahl dient dazu, die Zahl der angebotenen Systeme so weit zu reduzieren, daß möglichst nur ein System verbleibt. Der Selektionsprozeß wird auf der Basis der im Pflichtenheft formulierten Mindestforderungen und Wünsche durchgeführt.
Dieser Vorgehensweise liegt die Annahme zugrunde, daß die Anzahl der Systeme bereits bei der Vorauswahl (Erfüllung von Festforderungen) stark eingeengt wurde. Das Pflichtenheft wird insofern nur noch wenigen Anbietern zum Ausfüllen zugeschickt, die dann die Anforderungen des Pflichtenheftes im Ja/Nein-Schema hinsichtlich Erfüllung bzw. Nichterfüllung kennzeichnen. Durch Gegenüberstellung der Leistungsmerkmale der einzelnen Systeme kann das Büro sehr anschaulich die Stärken und Schwächen aufdecken. Dazu empfiehlt es sich, eine integrale (Gesamtsumme) und eine differenzierte Bewertung (z.B. über die funktionsbezogenen Anforderungen) durchzuführen.

Beispiel:
Die zuvor untersuchten zehn Systeme und die danach verbleibenden fünf Systeme werden einer weiteren Systembewertung unterzogen. Hierzu werden die im Pflich-

tenheft ausgewiesenen Mindestforderungen und Wünsche verwendet. Die Anbieter haben für die verbliebenen fünf Systeme das vorgelegte Pflichtenheft und die darin enthaltenen Anforderungen mit Ja/Nein beantwortet. (Ein Hinzufügen von Kommentaren war zwar zugelassen, die Auswertung wurde dadurch jedoch nicht beeinträchtigt.) Einzelnen Anforderungsbereichen wurde aufgrund ihrer Bedeutung ein Wichtungsfaktor WG zugeordnet. Einzelanforderungen innerhalb einer Gruppe erhielten den Wichtungsfaktor WE. Im Bild 3 ist die Auswertung dargestellt.

Nr.	Anforderungen	WG	WE	System				
				C	D	E	G	H
1.	Portabilität der Software möglich?	2	3	6	0	6	6	0
2.	Existenz einer Hotline gewährleistet?	2	5	10	10	10	10	10
3.	Schulungsangebot vorhanden?	2	4	8	8	0	8	8
4.	Markterfahrungen im Bauwesen liegen vor?	2	3	6	0	0	6	6
5.	....							
11.	Erweiterungsmöglichkeiten vorhanden?	4	3	12	0	0	0	0
12.	Gesamter Dialog in Deutsch?	4	2	8	8	8	8	8
13.	Eigene Makroerzeugung möglich?	4	4	16	16	0	16	16
15.	....							
21.	Standardbetriebssystem (z.B. DOS)?	6	5	30	0	30	30	0
22.	Anschluß eines Plotters (Elektrostat) mögl.?	6	4	24	24	0	24	24
23.	....							
			$\sum$	171	210	185	180	205

WG = Wichtung der Gruppe

WE = Wichtung der Einzelanforderung

0 = Anforderung nicht erfüllt

Bild 3: *Feinauswahl anhand objektiver Anforderungen*

Ergebnis:

Einige der untersuchten fünf Systeme erfüllen wichtige Anforderungen überhaupt nicht. Die Summenbildung ergibt, daß die genannten Kriterien der Zielvorgabe, die im Soll-Konzept dargestellte Lösungsalternative und die im Pflichtenheft ausgewiesenen Anforderungen nur von den Systemen D und H (mit minimalem Unterschied) erfüllt werden. Das Entscheidungsgremium kommt zu der Auffassung, diese beiden Systeme in einer Testinstallation genauer zu untersuchen. Die anderen Systeme werden nicht weiter betrachtet.

2.4.3 Testinstallation

Die beste Art, eine Kaufentscheidung abzusichern, ist die Durchführung von Software-Tests im eigenen Hause, also eine *Testinstallation*. Die dabei gewonnenen Erfahrungen und gesammelten Erkenntnisse stellen eine wertvolle Hilfe zur Entscheidungsfindung dar. Sie ist aber zugleich die aufwendigste Beurteilungsmethode. Denn das System muß in der Praxis eingesetzt werden, was u.a. bedeutet, daß der Mitarbeiter aus Termingründen nicht wieder an das Zeichenbrett geschickt werden darf. Verdeutlichen muß sich ein zukünftiger CAD-Anwender folgendes: *Am Anfang dauert die Arbeit mit CAD länger; bis ein Verhältnis 1:1 erzielt wird, vergehen einige Monate.* Darum kann der Produktivitätsfortschritt durch eine Testinstallation nicht beurteilt werden. Mehr als zwei Testinstallationen sind nicht empfehlenswert, da sie normalerweise nacheinander folgen. Werden mehr als zwei Systeme installiert, weiß das Büro bei dem dritten vermutlich schon nicht mehr, wie gut oder schlecht das erste gewesen ist. Hinzu kommt, daß die Testinstallationen – wie die Schulungen im übrigen auch – nicht kostenlos sind. Aber für die endgültige Kaufentscheidung ist die Testinstallation unter Beachtung verschiedener Bedingungen sicherlich ein angemessenes Mittel.

Sollte eine Testinstallation befürwortet werden, dann muß diese sorgfältig vorbereitet und begleitet werden. Wird das Ziel verfolgt, zwei oder mehr Produkte miteinander zu vergleichen, so muß die Testdurchführung unter ähnlichen Bedingungen erfolgen. Es empfiehlt sich, eine Handlungsanleitung zu erstellen, um den Testablauf identisch zu gestalten. Hierzu sollten Testaufgaben definiert werden, die das Aufgabenspektrum abdecken, nicht zu komplex sind und -jede für sich- den zeitlichen Rahmen nicht sprengen. Die Vergleichbarkeit ist sichergestellt, wenn die Tests mit Checklisten begleitet werden. Diese sollten in Anlehnung an die abgedruckten Checklisten auch Freiräume für Ergänzungen haben; denn auch in den Tests werden Erfahrungen gesammelt, der Tester wächst an den Aufgaben. Nach Abschluß der Tests sind die Checklisten auszuwerten. Abschließend ist eine Systembewertung durchzuführen.

Beispiel:
Der Auswahlprozeß ist so weit vorangetrieben, daß nur noch zwei Systeme im Rahmen einer Testinstallation einer genaueren Untersuchung zu unterziehen sind. Im ersten Schritt sollten noch einmal die im Pflichtenheft aufgelisteten Mindestforderungen und Wünsche überprüft werden.
Im zweiten Schritt sind dann auch die Beurteilungen aus Mitarbeitersicht einzubinden, z.B. hinsichtlich Benutzerfreundlichkeit, Hilfestellungen bei der Eingabe, Vollständigkeit des Benutzerhandbuches (Dokumentation), aber auch hinsichtlich der Ausgabegestaltung.
Zur Beurteilung sind die im Artikel ☞ *Vorgehensweise bei der Bewertung, Kapitel 3,* eingeführten Kriterien (0–5) zu verwenden. Lassen Sie die Bewertung nicht nur von einer Einzelperson durchführen. Letztlich soll ein weitgehend objektiver Maßstab angelegt werden, der nur verfolgt werden kann, wenn mehrere Personen (spätere Nutzer, Vorgesetzte oder auch die Firmenleitung) eingebunden werden.

Nr.	Bewertungsfrage	WG	WE	System D		System H	
				E	EG	E	EG
1.	Wie beurteilen Sie die Benutzerführung?	4	6	3	72	2	48
2.	Sind Hilfestellungen ausreichend?	4	3	4	48	3	36
3.	Waren die Eingabeaufforderungen verständlich?	4	4	5	80	4	64
4.	Wie beurteilen Sie die Variantenkonstruktion?	4	5	3	60	4	80
	....						
10.	Sind Sie mit der Leistungsfähigkeit der Hardware zufrieden?	5	5	5	125	4	100
11.	Wie beurteilen Sie die Zuverlässigkeit der Software?	5	5	4	100	3	75
12.	Wie beurteilen Sie die Zuverlässigkeit der Hardware?	5	6	4	120	3	90
13.	Wie beurteilen Sie die Antwortzeit des Systems?	5	6	3	90	3	90
	....						
20.	Sind Sie mit der Darstellung der Objekte, z. B. auf dem Plotter, zufrieden?	3	3	4	36	3	27
			$\sum$		662		548

WG = Wichtung der Gruppe

WE = Wichtung der Einzelanforderung

E = Bewertung der Einzelanforderung (0–5)

EG = Einzelergebnis (WG*WE*E)

Bild 4: *Ergebnis der Testinstallation*

Ergebnis:

Die Überprüfung der Anforderungen im Pflichtenheft hat ergeben, daß die vom Anbieter beantworteten Fragen weitgehend korrekt sind.
Die Testinstallation hat gezeigt, daß nur mit einem System befriedigende Ergebnisse erreicht werden konnten.
Da die Auswahl bisher überwiegend unter technischen Gesichtspunkten erfolgte, sollte dem Entscheidungsgremium das System D vorgeschlagen werden. Zum Fällen der Kaufentscheidung sind aber noch monetäre Gesichtspunkte und z.B. Fra-

gen zum Anbieter näher zu beleuchten.
Das Ergebnis der Erprobung kann aber auch sein, daß nicht das richtige CAD-System getestet wurde. Sie verfügen dann aber über eine Sammlung von Erkenntnissen (Anforderungen), mit der eine erneute Selektion vorgenommen werden kann.

2.4.4 Kaufentscheidung

Auf der Grundlage der angeführten Bewertungsverfahren kann eine Kaufentscheidung getroffen werden (zu den Alternativen Kauf oder Miete ☞ *Kapitel 3, Beschaffung von Hard- und Software*). Der Auswahlprozeß sollte von Anfang bis Ende unter Beteiligung aller betroffenen Mitarbeiter durchgeführt werden. Die vorher an der Bewertung beteiligten Mitarbeiter, die Schulungen besucht oder die Testinstallation betreut haben, sollten jedoch nicht am Ende durch eine rein kaufmännisch begründete Entscheidung der Geschäftsleitung überrascht werden. Das versteht sich eigentlich von selbst (☞ *Kapitel 3, Mitarbeiterbeteiligung*), in der Praxis ist aber leider öfter anderes vorgekommen.

Ist die Kaufentscheidung gefallen und soll die Beschaffung der neuen Betriebsmittel erfolgen, so sollte ein Kaufvertrag nach den Besonderen Vertragsbedingungen für den Kauf von EDV-Anlagen und -Geräten (BVB) abgeschlossen werden.

Literatur

[1] Grabowski, H.; Glatz, R.; Dienst, P. : Rechnerunabhängige CAD-Software. Beurteilung und Test. Kernforschungszentrum Karlsruhe (KfK-PFT). Karlsruhe: Selbstverlag 1988.

[2] Rinza, P.; Schmitz, H.: Nutzwert-Kosten-Analyse. Düsseldorf: VDI-Verlag 1977.

[3] Eversheim, W.; Dahl, B.; Spannrath, K.: CAD/CAM Einführung. RKW-Verlag, Verlag TÜV Rheinland.

[4] IAP, Universität Hannover, Fachbereich Architektur: Software-Marktübersicht Ausgabe 1991/92 für Architekten und Bauplaner

2.5 Vorbereitung des CAD-Einsatzes

Peter v. Mitschke–Collande/Günter Nitsche

Nach Abschluß der Planung, d.h. nach Auswahl des Soll–Konzeptes für die Gesamtorganisation und nach der Kaufentscheidung über die DV–technischen Betriebsmittel, ist der CAD–Einsatz vorzubereiten.

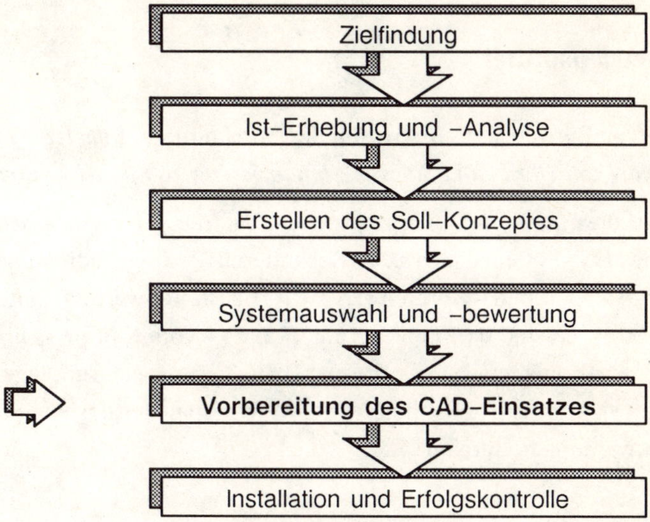

Bild 1: *Phase der Vorbereitung des CAD–Einsatzes*

Die Vorbereitung des CAD–Einsatzes beinhaltet die Planung und Umsetzung von Schritten wie:

- Kauf der Betriebsmittel,
- Festlegung des Zeitrahmens bis zur Einführung,
- Umstellung der Organisationsstruktur,
- Benennung der System– und Nutzerbetreuer,
- Veranlassung der Qualifizierung,
- Reorganisation des Informationsflusses,
- Raumgestaltung,
- Vernetzung,

- Energieversorgung,
- Klimatisierung.

Beispielhaft werden folgende vier Schritte beschrieben:

- Kauf der Betriebsmittel,
- Raumgestaltung,
- Arbeitsplatzgestaltung,
- Qualifizierung.

2.5.1 Kauf der Betriebsmittel

Zur Frage des Kaufs von Betriebsmitteln wird auf die Abschnitte ☞ *Anbieter–Kunden–Beziehung, Beschaffung von Hard– und Software, Finanzierung* im *Kapitel 3* verwiesen.

An dieser Stelle wird die Empfehlung ausgesprochen, daß der vertragliche Rahmen zur Beschaffung eines DV–Systems nach den "Besonderen Vertragsbedingungen für den Kauf von EDV–Anlagen und -Geräten (BVB)" [1] gestaltet werden sollte. Existiert ein solcher Vertrag, so sind darin bereits alle Fragen - vom Kaufpreis über die Anlieferung bis zur Gewährleistung - geregelt. Der BVB–Vertrag ist Grundlage vieler Beschaffungen, er hat sich zur Zufriedenheit beider Vertragspartner, insbesondere in den öffentlichen Verwaltungen, durchgesetzt.

2.5.2 Raumgestaltung

Das arbeitsorganisatorische Modell ist mit dem Soll–Konzept festgelegt. Hier stellt sich die Frage, nach welchen Gesichtspunkten die Arbeitsräume aufgeteilt und wo die Betriebsmittel untergebracht werden. Es ist zu klären, ob die CAD–Arbeitsplätze zentral in einem Großraumbüro untergebracht oder dezentral auf mehrere Räume verteilt werden sollen. Die Entscheidung sollte von den Abläufen der Projektbearbeitung und den Erfordernissen persönlicher Kommunikation zwischen den Mitarbeitern abhängig gemacht werden, so daß die entsprechenden Abteilungen und Arbeitsplätze einander räumlich angemessen zugeordnet sind. Abgetrennte Arbeitsbereiche (Bild 2) sollten nur dann geschaffen werden, wenn die Ablauforganisation keine regelmäßige Kommunikation oder Kooperation mit anderen Bereichen erfordert. Voraussetzung für jede Lösung ist es, daß diese auch den persönlichen Bedürfnissen der Mitarbeiter entgegenkommt. Die DV–technischen Betriebsmittel lassen eine Vielzahl von organisatorischen Lösungen und damit auch eine spätere Reorganisation zu.

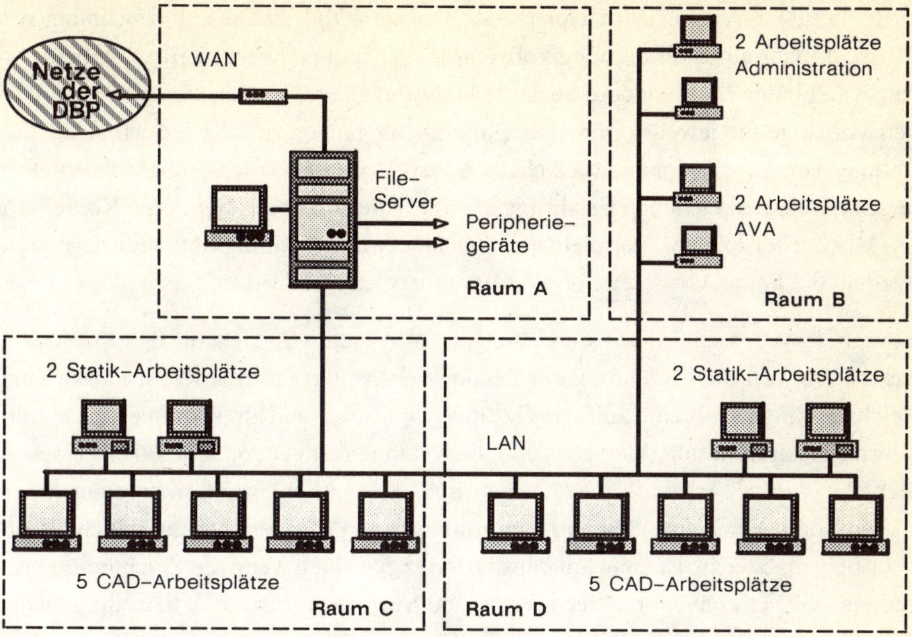

Bild 2: *Aufteilung der Arbeitsplätze auf die Räume*

Bei der Raumgestaltung sollte auch auf die physischen Arbeitsumgebungsfaktoren geachtet werden (☞ *Kapitel 3, Arbeitsplatzgestaltung* und *Arbeitsbelastungen*). Sind sie falsch ausgelegt, kann das subjektive Wohlbefinden am Arbeitsplatz beeinträchtigt werden. So muß z.B. darauf geachtet werden, daß die Lärmentwicklung den Wert 55 dB(A) nicht überschreitet. Es wird eine Grundbelastung von nicht mehr als 50 dB(A) empfohlen. Das Raumklima ist im Interesse der Beschäftigten so zu gestalten, daß eine mittlere Temperatur von 20 Grad Celsius vorherrscht und die Luftfeuchtigkeit bei 50–60 % liegt. Der zentrale Server und die angeschlossene Peripherie sollten in jedem Falle in einem separaten Raum angeordnet werden, da bei starker Frequentierung der Ausgabemedien (Plotter, Drucker) u.a. hohe Lärm- und klimatische Belastungen entstehen. Klimatisierung, konstante Raumtemperatur und -luftfeuchtigkeit sorgen für den stabilen Betrieb der Geräte.

2.5.3 Arbeitsplatzgestaltung

Sobald mit der Entscheidung über das Grobkonzept (☞ *Kapitel 2, Erstellen des Soll-Konzeptes*) beispielsweise die Form der CAD-Organisation "CAD und Zeichenbrett" (☞ *Kapitel 3, Arbeitsorganisation*) für das Ingenieurbüro festgelegt wurde, entsteht auch ein neuer Typ von Arbeitsplatz, der *Mischarbeitsplatz.* Diese Bezeichnung verdeutlicht nicht nur die Mischung konventioneller und rechnergestützter Arbeitsvorgänge an einem Platz, sondern auch die Notwendigkeit, für diese beiden verschiedenen Vorgänge die jeweils optimalen Umfeldbedingungen zu schaffen. Über die Gestaltung von konventionellen Zeichenarbeitsplätzen und von CAD-Arbeitsplätzen liegen jeweils ausreichende Erfahrungen vor [2], nicht jedoch über deren Kombination (Mischarbeitsplätze). Beispielhaft sollen hier zwei Gestaltungsaufgaben dargestellt werden, die in der Vorbereitungsphase praktisch zu lösen sind.

Ein arbeitswissenschaftlicher Gestaltungsschwerpunkt wird sich auf den *Arbeitsplatz* richten. So wirft die Installation der Rechnerarbeitsplätze für die Konstrukteure und Zeichner einige Probleme auf: Die Geräte (graphischer und alpha-numerischer Bildschirm, Tastatur, Menütablett etc.) und die von ihnen eingenommene Fläche ersetzen nicht die *normale* Arbeitsfläche (Zeichentisch, Ablagetisch), sondern kommen hinzu. Es sind somit Flächengrößen und -anordnungen zu erproben. Die zusätzliche Rechnerarbeitsplatzfläche ist dann am günstigsten zugeordnet, wenn die Zeichnungsvorlagen sowohl bei konventioneller als auch bei rechnergestützter Arbeit am gleichen Platz liegen- oder hängenbleiben können. Damit ist der Umräumaufwand beim Übergang von der einen zur anderen Arbeitsweise am geringsten. Kann diese Bedingung nicht erfüllt werden, hätte dies infolge des erhöhten Zeitaufwandes wirtschaftliche Auswirkungen und könnte zugleich Akzeptanzprobleme bei den Mitarbeitern gegenüber dieser Form der CAD-Organisation hervorrufen.

Ein weiterer arbeitswissenschaftlicher Gestaltungsschwerpunkt muß sich auf die *Arbeitsumgebungsbedingungen* richten. Hier liegt ein Problem darin, daß die konventionelle Zeichenarbeit und die CAD-Arbeit sehr unterschiedliche visuelle Umfeldbedingungen verlangen. Die dadurch entstehenden Konflikte, z.B. bei der Belichtung und Beleuchtung eines Mischarbeitsplatzes, erfordern die Entwicklung neuartiger Lösungen, z.B. die Kompensation der Wirkung ungünstiger Leuchtdichtekontraste durch ein erhöhtes Auflösungsvermögen der Bildschirme.

Vor der Einführung von CAD wird es nicht möglich sein, alle Gestaltungsaspekte endgültig auszuplanen. Vielmehr wird es nötig sein, in der Vorbereitungsphase versuchsweise alternative Arbeitsumfeldbedingungen zu erproben, sie kritisch auf ihre Bewährung zu prüfen und sie - soweit erforderlich - unter Beteiligung der Mitarbeiter zu verbessern. Dazu sollte eine 'Pilotzelle' geschaffen werden, in der verschiedene Formen der Arbeitsorganisation, der ergonomischen Gestaltung und der Qualifizierung für die CAD-Arbeit unter den jeweiligen Rahmenbedingungen systematisch erprobt, ausgewertet und dokumentiert werden können. Es sollte zumindest im Ansatz versucht werden, die Erfahrungen mit der 'Pilotzelle' aus der ersten Investitionsphase bereits bei der Gestaltung der Arbeitsplätze und Umgebungsbedingungen der weiteren Phasen zu berücksichtigen.

2.5.4 Qualifizierung

Spätestens in der Phase der Vorbereitung der CAD-Einführung muß auch die Qualifizierung der Mitarbeiter geplant und durchgeführt werden (☞ *Kapitel 3, Schulungsplanung*). Dazu ist als erstes eine wichtige personalpolitische Entscheidung zu treffen, die z.B. lauten könnte: Bei dem betrieblichem Umstellungsprozeß soll der Mitarbeiterstamm mit seinem reichen Erfahrungswissen erhalten werden; d.h., es gilt das Prinzip "Personalentwicklung geht vor Personaleinstellung".

Unter dieser Voraussetzung muß der Qualifikationsbegriff sehr umfassend sein. Das bedeutet, daß die Mitarbeiter im Rahmen des Qualifizierungsprogrammes informiert (Ursachen und Folgen Neuer Technologien), motiviert (Akzeptanz), fachlich geschult (DV-Kenntnisse) und nicht zuletzt zur Tätigkeit im Rahmen neuer Formen der Arbeitsorganisation (Soziale Kompetenz) befähigt werden müssen.

Da es keine Bildungsträger gibt, die umfassende, maßgeschneiderte Qualifizierungsprogramme anbieten, zeigt Bild 3 den Ablauf, der bei der Planung von Qualifizierungsmaßnahmen vom Ingenieurbüro selbst verfolgt werden sollte. Die zentrale Rolle bei der Entwicklung und Durchführung des Qualifizierungsprogramms werden die *System- und Nutzerbetreuer* spielen, die frühzeitig ausgewählt und qualifiziert werden müssen und mit einem bestimmten Anteil ihrer Arbeitskapazität für die Schulung und Einarbeitung der andern Mitarbeiter zuständig sein sollten (vgl. [3]).

Als Form des Qualifizierungsprogramms empfiehlt sich das 'Baukastensystem', das personenbezogen eine flexible Kombination von Bausteinen ermöglicht. Das heißt, im Qualifizierungsprogramm sind neben der fachlichen Systemschulung auch Bausteine der Vorinformation, der Nutzerbetreuung in einer längeren Einarbeitungsphase sowie der kontinuierlichen Weiterbildung enthalten (☞ *Kapitel 3, Schulungsanforderungen*).

Auszugweise seien einige Bausteine des Qualifizierungsprogrammes [3] genannt:

- Informationsveranstaltungen zu den geplanten technologischen und arbeitsorganisatorischen Veränderungen,
- externe Schulung der System- und Nutzerbetreuer,
- bürointerne Grundschulung der Mitarbeiter durch die Nutzerbetreuer,
- Aufbauschulung in der 'Pilotzelle': Einarbeitung am konkreten Projektbeispiel,

- Vor-Ort-Schulung: Projektabwicklung mit CAD,
- externe Weiterbildung zu aktuellen Entwicklungen.

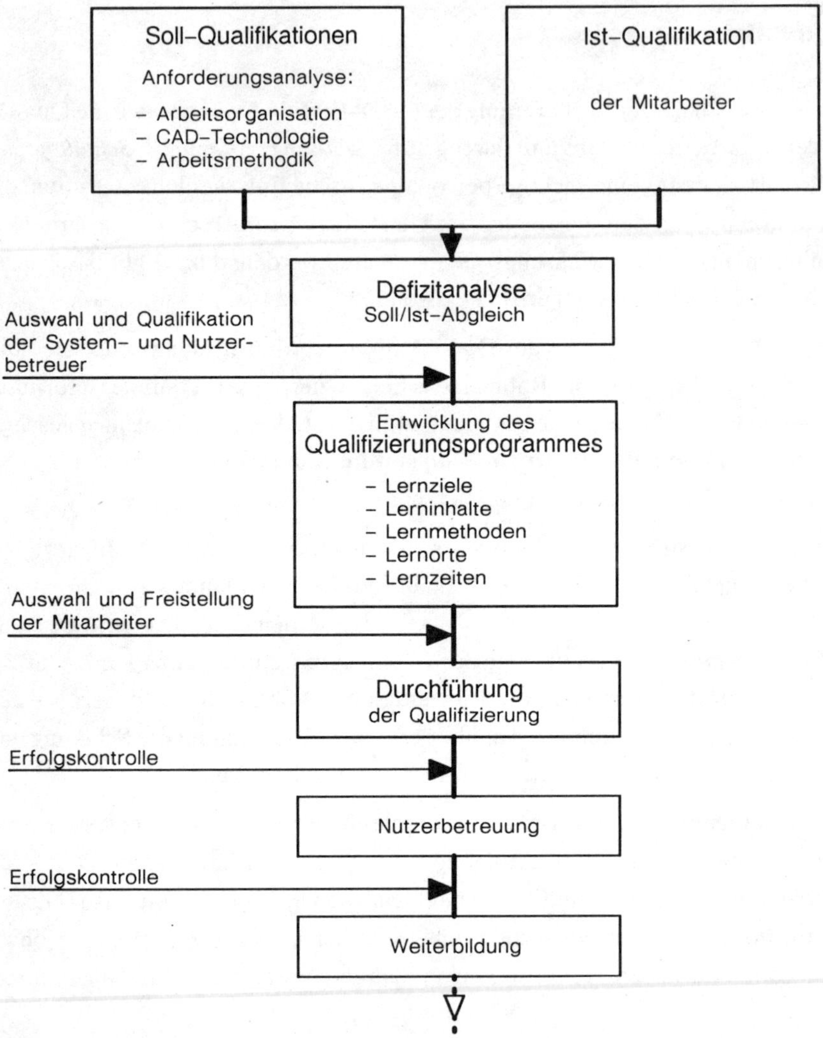

Bild 3: *Ablauf der Planung und Durchführung der CAD-Qualifizierung*

Bei der Entwicklung der inhaltlichen und methodisch-didaktischen Konzeption sowie bei der Durchführung der Qualifizierungsmaßnahmen sollte mit Verbänden und Kammern sowie mit Fach- und Hochschulen, mit Soft- und Hardware-Häusern, mit freien Bildungsträgern, aber auch mit den weiterbildenden Studiengängen der Universitäten (☞ *Kapitel 3, Universitäre Weiterbildung*) kooperiert werden.

Das endgültige Qualifizierungsprogramm sollte in seiner Planung und Durchführung auf die Zeitpunkte der Beschaffung der Betriebsmittel abgestimmt werden; so sollte die allgemeine Information und externe Grundschulung vor der Installation abgeschlossen sein. Die bürointerne Schulung und Betreuung sollte sich sofort nach der Aufstellung der Systeme anschließen, um die erreichte Qualifikation zu erhalten und weiter zu fördern. Die größte Schwierigkeit wird darin bestehen, daß die Qualifizierung der Mitarbeiter einerseits hinsichtlich Zeitumfang und Durchführung höchste Priorität haben muß, andererseits aber mit den täglichen Erfordernissen des Betriebes und den Investitionsphasen von Hard- und Software zu synchronisieren ist (☞ *Kapitel 3, Schulungsplanung*).

2.5.5 Schlußbemerkung

Der zwischen der Kaufentscheidung und der Installation verbleibende Zeitraum muß dazu genutzt werden, die Mitarbeiter auf die Umstellungen vorzubereiten und eine ordnungsgemäße Inbetriebnahme des neuen Arbeitssystems zu ermöglichen. Die Vorbereitungsphase beinhaltet zusätzlich die Realisierung von Schnittstellen zu vor- und nachgelagerten Prozessen; gegebenenfalls ist der Systemhersteller aufzufordern, die entsprechende Unterstützung zu geben.

Literatur

[1] Besondere Vertragsbedingungen für den Kauf von EDV-Anlagen und -Geräten. Köln: Bundesanzeiger Verlagsgesellschaft mbH 1989.

[2] Frieling; Derisavi-Fard; Grossmann: Ergonomische Prüfliste für CAD-Arbeitsplätze, Universität Kassel 1989.

[3] Eggers, A., Köchling, A.: Das Beratungskonzept Hilfe zur Selbsthilfe beim CAD-Einsatz, Endbericht Teile I-III, Dortmund 1989.

2.6 Installation und Erfolgskontrolle

Günter Nitsche/Peter v. Mitschke-Collande

Die Installationsphase ordnet sich nach der Vorbereitung des CAD-Einsatzes ein. Sie ist mit der Umstellung vom alten auf das neue Arbeitssystem verbunden und insofern mit einer möglichen Mehrbelastung der Betroffenen behaftet. Der Idealfall, daß das neue Arbeitssystem in vollkommen neuen Gebäuden/Arbeitsräumen installiert wird, ist kaum anzutreffen. Vielmehr, das zeigen Beobachtungen, wird das neue System parallel zu den laufenden Arbeiten und unter Beeinträchtigung der Mitarbeiter in bereits genutzten Räumen aufgebaut. Die lange und eventuell mühsame Vorbereitungsphase wird abgeschlossen. Das theoretische Konzept (☞ *Kapitel 3, Erstellen des Soll-Konzeptes*) wird Realität; der Erfolg ist zu prüfen.

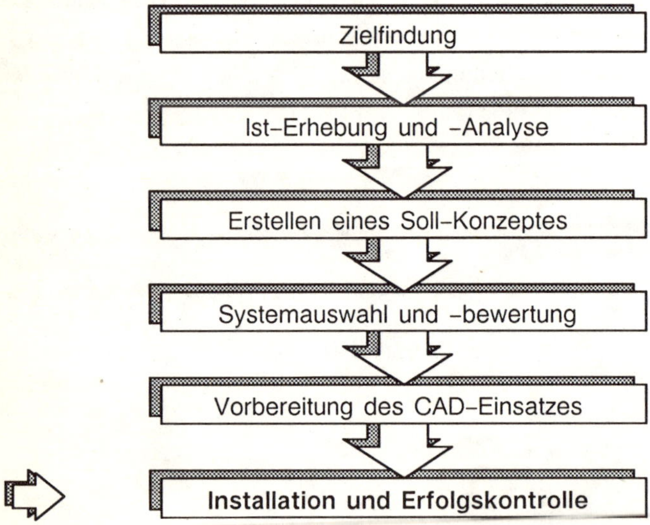

Bild 1: *Phase der Installation und Erfolgskontrolle bei der CAD-Einführung*

2.6.1 Installation

Mit Abschluß aller Vorbereitungen zur Einführung eines neuen Arbeitssystems steht jetzt die Installation, also der Aufbau und die Inbetriebnahme der DV-Betriebsmittel, an. Neben der Installation der Hardware und der Betriebssoftware umfaßt diese Phase auch die Anpassung der vorhandenen Software an die neue Hardware–Umgebung.

Die weiteren Ausführungen in diesem Kapitel orientieren sich an wichtigen Paragraphen der 'Besonderen Vertragsbedingungen für den Kauf von EDV–Anlagen und –Geräten (BVB) [1]'. Danach kann die Installationsphase thematisch in fünf Teilschritte gegliedert werden. Diese sind:

- Sicherstellung der Installation,
- Anlieferung und Aufbau des Systems,
- Erklärung der Betriebsbereitschaft,
- Abnahme des Systems,
- Zahlung nach Abnahme.

Für die Installation eines DV–Systems sind aus dem Vertrag folgende Aspekte von Interesse:

- die Leistungsbeschreibung,
- der Liefertermin,
- der Leistungsumfang,
- die Abnahmeregelung,
- die Zahlungsmodalitäten.

2.6.1.1 Sicherstellung der Installation

In dieser Phase sollte zunächst überprüft werden, ob Sie als Abnehmer einer Leistung alle Voraussetzungen zur ordnungsgemäßen Installation des neuen Arbeitssystems geschaffen haben, so u.a.

- Bereitstellung entsprechender Räume,
- Vorhandensein der Ver– und Entsorgungsleitungen,
- Aufstellen des Mobiliars (ergonomische Arbeitsplätze),
- Nennung eines Mitarbeiters zur Begleitung der Installation.

Auszug aus BVB: Der Auftraggeber verpflichtet sich, bis zum Anlieferungstermin die Installations– und Aufstellungsvoraussetzungen zu schaffen.

Zu den Voraussetzungen gehören aber auch organisatorische Maßnahmen, die in direktem Zusammenhang mit den späteren Anwendern stehen.

Ferner ist zu prüfen, ob im Soll–Konzept eine Weiterverwendung vorhandener Software vorgesehen ist. Eventuelle Anpassungsarbeiten sind spätestens jetzt in Auftrag zu geben bzw. abzuschließen.

2.6.1.2 Anlieferung und Aufbau des Systems

Der zweite Schritt befaßt sich mit dem Aufbau (Montage) des Systems. Ort und Zeitpunkt der Anlieferung sind Vertragsgegenstand. Wenn dieser bei Vertragsabschluß nicht exakt festzulegen war, sollte dies unverzüglich schriftlich nachgeholt werden. Vertragsgemäß hat der Auftraggeber dafür Sorge zu tragen, daß die Installations- und Aufstellungsvoraussetzungen geschaffen sind und die Anlieferung der Anlage erfolgen kann.

Auszug aus BVB: Der Auftragnehmer liefert die Anlage oder Geräte bis in die Aufstellungsräume des Auftraggebers und versetzt sie in betriebsbereiten Zustand.

Auf der Seite des Auftraggebers ist sicherzustellen, daß Anlieferung und Aufbau auch reibungslos erfolgen können. Möglicherweise müssen besondere Vorkehrungen zum Transport der Geräte auf dem Firmengelände getroffen werden.

2.6.1.3 Erklärung der Betriebsbereitschaft

Nach erfolgtem Aufbau des DV-Systems hat der Auftragnehmer dem Auftraggeber die Betriebsbereitschaft der Anlage zu erklären. Zur Betriebsbereitschaft gehört auch die Übergabe der ergänzenden Software.

Auszug aus BVB: Die Betriebsbereitschaft weist der Auftragnehmer anhand seiner Prüfprogramme nach; die Betriebsbereitschaft ist dem Auftraggeber schriftlich mitzuteilen.

Achten Sie in dieser Phase darauf, daß in ihrem Hause Personen zur Verfügung stehen, die die Betriebsbereitschaft bestätigen können und in der Lage sind, die Anlage selbständig (ab diesem Zeitpunkt) zu bedienen.

2.6.1.4 Abnahme des Systems

Nach BVB ist der Zeitpunkt der endgültigen Abnahme mit 30 Tagen nach erfolgter Installation (Betriebsbereitschaft) festgelegt.

Auszug aus BVB: Entspricht die Leistung des Auftragnehmers den Vereinbarungen, erklärt der Auftraggeber unverzüglich nach erfolgreicher Funktionsprüfung (Leistungs- und Zuverlässigkeitsprüfung) schriftlich die Abnahme. Zum Zweck der Funktionsprüfung stellt der Auftragnehmer dem Auftraggeber mit der Mitteilung der Betriebsbereitschaft die Anlage oder Geräte zur Verfügung. Die Funktionsprüfung beginnt am ersten Werktag nach Zugang der Mitteilung über die Betriebsbereitschaft. Für die Funktionsprüfung dürfen nur solche Programme verwendet werden, die auf vergleichbaren Anlagen erfolgreich geprüft sind. Welche Anlagen vergleichbar sind, bestimmen Auftragnehmer und Auftraggeber in gegenseitigem Einvernehmen.

Prüfen Sie also innerhalb dieses Zeitraums, ob gravierende Mängel aufgetreten sind. Die Abnahme kann nicht verweigert werden, wenn unerhebliche Mängel festgestellt wurden.

Nutzen Sie die Zeit, um einen Probebetrieb zu fahren (☞ *Kapitel 3, Technische Abnahme eines DV–Systems)*, evtl. sind Benchmarktests zu wiederholen (☞ *Kapitel 3, Systemauswahl und –bewertung*).

2.6.1.5 Zahlung nach Abnahme

Der Kaufpreis und die Vergütung von Nebenleistungen sind nach BVB Festpreise, es sei denn, daß in der Leistungsvereinbarung ein Preisvorbehalt vereinbart wurde. Die Zahlung des Kaufpreises erfolgt nicht vor der Abnahmeerklärung. Vorauszahlungen sind möglich, wenn eine entsprechende vertragliche Regelung getroffen wurde. Für den Fall der Vorauszahlungen muß beachtet werden, daß maximal 50 % des Kaufpreises entrichtet werden können, dies jedoch nur durch Einbringen entsprechender Sicherheiten.

2.6.2 Erfolgskontrolle

Der abschließende Schritt des Einführungsprozesses ist die *Erfolgskontrolle*, die bereits mit der Betriebsbereitschaft und Abnahme eingeleitet wurde. Der Erfolg bemißt sich an den Gestaltungszielen (☞ *Kapitel 3, Zielfindung, Erstellen des Soll–Konzeptes*). Je präziser diese Ziele zu Beginn des Einführungsprozesses definiert und operationalisiert worden sind, desto eindeutiger können Aussagen über den Erfolg gemacht werden.

Der Einsatz des neuen Arbeitssystems kann in den ersten Monaten bei unsachgemäßer Durchführung zu einer kritischen Phase werden. Die Verantwortlichen müssen sich darüber im klaren sein, daß gerade während dieser Zeit den Mitarbeitern, die sich mit dem neuen Arbeitssystem auseinandersetzen, erhöhte Aufmerksamkeit gewidmet und durch System– und Nutzerbetreuer Hilfestellung geleistet werden muß. Sind die psychologischen Probleme gelöst, sind die Mitarbeiter qualifiziert und haben sie sich an das neue Arbeitssystem, die damit verbundenen veränderten Methoden und Bedingungen gewöhnt, dann sind alle Voraussetzungen zur Übergabe erfüllt. Die Erfolgskontrolle ist in einem abschließenden Gespräch zwischen Projektgruppe, Nutzergruppe, Fachberatern und Geschäftsleitung zu vollziehen, bevor das realisierte Soll–Konzept übergeben wird.

Die abschließende Kontrolle des Planungserfolges sollte jedoch erst nach einer gewissen Betriebszeit des neuen Arbeitssystems (etwa ein halbes bis ein Jahr) durch eine "Revision" vollzogen werden. Ziele der Revision sind [2]:

- Erfolgskontrolle der Planung,
- Korrektur der Realisierung,
- Auswertung des Einführungsverlaufs.

Die Erfolgskontrolle stellt somit einen Vergleich zwischen dem neuen Realzustand des Ingenieurbüros und dem angestrebten Soll–Konzept dar. Hierbei werden jedoch nicht nur monetär bewertbare, sondern auch qualitativ zu beschreibende Kriterien einem Ist–/Soll–Vergleich unterzogen. Die Anforderungs– und Checklisten des Einführungsleitfadens bilden dazu die Grundlage.

Erst nach dieser Revision sollten die Projektgruppe aufgelöst und die externen Berater von ihrer Verantwortung entbunden werden. Kompetenz, Verantwortung, Pflege und Verwaltung der neu eingeführten Organisation sowie der CAD–Systeme liegen nun ausschließlich in den Händen der Anwender. Wichtige Anpassungsprozesse werden weiterhin über die System– und Nutzerbetreuer vermittelt. Systematische Schwachstellenanalysen sollten von Zeit zu Zeit wiederholt werden. Damit schließt sich der Regelkreis; ein neuerlicher Reorganisationsprozeß setzt gegebenenfalls wieder mit der Phase 1 des Planungsablaufes ein.

Literatur

[1] Besondere Vertragsbedingungen für den Kauf von EDV–Anlagen und –Geräten. Köln: Bundesanzeiger Verlagsgesellschaft mbH 1989.

[2] Grob, R. u. H. Haffner: Planungsleitlinien Arbeitsstrukturierung, Systematik zur Gestaltung von Arbeitssystemen. Siemens AG,Berlin:1982, S. 128.

3. Lexikonteil

Anbieter-Kunden-Beziehung

Martin Resch

Das Verhältnis zwischen Anbieter und Käufer auf dem Software-Markt ist nicht immer ungetrübt. Viele Käufer beschweren sich nachträglich, weil die hochgesteckten Erwartungen, die die Verkaufsgespräche geweckt haben, nicht erfüllt wurden. Fachlich versierte Software-Anbieter sind andererseits gar nicht glücklich darüber, daß sie dem Kunden das 'Blaue vom Himmel' versprechen müssen, weil es der Kunde erwartet und die Konkurrenz ähnlich vorgeht.

Das führt allerdings dazu, daß der Kunde die Ausführungen des Verkäufers sehr kritisch interpretieren muß. Die folgende – nicht ganz ernst gemeinte – Übersetzung von Anbieterangaben gibt ein paar Hinweise. Wenn Sie als Kunde nach einem bestimmten Leistungsmerkmal eines Software-Paketes fragen, gibt es zwei Möglichkeiten:

a) Der Verkäufer überzeugt Sie von der Leistungsfähigkeit; dann ist die Sache klar.

b) Der Verkäufer sagt, er könne die abgeforderte Leistung zur Zeit leider nicht präsentieren. Dann gilt folgende Sprachregelung:

Der Verkäufer sagt:	**Er meint:**
"Es geht im Prinzip, leider habe ich nicht die richtige Hardware-/Software-Version."	*"Wir arbeiten zur Zeit an einer Lösung, die könnte dieses Jahr noch verfügbar sein."*
"Das bieten wir in der nächsten Version an."	*"Wir planen, uns demnächst mit dem Problem zu befassen."*
"Das kommt garantiert im nächsten Jahr."	*"Es ist nicht ausgeschlossen, daß eines Tages einmal eine Lösung dafür von uns angeboten wird."*
"Wir arbeiten schon intensiv an einer Lösung."	*"Wir denken nicht im Traum daran, unsere teuren Entwicklungskapazitäten für Ihr Spezialproblem einzusetzen."*

Diese Gegenüberstellung wird sicher vielen Anbietern nicht gerecht. Deshalb gilt für den Kunden folgende Empfehlung:

> *Ein Software-Paket sollte nach seiner jetzigen Leistung beurteilt werden, unerfüllte Versprechungen gibt es auf dem Software-Markt zuhauf.*

Was kann der Kunde vom Anbieter erwarten?

Zur ersten Kontaktaufnahme muß sich der Kunde darüber klar werden, welches Leistungsspektrum vom Anbieter erwartet werden kann.

Das Leistungsangebot des Anbieters sollte umfassen:

- Beratung von Fachleuten aus dem Bauingenieurbereich,
- Schulung,
- Installation,
- Nachschulung im Büro des Kunden,
- Lieferung von Zubehör und Verbrauchsmaterial,
- Wartung von Hard- und Software,
- telefonischer Notdienst zu den Bürozeiten.

Bei dem üblichen Termindruck in Ingenieurbüros muß sichergestellt sein, daß der Anbieter bei Problemen mit der Hard- oder Software kurzfristig helfen kann (Reparaturnotdienst). Aus diesem Grund ist es von großem Vorteil, wenn der Anbieter "vor Ort" eine Niederlassung hat. Lange Anfahrtzeiten verlängern die Stillstandszeiten und kosten ebenso wie lange Ferngespräche Geld.

Es ist sehr empfehlenswert, einen Anbieter zu wählen, der die angebotene Software selbst entwickelt hat und/oder weiterentwickeln kann. Oft entstehen im Zuge der Anwendung neue Bedürfnisse: Der Anbieter sollte bereit sein, auch Sonderwünsche zu programmieren. Generell ist sicherzustellen, daß die Software ständig weiterentwikkelt und die vom Kunden gemeldeten Fehler laufend beseitigt werden.

Oft wird die Frage gestellt, ob es empfehlenswert ist, Software und Hardware *"aus einer Hand"* zu kaufen. Dem CAD-Einsteiger würden wir dazu raten, und zwar aus folgenden Gründen:

- Das reibungslose Funktionieren der Software auf der Hardware ist so am ehesten gesichert.
- Die Unterschiede zwischen der Leistungsfähigkeit vergleichbarer Rechner, Plotter etc. werden nicht so entscheidend sein.
- Der Anwender muß sich nicht mit zwei oder mehr Anbietern auseinandersetzen.

Inzwischen kristallisiert sich die Tendenz zum Kauf eines Gesamtpaketes heraus. Die befragten Software-Anbieter haben Komplettlösungen im Programm.

Empfehlenswert zur Verbesserung der Anbieter-Kunden-Beziehung ist die Gründung sog. "User-Clubs", in denen Anwender ihre Erfahrungen austauschen und Programmwünsche äußern können. Diese in anderen Branchen bekannte Einrichtung ist in der Baubranche bisher noch nicht üblich.

Eine Liste aller Anbieter von CAD-Software für das Bauwesen steht nicht zur Verfügung. Eine solche Liste veraltet viel zu schnell. Jährlich aktualisierte Listen bieten z.B. der ISIS-Report, das IAP der Universität Hannover sowie die einschlägigen Fachzeitschriften (☞ *Kapitel 2, Systemauswahl und -bewertung*) an.

Arbeitsbelastungen

Martin Resch

Begriffsklärung

Arbeitsbelastung als Begriff der Umgangssprache ist von einem weiten 'Bedeutungshof' umgeben. Vielfach wird jede Anstrengung, damit jede Arbeit überhaupt, als Belastung bezeichnet. Im folgenden wird ein psychologisches Konzept von Belastung verwendet, in dem dieser Begriff viel eingeschränkter benutzt wird. Jede Arbeit besteht aus Anforderungen und Belastungen.

Anforderungen sind die positiven Herausforderungen der Arbeit an den Menschen. Sie ermöglichen es dem Arbeitenden, seine Kenntnisse, Fähigkeiten und Erfahrungen einzubringen und bei der Arbeit weiterzuentwickeln. Unter dem Ziel der menschengerechten Gestaltung sollten Arbeitsaufgaben möglichst hohe Anforderungen stellen (☞ *Kapitel 3, Qualifikationsveränderungen*).

Belastungen sind solche Arbeitsbedingungen, die vermieden werden sollen, weil sie die Arbeit behindern, indem sie unnötigen Aufwand verursachen und negative Auswirkungen auf die Gesundheit des Arbeitenden haben ([2]).

Belastungen können unter zwei Gesichtspunkten betrachtet werden. In einer bedingungsbezogenen Analyse können Belastungsfaktoren identifiziert werden. Die personenbezogene Analyse untersucht Belastungswirkungen (in anderen Konzepten auch Beanspruchung genannt), also z.B. Ermüdungserscheinungen, psychosomatische Beschwerden oder körperliche Spätfolgen. In diesem Beitrag sollen die wichtigsten Belastungsfaktoren bei der Arbeit mit CAD herausgestellt werden.

Belastungsfaktoren können außerdem danach unterschieden werden, ob es sich um aufgabenbezogene oder darüber hinausgehende Belastung handelt. Hier steht die aufgabenbezogene Belastung im Vordergrund, also Situationen wie

- Schwierigkeiten mit dem Arbeitsmittel,
- hoher Zeitdruck in der Projektbearbeitung,
- Konflikte mit Kollegen bei der gemeinsamen Benutzung von Arbeitsgeräten,
- überzogene Erwartung der Vorgesetzten an die Produktivitätssteigerung mit CAD.

Belastungen können auch aus Situationen entstehen, die unabhängig von der Aufgabe sind, z.B.

- soziale Konflikte außerhalb der Arbeit,
- persönliche Feindschaft gegenüber Kollegen oder Vorgesetzten,
- ethisch-moralische Konflikte (etwa wenn ein Kernkraftgegner Pläne für ein Atomkraftwerk zeichnen soll),
- Angst vor dem Verlust des Arbeitsplatzes.

Diese Belastungsaspekte sind sehr bedeutsam. Sie werden hier jedoch nicht weiter betrachtet. Wir gehen davon aus, daß aufgabenbezogene Belastung durch eine vernünftige Arbeits- und Organisationsgestaltung weitgehend vermieden werden kann. Die eben genannten weitergehenden Belastungsaspekte erfordern jedoch umfassendere Maßnahmen, die den Rahmen dieses Leitfadens sprengen dürften.

Aufgabenbezogene Belastung bei der CAD-Arbeit

Körperliche Belastung

Unter körperlicher Belastung werden solche Belastungen verstanden, die zu einer starken Beanspruchung des menschlichen Bewegungs- und Haltungsapparates führen, ohne die Ausführung der Arbeitsaufgabe direkt einzuschränken. Bei der konventionellen Arbeit am Zeichenbrett ging die stärkste Belastung von dem Zwang zur überwiegenden Arbeit im Stehen aus. Diese Belastung fällt bei CAD weg. Unnötigerweise kommen neue körperliche Belastungen hinzu, wenn die ergonomischen Grundsätze zur Gestaltung von Bildschirmarbeitsplätzen nicht berücksichtigt werden (☞ *Kapitel 3, Arbeitsplatzgestaltung*).

Ergonomisch unzureichend gestaltete Arbeitsplätze können zu körperlichen Beanspruchungen wie

- Augen- und Kopfschmerzen,
- Nackenschmerzen,
- Rückenschmerzen,
- eingedrücktem Magen,
- eingeklemmten Oberschenkeln,
- Druckstellen am unteren Oberschenkel

führen (vgl. [3], [4]).

Psychische Belastung durch Behinderung des Arbeitshandelns

Häufig sind die Arbeitsbedingungen so geartet, daß sie die Ausführung der Arbeitsaufgabe unnötig erschweren. Gründe dafür können in der Technik, der Arbeitsorganisation oder der Arbeitsumgebung liegen. Situationen, die das Arbeitshandeln erschweren, führen zu einem Mehraufwand beim Arbeitenden. Belastungswirkungen wie Streßerleben, Gereiztheit, psychosomatische Beschwerden oder depressive Zustände können die Folge sein ([1]).

In unseren Untersuchungen traten folgende Belastungskonstellationen häufig auf:

- *Behinderung bei der Informationsaufnahme*
  Ein schneller und leichter Zugriff zu benötigten Informationen ist gerade für die Arbeit im technischen Büro sehr wichtig. Durch das neue Arbeitsmittel CAD wird dieser Zugang zur Zeit erschwert. In der konventionellen Bearbeitung ist der aktuelle Stand jederzeit direkt zugänglich, auch für die am gleichen Projekt arbeitenden Kollegen. Bei der CAD–Bearbeitung ist immer nur ein Teilausschnitt sichtbar, weil der Bildschirm zu klein ist. So fehlt dem Bearbeiter die Übersicht, er muß häufig den Bildausschnitt wechseln, um den Überblick zu behalten. Die Darstellung am Bildschirm ist flüchtig. Man kann sie nicht wie eine halbfertige Zeichnung immer wieder betrachten. Den CAD–Bearbeitern "fehlt das Original".
  Das Arbeitsmittel CAD zwingt auch zu einer anderen Arbeitsweise. Am Zeichenbrett ist es möglich, verschiedene Problembereiche eines Grundrisses parallel zu bearbeiten. Ein Wechsel durch Bearbeitung anderer Problembereiche ist leicht möglich, da alle Informationen sichtbar auf dem Zeichenbrett vorhanden sind. Die Bearbeitung mit CAD erfordert eine andere Vorgehensweise: Einzelne Bauteile müssen der Reihe nach durchkonstruiert werden.
  Eine Behinderung bei der Informationsaufnahme kann aber auch – ganz unabhängig von CAD – gegeben sein, wenn der Sachbearbeiter über notwendige Änderungen oder bereits geänderte Planungen nicht rechtzeitig informiert wird. Hier können arbeitsorganisatorische Maßnahmen helfen, den Informationsfluß zu verbessern.

- *Behinderung bei der Bedienung des Arbeitsmittels*
  Zeichenbrett und Tuschestift sind – die nötige Übung vorausgesetzt – leicht handhabbare Arbeitsmittel. Im schlimmsten Fall trocknen die Stifte aus, oder ältere Zeichenbretter müssen häufig neu justiert werden.
  Ganz anders sieht es da mit dem neuen Arbeitsmittel CAD aus. Schwierigkeiten bereiten der Umgang mit dem CAD–System sowie die Bedienung des Plotters.
  Der Umgang mit dem CAD–System kann durch Software–Mängel (☞ *Kapitel 3, Software–Ergonomie*) beeinträchtigt sein. Unabhängig von der Art des Mangels ist die Folge für den Arbeitenden fast immer gleich: Er muß zusätzliche Arbeiten verrichten, verlorengegangene Zeichnungsteile wieder neu zeichnen oder lange Wege gehen. Dieser vermehrte Aufwand stellt an sich schon eine Belastung dar. Unter Zeitdruck verstärkt sich dies noch; denn CAD als Arbeitsmittel ist für den Mitarbeiter zur Zeit noch nicht kalkulierbar – ein unvorhergesehener Absturz oder andere Schwierigkeiten können die Arbeit um Stunden verlängern.
  Eine weitere Quelle des Ärgernisses ist der Stiftplotter: In fast keinem der untersuchten Büros funktionierte dieses Gerät zuverlässig. Die Stifte trocknen ein, das Plotterpapier verrutscht während des Plotvorgangs. Erschwert wird die Situation noch dadurch, daß ein Plotvorgang – je nach

Zeichnung – bis zu eineinhalb Stunden dauern kann. Bei mehreren CAD-Bearbeitern führt dies schnell zum Engpaß. Ein Elektrostat könnte hier Abhilfe schaffen und sowohl Bedienungsprobleme als auch Zeitengpässe vermeiden helfen.
Die Bedienung des CAD-Geräts erfordert eine viel höhere ständige Aufmerksamkeit als die Arbeit am Zeichenbrett. Dies führt dazu, daß auch relativ geringer Lärm durch Peripheriegeräte oder Hintergrundgeräusche aus dem Büro störend wirken. Der Lärm behindert die erforderliche hohe Konzentration und damit auch die Bedienung des Arbeitsmittels CAD.

- *Unterbrechungen in der Arbeit*
  CAD-Bearbeitung ist nach übereinstimmender Aussage vieler Mitarbeiter weitaus anfälliger gegenüber Unterbrechungen als die konventionelle Bearbeitung am Reißbrett. Die Arbeit mit CAD erfordert aber ständig hohe Aufmerksamkeit. Unterbrochen wird die Arbeit im Ingenieurbüro durch Telefonate, durch Nachfragen der Kollegen, durch neue Arbeitsaufträge. Nach jeder Unterbrechung braucht der CAD-Anwender wieder eine längere Zeitspanne, um sich erneut in den Arbeitsablauf hineinzufinden. Bei der konventionellen Bearbeitung am Zeichenbrett war das Problem nicht bekannt: Viele Konstrukteure konnten sich mit ihren Kollegen unterhalten, ohne die Arbeit zu unterbrechen. Dies ist an CAD-Arbeitsplätzen nicht mehr möglich.

Psychische Belastung durch Überforderung

Bestimmte Arbeitsbedingungen führen dazu, daß menschliche Kapazitätsgrenzen kontinuierlich überschritten werden. Dies ist eine weitere wichtige Quelle für psychische Belastung.

Die häufigste Art der Überforderung ist die Arbeit unter extremem Zeitdruck. Bei der Arbeit mit CAD kann sich der Zeitdruck verstärken. Gründe dafür sind:

- Vorgesetzte erwarten, daß die CAD-Bearbeitung die Abwicklung beschleunigt.
- Es kommt im Planungsprozeß häufiger zu Änderungen, da dies 'angeblich mit CAD so schnell geht'. Der tatsächliche Aufwand wird dabei unterschätzt.
- Das Arbeitsmittel CAD ist noch nicht so zuverlässig und kalkulierbar wie das Reißbrett, so daß es schnell zu unvorhergesehenen Zeitengpässen kommt.

Im Grunde tut sich hier eine Schere auf, was die Anforderungen an den Mitarbeiter angeht. Auf der einen Seite soll er schneller sein als vorher, damit sich die CAD-Investition rentiert. Auf der anderen Seite ist das Arbeitsmittel weniger zuverlässig als vorher, so daß er geringere Kontrolle über den Arbeitsfortschritt hat. Eine Überforderung stellt auch die achtstündige Bildschirmarbeit an Geräten dar, die oft noch nicht einmal dem möglichen Stand der Technik in bezug auf Auflösung und Flimmerfreiheit entsprechen. Viele Mitarbeiter berichten über Augenbeschwerden (☞ *Kapitel 3, Arbeitsplatzgestaltung*). Auch die Projektleiter geben zu, daß spätestens nach sechs Stunden am Bildschirm die Arbeitsleistung abnimmt und die Fehler zunehmen. Statt reiner CAD–Arbeit sollte also aus Belastungsgründen immer Mischarbeit ermöglicht werden.

Maßnahmen zum Belastungsabbau

Die folgenden Merksätze enthalten einige Vorschläge zum Abbau von Belastungen. Für jedes Büro gibt es zusätzlich noch besondere Belastungsquellen und entsprechende Möglichkeiten, diese abzubauen. Dieser Aspekt sollte in der ☞ *Ist–Erhebung und –Analyse* und beim *Erstellen des Soll–Konzeptes* im *Kapitel 2* berücksichtigt werden. Er stellt auch ein weiteres Argument für eine intensive Beteiligung der Mitarbeiter an der CAD–Einführung dar (☞ *Kapitel 3, Mitarbeiterbeteiligung*). Das rechtzeitige Erkennen von Problembereichen erspart viel Ärger und fördert das Gelingen der CAD–Einführung.

Generell sollte auf folgende Punkte geachtet werden:

- Der CAD–Arbeitsplatz soll nach ergonomischen Gesichtspunkten gestaltet sein.
- Die Software muß den Kriterien der Software–Ergonomie genügen.
- Geräte, deren Bedienung schwierig oder deren Funktion unzuverlässig ist (Stiftplotter), dürfen den Arbeitsablauf nicht stören.
- Durch die von mehreren CAD–Bearbeitern genutzten Geräte (Plotter, Drucker usw.) darf kein 'Flaschenhals' entstehen, der zu Reibereien führt.
- Der Informationsfluß im Büro muß schnell und direkt sein.
- Die CAD–Anwender müssen vor unerwünschten Störungen abgeschirmt werden.
- CAD–Arbeit ist nicht mit hohem Zeitdruck vereinbar.
- Die Arbeit am Bildschirm sollte nicht länger als sechs Stunden täglich dauern.

Literatur

[1] Dunckel, H. & Zapf, D.: Psychischer Streß am Arbeitsplatz. Belastungen, gesundheitliche Folgen, Gegenmaßnahmen. Köln: Bund–Verlag 1986.

[2] Leitner, K.; Volpert, W.; Greiner, B.; Hennes, K.; Weber, W.: Analyse psychischer Belastung in der Arbeit – das RHIA–Verfahren. Köln: Verlag TÜV Rheinland 1987.

[3] Zimmermann, L. (Hrsg.): Belastungen und Stress bei der Arbeit. Körperliche und psychische Beanspruchung – Gesundheit – Erholungspausen (= Zimmermann L. (Hrsg.). Humane Arbeit – Leitfaden für Arbeitnehmer, Bd. 5). Reinbek b. Hamburg: Rowohlt Taschenbuch 1982.

[4] Zimmermann, L. (Hrsg.): Computereinsatz: Auswirkungen auf die Arbeit. (= Zimmermann, L. (Hrsg.). Humane Arbeit – Leitfaden für Arbeitnehmer Bd. 3). Reinbek b. Hamburg: Rowohlt Taschenbuch 1982.

Arbeitsorganisation

Jörg Abel

Mit der Arbeitsorganisation wird eines der zentralen Themen der Einführung neuer Techniken berührt. Die Klärung der Frage, in welcher organisatorischen Form das neue Arbeitsmittel eingebunden wird, bestimmt ganz entscheidend über Erfolg und Mißerfolg des CAD-Einsatzes. Bislang wird dieser Problematik von den Betroffenen jedoch zu wenig Aufmerksamkeit geschenkt. Aspekte der Hard- oder Software stehen bei der Gestaltung von Arbeitsplätzen und Arbeitssystemen allzu häufig im Vordergrund.

Wir wollen nachfolgend zunächst den Begriff "Arbeitsorganisation" näher erläutern und seine Bedeutung für die Arbeitsgestaltung hervorheben, um dann kurz die Ausgangslage vor der CAD-Einführung in einem Ingenieurbüro zu schildern. Darauf aufbauend werden verschiedene in der Praxis vorfindbare Einsatzformen mit ihren Vor- und Nachteilen vorgestellt. In der Zusammenfassung werden Gestaltungshinweise gegeben.

Begriffsklärung

Organisation ist die "Koordinierung und die innere Ordnung eines Systems, die ein einwandfreies Funktionieren gewährleisten soll" ([2], S. 2). Die Koordinierung erfolgt über die Aufbau- und die Ablauforganisation. Die *Aufbauorganisation* bezeichnet die hierarchische Gliederung in Organisationseinheiten (Abteilungen, Arbeitsgruppen etc.), während die *Ablauforganisation* die Aufgabenabwicklung – in diesem Fall die Projektbearbeitung – regelt. Sowohl die Aufbau- als auch die Ablauforganisation sind untrennbar miteinander verbunden und bilden gemeinsam die Arbeitsorganisation, die somit den Rahmen für die Bewältigung der im Unternehmen anfallenden Arbeitsaufgaben bildet.

Arbeitsorganisation (vgl. [6], S. 16) bedeutet demnach, daß

- die Gesamtaufgabe des Ingenieurbüros so in Arbeitsaufgaben gegliedert wird, daß eine spezifische Arbeitsteilung zwischen den Beschäftigten entsteht (horizontale Arbeitsteilung),
- die Arbeitsaufgaben bestimmten betrieblichen Hierarchien zugeordnet werden (vertikale Arbeitsteilung),
- Regeln für das Zusammenspiel der einzelnen Funktionsträger und Arbeitsaufgaben aufgestellt werden,

- das Miteinander der Beschäftigten im Arbeitszusammenhang festgelegt wird.

Die Herausbildung von Formen der Arbeitsorganisation unterliegt einer Vielzahl von Einflüssen, auf die hier nicht näher eingegangen werden kann, die aber kurz in Bild 1 vorgestellt werden sollen, um die Komplexität des Aspektes Arbeitsorganisation und ihre Einflußfaktoren deutlich werden zu lassen.

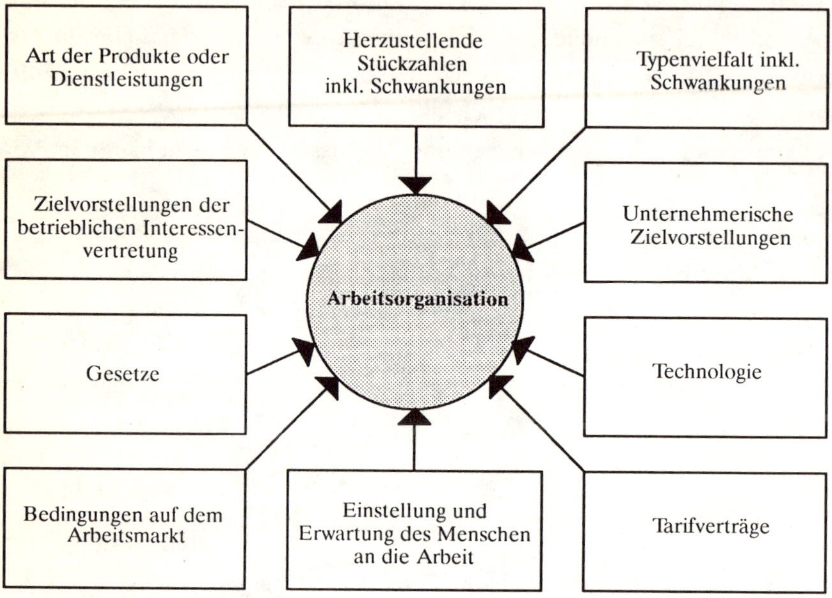

Bild 1: *Bestimmungsgrößen der Arbeitsorganisation ([6], S. 20)*

Die Bedeutung, die der Arbeitsorganisation bei der CAD–Einführung zukommt, erklärt sich aus ihrer Gestaltbarkeit. Mit Gestaltbarkeit ist gemeint, daß die CAD–Technik zwar Rahmenbedingungen setzt, aber keineswegs die Arbeitsorganisation in einer bestimmten Form determiniert. Technik mag Arbeitszusammenhänge in Grenzen vorstrukturieren, ist aber auch in unterschiedlichen Formen der Arbeitsorganisation einsetzbar.

Die Arbeitsorganisation bildet den zentralen Ansatzpunkt für die menschengerechte Gestaltung der CAD–Einführung und des –Einsatzes. Die Gestaltung der Arbeitsorganisation hat Vorrang vor der Mensch–Computer–Funktionsteilung, der Software–Ergonomie oder der Gestaltung der Hardware. Die richtige Entscheidung über die Form der Arbeitsorganisation dient nicht nur der Humanisierung, sondern auch der fachlich hochwertigen und wirtschaftlichen Projektbearbeitung.

Konventionelle Projektbearbeitung

Im folgenden soll in aller Kürze der Planungsablauf eines Bauvorhabens vorgestellt werden, um die Charakteristika einer Projektbearbeitung im Ingenieurbüro zu verdeutlichen. Ausgehend von der idealisierten Darstellung – es wird weitgehend auf die Einbeziehung unterschiedlicher Bürogrößen oder Arbeitsgebiete verzichtet – sollen die für den CAD–Einsatz geeigneten alternativen Formen der Arbeitsorganisation gezeigt werden.

Für die Abwicklung von Bauvorhaben werden im Ingenieurbüro Projektteams gebildet, die für die Zeit einer Projektabwicklung zusammenarbeiten und nach deren Beendigung in einem anderen Projekt eingesetzt werden. Die Größe und Zusammensetzung der Projektgruppe bestimmt der Projektleiter, gegebenenfalls in Absprache mit dem Büroinhaber oder Abteilungsleiter. Projektgruppen bestehen meist aus einer 'Kernbesetzung', die sich aus dem Projektleiter, einem Statiker (sofern nicht identisch mit dem Projektleiter) sowie durchschnittlich ein bis zwei Konstrukteuren zusammensetzt. Bei Bedarf, und der entsteht in aller Regel während der Ausführungsplanung, kommen weitere Mitarbeiter bei der Erstellung der Ausführungspläne hinzu. Diese Aufstockung geschieht erst in der jeweiligen Projektbearbeitungsphase. Zu erkennen ist, daß die Büros versuchen, ein Projekt vom Anfang bis zum Abschluß zumindest durch einen, eher zwei Mitarbeiter kontinuierlich betreuen zu lassen.

Die Mehrzahl der Mitarbeiter muß über eine breite Qualifikation verfügen, da sie nur dann in der Lage sind, auf die ständig wechselnden Anforderungen der Projektbearbeitung flexibel zu reagieren. Trotzdem wird es zwangsläufig auch bestimmte Spezialisierungen geben müssen. Für jedes neue Bauprojekt sind die Anforderungen zu untersuchen, und das Projektteam ist entsprechend zusammenzusetzen.

Die Mitarbeiter des Ingenieurbüros des Konstruktiven Bauwesens lassen sich folgenden vier Funktionen (vgl. [1], [3], [4]) zuordnen:

- *Geschäftsleiter* und/oder *Abteilungsleiter* sind für die Akquisition, die Wahrnehmung von Vertragsfragen etc. zuständig.
- Der *Projektleiter* hat "die Gesamtaufgabe in ihren Grundzügen zu definieren und in Teilaufgaben zu zerlegen, die Bearbeitung in Teilaufgaben anzuleiten und zu koordinieren und für die Abstimmung der Tragwerksbearbeitung mit der Bearbeitung der anderen Gewerke zu sorgen. Dem Abteilungsleiter gegenüber ist er verantwortlich für die Einhaltung von Terminen und Grenzen der Bearbeitungskosten." ([3], S. 80). Unter Umständen befaßt er sich auch mit statisch–konstruktiven Fragen.
- Der *Statiker* übernimmt die selbständige Bearbeitung von Teilaufgaben im Bereich des Entwurfs und die Analyse des Tragwerks (statische Berechnung).
- Die Arbeit des *Konstrukteurs* und *Zeichners* umfaßt die Detailkonstruktionen und die Anfertigung der Ausführungsunterlagen. Schlüsselt man dieses

Aufgabengebiet etwas weiter auf, dann müssen die Konstrukteure und Zeichner die in ihren Tätigkeitsbereich fallenden Außenkontakte zu den anderen Baubeteiligten pflegen, kleinere statische Berechnungen ausführen, (Details) konstruieren, die Ausführungspläne erstellen sowie die jeweiligen Änderungen einarbeiten. Gerade in den kleineren und mittleren Büros müssen die Konstrukteure und Zeichner vielseitig sein, d.h., es gibt z.B. kaum Arbeitsteilung zwischen reinen Schal- und reinen Bewehrungsplanern. Auch die Spezialisierung auf bestimmte Bauwerkstypen ist nur in Grenzen machbar. Diese Vielgestaltigkeit der Aufgaben kann mit steigender Bürogröße abnehmen, die Arbeitsteilung somit zunehmen.

Die Organisation des Bauplanungsprozesses im Ingenieurbüro muß demnach gewährleisten, daß ihr Ergebnis – die ausführungsreife Beschreibung eines Bauobjektes – trotz unklarer Vorgaben zu Beginn des Planungsprozesses, trotz der Vielzahl bürointerner und -externer Kooperationspartner und trotz der Notwendigkeit iterativen Arbeitens erreicht werden kann. Die beschriebene Grundstruktur hat bislang für die konventionell arbeitenden Büros ihre Gültigkeit. Ohne schon vorgreifen zu wollen, kann an dieser Stelle darauf hingewiesen werden, daß durch CAD fast ausschließlich das Arbeitsgebiet der Konstrukteure und Zeichner, die Leistungsphase 5 § 64 HOAI (Ausführungsplanung), betroffen wird. Die Tätigkeitsbereiche der Geschäfts- bzw. Abteilungsleiter, der Projektleiter und Statiker werden durch CAD nur indirekt betroffen. Die Frage wird sein, inwieweit sich die Grundstruktur des Ingenieurbüros – insbesondere aber die sich auf Zeit bildende Projektgruppe – durch CAD verändert.

Organisationsvarianten des CAD-Einsatzes

Die Mehrzahl der von uns untersuchten Fälle hat gezeigt, daß CAD in der Ausführungsplanung und innerhalb dieser Leistungsphase wiederum in der Schalplanerstellung eingesetzt wird. Dabei lassen sich aus der Vielzahl der in der Praxis vorfindbaren Einsatzformen drei Grundmuster der CAD-Organisation erkennen. Gemeinsames Charakteristikum ist, daß diese Varianten meist verschiedene Lösungen einer 'Mangelsituation' (mehr Konstrukteure und Zeichner als verfügbare CAD-Arbeitsplätze) darstellen:

- CAD-Serviceabteilung,
- arbeitsplatzbezogener CAD-Einsatz mit Spezialisten,
- CAD und Reißbrett.

Diese Organisationsvarianten sind in der Realität in einer Vielzahl von Modifikationen vorfindbar.

Organisationstyp 1: CAD-Serviceabteilung

Die CAD-Serviceabteilung, oder auch der Pool mit Dienstleistungsfunktion ist eine 'Frühform' des CAD-Einsatzes, die heute immer mehr an Bedeutung verliert. Bei dieser Einsatzvariante werden ein oder mehrere Mitarbeiter zusammengefaßt, die nur noch als CAD-Spezialisten tätig sind. Diese neue Abteilung bearbeitet dann quasi Aufträge, in der Regel Zeichnungen, mit geringem konstruktivem Anspruch. Die CAD-Anwender sind nicht mehr nur einem Projekt zugeordnet, sondern müssen Zeichnungen für verschiedene Projekte erstellen.

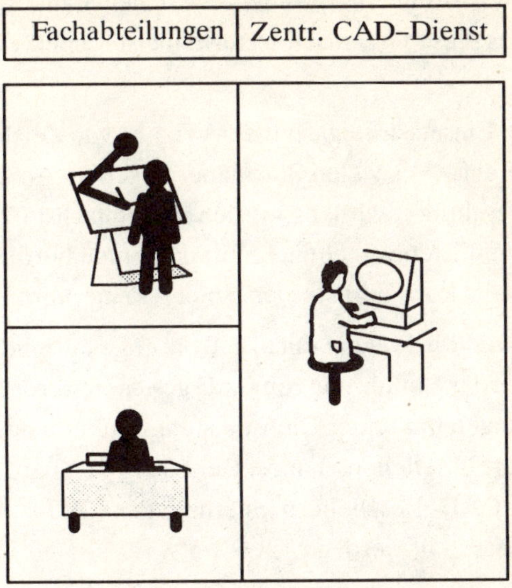

Bild 2: *Organisationstyp 1: CAD-Serviceabteilung ([5], S. 72)*

Vergleichbar ist diese Konstellation mit den aus dem Verwaltungsbereich bekannten zentralen Schreibdiensten.

Für das Ingenieurbüro hat diese Form auf den ersten Blick den Vorzug, daß sich die hohen Investitionskosten – zumindest theoretisch – so am ehesten zu rentieren scheinen, weil die CAD-Geräte den ganzen Tag über genutzt werden. Aus der Sicht der Zeichner hat dies eine Spezialisierung zur Folge, so daß fast nur reine Zeichnungen, Zeichnungsänderungen oder Stahllisten bearbeitet werden können. Diese Organisationsform muß für die Betroffenen dequalifizierende Auswirkungen haben, da der konstruktive Teil des konventionellen Planungsablaufes wegfällt.

Aber auch für das Ingenieurbüro zeigt sich hier ein entscheidendes Problem: Der konventionelle Planungsablauf ist gerade dadurch gekennzeichnet, daß die Stufen zwischen den einzelnen Phasen des Konstruktionsprozesses fließend sind. Das heißt, daß der Statiker bestimmte Tätigkeiten konstruktiver Art dem Konstrukteur oder Zeichner überlassen konnte, wohlwissend, daß seine Kollegen über das Projekt informiert sind. Andererseits verfügen auch die Statiker über ein Qualifikationsniveau und einen Erfahrungsschatz, um in eigener Regie Teilvorgaben vervollständigen zu können.

Diese integrierte Vorgehensweise ist beim zentralen CAD-Betrieb als Dienstleistungsform nicht mehr möglich. Es sei denn die Statiker erarbeiten mit sehr hohem Zeitaufwand exakte Vorgaben für den CAD-Pool. Dies aber ist vielfach gar nicht realisierbar, so daß selbst bei angenommenen Produktivitätsfortschritten von CAD insgesamt keine Vorteile erzielt werden können. In der Praxis ergaben sich denn auch viele Reibungsverluste und Abstimmungsprobleme zwischen Statikern und CAD-Bearbeitern, so daß die Büros diese Organisationsform meist schnell wieder abgeschafft haben.

Vergleichbar ist diese Einsatzstrategie mit der Vergabe von Zeichnungsarbeit nach außen, die zwar verbreitet ist, von vielen Büros aber ungern in Anspruch genommen und nur auf "Notfälle" beschränkt wird; es werden nur einfachste Zeichenarbeiten oder die Erstellung von Stahllisten vergeben. Selbst dann muß bürointern wieder kontrolliert und gegebenenfalls korrigiert werden, so daß keine Vorteile erkennbar sind.

Vor diesem Hintergrund wird verständlich, daß die enge Verbindung von Entwurf und Ausführung auch nach der Einführung von CAD gesichert werden muß; deshalb haben weder CAD-Abteilungen mit reiner Dienstleistungsfunktion noch die Außenvergabe von Zeichenarbeit eine Überlebenschance. Der einzig gangbare Kompromiß wäre eine 'Bevorratung' mit CAD-Bearbeitern innerhalb der CAD-Abteilung, die dann für ein ganzes Projekt abgestellt werden.

Organisationtyp 2: Arbeitsplatzbezogener CAD-Einsatz von Spezialisten

Im Gegensatz zur CAD-Serviceabteilung mit ihrem zentralistischen Charakter wird der CAD-Einsatz bei dieser Organisationsform stärker dezentralisiert. Gemeinsames Merkmal der verschiedenen 'arbeitsplatzbezogenen CAD-Einsatzformen' ist, daß CAD die aufgabenbestimmende Qualifikation des Mitarbeiters darstellt. Was ist darunter zu verstehen?

In der konventionellen Projektbearbeitung hat der Konstrukteur oder Zeichner ein innerhalb bestimmter Spezialisierungen relativ breit gefächertes Aufgabengebiet. Beim arbeitsplatzbezogenen CAD-Einsatz werden für CAD ausgebildete Mitarbeiter für ganz bestimmte Tätigkeiten innerhalb eines Projektes eingesetzt. Diese Tätigkeiten orientieren sich natürlich an deren 'CAD-Eignung' (☞ *Kapitel 3, Reorganisation der Projektbearbeitung*), so daß das Tätigkeitsspektrum für die CAD-Anwender sich in der Folge reduzieren kann.

In dieser Organisationsform entscheidet nicht mehr der CAD-Konstrukteur oder -Zeichner, ob in einem Projekt CAD eingesetzt wird, vielmehr orientiert sich die Aufgabenzuweisung an den Möglichkeiten des Computers, so daß von einer *Arbeitsteilung entlang der Maschine* gesprochen werden kann. Mit Ausnahme dieser *gewichtigen* Einschränkung bleibt der Projektablauf aber im großen und ganzen unverändert. So ist in einem untersuchten Büro der CAD-Bearbeiter in die traditionelle Projektorganisation eingebunden; er bearbeitet aber jetzt nur noch Schalpläne, während der Kollege die Bewehrungspläne zeichnet. In der konventionellen Organisation kann u.U. jeder der beiden Konstrukteure sowohl Schal- als auch Bewehrungspläne bearbeiten.

Es lassen sich noch zwei Varianten dieser Einsatzstrategie finden, die sich aus dem negativen Verhältnis von CAD-Arbeitsplätzen zu CAD-Nutzern ergeben:

- Bei der ersten Variante werden die CAD-Arbeitsplätze zentral verwaltet (etwa in der EDV-Abteilung) und auf Anforderung der Projektleiter an die Projektgruppe quasi 'verliehen'. Der Unterschied zur beschriebenen CAD-Serviceabteilung ist der, daß nur die Hard- und Software fallweise zugewiesen wird, der CAD-Bearbeiter aber aus der Projektgruppe bzw. der Abteilung kommt und dorthin wieder zurückkehrt.
- Bei der zweiten Variante wird der Zugang zu den CAD-Arbeitsplätzen über Belegungspläne kontingentiert mit all den Nachteilen, die diese nach sich ziehen (☞ *Kapitel 3, Nutzung und Belegung von Arbeitsplätzen*).

Für den 'arbeitsplatzbezogenen CAD-Einsatz von Spezialisten' gilt, daß die CAD-Nutzer bei extensiver CAD-Anwendung eine Veränderung in ihrem Tätigkeitsspektrum erfahren werden, wobei Mischarbeit im Sinne eines Wechsels zwischen Reißbrett- und Bildschirmtätigkeit weiterhin gegeben ist. Der bei dieser Organisationsvariante existierende Grundsatz der Mischarbeit kann ad absurdum geführt werden, wenn die Projektleiter bei einem CAD-Einsatz immer wieder auf bestimmte, vermeintlich bessere CAD-Bearbeiter zurückgreifen. Das hat verschiedene Folgen: Zum einen verlernen die geschulten, aber wenig eingesetzten CAD-Anwender ihre Kenntnisse bzw. können sie kaum stabilisieren. Zum anderen können die jetzt permanent mit CAD arbeitenden Konstrukteure und Zeichner hinsichtlich ihrer konventionellen Fähigkeiten dequalifiziert werden, indem sie – etwa aus Gründen des Termindrucks – nur noch die Aufgaben übernehmen dürfen, die CAD-geeignet sind. Dies wiederum führt drittens für das Ingenieurbüro zu dem Nachteil, daß die Mitarbeiter zwar sehr professionell mit CAD umgehen, aber ihr breites fachliches Qualifikationsniveau nicht aufrechterhalten können. Das gefährdet die Wettbewerbsposition des Unternehmens, für das die hohe Qualifikation und Flexibilität der Mitarbeiter zentrale Bedingung ist.

Im Ingenieurbüro muß also in jedem Falle eine Zwei-Klassen-Gesellschaft aus CAD-Anwendern und CAD-Nichtanwendern vermieden werden. Nur dann kann diese Einsatzstrategie ein durchaus gangbarer Weg sein, der es ermöglicht, die Qualifikation im Umgang mit dem neuen Arbeitsmittel im Büro sehr weit zu streuen. Dadurch kann bei einem Ausbau der CAD-Arbeitsplätze auf schon geschulte und eingearbeitete Mitarbeiter zurückgegriffen werden, so daß die Anlaufschwierigkeiten bei einer CAD-Erweiterung nicht mehr mit denen des Ersteinsatzes vergleichbar sind.

Organisationstyp 3: CAD und Zeichenbrett

Sofern den Mitarbeitern in den Fachabteilungen des Ingenieurbüros sowohl konventionelle als auch CAD–Arbeitsmittel zur Verfügung stehen, können die Projektbearbeiter selbst zwischen CAD und Reißbrett entscheiden; sie werden aus ihrer Erfahrung heraus das für das Projekt jeweils günstigere Arbeitsmittel wählen. Diese Organisationsform stellt den geringsten Eingriff in die bisherigen Strukturen von Konstruktionsabteilungen dar.

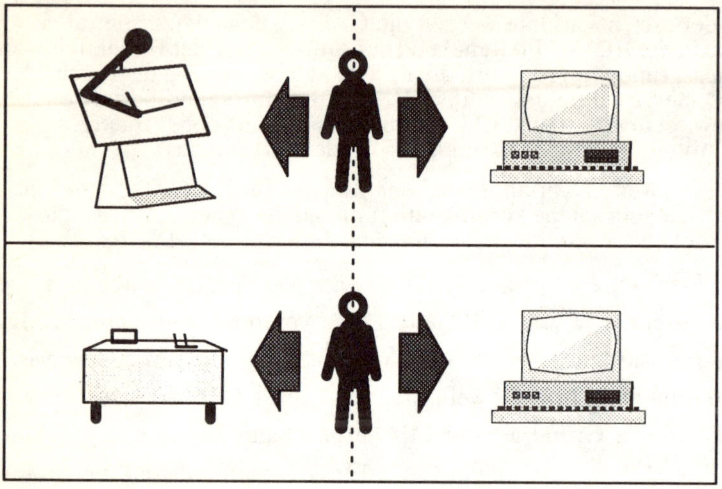

Bild 3: *Dezentraler Betrieb mit Mischarbeit ([5], S. 76)*

Diese Nutzungsform des CAD–Einsatzes ist momentan in den untersuchten Ingenieurbüros am häufigsten zu finden. Als Organisationsform hat sie den Vorzug, daß neue CAD–Arbeitsplätze schnell und problemlos integriert werden können.

Für den Betrieb scheint diese Organisationsvariante zu Beginn der CAD–Einführung nicht die rentabelste sein, aber nur so kann auf Dauer der CAD–Einsatz die Ziele erfüllen, die hinter den Schlagworten "Qualitätssteigerung", "Verbesserung der Wettbewerbssituation" etc. stehen. Und vor allen Dingen scheint diese Form vor dem Hintergrund des jetzigen Wissensstandes die für die Mitarbeiter optimale Variante zu sein, weil den Mitarbeitern bei der Projektbearbeitung genügend Zeit eingeräumt werden muß, damit sie – unter Termindruck stehend – nicht doch wieder auf das Zeichenbrett zurückgreifen. Für die Mitarbeiter können auf diesem Weg das bisherige Qualifikationsprofil sowie ihre Entscheidungs– und Handlungskompetenz gesichert, u.U. sogar erweitert werden.

Für das Büro ergibt sich aus dieser Organisationsform der nicht zu unterschätzende Vorzug, daß während der Einführungs– und Einarbeitungsphase die bewährten Aspekte der integrierten Projektabwicklung beibehalten werden können. Die anderen

Varianten der CAD–Organisation erfordern neben der Neuerung CAD als zu erlernendes und zu beherrschendes Arbeitsmittel zugleich Veränderungen der Aufbau- und Ablauforganisation, die die 'Veränderungskraft' eines Büros überfordern werden. Die dadurch zusätzlich entstehende Unruhe kann den CAD–Einsatz zum Scheitern bringen.

Veränderungen aufgrund von Integrationstendenzen

Bisher wurde der CAD–Einsatz als Insellösung betrachtet. Sobald jedoch der Blick in Richtung einer stärkeren technischen Verknüpfung der einzelnen EDV–Anwendungen (Statik–Software, CAD, DTP etc.) – im Sinne einer horizontalen, also auf das einzelne Ingenieurbüro bezogenen Integration – gerichtet wird, sind auch andere Strukturen der Projektbearbeitung denkbar.

Wenige Änderungen ergeben sich bei einer *rein datentechnischen Verknüpfung.* Darunter ist zu verstehen, daß die Informationen, die bislang auf Papierzeichnungen oder EDV–Statikausdrucken zwischen den einzelnen Projektbearbeitern ausgetauscht wurden, jetzt über lokale Netzwerke direkt von einem Bildschirm auf den Bildschirm des nächsten Projektbearbeiters geschickt werden. Bei dieser einfachsten Integrationsvariante würden sich am Ablauf der traditionellen Projektbearbeitung keine den fachlichen Kern betreffenden Änderungen ergeben.

Schwerwiegendere Folgen ergäben sich insbesondere für die Konstrukteure und Zeichner, wenn neben der rein datentechnischen Integration auch noch die *Umgestaltung der Aufgabenzuschnitte* erfolgte. Dies würde für die Position des Statikers zu einer Aufgabenerweiterung im Sinne einer Zusammenfassung der Berechnungs- und Planerstellung führen. Genährt werden derartige Überlegungen durch die Tendenz zur zunehmend graphikorientierten Arbeitsweise bei der Statikerstellung, wie etwa bei FEM–Programmen. Denn sobald in den HOAI–Phasen "Entwurfsplanung" (überschlägige statische Berechnung und Bemessung) und "Genehmigungsplanung" (Aufstellen der prüffähigen statischen Berechnungen) im Vergleich zur konventionellen Vorgehensweise stärker mit Graphikelementen und -eingaben vom Statiker gearbeitet wird, ist es für sie kein weiter Schritt, auch die Schal- und Bewehrungspläne zu erstellen.

Aus der Sicht des Unternehmens muß diese Doppelfunktion des Statikers produktiver erscheinen als die Arbeitsteilung zwischen Statiker und Konstrukteur. Es gibt jedoch auch ernst zu nehmende Bedenken dagegen:

- Erstens bringt CAD (noch) nicht die erhofften und für das Funktionieren dieser Strategie erforderlichen Produktivitätseffekte, die eine derartige Wirtschaftlichkeitsbetrachtung erlauben würden.
- Zweitens sind die technischen Voraussetzungen in bezug auf stärker graphikorientierte Statik–Software und Kopplung zwischen Statikprogrammen und CAD–Software erst in Ansätzen vorhanden.

- Drittens ist u.E. absehbar, daß dieser Weg zu einer Überforderung der Ingenieure führt, wenn sie sich außer mit ihrem eigenen umfangreichen Statik–Normen– und –regelwerk auch noch intensiv mit den für die Zeichnungserstellung relevanten Bestimmungen auseinandersetzen müßten.

- Viertens ist mit massiven Widerständen seitens derjenigen Statiker zu rechnen, die sich nicht auf die Ebene der Planerstellung begeben wollen. Dies wurde im Rahmen unserer Feldstudie in solchen Büros deutlich, in denen nur Ingenieure arbeiteten. Die Planerstellung wurde dort immer auf die jüngeren, in der betrieblichen 'Hackordnung' aufgrund ihrer kürzeren Betriebszugehörigkeit weiter unten stehenden Ingenieure abgewälzt.

Eine zuverlässige Abschätzung der arbeitsorganisatorischen Folgen einer betrieblichen Integrationsstrategie ist gegenwärtig nicht möglich. Weder im Bauwesen noch in den technischen Büros anderer Branchen lassen sich gesicherte, übertragbare Erkenntnisse finden. Mit größerer Gewißheit läßt sich aber erkennen, daß bei den Protagonisten der technischen Integrationsbestrebungen der Ingenieur im Zentrum steht, während sich Konstrukteure und Zeichner in einer gefährdeten Position befinden, aus der es kaum Auswege zu geben scheint. In dieser Vorstellungswelt scheint für den Bauzeichner nur noch die Aufgabe des Erstellens besonders schöner Angebotspläne zu bleiben.

Jedoch muß festgehalten werden, daß zu Panikreaktionen momentan kein Anlaß besteht. Diese Ausführungen sind beim jetzigen Stand der CAD– und Integrationsdiffusion im Bauwesen als Spekulation zu betrachten. Ob sie je so eintreffen werden, ist nach dem heutigen Erkenntnisstand der Forschung nicht absehbar.

Schlußbemerkungen

Die beschriebenen Organisationsformen des CAD–Einsatzes sind Insellösungen, die sich in der Praxis in vielfältigen Modifikationen, durchaus auch innerhalb eines Unternehmens, wiederfinden lassen. (vgl. Tabelle 1)

Aus der Sicht der Mitarbeiter ist die Organisation *CAD und Reißbrett,* die nur einen geringen Eingriff in den gewohnten Arbeitsablauf darstellt, die optimale Lösung, weil durch den CAD–Einsatz und eine – mehr oder weniger stark geänderte – Projektbearbeitung keine Überforderung entstehen kann. Zugleich bleiben für den Betrieb das breite Qualifikationsprofil und der flexible Mitarbeitereinsatz erhalten. Das soll allerdings nicht bedeuten, daß notwendige Veränderungen, die unter ☞ *Mitarbeiterbeteiligung, Kapitel 3,* beim Einführungsprozeß entwickelt wurden, nicht realisiert werden sollen. Neustrukturierungen, die die Projektbearbeitung nicht nur ökonomisch rationeller, sondern auch menschengerechter umgestalten, können im Einführungsprozeß berücksichtigt und umgesetzt werden.

Tab. 1: *Verschiedene Formen der CAD–Organisation*

Auswirkungen	**Organisationsform 1** CAD–Serviceabteilung	**Organisationsform 2** Arbeitsplatzbezog. CAD–Einsatz von Spezialisten	**Organisationsform 3** CAD und Reißbrett
Einbindung des CAD–Systems in den Arbeitsablauf	Der CAD–Einsatz wird zentral in einer gesonderten Abteilung als Dienstleistung im Rahmen der Projektbearbeitung durchgeführt.	Dezentrale CAD–Organisation: Die CAD–Projektbearbeitung orientiert sich an der "Geeignetheit" der Aufgaben. Der auf CAD spezialisierte Mitarbeiter entscheidet nicht, was mit CAD gemacht wird.	Das Reißbrett bleibt bestehen. Das CAD–System wird dem Mitarbeiter als zusätzliches Arbeitsmittel zur Verfügung gestellt.
Auswirkungen für den Mitarbeiter	keine Mischarbeit Der Mitarbeiter wird aus der traditionellen Projektorganisation herausgerissen. Dequalifikation Belastungsanstieg	Das Mischarbeitsprinzip gerät in Gefahr. Der Mitarbeiter bleibt in der traditionellen Projektorganisation, jedoch ändert sich sein Tätigkeitsspektrum. Gefahr der Dequalifikation Zur Belastung ist keine eindeutige Aussage möglich.	Mischarbeit läßt sich am ehesten gewährleisten. Die traditionelle Projektorganisation bleibt bestehen. Fachliche Qualifikation bleibt erhalten. Belastungsausgleich aufgrund des Wechsels zwischen den Arbeitsmitteln
Auswirkungen für den Betrieb	Der Qualifikationsverlust sowie die fehlende Akzeptanz bei den Mitarbeitern führen zu negativen Ergebnissen.	Keine klare Aussage möglich: Die Auswirkungen auf den Betrieb hängen von der Vermeidung der potentiellen Gefahren ab.	Auf Dauer die beste Variante, da insbesondere die fachliche Qualifikation erhalten bleibt. Der Umstieg auf den vollständigen CAD–Einsatz läßt sich so am besten lösen.
Empfehlungen	nicht empfehlenswert	bedingt empfehlenswert	Kurzfristig vielleicht die am wenigsten rentable, aber mittel– und langfristig die wahrscheinlich beste Organisationsform.

Für den Betrieb kann durch die Organisationsform 3 gewährleistet werden, daß die Mitarbeiter aufgrund ihrer Erfahrungen selbst entscheiden, wann CAD sinnvoll eingesetzt werden sollte und wann nicht. Hierbei ergibt sich automatisch die Möglichkeit der Mischarbeit als Belastungsreduktion durch Wechsel zwischen CAD und Reißbrett (☞ *Kapitel 3, Arbeitsbelastungen*). Während der Produktivitätsgewinn durch CAD–Einsatz bisher nur schwer nachweisbar ist, ist die Wahl der Organisationsform, die das hohe Qualifikationspotential der Mitarbeiter erhält, die wichtigste Voraussetzung für die Bestandssicherung der Büros.

Zum Abschluß noch einige Hinweise:

- Unterschätzen Sie die Problematik der arbeitsorganisatorischen Einbindung von CAD nicht, gerade in der Einführungszeit werden viele ungeahnte Schwierigkeiten auftreten, die auf mangelnde Vorüberlegungen in bezug auf die Organisationsform zurückgeführt werden können.
- Die Arbeitsorganisation ist nicht von der Technik abhängig, die Technik bildet nur eine Rahmenbedingung neben anderen.
- Erhalten Sie sich das Qualifikationspotential Ihrer Mitarbeiter. Führen Sie keine 'Arbeitsteilung entlang der Maschine' ein, die kurzfristig vielleicht positive Auswirkungen hat, langfristig aber mit dem Verlust von Know-how und Flexibilität bei den Mitarbeitern bezahlt wird.
- Nicht die schlechteste Lösung ist die weitgehende Beibehaltung der vorhandenen Organisationsstrukturen, die an CAD angepaßt werden, und bei denen – sofern erforderlich – die Schwächen 'in einem Zug' mit der CAD-Einführung ausgeräumt werden.
- Beziehen Sie Ihre Mitarbeiter und den Betriebsrat in Ihre Überlegungen mit ein.

Literatur

[1] Abel, Jörg, Manfred Brede, Udo Meißner, Peter von Mitschke-Collande, Christian Niestroj, Günther Nitsche u. Martin Resch: Einführung von CAE in Ingenieurbüros der Bauwirtschaft – Möglichkeiten und Grenzen einer menschengerechten Gestaltung der rechnergestützten Arbeit in Ingenieurbüros. 1. Präsentationsbericht an den Projektträger "Arbeit und Technik". Hannover: Universität Hannover Selbstverlag 1989.

[2] Becker, Horst u. Ingo Langosch: Produktivität und Menschlichkeit. 2. Aufl. Stuttgart: Enke 1986.

[3] Ekardt, Hanns-Peter u. Wolfgang Mühlschwein: Ergebnisbericht über die erste Stufe des Forschungsvorhabens "Anforderungen an Bauingenieure als Entwurfssachbearbeiter unter Berücksichtigung der Beziehungen zwischen Merkmalen von Entwurfsobjekten und Strukturen entwerfender Organisation". Darmstadt: Technische Hochschule Darmstadt Selbstverlag 1976.

[4] Ekardt, Hanns-Peter u. Wolfgang Mühlschwein: Der Bauingenieur im Konstruktionsbüro. Organisatorische Gegebenheiten und Arbeitsanforderungen. Aus den Arbeiten im Fachgebiet Informationsverarbeitung im Bauwesen 1979.01. Darmstadt: Technische Hochschule Darmstadt Selbstverlag 1979.

[5] IG Chemie-Papier-Keramik (Hrsg.): Computereinsatz in der Konstruktion (CAD). 2.Aufl. Düsseldorf/Hannover: Selbstverlag 1985.

[6] Zimmermann, Lothar (Hrsg.): Organisation der Arbeit – Arbeitsteilung, Qualifikation, Schichtarbeit. Humane Arbeit – Leitfaden für Arbeitnehmer 4. Reinbek: Rowohlt Taschenbuch Verlag 1982.

ARBEITSPLATZGESTALTUNG

Martin Resch

In vielen Büros ergibt sich stets das gleiche Bild: Für Hardware und Software wurde sehr viel Geld ausgegeben, aber für Jalousien, die die Blendung am Bildschirm verhindern können, reichte es nicht mehr. Die Geräte werden oft einfach dort aufgestellt, wo noch Platz ist. Die Mitarbeiter vor dem Bildschirm müssen sich oft verrenken, um alle Funktionen des Gerätes bedienen zu können. Viele EDV–Räume sind 'Dunkelkammern' – mit allen negativen Folgen für das Sehvermögen der Augen. Hier wird eindeutig am falschen Punkt gespart. Durch eine mangelnde Ausgestaltung der Arbeitsplätze nimmt die Belastung der Mitarbeiter zu. Kurzfristige Folgen sind:

- Kopfschmerzen,
- Nacken– und Rückenschmerzen,
- Nachlassen des Sehvermögens,
- Konzentrationsschwäche,
- Unaufmerksamkeit,
- Leistungsabfall.

Noch gravierender sind die langfristigen Folgen der Arbeitsbelastung, z.B.:

- Schäden am Haltungsapparat,
- dauerhafte Störung des Sehvermögens,
- psychosomatische Beschwerden.

Belastende Arbeitsbedingungen schlagen sich über häufigere Fehlzeiten der Mitarbeiter und steigende Fluktuation am Arbeitsplatz auch finanziell negativ nieder. Mit dem Anwachsen der Belastung sinkt auch die Motivation und dadurch auch die Arbeitsleistung. Es lohnt sich also aus vielen Gründen, in die ergonomische Gestaltung der Bildschirmarbeitsplätze zu investieren – und oft sind sinnvolle Lösungen gar nicht so teuer.

Ergonomische Gestaltungsmängel

Unsere Arbeitsplatzuntersuchungen in den Büros des Bauwesens haben folgende Mängelliste ergeben:

95 % der Arbeitsplätze haben keine individuelle Arbeitsplatzbeleuchtung,

83 % der Bildschirme sind nicht reflexionsfrei aufgestellt,

83 % der Arbeitsplätze verfügen nicht über blendungsfreie Deckenbeleuchtung (z.B. durch Spiegelraster),

78 % der Bildschirme sind nicht höhenverstellbar,

67 % der Bildschirme haben keine positive Zeichendarstellung (dunkle Zeichen auf hellem Grund),

55 % der Arbeitsplätze sind durch die Peripheriegeräte störendem Lärm ausgesetzt,

33 % der Bildschirme sind in der Neigung nicht verstellbar,

28 % der Arbeitsplätze sind nicht gegen helles Sonnenlicht abgeschirmt (z.B. durch Jalousien).

Für diese Auswertung wurden 18 CAD–Arbeitsplätze in verschiedenen Büros herangezogen, die detailliert untersucht wurden.

Gesicherte arbeitswissenschaftliche Erkenntnisse

In § 91 des Betriebsverfassungsgesetzes ist festgelegt, unter welchen Umständen der Betriebsrat ein Mitbestimmungsrecht bei der Gestaltung von Arbeitsplatz, Arbeitsablauf und Arbeitsumgebung hat:

> "Werden die Arbeitnehmer durch Änderungen der Arbeitsplätze, des Arbeitsablaufes oder der Arbeitsumgebung, die den gesicherten arbeitswissenschaftlichen Erkenntnissen über die menschengerechte Gestaltung der Arbeit offensichtlich widersprechen, in besonderer Weise belastet, so kann der Betriebsrat angemessene Maßnahmen zur Abwendung, Milderung oder zum Ausgleich der Belastung verlangen."

Auch in Büros ohne Betriebsrat sollte diese Regelung Handlungsmaxime sein. Ein strittiger Punkt ist jedoch, was als 'gesicherte arbeitswissenschaftliche Erkenntnisse' gelten kann.

Eindeutig nachgewiesen sind die negativen Auswirkungen unzureichend gestalteter Büromöbel auf den menschlichen Körper sowie die Folgen einer falschen Beleuchtungssituation für das Sehvermögen. Diese Erkenntnisse haben sich in den verschiedenen DIN–Normen niedergeschlagen sowie in den von den Berufsgenossenschaften herausgegebenen 'Sicherheitsregeln für Bildschirmarbeitsplätze im Bürobereich' und den 'Sicherheitsregeln für Büroarbeitsplätze' [2].

Wissenschaftlich umstritten sind derzeit noch zwei Fragen:

- *Kann es bei längerer Bildschirmarbeit außer zu erwiesenen kurzfristigen Beeinträchtigungen auch zu langfristigen irreversiblen Schäden des Sehapparates kommen?*
  Bis vor einiger Zeit galt es als sicher, daß alle Sehbeeinträchtigungen durch die Bildschirmarbeiten nur von kurzer Dauer sind und nach entsprechen-

den Erholzeiten wieder verschwinden. Langzeituntersuchungen dazu sind bisher nicht bekannt, unter anderem auch deshalb, weil Arbeitsplatzcomputer erst seit wenigen Jahren in großem Ausmaß eingesetzt werden. Aufgeschreckt wurde die Fachwelt durch eine Untersuchung in einer Augenklinik in Berkeley/USA, die eine mögliche dauerhafte Schädigung der Augen durch Bildschirmarbeit nahelegt. Die Patienten, die am Bildschirm gearbeitet hatten, konnten ihre Augen nicht mehr auf die richtige Entfernung einstellen (Fokussierungsschwäche). Auffällig viele junge Patienten im Alter zwischen 20 und 40 Jahren waren von dieser Krankheit betroffen, die sonst erst in höheren Altersgruppen auftritt (vgl. Frankfurter Rundschau v. 13.8.1988). Die Untersuchungsergebnisse werden zwar von anderen Forschern angezweifelt, sind aber noch nicht widerlegt worden.

- *Führt die Abstrahlung des Bildschirms zu körperlichen Schäden und Risiken für Schwangere?*
  Bildschirme senden Röntgenstrahlen aus, allerdings in so geringen Dosen, daß diese Belastung mittlerweile für harmlos gehalten wird. Nur defekte Schirme können höhere Dosen abstrahlen (vgl. Öko-Test, Juni 1989).
  Ein Risiko könnten allerdings die elektrischen und magnetischen Felder um die Monitore darstellen. Magnetfelder können, wie Tierversuche gezeigt haben, Auswirkungen auf Lebewesen haben und zu einer Gefährdung für Ungeborene führen. Eine andere Gefährdung stellen die elektrischen Felder dar. Sie beschleunigen die im Raum vorhandenen Staubpartikel und führen zu einem Dauerbeschuß der Gesichtshaut des Benutzers. Hautausschläge können die Folge sein.
  Bislang liegen die deutschen Richtwerte für Strahlenbelastung am Bildschirm sehr hoch und werden von fast allen Geräten erreicht. Experten fordern jedoch die Orientierung an den schwedischen Richtwerten, die bis um das 40fache niedriger liegen. Einige Hardware-Anbieter offerieren bereits Bildschirme, die auch nach den schwedischen Normen als 'strahlungsarm' bezeichnet werden können. Es geht also!

Anforderungen an den Bildschirmarbeitsplatz

Um Belastungen am Arbeitsplatz so gering wie möglich zu halten, sollten folgende Anforderungen erfüllt sein:

Bildschirm

- Flimmerfreiheit (Bildschirmwiederholfrequenz bei Positivdarstellung mindestens 70 Hz, besser sind 80 Hz),
- positive Zeichendarstellung (schwarze Zeichen auf hellem Grund),
- Zeichengröße mindestens 3 mm (DIN 66234, Teil 1),
- ausreichende Bildschirmauflösung (bei 19-Zoll-Bildschirm mindestens 1024 x 1280 Pixel),
- Antireflexmaßnahmen am Bildschirm durch mattiertes Glas (DIN 66234) sowie geringe Bildschirmkrümmung,
- Bildschirmneigung verstellbar (mind. 5 Grad nach vorn, 20 Grad nach hinten, horizontal mindestens 45 Grad in beide Richtungen),

- Überprüfung der Strahlung bei Kathodenstrahlröhren. (Maximalwerte: Röntgenstrahlung höchstens 5000 µGy/h; ultraviolette Strahlung: UV–A höchstens 10 W/m^2; elektrostatische Felder höchstens ± 1 kV/m (Abstand 0,3); elektrostatische Ableitung durch die Tastatur; niederfrequente Magnetfelder: Magnetimpulse höchstens 0 – 10 mT/s (Abstand 0,3 m), Magnetfelder müssen bei Nichtbenutzung des Bildschirms automatisch abgebaut werden. (Diese Werte sind Empfehlungen der Schwedischen TCO.)

Tastatur

- Höhe maximal 30 mm, an der mittleren Buchstabenreihe gemessen (ZH 1/618),
- Neigung kleiner als 15 Grad,
- deutscher Zeichensatz (QWERTZ) nach DIN 2137,
- zusätzliches Zahlentastenfeld.

Tisch

Für CAD–Arbeitsplätze wird oft eine geteilte Tischplatte empfohlen (vgl. [3], [4]).

Für den Arbeitstisch gelten folgende Anforderungen:

- Tischhöhe variabel 600 – 760 mm (DIN 4549),
- Beinfreiheit 1200 mm breit, 300 mm tief bei einer Höhe von 30 mm unter der Tischoberkante, in 800 mm Tiefe noch mindestens 350 mm hoch (Dieser Platz darf z.B. nicht mit einem Rechner zugestellt werden!),
- in der Neigung verstellbare Fußstütze,
- Tischbreite mindestens 1400 mm, nutzbare Tiefe 600 mm,
- Für die CAD–Bearbeitung ist ein zusätzlicher Ablagetisch von ca. 1400 mm x 800 mm erforderlich.

Stuhl

- Sitzhöhe, Rückenlehne und Sitzneigung variabel,
- Sitzhöhe verstellbar von 380 – 500 mm,
- Lehne 500 mm über Sitz, Neigung arretierbar von 104 – 120 Grad.

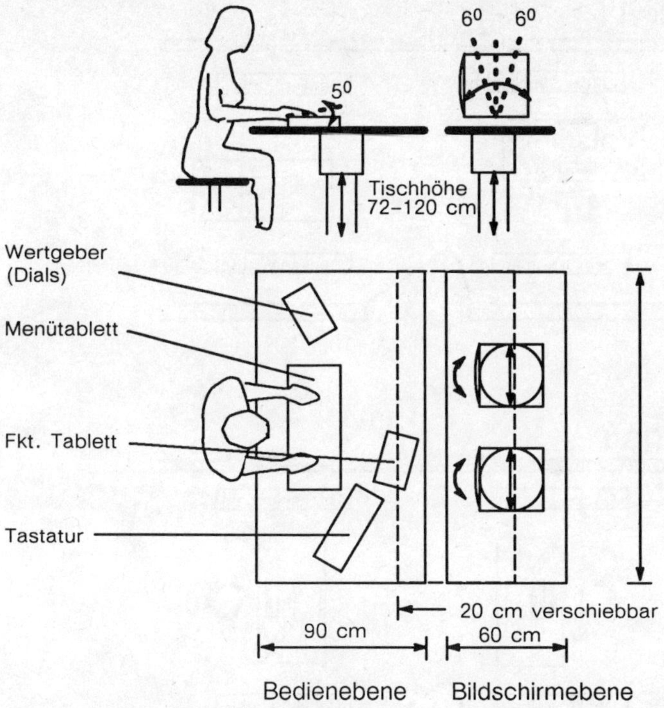

Bild 1: *CAD–Bildschirmarbeitsplatz mit geteilter Tischplatte (aus [3])*

Aufstellung der Geräte

- kipp– und standsichere Aufstellung von Bildschirm und Tastatur (DIN 4549),
- Sehabstand zum Bildschirm ca. 500 mm, nicht < 450 mm und nicht > 600 mm. Neuere Untersuchungen legen sogar nahe, daß ein noch größerer Abstand vom Bildschirm als angenehmer erlebt wird.
- Aufstellung der Bildschirme so, daß die Blickrichtung parallel zur Fensterfront verläuft,
- Deckenleuchten parallel zur Blickrichtung (beides nach DIN 66234, Teil 7, vgl. Bild 2).

Beleuchtung

- Regelbarkeit des Tageslichteinfalls mit Vertikal– oder Horizontaljalousien,
- Beleuchtungsstärke zwischen 300 und 500 Lux (DIN 5035, Teil 1 und 2),
- individuelle Arbeitsplatzleuchte (blendfrei).

Lärmbelastung

- Die Belastung soll für Büroarbeitsplätze unter 55 dBA (§ 15 ArbeitsstättVO) liegen.

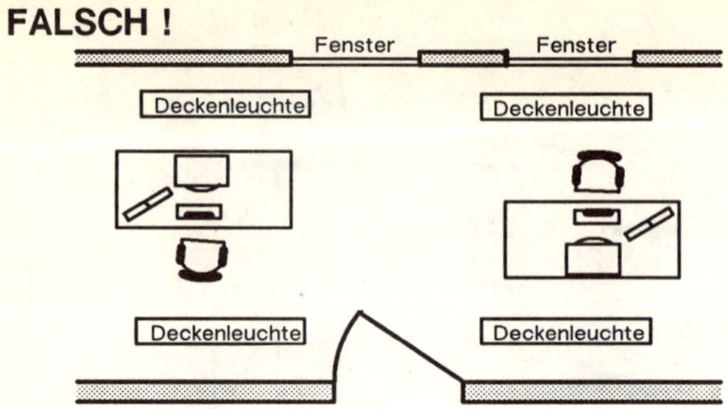

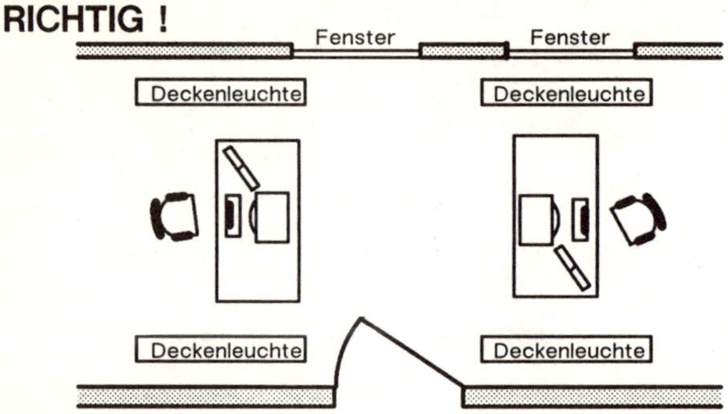

Bild 2: *Aufstellbeispiele für Bildschirmarbeitsplätze (aus [1, S. 35 f.])*

Raumgestaltung

- gedeckte Farben an den Wänden,
- Teppichboden zur Lärmdämmung (mit eingewebten Erdungsfasern, um elektrostatische Aufladung zu verhindern).

Alle erwähnten Richtlinien und DIN-Normen finden sich in [2]. Zur Überprüfung eines vorhandenen Arbeitsplatzes oder zur Neueinrichtung eines Arbeitsplatzes finden Sie in *Abschnitt 4.2* eine Checkliste.

Literatur

[1] Deutscher Gewerkschaftsbund (Hrsg.): Bildschirmarbeit human gestalten. Düsseldorf: Eigenverlag 1988.

[2] DIN Deutsches Institut für Normung e.V.: Bildschirmarbeitsplätze. Berlin/Köln: Beuth-Verlag 1990.

[3] Frieling, Ekkehard, Helmut Klein, Wilfried Schliep u. Rainer Scholz: Gestaltung von CAD-Arbeitsplätzen und ihrer Umgebung. Schriftenreihe der Bundesanstalt für Arbeitsschutz Fb 503. Bremerhaven: Wirtschaftsverlag NW 1987.

[4] Martin, Peter, Hans-Joachim Widmer u. Manfred Lippold: Ergonomische Gestaltung der Hard- und Software von CAD-Systemen. Kassel: Brüder Grimm Verlag 1986.

Arbeitsplatzrechner

Manfred Brede/Günter Nitsche

Die Datenverarbeitung wurde bis Anfang der 80er Jahre durch das *zentrale Konzept* geprägt, das nach eigenen empirischen Erhebungen auch heute noch in Ingenieurbüros der Bauwirtschaft anzutreffen ist. Im Mittelpunkt stand ein zentraler Minicomputer, an den sternförmig weniger *intelligente* Arbeitsplatzsysteme (i.d.R. Terminals) angeschlossen waren. Mit dem Aufkommen der 16-Bit-Personalcomputer - etwa 1982/83 - wurde die Leistungsfähigkeit der Terminals in dem zuvor genannten Konzept mehr und mehr ausgebaut, und Teilaufgaben, z.B. die Datenaufbereitung, die Ergebnisdarstellung und die Textverarbeitung, wurden auf diese Stationen verlagert. Damit gelang es, den Zentralrechner zu entlasten und die dezentral angesiedelten PCs mit einer größeren Funktionalität auszustatten. Weniger geeignet waren diese Rechner für reine Graphikanwendungen, weil die notwendige Bildschirmauflösung und schnelle Prozessoren zur Graphikbeschleunigung fehlten.

Etwa Anfang 1985 kamen die ersten 32-Bit-Arbeitsplatzrechner (*Workstation*) auf den Markt, die speziell auf die Verarbeitung graphischer Informationen ausgerichtet waren und auf den Motorola-Prozessor 68000/68010 aufsetzten. Ferner wurde eine neue, auf dem Intel-Prozessor 80386 basierende PC-Generation eingeführt. Diese Rechnergeneration zeichnete sich durch eine nochmalige Leistungssteigerung gegenüber dem Prozessor 80286 aus. Zwischenzeitlich haben diese Rechnersysteme einen hohen Verbreitungsgrad erreicht und sind in ihrer Leistungsfähigkeit weiter gesteigert worden (z.B. durch die Einführung des 80486-Prozessors). Zukunftweisende Entwicklungen verfolgen über eine neue Architektur bei der Instruktionsverarbeitung (*RISC-Prozessoren*) das Ziel, in Leistungsbereiche von mehr als 100 MIPS (1 MIPS = eine Million Instruktionen pro Sekunde) vorzustoßen. Zur Zeit stehen auf dem Markt Arbeitsplatzrechner zur Verfügung, die etwa 10 bis 30 MIPS erreichen. Die Rechnerleistung eines heutigen Arbeitsplatzrechners ist etwa mit der Leistung eines Großrechners (2-50 MIPS) in den frühen 80er Jahren zu vergleichen.

Generell soll in diesem Leitfaden das *dezentrale Konzept* empfohlen werden (☞ *Kapitel 3, Multifunktionale DV-Ausstattung*), da der gegenwärtige Trend eindeutig dieses Konzept unterstützt und der Mitarbeiter (Anwender) durch die Dezentralisierung an seinem Arbeitsplatz in besonderer Weise gefördert wird.

Das dezentrale Konzept bietet u.a. folgende Vorteile:

- Jedem Arbeitsplatz steht die gesamte lokale Rechenleistung für fachspezifische Aufgaben zur Verfügung. Die eigentliche Informationsverarbeitung erfolgt also direkt vom Arbeitsplatz aus. Die Rechenleistung kann ggf. auch von anderen Stationen angefordert werden.
- Die einzelnen Stationen sind kommunikationsfähig. Die Bearbeitung von alphanumerischen und graphischen Informationen kann in *einer* Umgebung erfolgen. Die gesamten Datenbestände sind zentral auf einem Massenspeicher (Server) vorrätig und werden zentral verwaltet (Sicherung, Betreiben der Peripherie).
- An jedem Arbeitsplatz bzw. Bildschirm existiert für den Anwender die gleiche Benutzerumgebung.
- Alle Anwender können auf dieselben Datenbestände zurückgreifen.
- Die Arbeitsplätze können um weitere Arbeitsplätze ergänzt werden; das Konzept ermöglicht den schrittweisen Ausbau in kostengünstiger Weise.
- Vorhandene Systeme können in das Konzept eingebunden werden, wenn sie über die Hard- und Software-Voraussetzungen verfügen (Netzwerkfähigkeit).

Das *dezentrale Konzept* wird sich unserer Meinung nach durchsetzen, weil bei der Hardware eine starke Preisreduzierung zu verzeichnen ist, die mit einer immensen Steigerung der Rechnerleistung einhergeht. Zudem stehen im Software-Bereich inzwischen Branchenlösungen zur Verfügung, die mehrere Arbeitsschritte vereinen und speziell auf Arbeitsplatzrechner abgestimmt sind.

Dieses Konzept, das auf einem Netzwerk basiert, wird auch als Konzept der "vierten Generation" bezeichnet. Es wurde in den frühen 80er Jahren entwickelt, etwa 1985 auf dem Markt eingeführt und ist auch als "verteiltes Rechnen" bekannt.

Grundstein für die Entwicklung waren fünf technologische Neuerungen:

- 32-Bit-Hochleistungs-Mikroprozessoren,
- Hochgeschwindigkeitsnetzwerke (Ethernet) für die Hardware sowie Protokolle für die Software, z.B. TCP/IP,
- Bitmap-Graphikanzeigen mit hoher Auflösung,
- Window-Technik und
- netzwerkumfassende Betriebssysteme mit Multitasking-Fähigkeiten und virtuellen Speichern.

Die Kommunikation zwischen dem Computer und dem Anwender findet auf graphischer Ebene, unterstützt durch Tastatur, Maus, Windows und Bildschirmsymbole (Icons), statt. Der Informationsaustausch erfolgt direkt und mit gemeinsam genutzten Betriebsmitteln, die allen Anwendern zugänglich sind. Da die entsprechenden Betriebssysteme auch für den Netzwerkbetrieb entworfen wurden, erlaubt das verteilte Rechnen den Einsatz *plattenloser Netzknoten (nodes)*. Zu dieser Kategorie zählen Rechner, die nicht über ein Plattenlaufwerk verfügen und bei denen alle Programme auf einem zentralen Server im Netz gespeichert sind und bei Bedarf abgerufen werden können. Plattenlose Netzknoten reduzieren die Investitionskosten, sie haben jedoch den Nachteil, daß eine lokale Datenhaltung fehlt.

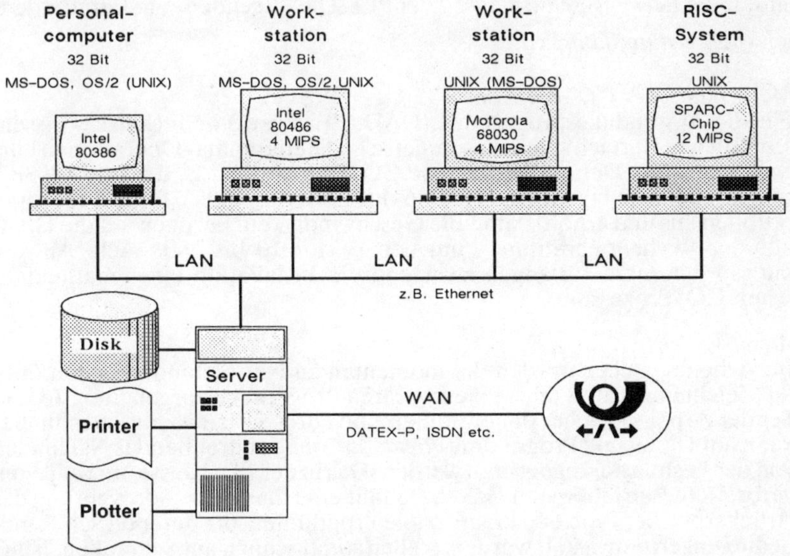

Bild 1: *Rechnerarchitektur und Netzwerke für ein dezentrales Konzept*

Im Bereich der Arbeitsplatzrechner wird zwischen zwei Rechnerklassen unterschieden: ***Personalcomputer*** (PC) und ***WorkStation*** (WS), wobei der Übergang vom PC zur Workstation fließend ist. Vereinfacht gesagt, ein PC muß erst mit vielen Zusatzkomponenten erweitert werden, um in den unteren Bereich der Leistungsfähigkeit der Workstations zu kommen.

Personalcomputer

Die Generation der Personalcomputer besteht seit Anfang der 80er Jahre. In fast jedem Ingenieurbüro der Bauwirtschaft gibt es Computer dieser Leistungsklasse. Die Haupteinsatzgebiete liegen im technischen Bereich in der Berechnung der Zustandsgrößen inkl. der Bemessung für die Tragwerksplanung (z.B. FEM–Programme), im administrativen Bereich bei der Erstellung von Dokumenten (Textverarbeitungsprogramme) und der Archivierung von Daten (Datenbanken). Einige CAD–Systeme, auch bauspezifische, werden auf PCs betrieben, wobei hier verstärkt die einschränkenden Faktoren dieser Rechnerklasse in Kauf genommen werden müssen.

Für den technischen Bereich haben sich die auf den Intel–Prozessoren basierenden PCs am Markt durchgesetzt. Für den CAD–Einsatz eignen sich PCs der 80286–Prozessoren–Leistungsklasse nur bedingt. Sinnvoller ist der Einsatz der schnelleren 80386- und 80486–Prozessoren–Leistungsklasse. Der 80286 verfügt über eine Wortlänge von 16 Bit, während der 80386 und der 80486 jeweils eine von 32 Bit haben. Diese Wortlänge oder auch Adressierungsbreite und die Taktfrequenz bestimmen größtenteils die *Rechengeschwindigkeit* der PCs. Die folgenden Ausstattungsdetails bestimmen die *Leistungsfähigkeit*:

- *Mathematischer CO–Prozessor*
  Für die Anwendungsprogramme (CAD, FEM usw.) im technisch–wissenschaftlichen Bereich spielen arithmetische Gleitkomma–Operationen eine wichtige Rolle. Der mathematische CO–Prozessor, (z.B. der Intel–80387, der parallel zum eigentlichen 80386–Prozessor arbeitet), führt diese Operationen aus und erhöht damit die Geschwindigkeit, bezogen auf die Gleitkomma–Rechenoperationen, um den Faktor 10 bis 100. Viele Anwendungsprogramme verlangen zwingend die Installation eines mathematischen CO–Prozessors.

- *Arbeitsspeicher*
  Im Arbeitsspeicher werden die momentan zu bearbeitenden Daten (z.B. die Zeichnungsdatei) und die temporären Programme vorgehalten. Je größer der Arbeitsspeicher dimensioniert und adressierbar ist, um so schneller kann auf Daten und Programme *direkt,* d.h. ohne zeitraubendes Nachladen von der Festplatte, zugegriffen werden. Das in der PC–Klasse am weitesten verbreitete Betriebssystem *MS–DOS* läßt eine maximale Adressierung des Arbeitsspeichers von 640 kB zu. Viele Programme, die unter diesen Randbedingungen entwickelt wurden, stoßen somit schnell auf Schranken. Neue Techniken in der Software–Entwicklung erlauben das Überschreiten der 640–kB–Grenze bei MS–DOS, jedoch meist erst ab der 80386er–Klasse aufwärts. Der nicht adressierbare Teil des Arbeitsspeichers kann als virtuelle Platte genutzt werden. Das heißt, häufig benutzte Daten und Programme werden von der Festplatte auf diesen Speicherbereich kopiert und können so schneller in den adressierbaren Arbeitsspeicher geladen werden. PCs der 80286er–Klasse sollten mindestens 640–kB–Arbeitsspeicher besitzen. Die PCs der höheren Klassen werden heute schon vom Hersteller mit einem 2- bis 8–MB–Arbeitsspeicher ausgeliefert. Ein weiterer Ausbau des Arbeitsspeichers muß durch freie Steckplätze für Speichererweiterungskarten im Rechnergehäuse gesichert sein.

- *Graphikkarten*
  Die hardware–technische Voraussetzung für die Darstellung graphischer Informationen auf dem Rasterbildschirm eines PC ist eine Graphikkarte. Durch die große Anzahl von ansteuerbaren Pixeln, denen Farbe und Intensität zugeordnet werden können, ermöglicht sie eine hohe Auflösung. Zudem ist sie für die Flimmerfreiheit des Bildschirms verantwortlich. Graphikkarten müssen für CAD–Anwendungen über einen mindestens 1 MB großen Bildspeicher verfügen. Bei der Wahl der Graphikkarte ist darauf zu achten, daß der Bildschirm für diese Karte ausgelegt ist und sie von der Anwendersoftware (z.B dem CAD–System) unterstützt wird. Als Standard hat sich die *VGA–Graphikkarte* herauskristallisiert, die über eine Auflösung in 640 x 480 Bildpunkte verfügen und aufwärtskompatibel zu anderen Karten, z.B. zur *EGA– und CGA–Graphikkarte,* ist. Spezialkarten können in Verbindung mit den passenden Bildschirmen eine weitaus größere Auflö-

sung erreichen, z.B. der VGA-Adapter IBM 8514/A mit 1024 x 768 Bildpunkten bei 256 gleichzeitig darstellbaren Farben.

- *Schnittstellen*
  Über die Schnittstellen, auch *Interfaces* genannt, werden die Ein- und Ausgabegeräte an den Rechner angeschlossen. Unterschieden wird zwischen *seriellen und parallelen Schnittstellen*. Vereinfacht beschrieben, gibt die parallele Schnittstelle die auf dem Datenbus ohnehin parallel vorliegenden Bit-Informationen auch parallel an die Ein- und Ausgabegeräte (z.B. Tastatur, Drucker, Bildschirm) weiter, während die serielle Schnittstelle diese parallelen Informationen vom Datenbus bitweise, d.h. als hintereinanderliegende Informationen, überträgt. Die international genormte serielle Schnittstelle ist die *V24-Schnittstelle*, die auf die amerikanische Norm RS 232 A zurückgeht. Eines ihrer Anwendungsgebiete ist die Kopplung von zwei PCs. Die Anzahl der vorhandenen seriellen und parallelen Schnittstellen begrenzt die Zahl der gleichzeitig anschließbaren Peripheriegeräte, so daß ein Ausbau der Schnittstellen durch die Installation zusätzlicher Steckkarten im PC-Gehäuse möglich sein sollte.

- *Netzkarten*
  Um den PC in ein lokales Netzwerk (☞ *Kapitel 3, Rechnerkommunikation*) zu integrieren, ist die Installation einer Netzkarte und entsprechender Kommunikationssoftware erforderlich. Es gibt auf dem Markt verschiedene Netzwerksysteme, die oft nur die Vernetzung von PCs gestatten. Sinnvoller erscheint es deshalb, ein Netzwerksystem zu wählen (z.B. *Ethernet*), welches die Vernetzung verschiedenster Rechnerklassen ermöglicht.

- *Multifunktionskarten*
  Die durch die Anzahl der freien Steckplätze im PC-Gehäuse begrenzte Aufrüstbarkeit führte u.a. zur Entwicklung von Multifunktionskarten. Sie bieten mehrere Leistungen auf einer Karte an (z.B. Speichererweiterungen, zusätzliche Schnittstellen, batteriegespeiste Uhr-Kalender-Einheit usw.).

Workstations

Die Rechnerklasse der *Workstations* wurde Mitte der 80er Jahre von amerikanischen Hardware-Herstellern auf dem Markt eingeführt. Es gibt die unterschiedlichsten Definitionen für den Begriff Workstation, wobei eine Abgrenzung zu hochaufgerüsteten PCs oft schwerfällt. Die folgenden ungewichteten Kriterien grenzen die Workstation vom PC ab:

- die Verarbeitungsgeschwindigkeit,
- Betriebssysteme mit Multitasking- und Multiuser-Fähigkeiten,
- die Graphikfähigkeit mit spezieller Prozessorunterstützung,
- die Netzwerkfähigkeit.

Die Leistungsdaten eines mit zusätzlichen Hardware-Komponenten aufgerüsteten PC können in allen genannten Punkten die Daten einer Workstation der unteren und mittleren Leistungsstufe erreichen. Zu bedenken ist, daß die Leistungsfähigkeit dieser

Workstations sozusagen serienmäßig erreicht wird, wobei alle Funktionseinheiten auf einer einzigen Baugruppe untergebracht sind. Bei dieser Rechnerklasse entfällt somit die teure Aufrüstung. Die PC-Klasse hingegen muß mit zusätzlichen Hardware-Karten ausgestattet werden. Auf den ersten Blick erscheint demnach eine Aufrüstung günstiger zu sein. Die Erfahrung zeigt aber, daß der zeitliche Aufwand und die dabei auftretenden Probleme (z.B. Inkompatibilität) dies nicht rechtfertigen.

Die Stärken der Workstations lassen sich, wenn man die hohe Verarbeitungsgeschwindigkeit außer acht läßt, mit den beiden Schlagworten *Graphik-* und *Netzwerkfähigkeit* beschreiben. Die lokalen Netzwerke (LAN, ☞ *Kapitel 3, Rechnerkommunikation*) haben durch den Einsatz von Workstations erst den heutigen Verbreitungsgrad und hohen technischen Stand erreicht. Durch die hardwareseitige Unterstützung – mittels bereits serienmäßig vorhandener Anschlüsse zum Einbinden in ein Netzwerk – wurde die Realisierung des *dezentralen Konzeptes* erst möglich. Durch zusätzliche Graphikprozessoren, die eine höhere Verarbeitungsgeschwindigkeit bewirken, und hochauflösende Bildschirme ist die Workstation für Graphikanwendungen prädestiniert. Eine Reihe von Graphiktools, z.B. die Benutzeroberfläche X-Windows und die Graphikimplementierungen GKS und PHIGS, unterstützen die Graphikfähigkeit.

Bei den in den Workstations eingesetzten Prozessoren ist das Bild nicht so 'klar' wie bei den PCs, in denen für technische Anwendungen fast ausschließlich Prozessoren der Intel-Familie zum Einsatz kommen. In der unteren und mittleren Leistungsklasse findet man heute Motorola-Prozessoren (680X0), die den Workstation-Markt bis Ende der 80er Jahre beherrschten. Sie werden von Eigenentwicklungen der führenden Workstation-Hersteller stark zurückgedrängt. Die *RISC-Prozessoren (**R**educed **I**nstruction **S**et **C**omputer)* arbeiten mit einer vereinfachten Befehlsstruktur und sind damit zwei- bis fünfmal schneller als herkömmliche Prozessoren, die nach dem CISC-Konzept (**C**omplex **I**nstruction **S**et **C**omputer) gebaut sind. Bei der *PRISM-Architektur (**P**arallel **R**educed **I**nstruction **S**et **M**ultiprozessor)* handelt es sich um eine 64-Bit-Parallelarchitektur: Mehrere Prozesse können parallel bearbeitet werden, wenn die Software eine Parallelbearbeitung unterstützt. Die Geschwindigkeit steigt also mit der Anzahl der Prozessoren (z.B mit dem Einbau von bis zu vier parallelen Prozessoren).

Die Aufstellung von technischen Anforderungen an eine Workstation kann bei der rasanten Entwicklung auf dem Hardware-Markt nur eine Momentstudie sein. Für den betrachteten Einsatz von Workstations (CAD Anwendungen im weitesten Sinne) lassen sich aus heutiger Sicht folgende Mindestforderungen aufstellen:

- 32-Bit-CPU,
- 8-MB-Arbeitsspeicher,
- spezieller Prozessor für die hardwareseitige Unterstützung der Graphik, möglichst auch der 3-D-Graphik,

- spezieller Prozessor für die Gleitpunktarithmetik (neben dem eigentlichen Prozessor),
- Rechenleistungen im Bereich 5 - 30 MIPS,
- hochauflösender (ca. 1000 x 1000 Pixel), für CAD-Anwendungen möglichst farbiger 17- oder 19-Zoll-Bildschirm mit einer Bildfrequenz von 60 bis 75 Hz (☞ *Kapitel 3, Peripheriegeräte*),
- Festplatte mit 200-300 MB, wenn die Workstation im LAN nicht als Diskless-Node eingesetzt werden soll (☞ *Kapitel 3, Peripheriegeräte*),
- standardisierte Window-Oberfläche (z.B. Motif, OPEN LOOK, X-Windows),
- Maus (☞ *Kapitel 3, Peripheriegeräte*),
- zwei bis vier serielle Schnittstellen für den Anschluß der am Arbeitsplatz direkt benötigten Peripheriegeräte,
- Möglichkeiten für die lokale Sicherung von Daten mittels Diskette oder Streamer (☞ *Kapitel 3, Peripheriegeräte*),
- Multitasking-Fähigkeit unter einem standardisierten UNIX-Betriebssystem, z.B. System V (☞ *Kapitel 3, Systemsoftware*),
- Einbindung in ein LAN (z.B. Ethernet) mit einer Übertragungsgeschwindigkeit von ca. 10 MBit/s sollte ohne zusätzliche Erweiterungen (☞ *Kapitel 3, Rechnerkommunikation*) möglich sein.

Leistungskriterien

An dieser Stelle sollen abschließend noch einige Anmerkungen zu den in den Herstellerprospekten und der Fachliteratur am häufigsten publizierten Leistungsdaten und ihrer Aussagekraft gemacht werden:

- *MIPS (Millionen Instruktionen pro Sekunde)*
  MIPS ist das nicht standardisierte Maß für die Leistung der CPU bei der Festkomma-Arithmetik. Auswirkungen anderer Bauteile, wie Memory und Plattenspeicher, werden dabei nicht berücksichtigt. Um eine spezielle Aufgabe zu erledigen, benötigen unterschiedliche Prozessoren auch eine unterschiedliche Anzahl von Instruktionen (besonders beim Vergleich von RISC- und CISC-Prozessoren). RISC-Prozessoren können Instruktionen schneller ausführen, also im Vergleich zu CISC-Prozessoren mehrere Instruktionen ausführen. Da bei technischen Anwendungen die Fließkomma-Arithmetik überwiegt, können MIPS-Leistungen keine treffende Aussage für diese Anwendungen geben.
- *Dhrystones*
  Dhrystone wird ebenfalls in MIPS angegeben, wobei das Testverfahren quasi standardisiert ist. Die Ergebnisse für RISC-Prozessoren fallen besonders positiv aus.
- *KWIPS (Kilo Whetstone pro Sekunde)*
  Der Test umfaßt sowohl die Festkomma- als auch die Fließkomma-Arithmetik. Er entspricht damit eher den täglichen Anforderungen und kann als akzeptables Leistungsmaß dienen.

- *MFLOPS (Millionen Fließkommainstruktionen pro Sekunde)*
  Durch den standardisierten Linpack–Test können die Leistungsdaten für den ingenieurwissenschaftlichen Bereich in MFLOPS am ehesten ermittelt werden.

Die bisher vorgestellten Leistungskriterien beziehen sich ausschließlich auf den numerischen Bereich. Für CAD–Anwendungen sind aber Leistungsmerkmale im Graphikbereich wichtiger. Standardtestprogramme sind zur Zeit noch nicht vorhanden, so daß man auf die Tests, Angaben und Vorführungen der Hersteller angewiesen ist, die unter folgenden Gesichtspunkten kritisch bewertet werden sollten:

- Als Maßeinheit werden meist Pixel, Vektoren oder Polygone pro Sekunde verwendet, die das System darstellen kann. Zu beachten ist dabei, daß Größe und Form der graphischen Elemente die Ergebnisse wesentlich beeinflussen. Die Darstellung langer Vektoren benötigt mehr Zeit als die kurzer Vektoren.
- Ein weiteres Kriterium ist die Zeit, die zur Flächenfüllung benötigt wird. Grundsätzlich gilt: Der Zeitansatz für einfarbige Schattierungen ist geringer als der für mehrfarbige.
- Bei der Darstellung von beweglichen Vorgängen, Animation, ist außerdem die Anzahl der Bildwechsel pro Sekunde entscheidend.

Alle genannten Punkte sind nur Einzelkriterien. Sie sagen nichts über das Zusammenspiel aller graphischen Elemente und Darstellungsformen in einer 'normalen' CAD–Anwendung aus.

Abschließend ist anzumerken: Das beste Testverfahren ist die probeweise Anwendung der Programme im eigenen Haus, und zwar möglichst unter den gleichen Randbedingungen wie später beim täglichen Einsatz (☞ *Kapitel 2, Systemauswahl und -bewertung*). Kommt es zum Vergleich verschiedener Programme, so sollte ein Testobjekt definiert werden. Die gesammelten Erfahrungen sind festzuhalten, um sie zu einem späteren Zeitpunkt bewerten zu können.

Bezogen auf die Hardware sollten für den Vergleich mindestens folgende Aspekte erfragt und in die Betrachtung einbezogen werden:

- Kosten,
- Arbeits- bzw. Hauptspeicherkapazität,
- CPU–Zeiten,
- maximale Datenrate,
- Graphikunterstützung,
- anschließbare Peripherie,
- Verfügbarkeit von Software.

Weiterhin sind die Kriterien der ☞ *Checkliste CAD–Hardware, Abschnitt 4.2,* zu beachten.

Arbeitssystem

Peter v. Mitschke-Collande

Der Begriff 'Neue Technologie' kennzeichnet aus arbeitswissenschaftlicher Sicht ein 'Arbeitsmittel'; so sind es in der Bauwirtschaft zur Zeit die Informations- und Kommunikationstechniken, deren Einsatz die Produktivität der Konstruktions- und Planungsarbeit im Ingenieurbüro steigern soll. Arbeitsmittel wiederum sind Elemente innerhalb eines 'Arbeitssystems'.

Sobald von einem Arbeitssystem gesprochen wird, ist damit der größere betriebliche Zusammenhang des Ingenieurbüros oder einer Abteilung oder aber eines einzelnen Arbeitsplatzes gemeint. Die Arbeitswissenschaft definiert das Arbeitssystem als räumlichen Bereich, in dem eine Wechselwirkung zwischen Mensch, Information, Organisation und Technik stattfindet.

Soll ein bestehendes Arbeitssystem z.B. durch die Einführung einer neuen Technik verändert werden, so bildet die ☞ *Ist-Erhebung und -Analyse, Kapitel 2,* der 'Arbeitssituation' den Ausgangsschritt dazu. Karg/Staehle [1] untersuchen in ihrem Ansatz zur "Dualen Arbeitssituationsanalyse" die folgenden Teilaspekte des Arbeitssystems:

- Arbeitsaufgabe
    - Tätigkeiten
    - Arbeitsobjekt
    - Arbeitsmittel
    - Arbeitsplatz
    - Zeitvorgabe
- Umgebungseinflüsse
- Rahmenbedingungen
    - Arbeitszeit
    - Lohn
- Arbeitsrelevante Beziehungen
    - zu Vorgesetzten
    - zu Kollegen

- Anforderungsstruktur
  - aus Umgebungseinflüssen
  - aus der Tätigkeit
  - an Wissen und Können

In Anlehnung an Grob/Haffner [2] läßt sich eine Auswahl von Einflüssen aus der 'Makrostruktur' in ihrer Auswirkung auf das Arbeitssystem wie folgt zusammenfassen:

- Marktveränderungen: Wachsende Konkurrenz, spezifische Kundenforderungen führen zu
  - Preisdruck,
  - Variantenvielfalt der Bauobjekte,
  - kurzen Projektbearbeitungszeiten,
  - erhöhten Qualitätsforderungen.
- Technischer Fortschritt: Kürzere Innovationszeiten, sinkende Produktlebensdauer und Strukturwandel der Arbeit im technischen Büro zwingen zu
  - häufiger Umstellung der Projektabwicklung,
  - technischen Änderungen der Arbeitsmittel,
  - laufenden Personalumsetzungen,
  - Weiterqualifizierung.
- Gestiegene Ansprüche der Gesellschaft: Größerer Wohlstand, erhöhtes Bildungsniveau veranlassen Mitarbeiter zur Forderung von
  - erweiterten Arbeitsinhalten,
  - Entscheidungsspielraum zur individuellen Arbeitsmethodik,
  - ergonomisch gestalteten Arbeitsplätzen,
  - guter Bezahlung.
- Rechtliche Regelungen: Gesetze, Verordnungen, Tarifverträge, Richtlinien und Normen stellen für Ingenieurbüros Auflagen dar, z.B. in Hinblick auf die Gestaltung von
  - Büroorganisation,
  - Arbeit und Arbeitsplatz,
  - Umgebungsbedingungen,

In diesem Sinne hat die Einführung von CAE–Techniken für viele Ingenieurbüros der Bauwirtschaft erhebliche Auswirkungen auf die gesamten Betriebs– und Arbeitsstrukturen. Von daher ist eine *ganzheitliche Analyse* der Ist–Situation bzw. Planung des Soll–Konzeptes auf der Grundlage der "Dualen Arbeitssituationsanalyse" erforderlich, die sich nach Karg/Staehle [1] graphisch darstellen läßt (Bild 1).

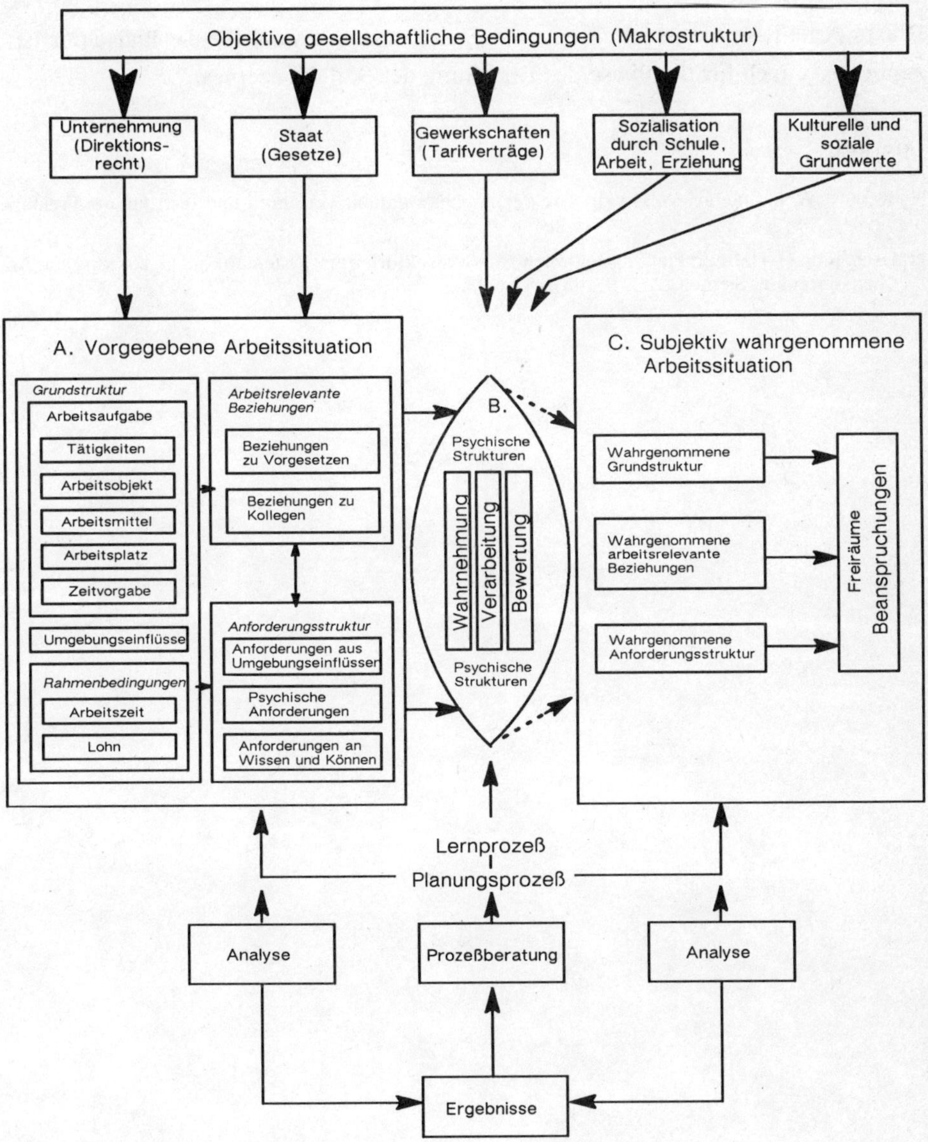

Bild 1: *Duale Arbeitssituationsanalyse (modifiziert nach [1, S.27 ff])*

Der Begriff 'Dualität' erklärt sich daraus, daß die vorgegebene Arbeitssituation (A) einerseits mit Methoden der objektiven Arbeitsanalyse beleuchtet wird; zum anderen wird die von den Beschäftigten (B) subjektiv wahrgenommene Arbeitssituation (C) über Befragungen erhoben. Die Ergebnisse beider Vorgehensweisen fließen in die Planung von arbeitsorganisatorischen und technischen Gestaltungs- und Qualifizierungsmaßnahmen ein.

Dieses Arbeitssystem ist somit ein wichtiges Konzept sowohl für die Phase der Ist-Analyse als auch für die Phase der Erstellung des Soll-Konzeptes.

Literatur

[1] Karg, P. W. u. Staehle, W. H.: Analyse der Arbeitssituation, Verfahren und Instrumente,Freiburg 1982.

[2] Grob, R. u. H. Haffner: Planungsleitlinien Arbeitsstrukturierung. Systematik zur Gestaltung von Arbeitssystemen. Siemens AG, Berlin 1982, S.13.

Beschäftigungseffekte

Jörg Abel

Der Einsatz 'Neuer Technologien' in der Arbeitswelt weckt bei den Unternehmern in vielen Fällen die Hoffnung auf Produktivitätssteigerungen, in deren Folge der Personalkostenanteil aufgrund der Einsparung von Mitarbeitern sinken könnte. Bei den Betroffenen rufen neue Techniken Ängste vor Arbeitsplatzverlust hervor. Die Erfahrungen, insbesondere aus dem Maschinenbau und der Automobilindustrie, konnten nicht unbedingt auf die Beschäftigten der Bauwirtschaft übertragen werden. Hier zeigte sich als Tendenz, daß durch CAD kein Personal abgebaut wurde und daß dies für die Ingenieurbüros auch gar nicht so sehr Ziel der CAD–Einführung gewesen ist (☞ *Kapitel 3, Nutzen des CAD–Einsatzes*).

Aufgrund von Untersuchungen aus anderen Branchen läßt sich konstatieren, daß CAD noch nicht zu 'Freisetzungen' geführt hat. Die Ingenieure, Konstrukteure und Zeichner sind zumindest vorläufig nicht von der Arbeitslosigkeit bedroht. Inwieweit diese Aussage auch in Zukunft ihre Gültigkeit behalten wird, muß sich zeigen. Ob Entlassungen in der Bauwirtschaft anstehen, hängt natürlich nicht nur von CAD ab, sondern auch ganz entscheidend von der Konjunkturentwicklung und den Anforderungen des Baumarktes. So werden etwa die Bauwerke immer komplexer, neue Anforderungen aus der Bauphysik kommen hinzu etc. Es wird vor diesem Hintergrund äußerst schwierig, Personalentwicklungen eindeutig einem Einflußfaktor zuzuordnen, vielmehr wird immer ein Faktorenbündel dafür verantwortlich sein.

So unbestimmt auf der einen Seite die Prognosen über einen CAD–bedingten Personalabbau für die Zukunft auch sein mögen, so sicher kann auf der anderen Seite festgehalten werden, daß CAD in der Einführungsphase auf jeden Fall Mehrarbeit erfordert. Die Installation des Systems, die Einarbeitung der CAD–Anwender, die Anpassung des Systems an die betriebsspezifischen Bedingungen oder die Umorganisation der Projektbearbeitung erfordern viel Zeit. In größeren Büros ist u.U. die Einstellung eines zusätzlichen Mitarbeiters nötig, der sich nur um die DV im allgemeinen und CAD im besonderen zu kümmern hat. Gespräche mit diesen betrieblichen 'DV–Betreuern' oder 'CAD–Experten' bestätigen, daß DV in einem größeren Büro ein 'Full–Time–Job' ist. In kleineren Büros erreicht der Aufwand zwar nicht diese Ausmaße, aber es wird auch hier sehr deutlich, daß CAD zunächst Mehrarbeit bezogen auf die neu hinzukommenden Tätigkeiten und im Sinne von anfänglichen Produktivitätsrückschritten während der Einarbeitungsphase bedeutet.

Für die Beschäftigten besteht zunächst die beruhigende Aussicht, daß CAD allein vorläufig nicht zu Beschäftigungseinbußen in den Ingenieurbüros führen wird, da die produktivitätssteigernden Effekte in der Regel von den Ingenieurbüros als 'Kapazitätserweiterung' unter Beibehaltung des Personalbestandes genutzt werden. Damit läßt sich die steigende Auftragslage besser bewältigen. Sobald jedoch die Produktivitätssteigerung einer 'durchgängigen Projektbearbeitung' im Sinne der horizontalen und der vertikalen Integration wirksam wird, kann CAD – wenn nicht durch andere Einflüsse kompensiert – durchaus auch zu Personalabbau führen. Das würde bedeuten, daß in den frühen Phasen des Bauplanungsprozesses u.U. zwar mehr Arbeit anfallen würde, aber die Arbeitsmenge bei der Tragwerksplanung abnähme, so daß sich dann – vermeintlich problemlos und viel zeitsparender – aus dem Werkplan ein Schalplan generieren ließe. Ob diese Überlegungen stimmen, läßt sich zur Zeit noch nicht belegen. Es scheint aber festzustehen, daß bei gleichbleibendem Projektablauf die negativen Beschäftigungseffekte 'am Ende der logistischen Kette' wirksam werden, d.h., der Architekturbereich wäre vermutlich am wenigsten davon betroffen.

Doch sind mit dieser Spekulation viele 'Wenn' und 'Aber' verbunden. Zur Zeit gibt es aufgrund von CAD keinen Personalabbau.

Beschaffung von Hard- und Software

Jörg Abel

Unter Beschaffung von Hard- und Software soll in diesem Zusammenhang die Frage verstanden werden, in welcher Form das Ingenieurbüro die Nutzungsverfügung über die CAD-Anlage erwirbt. Man unterscheidet zwischen *Kauf, Leasing* und *Miete*.

Geschäftszweige mit unregelmäßigen Geschäftszyklen ziehen es vermutlich vor, Computerequipment zu Zeiten hoher Geldeinnahmen zu kaufen.

Organisationen, die Schwierigkeiten haben, Geldmittel zu leihen, werden das Leasen vorziehen. Leasing bedeutet eine Verpflichtung zu Zahlungsleistungen über einen vorher vertraglich festgelegten Zeitraum; Mietverträge hingegen bieten die Möglichkeit, jederzeit zu kündigen.

Mieten ist zwar erheblich teurer, mag jedoch je nach Umständen die bessere Lösung sein. Nachfolgend soll die Miete nicht gesondert betrachtet werden, da sie aufgrund der wenigen Anbieter am Markt kaum eine Bedeutung hat (Grund dafür kann die schlechte Stellung des Vermieters gegenüber dem Mieter sein). Auf die einzelnen Unterschiede zwischen Miete und Leasing wird zur Verdeutlichung an den entsprechenden Stellen hingewiesen. (Die Entscheidung über die Art der Beschaffung ist davon abhängig, wie das Ingenieurbüro seinen Kapitaleinsatz plant.)

Die folgenden Aussagen beziehen sich nur auf die betriebswirtschaftlichen Aspekte der Beschaffungsvarianten. Weitere Argumente, die für oder gegen eine Anschaffungsform sprechen, werden nicht behandelt.

Kauf

Der Kauf setzt eine entsprechende Kapitalinvestition in Höhe des Kaufpreises voraus (☞ *Kapitel 3, Finanzierung*). Durch den Abschluß eines Kaufvertrages verpflichtet sich der Käufer, die in Auftrag gegebene CAD-Anlage abzunehmen und den vereinbarten Kaufpreis zu zahlen (§ 433 Bürgerliches Gesetzbuch, BGB).

Der Kauf bedeutet eine steuerlich absetzbare Kapitalinvestition, wobei die jährliche Abschreibung als Aufwand verbucht und dadurch der Gewinn vermindert werden kann.

Leasing

Unter Leasing wird die leihweise Überlassung der CAD-Anlage durch den CAD-Anbieter oder durch sog. Leasing-Gesellschaften für einen vertraglich festgelegten Zeitraum verstanden (vgl. [7], S. 199). Die geleaste Anlage geht nicht in das Eigentum des Leasing-Nehmers über, sondern bleibt Eigentum des Leasing-Gebers. Die Rechtsgrundlage für Leasing-Geschäfte bildet § 535 BGB.

In der Zukunft wird das Computer-Leasing die gleichen Vorteile bieten wie auch andere Leasing-Formen: reibungsloseren Bargeldfluß, einfachere Budgetplanung, Flexibilität, Vermeidung von Kapitalinvestment, Bilanzierungsvorteile.

Bei Leasing-Verträgen lassen sich drei Typen unterscheiden:

- *Finanzierungs-Leasing*
  Hierbei wird die Anlage ohne Kündigungsmöglichkeit während einer sog. Grundmietzeit (ein alle Vertragsarten betreffendes Problem) und ohne Wartung durch den Leasing-Geber vom Leasing-Nehmer übernommen. Die Grundmietzeit liegt "irgendwo" zwischen der betrieblichen Nutzungsdauer und der Hälfte der in den Tabellen für "Absetzung für Abnutzung (AfA)"genannten Zeiträume (vgl. § 7 Einkommenssteuergesetz EStG) als untere Grenze.

- *Maintenance-Leasing*
  Darunter ist ein langfristiger Leasing-Vertrag inkl. Wartung der Anlage durch den Leasing-Geber zu verstehen.

- *Operating-Leasing*
  Kurzfristiger Vertrag mit Wartung der Anlage durch den Vermieter. Nach [10] sind diese Verträge "normale Mietverträge im Sinne des BGB" ([9], S.768). Sie sind von daher unter Berücksichtigung von Fristen jederzeit kündbar. Der Leasing-Geber übernimmt das Investitionsrisiko, d.h., daß er etwa für die Funktionstüchtigkeit des Leasing-Gutes oder für dessen Versicherung aufzukommen hat.

In den Ausführungen zur ☞ *Finanzierung, Kapitel 3,* wird das Leasing als eine Form der Fremdfinanzierung erwähnt, von daher ist das Leasing nicht nur im Vergleich zum eigenfinanzierten Kauf, sondern als Alternative zum fremdfinanzierten Kauf (Darlehen) zu betrachten. Um diesen Vergleich anstellen zu können, soll das *Finanzierungs-Leasing* als die wohl am stärksten verbreitete Form kurz vorgestellt werden.

Folgende Elemente kennzeichnen die Verträge zum Finanzierungs-Leasing:

- Sie sind in der Regel während der vereinbarten Grundmietzeit unkündbar. Hier besteht ein entscheidender Unterschied zur Miete. Bei Mietverträgen wird dem Mieter ein Kündigungsrecht eingeräumt.
- Die Grundmietzeit ist kürzer als die eigentliche betriebliche Nutzungszeit der Anlage.
- Das Investitionsrisiko trägt der Leasing-Nehmer, d.h., er muß für eventuelle Instandhaltungskosten etc. aufkommen. Auch hier ist man bei Mietverträgen in der besseren Position, da etwa bei Mängeln der Vermieter dafür aufkommen muß (§ 536 BGB), ansonsten kann der Mieter den Mietzins mindern (§ 537 BGB).

Leasing-Verträge können folgende Formen annehmen:

- *Leasing-Verträge ohne Option*
  Bei diesem Typ erscheint die geleaste Anlage in der Bilanz des Leasing-

Gebers. Die Leasing-Raten sind für den Leasing-Nehmer steuerlich als Aufwand deklarierbar.

- *Leasing-Verträge mit Kaufoption*
  In dem Vertrag wird dem Leasing-Nehmer ein Vorkaufsrecht eingeräumt. Die Höhe des Kaufpreises ergibt sich aus dem vorher ermittelten Restwert der Anlage.

- *Leasing-Vertrag mit Verlängerungsoption*
  In diesem Fall betragen die Folgezahlungen in der Regel nur einen geringen Teil der bisherigen Zahlungen.

Der Vorteil des Leasings gegenüber dem fremdfinanzierten Kauf einer Anlage ist darin zu sehen, daß die steuerlich absetzbaren Leasing-Raten deutlich höher sind als die Abschreibungssätze, die beim Kauf steuerlich geltend gemacht werden können. So erhält der Leasing-Nehmer einen wesentlichen Vorteil. Dieser Vorteil wiederum hängt aber davon ab, ob die CAD-Anlage in der Bilanz des Leasing-Gebers oder Leasing-Nehmers auftaucht. Die günstigere Variante ist dabei die Bilanzierung beim Leasing-Geber (vgl. [10], S. 771).

Im Normalfall wird die Entscheidung des Ingenieurbüros gegen das Leasing ausfallen, da die Finanzbelastung beim Leasing höher ist als bei einem fremdfinanzierten Kauf. Dies erklärt sich folgendermaßen: Aufgrund ihrer relativ geringen Eigenkapitalquote sind die Leasing-Geber gezwungen, sich bei ihrer Refinanzierung an die Kreditwirtschaft zu wenden. Das bedeutet, daß der Leasing-Geber die Aufwendungen für seine Refinanzierung (also in erster Linie die Zinsen) sowie seine Verwaltungskosten, die sog. kalkulatorischen Wagnisse, und nicht zuletzt seine Gewinne in die Leasing-Raten einrechnet. Wird davon ausgegangen, daß diese Refinanzierungskosten des Leasing-Gebers in etwa dieselbe Höhe erreichen wie die Zinsbelastung bei einem fremdfinanzierten Kauf, so wird deutlich, daß die Belastung für das Ingenieurbüro beim Leasing um die weiteren Aufwendungen (Refinanzierung) höher ist als bei einem Darlehen. Dies gilt in noch stärkerem Maße beim eigenfinanzierten Kauf einer CAD-Anlage.

Vertragsgestaltung

Zum Abschluß sollen noch einige Hinweise zur Gestaltung des Kauf-, Miet- oder Leasing-Vertrages gegeben werden. Im Prinzip beharren die Anbieter zwar auf ihren Geschäftsbedingungen, aber als Käufer oder Leasing-Nehmer sollten Sie darauf achten, daß in Ihrem Interesse einige wichtige Punkte im Vertrag berücksichtigt sind:

- In dem Vertrag muß der *Leistungsumfang*, den der Anbieter zu liefern hat, exakt beschrieben werden. Dazu gehört auch die Leistungsbeschreibung der einzelnen Komponenten (z.B. durch den Verweis auf Prospekte oder Dokumentationen). Gleichfalls zum Lieferumfang gehören Anlieferung, Installation und Gewährleistung der Betriebsbereitschaft (z.B. nach erfolgreichem Absolvieren von Prüfprogrammen).

- Der *Liefertermin* muß festgehalten werden. Insbesondere gilt dies bei betriebsspezifischen Anpassungen der EDV-Anlage oder beim Erwerb noch nicht auf dem Markt erschienener Produkte.

- Die Bezahlung der Anlage erfolgt erst nach der *Abnahme*, um so eventuelle Mängel feststellen zu können. Als angemessene Abnahmefrist können hier vier Wochen gelten, mindestens jedoch zwei Wochen. Die Abnahme kann erst nach der vollständigen Lieferung aller vertraglich vereinbarten Komponenten erfolgen, denn nur so ist etwa bei Schnittstellen gewährleistet, daß bei Nichtfunktionieren alle Software-Komponenten bemängelt bzw. zurückgegeben werden können.

- Die *Zahlungsbedingungen* sind gleichfalls festzuhalten. Die vollständige Bezahlung soll erst nach der Abnahme der Funktionstüchtigkeit der Anlage erfolgen.

- Die *Gewährleistung* muß vertraglich vereinbart werden. Dabei ist darauf zu dringen, daß die Gewährleistungsfrist erst nach der Abnahme der vollständig gelieferten Anlage beginnt und mehr als die gesetzlichen sechs Monate beträgt. Ein Jahr scheint eine angemessene Frist zu sein.

- Über die Frage der Beschaffung von Hard- und Software hinaus müssen Leistungsumfang und Kosten für Wartung, Schulung, Dokumentation und Pflege der Software im Vertrag spezifiziert werden.

Diese hier nur angerissenen und nicht vollzählig auf- und ausgeführten Merkpunkte sind Bestandteile der "Besonderen Vertragsbedingungen für den Kauf von EDV-Anlagen und -Geräten" (vgl. [2],[3],[4],[5],[9]), die die Grundlage für die Beschaffung bei der öffentlichen Hand bilden. In diesen Vertragsbedingungen sind die aufgeführten und zusätzliche Hinweise näher erläutert.

Literatur

[1] A + A, CAB & IAP: EDV im Architektur- und Planungsbüro. Band 1: PC-Einsatz im Architektur- und Planungsbüro. Hannover: Selbstverlag 1987.

[2] Besondere Vertragsbedingungen für den Kauf von EDV-Anlagen und -Geräten. Köln: Bundesanzeiger Verlagsgesellschaft mbH 1989.

[3] Besondere Vertragsbedingungen für die Miete von EDV-Anlagen und -Geräten. Köln: Bundesanzeiger Verlagsgesellschaft mbH 1988.

[4] Besondere Vertragsbedingungen für die Pflege von DV-Programmen. Köln: Bundesanzeiger Verlagsgesellschaft mbH 1989.

[5] Besondere Vertragsbedingungen für die Wartung von EDV-Anlagen und -Geräten. Köln: Bundesanzeiger Verlagsgesellschaft mbH 1988.

[6] Bürgerliches Gesetzbuch. 30. Aufl. München: Deutscher Taschenbuch Verlag 1987.

[7] Däumler, Klaus-Dieter: Betriebliche Finanzwirtschaft. 2. Aufl. Herne/Berlin: Verlag Neue Wirtschaftsbriefe 1983.

[8] Einkommenssteuerrecht. München: Deutscher Taschenbuch Verlag.

[9] Reichel, Egbert-E. u. Norbert Sieglist: EDV-Verträge richtig gestaltet. Baden-Baden: FBO 1991.

[10] Wöhe, Günter: Einführung in die Allgemeine Betriebswirtschaftslehre. 14. Aufl. München: Verlag Franz Vahlen 1981.

Betriebsrat

Jörg Abel

Das Betriebsverfassungsgesetz (BetrVG) [1] sieht vor, daß in Betrieben mit fünf und mehr ständig beschäftigten und wahlberechtigten Mitarbeitern, von denen mindestens drei wählbar sein müssen, ein Betriebsrat einzurichten ist.

Der Betriebsrat sollte in Fragen der CAD–Einführung von sich aus aktiv werden, um sowohl die ihm rechtlich zugesicherten Beteiligungsmöglichkeiten in Anspruch zu nehmen, als auch um die auf freiwilliger Basis aushandelbaren Aspekte (Begrenzung der Arbeitszeit am CAD–Arbeitsplatz etc.) mit der Geschäftsleitung zu diskutieren bzw. Regelungen zu vereinbaren. Doch auch die Geschäftsleitung ist gut beraten, den Betriebsrat in die Planung und die Einführung einzubeziehen, um so die bei der ☞ *Mitarbeiterbeteiligung, Kapitel 3,* beschriebenen Vorteile sichern zu können.

§ 75 (2) BetrVG sieht folgende Regelung vor:

> "Ausgehend von dem Grundsatz der freien Entfaltung der Persönlichkeit der im Betrieb Beschäftigten ist es dem Arbeitgeber zur Pflicht gemacht, den Betriebsrat bei allen Maßnahmen, die erheblichen Einfluß auf die Beschäftigteninteressen haben können, rechtzeitig, umfassend und verständlich über Art der Maßnahmen und ihre Auswirkungen auf die Beschäftigten zu unterrichten und mit ihm darüber zu beraten" ([2], S. 123).

Im Zusammenhang mit den Aufgaben des Betriebsrates sollen die folgenden Aspekte dargestellt werden:

- Information,
- Beratung,
- Gestaltung,
- Beteiligungsschritte,
- gesetzliche Regelungen.

Information

In § 90 BetrVG ist bestimmt, daß der Unternehmer den Betriebsrat über die

> "... Planung von technischen Anlagen, von Arbeitsverfahren, Arbeitsabläufen und Arbeitsplätzen rechtzeitig zu unterrichten hat ...".

In der Praxis wird diese Informationspflicht vom Arbeitgeber eher nachlässig gehandhabt. Späte bzw. überhaupt keine oder nicht ausreichende bis hin zu bewußt verfälschten Informationen kennzeichnen Probleme, mit denen sich die Betriebsräte in der Praxis zu plagen haben. Die Hintertüren, durch die die Arbeitgeber immer wieder schlüpfen können, sind die Formulierungen des § 90 BetrVG. Ab wann werden "Gedankenspiele" zu informationspflichtigen "Planungen"? Was bedeutet der Terminus "rechtzeitige Information"?

Um den Auftrag einer aktiven Interessenvertretung erfüllen zu können, muß sich der Betriebsrat seine Informationen vielfach selbst beschaffen und auf Anzeichen reagieren, die andeuten könnten, daß im Unternehmen Veränderungen anstehen. Anzeichen sind z.B. das Erscheinen von Unternehmensberatern im Büro, Aufforderung der Mitarbeiter zu Selbstaufschreibungen, Arbeitsanweisungen zur Standardisierung von Zeichnungen etc.

Läßt sich durch diese Aktivitäten auf die Einführung von CAD schließen, so sollte der Betriebsrat von der Geschäftsleitung u.a. folgende Informationen einfordern:

- Welche Unterlagen zum geplanten Projekt existieren bereits?
- Wie wird die Qualifizierungsplanung gehandhabt?
- Wie und unter welcher Bedingung wird das Soll-Konzept erstellt?
- Wie soll die Einarbeitung in das neue System organisiert werden?
- Ist eine Reduzierung des Personalbestandes beabsichtigt?

Dabei hat der Betriebsrat darauf zu achten, daß er sich nicht mit technischen Details "totreden" läßt, sondern die für ihn relevanten Informationen, d.h. solche mit Bedeutung für die Mitarbeiter, in einer allgemeinverständlichen Form erhält.

Bezüglich der Informationspflicht der Geschäftsleitung gegenüber den Interessenvertretern sollte der Grundsatz verfolgt werden, daß

- alle wesentlichen Fakten, Entscheidungen, Bewertungen,
- in überschaubarer schriftlicher Form,
- in für Nicht-Fachleute verständlicher Sprache,

weitergegeben werden. In [3] sind Ausführungen über Vollständigkeit, Zeitpunkt, Umfang usw. enthalten.

Beratung

Der § 90 BetrVG sieht vor, daß der Arbeitgeber die CAD-Einführung

> "... im Hinblick auf ihre Auswirkungen auf die Art der Arbeit und die Anforderungen an die Arbeitnehmer ..."

mit dem Betriebsrat berät:

> "Arbeitgeber und Betriebsrat sollen dabei die gesicherten arbeitswissenschaftlichen Erkenntnisse über die menschengerechte Gestaltung der Arbeit berücksichtigen."

Im Beratungsprozeß muß der Betriebsrat das Schwergewicht auf folgende Forderungen legen:

- Wahl einer Form der CAD-*Arbeitsorganisation*, die mindestens die jetzigen Arbeitsinhalte der Betroffenen sichert, besser sogar noch ausbauen hilft,
- damit einhergehend Erhalten, wenn nicht gar Erweitern des Qualifikationsniveaus (z.B. durch Zusammenlegen von Arbeitsaufgaben etc.),
- Vermeidung einseitiger *Arbeitsbelastungen* (z.B. aufgrund der Bildschirmarbeit oder veränderter Organisationsformen),
- Gewährleistung des *Datenschutzes,*
- Vermeidung von *Leistungskontrollen,*
- Befolgung der *Arbeitsstättenverordnung.*

Um diesen Dialog auch sinnvoll und sachkompetent wahrnehmen zu können, muß sich der Betriebsrat – über die Informationen des Arbeitgebers hinaus – auch selbst weitergehend informieren und beraten lassen. Diese Informationen und Beratungsleistungen kann er etwa bei seiner Gewerkschaft, den Technologieberatungsstellen oder anderen Institutionen einholen (☞ *Abschnitt 4.3, Beratungsinstitutionen und -adressen*). Diese Beratungsleistungen können gemäß § 80(3) in Verbindung mit § 40 BetrVG nach vorheriger Vereinbarung zwischen Betriebsrat und Arbeitgeber über den Betrieb finanziert werden.

Gestaltung

Der Betriebsrat muß über sein Beratungsrecht hinaus auch versuchen, den CAD-Einsatz aktiv mitzugestalten. Dabei muß es sein vorrangiges Interesse sein, die vermeintlichen Sachzwänge von CAD aufzubrechen, um so die Arbeitsplätze zu sichern, die notwendigen Änderungen unter dem Aspekt der menschengerechten Arbeitsgestaltung zu bewerten und gegebenenfalls Änderungen durchzusetzen sowie die Nachteile des CAD-Einsatzes durch den Abschluß einer ☞ *Betriebsvereinbarung, Kapitel 3,* zu verhindern. In dieser Betriebsvereinbarung sind die im Abschnitt Beratung genannten Aspekte vertraglich festzulegen. Rahmenbeispiele für Betriebsvereinbarungen sind bei den Gewerkschaften zu erhalten.

Beteiligungsschritte

Für den Betriebsrat wird es bei einer CAD-Einführung entscheidend darauf ankommen, rechtzeitig von den Planungen der Geschäftsleitung zu erfahren. Dazu ist es wichtig, daß er das Geschehen aktiv verfolgt. Sobald er von den Planungen erfährt, sollte er seine Beteiligungsrechte in bezug auf die CAD-Einführung und den -Einsatz in Anspruch nehmen sowie arbeitsorganisatorische oder technische Gestaltungsalternativen vorschlagen. Dabei kann er sich von Experten (Gewerkschaft, Technologieberatungsstellen etc.) beraten und unterstützen lassen.

In Tabelle 1 sind die wichtigsten Handlungsschritte zusammengestellt, die der Betriebsrat im Laufe der CAD-Einführung beachten sollte.

Tab. 1: *Beteiligungsschritte des Betriebsrates bei der CAD-Einführung ([3], S. 50)*

	Schritte der Geschäftsleitung	**Schritte des Betriebsrates**
I	Entscheidung für die CAD-Einführung	• Früherkennung von Aktionsfeldern • Informationsrechte durchsetzen • Bestandsaufnahme des augenblicklichen Arbeitsablaufes und Abschätzung möglicher Anwendungsbereiche und Gefährdungen
II	Bildung einer CAD-Projektgruppe	• Forderung nach einer Betriebsvereinbarung • Hinzuziehung eines Sachverständigen • Beteiligung des Betriebsrates am Projektteam
III	Analyse der Konstruktionsabläufe/ -objekte	• Wahrnehmung von Mitbestimmungsrechten bei arbeitsplatzbezogenen Ist-Analysen (z.B. Selbstaufschreibung, Multimomentaufnahmen oder Zeichnungsanalysen) • Anforderungen für das Pflichtenheft formulieren
IV	Analyse des Standes der CAD-Technologie (Hardware/Software)	• Teilnahme an Probeläufen • Einsichtnahme in Wirtschaftlichkeitsberechnungen fordern • Soziale Auswirkungen analysieren und Forderungen stellen
V	Festlegung der Testeinsatzfelder	• Wahrnehmung von Anhörungs- und Mitbestimmungsrechten bei Personalauswahl und Schulungsmaßnahmen • Abschluß Betriebsvereinbarung
VI	Testinstallation	• keine Testinstallation/Probeläufe vor Abschluß der Betriebsvereinbarung • Berücksichtigung von Gestaltungs- und Verbesserungsvorschlägen der Betroffenen sicherstellen
VII	Endauswahl/Installation	• Betriebsvereinbarung überprüfen und entsprechend ergänzen
VIII	weitere Ausbaustufen	• erneut Informations- und Beratungsrechte wahrnehmen • Betriebsvereinbarung der technischen Entwicklung anpassen bzw. zusätzliche Betriebsvereinbarung abschließen

Gesetzliche Regelungen

Die Informations-, Beratungs- und Mitbestimmungsrechte sind im Betriebsverfassungsgesetz (BetrVG) festgelegt. Folgende Paragraphen des BetrVG sind bei der CAD-Einführung für den Betriebsrat von besonderer Bedeutung:

§ 80: *Allgemeine Aufgaben*
Abs. 1, Ziffer 1: Der Betriebsrat hat darüber zu wachen, daß die zugunsten der Arbeitnehmer geltenden Gesetze, Verordnungen, Unfallverhütungsvorschriften, Tarifverträge und Betriebsvereinbarungen durchgeführt werden.
Abs. 1, Ziffer 2: Maßnahmen, die dem Betrieb und der Belegschaft dienen, sind beim Arbeitgeber zu beantragen.

§ 87: *Mitbestimmungsrecht*
Abs. 1, Ziffer 6: Einführung und Anwendung von technischen Einrichtungen, die dazu bestimmt sind, das Verhalten oder die Leistung der Arbeitnehmer zu überwachen.
Abs. 1, Ziffer 7: Regelungen über die Verhütung von Arbeitsunfällen und Berufskrankheiten sowie über den Gesundheitsschutz im Rahmen der gesetzlichen Vorschriften oder der Unfallverhütungsvorschriften.

§ 90: *Unterrichtungs- und Beratungsrecht*
Abs.1: Der Arbeitgeber hat den Betriebsrat über die Planung ... 2. von technischen Anlagen, 3. von Arbeitsverfahren und Arbeitsabläufen oder der Arbeitsplätze rechtzeitig unter Vorlage der erforderlichen Unterlagen zu unterrichten.
Abs. 2: Der Arbeitgeber hat mit dem Betriebsrat die vorgesehenen Maßnahmen und ihre Auswirkungen auf die Arbeitnehmer ... so rechtzeitig zu beraten, daß Vorschläge und Bedenken des Betriebsrates bei der Planung berücksichtigt werden können.

§ 91: *Mitbestimmungsrecht*
Werden die Arbeitnehmer durch Änderungen der Arbeitsplätze, des Arbeitsablaufs oder der Arbeitsumgebung, die den gesicherten arbeitswissenschaftlichen Erkenntnissen über die menschengerechte Gestaltung der Arbeit offensichtlich widersprechen, in besonderer Weise belastet, so kann der Betriebsrat angemessene Maßnahmen zur Abwendung, Milderung oder zum Ausgleich der Belastung verlangen.

§ 92: *Personalplanung*
Abs. 1: Der Arbeitgeber hat den Betriebsrat über die Personalplanung (dazu gehören auch Weiterbildungs- bzw. Schulungsmaßnahmen - d. Verf.) rechtzeitig und umfassend zu unterrichten. Er hat sich mit dem Betriebsrat über Art und Umfang der erforderlichen Maßnahmen ... zu beraten.

§ 98: *Durchführung betrieblicher Bildungsmaßnahmen*
Abs. 1: Der Betriebsrat hat bei der Durchführung von Maßnahmen der betrieblichen Berufsbildung mitzubestimmen.
Abs. 3: Führt der Arbeitgeber betriebliche Maßnahmen der Berufsbildung durch oder stellt er für außerbetriebliche Maßnahmen der Berufsbildung Arbeitnehmer frei oder trägt er die durch die Teilnahme von Arbeitnehmern an solchen Maßnahmen entstehenden Kosten ganz oder teilweise, so kann der Betriebsrat Vorschläge für die Teilnahme von Arbeitnehmern oder Gruppen von Arbeitnehmern des Betriebs an diesen Maßnahmen der beruflichen Bildung machen.

§ 99: Mitbestimmung bei personellen Einzelmaßnahmen

§ 106: Wirtschaftsausschuß

§ 111: Betriebsänderungen
Der Unternehmer hat in Betrieben mit in der Regel mehr als zwanzig wahlberechtigten Arbeitnehmern den Betriebsrat über geplante Betriebsänderungen, die wesentliche Nachteile für die Belegschaft oder erhebliche Teile der Belegschaft zur Folge haben können, rechtzeitig und umfassend zu unterrichten und die geplanten Betriebsänderungen mit dem Betriebsrat zu beraten. Als Betriebsänderungen im Sinne des Satzes 1 gelten ... 5. Einführung grundlegend neuer Arbeitsmethoden und Fertigungsverfahren.

§ 112: Interessenausgleich über die Betriebsänderung, Sozialplan

Literatur

[1] Betriebsverfassungsgesetz: Arbeitsgesetze. 41. Aufl. München: Deutscher Taschenbuch Verlag 1991.

[2] Arbeitskammer des Saarlandes: Handlungsmöglichkeiten der Betriebsräte bei der Gestaltung von Arbeit und EDV-Techniken.

[3] IG Chemie-Papier-Keramik: Computereinsatz in der Konstruktion. 2. Aufl. Hannover: Selbstverlag 1985.

CAD-Software für die Tragwerksplanung

Christian Niestroj/Günter Nitsche/Udo Meißner

Unterhielten sich Ingenieure früher über CAD, so herrschte unter ihnen anscheinend Übereinstimmung über den Gegenstand ihrer Gespräche: CAD war ein Software-Produkt, mit dessen Hilfe der Anwender im Dialog mit dem Computer auf dem Bildschirm durch Zusammensetzung von geometrischen Primitiven, wie Linien, Kreisen, Rechtecken usw., Bauzeichnungen beliebiger Komplexität erstellen konnte. Die Qualität eines CAD-Systems war z.B. bestimmt durch die Anzahl der Möglichkeiten, mit der ein geometrisches Primitiv erstellt werden konnte oder durch die Anzahl der Verzweigungen im Menübaum. Mit Hilfe schematisierter Bewertungskriterien konnte ein solches CAD-Zeichenprogramm relativ einfach mit einem Konkurrenzprodukt quantitativ verglichen und so die Kaufentscheidung begründet werden.

Bei einem ähnlichen Gespräch zum heutigen Zeitpunkt müßten sich die Fachleute zuerst über eine detailliertere Definition ihres Gesprächsobjektes einigen: Handelt es sich um ein 2-D-, ein 2½-D- oder ein 3-D-System, eine Branchenlösung für den Maschinenbau, für die Elektrotechnik oder für das Bauwesen; im letzten Fall um eine Lösung für die Architektur oder für den Konstruktiven Ingenieurbau? Ist das Produkt für den Massivbau, den Stahlbau oder vielleicht für den Holzbau geeignet? Können mit dem Produkt in erster Linie Schalpläne gezeichnet werden, oder eignet es sich auch zur Erstellung von Bewehrungsplänen? Aus solchen Fragen ist erkennbar, daß sich die Angebotspalette im CAD-Bereich in den letzten Jahren erheblich verbreitert und der vergleichenden Bewertung weitgehend entzogen hat. CAD-Produkte werden heute immer mehr auf branchenspezifische Aufgaben zugeschnitten. So gibt es auch für das Bauwesen eine Reihe von CAD-Lösungen, die der Unterstützung spezifischer Aufgaben dienen.

Ist die Einführung eines CAD-Systems geplant, so stehen die fachlichen Anforderungen an die Bewertung und Auswahl im Vordergrund. Die Unterstützung der zeichnerischen Tätigkeit ist nicht mehr das einzige Kriterium, auch die Bearbeitung fachspezifischer Aufgaben (Aufgabenangemessenheit) hat an Bedeutung gewonnen. CAD-Systeme werden auch zukünftig nicht in der Lage sein, alle komplexen Aufgaben des Bauwesens in gleicher Weise zu erfüllen. Um einheitlichen Anforderungen zu genügen und gemeinsame Software-Lösungen zuzulassen, sind die Betriebsstrukturen, die Betriebsgrößen und das Aufgabenspektrum zu unterschiedlich.

Der Entwurf zur VDI–Richtlinie 2216 ([5], S. 7 ff.) enthält Hinweise zur Aufstellung eines unternehmensspezifischen Anforderungsprofils. In ☞ *Erstellen des Soll–Konzeptes, Kapitel 2,* sind zu diesem Thema weitergehende Ausführungen zu finden.

Im folgenden werden allgemeine Anforderungen an CAD–Software formuliert, wie sie sich aus der Tragwerksplanung ergeben. Sie sind Teil der funktionsbezogenen Anforderungen aus branchenspezifischer Sicht, enthalten aber keine firmenspezifischen Anforderungen. Statik– und DTP–Software werden nur so weit in die Betrachtungen einbezogen, wie sie für CAD von Bedeutung sind. Daß hier keine detaillierten Anforderungen an CAD–Software aufgestellt werden, hat vorrangig drei Gründe:

- Jeder potentielle Anwender hat seine individuellen Anforderungen und bewertet somit das Vorhandensein bestimmter Eigenschaften völlig unterschiedlich.
- Die Entwicklung auf dem Software–Markt ist so schnell, daß die Anforderungen, die heute aufgestellt werden, bei der nächsten Software–Version bereits erfüllt sind. Spezielle Forderungskataloge haben daher meistens nur ein sehr kurzes Leben.
- Anforderungen, die im Pflichtenheft festgehalten werden, weichen erheblich von denen ab, die Anwender nach längerer Nutzung an ein CAD–System stellen (vgl. [4], S. 40). Diese Aussage wurde durch die im Projekt durchgeführten Felduntersuchungen bestätigt.

Im Anhang befindet sich eine ☞ *Checkliste CAD–Software, Abschnitt 4.2,* in der die wichtigsten Anforderungen zusammengefaßt sind.

Modellierungsphasen

In der Tragwerksplanung fallen primär Aufgaben an, die das Entwerfen, Berechnen und Konstruieren von Bauobjekten zum Inhalt haben. Mitunter gehören auch Aufgaben aus benachbarten Bereichen dazu, z.B. Bauleitung, Instandsetzung und Unterhaltung von Bauwerken. Zur Unterstützung bei der Erledigung dieser Aufgaben steht in den meisten Fällen Software zur Verfügung: CAD, Berechnungsprogramme zur Statik, Bemessungsprogramme zur Dimensionierung von Bauteilen, Datenbanken, DTP–Programme usw.

Während der Planung eines Tragwerks modelliert der Ingenieur das Bauwerk in folgenden Einzelschritten:

- *Tragwerksmodell*
  Aus den Architektenplänen konstruiert der Tragwerksplaner ein Tragwerk, bestehend aus Decken, Wänden, Stützen, Unterzügen usw. Sichtbares Ergebnis, z.B. im Massivbau, sind die Positionspläne.
- *Statisches Modell*
  Das Tragwerksmodell wird in ein statisches Modell überführt, d.h., aus

Decken werden Platten, aus Wänden Scheiben, aus Stützen und Unterzügen Stäbe usw. Das statische Modell ist eine Abstraktion des Tragwerksmodells und liegt der statischen Berechnung zugrunde.

- *Numerisches Modell*
  Durch die Wahl eines Berechnungsverfahrens wird das numerische Modell festgelegt. Soll die Berechnung beispielsweise nach der Methode der Finiten Elemente durchgeführt werden, so besteht das numerische Modell u.a. aus den einzelnen finiten Elementen (Dreiecke, Vierecke usw.) und den zugehörigen Randbedingungen und Belastungen. Die Strukturanalyse liefert numerische Ergebnisse in Form von Verschiebungsgrößen, Schnittgrößen, Spannungen, die i.d.R. den diskreten Punkten des numerischen Modells zugeordnet sind.

- *Bemessungsmodell*
  Aus den maßgebenden Schnittgrößen der Lastfallüberlagerung erfolgt die Bemessung nach Vorschriften, Normen oder anerkannten Regeln. Ergebnis der Bemessung kann z.B. der erforderliche Stahlquerschnitt für die obere und untere Bewehrungslage einer Deckenplatte sein.

- *Konstruktionsmodell*
  Die Ergebnisse der Bemessung gehen als Eingangsparameter in die konstruktive Durchbildung eines Bauteils und seiner Anschlüsse ein. Der Bewehrungsplan ist ein Ausführungsplan, nach dem auf der Baustelle gearbeitet wird.

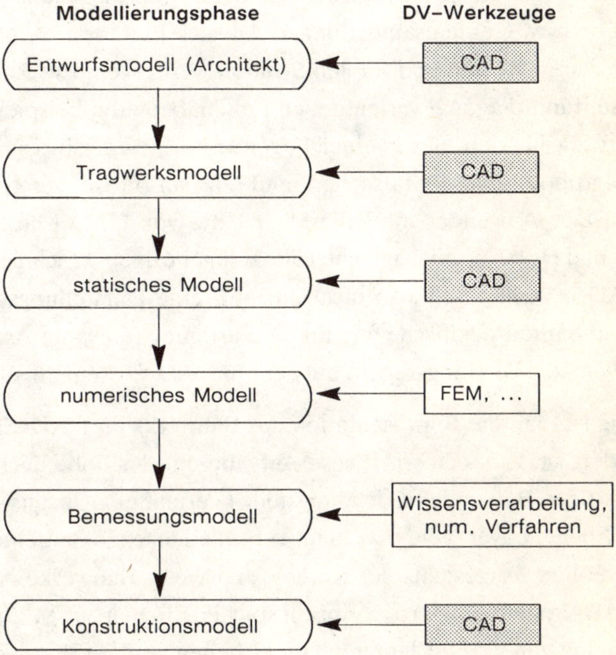

Bild 1: *DV–Werkzeuge für die Modellierung von Tragwerken*

Der in Bild 1 dargestellte Ablauf einer Tragwerksmodellierung zeigt, daß diese sich besonders gut DV–gestützt durchführen läßt. Für die einzelnen Arbeitsschritte existieren bereits zahlreiche DV–Lösungen in Form von Statikprogrammen, Bemessungsprogrammen, CAD–Systemen usw. Charakteristisch ist, daß es sich bei diesen Programmen meistens um Insellösungen handelt, bei denen die Übertragung der Daten von einem Bearbeitungsschritt zum anderen manuell erfolgt. Andererseits wird aus Bild 1 sichtbar, daß Ausgangsinformationen aus einem Teilprozeß wiederholt als Eingangsinformationen für den nächsten Teilprozeß dienen. Deshalb ist es naheliegend, die Tragwerksplanung im DV–technischen Sinne als einen Gesamtprozeß zu betrachten, bei dem die Übergabe der Informationen zwischen den Teilprozessen automatisch stattfindet. Die Integration aller dafür benötigten DV–Werkzeuge wird auch als 'horizontale Integration' bezeichnet.

Aufgabenspezifische Anforderungen

Für CAD–Software, die in Ingenieurbüros der Bauwirtschaft eingesetzt werden soll, gilt selbstverständlich, daß sie bauspezifisch sein sollte. Im Bauwesen werden verschiedene Zeichnungsarten erzeugt: Schalpläne, Bewehrungspläne, Lastabtragspläne, Ausbaupläne usw. Gemeinsam ist ihnen, daß sich hinter der reinen Darstellung von Linien, Kreisen, Texten und Zahlen Symbole verbergen. Ein Rechteck aus vier Linien, ausgefüllt mit diagonal verlaufenden Linien, bedeutet beispielsweise, daß es sich um Mauerwerk handelt, das in einer Legende noch weiter beschrieben wird (Festigkeit, Mörtelgruppe). Diesen Tatsachen muß ein bauspezifisches CAD–System Rechnung tragen. Der Anwender modelliert mit Hilfe von CAD Mauerwerks–, Stahlbeton–, Stahl– und Holzbauteile, ggf. auch die dazugehörigen Anschlüsse. Die Anforderungen an CAD beziehen sich also nicht nur auf reine Darstellungsmechanismen, sondern auch auf bauteilspezifische und für die Fertigung relevante Aspekte. Die dafür erforderlichen Verarbeitungsregeln müssen im CAD–System abgebildet sein.

Wichtig ist, daß die Repräsentation des Bauwerks im CAD–System klar und logisch gegliedert ist. Zur Zeit wird diese Aufgabe mit der Folientechnik gelöst, indem alle gleichartigen Bau– oder Zeichnungsteile (Vermaßung, Text usw.) auf ein und dieselbe Folie (Ebene, Layer) gelegt werden. Verschiedenartige Bauteile liegen so auf verschiedenen Folien. Angesichts der Komplexität vieler Bauwerke ist es einleuchtend, daß das CAD–System eine große Anzahl solcher Ebenen zur Verfügung stellen muß. Die Zuordnung von CAD–Elementen und Ebenen muß im Büro einheitlich und verbindlich für alle Anwender festgelegt werden. Hilfreich wäre es, wenn der Software–Hersteller diese Ebenenstruktur bereits implementiert hätte, sie aber den Bedürfnissen des Kunden angepaßt werden könnte. Auf jeden Fall sollte die Ebenenzuweisung während der Konstruktion automatisch erfolgen, d.h., beim Aufruf eines bestimmten Konstruktionsprogramms sollten die entsprechenden Attribute, wie Ebene, Farbe, Linienart und -dicke, vom CAD-System voreingestellt sein.

Leider ist ein CAD-System nicht für alle Aufgaben gleich gut geeignet. So gibt es CAD-Systeme, die ihre Stärken bei der Erstellung von Schalplänen haben, während das Bearbeiten von Bewehrungsplänen noch nicht optimal unterstützt wird. Da aber in einem Ingenieurbüro in der Regel verschiedene Arten von Konstruktionsplänen angefertigt werden, ergibt sich für den Anwender die ungünstige Situation, daß er entweder mit mehreren CAD-Systemen arbeiten oder sich damit zufriedengeben muß, daß sein CAD-Programm nicht alle Aufgaben optimal unterstützt. Eine für den Anwender zufriedenstellende Lösung ist in Sicht, wenn das Niveau der bauspezifischen CAD-Systeme ausgeglichen sein wird. Zur Zeit ist zu beobachten, daß Mängel im Bedienungskomfort beseitigt und die Produkte *aufgabenangemessen* gestaltet werden.

Aus bauspezifischer Sicht sollten folgende Forderungen erhoben werden:

- normgerechte Darstellung,
- Darstellung in verschiedenen Maßstäben auf einer Zeichnung,
- einfache Handhabung (auch für Technische Zeichner),
- Verwendung des baufachspezifischen Vokabulars,
- Verwendung bauspezifischer Objekte (Wände, Stützen, Decken, usw.) und kein Zusammenfügen von Zeichnungen aus geometrischen Primitiven.

Für die im Konstruktiven Ingenieurbau wichtigen Fachdisziplinen *Massivbau, Stahlbau* und *Holzbau* gibt es auf dem Markt keine gleichwertigen Angebote. Während für den Massivbau ein ausreichendes Angebot vorhanden ist, existieren für den Stahlbau nur wenige leistungsstarke CAD-Systeme. Für den Holzbau ist das Angebot noch eingeschränkter. Am Beispiel des Massivbaus soll im folgenden gezeigt werden, für welche Teilaufgaben CAD eingesetzt werden kann.

Positionspläne

Im Massivbau erstellt der Konstrukteur aus den Entwurfsplänen des Architekten zuerst den 'Positionsplan'. In ihm sind Bauteile dargestellt, die auch im Architektenplan zu finden sind. Sie unterscheiden sich jedoch in der Darstellungsweise, die der Funktion dieser Pläne entspricht. Beim Positionsplan liegt der Schwerpunkt in der Darstellung des *Tragwerksmodells* samt Numerierung aller tragenden Bauteile. Die Numerierung ist wiederum Bestandteil der statischen Berechnung. In der Regel beträgt der Zeichnungsmaßstab 1:100 oder kleiner. Würde ein solcher Positionsplan mit CAD erstellt, wäre eine große Arbeitserleichterung für den Konstrukteur erreicht, wenn das eingesetzte CAD-System folgenden Anforderungen genügte:

- Übernahme der CAD-Zeichnung des Architekten in das eigene CAD-System,
- Unsichtbarschalten der Ebenen, die für die Tragwerksplanung ohne Bedeutung sind (z.B. Möblierung),
- halbautomatischer Maßstabswechsel von M 1:100 auf M 1:50.

Modellierung des statischen Systems

Nachdem der Positionsplan erstellt ist, modelliert der Statiker für seine Berechnung das 'statische System'. Die noch räumlich ausgedehnten Stäbe und Platten werden auf die Systemachsen und -ebenen reduziert und mit statischen Werten (Querschnittswerte, Materialwerte usw.) behaftet. Zusammen mit den Rand- und Übergangsbedingungen sowie den Belastungen bilden sie als Eingangsparameter die Grundlage für die statische Berechnung. Denkbar ist eine Unterstützung dieses Arbeitsschrittes durch CAD, mit dessen Hilfe die Geometrie der statischen Systeme entweder aus dem Positionsplan oder aus der Architektenzeichnung gewonnen wird. Kann die Geometrie nicht aus vorgelagerten Prozessen übernommen werden, muß im CAD-System mit einfachen Hilfsmitteln eine Neukonstruktion möglich sein. Für die Berücksichtigung von Materialwerten, Lagerbedingungen, Belastungen und sonstigen für die Berechnung benötigten Angaben sollten innerhalb des CAD-Systems ebenfalls Funktionen vorgehalten werden. Auf dem Markt sind nur wenige CAD-Systeme, die den Statiker bei dieser Arbeit unterstützen, obwohl dies sehr sinnvoll wäre. Einerseits ist ein großer Teil dieser Informationen bereits vorhanden, andererseits ist die manuelle Eingabe des statischen Systems sehr aufwendig und mühsam. CAD-Systeme, mit denen die Modellierung eines statischen Systems möglich ist, sollten folgende Anforderungen erfüllen:

- Trennung in
  - *Gestaltung des statischen Systems*, bei der die Modellierung des statischen Systems allgemein sein sollte, um diesen Teil von der Berechnungssoftware unabhängig zu halten;
  - *Aufbereitung der Daten* für das nachfolgende Berechnungsprogramm über definierte Schnittstellen (Syntax, Semantik usw.).
- Trennung der Systembeschreibung in
  - Geometrie,
  - Material,
  - Lagerung,
  - Belastung.
- Die Systembeschreibung und die Darstellung müssen der im Bauwesen üblichen Art entsprechen.

- Die einzelnen Darstellungselemente sollten auf verschiedenen Ebenen liegen und zur besseren Visualisierung wahlweise unsichtbar geschaltet werden können.

Generierung des numerischen Modells

Das erzeugte statische System muß für das numerische Berechnungsverfahren aufbereitet werden. Bei der Methode der Finiten Elemente (FEM) beispielsweise wird eine Platte oder eine Scheibe in diskrete Elemente (Dreiecke, Vierecke) aufgeteilt und die Belastung auf die einzelnen Elemente bzw. Knoten verteilt. Dies ist in der Regel die Aufgabe spezieller Preprozessoren (Netzgeneratoren) des numerischen Modells. Bei den derzeit verwendeten automatischen Netzgeneratoren stellen sich nicht immer befriedigende Ergebnisse ein, weil das von ihnen generierte Netz nicht in allen Fällen die Besonderheiten des statischen Modells und des approximativen Berechnungsverfahrens berücksichtigt. Man findet jedoch auch schon Netzgeneratoren, die aus A-posteriori-Fehlerbetrachtungen das FEM-Netz optimal anpassen (adaptive Netze). Die Ergebnisse der Diskretisierung (Elementnetz, Knotennumerierung) sollten auch bezogen auf das statische Modell graphisch darstellbar sein, damit der Konstrukteur die Ergebnisse der statischen Berechnung oder der Bemessung später lokalisieren kann, und damit die Prüffähigkeit der statischen Berechnung verbessert wird.

Numerisches Modell

In der Strukturanalyse werden üblicherweise die Verschiebungsgrößen, Schnittgrößen und Spannungen berechnet. Es ist zu beobachten, daß immer mehr Statikprogramme auf der Basis der Finite-Elemente-Methode Eingang in die tägliche Arbeit des Bauingenieurs finden. Diese FEM-Programme eignen sich für die Berechnung aller Tragwerksarten (Stab- und Flächentragwerke, Kontinua). Früher waren FEM-Programme aus der Sicht des Bauingenieurs sehr unkomfortabel, weil sie einen hohen Eingabeaufwand, meist mit einem Texteditor, erforderten. Bei Flächentragwerken mußte die Netzstruktur noch manuell, d.h. durch Angabe der Koordinaten aller Knotenpunkte, eingegeben werden. Neue Entwicklungen sehen eine konsequente Trennung in Preprocessing, Berechnung und Postprocessing vor. Das Preprocessing umfaßt die Beschreibung des statischen Systems und die anschließende Diskretisierung für das numerische Berechnungsverfahren.

Mit dem Postprocessing erfolgt die selektive Auswahl und Darstellung der Berechnungsergebnisse. Früher wurden die Ergebnisse in umfangreichen Druckerlisten ausgegeben. Diese Listen waren für die eigentliche Auswertung ungeeignet, da das Sichten mühsam und eine Selektion der Ergebnisse schwierig war. Für die Ergebnisausgabe sollte der Grundsatz "Die Sprache des Ingenieurs ist die Zeichnung" gelten. Können die Ergebnisse graphisch dargestellt werden, liegt eine bessere Anschaulichkeit vor. Damit können die Beurteilung der Ergebnisse und die Unterscheidung zwischen wichtigen und unwichtigen Ergebnissen schneller vorgenommen werden. Zur Kontrolle der Ergebnisse ist es notwendig, daß die Darstellung innerhalb eines komfortablen Graphiksystems erfolgt, das geeignete Mittel zur Visualisierung (Zooming, Sichtbar-/Unsichtbarschalten, farbige Ausgabe usw.) zur Verfügung stellt. Es muß jedoch sichergestellt werden, daß keine nachträgliche Manipulation der Ergebnisse der statischen Berechnung erfolgen kann.

Die Ergebnisse der numerischen Berechnung müssen auf jeden Fall - bezogen auf das statische Ausgangsmodell - dargestellt werden.

Bemessung

Die berechneten Schnittgrößen und Spannungen werden durch die Überlagerung der Lastfälle unter Berücksichtigung einschlägiger Vorschriften (z.B. DIN 1045) in Bemessungsschnittgrößen konvertiert und bei der Bemessung mit den vorhandenen Daten des Tragwerksmodells weiterverarbeitet. Automatische Bemessungsprogramme beinhalten Wissen und Algorithmen, die auf Normen und Vorschriften basieren. Ergebnisse der Bemessung sind Angaben zur Dimensionierung der Bauteile und Verbindungen. Im Hochbau beispielsweise enthalten sie Angaben zur erforderlichen Flächenbewehrung von Deckenplatten. Wichtig ist die Rückgabe der Bemessungsergebnisse an das CAD-System, da diese unmittelbar für die Konstruktion (z.B. Bewehrungsplan) benötigt werden. Die erforderlichen Informationen sind auf gesonderten Ebenen abrufbereit vorzuhalten.

Schalpläne

Die Schalpläne gehören zu den Ausführungsplänen. Darin sind alle Betonbauteile so ausreichend vermaßt, daß die Schalung auf der Baustelle oder im Fertigteilwerk danach aufgestellt werden kann. Schalpläne werden gezeichnet, wenn die Abmessungen der Bauteile gesichert sind. Sind im CAD-System bereits die Architektenzeichnungen oder Positionspläne vorhanden, lassen sich daraus die Schalpläne u.U. mit einem minimalen Aufwand erzeugen. Dafür sind folgende Anforderungen an das CAD-System zu stellen:

- Da die Architektenzeichnungen oder Positionspläne meistens einen Maßstab $\leq$ 1:100 haben, Schalpläne jedoch im Maßstab $\leq$ 1:50 gezeichnet werden, muß eine Maßstabserhöhung in CAD möglich sein.
- Davor oder danach muß eine großflächige 'Bereinigung' der Vorlage von Zeichnungselementen, die in Schalplänen nicht dargestellt werden, möglich sein. Dazu gehören Möblierung, Bemaßung, Schraffur usw.

- Meistens sollen nicht alle Betonbauteile, die auf einem Positionsplan M 1:100 dargestellt sind, auch auf einem einzigen Schalplan abgebildet werden. Solche Pläne sind aufgrund der Maßstabserhöhung für die Baustelle zu groß und deshalb unhandlich. Des weiteren werden auf der Baustelle für arbeitstechnisch getrennte Bauteile auch gesonderte Schalpläne gewünscht. Aufgrund dessen muß das CAD-System eine Aufteilung der Vorlagen in Einzelbauteile erlauben.

Bewehrungspläne

Ebenfalls zu den Ausführungsplänen gehören die Bewehrungspläne. Darin ist die zu verlegende Bewehrung dargestellt, zudem enthalten sie Verlegehinweise. Bewehrungspläne unterscheiden sich in ihrer mehr symbolhaften Darstellungsweise von den Schalplänen. Es gibt verkürzte Arten der Darstellung (DIN 1356), die eine unmaßstäbliche Abbildung der Bewehrungsformen erlauben. Es werden nicht alle Bewehrungselemente gezeichnet, sondern stellvertretend symbolhafte Darstellungen gewählt. Bei der Bewehrung wird zwischen *flächenartigen* und *stabartigen Betonbauteilen* unterschieden. Stabartige Bauteile werden i.d.R. mit *Einzelstäben* bewehrt, flächenartige mit *Flächenbewehrung*, wobei im letzteren Fall noch zwischen *Mattenbewehrung (Lagermatten, Listenmatten)* und *Stabstahlbewehrung* unterschieden wird. Je nach Bauteil und Bewehrungsart kommen verschiedene Bewehrungsalgorithmen zum Einsatz. CAD-Systeme zur Erstellung von Bewehrungsplänen sollten zumindest die Standardfälle unterstützen:

- Bewehrung stabartiger Betonbauteile (Balken, Stützen)
  - Bügel (Querbewehrung),
  - Stabstahl (Längsbewehrung).
- Bewehrung von Flächentragwerken (Platten, Scheiben)
  - Mattenbewehrung,
  - Stabstahlbewehrung.

Zu den Hilfen, die die Arbeit des Konstrukteurs wesentlich erleichtern, gehören:

- Der *Rohling* für den Bewehrungsplan muß durch Löschen der entsprechenden Ebenen aus dem Schalplan entstehen.
- Bei Bewehrung von Flächentragwerken mit Betonstahlmatten oder Stabstahl im Grundriß muß ein automatischer *Bewehrungsvorschlag* unter Berücksichtigung einschlägiger Normen und Vorschriften erfolgen, den der Konstrukteur dann noch im Detail verändern kann. Dieser Vorschlag muß sich an der Umrißgeometrie orientieren und die Betondeckung berücksichtigen.
- In dem Vorschlag muß bei gestaffelter Bewehrung die Eingabe einer Grundbewehrung, die über die gesamte Fläche verlegt wird, berücksichtigt werden. Die fehlende Bewehrung ist dann automatisch auf den Restflächen anzuordnen.
- Das CAD-System muß die gängigen *Bewehrungsformen* bereithalten. Wünschenswert ist eine automatische Anpassung der einzelnen Längen an

die Bauteilgeometrie unter Berücksichtigung der Betondeckung und der Ermittlung der Hakenlängen.

- Die Darstellung der Bewehrung im Bauteil (Grundriß bzw. Schnitt) und als Auszug außerhalb des Bauteils muß einen Zusammenhang aufweisen. Veränderungen der Anzahl oder der Durchmesser der Eisen müssen Auswirkungen auf den Auszug haben.
- Die automatische Erstellung der *Stahlliste* und der *Schneideskizze* für die Betonstahlmatten ist zwingend.
- Die Darstellung der Bewehrung muß nach gültigen Vorschriften (DIN 1356, Teil 10) erfolgen.

Schlußbemerkung

Die auf dem Markt angebotenen CAD-Systeme unterstützen die unterschiedlichen Aufgaben noch nicht in gleichem Maße. Es bleibt zu hoffen, daß sich die CAD-Systeme so weit aneinander angleichen, daß der Anwender die Möglichkeit hat, für seine Aufgaben die am besten geeignete Software einzusetzen. Diese Forderung hat zur Konsequenz, daß einheitliche Nutzeroberflächen geschaffen werden müssen, damit der Anwender in der Lage ist, diese Werkzeuge auch ohne weitere Anleitung bedienen zu können.

Literatur

[1] DIN 66301: Rechnergestütztes Konstruieren. Format zum Austausch geometrischer Informationen. Berlin: Beuth Verlag 1986.

[2] Helmerich, R. u. P. Schwindt: CAD-Grundlagen. 3. Aufl. Würzburg: Vogel Buchverlag 1989.

[3] Meißner, U., T. Hartmann, M. Brede u. Chr. Niestroj.: Entwicklung und Anwendung von CAE-Methoden in der Statik. In: Duddeck, Heinz u. Heinrich Rothert (Hrsg.): Baustatik-Baupraxis. Tagungsheft BB4. Hannover: Selbstverlag 1990.

[4] Encarnaçao, J., H.-E. Hellwig, E. Hettesheimer, W. F. Klos, S. Lewandowski, L. A. Messina, W. Poths, K. Rohmer u. H. Wenz: CAD-Handbuch. Auswahl und Einführung von CAD-Systemen. Berlin/Heidelberg/New York/Tokyo: Springer-Verlag 1984.

[5] VDI-Richtlinie 2216 (Entwurf): Datenverarbeitung in der Konstruktion. Einführungsstrategien und Wirtschaftlichkeit von CAD-Systemen. Berlin: Beuth Verlag 1990.

CAE im Konstruktiven Ingenieurbau

Christian Niestroj/Günter Nitsche/Udo Meißner

Unter Computer Aided Engineering (CAE) wird die DV–Unterstützung aller Ingenieuraufgaben bei der Planung, Berechnung und Konstruktion verstanden. Die im folgenden vorgestellten Konzepte dienen der Umsetzung von CAE–Methoden im Konstruktiven Ingenieurbau. Dabei soll der Integrationsaspekt besondere Berücksichtigung finden. Alle im Ingenieurbüro anfallenden Aufgaben sollten, soweit möglich, in die DV–Planung einbezogen werden (☞ *Kapitel 2, Erstellen des Soll–Konzeptes*). Eine deutliche Tendenz in diese Richtung ist erkennbar, obwohl derzeit noch keine umfassenden Konzeptionen realisiert sind, in denen ein kontinuierlicher Informationsfluß durch alle Aufgaben, von der Tragwerksmodellierung bis zu den Konstruktionsaufgaben, vorzufinden ist. Zwar existieren Insellösungen, mit denen große Teile der Tragwerksplanung bearbeitet werden können, aber diese Lösungen verfolgen meist kein offenes Konzept. Der Anwender hat i.d.R. keinen Einfluß auf die Wahl der Art und der Reihenfolge der einzelnen Werkzeuge (Programme). Das beschaffte Programm muß akzeptiert werden, auch wenn es für die durchzuführende Aufgabe nicht optimal geeignet ist. Ziel der Integration ist ein Software–Konzept mit standardisierten Schnittstellen, so daß der Anwender selbst die geeigneten Werkzeuge wählen kann. Bei der Einführung von CAD muß die gegenwärtige Entwicklung auf diesem Gebiet mit beachtet werden, damit das eingeführte CAD–System auch zukünftigen Anforderungen gerecht wird (☞ *Kapitel 3, Gestaltung von CAD–Umgebungen*).

Ziele der CAE–Einführung

Langfristig sollten folgende Ziele angestrebt werden:

- Qualitätsverbesserung und Beschleunigung der Bearbeitung – insbesondere bei der Zusammenarbeit von verschiedenen Planungsbeteiligten – durch:
  - *Reduzierung der Anzahl der einzusetzenden Werkzeuge*
    Die Aufgabenausführung soll mit möglichst wenigen Werkzeugen erfolgen. Durch einen ständigen Wechsel werden zusätzliche Reproduktions- und Koordinationsaufwendungen verursacht.
  - *Verminderung von Doppelbindungen*
    Kommunikationsprozesse haben immer zur Bedingung, daß mindestens zwei Partner miteinander in Kontakt treten. Beim Austausch von Infor-

mationen ist darauf zu achten, daß möglichst wenige Partner gleichzeitig beteiligt sind. Bei der Projektbearbeitung ist sorgfältig zu organisieren, welche Teilaufgaben den einzelnen Sachbearbeitern zuzuweisen sind.

○ *Verkürzung von Suchprozessen bei der Informationsbeschaffung*
Die unorganisierte Informationsbeschaffung verursacht generell einen erheblichen Zeitaufwand.
Beispiel: Beschaffung von Informationen aus verschiedenen Archiven, unterschiedlichen Vorschriften, aus Zeichnungen mit differenziertem Inhalt
Die notwendigen Informationen sind zu konzentrieren und dem Sachbearbeiter direkt am Arbeitsplatz verfügbar zu machen.

○ *Verbesserung der Arbeitsqualität*
Im Zusammenspiel der Planungsbeteiligten ist besonderer Wert auf Aktualität, Vollständigkeit, Richtigkeit und Verständlichkeit der Arbeitsunterlagen zu legen.

○ *Verkürzung der Durchlaufzeit*
Die einzelnen Planungsschritte können beschleunigt werden, indem wichtige Informationen über Kommunikationsnetze aus einem Teilprozeß in einen anderen übertragen werden.

• Integration mehrerer Phasen der Projektbearbeitung durch Erfassung und Speicherung aller relevanten Daten (Bild 1).

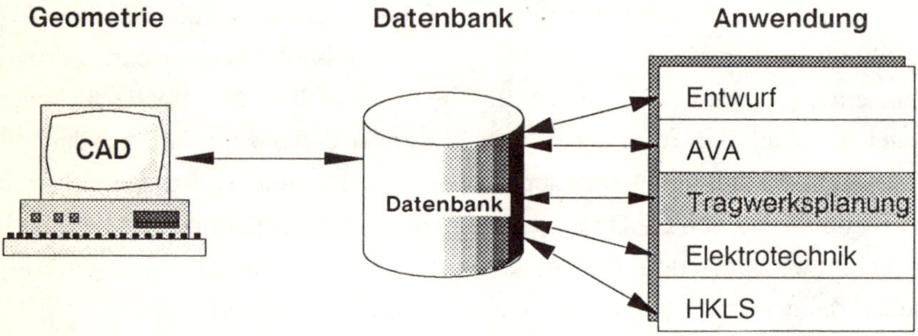

Bild 1: *CAD–Anwendungen in der Bauplanung*

Integration kann erreicht werden durch:

○ *Abbau von Transformationsprozessen*
Die Informationsumsetzung von einem Informationsträger auf einen weiteren verursacht einen hohen Zeitaufwand und ist fehleranfällig.
Beispiel: Mehrfacherfassung von Eingangsinformationen aus vorgelagerten Arbeitsschritten
Informationen von zentralem Interesse sind einmal zu erfassen und allen Planungsbeteiligten zur Verfügung zu stellen.

○ *Reduzierung von Doppelarbeit*
Aufgabenteilung mit individueller Arbeitsorganisation führt häufig zu gleichartigen Aufgabenprozessen an unterschiedlichen Arbeitsplätzen und i.d.R. zu unterschiedlichen Informationsbeständen.
Beispiel: Die individuelle Datenhaltung an jedem Arbeitsplatz erlaubt langfristig keinen konsistenten Informationsfluß.

Eine zentrale Informationsverwaltung und ein dezentral organisierter Zugriff führen zu erheblichen Zeit– und Kosteneinsparungen.

- *Arbeitsvorbereitung*
  Durchdachte Arbeitsvorbereitung und Standardisierung der Planungsunterlagen.

- *Formalisierung*
  Planungsunterlagen sind generell zu formalisieren und mit einer einheitlichen Symbolik auszustatten.

Voraussetzungen für eine integrierte Projektbearbeitung

Die Projektbearbeitung der Gebäudeplanung besteht aus verschiedenen Arbeitsschritten (Bild 2).

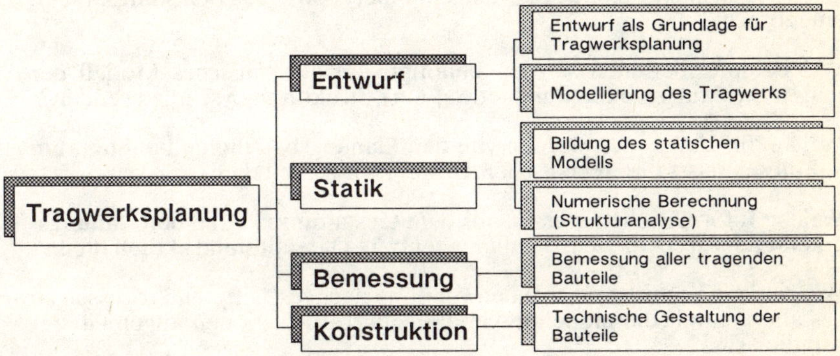

Bild 2: *Phasen der Tragwerksplanung*

Die Eingangsinformationen für die Tragwerksplanung werden aus den Entwurfsunterlagen des Architekten gewonnen. Es handelt sich dabei um graphische und beschreibende Informationen, z.B. über die einzusetzenden Materialien und über die spätere Nutzung.

Voraussetzung für die Verknüpfung der einzelnen Arbeitsschritte in einem Ingenieurbüro sind folgende Zielvorgaben:

- *Dezentrale Projektbearbeitung*
  Bearbeitung der Pläne, Berechnungen und erläuternde Beschreibungen direkt am Arbeitsplatz des Mitarbeiters im jeweiligen Fachgebiet oder extern bei anderen Planungsbeteiligten.

- *Universeller Datenzugriff*
  Zugriff des jeweiligen Mitarbeiters zu den Planungsunterlagen der zeitlich und sachlich davorliegenden oder parallel erfolgenden Arbeitsschritte am selben Projekt vom Arbeitsplatz aus.

- *Durchgängigkeit der Projektbearbeitung*
  Durchgängigkeit der Bearbeitung aller Arbeitsphasen eines Ingenieurbüros.

- *Integration der Arbeitsphasen*
  Strukturierung der bei der Bearbeitung erstellten Planungsunterlagen in einem gemeinsamen Datenbestand.

Im Rahmen der Integration ist zu regeln, wie die Zugriffsrechte der Sachbearbeiter bei der Objektverwaltung zu organisieren sind.

In diesem Zusammenhang stellen sich die entscheidenden Fragen nach den Schnittstellen zwischen den Teilprozessen und der Standardisierung der Werkzeuge, mit denen die Arbeitsmethoden ausgeführt werden. Auf die Tragwerksplanung bezogen wirft dies im Kontext der Entwurfs- und Konstruktionsprozesse die folgenden Fragen auf:

- Welche Informationen sind aus den Entwurfsunterlagen durch Abstraktion zu gewinnen, um ein Tragwerksmodell zu generieren?
- Wie werden nichttragende Bauteile eliminiert und in das Belastungsmodell eingebracht?
- Welche Informationen werden benötigt, um ein statisches Modell der realen Struktur zu bilden und darauf eine Strukturanalyse anzuwenden?
- Welche Informationen werden von den Planungsbeteiligten benötigt, um auf dieser Basis ihre technischen Unterlagen zu erstellen?
- Welche Informationen müssen aus dem Gestaltungsprozeß der Planungsbeteiligten zurückfließen, damit der zentrale Datenbestand aktuell bleibt?
- Wie sind die Schnittstellen zu den vor- und nachgeschalteten Prozessen zu gestalten, damit die modellbeschreibenden Informationen allgemein zugänglich sind?
- Welche standardisierten Werkzeuge sind notwendig, um bewährte Methoden einzusetzen und deren Ergebnisse zu verifizieren?
- Wie müssen die Werkzeuge gestaltet sein, damit dem Mitarbeiter unter fachlichen Gesichtspunkten ein effektives Arbeiten möglich ist und er unter humanen Gesichtspunkten keine Gesundheitsschäden erleidet?
- Welche Qualifikation muß der Ingenieur besitzen, damit er bei fortschreitender Automation die Kontrolle über Informationen und Methoden behält und die Teilprozesse kreativ, ohne dominierende Fremdbestimmung, gestalten kann?

Zu diesen und weiterreichenden Problemen gibt es z.Z. kaum allgemein gültige Lösungen. Es erscheint wichtig, daß zukünftig Teilprozesse stärker in den Gesamtrahmen des Planungsprozesses eingebettet werden, um integrierte Lösungen mit anderen Teilprozessen zu erreichen. Im Zentrum der Entwicklung muß ein weitgehend homogenes Arbeitsumfeld stehen, das den Planenden von unnötigen Systemarbeiten befreit.

Integrationsaspekte

Aufgrund der Entwicklungen auf dem Gebiet der Hard- und Software ist davon auszugehen, daß der gesamte Arbeitsprozeß in Zukunft noch stärker automatisiert werden wird. Neben der Unterstützung bei der DV-orientierten Bearbeitung werden mehr und mehr Dienstleistungsprogramme angeboten, die die Organisation der gesamten Informationsverarbeitung vereinfachen. Der Begriff *Orgware* umschreibt diese Software-Klasse, die die Arbeitsprozesse in einer DV-Umgebung organisieren hilft. Strukturell können die Methoden und Werkzeuge dem Begriff *Methodenbank* zugeordnet werden. Dahinter verbirgt sich die Vorstellung, daß Software-Werkzeuge in Rechnersystemen verfügbar sind, mit denen bewährte Methoden ausgeführt werden. Der Begriff der Datenbank gehört bereits zum alltäglichen Sprachgebrauch. Mit technischen Datenbanksystemen für verteilte Rechnernetze können Datenbestände strukturiert aufgebaut, modifiziert und verarbeitet werden (☞ *Kapitel 3, Datenbanken*).

Der Bereich der Wissensverarbeitung ist als Disziplin der *künstlichen Intelligenz* (KI) Gegenstand intensiver internationaler Forschungs- und Entwicklungsarbeit. Hier stehen bereits geeignete Software-Werkzeuge und Expertensystem-Schalen zur allgemeinen Verfügung, um Wissen regelbasiert speichern und verarbeiten zu können. So ist es im Bauwesen denkbar, das notwendige Grundwissen (Normen, Vorschriften, Regelwerke etc.) und einen Teil des Ingenieurwissens in Wissensbanken systematisch zu speichern und allgemein zugänglich zu machen (Bild 3).

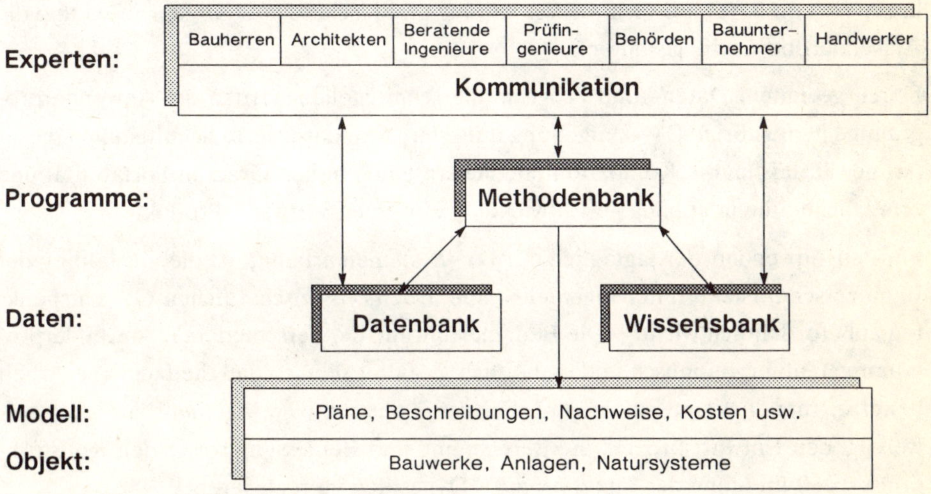

Bild 3: *DV-gestützte Kommunikation ([1])*

Ziel muß es sein, neben den Methoden und Daten auch das Wissen wesentlich stärker in den Gestaltungsprozeß einzubinden und somit dem Konstrukteur Entscheidungshilfen anzubieten, die sich einerseits am Stand der Technik orientieren und andererseits Alternativen aufzeigen, um zu einer optimalen Lösung zu gelangen. Die beteiligten Fachplaner werden in einer veränderten Arbeitsumgebung zukünftig die gleichen Aufgaben wie bisher erledigen. Sie werden sich jedoch neben dem konventionellen Informationsaustausch in verstärktem Maße der Kommunikation über Rechnernetze bedienen, mit deren Hilfe der unmittelbare Zugriff auf Daten, Methoden und Wissen realisiert werden kann. Das reibungslose Zusammenspiel der einzelnen Hard- und Software-Komponenten setzt ein Rahmenkonzept voraus, das langfristig den Austausch verschiedener Module erlaubt, Abhängigkeiten von Systemlieferanten ausschließt und den Ausbau der Infrastruktur sicherstellt.

Wichtig für die Verwirklichung solcher Konzeptionen ist, daß von der Allgemeinheit nur offene, standardkonforme Systeme akzeptiert werden können, um gegenüber zukünftigen Entwicklungen und Erweiterungen flexibel zu sein. Dieser Grundsatz, der im Ingenieurwesen und in der Informatik durch DIN-Normung allgemein akzeptiert ist, hat sich im Bereich der Software-Erstellung leider noch nicht durchgesetzt.

Der Markt wird immer noch von zahlreichen Insellösungen bestimmt. In diesem Zusammenhang müssen auch die Schnittstellen zwischen den einzelnen Modulen eines Software-Konzeptes gesehen werden. Es ist zwingend notwendig, auch hier auf einheitliche Standards zu setzen (☞ *Kapitel 3, DV-technischer Informationsaustausch, Gestaltung von CAD-Umgebungen*). So stehen im Graphikbereich die graphischen Kernsysteme GKS, PHIGS und die Benutzeroberfläche *X-Windows* zur Verfügung. Damit lassen sich im CAD-Bereich die Verwaltung graphischer Daten organisieren und die Anwenderoberfläche gestalten.

Durch geeignete Daten- und Programmierschnittstellen werden die Anwenderprogramme in die übrige DV-Umgebung integriert. Standardisierte Schnittstellen dieser Art gewährleisten die Kompatibilität, sichern einen hohen Grad an Portabilität und ermöglichen die unabhängige Entwicklung einzelner Software-Produkte.

Für den Anwender, der tagtäglich mit DV-Systemen arbeitet, ist die Gestaltung der Benutzerschnittstelle unter ingenieur- und arbeitswissenschaftlichen Gesichtspunkten außerordentlich wichtig. Die Bedienerführung der verschiedenen Anwenderprogramme muß ergonomisch und einheitlich gestaltet sein, so daß die fachliche Arbeit benutzerfreundlich unterstützt wird. Für den Konstruktiven Ingenieurbau ist es notwendig, den Entwurfsprozeß, die Berechnung und Bemessung sowie den Konstruktionsprozeß im Sinne der Integration CAD-gestützt zu realisieren.

Literatur

[1] Meißner, Udo, Thomas Hartmann, Manfred Brede und Christian Niestroj: Entwicklung und Anwendung von CAE-Methoden in der Statik. In: Duddeck, Heinz u. Heinrich Rothert (Hrsg.): Baustatik-Baupraxis. Tagungsheft BB4. Hannover: Selbstverlag 1990.

Datenbanken

Lutz Lämmer

Spätestens bei der Übergabe von gespeicherten graphischen und nichtgraphischen Informationen zwischen den Planungsbeteiligten müssen Überlegungen über die Art und Weise der Datenhaltung und deren Strukturierung angestellt werden. Die Vielzahl von Kommunikations- und Datenverarbeitungstechniken macht häufig eine Transformation zwischen Absender und Empfänger notwendig. Mit zunehmender Intensität des Datenaustausches und der Notwendigkeit des immer schnelleren Zugriffs auf die Informationen ist eine Verringerung des Transformationsaufwandes erforderlich. Gleichzeitig ist es notwendig, die Datenvorhaltung unter den Bedingungen der Verteilung bei Bauherren und Bauunternehmern, zwischen Bauplanung und Bauausführung zu organisieren. Ein Ausweg zeigt sich in der Integration von Datenbanktechniken, bei der Untersuchung der Informationsflüsse und beim Einsatz eines Datenbanksystems zur Vorhaltung, zur Verwaltung und zum Austausch von Daten. Dieses Datenbanksystem soll sicherstellen, daß der Datenbestand zu jedem Zeitpunkt ein korrektes Abbild des zu beschreibenden Bauobjektes in Form von Plänen, Bestandslisten und weiteren, graphischen und nichtgraphischen Informationen darstellt.

Begriffsklärung

Ein Datenbanksystem besteht aus dem Datenbankverwaltungssystem und der Datenbasis. Das Datenbankverwaltungssystem umfaßt Programmkomponenten zur Verwaltung und Beschreibung von Daten, die nicht Bestandteil eines Betriebssystems sind. Die Gesamtheit der gespeicherten Daten bildet die Datenbank bzw. die Datenbasis.

Vom Datenbankverwaltungssystem werden Konzepte zur Strukturierung der Nutzerdaten bereitgestellt. Sie bilden das Datenmodell. Klassische Datenmodelle sind das relationale, das Netzwerk- und das hierarchische Datenmodell [3], die ihren Ursprung in der kaufmännisch-organisatorischen Datenverwaltung haben. Moderne Datenbankverwaltungssysteme bieten mehrere dieser klassischen Konzepte gleichzeitig an und lassen auch Mischvarianten zu. Die klassischen Modelle sind in der Regel nicht ohne weiteres geeignet, technische Sachverhalte in ihrer Komplexität und mit ihren spezifischen Lebenszyklen richtig abzubilden. Die Modellierungskonzepte sind nicht flexibel genug, ein und denselben Sachverhalt unter verschiedenen Bedingungen ausreichend und umfassend in der jeweils notwendigen Detaillierung darzustellen. Es gibt deshalb wesentliche Anstrengungen, Non–Standard–Datenbankverwaltungssysteme zu entwickeln [4], die den Anforderungen der Ingenieuranwendungen gerecht werden sollen und Konzepte objektorientierter System– und Programmentwicklung einbeziehen [2]. Erst mit dem objektorientierten Ansatz können bereits auf der Ebene der Beschreibungsmittel des Datenmodells sowohl der strukturelle Aspekt der Datenorganisation als auch der prozeßabhängige Aspekt der Datenmanipulation geschlossen abgebildet werden.

Die konkrete Ausprägung eines Datenmodells wird in einem Datenbankschema beschrieben. Hier werden die benötigten Datenfelder und ihre Abhängigkeiten untereinander, ihre Struktur und ihre Ordnung festgelegt. Zur Erzeugung eines Datenbankschemas wird die **D**ata **D**escription **L**anguage (DDL), zur Manipulation der beschriebenen Daten wird die **D**ata **M**anagement **L**anguage (DML) genutzt, in ihrer Gesamtheit bilden beide die Datenbanksprache. Standardisierte Datenbanksprachen sind SQL für relationale Datenmodelle (ein Teil davon ist zum Beispiel in 'dBase' verfügbar) und CODASYL [6] für Netzwerkdatenmodelle.

Das Datenmodell beschreibt die konzeptuelle Ebene in einer Datenbank (Bild 1).

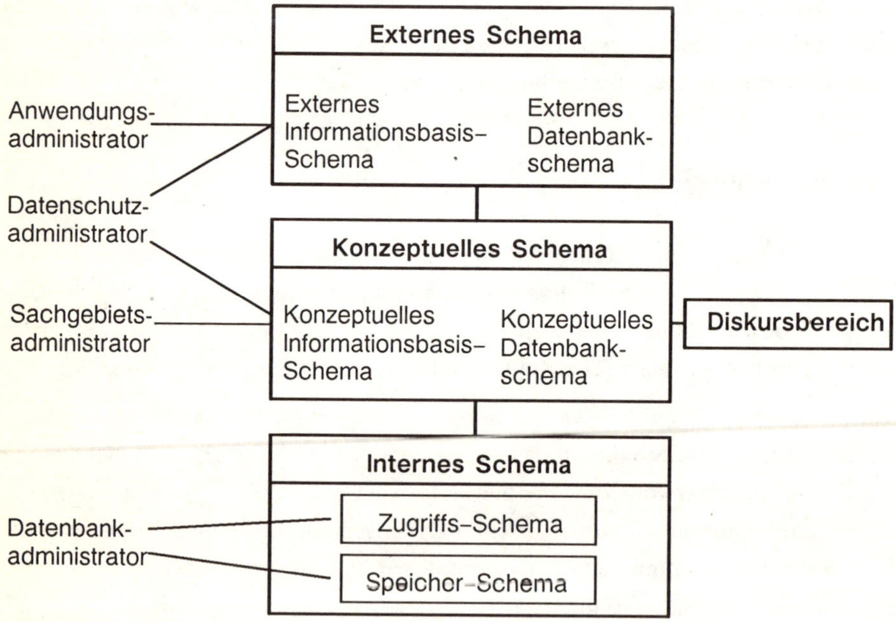

Bild 1: *Drei–Ebenen–Koexistenz–Architektur von Datenbanken*

Moderne Datenbankverwaltungssysteme sind in einer Drei–Ebenen–Koexistenz–Architektur [5] aufgebaut. Über der konzeptuellen Ebene ist die externe Ebene angeordnet, die die Sicht des Nutzers auf die Daten in den Begriffen des gewünschten Abbildes der Realität, in einem sogenannten Abstraktionsmodell, beschreibt. Ein und dieselbe konzeptuelle Ebene sollte in der Lage sein, verschiedene externe Sichten auf die verwalteten Daten zuzulassen. Die Gesamtheit dieser Sichten ist der Diskursbereich, der mit Hilfe der Datenbank betrachtet werden kann.

Unter der konzeptuellen Ebene liegt die interne Datenbankebene, die die Abbildung des Datenmodells auf interne Speicherstrukturen vornimmt. Hier wird das interne Datenbankschema mit dem Zugriffs– und dem Speicherschema verwaltet. Dieser Bereich wird vom Datenbankadministrator installiert und ist dem Nutzer der Datenbank verborgen. Veränderungen in der internen Ebene stehen im engen Zusammenhang mit der Speicherverwaltung des verwendeten Betriebssystems und der Hardware. Eine geräteunabhängige Datenbanklösung kann nur erreicht werden, wenn die Schnittstelle zwischen konzeptueller und interner Ebene im Datenbankverwaltungssystem klar definiert ist.

Datenintegrität

Die formale Richtigkeit der verwalteten Informationen, die sich mit den dem Abstraktionsmodell, dem Datenmodell und der Datenbanksprache innewohnenden Regeln überprüfen läßt, bezeichnet man als Integrität des Datenbestandes. Es wird unterschieden zwischen physischer, semantischer und operationaler Integrität.

Die 'physische Integrität' wird durch die korrekte Beschreibung des Sachverhaltes mit den Mitteln des Datenbankverwaltungssystems im Abstraktions– und konzeptuellen Modell gesichert. Hier gilt ganz offensichtlich das BONINO–Paradoxon [6]:

> *"...je realitätsnäher und damit komplexer ein Modell, desto weniger hilft es, die reale Welt verständlich zu machen... ."*

Es ist deshalb notwendig, vor Einsatz einer Datenbank den Anwendungsprozeß umfassend zu untersuchen und zu formalisieren, um die Komplexität des Modells überschaubar und mit den zur Verfügung stehenden Werkzeugen beherrschbar zu machen. Die sinnvolle Detaillierung entsprechend dem Anwendungsfall und die schrittweise Verfeinerung im Top–down–Entwurf unterstützen dieses Vorhaben.

Für die Sicherung der 'semantischen Integrität' kommen die Regeln des Datenmodells zur Anwendung. Die Integritätsbedingungen werden zumeist bei der Definition des Datenschemas formuliert. Hier werden gesichert:

- Typintegrität,
- Wertebereichsintegrität,
- Schlüsselintegrität,
- Referenzintegrität,
- Abbildungsintegrität.

Die 'operationale Integrität' oder auch 'Konsistenz' beschreibt den Übergang von einem korrekten Zustand zu einem neuen korrekten Zustand. Die Transformation erfolgt durch eine oder mehrere Datenmanipulationsanweisungen. Hier sind mit den Einfüge-, Modifizierungs- und Löschanweisungen sowie beliebigen Kombinationen, besonders im CAD-Bereich, weitere Integritätsbedingungen zu formulieren. Das ist zum Beispiel bei der Kontrolle geometrischer Verträglichkeitsbedingungen der Fall. Falsche Geometrieeingaben können nur mit Hilfe mehrerer Kontrollmanipulationen am Datenbestand überprüft werden. Erst im Resultat einer Überprüfung kann der korrekte Abschluß der Transformationen mit einem neuen, konsistenten Zustand bestätigt werden. Sollten die Überprüfung und die entsprechende Fehlerbehandlung nicht erfolgreich sein, wird durch ein Rückstellen (Rollback) auf den Ausgangszustand zumindest der alte konsistente Zustand erreicht.

Anwendungen

Für die Beschreibung des Datenbestandes, der in einer Datenbank verwaltet werden soll, hat sich das Entity-Relationship-Modell [1] als günstig erwiesen. Bestandteile dieses Modells sind beliebige physische und konzeptuelle Objekte, die Beziehungen zwischen diesen Objekten und Attribute zur inhaltlichen Beschreibung der Objekte und Beziehungen. Für detaillierte, auch formal logische Ableitungen sei auf die umfangreiche Literatur verwiesen.

Das Modell eines Bauwerkes besteht aus einer Anzahl hierarchisch verknüpfter Objekte und einer Anzahl von Beziehungen zwischen diesen Objekten. Dabei gliedert sich diese Struktur in ihre natürlichen Bestandteile, in Abhängigkeit von der erforderlichen Detaillierung. Für die Strukturierung wird es keinen optimalen Weg geben, aber für bestimmte Aufgaben, z.B. für solche der Tragwerksplanung, läßt sich sicher eine geeignete Gliederung entwickeln.

Diese Vorstellungen sollen am Beispiel eines einfachen Stahlbetonbauwerkes erläutert werden, das mit einem geeigneten CAD-System graphisch erfaßt wurde. Die Gesamtstruktur ist das Bauwerk. Es besteht aus in mehreren Achsen angeordneten Stütze-Riegel-Systemen, Deckenplatten in verschiedenen Ebenen und den Fundamenten. Diese Gliederung ist für die Beurteilung des statischen Systems bereits ausreichend. Dazu müssen für die Objekte Stütze, Riegel, Platte und Fundament die Attribute bestimmt und ihre Beziehungen ermittelt werden. Beziehungen werden durch geometrische Lagebedingungen vermittelt. Daraus ergeben sich für jedes Objekt definierte Beziehungen zu anderen Objekten.

Die Objekte und Beziehungen werden durch Attribute charakterisiert. Diese Attribute sind entweder bereits in der CAD–Planerstellung durch geometrische Eigenschaften ausreichend beschrieben, oder sie müssen als zusätzliche, nichtgraphische Informationen bereitgestellt werden. Attribute sind in unabhängige – darunter das Schlüsselattribut – und abhängige zu unterteilen. Ein Problem besteht in der Festlegung der Attribute der Objekte. Eine Reihe von Attributen, z.B. die zulässigen Dimensionen für Anschlußausbildungen, werden durch mögliche Beziehungen zu anderen Objekten bestimmt. Diese Attribute können sich im Laufe der Bearbeitung ändern. Andere Attribute sind von vornherein festgelegt. Wenn es gelingt, diese unterschiedlichen Attributklassen geeignet festzulegen, kann eine Überprüfung des Modells, z.B. auf die Einhaltung konstruktiver Regeln, mit Hilfe von Programmen gelöst werden. Die unabhängigen Attribute müssen deshalb bequem handhabbar und die Methoden zur Erzeugung abhängiger Attribute einfach sein.

Diese Informationsstruktur kann z.B. mit Hilfe der Datenbanksprache von dbase auf einem relationalen Datenbanksystem abgebildet werden. Das relationale System bietet eine zweidimensionale Feldspeicherung des Datenbestandes. Die abzuspeichernden Objekte entsprechen dann Zeilen in diesen Feldern, und eine Objektklasse wird durch die Beschreibung der Spalten dieses Feldes definiert. Die Vergabe von Schlüsselattributen entspricht der Einführung eines Numerierungsschemas, und die Beziehungen zwischen den Objekten werden mittels weiterer Datenfelder beschrieben. Weber beschreibt in [7] die Möglichkeiten, die sich bei der Kopplung von Datenbanken mit FE–Berechnungs- und mit Konstruktionsbausteinen ergeben.

Schlußbemerkung

Während in der Vergangenheit die Verfahren der Datenmodellierung unter dem Blickwinkel entwickelt wurden, sachlogische Zusammenhänge zwischen Aktionen, Informationen und Organisationsstrukturen in einem System transparent zu machen, das geeignet ist, in einem Datenbanksystem verwaltet zu werden, erwartet man von den entwickelten Datenmodellen zunehmend Entscheidungshilfen für den zukünftigen Informationsbedarf, für entsprechende Neuentwicklungen oder Neubeschaffungen. Die Beschäftigung mit der Datenmodellierung in Datenbanken, mit den ihr zugrundeliegenden Prinzipien und den aktuellen Entwicklungen, fördert daher Überlegungen in Richtung Integration der heute noch weitgehend isoliert nebeneinander betriebenen Anwendungssysteme, insbesondere der CAD–Systeme.

Ziel kann es nicht sein, den Datenaustausch bis ins letzte zu schematisieren, aber die Austauschenden müssen eine gemeinsame Sprache sprechen und sich über ein Mindestmaß an Verhaltensregeln einig sein. Dazu ist es erforderlich, den aktuellen und auch den zukünftigen Informationsfluß mit geeigneten Mitteln zu analysieren, darzustellen, zu beeinflussen und mit Hilfe von Standard– und Applikationssoftware zu beherrschen.

Literatur

[1] Chen, P. P.: The entity relationship model: toward a unified view of data.– In: ACM Trans. on Database Systems.– 1(1976)1.– S. 9–37.

[2] Dittrich, K. R.: Objektorientierte Datenbanksysteme.– In: Informatik Spektrum.– 12(1989)4.– S.215–218.

[3] Eberlein, W.: CAD–Datenbanksysteme.– Berlin u.a.– Springer 1984.

[4] Karl, S. und P. C. Lockemann: Design of engineering databases: A case for more varied semantic modelling concepts.– In: Informational systems.– 13(1988)4.– S. 335–357.

[5] Müller, K.–H.: Aktuelle Probleme der Datenbanktechnologie.– In: Rechentechnik–Datenverarbeitung.– Berlin.– 26(1989).– S. 23–25.

[6] Olle, T. W.: Das Codasyl–Datenbankmodell.– Springer.– Berlin, Heidelberg, New York.– 1981.

[7] Weber, B.: Die integrierte Automatisierung von Entwurfsprozessen des Konstruktiven Ingenieurbaus auf Mikrocomputern.– Ruhr–Univ. Bochum, Habilitation 1988.

DV–technischer Informationsaustausch

Christian Niestroj/Günter Nitsche

Der Einsatz moderner Informations– und Kommunikationstechniken erfordert auch Überlegungen zum DV–gestützten Informationsaustausch. Dieses ist insbesondere im Bauwesen mit seinen vielen Planungsbeteiligten und der dort vorherrschenden Arbeitsteilung von Bedeutung. Im Gegensatz zum Maschinenbau, hier sind die Planungsbeteiligten i.d.R. in einem Haus untergebracht und können über interne Datenleitungen miteinander kommunizieren, sind bei der Bauplanung und Bauausführung rechtlich selbständige Personen beteiligt, für die ein Informationsaustausch nur durch Nutzung der Kommunikationsdienste der Deutschen Bundespost möglich ist.

Der Informationsaustausch wird schon heute in erheblichem Umfang zwischen den einzelnen Bausteinen eines Software–Systems praktiziert, sei es auf der Ebene von formalen Parametern, die zwischen den einzelnen Programmen Informationen übergeben oder auf der Ebene von internen Schnittstellen (z.B. Meta–File bei der Graphikübergabe oder auch spezielle Abfragesprachen für Datenbankinformationen). An Bedeutung wird der Informationsaustausch zwischen Software–Systemen (z.B. zwischen dem Konstruktionsbereich und der Strukturanalyse) gewinnen (☞ *Kapitel 1, CAD als Teilaspekt des Computer–Integrierten Bauens).* Darüber hinaus wird der Informationsaustausch zwischen den Planungsbeteiligten immer wichtiger werden.

Die Beschreibung des Informationsaustausches für alle am Bauplanungsprozeß beteiligten Partner ist sicherlich sehr komplex und soll auch nicht Gegenstand dieses Artikels sein. Die folgenden Ausführungen beschränken sich deshalb auf das Anwendungsgebiet des Konstruktiven Ingenieurbaus und hier auf den Bereich Tragwerksplanung.

Ausgangspunkt der Überlegungen ist die Arbeitsteilung zwischen den verschiedenen Partnern beim Bauplanungsprozeß (☞ *Kapitel 3, CAE im Konstruktiven Ingenieurbau* und [2]). Die Tragwerksplanung als zentrale Aufgabe im Konstruktiven Ingenieurbau (☞ *Kapitel 3, CAD–Software für die Tragwerksplanung*) erfordert eine intensive Zusammenarbeit der einzelnen Sachbearbeiter (Statiker, Konstrukteure, Zeichner). Diese Kooperationsform hat einen umfangreichen Informationsfluß sowohl zu den externen Planungspartnern als auch innerhalb des Planungsbüros zur Konsequenz, der im folgenden näher beleuchtet werden soll.

Informationsaustausch bei der Tragwerksplanung

Grundforderung für den internen Informationsaustausch ist eine Zusammenführung der gemeinsamen Daten in einer zentralen Datenbank. Jeder Sachbearbeiter muß direkt von seinem Arbeitsplatz auf diesen Bestand zugreifen können (Bild 1). Als Minimalforderung aus der Sicht des Konstruktiven Ingenieurbaus muß die Datenbank das abstrakte Tragwerksmodell enthalten, das die physikalischen, geometrischen und technologischen Eigenschaften der maßgeblichen Bauteile beschreibt. Das Tragwerksmodell ist somit die zentrale Datenbasis, die als Eingangsinformation für den Modellierungsprozeß benötigt wird und den Fortgang der nachfolgenden Bearbeitungsschritte Strukturanalyse, Bemessung, Konstruktion sicherstellt.

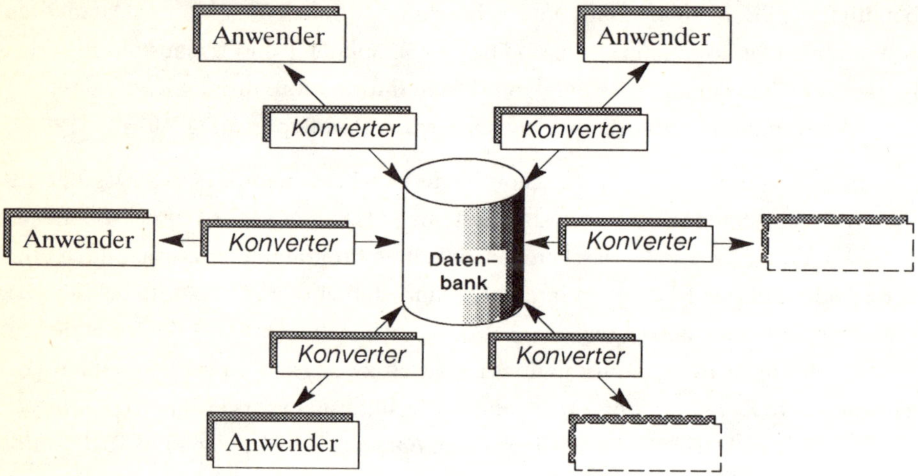

Bild 1: *Zentrales Konzept zur Datenhaltung*

Bezogen auf die Anwendung sollte der Informationsaustausch so organisiert werden, daß die einzelnen Fachanwendungen der Datenbank die für sie notwendigen Informationen entnehmen, diese bearbeiten, verändern und im Anschluß wieder zurückgeben (Bild 2). Eine lokale Datenhaltung sollte für Teilschritte im Bearbeitungsprozeß möglich sein, da die Datenbestände zwischengeschalteter Prozesse für andere Fachanwendungen nicht von Bedeutung sind. Das Ergebnis der Bearbeitung ist dann wiederum zentral in der Datenbank abzulegen.

Die Leistungsphasen (Grundlagenermittlung und Vorplanung) stellen die ersten Schritte im Entstehungszyklus eines Bauobjektes dar. Der Tragwerksplaner ist i.d.R. nicht an dieser Phase beteiligt. Innerhalb der Vorentwurfsphase sind stärker der Bauherr und der planende Architekt gefordert, die zu diesem Zeitpunkt das Modell des Bauobjektes entwerfen (Skizzen, Modelle, Zeichnungen und funktionale Beschreibungen). Mit der Konkretisierung des Bauobjektes wird der Tragwerksplaner in den Entscheidungsprozeß eingebunden und zu einer statisch–konstruktiven Beratung (Vorstatik) hinsichtlich der Standsicherheit und Gebrauchsfähigkeit aufgefordert. Zu diesem Zeitpunkt kann eine DV–technische Vorbemessung der Tragwerksteile auf der Basis des digitalisierten Objektes vorgenommen werden. Die Vorbemessung wird mit überschlägigen Berechnungs- und Bemessungsverfahren durchgeführt, die es dem Planenden erlauben, die Bauteilabmessungen abzuschätzen. Auf diesem Kenntnisstand wird der Vorentwurf so weit vorangetrieben, daß das Objekt den funktionalen Anforderungen gerecht wird und der daraus resultierende Realisierungsumfang hinsichtlich der Kosten und der Zeit kalkuliert werden kann (Vorkalkulation).

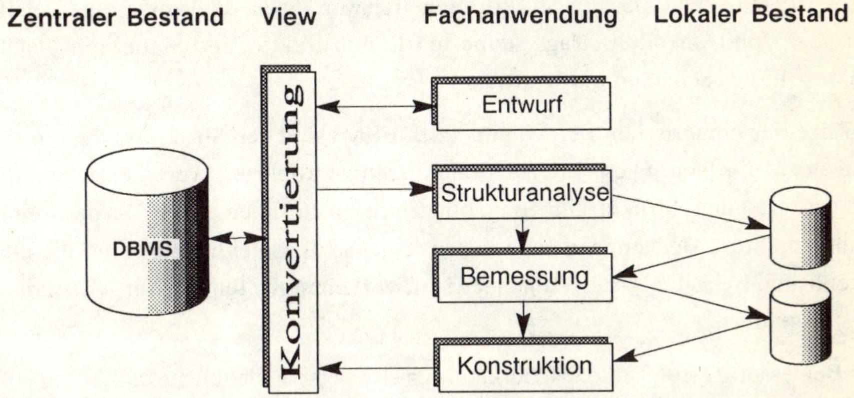

Bild 2: *Informationsaustausch aus der Sicht der Tragwerksplanung*

Die eigentliche Tätigkeit des Tragwerksplaners beginnt, wenn die Entwurfspläne vorliegen. Sind diese Pläne bereits digitalisiert, kann direkt daraus durch Abstraktion die Modellbildung für die statische Berechnung und Bemessung erfolgen. Sonst ist eine Neueingabe des Tragwerksmodells in das CAD–System des Tragwerksplaners erforderlich.

Der Tragwerksplaner benötigt hierzu definierte Informationen über

- den Ort, an dem das Objekt erstellt werden soll, verbunden mit einer Spezifizierung der Bodenbeschaffenheit;
- die funktionalen Anforderungen, denen das Objekt genügen soll;
- die topologischen, topographischen und physikalischen Eigenschaften des Objektes.

Der Tragwerksplaner kann sein Tragwerksmodell mit CAD–Unterstützung aus den funktionalen, geometrischen und physikalischen Informationen des räumlichen Modells gewinnen. Dies erfolgt durch Bereinigung der Entwurfsunterlagen um die nichttragenden Teile und durch Definition von Bauteilen wie Träger, Stützen, Decken,

Wände, Fundamente usw. Diesen Bauteilen sind Abmessungen und Attribute (z.B. Materialwerte) zuzuordnen, aus denen dann die wesentlichen Eigenschaften, z.B. die Querschnittswerte, gewonnen werden können. Das so konstruierte Tragwerksmodell ist mit einem objektbeschreibenden Datenbestand zu behaften, der die ausführungsrelevanten Informationen beinhaltet.

Im nächsten Bearbeitungsschritt gilt es, das statische Modell zu gewinnen. Dieses Modell erfaßt die Bauteile unter methodischen Gesichtspunkten der Statik und definiert das statische System, die Lagerungsbedingungen, die Übergangsbedingungen zwischen benachbarten Teilen und die Belastungen. Primär stützt sich dieses Modell auf das zuvor generierte Tragwerksmodell, indem die Bauteile auf ihre Schwerlinien reduziert werden. In den statischen Struktureinheiten werden die relevanten Eigenschaften abstrahiert und verwaltet. Tragsysteme mit Linienstruktur sind Stäbe, mit Flächenstruktur sind es Scheiben und Platten.

Im Zuge der numerischen Berechnung (z.B. FEM) sind den Struktureinheiten Belastungen zuzuordnen. Diese Informationen nehmen konkrete Wertebereiche an und sind jeweils einer Struktureinheit geometrisch zuzuordnen. Einer Struktureinheit können mehrere Belastungen zugewiesen sein. Als Beispiel hierfür seien die unterschiedlichen Belastungsarten (Eigengewicht, Verkehrslast, Temperatur, Vorspannung usw.) angeführt.

Die Bemessung erfolgt durch Überlagerung der verschiedenen Lastfälle, um so die maßgeblichen Gesamtbeanspruchungen zu gewinnen. Die Lastfallkombinationen sind graphisch aufzubereiten und zweckmäßigerweise in Folien des CAD-Systems aufzutragen.

Liegen die maßgeblichen Bemessungsgrößen vor, kann im Anschluß der eigentliche Konstruktionsprozeß durchgeführt werden. Hierzu werden zum einen die zentralen Informationen aus dem Entwurfsprozeß benötigt und zum anderen die Bemessungsgrößen aus der Strukturanalyse. Die Durchführung dieses Arbeitsschrittes sollte in einem CAD-System möglich sein. Wünschenswert wäre es, wenn die Bemessungsgrößen mit den graphischen Informationen der einzelnen Bauteile überlagert werden könnten. Als Beispiel sei die Bewehrungsführung bei Plattentragwerken genannt. Eine Unterstützung würde der Konstrukteur erfahren, wenn an maßgeblichen Punkten innerhalb des Plattenumrisses erf. A_x und A_y eingeblendet würde. Immer dann, wenn die konstruktiv gewählte Mattenbewehrung angeordnet wird, sollte die noch erforderliche Restbewehrung angezeigt werden. Überdeckungen sind durch farbliche Kennung darzustellen. Somit stünden die maßgeblichen Entscheidungskriterien für die konstruktive Durchbildung der einzelnen Objekte innerhalb des Konstruktionsmodells direkt zur Verfügung. Zukünftige Software-Lösungen müßten an dieser Stelle bereits einen automatischen Konstruktionsvorschlag anbieten. Durch Anwendung der Wissensverarbeitung könnte ein solcher Vorschlag durch Erklärungskomponenten erläutert werden.

Nach dem Konstruktionsprozeß ist zu überprüfen, welche Informationen von zentraler Bedeutung sind und in den gemeinsamen Datenbestand zurückfließen sollen. In erster Linie sind dies Änderungen in der Bauwerksgeometrie und dabei:

- generell alle veränderten Bauteilabmessungen,
- alle vorgenommenen Ergänzungen von Bauteilen, die im Gebäudemodell des Architekten nicht vorhanden waren,
- alle Bauteile, die eliminiert wurden.

Dieses Vorgehen erfordert einen funktionierenden Änderungsdienst bei der Projektbearbeitung (☞ *Kapitel 3, Reorganisation der Projektbearbeitung*).

Zum Informationsaustausch

Grundlage der Überlegungen zum Informationsaustausch bildet das dezentrale Konzept (☞ *Kapitel 3, Multifunktionale DV–Ausstattung*), in dem die einzelnen Anwender über schnelle Verbindungen auf Datenbestände zugreifen können (Bild 3). Dabei wird davon ausgegangen, daß gemeinsame Datenbestände in einer zentralen Datenbank abgelegt sind.

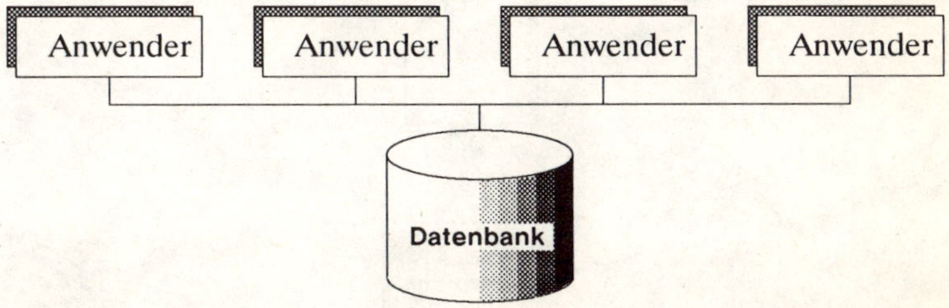

Bild 3: *Informationsaustausch*

Bei der Realisierung der durchgängigen Projektbearbeitung muß bedacht werden, daß für die einzelnen Arbeitsschritte verschiedene Modelle, die wiederum aus unterschiedlichen Datenbeständen resultieren, zu bilden sind. Die Arbeitsbereiche CAD, Strukturanalyse, Text- und Wissensverarbeitung greifen sehr eng ineinander und initiieren unterschiedliche Informationsflüsse. Ziel der Neuorganisation von Informationsflüssen muß es sein, standardisierte Schnittstellen zu benutzen und neutrale Datenformate zu verwenden. Zum gegenwärtigen Zeitpunkt wird weltweit an dieser Zielsetzung gearbeitet. Mit einigen Software–Bausteinen, z.B. im DTP–Bereich, können bereits graphische und alphanumerische Informationen gemeinsam verarbeitet werden. Andere Produkte realisieren bereits den Datenaustausch zwischen dem CAD– und FEM–Bereich. Generell ist aber festzustellen, daß auf diesem Gebiet in der Zukunft noch sehr viel Entwicklungsarbeit zu leisten sein wird, um auf breiter Basis zu konsensfähigen Konzepten für Beschreibungsmodelle zu kommen. Erste Ansätze sollten deshalb so ausgerichtet sein, daß der pragmatische Weg gegangen wird und zunächst die vorhandenen Schnittstellen der zuvor beschriebenen Problemkreise hinsichtlich ihrer Tauglichkeit überprüft und verwendet werden. Im Sinne der durchgängigen Projektbearbeitung muß geprüft werden, welche Datenbestände in einer zentralen Datenbank vorrätig zu halten sind.

Nutzung standardisierter Datenschnittstellen

In ☞ *Gestaltung von CAD–Umgebungen, Kapitel 3,* wird das Thema Schnittstellen grundsätzlich behandelt. Gegenstand dieser Betrachtungen ist der Informationsfluß bei der Verarbeitung von Geometriedaten einzelner Teilaufgaben.

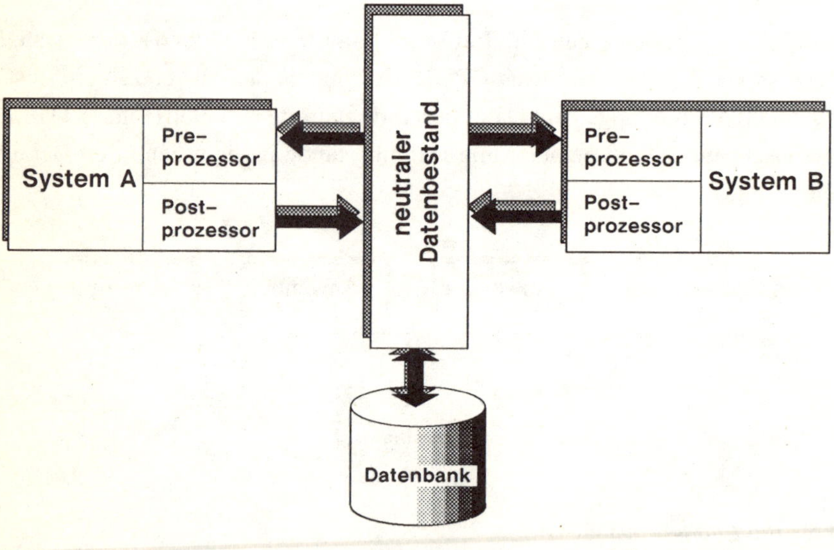

Bild 4: *Informationsaustausch über normierte Geometrieschnittstellen*

Die Nutzung standardisierter Datenschnittstellen setzt voraus, daß das einzelne Anwendungspaket über einen Pre– und Postprozessor verfügt, der die Konvertierung zwischen den einzelnen Systemen vornimmt (Bild 4).

Von *Vorteil* beim Austausch von Geometriedaten über normierte Standards ist folgendes:

- Die Geometriedaten sind unabhängig von der rechnerinternen Darstellung.

- Beliebig viele Anwendungen können auf gleichartige Informationen zugreifen.
- Die Pre- und Postprozessoren sind Bestandteil der Software, ihre Anpassung muß der Hersteller garantieren.

Der *Nachteil* ist in der Entwicklung einer Norm zu sehen, die bei einer internationalen Einigung auf den kleinsten gemeinsamen Nenner festgeschrieben wird. Die gesamte Komplexität des Informationsaustausches kann beim Bearbeitungsprozeß nur begrenzt berücksichtigt werden.

Tragwerksplaner kooperieren in der Regel mit Sonderfachleuten. Diese Zusammenarbeit setzt den Austausch von Zeichnungen voraus. Da nicht davon ausgegangen werden kann, daß alle Planungspartner das gleiche CAD-System einsetzen, sollten Schnittstellen mit einem neutralen Austauschformat zu anderen (evtl. auch branchenfremden) CAD-Systemen existieren. Seit geraumer Zeit sind solche Schnittstellendefinitionen Ziel nationaler und internationaler Normungsbemühungen (☞ *Kapitel 3, Gestaltung von CAD-Umgebungen).*

Der gegenwärtige Integrationsgrad ist noch gering. Vorherrschend auf diesem Gebiet sind immer noch Insellösungen. Software-Lösungen existieren für die einzelnen Arbeitsschritte. Eine sich auf standardisierte Schnittstellen stützende durchgängige Bearbeitung ist bisher nicht realisiert worden. Geeignete Schnittstellen, die die Weitergabe der Ausgabedaten eines Programms als Eingabedaten für das folgende Programm des nächsten Arbeitsschrittes unterstützen, befinden sich zur Zeit noch in der Entwicklung. Für die Verwendung internationaler Standards fehlt die Akzeptanz . So hat sich *IGES* als Austauschformat zwischen CAD-Programmen bisher nicht durchsetzen können, auch das Alternativprodukt *STEP* läßt noch Probleme erkennen, da es für den Einsatz im Bauwesen wenig geeignet ist. Deshalb versuchen einige Organisationen, ein gemeinsames Austauschformat zu definieren, das auf die Bedürfnisse des Bauwesens zugeschnitten ist. Hierbei handelt es sich um *STEP-2DBS*, eine Untermenge von *STEP*. Damit sollen Bauzeichnungen im 2-D-Bereich zwischen verschiedenen bauspezifischen CAD-Systemen ausgetauscht werden können. Mit dieser Schnittstelle wäre es möglich, daß der Architekt seine Pläne, die er mit dem CAD-System A erzeugt hat, in ASCII-Dateien nach Regeln, die in *STEP-2DBS* festgelegt sind, schreibt und sie dem Tragwerksplaner übergibt. Dieser wiederum liest die Dateien in sein CAD-System B ein, erzeugt somit in seinem CAD-System die Zeichnungen des Architekten und kann auf dieser Informationsbasis die Tragwerksplanung durchführen.

Für die weitere Bearbeitung (z.B. für die Strukturanalyse) ist die Definition einheitlicher Schnittstellen zu Statikprogrammen notwendig.

Zur Erstellung technischer Dokumentationen und zur Korrespondenz lassen sich DTP-Systeme einsetzen. In technische Dokumentationen werden oftmals Zeichnungen, die mit einem CAD-System erstellt worden sind, eingebunden. Sinnvoll ist es, wenn die Zeichnungen aus dem CAD-System in das DTP-System übertragen werden können. Voraussetzung dazu ist, daß das CAD- und DTP-System die gleichen Graphikschnittstellen (z.B. HPGL) unterstützen.

Letztlich akkumulieren sich alle Anforderungsaspekte bezüglich der horizontalen und vertikalen Integration auf das Vorhandensein und die Leistungsfähigkeit entsprechender Schnittstellen:

- Datenübertragung vom 3-D- zum 2-D-CAD-System,
- Datenübertragung vom 2-D- zum 3-D-CAD-System,
- Übertragung (neben den Geometriedaten) von nicht-graphischen Informationen, wie Folienstruktur, Materialeigenschaften,
- Vollständigkeit, Widerspruchsfreiheit, Komfort, Effektivität,
- Standardschnittstellen,
- Schnittstellen zu nachgelagerten Programmen (z.B. Statik, AVA, HKLS).

Nutzung der rechnerinternen Datenstrukturen

Für jede CAD-Anwendung werden rechnerinterne Datenmodelle benötigt. Soll der Austausch von Informationen nur zwischen zwei Systemen hergestellt werden, so ist es ausreichend, auf diese Datenmodelle zuzugreifen und sie 1:1 zu transferieren. In diesem Zusammenhang wird auch von Punkt-zu-Punkt-Verbindungen gesprochen (Bild 5).

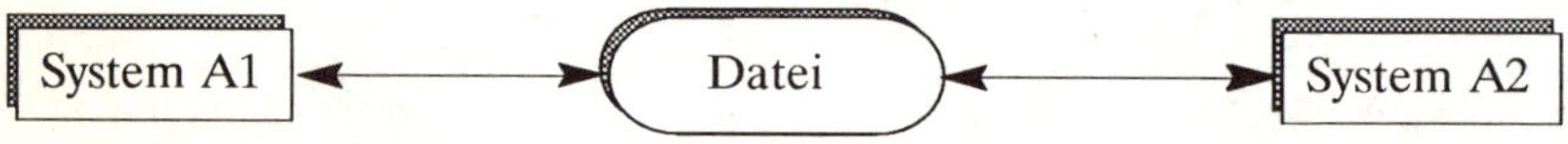

Bild 5: *Direkte Verbindung*

Sollen zwei unterschiedliche Systeme miteinander gekoppelt werden, so ist es erforderlich, ein neutrales Datenmodell einzuschalten. Über Pre- und Postprozessoren werden die Eingangs- bzw. Ausgangsinformationen konvertiert (Bild 6).

Bild 6: *Indirekte Verbindung*

Der Nachteil beider Lösungen liegt in der nicht offengelegten Datenstruktur und ferner in der Abhängigkeit der Systeme. Der leichte Austausch eines Systems ist nicht möglich. Die Anzahl der zu entwickelnden Konvertierungsmodule wächst quadratisch mit der Anzahl der beteiligten Systeme. Der bescheidene Vorteil ist lediglich pragmatisch in der Realisierung einer schnellen Lösung zwischen zwei Partnern zu sehen.

Realisierung auf der internen Ebene

Da die Schnittstellenproblematik zum gegenwärtigen Zeitpunkt also noch nicht umfassend gelöst ist und in einem absehbaren Zeitraum keine akzeptable Lösung zu erwarten ist, empfiehlt sich beim Fehlen universeller Schnittstellen folgende Vorgehensweise:

Homogene Software-Umgebung
Alle Anwendungen werden in einer homogenen DV-Umgebung durchgeführt, der ein einheitliches Entwicklungskonzept, zumeist das eines Herstellers, zugrunde liegt. Die Teilprozesse kommunizieren über interne Schnittstellen. Die zur Kommunikation notwendige Software ist vom Hersteller festgelegt, eine Modifikation des Datenverbundes ist nur durch den Entwickler möglich.

Die Durchgängigkeit der Projektbearbeitung muß deshalb vom Software-Hersteller organisiert werden (Bild 7). Ermöglicht wird sie durch interne, für den Anwender nicht offengelegte Schnittstellen. Produkte dieser Art sind als geschlossene Lösungen anzusehen. Ergänzungen, Erweiterungen, Modifizierungen sind i.d.R. nur vom Hersteller selbst zu leisten. Entsprechende Angebote stehen am Markt zur Verfügung, sie betreffen den 3-D-CAD- und 2-D-CAD-Bereich, die Strukturanalyse, Bemessung und Konstruktion sowie die Bereiche Kalkulation und AVA. Kombinationen sind in Teilbereichen möglich. Im Sinne einer integrierten Projektbearbeitung ist deren Einsatz langfristig nur dann zu rechtfertigen, wenn die Entwicklungskonzeption der Software und die Anwendungskonzeption gut harmonieren und externe Schnittstellenstandards für Datenein- und -ausgabe vorhanden sind, um Datenbestände importieren und vorhandene Datenbestände an Partner weitergeben zu können.

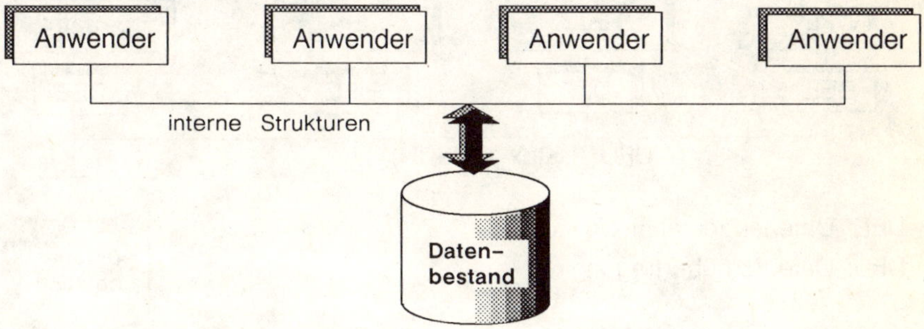

Bild 7: *Datenbestand in homogener Software-Umgebung*

Heterogene Software–Umgebung

Sollen für die einzelnen Anwendungen Produkte verschiedener Hersteller eingesetzt werden (z.B. beim Entwurfsprozeß 3–D–CAD, bei der Tragwerksplanung 2–D–CAD), so ist es notwendig, zwischen den einzelnen Systemen standardisierte Schnittstellen einzusetzen.

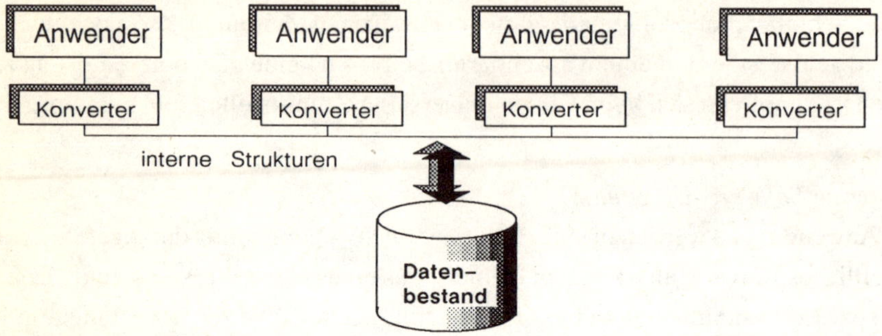

Bild 8: *Datenbestand in heterogener Software–Umgebung*

Die zwischengeschalteten Schnittstellen sind durch Software–Bausteine zu realisieren, die im Sinne der bereits beschriebenen Konvertierung als Pre– und Postprozessoren dafür sorgen, daß die einzelnen Anwendungen und damit die rechnerinternen Modelle mit den zentralen Informationen versorgt werden (Bild 8). Inzwischen sind über das neutrale STEP–2DBS–Format Kopplungen zwischen verschiedenen bauspezifischen CAD–Systemen vollzogen worden. Auch das DXF–Format hat gezeigt, daß eine solche Vorgehensweise praktikabel ist.

Realisierung auf der externen Ebene

Hierunter ist der Informationsfluß zu den externen Partnern zu verstehen. Im betrachteten Rahmen sind das der Tragwerksplaner, der Architekt, die Baubehörden, der Bauunternehmer und die Fachplaner für den HKLS– und Elt–Bereich (Bild 9).

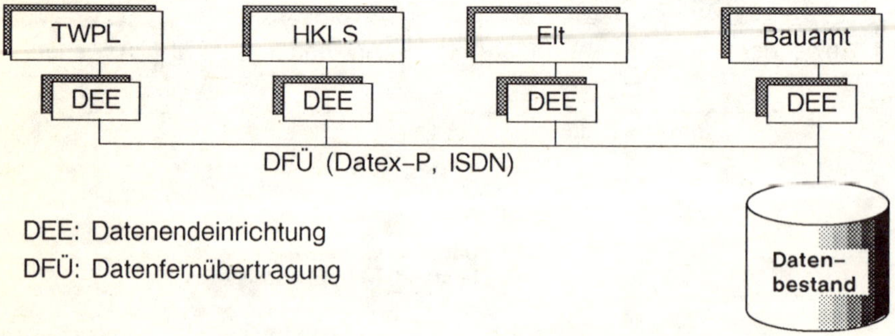

Bild 9: *Informationsfluß zu den externen Planungspartnern*

Unter pragmatischen Gesichtspunkten bietet sich auch hier eine Realisierung ähnlich der zuvor beschriebenen Vorgehensweise an. Erschwerend kommt hinzu, daß der Datentransfer über das Hoheitsgebiet der Deutschen Bundespost zu erfolgen hat, was mit zusätzlichen Kosten verbunden ist. Der Transfer kann derzeit nur eingeschränkt, bedingt durch die vergleichsweise geringen Übertragungsgeschwindigkeiten von bis zu 64 KBit/s gegenüber bis zu 10 MBit/s im lokalen Netzwerk, vollzogen werden. Es muß somit zu einer Komprimierung der Datenströme kommen, um ein effektives Arbeiten im CAD-Bereich zu erreichen (☞ *Kapitel 3, Rechnerkommunikation*). Die Deutsche Bundespost plant höhere Übertragungsraten (im MBit-Bereich), die für Ingenieuranwendungen interessant werden können, wenn die entstehenden Kosten in Grenzen bleiben.

Literatur

[1] American National Standard: Digital Representation for Communication of Product Definition Data (ANSI Y14.26M - 1981). New York: The American Society of Mechanical Engineers 1982.

[2] Meißner, Udo, Thomas Hartmann, Manfred Brede u. Christian Niestroj: Entwicklung und Anwendung von CAE-Methoden in der Statik. In: Duddeck, Heinz u. Heinrich Rothert (Hrsg.): Baustatik-Baupraxis. Tagungsheft BB4. Hannover: Selbstverlag 1990.

[3] Zentralverband des Deutschen Baugewerbes (Hrsg.): STEP-2DBS (STEP-2D Bau-Subset). Eine Schnittstelle zum Austausch zeichnungsorientierter CAD-Daten im Bauwesen, Version 1.0. Bonn: Selbstverlag 1990.

Externe Beratung

Christian Niestroj/Peter v. Mitschke-Collande

Aus einigen Artikeln dieses Buches (☞ *Kapitel 2, Ist-Erhebung und -Analyse, Erstellen des Soll-Konzeptes;* ☞ *Kapitel 1, Technik-Einführung als organisierter Prozeß* usw.) wird deutlich, daß eine systematisch geplante CAD-Einführung von den zuständigen Personen ein hohes Maß an Know-how in Bereichen wie Angewandte Informatik, Ingenieurmethoden, Arbeitsorganisation und Ökonomie, aber auch im Projektmanagement erfordert. Daneben beansprucht dieses Vorgehen ein gehöriges Maß an Zeit. In den überwiegend mittelständischen Ingenieurbüros der Bauwirtschaft, die sich fast immer unter Termindruck befinden, stehen Mitarbeiter mit diesen Kenntnissen und einer gewissen Zeitreserve i.d.R. nicht zur Verfügung. Die Aneignung des entsprechenden Know-how erscheint für eine einmalige Einführung aus zeitlichen Gründen nicht effektiv. So liegt es nahe, sich bei der Planung, Realisierung und Durchführung der Reorganisation und Technik-Einführung von externen Beratern unterstützen zu lassen. Dabei muß zwischen Prozeßberatung (Organisationsentwicklung (OE), Projektmanagement) und Fachberatung (Technik, Organisation) unterschieden werden.

Prozeß- und Fachberatung

Der *Prozeßberater*

> "... ist, gemäß unseren Vorstellungen, primär und ganz allgemein Verfahrensspezialist. Wenn ein OE-Prozeß initiiert bzw. in Gang gebracht werden soll, besteht die Aufgabe des Prozeßberaters darin, der Organisation das fehlende Know-how für die Durchführung des Prozesses bereitzustellen, d.h. den notwendigen Informationsinput zu erbringen. Er beobachtet und analysiert die Einzelprozesse und hilft der Organisation, Problemlösungspotential und Ressourcen zu entfalten, indem er vor allem die organisationsinternen Prozesse verdeutlicht und der Steuerung besser zugänglich macht... Leitbild des OE-Beraters sind dabei grundsätzlich die Zielsetzungen der OE. Er bemüht sich darum, daß der OE-Prozeß möglichst ohne ihn zum Ziel kommt und die Organisation ihn aus eigener Kraft lenken kann. Damit verbunden ist die Förderung des Lernprozesses der Organisation, ihrer Fähigkeit, den Standort im OE-Prozeß selber zu analysieren und die weiteren Schritte festzulegen. Der Prozeßberater ist somit eine Art Katalysator, er gibt 'Hilfe zur Selbsthilfe'." ([1], S. 132)

Die *Fachberater* sind für Ingenieurbüros so lange von Bedeutung, wie diese vor der Einführung Neuer Technologien noch keine eigenen Experten für Fragen der Software, Hardware und Vernetzung haben. Insofern sind die Ingenieurbüros in Hinsicht auf die Systemauswahl auf externe Fachberatung angewiesen. Es ist denkbar, daß neben der technischen Fachberatung auch im Hinblick auf arbeitsorganisatorische Strukturen und Personalentwicklungsmaßnahmen Fachkompetenz von außen erforderlich ist. Fachkompetenzen dieser Art müssen jedoch sehr schnell auf eigene 'Systembetreuer' (Technik) und 'Nutzerbetreuer' (Information und Qualifizierung) übertragen werden.

Beide Beratungsfunktionen lassen sich also grundsätzlich über 'externe' oder 'interne' Experten wahrnehmen. Die Vor- und Nachteile können in Anlehnung an Wohlgemuth ([1], S. 140) wie folgt zusammengefaßt werden:

Tab. 1: *Beratungsfunktionen*

Kriterien	**externe Beratung**	**interne Beratung**
Know-how	breite Erfahrung	spezifische Erfahrung
Akzeptanz	neutraler Experte	"Prophet im Lande"
Informationszugang	wenige Informationsbarrieren	positionsabhängig
Problemdistanz	unvoreingenommen	"betriebsblind"
Effizienz	setzt neue Impulse	sichert Kontinuität
Abhängigkeit	Beratungsvertrag	Arbeitsvertrag
Kosten	einmaliges Honorar	hohe Dauerkosten

Unter Berücksichtigung dieser Gesichtspunkte sind kombinierte Varianten aus externer und interner Beratung möglich, die im Laufe des Einführungsprozesses auch eine wachsende Einbindung der Stabs- und Linienstellen des Ingenieurbüros in die Unterstützung des Reorganisationsprozesses sichern.

Externe Beratungsangebote

Am Markt haben sich Firmen oder selbständige Berater unterschiedlichster Ausrichtung etabliert, die Prozeß- oder Fachberatung als Dienstleistung anbieten:

- *Große Unternehmensberatungen*, die das Ingenieurbüro wie jedes andere Industrieunternehmen analysieren, Konzepte entwerfen und schließlich die nötige Hard- und Software beschaffen. Vorteil ist, daß diese Unternehmen das Büro i.d.R. objektiv beraten und aufgrund ihrer Erfahrung und Kompetenz ein optimales Ergebnis für den Kunden erzielen. Leider übersteigen die Kosten für eine solche Beratung wahrscheinlich den finanziellen Aufwand für die einzuführende Hard- und Software und somit den finanziellen Rahmen kleiner und mittlerer Ingenieurbüros. Ferner verfügen diese Firmen selten über Mitarbeiter, die mit der speziellen Problematik des Planens, Entwerfens und Konstruierens von Bauobjekten vertraut sind.
- *Unternehmungsberatungen*, deren Einsatzspektrum auf das *Bauwesen* abgestimmt ist. Der Nachteil der Branchenferne ist damit beseitigt, die Kosten für deren Dienstleistungen sind aber weiterhin noch recht hoch.

- Einige *Berufsverbände* bieten unternehmensspezifische Beratung für den Bereich DV/CAD an. Als Vorteile sind hier die Branchennähe und die relativ günstigen Kosten zu nennen. Die Beratung beschränkt sich aber in der Regel auf die Weitergabe gesammelter Erfahrungen der Mitglieder und Listen branchenrelevanter Software. Eine tiefergehende Beratung im Sinne einer Verfahrensplanung, -realisierung und -einführung, die auf die spezielle Struktur des betrachteten Büros abgestimmt ist, findet nicht statt.

- *Hardware–Firmen* beraten ihre Kunden ebenfalls bei der Einführung von DV–Systemen, sie stellen aber ihre Hardware in den Vordergrund und sind bemüht, die notwendige Software zu beschaffen. Darüber hinaus ist deren Beratungsleistung genauso umfangreich wie die unabhängiger Unternehmensberatungen. Meist fehlt jedoch die Branchennähe. Lohnenswert wird eine Inanspruchnahme erst, wenn das Finanzvolumen für die Hardware eine bestimmte Größenordnung überschreitet. Dies wird aber nur in wenigen Büros der Bauwirtschaft der Fall sein.

- *Software–Firmen* bieten Beratungsleistungen an. Sie unterstützen auf der Basis ihrer Software die Planung und Einführung. Die benötigte Hardware kann ebenfalls durch die Software–Firma beschafft werden, da ihr auch die Hardware–Voraussetzungen bestens bekannt sind. Viele Firmen sind dazu übergegangen, ihre Produkte auf unterschiedliche Rechnerklassen zu portieren. Zudem werden alle namhaften Hardware–Hersteller der PC– und Workstation–Klasse im Angebot geführt. Der Nachteil einer solchen Beratung liegt darin, daß nur die Software der beratenden Firma empfohlen wird, d.h., es ist keine Objektivität vorhanden.

- *Universitäten* bieten
  a) Weiterbildungskurse, wo sowohl auf dem Gebiet der Hard– und Software als auch in Bereichen der Organisationsentwicklung und des Projektmanagements Kompetenz erworben werden kann
  b) Unterstützung bei der Einführung in Form von Beratung. Die Vorteile liegen u.a. in der Neutralität, dem wissenschaftlichen Stand und der interdisziplinären Zusammenarbeit. Ansprüche im Sinne der Produkthaftung können jedoch nicht erhoben werden.

Auffällig ist, daß der Konstruktive Ingenieurbau im Gegensatz zur Architektur nicht in vergleichbarem Maße beratende Unterstützung erfährt (☞ *Kapitel 1, Fallbeispiele zum Einführungsverlauf)*. Im Anhang dieses Buches (☞ *Abschnitt 4.3, Beratungsinstitutionen und –adressen*) sind Adressen aufgelistet, die Beratungsleistung im Zusammenhang mit DV/CAD anbieten. Der Bundesverband Deutscher Unternehmensberater (BDU) verschickt ein Beraterverzeichnis, in dem alle Mitglieder und deren Beratungsleistungen aufgeführt sind. Unter ☞ *Finanzierungshilfen, Kapitel 3*, findet sich ein Hinweis auf Beratungsförderung.

Literatur

[1] Wohlgemuth, A.C.: Das Beratungskonzept der Organisationsentwicklung. Bern: 1982.

Finanzierung

Jörg Abel

In der Betriebswirtschaftslehre wird unter Finanzierung die

> "Kapitalbeschaffung im weitesten Sinne verstanden. Finanzierung in diesem Sinne ist die Bereitstellung von finanziellen Mitteln jeder Art ... zur Durchführung der betrieblichen Leistungserstellung und Leistungsverwertung ..." ([2], S. 661).

Die Finanzierungsform ist dabei zunächst einmal unabhängig von der Art der ☞ *Beschaffung von Hard- und Software, Kapitel 3*. Die Entscheidung für Kauf, Miete oder Leasing beeinflußt zwar den Kapitalbedarf und die Liquidität, ändert aber zunächst einmal nichts an der Notwendigkeit zu Überlegungen hinsichtlich der Finanzierung.

Wird die Gliederung der Finanzierungsformen an der Kapitalherkunft ausgerichtet, ergibt sich folgendes Schema:

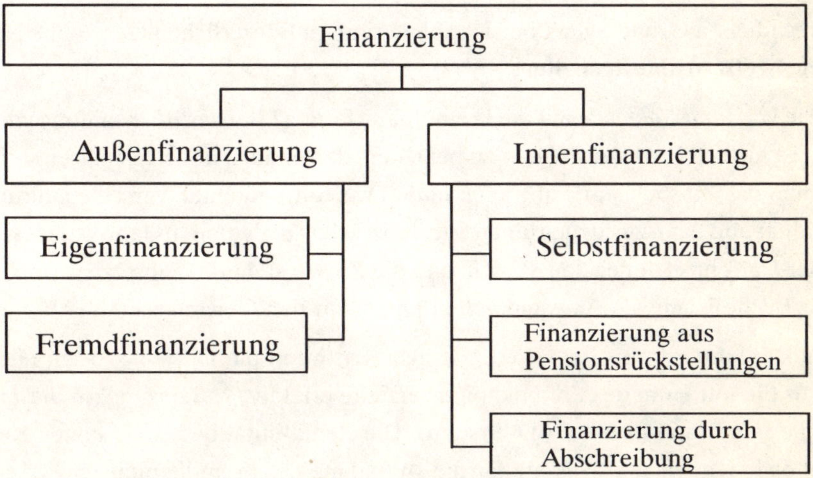

Bild 1: *Finanzierungsformen*

Doch sollen in diesem Kontext nur die *Fremdfinanzierung* und die *Selbstfinanzierung* näher behandelt werden. Die *Eigenfinanzierung* (im Sinne einer Beteiligungsfinanzierung etwa durch die Ausgabe von Aktien), die *Finanzierung aus Pensionsrückstellungen* und die *Finanzierung durch Abschreibung* spielen bei Ingenieurbüros in der Regel keine Rolle.

Fremdfinanzierung

Die mittelfristige (bis zu 3 oder 4 Jahren) und die langfristige Fremdfinanzierung (über 4 Jahre) sind Darlehnsfinanzierungen. Unter *Darlehen* werden festverzinsliche Kredite verstanden, für die zu vertraglich fixierten Terminen Teilbeträge zuzüglich Zinsen an den Darlehnsgeber rückzuentrichten sind. Bei Abschluß des Kredit- oder Darlehnsvertrages sind dem Darlehnsnehmer sowohl die Laufzeit und die Kündigungsbedingungen als auch der endgültige Rückzahlungsbetrag bekannt. Bei Bankkrediten hat der Kreditnehmer – im Gegensatz zu anderen Finanzierungsformen – relativ wenig Einfluß auf die Ausgestaltung des Kreditvertrages.

Die Aufnahme von Darlehen setzt die Kreditwürdigkeit des Darlehnsnehmers voraus. Kreditwürdigkeit ist ein nicht genau zu definierender Begriff, bedeutet aber in unserem Zusammenhang sowohl eine gute Eigenkapitalbasis als auch eine gute Ertragslage des Unternehmens. Neben dieser Kreditwürdigkeitsprüfung sind bei der Aufnahme von Krediten Sicherheiten vorzuweisen, wobei zwischen Personalsicherheiten (etwa Bürgschaften) und Realsicherheiten unterschieden wird. Für die in der Regel kleinbetrieblich strukturierten Ingenieurbüros ist bei der Realsicherheit die Hypothek oder Grundschuld die wichtigste Kreditsicherheit.

Die rechtlichen Grundlagen über Darlehen sind im Bürgerlichen Gesetzbuch (BGB) in den §§ 607–610 festgehalten.

Welche *Vor- und Nachteile* hat die Fremdfinanzierung? Bei der Rückzahlung von Darlehen ist für den Darlehnsnehmer zu beachten, daß er auch in Verlustjahren sein Darlehn und die Zinsbelastung abtragen muß. Dies führt zu einer Verschlechterung der Liquidität und kann zusätzlich einen Substanzverlust bedeuten. In Jahren des Gewinns hat der Darlehnsnehmer den Vorteil, daß die Zinsen steuerlich absetzbar sind, da sie in der Buchführung als Aufwand gelten und somit den Gewinn schmälern.

Fremdkapital wird also immer dann eingesetzt, wenn die Darlehnszinsen niedriger sind als die mit Hilfe des Fremdkapitals erzielte effektive Verzinsung (in diesem Fall also die Investition in das CAD-System). Die Rentabilität des eingesetzten Kapitals muß höher sein als der Zinssatz für die Aufnahme des Fremdkapitals.

Was muß der Kreditnehmer bei dem *Abschluß eines Darlehnsvertrages* beachten? Da dieser Leitfaden nicht alle Probleme aufzeigen und klären kann, im "Ernstfall" somit ein Fachmann zu konsultieren ist, soll nur auf drei Aspekte hingewiesen werden:

- *Auszahlungs- und Tilgungsbeträge*
  Hierbei sind drei Beträge zu unterscheiden: Der *Nennbetrag des Darlehns* bildet u.a. die Bemessungsgrundlage für den Zinssatz und den festzulegenden Auszahlungsbetrag. Dieser *Auszahlungsbetrag* wiederum entspricht nicht zwangsläufig dem Nennbetrag, sondern liegt entweder niedriger

(Disagio) oder höher (Agio). Der *Rückzahlungsbetrag* ist die Summe, die mit dem Kreditnehmer als gesamte Tilgungsleistung vereinbart wurde.

- *Fälligkeitstermine der Tilgungszahlungen*
  Wann die einzelnen Raten für das Darlehn an den Kreditgeber zurückzuzahlen sind, ist prinzipiell frei aushandelbar. Idealtypisch lassen sich zwei Formen unterscheiden: Entweder wird ein *eindeutig festgeschriebener Tilgungsplan* aufgestellt, oder die *Tilgungsmodalitäten* bleiben erst einmal *offen*. Diese Alternative kommt vielfach dann zur Anwendung, wenn einer der Vertragspartner oder beide ein Kündigungsrecht besitzen. Bei der ersten Form unterscheidet man die gesamtfällige Anleihe (Rückzahlung "auf einen Schlag"), die Ratenschuld (für bestimmte Zeiträume gleichbleibende Tilgung) und die Annuitätenschuld (Zinsbelastung richtet sich nach der Restschuld).

- *Modalitäten der Verzinsung*
  Im Vertrag sind
  - die *Zinstermine* (monatlich, halbjährlich, jährlich etc.),
  - die *Zinshöhe*,
    - starre Festlegung für die gesamte Laufzeit,
    - Zinsgleitklausel: Der *Zinssatz* wird an eine andere Variante, etwa den Diskontsatz, gekoppelt,
    - "anzusetzender Zinssatz": Der einmal vereinbarte *Zinssatz* ist von beiden Seiten kündbar und wird dann neu ausgehandelt, während die übrigen Vertragsbedingungen gleichbleiben,
  - die *Zinsbezugsgröße* (entweder in Abhängigkeit von der jeweiligen Restschuld oder vom Gesamtbetrag) sowie
  - der *Effektivzins*

  zu fixieren.

- Daneben muß noch an die Kostenseite eines Kreditvertrages gedacht werden. Nicht nur die Zinsbelastung entsteht, sondern beispielsweise auch Kosten für die Kreditsicherung, z.B. für Grundschuldeintragung, Gebühren für den Notar und das Grundbuchamt.

Auf das Leasing als eine besondere Form der Fremdfinanzierung wird hier nicht eingegangen (☞ *Kapitel 3, Beschaffung von Hard- und Software*).

Selbstfinanzierung

Unter dem Begriff Selbstfinanzierung wird die Finanzierung aus zurückbehaltenen Gewinnen verstanden. In welcher Höhe eine Selbstfinanzierung erfolgen kann, hängt von der Höhe des Gewinns oder der Ausschüttung ab. Die Differenz steht – abgesehen von den Steuern – prinzipiell für eine Selbstfinanzierung zur Verfügung.

Wöhe unterscheidet zwei Formen der Selbstfinanzierung:

> "Die Selbstfinanzierung kann in offener und stiller Form erfolgen. *Offene Selbstfinanzierung* liegt vor, wenn Bilanzgewinne nicht ausgeschüttet werden, sondern bei Einzelfirmen und Personengesellschaften auf den Kapitalkonten stehenbleiben ... So bleiben die Gegenwerte dieses zusätzlichen Eigenkapitals (Gewinne) irgendwo im Vermögen, z.B. in den Zahlungsmittel- oder Forderungsbeständen, und stehen dem Betrieb zur Ausweitung des Betriebsprozesses zur Verfügung.
>
> Die *stille Form der Selbstfinanzierung* vollzieht sich über die Bildung stiller Rücklagen. Stille Rücklagen entstehen dadurch, daß erzielte Gewinne oder eingetretene Wertsteigerungen durch Bewertungsmaßnahmen, die das Bilanzrecht einräumt, in der Bilanz nicht ausgewiesen oder in Passivposten versteckt werden." ([2], S. 825)

Welche Form der Selbstfinanzierung letztlich die günstigere ist, kann nicht allgemeingültig beantwortet werden. Die stille Selbstfinanzierung hat verschiedene Vorteile:

- Die stillen Rücklagen treten bei ihrer Entstehung zunächst nicht als Gewinne in Erscheinung, müssen demnach auch nicht als solche versteuert werden. (Die Bildung der offenen Rücklagen kann dagegen nur aus versteuerten Gewinnen erfolgen.)

- Dadurch tritt bei der stillen Rücklage quasi eine zinslose Steuerstundung ein, die zunächst eine Liquiditätshilfe und einen Zinsgewinn darstellt.

Zu bedenken ist jedoch, daß stille Rücklagen bei ihrer Auflösung nachversteuert werden müssen:

> "Ob es ... im Endergebnis zu einer endgültigen Steuerersparnis oder zu einer Steuermehrbelastung kommt, hängt im Hinblick auf die progressive Einkommensteuer neben der Verteilung der Gewinne auf die einzelnen Perioden von der Ausgestaltung und der Entwicklung der Steuertarife im Zeitablauf ab." ([2], S. 831).

Welche der beiden bisher vorgestellten Finanzierungsformen – Fremd- oder Selbstfinanzierung – bietet sich an? Zunächst sei vorausgeschickt, daß gerade kleine Einzelunternehmen vor dem Dilemma stehen, eine prinzipiell geringere Kreditwürdigkeit aufzuweisen. Davon abgesehen und die Annahme einbezogen, daß auch bei den Einzelunternehmen die Gewinnmaximierung und nicht die Einkommensmaximierung im Vordergrund steht, hat die Selbstfinanzierung den Vorteil, daß sich keine wiederkehrenden Zins- und Tilgungszahlungen ergeben, so daß einerseits eine bessere Liquiditätssituation entsteht und andererseits risikoreichere Investitionen denkbar werden. Auf die Auswirkungen einer stillen Selbstfinanzierung wurde schon eingegangen.

Ein Aspekt, der sich durchaus als Nachteil herauskristallisieren kann, soll noch kurz angeschnitten werden. Die Selbstfinanzierung verführt gerade Einzelunternehmer, die in der Mehrzahl weder Investitionsplanungen noch -rechnungen durchführen, dazu, Investitionen vorzunehmen, die bei einer Fremdfinanzierung sicherlich ein anderes Vorgehen zur Konsequenz hätten. Diese Haltung wird etwa in der folgenden Aussage eines Büroinhabers deutlich, der seinen CAD-Einstieg durch zurückgelegte Gewinne finanzierte: "Der eine steckt sein überschüssiges Geld eben in eine Segelyacht, und ich leiste mir CAD."

Hilfen zur Finanzierung

Der Erwerb einer CAD–Anlage kann durch Finanzierungshilfen sowohl des Bundes als auch der Länder unterstützt werden. Grundsätzlich sollte vor der Anschaffung mit der Hausbank und/oder dem Steuerberater über die Möglichkeiten von Finanzierungshilfen gesprochen werden (☞ *Kapitel 3, Finanzierungshilfen*).

Literatur

[1] Bürgerliches Gesetzbuch. 30. Aufl. München: Deutscher Taschenbuch Verlag 1987.

[2] Wöhe, Günter: Einführung in die Allgemeine Betriebswirtschafslehre. 14. Aufl. München: Verlag Franz Vahlen 1981.

Finanzierungshilfen

Corinna Pientka

Für EDV/CAD-Investitionen gibt es von der öffentlichen Hand, von Banken oder anderen Instituten keine speziellen Fördermittel. Es existieren jedoch Förderprogramme, die auch für den Erwerb von EDV/CAD-Anlagen genutzt werden können. Die nachfolgend aufgeführten Finanzierungshilfen sind in erster Linie für freiberuflich Tätige gültig. Für die gewerbliche Wirtschaft gibt es weitere Programme, die bei den Banken, Verbänden etc. zu erfragen sind. Im Vorfeld sollten Sie in jedem Fall das Gespräch mit einem Steuerberater suchen, auf dessen Hilfe Sie ohnehin bald angewiesen sein werden, wenn das Finanzamt mit steuerlichen Verpflichtungen auf Sie zukommt. Nutzen Sie seine Kenntnisse und Erfahrungen schon im Stadium der Planung.

Ansprechpartner (☞ *Abschnitt 4.3, Beratungsinstitutionen und -adressen*) für eine eingehende Finanzierungsberatung sind in jedem Fall die zuständigen Industrie- und Handelskammern. Sofern diese keinen eigenen Beratungsservice anbieten, können Ihnen dort Informationen über geeignete Ratgeber im Zuständigkeitsbereich der Kammern gegeben werden. Die Fachverbände der Wirtschaft unterhalten ebenfalls Betriebsberatungsstellen, oder Sie vermitteln branchenkundige Berater. Sie können sich aber auch an einen freien Unternehmensberater Ihrer Wahl wenden, der sich auf Fragen der Finanzierung spezialisiert hat.

Datenbankservice "db-select" und "euro-select" der Deutschen Bank

Die Deutsche Bank bietet einen Datenbankservice "db-select" an, der es dem Benutzer erlaubt, je nach Fragestellung selbständig Recherchen zu EDV/CAD-Förder- und Finanzierungsmöglichkeiten durchzuführen. "Db-select" bietet für die gewerbliche Wirtschaft und für freiberuflich Tätige detaillierte Informationen (z.B. über Konditionen, Antragsvoraussetzungen, Ansprechpartner etc.) über mehr als 550 Fördermaßnahmen an. Die Deutsche Bank ist bemüht, den Datenbestand laufend zu aktualisieren. Die Gebühren für die Nutzung der Datenbank richten sich nach dem Informationsgehalt der ausgegebenen Dokumente. So sind für ein vollständiges Dokument 16,- DM, für ein Kurzdokument ca. 3,- DM zu zahlen. Wird die Datenbank eine Stunde genutzt, entstehen Kosten in Höhe von 260,- DM.

Die Datenbank "euro-select" enthält nationale und regionale Förderprogramme für Europa, die von der Europäischen Gemeinschaft und den EG-Ländern unterstützt werden. Die Dokumente werden als Volltext mit zusätzlichen Angaben zur Antragstellung ausgegeben. Die Gebühren für die Nutzung der Datenbank richten sich nach dem Informationsgehalt der ausgegebenen Dokumente. So sind für ein vollständiges Dokument 100,– DM, für ein Kurzdokument 20,– DM zu zahlen. Wird die Datenbank eine Stunde genutzt, entstehen Kosten in Höhe von 300,– DM.

Nähere Informationen sind über die Deutsche Bank AG, Zentrale/Firmenkunden-Abt., Postfach 10 06 01, 6000 Frankfurt/Main, zu beziehen (Stand 1992).

Beratungsförderung

Allgemeine Unternehmensberatung des Bundes

Die Kosten für eine Existenzaufbauberatung (das ist eine allgemeine Beratung innerhalb von zwei Jahren nach der Existenzgründung) werden mit 50 % der Beratungskosten (zur Zeit höchstens 3.000,– DM) aus Bundesmitteln bezuschußt. Die Beratung nach der Existenzgründung soll sich mit wirtschaftlichen, organisatorischen und technischen Problemen der Unternehmungsführung, also auch mit Neuen Technologien, befassen und dazu beitragen, Schwierigkeiten in der Anlaufphase eines Unternehmens zu beseitigen.

Antragsberechtigte:	Rechtlich selbständige Unternehmen der gewerblichen Wirtschaft, die im letzten Geschäftsjahr bestimmte Umsatzgrenzen nicht überschritten haben und deren Sitz und Geschäftsbetrieb im Inland ist, sowie freiberuflich tätige Ingenieurbüros.
Verwendungszweck:	Gefördert werden Beratungen über wirtschaftliche, organisatorische und technische Probleme der Unternehmensführung.
Art der Förderung:	Zuschüsse.
Antragsweg:	Antragstellung beim Bundesamt für Wirtschaft (BAW)–Beratungsdienst, Düsseldorfer Str. 40, W–6236 Eschborn.

Länderspezifische Beratungsförderung

Für kleine und mittlere Unternehmen sowie wirtschaftsnahe freie Berufe bieten die Länder Fördermittel an, die Beratungen im Hinblick auf unterschiedliche Problembereiche (z.B. Ist–Analyse, Einführung neuer Produktionstechniken, Qualifikationsmanagement etc.) abdecken. So unterstützt z.B. das Ministerium für Wirtschaft, Technik und Verkehr in Schleswig-Holstein Spezialberatungen für kleinere und mittlere Unternehmen. Weitere Informationen sind über die Kammern oder die jeweiligen Ministerien der Länder zu beziehen.

Investitionshilfen

Öffentliche Förderung von Freiberuflern

Spezielle Förderprogramme für Freiberufler gibt es in der Bundesrepublik Deutschland nur vereinzelt. Im Zuge der deutschen Vereinigung sind jedoch für die neuen Bundesländer eine Fülle der vorhandenen Maßnahmen erweitert worden, die jetzt auch von der angesprochenen Berufsgruppe beansprucht und/oder für die Akquisition genutzt werden können [1].

Bei Investitionszulagen/Investitionszuschüssen handelt es sich um sog. 'verlorene Zuwendungen', die der Staat für Investitionen gewährt, wenn die Maßnahme in einem Fördergebiet durchgeführt wird und die Fördervoraussetzungen erfüllt sind. Sie bilden im Bereich der Investitionsförderung die Grundlage der staatlichen Wirtschaftsförderung [1].

Kredite von der Kreditanstalt für Wiederaufbau 'Mittelstandsprogramm'

Der Name "Kreditanstalt für Wiederaufbau (KfW)" geht zurück auf den Zweck ihrer Gründung zur Finanzierung der dringlichsten Wiederaufbauvorhaben der deutschen Wirtschaft, Mittel aus dem Marshallplan-Hilfsprogramm (European Recovery Program - ERP) zur Verfügung zu stellen. Im Mittelpunkt der Investitionsfinanzierung durch die Kreditanstalt stehen die Förderung kleinerer und mittlerer Unternehmen sowie die Förderung des Umweltschutzes bei gewerblichen Unternehmen und Kommunen.

Im allgemeinen übernehmen sie die volle Haftung für den Kredit und reichen die Unterlagen bei dem für die Programmdurchführung zuständigen Hauptleihinstitut (Kreditanstalt für Wiederaufbau, Frankfurt/Main; Deutsche Ausgleichsbank, Bonn; Berliner Industriebank AG, Berlin) ein.

Soweit für einzelne Programme nichts anderes bestimmt ist, entscheidet das Hauptleihinstitut über die Gewährung des Kredits und stellt Ihrem Kreditinstitut bei positiver Entscheidung die bewilligten Mittel zur Auszahlung an Ihre Firma als Kreditnehmer zur Verfügung.

Antragsberechtigte:	Kleinere und mittlere Unternehmen der gewerblichen Wirtschaft (produzierendes Gewerbe, Handel, Handwerk

	und sonstiges Dienstleistungsgewerbe) sowie freiberuflich Tätige im gesamten Bundesgebiet.
Verwendungszweck:	Finanzierung von Investitionen im In– und Ausland, die einer langfristigen Mittelbereitstellung bedürfen und der Errichtung, Sicherung oder Erweiterung des Unternehmens sowie der Produktionsaufnahme, Markterschliessung und Mitfinanzierung innovativer Vorhaben dienen.
Antragsweg:	über die Hausbank an die KfW.

Ergänzungsprogramm I der Deutschen Ausgleichsbank

Die Deutsche Ausgleichsbank ist ein Spezialkreditinstitut des Bundes mit Sitz in Bonn und einer Niederlassung in Berlin. Ihre Hauptaufgaben liegen

- im wirtschaftsfördernden Bereich, besonders beim gewerblichen Mittelstand und in den freien Berufen,
- im Bereich des Umweltschutzes und
- in sozialen Aufgaben.

Ihr Ziel bei der Wirtschaftsförderung ist es, finanzielle Hilfen zur Begründung und Festigung der wirtschaftlichen Eigenständigkeit mittelständischer Unternehmer und freiberuflich Tätiger, deren Existenzgrundlage auf privater Initiative beruht, zu gewähren.

Die Ausgleichsbank hat die Möglichkeit, Förderkredite mit günstigen Zinsen, langer Laufzeit und tilgungsfreien Zeiten zur Verfügung zu stellen. Angeboten werden Hilfen zur Existenzgründung bzw. –festigung durch Gewährung von

- ERP–Existenzgründungskrediten,
- Eigenkapitalhilfe und
- Ergänzungsdarlehen.

Antragsberechtigte:	Kleinere und mittlere Unternehmen der gewerblichen Wirtschaft und Angehörige freier Berufe.
Verwendungszweck:	Investitionen für neue oder neueste Produkte bzw. Verfahren (Innovationen), Investitionen zur Existenzgründung und Standortsicherung.
Antragsweg:	über die Hausbank an die Deutsche Ausgleichsbank, Bonn.

Länderspezifische Investitionshilfen

Zur Schaffung eigenbetrieblich genutzten Anlagevermögens, insbesondere zur Errichtung, Erweiterung oder Rationalisierung eines Betriebes, bieten einzelne Bundesländer kleineren und mittleren Unternehmen und wirtschaftsnahen Freiberuflern Fördermittel an. So hat beispielsweise Schleswig-Holstein ein beschäftigungsorientiertes Investitionshilfeprogramm aufgelegt. Weitere Informationen über die Existenz und die Bedingungen derartiger Programme sind über die Hausbanken, die Kammern oder die Ministerien für Wirtschaft, Technik und Verkehr der Länder zu beziehen.

Bürgschaften

Bürgschaften für Kredite an Angehörige freier Berufe

Fehlen einem Existenzgründer bankübliche Sicherheiten zur Absicherung von Bankkrediten bzw. öffentlichen Darlehen, kann eine Bürgschaft bei einer Kreditgarantie-Gemeinschaft beantragt werden. Dies sind Selbsthilfeeinrichtungen der Wirtschaft, die von Bund und Ländern gefördert werden. Es gibt sie in allen Bundesländern; sie sind weitgehend nach Wirtschaftszweigen organisiert. Die Bürgschaften decken bis zu 80% des Kreditbetrages ab. Verbürgt werden Darlehen, mit denen Betriebsgründungen, Geschäftsübernahmen, der Erwerb von Geschäftsanteilen sowie in begrenztem Umfang Betriebsmittel finanziert werden.

Antragsberechtigte:	Angehörige freier Berufe, die überwiegend Einkünfte aus selbständiger freiberuflicher Tätigkeit haben oder haben werden.
Verwendungszweck:	Die zu verbürgenden Kredite müssen der Finanzierung der zur Gründung oder Festigung selbständiger Erwerbstätigkeit notwendigen Investitionen (Anschaffung von Geräten und Apparaten, Einrichtung von Räumen etc.) sowie den hiermit in Zusammenhang stehenden Investitionen innerhalb von drei Jahren nach Gründung des Unternehmens dienen. Die Teilfinanzierung von Betriebsmitteln ist zusätzlich förderbar.
Art der Förderung:	Die Bürgschaften werden als modifizierte Ausfallbürgschaften übernommen.
Antragsweg:	über die Hausbank an die Deutsche Ausgleichsbank, Bonn.

Länderspezifische Bürgschaften

Zur Sicherung von Investitions– und Betriebsmittelkrediten übernehmen einige Länder Bürgschaften in Form von Landesprogrammen. Für Unternehmen der gewerblichen Wirtschaft und für freiberuflich Tätige, deren Förderung wirtschaftlich sinnvoll ist, werden Kreditbürgschaften übernommen. So bietet Schleswig–Holstein Bürgschaften der Landesgarantiekasse Schleswig–Holstein GmbH an. Ein weiteres Beispiel stammt aus Niedersachsen. Die Landesregierung vergibt Bürgschaften der Nordwestdeutschen Bürgschaftsbank (NBB). Nähere Informationen sind über die Hausbanken, die Kammern und die Ministerien für Wirtschaft, Technologie und Verkehr der jeweiligen Länder zu beziehen.

Eigenkapitalhilfeprogramm

Über das Eigenkapitalhilfeprogramm können privatwirtschaftlich betriebene gewerbliche Unternehmen und freie Berufe gefördert werden. Das Programm dient zur Stärkung eigener Mittel, die nach Möglichkeit 15 % der beabsichtigten Investitionssumme betragen sollten. Diese Eigenmittel können über das Eigenkapitalhilfeprogramm bis auf 40% der förderfähigen Investitionssumme aufgestockt werden.

Antragsberechtigte:	Existenzgründer der gewerblichen Wirtschaft und Freiberufler.
Verwendungszweck:	Es werden Mittel für die Existenzgründung (etwa für Technik–Investitionen) bereitgestellt.
Art der Förderung:	eigenkapitalähnliches Darlehen.
Antragsweg:	über die Hausbank an die Deutsche Ausgleichsbank.

Schulung

Von den Ländern werden z.T. Fördermittel für gewerbliche Unternehmen und Angehörige freier Berufe zur Verfügung gestellt, die z.B. Ausgaben für die Ermittlung des Qualifizierungsbedarfes, die Entwicklung von Qualifizierungskonzepten sowie die Durchführung von Qualifizierungsmaßnahmen abdecken. So werden in Schleswig–Holstein berufliche Qualifizierungsmaßnahmen bei der Einführung neuer Techniken gefördert. Nähere Informationen sind über die Ministerien für Wirtschaft, Technik und Verkehr zu beziehen.

Literatur

[1] Gillner, G., H.J. Pratje: Öffentliche Förderung von Freiberuflern. Ingenieurkammer Niedersachsen, Hannover (o.J.)

Gestaltung von CAD-Umgebungen

Christian Niestroj/Günter Nitsche

Mit der Einführung eines CAD-Systems stellen sich zwangsläufig auch die Fragen

- nach der Anpassung an spezielle Bedürfnisse des Büros,
- nach den Erweiterungsmöglichkeiten oder
- nach der Abhängigkeit des CAD-Systems von einer speziellen Hardware- und Software-Umgebung.

Diese Fragen können die Kaufentscheidung wesentlich beeinflussen und sind für den weiteren Ausbau von entscheidender Bedeutung.

Auf dem CAD-Markt existieren Produkte, die als 'geschlossene Systeme' und solche, die als 'offene Systeme' zu bezeichnen sind.

Geschlossene Systeme sind Produkte, die keinerlei Erweiterung seitens des Anwenders zulassen. Die Software-Quellen sind nicht zugänglich; Schnittstellen sind nicht transparent, und Werkzeuge zur Programmierung eigener Problemstellungen stehen nicht zur Verfügung. Die gesamte Entwicklungsleistung wurde und wird im Software-Haus erbracht. Der Anwender muß das CAD-System mit allen seinen Vor-und Nachteilen akzeptieren.

Offene Systeme hingegen unterstützen die Weiterentwicklung durch spezielle Instrumente und bieten damit die Möglichkeit, für die einzelnen Fachgebiete geeignete Software-Werkzeuge zu gestalten. So können z.B. Schnittstellen genutzt werden, um nachgeschaltete Arbeitsprozesse einzubinden, Programmierwerkzeuge eingesetzt werden, um eigene Oberflächen zu gestalten oder auch Datenbankbestände unter firmenspezifischen Gesichtspunkten auszuwerten. Einschränkend muß jedoch ausgeführt werden, daß dies geschultes Fachpersonal voraussetzt. Der Zugang zu offenen CAD-Systemen wird nicht durch Software-Quellen, sondern über definierte Schnittstellen und Werkzeuge ermöglicht. Sollen in einem Büro eigene Programmierarbeiten ausgeführt werden, so können nur über diese Mechanismen Weiterentwicklungen vorgenommen werden.

Schnittstellen offener CAD-Systeme

DV-Systeme sind hinsichtlich ihres Aufbaus durch das Zusammenwirken verschiedener Komponenten gekennzeichnet. Dies sind:

- Geräte (Speicher, Prozessoren, Ein– und Ausgabemedien usw.) und
- Programme (Betriebssystem, Anwendersoftware),

die jede für sich einen abgeschlossenen Aufgabenbereich und damit auch eine begrenzte Funktion haben.

Die Kommunikation zwischen den Komponenten wird über Schnittstellen geregelt. Die Integrationsfähigkeit und Offenheit von DV–Systemen setzt Transparenz und Standardisierung der Schnittstellen auf Hard– und Software–Seite voraus. Folgende Schnittstellen sind im Zusammenhang mit CAD von Bedeutung:

- Benutzerschnittstelle,
- Geräteschnittstelle,
- Graphikschnittstelle,
- Geometriedatenschnittstelle.
- Austauschschnittstelle,
- Programmiersprachenschnittstelle,
- Schnittstelle zur RID,

In Bild 1 ist der grobe Aufbau eines CAD–Systems dargestellt. Zwischen den Schalen des Modells befinden sich Schnittstellen, die den Informationsfluß in beiden Richtungen organisieren. So liegt z.B. die Benutzerschnittstelle zwischen der Software–Ebene und der Anwenderebene.

Man unterscheidet weiterhin nach Hardware–, Hard–/Software– und Software–Schnittstellen. Hardware–Schnittstellen sind i.d.R. physikalische Verbindungen (Kabel, Steckverbindungen). Eine Hard–/Software–Schnittstelle hingegen bewirkt die Ausführung von Instruktionen infolge von Software–Befehlen auf der Hardware; Zustandsmeldungen der Hardware (z.B. Puffer leer) werden wiederum von der Software ausgewertet. Diese Schnittstelle wird durch Treiber oder Dienstleistungsprogramme bedient. Software–Schnittstellen sind Verbindungen zwischen einzelnen Programmen, die den Austausch von Informationen durch formale Parameter eindeutig regeln.

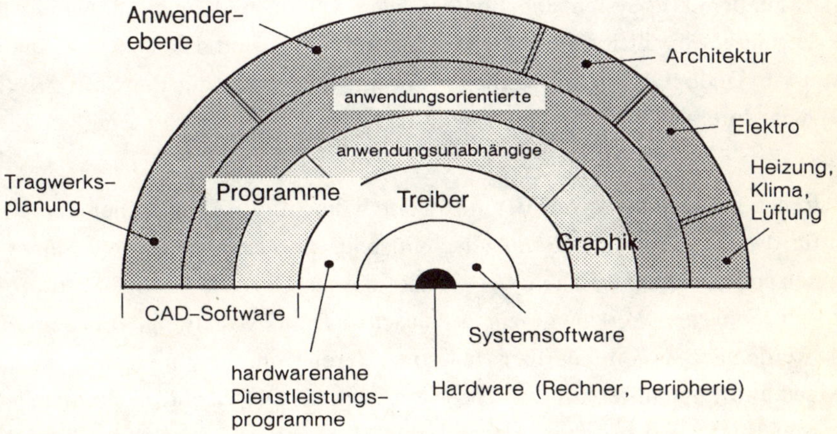

Bild 1: *Schnittstellen*

Zum Begriff Schnittstelle gehören:

- Die **Schnittstellendefinition** (Vereinbarung)
  Regeln über die *Syntax* (formaler Aufbau) und *Semantik* (inhaltliche Bedeutung) der auszutauschenden Informationen müssen (z.B. in einer Norm oder STEP–2DBS) vereinbart werden.
- Ein **Schnittstellenprogramm** (Konverter)
  Es leistet die Umwandlung von einer Informationsdarstellung (z.B. die RID eines CAD–Systems) in eine andere (z.B. STEP–2DBS–Austauschdatei). Es werden Informationen von einem Format auf ein anderes Format abgebildet, die Abbildungsvorschrift ist im Programm codiert.
- **Schnittstellendatei** (Austauschdatei usw.)
  Sie beinhaltet die Informationen (z.B. über eine CAD–Zeichnung) entsprechend den in der Schnittstellendefinition festgelegten Regeln.

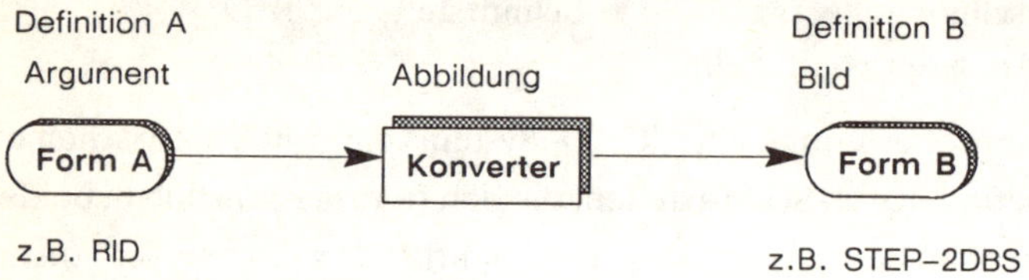

Bild 2: *Aufbau einer Schnittstelle*

Im folgenden werden die einzelnen Schnittstellen kurz vorgestellt.

Benutzerschnittstelle

Über die 'Benutzerschnittstelle' (Mensch–Maschine–Schnittstelle) erfolgt der Informationsaustausch zwischen der Maschine und dem Benutzer.

Die Benutzerschnittstelle ist für den gesamten Kommunikationsprozeß verantwortlich und umfaßt die Sprachen, die Programme und die Geräte, die dem Benutzer zum Umgang mit dem DV–System angeboten werden. Die Ausbildung dieser Schnittstelle kann sehr unterschiedlich sein. In der einfachsten Form sind das Sichtgerät und die Tastatur zur Dialogführung ausreichend. Fordert die Arbeit mit der Software (z.B. CAD) mehr Interaktion, so kommen weitere Geräte, wie Maus oder Digitizer, hinzu.

Eine strenge Dialogführung des Benutzers durch die Software war früher charakteristisch für die Gestaltung der Benutzerschnittstelle. Die Eingabe erfolgte durch das Eintippen von alphanumerischen Werten über die Tastatur. Die heutige Software bedient sich moderner Werkzeuge zur graphischen Dialoggestaltung. Auf dem Bildschirm werden Pop–up–Menüs, Icons u.a. sowie deren Kombinationen angeboten, die mit Maus und Digitalisierstift angesprochen werden. Die Benutzerschnittstelle als wichtigstes Bindeglied zwischen Anwender und Software–Werkzeug ist Gegenstand der arbeitswissenschaftlichen Forschung (☞ *Kapitel 3, Software–Ergonomie*).

Geräteschnittstelle

Die Verbindung zwischen der Anwendungssoftware und der Ein– und Ausgabeperipherie (Hardware) übernimmt die 'Geräteschnittstelle'. Diese Schnittstelle ist hardwareabhängig und wird i.d.R. vom Gerätehersteller oder Software–Anbieter zur Verfügung gestellt.

Graphikschnittstelle

Die Aufgabe der Graphikschnittstelle liegt in der Aufbereitung der Geometriedaten einer rechnerinternen Darstellung (RID) für die graphische Ein– und Ausgabe. Diese Aufbereitung ist gleichzeitig mit einer Umsetzung auf 2–D–orientierte Geometrieinformationen verbunden, da die Ein– und Ausgabegeräte (bisher) 2–D–orientiert sind. Sie ist jedoch von der Peripherie unabhängig.

Eine denkbar einfache und bisher vielfach praktizierte Vorgehensweise ist die Verwendung von Graphikstandards wie GKS, PHIGS, PLOT10, HPGL und CalComp. Auf dieser Ebene können alle graphischen und in begrenztem Maße auch textorientierte Daten ausgetauscht werden. Anwendung findet das bei der Konservierung von Daten in einem Metafile, um zu einem späteren Zeitpunkt die Informationen mit einem Postprozessor aufzuarbeiten.

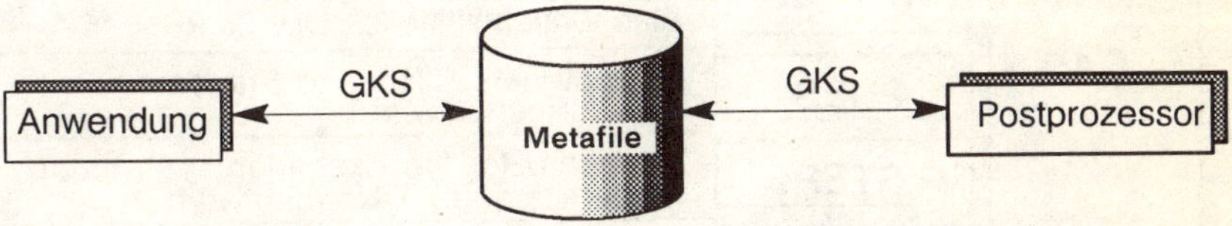

Bild 3: *GKS–Schnittstelle*

Geometriedatenschnittstelle

Für den Austausch zwischen den RID zweier verschiedener CAD–Systeme sorgt die Geometriedatenschnittstelle. Dabei wird stets eine sogenannte intermediäre Datei erzeugt, die in einem neutralen Format organisiert ist. Zur Erzeugung dieser Datei aus der RID ist ein Konverter erforderlich sowie ein zweiter Konverter zur Erzeugung der RID aus der intermediären Datei. Die Qualität des Datenaustausches (Informationsverlust, Informationsdichte, Größe der intermediären Datei, Schnelligkeit usw.) hängt teilweise von der Qualität des Schnittstellenprogramms und teilweise vom Schnittstellenkonzept ab. Sind bei der Konzeptionierung einer Schnittstelle die zu übertragenden Inhalte nicht ausreichend definiert worden, so müssen Informationsverluste bei der Übertragung hingenommen werden.

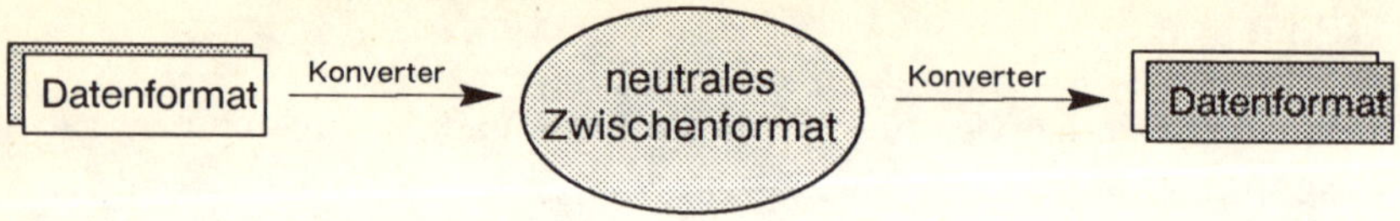

Bild 4: *Geometriedatenschnittstelle*

Die bekanntesten standardisierten Datenschnittstellen für Geometriedaten sind aus der folgenden Darstellung zu ersehen.

IGES ([2]) enthält ein eigenes, vereinfachtes, übergeordnetes Datenformat, dessen graphische und nichtgraphische Daten von einem IGES–Preprozessor aus der Datenstruktur des einen CAD–Systems erzeugt und mit einem IGES–Postprozessor in die Datenstruktur des anderen CAD–Systems abgebildet werden.

Auf die speziellen Bedürfnisse des Automobilbaues ist die *VDA–FS* als Ergänzung der *IGES* ([4]) zugeschnitten (seit 1984 DIN). Sie dient dem Austausch von Freiformoberflächendaten in der Automobilindustrie.

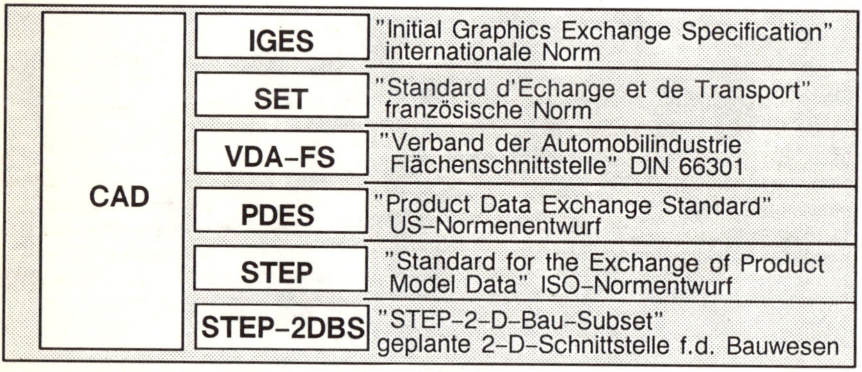

Bild 5: *Beispiele einiger Datenaustauschformate*

SET wurde in Frankreich als Gegenstück zu IGES für die Flugzeugindustrie entwikkelt, der Schwerpunkt liegt jedoch in seiner Verbindung zu Datenbanksystemen.

Als Erweiterung von IGES soll *PDES* auch 3–D–Modelle und produktdefinierende Daten übertragen können.

Inzwischen liegt *STEP* als ISO–Standard vor. Es wurde auf der Grundlage von PDES und den bisherigen Erfahrungen aus den bestehenden nationalen Standards IGES, VDAFS und SET entwickelt. Damit soll ein vollständiger Datenaustausch zwischen CAD–Systemen möglich sein.

Zum gegenwärtigen Zeitpunkt wird vom Hauptverband der Deutschen Bauindustrie die Standardisierung zum Austausch geometrischer Informationen zwischen CAD–

Systemen des Bauwesens vorangetrieben. Auf der Basis von STEP sollen unter der Bezeichnung *STEP–2DBS* [7] die unterschiedlichen rechnerinternen Modelle der einzelnen CAD–Systeme in ein neutrales Datenformat transformiert und den besonderen Bedürfnissen der Baupraxis angepaßt werden. Es muß aber darauf hingewiesen werden, daß mit *STEP–2DBS* zum gegenwärtigen Zeitpunkt lediglich geometrische Informationen zwischen unterschiedlichen CAD–Systemen ausgetauscht werden können. Technologische Informationen, wie sie in der Tragwerksplanung benötigt werden, können zur Zeit noch nicht bzw. nur in sehr beschränktem Umfang übertragen werden. Die dazu erforderlichen Methoden sind in *STEP–2DBS* bereits enthalten, die dazugehörige Semantik ist jedoch noch nicht definiert (☞ *Kapitel 3, DV–technischer Informationsaustausch).*

Austauschschnittstelle

Eines der Hauptprobleme beim industriellen Einsatz der Finite–Elemente–Methode ist der Datentransfer zwischen verschiedenen Programmsystemen. Ziel von *FEDIS* [5] war es, eine möglichst universelle Datenschnittstelle für Finite–Elemente–Programme zu entwickeln, die diesen Datentransfer unterstützt. Dazu wurden die üblichen Elementfamilien nach Art und Umfang festgelegt und ein Vorschlag für eine standardisierte Datenstruktur entwickelt. Darauf aufbauend wurde ein Schnittstellenprogramm erarbeitet, das den Datenaustausch zwischen beliebigen Generier–, Berechnungs– und Auswertungsprogrammen ermöglichen soll.

Die Programmiersprache *PostScript* [1] wurde speziell für die Übermittlung von Text und Graphik an einen elektronischen Drucker entworfen. Sie verfügt über eine große Auswahl an Graphikoperatoren, die in vielfältiger Weise miteinander kombiniert werden können. Darüber hinaus erlaubt sie die Verwendung von Variablen sowie die Definition von Prozeduren und Funktionen, und sie enthält alle Kontrollstrukturen einer 'richtigen' Programmiersprache.

PostScript-Programme werden in der Regel nicht von Benutzern, sondern von einem Anwenderprogramm (z.B. Textverarbeitung, CAD usw.) erzeugt. Die *PostScript*-Anweisungen werden von einem 'Interpreter' im Ausgabegerät verarbeitet.

PostScript hat sich zu einem Standard in seinem Einsatzbereich entwickelt. Als Konsequenz aus dem *PostScript*-Konzept ergibt sich, daß jedes Computersystem, das seine internen Daten in *PostScript*-Anweisungen umwandelt, jedes beliebige *PostScript*-fähige Ausgabegerät ansteuern und durch dieses eine entsprechende Darstellung erzeugen lassen kann.

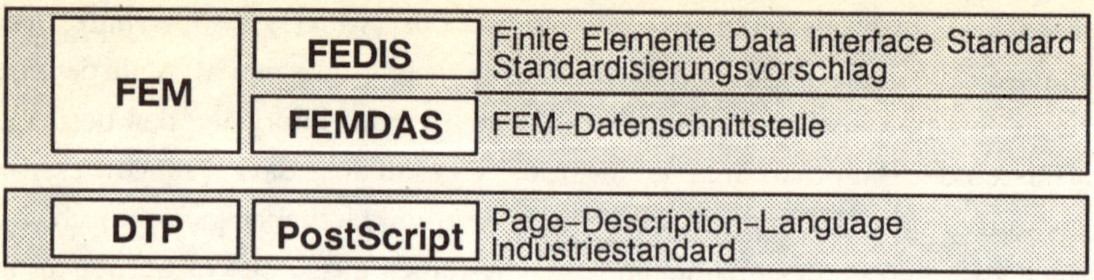

Bild 6: *Beispiele einiger Datenaustauschformate*

Programmiersprachenschnittstellen

Die Existenz einer Programmiersprachenschnittstelle ermöglicht dem geübten Anwender, das Werkzeug CAD seinen spezifischen Bedürfnissen anzupassen.

Schnittstelle zur RID

Das rechnerinterne Modell eines technischen Objekts besteht aus dessen Daten, deren Struktur und den Modellierungsalgorithmen. Die Modellierungsalgorithmen stellen eine Bibliothek von Unterprogrammen dar, mit deren Hilfe Geometrieobjekte und deren Relationen zu manipulieren sind. Diese Unterprogramme werden auch durch das CAD–Grundsystem ausschließlich verwendet.

Werkzeuge für offene CAD–Systeme

Der Grad der Offenheit wird durch die Werkzeuge bestimmt, die dem Anwendungsprogrammierer vom Software–Hersteller angeboten werden. In der nachfolgenden Tabelle sind einzelne 'Werkzeugstufen' angegeben, die dem Entwickler zur Verfügung stehen, um seine CAD–Umgebung zu gestalten. Mit zunehmender Tiefe können die Anwendungen komplexer gestaltet werden, der Zugang zur Datenbasis (RID) ermöglicht praktisch unbegrenzte Systemerweiterungen, sofern keine Restriktionen in der Datenstruktur vorhanden sind. Solche Systemerweiterungen können sehr effektiv sein, stellen aber auf der anderen Seite höhere Anforderungen an den Entwickler bei der Handhabung dieser Werkzeuge und erfordern i.d.R. einen großen Programmieraufwand (vgl. [3]).

Tab. 1: *Gestaltungswerkzeuge*

	Erläuterung	Anwendungen
Makro–befehle	Häufig gebrauchte Kommandofolgen werden in einem einfachen 'Makrobefehl' zusammengefaßt.	Für Anwender, die nicht selbst programmieren wollen.

	Erläuterung	Anwendungen
Interpreter	Befehle des CAD–Systems werden zu programmähnlichen Strukturen editiert und von einem Interpreter zeilenweise ausgeführt.	Für Problemstellungen kleinerer Komplexität, weil i.d.R. nicht der gesamte Leistungsumfang des CAD–Systems in Anspruch genommen werden kann. Die Ausführungszeiten sind nur bei kleinen Programmen befriedigend.
Compiler	Es werden ausführbare Programme *(executables)* erzeugt.	Für Problemstellungen mittlerer bis großer Komplexität, denen Werkzeuge z.B. zur Abwicklung des interaktiven Dialogs und für den Zugriff auf die Datenbasis zur Verfügung stehen.
Regelinterpreter	Ausführbare Programme greifen während der Laufzeit auf Definitionen und Regeln zu, die in einer externen editierbaren Datei vorgehalten werden.	Mit Hilfe eines Regelinterpreters können Programme wesentlich flexibler gestaltet werden, indem Änderungen nicht im Quellcode, sondern in der Regeldatei vorgenommen werden (z.B. bei Änderung von DIN). Somit brauchen Programmstrukturen nicht neu aufgebaut zu werden.
Frei manipulierbare Datenstrukturen	Es können Anwendungsprogramme erstellt werden, die wiederum Objekte (graphischer oder nichtgraphischer Natur) mit beliebigem internem Aufbau und beliebigen Verknüpfungsmechanismen erzeugen.	Programmierung mit diesen Werkzeugen erfordert die genaue Kenntnis des CAD–Systems. Die definierten Datenstrukturen sollten an das CAD–System angepaßt sein, damit die erzeugten Objekte mit den allgemeinen Funktionen des CAD–Systems bearbeitet werden können.

Literatur

[1] Adobe Systems Inc.: PostScript® Language Refernce Manual. Reading, Massachusetts, Menlo Park, California, New York, Don Mills, Ontario, Wokingham, England, Amsterdam, Bonn, Sydney, Singapore, Tokyo, Madrid, San Juan: Addison–Wesley Publishing Company, Inc. 1990.

[2] American National Standard: Digital Representation for Communication of Product Definition Data (ANSI Y14.26M - 1981). New York: The American Society of Mechanical Engineers 1982.

[3] Beucke, K., P. Caprano u. B. Firmenich: Offene CAD–Konzepte für Lösungen im Bauwesen. Frankfurt am Main: Manuskript 1990.

[4] DIN 66301: Rechnergestütztes Konstruieren. Format zum Austausch geometrischer Informationen. Berlin: Beuth Verlag 1986.

[5] Groth, P., H.M. Hilber, C. Katz, H. Werner: FEDIS - Finite Element Data Interface Standard. Forschungsbericht KfK–PFT 114. Karlsruhe: Kernforschungszentrum Karlsruhe GmbH 1985.

[6] Hartmann, D., S. Pavlopoulos und H.J. Schneider: Datenstrukturen in CAD–Systemen. 4. Studienbrief des Kurses V13: Untersuchung und Anwendung von CAD–Systemen zur Lösung praxisbezogener Aufgaben des Bauwesens. Universität Hannover: Arbeitsgruppe Weiterbildendes Studium Bauingenieurwesen (Eigenverlag) 1987.

[7] Zentralverband des Deutschen Baugewerbes (Hrsg.): STEP–2DBS (STEP–2D Bau–Subset). Eine Schnittstelle zum Austausch zeichnungsorientierter CAD–Daten im Bauwesen, Version 1.0. Bonn: Selbstverlag 1990.

Leistungskontrolle

Jörg Abel

Mit der Einführung der elektronischen Datenverarbeitung in die Arbeitsbereiche der kaufmännischen und technischen Angestellten gewinnt mit der 'Kontrolle' ein Thema an Bedeutung, das bislang eher in der Produktion oder bei gering qualifizierten Angestelltentätigkeiten für Unruhe unter den Betroffenen sorgte. Gerade durch die zunehmende Verbreitung von Bildschirmterminals an den Angestelltenarbeitsplätzen sind die betroffenen Mitarbeiter und die Geschäftsleitungen dazu gezwungen, sich mit diesem Problem auseinanderzusetzen. Es müssen Schwierigkeiten vermieden werden, die sich aus einem leichtfertigen Umgang mit diesem Thema für die Geschäftsleitungen ergeben können und die auf seiten der Bauzeichner, Techniker und Ingenieure in Befürchtungen und Mißtrauen resultieren.

Im Vorfeld ist zu definieren, was unter Kontrolle verstanden werden soll. In den Ausführungen werden wir uns auf zwei formale Kontrollen beschränken und zwar auf die fachliche Kontrolle und auf die Leistungskontrolle.

Fachliche Kontrolle

Unter *fachlicher Kontrolle* sollen alle Formen der Kontrolle gefaßt werden, die Vorgesetzte (Geschäftsleitung oder Projektleitung) im Zuge der Projektbearbeitung über ihre Mitarbeiter ausüben können und die sich inhaltlich auf die fachlich richtige Erstellung der Statik und der Ausführungspläne bei der Tragwerksplanung beziehen. Diese fachliche Kontrolle wird etwa auf der formalen Ebene sichtbar, wenn Projektleiter vor dem Planversand durch ihre Unterschrift die Richtigkeit der Schal- und Bewehrungspläne bestätigen. Wichtig im Rahmen dieser Kontrollform ist das Gespräch zwischen dem Projektleiter und den Mitgliedern der Projektgruppe während der laufenden Projektbearbeitung. Dabei ist es unter Projektleitern verbreitet, während eines Gespräches mit einem Konstrukteur oder abends noch einmal einen Blick auf die bearbeiteten Pläne zu werfen, um so unter Umständen Fehler oder Mißverständnisse rechtzeitig entdecken und korrigieren zu können. Diese Form der fachlichen Kontrolle ist bei dem Termindruck, unter dem die Tragwerksplanung erfolgt, eine wichtige Voraussetzung zur Einhaltung der Qualität. Bei den Untersuchungen konnten nur gering ausgeprägte Kontrollformen festgestellt werden. So berichteten etwa Konstrukteure in bezug auf die fachliche Kontrolle, daß es bei ihnen keine Überprüfung der

Zeichnungen vor dem Planversand gibt. Selbst in den Fällen, in denen die Pläne von den Projektleitern geprüft wurden, geschah dies eher flüchtig: "Man hat so seine Ekken, auf die man achtet." Aussagen wie diese charakterisieren die Situation in den meisten Büros.

Leistungskontrolle

Eng verknüpft u.a. mit der Verfolgung der Terminpläne ist denn auch die zweite Kontrollart, die *Leistungskontrolle*. Soziologisch formuliert geht es bei der Leistungskontrolle um die Durchsetzung des betrieblichen Leistungsanspruches, der sich aus der Arbeitgeber–Arbeitnehmer–Beziehung ergibt. Bezogen auf den Bauplanungsprozeß bedeutet das, daß der Projektleiter die zunächst von außen, etwa der Baustelle, vorgegebenen Termine intern umsetzen und realisieren muß. Diese interne Umsetzung bedeutet natürlich nicht, daß etwa auch die aus der Produktion hinlänglich bekannten REFA–Methoden/Leistungsvorgaben nun in die Konstruktionsbüros Einzug hielten. Die Leistungskontrolle bei so komplexen Tätigkeiten, wie sie in der Konstruktion charakteristisch sind, muß relativ schwach ausgeprägt sein. Vielmehr werden die Konstrukteure selbst auf der Grundlage ihrer Erfahrung Bearbeitungszeiten kalkulieren und sich mit der Geschäftsleitung über die Abwicklungsdauer verständigen. Bei den Unwägbarkeiten, die die Projektbearbeitung der Bauobjekte ebenso in sich birgt wie die Vielzahl der Beteiligten, die sich in den Planungs– und Ausführungsablauf in Form neuer Anforderungen oder von Änderungswünschen einbringen, ist es kaum sinnvoll, exakte Zeitvorgaben zu errechnen respektive durchzusetzen.

Es gibt lediglich den Endtermin, der 'irgendwie' eingehalten werden muß (notfalls durch Überstunden oder externe Vergabe), und bürointerne Erfahrungswerte. Die Vorgesetzten haben ihren Konstrukteuren gegenüber keine direkten Durchsetzungsmittel zur Verfügung. Selbst die verbreiteten Selbstaufschreibungen rufen bei den Betroffenen keine Befürchtungen hervor. Diese wöchentlich oder monatlich abzugebenden Listen dienen lediglich der Nachkalkulation der Projekte. Soweit uns bekannt ist, glauben weder die Mitarbeiter, daß die Geschäftsleitung diese Selbstaufschreibungen für Leistungsbeurteilungen nutzt, noch gaben dies die Geschäftsleiter zu.

Das heißt aber nicht, daß überhaupt nicht kontrolliert wird bzw. werden kann. Nur sind dabei andere Formen bedeutsam, die weniger auf hierarchischen Über– und Unterordnungsverhältnissen basieren. Die Beziehung zwischen dem Projektleiter und dem Statiker, sofern es diese Arbeitsteilung in dem Projekt gibt, ist eher die eines 'Primus inter pares', während die zwischen dem Projektleiter und den Konstrukteuren zwar Anleitungs– und Kontrollfunktionen beinhaltet, aber keine Vorgesetztenposition im klassischen Sinne bedeutet. Deshalb sind für den Planungsablauf zwei andere

Aspekte bedeutsam: Zum einen muß der Projektleiter versuchen, für sein Projekt die *richtigen Mitarbeiter* zu gewinnen, d.h., je spezialisierter und erfahrener sie für die Bearbeitung des jeweiligen Entwurfsobjektes sind, desto geringer wird die Notwendigkeit einer fachlichen oder Leistungskontrolle. Zum anderen findet sich auf der Seite der Angestellten eine in der Regel hohe *Arbeitsmotivation*, sowohl was etwa die Einhaltung von Terminen betrifft (wenn es nötig ist, werden ohne Widerstand Überstunden gemacht) als auch hinsichtlich der Einhaltung qualitativer Standards bei der Arbeit. So wiesen Konstrukteure mit Stolz darauf hin, daß in ihrem Büro die fachliche Kontrolle durch die Projektleitung aufgrund ihrer langjährigen Erfahrung und ihres hohen Qualifikationsniveaus unnötig sei und trotzdem noch nie Pläne zurückgekommen seien.

Diese *innere Selbstverpflichtung* der Mitarbeiter ist der entscheidende Faktor für eine erfolgversprechende Bewältigung der Projektarbeit. Die Arbeitsmotivation korreliert mit dem Umstand, daß Projektleiter in der Regel nicht als hierarchische Vorgesetzte auftreten, sondern die Motivation nur dadurch gefördert wird, daß sie bei steigenden Anforderungen 'das Projekt sprechen lassen' und nicht versuchen, Druck auszuüben.

Leistungskontrolle bei der CAD-Bearbeitung

Das in vielen Schattierungen vorfindbare Grundmuster der Selbstverpflichtung kann durch CAD in Gefahr geraten. War bislang eine Überprüfung der tatsächlich mit produktiver Arbeit zugebrachten Arbeitszeit mit Ausnahme von wenigen Stichproben undenkbar, eröffnen die CAD-Systeme die Möglichkeit, die Leistungsabgabe durch sog. 'Statistik-Module' zu überwachen. So befürchten die Gewerkschaften, daß durch die Protokollierung sowohl der reinen Arbeitszeit der Benutzer, ihrer Pausen oder Unterbrechungen als auch der Anzahl der Rechenoperationen oder der CPU-Zeiten für jeden CAD-Nutzer individuelle Leistungsprofile erstellt werden können.

Dieses gestiegene Potential zur Leistungskontrolle kann nicht nur die für CAD notwendige Akzeptanz von seiten der Mitarbeiter beeinträchtigen, auch für die Projektleiter ergeben sich Probleme. In den meisten Fällen sind sie im Umgang mit dem CAD-System nicht vertraut und fühlen sich insofern den CAD-Anwendern gegenüber unterlegen. Gehen sie tagsüber an den Konstruktionsarbeitsplätzen vorbei, können sie nicht mehr wie früher durch einen Blick auf den Plan am Zeichenbrett Aufschluß über den Arbeitsfortschritt und die fachliche Richtigkeit erhalten. Heute sehen sie auf den kleinen Bildschirmen nur noch Ausschnitte des Konstruktionsganzen; gehen sie nach Feierabend noch einmal durch die Räume, sind die Bildschirme dunkel. Kontrolle erfordert heute technisches Know-how, um dem Rechner den aktuellen Bearbeitungsstand abzufragen. Dieses CAD-Wissen beherrschen die meisten Projektleiter aber nicht.

Während die Mitarbeiter bislang noch keine Befürchtungen vor Leistungskontrollen zu haben brauchen, eine Erfahrung, die sich mit Untersuchungen aus anderen Branchen deckt, sprechen viele Projektleiter das Problem ihrer sinkenden Kontrollmöglichkeiten selbst an. Die Überprüfung des Planungsstandes auf dem Zeichenbrett würde ihnen fehlen. Dabei wissen sie und betonen das auch selbst, daß Kontrollen bei der konventionellen Bearbeitung schwierig zu realisieren sind, so daß sie die Verschärfung des Problems zwar thematisieren, aber es nicht zu einem Argument gegen den CAD-Einsatz hochstilisieren. Ihre Skepsis rührt in erster Linie daher, daß ihnen mit CAD eine neue Technik gegenübersteht, die zwar die CAD-Konstrukteure beherrschen, sie hingegen nicht.

Um diesem Dilemma zu entgehen, gibt es zwei Möglichkeiten: Entweder lernen auch die Projektleiter die Bedienung des CAD-Systems, oder es werden Kontrollen über ein Mehr an Zwischenplotts durchgeführt. Diese Alternative scheitert aber häufig an der für große Pläne zu geringen Arbeitsgeschwindigkeit der Plotter. Hinzu kommt, daß die häufigen Zwischenausdrucke auch bei den Kosten zu Buche schlagen.

Der erste Lösungsweg, die Vermittlung von CAD-Kenntnissen auch an die Geschäfts- und Projektleiter, scheint der bessere Weg zu sein, nicht nur, um das angesprochene Problem zu lösen, sondern auch, um z.B. übertriebene Erwartungen an CAD seitens der Projektleiter zu dämpfen. Diese könnten sonst auf die Idee kommen, bei der Terminplanung unrealistische Bearbeitungszeiten zu kalkulieren, immer nach der Devise: "Sie haben aber doch den Computer, damit geht es doch viel schneller."

Schlußbemerkung

Es läßt sich konstatieren, daß das Thema 'Kontrolle' (noch!) keine Probleme aufgeworfen hat, aber - insbesondere aus Arbeitnehmersicht - nicht leichtfertig aus den Augen verloren werden sollte. Die Möglichkeit zur Leistungskontrolle ist im Prinzip über die CAD-Technik gegeben, auch wenn sie bisher noch nicht praktiziert wird. Davon muß auch - sogar im Sinne der Geschäftsleitung - dringend abgeraten werden, denn solange der Bauplanungsprozeß so abläuft, wie er sich zur Zeit darstellt, ist die Projektbearbeitung entscheidend von der hohen Arbeitsmotivation und der positiven Einstellung der Mitarbeiter zum jeweiligen Projekt abhängig. Das sollte nicht durch unnötige Kontrollmechanismen in Gefahr gebracht werden. Die ungeschriebene Übereinkunft zwischen Geschäftsleitung, Projektleitung, Statikern und Konstrukteuren bietet, daran ändert auch CAD vorläufig nichts, die Gewähr einer qualitativ hochwertigen und zeitlich effektiven Projektabwicklung.

Mitarbeiterbeteiligung

Jörg Abel

Die Einführung 'Neuer Technologien' kann die Arbeit der Angestellten in den Ingenieurbüros einschneidend verändern. Die Gefahr von zusätzlichen Belastungen durch die Bildschirmarbeit, von Dequalifikation oder gar Verlust des Arbeitsplatzes führt zu Befürchtungen, die von den Betroffenen vielfach mit den Begriffen 'Mikroelektronik' oder 'Neue Technologien' assoziiert werden. Da diese Probleme inzwischen auch von der Arbeitgeberseite erkannt worden sind, werden zaghafte Ansätze einer Beteiligung der Mitarbeiter bei der Einführung von neuen Techniken sichtbar. Beteiligungsansätze beschränken sich in der Regel jedoch auf die Weitergabe von Informationen (etwa nach den Bestimmungen des Betriebsverfassungsgesetzes) oder den Versuch, sich das arbeitsrelevante Wissen der Mitarbeiter anzueignen, um es gezielt für die Rationalisierungsplanung verwenden zu können. Ziel – insbesondere bei der 'Informationsstrategie' – ist es, die Akzeptanz in bezug auf die einzuführende Technik zu sichern.

Es gibt jedoch auch Unternehmensleitungen, denen diese rudimentären Formen einer Mitarbeiterbeteiligung schon zu weit gehen. Sie sehen darin einen Eingriff in ihre Verfügungsgewalt über ihr Eigentum und lehnen jede Mitsprache kategorisch ab. Die Einführung neuer Techniken wird in diesen Fällen als alleinige Entscheidung der Geschäftsleitung betrachtet und auch so durchgesetzt.

Diese Vorgehensweise ist nicht nur aus der Sicht der betroffenen Angestellten zu kritisieren, sie kann sich auch beim späteren Einsatz der Technik als kontraproduktiv erweisen. Denn nicht nur mangelnde Akzeptanz seitens der Beschäftigten, sondern eine suboptimale Einsatzstrategie kann die Folge sein. Aus dem Blickwinkel der Unternehmensleitung kann der komplexe Projektablauf eines Bauvorhabens anders aussehen als aus der Sicht des Statikers oder Konstrukteurs; letztere kennen die Anforderungen, die eine DV–Anwendung erfüllen muß. Vor diesem Hintergrund ist denn auch ein breites Beteiligungsverständnis die Grundlage unserer Definition:

> *Unter Beteiligung bei der Einführung von neuen Techniken verstehen wir nicht nur die Mitwirkung der Betroffenen an der Planung, sondern auch deren abgesicherte Möglichkeiten, den Einführungsprozeß mitzugestalten.*

Es geht also nicht nur um die klassischen Felder der Ergonomie (Beleuchtung etc.), sondern in erster Linie um die Arbeitsgestaltung, die in diesem Fall von der arbeitsorganisatorischen Einbindung der CAD–Technik über die Qualifikationssicherung bis hin zur Ergonomie alles enthalten soll. Dabei sei gleich vor einem Mißverständnis gewarnt: Beteiligung ist ein "offener sozialer Prozeß", für dessen Organisation keine "Rezepte" gegeben, sondern nur "notwendige Rahmenbedingungen abgesteckt" werden können (vgl. [2], S. 14; [4], S. 21).

Empirische Ergebnisse zur Mitarbeiterbeteiligung

Bevor die "Rahmenbedingungen" genauer bestimmt werden, sollen kurz empirische Ergebnisse des Forschungsvorhabens vorgestellt werden. Gerade in der Diskussion über die "Humanisierung des Arbeitslebens" und das im Rahmen dieses Förderprogrammes des Bundesministers für Forschung und Technologie finanzierte Forschungsvorhaben spielte die Frage der Mitarbeiterbeteiligung immer wieder eine wichtige Rolle; so auch im Zusammenhang mit der stärkeren Verbreitung der Mikroelektronik. Durch die in der Mikroelektronik angelegten Flexibilitätspotentiale sind die Betriebe stärker gezwungen, die Anforderungen des Arbeitsprozesses mit den Möglichkeiten der Technik in Einklang zu bringen. Daß dies nicht immer gelingt, konstatieren Weltz/ Bollinger [5]:

> "Die Investitionen in Bürotechnik, die an den Anforderungen der Aufgabenstellungen und der Arbeitssituation der Nutzer vorbeigeplant und implementiert wurden und deren Leistungspotential deshalb gar nicht oder weit unter Wert genutzt wird, gehen mit Sicherheit in die Milliarden. Und schlimmer noch als solche Investitionsruinen sind jene Technikinstallationen, die ihre Nutzer zu aufwendigen und unsinnigen Operationen zwingen und die Arbeit eher erschweren als erleichtern. Noch nie in der Geschichte der Industrialisierung war die Spanne zwischen dem Leistungsangebot installierter Technik und seiner tatsächlichen Nutzung so groß; fehlende Einbeziehung jener, die mit dieser Technik arbeiten sollen, ist nicht zuletzt verantwortlich für diese Investitionsruinen." ([5], S. 27)

Diese "Investitionsruinen" lassen sich zwar durch Mitarbeiter- oder Nutzerbeteiligung nicht gänzlich verhindern, doch belegen Studien, daß Partizipation sich positiv auf den Einsatz neuer Techniken auswirkt.

Auch unsere Untersuchungen ergaben, daß eine ausgeprägte Beteiligung der Mitarbeiter im Sinne unserer Definition in keinem Fall vorzufinden war. Das heißt aber nicht, daß die Mitarbeiter von den Überlegungen und Planungen grundsätzlich ausgeschlossen blieben, die CAD-Einführung somit zur "alleinigen Chefsache" erklärt worden wäre. Es gab aber keine abgesicherten Beteiligungsformen. In der Regel waren die Mitarbeiter informiert, wurden zu Messebesuchen oder zu Programmanbietern mitgenommen. Es war schon ein Ausnahmefall, daß ein Büroinhaber seine Mitarbeiter im Vorfeld der Einführung bei Systemanbietern zu Testschulungen schickte, um die Systeme aus ihrer Sicht auf Erfüllung der Praxisanforderungen begutachten zu lassen. Bezeichnend ist aber, daß bei der Entscheidung nicht auf die Empfehlung der Mitarbeiter eingegangen, sondern ein Konkurrenzprodukt angeschafft wurde.

Etwas anders stellt sich die Situation in den Ingenieurbüros dar, in denen die Initiative für CAD von den Beschäftigten selbst ausging und diese z.T. bei der Geschäftsleitung noch "Überzeugungsarbeit" leisten mußten, um die Zustimmung für CAD zu bekommen. In diesen Fällen hatte der Initiator einer CAD–Einführung größere Mitwirkungsmöglichkeiten und konnte in der Folge zum "CAD–Experten" aufsteigen.

Insgesamt ließen sich bei den beobachteten Einführungsverläufen folgende Merkmale der Beteiligung erkennen:

- Eine intensive Mitarbeiterbeteiligung mit wirklichen Einflußmöglichkeiten besteht nicht. Die Geschäftsleitungen lassen nur am Rande zu, daß Mitarbeiter ihre Anforderungen und Interessen artikulieren können. In der Regel wird zwar informiert, aber bislang nur, um die Akzeptanz zu erhöhen und weil man weiß, daß gegen den Willen der Mitarbeiter "nichts zu machen sei". Hier spielt - gerade bei den sehr kleinen Büros - auch die z.T. langjährige Verbundenheit zwischen Geschäftsleitung und Mitarbeitern eine Rolle. Doch trotz eines guten Betriebsklimas wurde auch in diesen Fällen nicht gemeinsam überlegt und entschieden.

- Die beobachteten rudimentären Beteiligungsformen beschränkten sich auf den engen Ausschnitt der konkreten Hardware– und Software–Auswahl. Fragen zu den Anforderungen, die an CAD gestellt werden sollten, zur späteren Einbindung in den Arbeitsablauf oder zur Qualifizierung waren kein Thema.

- Es darf zwar vermutet werden, daß eine Beteiligung der Mitarbeiter bei der CAD–Einführung zu besseren Nutzungsgraden führt, aus der Untersuchung läßt sich dies aber aufgrund fehlender Fallbeispiele nicht belegen.

Aufgrund des letzten Ergebnisses kann mit Recht gefragt werden, warum dann überhaupt Beteiligungsmodelle mit den ganzen Mühen, die damit verbunden sind, praktiziert werden sollen, wenn der Erfolg nicht nachweisbar ist. Darauf ist zweierlei zu antworten: Einerseits zeigen Erfahrungen aus anderen Bereichen, daß die Beteiligung der Mitarbeiter zu einer besseren Ausnutzung der Anlagen führt. Zum anderen, und dieses Argument ist wesentlich bedeutsamer, befindet sich der CAD–Einsatz in den Ingenieurbüros der Bauwirtschaft noch in der Anfangsphase, so daß die bisherigen Erkenntnisse keine endgültigen sein können. CAD wird vielfach von solchen Geschäftsleitungen und Mitarbeitern eingeführt und vorangetrieben, bei denen eine gewisse Technikfaszination (verbunden mit anderen Argumenten) erkennbar ist. In diesen Fällen herrscht insbesondere auf der Mitarbeiterseite eine hohe Motivation, die manche Probleme, Hindernisse und Nachteile einer weniger gut geplanten CAD–Einführung zu kompensieren vermag. Setzt sich CAD aber breiter durch, müssen sich auch diejenigen Angestellten mit der Technik auseinandersetzen und mit ihr arbeiten, die ein weniger interessiertes oder gar ablehnendes Verhältnis zu CAD haben. Diese Beschäftigten werden nicht mit dem Enthusiasmus der technikfaszinierten Kollegen an die neue Technik herangehen.

Gründe für die Mitarbeiterbeteiligung

Einer der Hauptgründe für eine Mitarbeiterbeteiligung war und ist für die Geschäftsleitungen immer noch die *Sicherung der Akzeptanz und Motivation* von seiten der Beschäftigten. Doch kann das nicht alles sein. Nur durch das aktive Einbeziehen der direkt und indirekt Betroffenen kann das Ziel, das sich hinter dem Schlagwort "sozialverträgliche Technikgestaltung" verbirgt, angestrebt und auch erreicht werden. Die Beschäftigten haben Interessen, etwa nach Qualifikationserhalt, abwechslungsreichen Arbeitsaufgaben oder Schutz vor Belastungen, die auch in die Einführungs– und Einsatzplanungen einfließen müssen (vgl. [4], S. 133 ff.). Gerade in Kleinbetrieben läßt sich ein großes Interesse der Beschäftigten an Identifikationsmöglichkeiten mit dem Betrieb und den eigenen Arbeitsaufgaben konstatieren. Dazu ist es aber unabdingbar, daß die Interessen auch artikuliert werden können, auf ernsthaftes Gegeninteresse bei der Geschäftsleitung stoßen und Umsetzungschancen bestehen. Mitarbeiter handeln eben nicht nur nach dem lange Zeit vorherrschenden Menschenbild des "homo oeconomicus", der sich an der Maxime des größtmöglichen Gewinns orientiert, nur nach dem Gehalt "schielt" und grundsätzlich versucht ist, sich das Leben so bequem wie möglich einzurichten. Statt dessen muß in der heutigen Arbeitswelt eher vom *Menschenbild des "complex man"* ausgegangen werden:

> "Das Konzept des 'complex man' postuliert ... , daß (1) Menschen auch in bezug auf die Arbeit vielfältige Bedürfnisse haben, und daß (2) deren Hierarchie auch in bezug auf die Arbeit einem Wandel unterliegt und zu einer bestimmten Zeit nicht für alle Menschen in gleicher Weise gelten muß." ([4], S. 163)

Das bedeutet für die Geschäftsleitungen ein größeres Eingehen auf die Bedürfnisse und individuellen Unterschiede des einzelnen, um so auch flexible Dispositionsräume für die Mitarbeiter zu schaffen. Das ist gerade bei so komplexen Arbeitsprozessen wie den Entwurfs– und Planungsprozessen im Bauwesen doppelt wichtig, da hohe Qualifikation, Flexibilität und starke Arbeitsmotivation notwendige Voraussetzungen für die Bewältigung des "chaotischen Bauablaufes" sind. Für die CAD–Einführung folgt daraus, daß die genannten Bedingungen erhalten bleiben müssen, wozu wiederum die Partizipation der Mitarbeiter erforderlich ist.

Eine Mitarbeiterbeteiligung wird aber auch ganz handfeste *betriebswirtschaftliche Vorteile* haben. Allein das Ersetzen des Zeichenbrettes durch den CAD–Bildschirm bringt kaum Produktivitätsfortschritte. Es sind vielmehr der flexible Mitarbeitereinsatz in der angenommenen Form der CAD–Arbeitsorganisation und ein hohes Maß an Selbstverantwortung, die eine produktive CAD–Nutzung sichern. Das Wissen, wo es bei der Projektbearbeitung "klemmt", welche Hilfe die Datenverarbeitung dabei bringen könnte und wie sie einzusetzen ist, liegt naturgemäß bei denen, die tagtäglich in der Projektbearbeitung stehen und sich mit den Schwierigkeiten auseinandersetzen müssen, also bei den Mitarbeitern.

Zusammenfassend lassen sich somit für die Unternehmen folgende Vorzüge einer Partizipation erkennen:

- Man nutzt das Expertenwissen der Mitarbeiter.
- Die Akzeptanz erhöht sich und als Konsequenz die Motivation.
- Die Qualität der Arbeitsergebnisse steigt.
- Die Arbeitszufriedenheit und das Betriebsklima verbessern sich.

Projektgruppe als adäquate Form der Mitarbeiterbeteiligung

Die Forderung nach Partizipation der Mitarbeiter sagt noch nichts über die Organisationsform dieser Beteiligung aus. Wir wollen im folgenden für die Gründung einer *Projektgruppe* zur Planung und Durchführung der CAD–Einführung plädieren, weil die Einbeziehung aller direkt und indirekt Betroffenen in den CAD–Einführungsprozeß nur durch diese Organisationsform am besten gewährleistet scheint. Gelegentliche Information der Mitarbeiter über den Planungsstand oder Konsultationen, bei denen die Mitarbeiter Kritik oder Verbesserungsvorschläge einbringen dürfen, reichen nicht aus. Die Schaffung eines festen Planungsgremiums und eine kontinuierliche Mitwirkung der Betroffenen sind eine notwendige Voraussetzung für ein ernstgemeintes Beteiligungsangebot seitens der Geschäftsleitung.

Die Projektgruppe sollte sich aus Mitarbeitern aller direkt und indirekt von dem Veränderungsprozeß betroffenen Bereiche zusammensetzen. Deshalb sind Vertreter

- der Geschäftsleitung,
- der EDV–Abteilung,
- des Betriebsrates,
- der Abteilungsleiter (aus den betroffenen Abteilungen),
- der Projektleiter und Statiker (mindestens aus den betroffenen Abteilungen) und
- der Konstrukteure und Zeichner

zu benennen.

Die *Größe* der Projektgruppe ist u.a. abhängig von der Mitarbeiterzahl des Unternehmens. So wäre es bei einem Büro mit fünf bis zehn Beschäftigten durchaus überlegenswert, alle Mitarbeiter in die Projektgruppe aufzunehmen. Bei größeren Ingenieur–

oder Planungsbüros kann naturgemäß nicht die gesamte Belegschaft an der Projektgruppe beteiligt werden; so könnte etwa jeder Funktionsbereich Projektgruppenmitglieder bestimmen, die Wünsche, Kritik und Forderungen in die Projektgruppe tragen, die Verhandlungsergebnisse wieder in den Mitarbeiterkreis zurückbringen und diskutieren lassen.

Hauptaufgabe der Projektgruppe ist es, den CAD-Einführungsprozeß (Ist-Analyse, Soll-Konzept und Auswahlprozeß) zu organisieren sowie den Einsatz vorzubereiten und durchzuführen.

Die Arbeit in Gruppen hat eine Vielzahl von *Vorteilen*. Sie

- " fördert Kreativität und Lernbereitschaft, das führt zu höherer Flexibilität und Innovationsbereitschaft;
- gibt Mitarbeitern über ihren Arbeitsplatz hinaus Einblick in die Organisation des Arbeitsablaufs. Sie lernen Probleme aus der Sicht anderer Beteiligter kennen und sind bemüht, Verständnis dafür zu entwickeln. Es findet ein gegenseitiger Lernprozeß statt;
- fördert eine gemeinsame Bedürfnisabklärung;
- hilft Ängste abbauen;
- fördert die Kommunikationsfähigkeit;
- hilft, Konflikte leichter zu lösen;
- fördert die Bereitschaft zur Mitarbeit;
- ist wirtschaftlich, da vielfältiges Know-how zusammenkommt, was zu verbesserter Qualität der Entscheidungen führt;
- fördert die Bereitschaft, anderen zu helfen;
- fördert die Bereitschaft, auch fremde Hilfe in Anspruch zu nehmen;
- fördert kollektives Denken und Arbeiten;
- erhöht die Chance, daß Probleme von verschiedenen Seiten angegangen werden;
- fördert Außenkontakte;
- fördert den Abbau von Hierarchien" ([3], S. 67).

Doch auch eine Reihe von *Nachteilen* soll nicht verschwiegen werden:

- Um eine arbeits- und durchsetzungsfähige Projektgruppe zu initiieren, müssen Voraussetzungen geschaffen werden, so etwa die Verbindlichkeit, daß die Mitarbeiterbeteiligung in der Projektgruppe fester Bestandteil des Planungsprozesses ist, daß eine Vorab-Qualifikation für CAD ermöglicht wird und die erforderlichen zeitlichen Freiräume geschaffen werden. Ohne diese und andere Bedingungen kann der Zweck der Projektgruppe verfehlt werden.

- Der Zeitpunkt des Einsetzens der Projektgruppe ist äußerst schwierig zu bestimmen. Je früher die Projektgruppe eingesetzt wird, desto höher wird die von der Projektgruppe zu bewältigende Komplexität sein. Andererseits wird eine zu späte Beteiligung zu Widerständen und Konflikten führen. In der Literatur (vgl. [1], S. 35 f.) findet sich in diesem Zusammenhang der Begriff "Trilemma":

  - Erarbeitet die Geschäftsleitung ein Konzept, an dem die Projektgruppe nur in Detailfragen mit zu entscheiden hat, wird zwar die Planungskomplexität gesenkt, aber der Widerstand kann wachsen.

  - Läßt man die Projektgruppe schon relativ früh arbeiten, dann steigt mit der Komplexität der Zeitaufwand für Planung und Diskussion, aber auch Akzeptanz und Motivation der Betroffenen nehmen zu.

  - Diese Situation verschärft sich, wenn bei der "Stunde 0", also mit der Problemartikulation, begonnen wird. Hier kann der Betrieb mit der Aufrechterhaltung des Prinzips der Mitarbeiterbeteiligung überfordert sein, ein vernünftiges Verhältnis von Aufwand und Ertrag wird nicht zu erwarten sein.

  So diffizil dieses Problem auch ist, so läßt sich doch der allgemeine Grundsatz festhalten, daß der Einsatz "guter" Software infolge zu später oder fehlender Mitarbeiterbeteiligung am Desinteresse oder gar am Widerstand der Mitarbeiter scheitern kann.

- Während der Arbeit der unterschiedlichen Interessengruppen sind *Konflikte* quasi schon vorprogrammiert. Ist die Projektgruppe sowohl intern als auch unter Hinzuziehung eines externen Beraters nicht in der Lage, die Konflikte auszutragen, kann sie zu keinem Ergebnis kommen. Hier ist aber davor zu warnen, in Anbetracht dieser Gefahr die "Strategie der schnellen Lösung" einzuschlagen; vielmehr sind die Konflikte auf dem Verhandlungswege auszufechten.

- Wenn die Geschäftsleitung die *Mitarbeiterbeteiligung nur als "Mittel zum Zweck"* (Akzeptanzsicherung etc.) versteht und dies für die Betroffenen erkennbar wird, kann die Projektgruppe ihre Funktion nicht erfüllen. So darf beispielsweise Kritik seitens der Betroffenen nicht zum Nachteil der Mitarbeiter ausgelegt werden.

Sollen diese Nachteile vermieden werden, dann sind folgende, für das Funktionieren der Projektgruppe unabdingbare *Voraussetzungen* zu erfüllen (vgl. [5], S. 28 f.):

- Sollen die verschiedenen Interessengruppen am CAD–Einführungsprozeß beteiligt werden, müssen sie über entsprechende *Qualifikationen* verfügen. Um über die anstehende Thematik auch problemorientiert diskutieren zu können, ist allen Beteiligten durch Selbststudium, externe Berater oder Seminare, etwa bei den Kammern, das notwendige Wissen zu vermitteln. Dazu sind den Betroffenen zeitliche Ressourcen zur Verfügung zu stellen. Bei der Wissensvermittlung muß jedoch darauf geachtet werden, daß die Beschäftigtengruppen nicht ihre Identität als Betroffene verlieren und zu CAD–Experten werden, die über vermeintlich technischen Sachzwängen ihre originären Interessen vergessen.

- Der mit der Arbeit in der Projektgruppe verbundene *Zeitaufwand* muß prinzipiell in der Arbeitszeit liegen. Die entstehenden Kosten sind in die ☞ *Wirtschaftlichkeitsbeurteilung, Kapitel 3,* einzubeziehen, obwohl sich der durch die Projektgruppe entstehende Nutzen nur schwer monetär bewerten läßt.

- Innerhalb der Projektgruppe müssen *ausgeglichene Einflußmöglichkeiten* herrschen, wobei die Sicherstellung dieser Voraussetzung sehr problematisch ist, da hierarchische Strukturen nicht aufgehoben werden (können). Die "Machtfrage" wird nicht gestellt, da dies "die Funktionsweise der Unternehmen prinzipiell in Frage" stellt (vgl. [5], S. 30).

- Die Zuständigkeiten der Projektgruppe müssen klar geregelt werden, und die von ihr gefällten *Entscheidungen müssen verbindlichen Charakter erhalten*, um so die Motivation zur konstruktiven Mitwirkung an der CAD-Einführung sicherzustellen.

Methoden der Mitarbeiterbeteiligung

Die Mitarbeiterbeteiligung stößt nicht nur auf Bedenken seitens der Unternehmensleitungen, aus verschiedenen Gründen treten auch bei den Beschäftigten Vorbehalte auf (Furcht vor späteren Nachteilen, mangelndes Vertrauen in den Sinn von Partizipationsprozessen oder negative Erfahrungen). Darum ist es nützlich, durch verschiedene Beteiligungsmethoden zu versuchen, berechtigte oder unberechtigte Zurückhaltung und die Scheu vor dem Neuen auf allen Seiten zu überwinden.

Grundsätzlich sind die Beteiligungsmethoden eine Hilfe, um bei der Arbeit in der Projektgruppe die Probleme und Schwierigkeiten zu erkennen und zu lösen, die sich auf dem Weg vom betrieblichen Ist-Zustand zum Soll-Konzept ergeben werden. In der Literatur wird eine Vielzahl von Methoden und Sozialtechniken beschrieben, die in Großunternehmen bereits erfolgreich eingesetzt werden, die aber auf ihre Eignung für Klein- und Mittelbetriebe noch geprüft werden müssen.

Zu diesen Methoden zählen im einzelnen:

- Die *Subjektive Tätigkeitsanalyse* (STA) [3] soll die Beschäftigten befähigen, Probleme ihrer Arbeitssituation zu erkennen und Lösungsvorschläge zu erarbeiten. Zuerst werden die Tätigkeiten der Betroffenen aufgelistet und anhand von sechs Kriterien bewertet. Während diese Phase von den Beschäftigten allein zu bewältigen ist, sollte in der zweiten Phase ein Moderator (etwa ein externer Berater) die Suche nach den Lösungsvorschlägen unterstützen. In der dritten Phase werden dann die vorhandenen Qualifikationen der Mitarbeiter benannt und mit den erforderlichen Qualifikationen der Verbesserungsvorschläge verglichen. In dieser Phase wird überlegt, wie die Wünsche und Vorstellungen der Beteiligten beispielsweise durch Qualifizierungsmaßnahmen befriedigt werden können.
  Der Aufwand für die Subjektive Tätigkeitsanalyse ist mit ca. 10 Stunden zu veranschlagen. An Material sind eine Pinnwand, Packpapier und dicke Filzstifte erforderlich.

- Bei der Methode des *Wunscharbeitsplatzes* [4] wird im ersten Schritt die bestehende Arbeitssituation von den Beschäftigten mit Hilfe der *Subjektiven Arbeitsanalyse* (SAA) untersucht. Dabei werden Aspekte wie Kooperation, Kommunikation, Verantwortung, Über- und Unterforderung etc. analysiert. Das Ergebnis dient als gemeinsamer Bezugspunkt für die nachfolgende Erstellung des Soll-Konzeptes, in das die Vorstellungen der Beschäftigten einfließen. Dazu werden die eigenen (Teil-)Tätigkeiten von den einzelnen Gruppenmitgliedern vorgestellt, was "einerseits der vertieften Reflexion über die eigene Tätigkeit und andererseits der Information der Kollegen dient" ([4], S. 111). Diese Teiltätigkeiten bilden quasi die 'Bausteine', aus denen die Teilnehmer sich Wunscharbeitsplätze zusammensetzen können. An dieser Phase sollte die gesamte Projektgruppe teilnehmen, also auch Vorgesetzte und die Büroinhaber. Sinnvoll ist in dieser Phase eine Moderation, um einander widersprechende Wünsche zusammenzuführen oder sich um die "gerechte" Integration der Vorstellungen in den Arbeitsablauf zu bemühen.

Inhalt der einzelnen Phasen sollte sein:

- Phase 1: Durchführen einer Subjektiven Arbeitsanalyse (SAA).
- Phase 2: Rückmeldung der Ergebnisse, Entwickeln allgemeiner Vorstellungen über den Soll-Zustand.
- Phase 3: Ermitteln vorhandener "Bausteine", Zusammenstellen von Wunscharbeitsplätzen.
- Phase 4: Entwickeln des Umsetzungsmodus

([4], S. 109 ff.; [2], S. 99 ff., S. 154 ff.).

Der Materialaufwand ist nicht sehr hoch, er beschränkt sich auf die entsprechende Anzahl der SAA-Fragebögen, Metaplan- oder Flipchartbögen und Filzstifte. Der Zeitaufwand für die Gruppensitzungen während der einzelnen Phasen ist mit 4 x 1–3 Stunden zu veranschlagen.

- Bei der Methode der *Zukunftswerkstatt* [4] durchläuft die Projektgruppe fünf Arbeitsphasen. In der ersten Phase werden von allen Mitgliedern der Projektgruppe die "Einwände gegen die bestehende Situation" gesammelt, für die in der zweiten Phase Verbesserungsvorschläge gesucht werden, die wiederum in einer dritten Phase grob geprüft werden. Die übrigbleibenden Ideen werden bis zur möglichen Umsetzung weiter konkretisiert. In der vierten Phase werden aus diesen Ideen Strategien erdacht, die realisierbar sind und die Absicherung der veränderten Situation erlauben. Hier kann die Einschaltung externer Berater sinnvoll sein. Die fünfte Phase ist die Implementierung (vgl. [4], S. 112 ff.).
- Der Einsatz dieser Methoden erfordert aber noch sog. *Mittel*, um die Kommunikation und die Kreativität innerhalb der Projektgruppe zu fördern. Eines der bekanntesten Mittel ist das *Brainstorming* [3], bei dem zunächst mit möglichst viel Phantasie Ideen gesammelt werden, die dann Basis für weitere Arbeitsschritte sein können.
- Der *Betriebsbesuch* in CAD einsetzenden Büros kann eine Fülle neuer Informationen bringen, vor allem über andere Formen der Projektorganisation. Dies ist ähnlich der Methode *Besucheraugen* [3] ein gutes Vorgehen, um die im Laufe der Jahre gewachsene Betriebsblindheit ("das haben wir schon immer so gemacht") zu überwinden. Deshalb wird ein externer Experte eingeladen, der vor dem Hintergrund seines Wissens und seiner Erfahrungen Probleme notiert und als Fragen formuliert. Dieser Katalog kann als Basis für die weitere Projektgruppenarbeit benutzt werden (vgl. [3], S. 104 ff.).

Der erfolgreiche Einsatz dieser Beteiligungsmethoden setzt jedoch voraus, daß vor Projektbeginn

- bei allen Beteiligten ein *Problembewußtsein* geschaffen wird, das zum einen über den eigenen Interessenhorizont hinausreicht, zum anderen auch neue Sichtweisen für alternative Arbeitsgestaltungsformen eröffnet,

- die Mitwirkung der Beschäftigten an der *Erstellung der Ist–Analyse* gefördert wird und
- die *gemeinsame Erstellung und Bewertung des Soll–Konzeptes* ermöglicht wird, damit die gefundene Lösung von allen getragen werden kann.

Schlußbemerkung

Mitarbeiterbeteiligung kann nicht gegen den Willen der Geschäftsleitung durchgesetzt werden, sie ist in den kleinbetrieblich strukturierten Ingenieurbüros nur in Kooperation machbar. Aber es sollte im Verlauf der Ausführungen deutlich geworden sein, daß die Einführung von neuen Techniken kein "Nullsummenspiel" ist, es wird vielmehr die Chance eröffnet, durch das Zusammenwirken der verschiedenen Interessengruppen eine Konsenslösung zu finden. Das setzt aber

> "... die Bereitschaft auf beiden Seiten voraus, miteinander zu diskutieren, zu verhandeln, mit Widersprüchen und Interessenkonflikten umzugehen und vor allem sich wechselseitig als Experten für Teilprobleme zu akzeptieren und voneinander zu lernen" ([6], S. 130).

Literatur

[1] Becker, Horst u. Ingo Langosch: Produktivität und Menschlichkeit. 2. Aufl. Stuttgart: Enke 1986.

[2] Bösterling, Burkhard: Beteiligung der Betroffenen bei der Einführung informationstechnischer Systeme. Reihe Projekt 4. Uni Hannover: Weiterbildungsstudium Arbeitswissenschaft Selbstverlag 1990.

[3] Duell, Werner u. Felix Frei: Leitfaden für qualifizierende Arbeitsgestaltung. Köln: Verlag TÜV Rheinland 1986.

[4] Duell, Werner u. Felix Frei (Hrsg.): Arbeit gestalten - Mitarbeiter beteiligen. Eine Heuristik qualifizierender Arbeitsgestaltung. Schriftenreihe "Humanisierung des Arbeitslebens" Band 77. Frankfurt am Main/New York: Campus Verlag 1986.

[5] Weltz, Friedrich u. Heinrich Bollinger: Nutzerbeteiligung oder kooperative Systementwicklung? Office Management (1990) Nr.3, S. 26/32.

[6] Wicke, Walter: Methoden der Partizipation bei der Entwicklung computergestützter Arbeitssysteme. In: Kißler, Leo (Hrsg.): Computer und Beteiligung. Beiträge aus der empirischen Partizipationsforschung. Sozialverträgliche Technikgestaltung - Materialien und Berichte Band 2. Opladen: Westdeutscher Verlag 1988, S. 117/39.

MULTIFUNKTIONALE DV-AUSSTATTUNG

Christian Niestroj/Günter Nitsche/Udo Meißner

Bei der Hardware-Ausstattung für CAE-Zwecke hat sich in Ingenieurbüros aus funktionalen und wirtschaftlichen Gründen die *dezentrale Organisation* gegenüber der zentralen als zweckmäßiger erwiesen. Der Großrechner als 'number cruncher' wird in den überwiegend mittelständischen Ingenieurbüros in der Regel nicht benötigt. Grundgedanke der dezentralen Organisation ist es, die hohe Hardware-Leistung für fachspezifische Aufgaben am Arbeitsplatz verfügbar zu machen. Dafür ist im Zentrum des Rechnernetzes ein Server zu installieren, der die Datenhaltung und -sicherung, die Kommunikation und andere zentrale Dienste übernimmt. Neben dem großen Massenspeicher und den hochwertigen Ausgabegeräten, angeschlossen an den zentralen Server, sind an jedem Arbeitsplatz zusätzlich kleinere Massenspeicher für die lokale Datenhaltung sowie lokale Ein- und Ausgabegeräte verfügbar. Die für technische Anwendungen erforderliche hochauflösende Graphik wird hardwaremäßig unterstützt und bietet einen schnellen Bildaufbau. Der Arbeitsplatzrechner eignet sich besonders für die interaktive Bearbeitung. Die Arbeitsplätze sind multifunktional nutzbar, d.h., unterschiedliche Anwendungen können zweckmäßigerweise unter einer einheitlichen Oberfläche durchgeführt werden. Bei Multitasking-Systemen können rechenintensive Anwendungen im Hintergrund ablaufen. Die Informationsbeschaffung kann ähnlich der bei der konventionellen Bearbeitungsweise organisiert werden. Das Sichten von Akten, Plänen, Vorschriften kann unter Anwendung der Mehrfenstertechnik komfortabel gestaltet werden. Die Rechnerkommunikation ist über lokale und weite Netze möglich.

Die dezentralen Konzepte setzen sich zunehmend durch, weil einerseits ein gutes Preis-Leistungs-Verhältnis zu verzeichnen ist und andererseits im Software-Bereich inzwischen integrierte Branchenlösungen zur Verfügung stehen, die speziell auf Arbeitsplatzrechner abgestimmt sind.

Im Bereich der Rechnersysteme dominieren die beiden Leistungsklassen **P**ersonal-**C**omputer (PC) und **W**ork**s**tation (WS). Bei den Workstations sind überwiegend die Prozessoren **680X0** von Motorola und **RISC**-Prozessoren (**R**educed **I**nstruction **S**et **C**omputer) vorzufinden (☞ *Kapitel 3, Arbeitsplatzrechner*).

Diese als Arbeitsplatzrechner einsetzbaren Systeme lassen sich aus der Sicht des Anwenders durch folgende Merkmale charakterisieren:

- Betriebssystem-Standards MS-DOS und UNIX.
  Durch diese beiden Standards wird die Portabilität der Software stark ge-

fördert. Unter UNIX ist in zunehmendem Maße auch die Integration beider 'Welten' zu finden, so daß im Multiuser- und Multitasking-Betrieb DOS-Prozesse ablaufen können. Dadurch ist für den Umsteiger die Möglichkeit geschaffen, seine alten, bewährten Programme weiter zu betreiben. Einschränkungen bestehen allerdings in den Ausführungszeiten und bei Hardware-Abhängigkeit (☞ *Kapitel 3, Systemsoftware*).

- Hohe Rechnerleistung, hinreichend große lokale Speicherkapazität.
- Die notwendigen Ein- und Ausgabegeräte (Maus, Tablett, Stellräder, Drucker usw.) befinden sich direkt am Arbeitsplatz (☞ Kapitel 3, *Arbeitsplatzrechner*).
- Leistungsfähige Rastergraphik auf Schwarzweiß- oder Farbbildschirmen (z.B. 19", 1052x900 Pixel), die ggf. durch Graphikprozessoren im 2-D-/3-D-Bereich beschleunigt wird.
- Zuverlässige Betriebssoftware mit anwenderfreundlicher Benutzeroberfläche für Fachaufgaben und Büroorganisation (☞ *Kapitel 3, Systemsoftware*).
- Bürovernetzung (LAN → **L**ocal **A**rea **N**etwork) mittels Industriestandards wie Ethernet, Token Ring usw., die den Zugriff auf Nachbarrechner sowie auf gemeinsam genutzte Rechner (Server) und deren Speicherkapazität ermöglichen, an die hochwertige Peripherie (große Platten, schnelle Laserplotter usw.) angeschlossen ist (☞ *Kapitel 3, Rechnerkommunikation*).
- Integration verschiedener Rechnerarchitekturen im LAN über standardisierte Protokolle, die den gegenseitigen Dateizugriff ermöglichen. Dadurch wird die Software-Pflege und Datenhaltung (Sicherung, Archivierung) außerordentlich unterstützt (☞ *Kapitel 3, Rechnerkommunikation*).
- Standortübergreifende Vernetzung über Dienste der Deutschen Bundespost (Telefon, Datex-P, ISDN u.a.), die die weltweite Kommunikation (WAN → **W**ide **A**rea **N**etwork) mit externen Partnern sicherstellen (☞ *Kapitel 3, Rechnerkommunikation*).
- Verteilte Datenbanksysteme, die aus einem System lokaler Datenbanken bestehen und vom Benutzer im Netzwerk verwaltet werden, bieten die Basis zur Software-Integration (☞ *Kapitel 3, Datenbanken*).
- Textverarbeitungssysteme für die Büroorganisation (DTP → **D**esktop **P**ublishing System), mit denen Fließtexte, mathematische Formeln und Bilder in integrierter Weise bearbeitet und verwaltet werden können, unterstützen die technische Dokumentation hervorragend.

Die aufgeführten Merkmale zeigen, daß ein modernes DV-System sehr komplex ist. Der verantwortliche Anwender muß das System beherrschen und kann es nicht nur als Blackbox einsetzen. Es wird erkennbar, daß die einzelnen Merkmale näher zu betrachten sind.

Im folgenden werden die wichtigen Komponenten eines DV-Systems wie

- Software (Betriebssoftware/Anwendersoftware),
- Hardware,
- Peripherie und
- Vernetzung (Kommunikation)

erläutert.

Software-Ausstattung

Zu den einzelnen Software-Bereichen *Betriebssystem, Entwicklung* und *Anwendung* sind unter ☞ *Systemsoftware, Kapitel 3,* und unter ☞ *CAD-Software für die Tragwerksplanung, Kapitel 3,* Aussagen zu finden. Leider läßt sich die Zielvorgabe einer homogenen Software-Umgebung im Büro nicht immer realisieren, da einmal getroffene Entscheidungen Auswirkungen auf andere Teile der Software und Hardware nach sich ziehen. Hat sich der Käufer beispielsweise für ein bestimmtes CAD-System entschieden, dann muß er u.U. ein spezielles Betriebssystem in Kauf nehmen, was wiederum bestimmte Entwicklungstools nicht unterstützt. Der Markt zeigt, daß viele Anwendungsprogramme für verschiedene Betriebssysteme angeboten werden, so daß der Käufer in diesem Punkt wenigstens eine gewisse Wahlmöglichkeit hat.

Entwicklungsumgebung

Im Rahmen eigener Entwicklungsarbeit kann es erforderlich sein, auch Software-Tools zur Unterstützung bei der Lösung anwenderspezifischer Probleme verfügbar haben zu müssen. Dies ist z.B. dann von Bedeutung, wenn Testprogramme und eigene Pre- und Postprozessoren geschrieben werden sollen, wenn spezifische Datenbankinformationen ausgewertet oder Schnittstellen zu anderen Programmsystemen verändert werden müssen. Es ist sinnvoll, daß für solche Aufgaben eigene Mitarbeiter eingesetzt werden. Da jedoch Entwicklungsarbeit sehr zeitaufwendig ist, fallen sie für andere Aufgaben aus. In diesem Zusammenhang ist die bürostrategische Entscheidung zu treffen, ob Entwicklungsaufgaben generell an ein Software-Unternehmen vergeben werden oder ob sie selber bearbeitet werden sollen.

Für Entwicklungsaufgaben sollten Compiler für die üblichen Programmiersprachen FORTRAN, C, PASCAL etc. zur Verfügung stehen, andererseits sollten im Graphikbereich Standards wie GKS, PHIGS, X-Windows u.a. Unterstützung finden und für die Datenverwaltung auch Datenbanksysteme mit der Datenbanksprache SQL verfügbar sein.

Anwendersoftware

Die Situation bezüglich der DV-gestützten Behandlung von Problemstellungen des Konstruktiven Ingenieurbaus war bis etwa 1986 durch eine deutliche Trennung der einzelnen Arbeitsschritte hinsichtlich der Software-Unterstützung gekennzeichnet. Eine durchgängige Projektbearbeitung, vom Tragwerksmodell über das statische Modell, die Berechnung und Bemessung bis zur konstruktiven Durchbildung der Bauteile, war nicht oder nur ansatzweise vorhanden. Die Konzepte gingen davon aus, für die rechenintensiven Aufgabenstellungen der Strukturmechanik ein Rechenmodell einzusetzen, das speziell auf Minicomputer oder auch auf höherwertige PCs zugeschnitten war. Außerdem sahen sie für die Datenaufbereitung und die Ergebnisdarstellung separate Module vor. Eine CAD–Unterstützung lag nicht vor.

Etwa ab 1986, als die Arbeitsplatzrechner der 32–Bit–Klasse vermehrt zum Einsatz kamen, begannen die Software–Häuser, ihre Produkte dieser neuen Umgebung anzupassen und insbesondere die Graphiksysteme dieser Rechner zu nutzen. Stand zum Anfang mehr die Anpassung der Systeme im Vordergrund, so ist seit den letzten Jahren der Trend zu beobachten, daß die Integration der Arbeitsprozesse wesentlich stärker Berücksichtigung findet. Inzwischen werden Produkte auf dem Markt angeboten, die z.B. den Entwurfsprozeß, die Bemessung und die Erstellung der Schal– und Bewehrungspläne innerhalb eines Programmsystems ermöglichen. Einige Produkte bieten bereits die Einbindung der Strukturanalyse an. Neuere Entwicklungen, wie technische Expertensysteme oder objektorientierte Oberflächen, sind jedoch noch kaum einbezogen.

Die systematische Zerlegung der komplexen Planungs–, Entwurfs– und Ausführungsphasen in einzelne Teilprozesse unter Berücksichtigung der Prinzipien und Methoden der Informationsverarbeitung, die Modelle mit objekt– und modellbeschreibenden Datenbeständen verwalten, ist unter dem Integrationsaspekt einer durchgängigen Lösung eine wesentliche Aufgabe der Zukunft. Ausgehend von den Entwurfsunterlagen werden vom Tragwerksplaner und den beteiligten Fachingenieuren in interaktiv modifizierender Weise einerseits Ausführungspläne erstellt, andererseits statische Berechnungen und Nachweise durchgeführt. Unter DV–technischen Gesichtspunkten können die Planerstellung und die Konstruktionstätigkeit den CAD–Methoden, der Berechnungsteil den numerischen Methoden und der Bemessungsteil der Wissensverarbeitung zugeordnet werden. Daraus resultiert die Frage, wie diese Teilprozesse unter praktischen Gesichtspunkten und der Verfügbarkeit entsprechender Software so miteinander gekoppelt werden können, daß für den Anwender eine sinnvolle integrierte Lösung entsteht, die offen und flexibel bezüglich weiterer Entwicklungen ist (☞ *Kapitel 3, CAD–Software für die Tragwerksplanung, Zwei– oder dreidimensionale CAD–Systeme, Gestaltung von CAD–Umgebungen)*.

Hardware–Ausstattung

Im Zentrum der Überlegungen steht die Frage nach den Leistungsmerkmalen der zu installierenden Hardware. Diese Frage ist deshalb von Bedeutung, weil die Integration möglichst vieler Arbeitsschritte in eine weitgehend homogene Hardware–Umgebung im Vordergrund stehen soll.

Die Konzepte wurden bis in die 80er Jahre durch die zentrale Datenverarbeitung bestimmt. Zielsetzung war es, die relativ hohen Investitionen einer maximalen Anzahl von Nutzern zur Verfügung zu stellen und somit eine hohe Wirtschaftlichkeit zu erreichen. Mit der Weiterentwicklung der Rechner, mit der Intensivierung der Arbeitsteilung und der zunehmenden Verlagerung von Arbeitsprozessen auf DV-Systeme kam verstärkt die *dezentrale Organisation* zum Tragen. Diese Entwicklung wurde entscheidend von der günstigen Kostenentwicklung im Hardware-Bereich und von den gleichzeitig verbesserten Software-Produkten geprägt. Zum heutigen Zeitpunkt sind die Grenzen zwischen Großrechnern, Minirechnern, Arbeitsplatzrechnern und Personalcomputern fließend. So verfügen Arbeitsplatzrechner derzeit über eine Leistung, die früher dem Großrechner vorbehalten war. Gerade im Graphikbereich sind die Arbeitsplatzrechner mit speziellen Graphikprozessoren auf die Bedürfnisse der Anwender ausgelegt. Arbeitsplatzrechner werden in zunehmendem Maße auch die Rolle der jetzigen Abteilungsrechner übernehmen. Diese Entwicklung ist bereits sehr deutlich zu beobachten *(☞ Kapitel 3, Arbeitsplatzrechner).*

Soll der Leitgedanke der durchgängigen Projektbearbeitung (☞ *Kapitel 3, CAE im Konstruktiven Ingenieurbau*) realisiert werden, so muß im Zentrum der Überlegungen die Integration aller Arbeitsschritte eines Ingenieurbüros in eine gemeinschaftliche Hardware-Umgebung stehen. Ordnungskriterien für diese Zielsetzung sind die anfallenden Tätigkeiten und Planungsaufgaben. Dabei ist die Frage zu beantworten, auf welchen Geräten und mit welcher Software-Unterstützung die Aufgaben bewältigt werden sollen.

Aufgrund eigener Arbeitsplatzbeobachtungen in Ingenieurbüros der Bauwirtschaft (☞ *Kapitel 1, Analyse der Ingenieurbüros (Feldstudie)*) kann bezüglich der anfallenden Aufgaben folgende Differenzierung von drei typischen DV-Arbeitsplätzen vorgeschlagen werden:

- *Arbeitsplatz Typ A:*
  Dieser Arbeitsplatz dient primär der Verarbeitung alphanumerischer Informationen, wie sie z.B. bei der Textverarbeitung, dem Projektmanagement oder generell in der Administration vorkommen.

- *Arbeitsplatz Typ B:*
  Dieser Arbeitsplatz wird durch die Verarbeitung alphanumerischer und graphischer Informationen geprägt und ist als solcher auch als Mischarbeitsplatz zu bezeichnen. Der Einsatzbereich könnte z.B. im gesamten Pre- und Postprocessing, dem AVA-Bereich oder im CAD-Bereich (2-D- bzw. 2½-D-Anwendungen) liegen.

- *Arbeitsplatz Typ C:*
  Dieser Arbeitsplatz ist der hochwertigen Graphik (z.B. CAD mit 3-D-Anwendungen), dem Bereich DTP und rechenintensiven Anwendungen (Strukturanalyse) zuzuordnen.

Im Konstruktiven Ingenieurbau ist Typ A weniger von Bedeutung, die Aufgaben werden vorrangig vom Typ B oder C erledigt. Hinsichtlich der an die Arbeitsplätze Typ B und C zu stellenden Anforderungen kann nur eine globale Spezifizierung vorgenommen werden. Im Einzelfall müssen die Anforderungen an die zu installierende Software berücksichtigt werden. Darüber hinaus sind im Artikel ☞ *Arbeitsplatzrechner, Kapitel 3,* weitere Informationen zur Hardware enthalten.

Für eine komfortable DV–Ausstattung ist es notwendig, verschiedene Geräte zur Erfassung und Ausgabe von Informationen zur Verfügung zu haben. Eine Auflistung der Anforderungen erfolgt in ☞ *Peripheriegeräte, Kapitel 3.*

Alphanumerischer Arbeitsplatz (Typ A)

Für CAD– und Berechnungsaufgaben kommt dieser Typ nicht in Betracht. Er eignet sich vielmehr für administrative Aufgaben (Textverarbeitung, Buchhaltung usw.). Ein IBM–kompatibler PC entspricht i.d.R. solchen Anforderungen.
Ausstattung:

- graphikfähiger Bildschirm (farbig, 480x640 Pixel, 16"),
- Maus,
- Tintenstrahl- oder Laserdrucker,
- Prozessor 80286,
- Hauptspeicher mit 2 MB,
- lokale Platte (mindestens 60 MB),
- Kommunikationsschnittstelle zum lokalen Netz (LAN).

Alphanumerischer Arbeitsplatz mit Graphikanwendungen (Typ B)

Der Arbeitsplatz Typ B überwiegt im Ingenieurbüro und deckt etwa 80 % der anfallenden Aufgaben im Konstruktiven Ingenieurbau ab. Er dient der Ausführung von alphanumerisch ausgerichteten Anwendungen (Textverarbeitung, Massenermittlung, Kalkulation, Angebotsausarbeitung, Terminplanung, Kostenüberwachung usw.) und daneben auch für Graphikaufgaben (Pre– und Postprocessing, 2–D–/2½–D–CAD). Eine Graphikkarte mit höherer Auflösung (z.B. VGA) ist erforderlich.

Die an die Hardware–Leistung zu stellenden Anforderungen werden z.B. durch die Intel–Prozessoren 80386, 80486 oder die Motorola–Prozessoren 68020, 68030 preisgünstig erfüllt, wobei die Floating–Point–Operationen durch einen CO–Prozessor unterstützt werden müssen. In jedem Fall ist die Einbindung des Arbeitsplatzrechners in das lokale Netz erforderlich. Als Betriebssystem sollte MS–DOS, alternativ UNIX, zum Einsatz kommen. Aufgrund der Prozessorleistung sind auch Anwendungen im CAD-Bereich möglich. Das setzt jedoch einen hochauflösenden graphischen Bildschirm voraus. Die Ausstattung dieses Rechners sollte sich an folgenden Vorgaben orientieren:

- graphikfähiger Bildschirm (farbig, 768x1024 Pixel, 19"),
- Digitalisiertablett DIN A3, Maus,
- Tintenstrahl- oder Laserdrucker,
- Prozessor Intel 80386, 80486 oder Motorola 680X0 und CO-Prozessor,
- Hauptspeicher mit 6 MB,
- lokale Platte (mindestens 100 MB),
- Kommunikationsschnittstelle zum lokalen Netz (LAN).

Graphischer Arbeitsplatz (Typ C)

Dieser Arbeitsplatz dient der hochwertigen Graphik. Im Bereich der CAD-Anwendungen wird die 3-D-Funktionalität bereits hardwareseitig durch Graphikprozessoren unterstützt, und die bei anspruchsvollen Graphikapplikationen notwendigen Operationen für Hidden-Line, Transformation, Panning, Zoomen, Clipping usw. werden entsprechend beschleunigt. Die Inanspruchnahme dieser Leistungen ist allerdings nur möglich, wenn die einzusetzende Software die hardwareseitigen Funktionen auch nutzt.

Die Prozessorleistung sollte sich an den im Workstationbereich gegenwärtig üblichen Leistungsdaten orientieren. Mindestanforderungen sollten eine Taktfrequenz von 20 MHz und ein Durchsatz von 10 MIPS sein. Als Betriebssystem sollte UNIX zum Einsatz kommen. Der Arbeitsplatzrechner sollte mit einer lokalen Platte ausgestattet sein, die dem Nutzer zur Zwischenspeicherung seiner anwendungsorientierten Daten dient. Ferner sollte er über einen Graphikbeschleuniger verfügen, der die Graphiksoftware (z.B. PHIGS) unterstützt und den Bildaufbau wesentlich beschleunigt.
Ausstattung:

- hochauflösender Graphikbildschirm (farbig, 1024x1024 Pixel, 19"),
- Digitalisiertablett DIN A3, Maus,
- Tintenstrahl- oder Laserdrucker,
- Prozessor RISC (20 MHz, 10 MIPS), CO-Prozessor und Graphikbeschleuniger,
- Hauptspeicher mit mindestens 8 MB,
- lokale Platte (mindestens 200 MB),
- Kommunikationsschnittstelle zum lokalen Netz (LAN).

Zentraler Server

Bei der Realisierung eines dezentralen Organisationskonzepts kommt dem zentralen Server die Aufgabe zu, über ein lokales Netzwerk jedem Nutzer entsprechend seiner Berechtigung die zentralen Grunddienste anzubieten. Zu den Grunddiensten können z.B. gehören:

- zentrale Datenhaltung,
- zentrale Programmverwaltung,
- Archivierung,
- Betrieb zentraler Ausgabemedien,
- Betrieb des lokalen Netzes,
- Kommunikationsrechner zum Weitverkehrsnetz.

An den zentralen Server sind spezielle Anforderungen zu stellen, die einerseits das Konzept verteilter Instanzen zulassen und andererseits die Funktionalität und den stufenweisen Ausbau der Hardware erlauben.

Die Anbindung mehrerer Ein- und Ausgabemedien (Plotter, Laserdrucker, Scanner usw.) kann mittels eines Multiplexers realisiert werden. Damit wird sichergestellt, daß gemeinsame Ressourcen effektiv genutzt werden. Zur Reduzierung der Wartezeiten beim lokalen Informationsaustausch im Netz ist der Hauptspeicher des Servers genügend groß zu dimensionieren. 16 MB Hauptspeicher sind ausreichend, wünschenswert sind 32 MB. Die angeschlossenen Plattenlaufwerke sind mit mindestens 1 GB auszulegen, um die Datenmengen mehrerer größerer Projekte permanent speichern zu können. Zum Datenaustausch, Einspielen neuer Software und langfristigen Archivieren bearbeiteter Projekte ist ein Streamer erforderlich. CD-ROMs finden als Distributionsmedien für Software zunehmend Verbreitung, die dazu benötigten Laufwerke sind zu einem akzeptablen Preis erhältlich. Die Kommunikationsschnittstelle zum Weitverkehrsnetz (zur Zeit das DATEX-P-Netz der Deutschen Bundespost, in Zukunft auch ISDN) ist über einen X.25-Controller zu realisieren (☞ *Kapitel 3, Rechnerkommunikation*). Der File-Server dient dem Systemadministrator zur Pflege und Überwachung des gesamten Netzwerkes. Er sollte nur dann als vollwertiger Arbeitsplatz genutzt werden, wenn er über einen sehr schnellen Prozessor mit großem Hauptspeicher verfügt.

Für diese Aufgaben kommt ein Rechner entsprechend Typ C, ausgestattet mit einem RISC-Prozessor, in Betracht:

- graphikfähiger Bildschirm (farbig, 1024x1024 Pixel, 19"),
- Maus,

- Laser-Drucker, Plotter DIN A0,
- Prozessor RISC (20 MHz und mindestens 10 MIPS),
- Hauptspeicher mit mindestens 16 MB,
- Multiplexer für zusätzliche Peripherie,
- Massenspeicher (mindestens 1 GB),
- Kommunikationsschnittstelle (LAN/WAN),
- Streamer, CD-ROM.

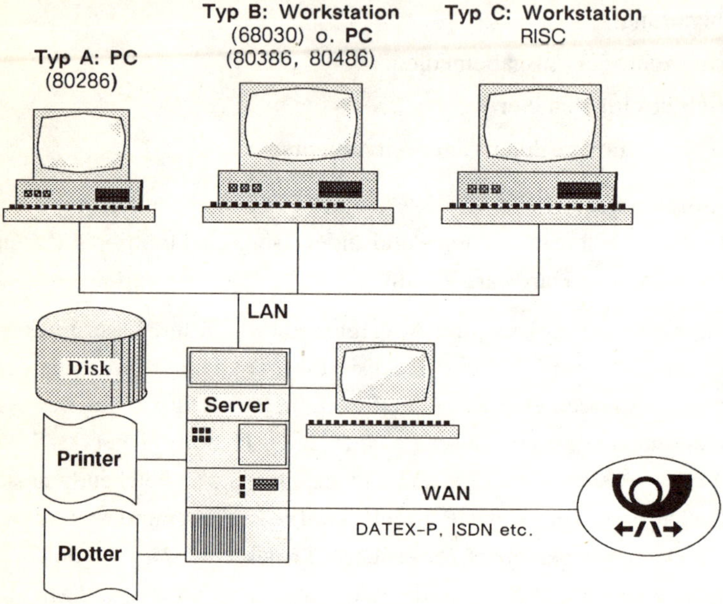

Bild 1: *Dezentrale Hardware-Architektur*

Lokale Vernetzung (Local Area Network, LAN)

Die Entwicklung des Rechnereinsatzes wird auch zukünftig von den speziellen Anwendungen in den einzelnen Fachdisziplinen bestimmt werden. So wird es auch weiterhin den Supercomputer für äußerst rechenintensive Anwendungen, den Minicomputer im Time-sharing-Betrieb, z.B. für die Administration, die Workstation für Graphikanwendungen, den Real-Time-Rechner zur Steuerung von Fertigungsabläufen und den für viele Zwecke einsetzbaren Personalcomputer geben. Für spezielle Anwendungsbereiche kann die Spezialhardware und -software immer optimal angepaßt und eingesetzt werden. Im Ingenieurbüro muß es jedoch allgemeines Ziel sein, den Zugriff auf gemeinsame Rechnerkapazitäten bequem und ohne zeitraubende Adaption der verschiedenen Rechnerarchitekturen vornehmen zu können.

Für Aufgaben aus dem Bereich des Konstruktiven Ingenieurbaus gilt, daß Mitarbeiter verschiedener Spezialisierung an einem Planungsobjekt arbeiten. Statiker, Schalplaner und Bewehrungsplaner arbeiten mit ihren spezifischen Werkzeugen. Das wird sich auch nach Einführung moderner DV-Arbeitsplätze nicht grundsätzlich ändern. Wie bei der konventionellen Projektbearbeitung greifen die verschiedenen Mitarbeiter auf gleiche Unterlagen zu. Sie benötigen Daten, die von einem Kollegen beim vorhergehenden Planungsschritt erzeugt wurden (☞ *Kapitel 3, CAE im Konstruktiven Ingenieurbau*). Es ist deshalb naheliegend, die einzelnen Arbeitsplätze miteinander zu vernetzen, ein bürointernes Netz zu installieren, bei dem jeder Beteiligte auf einen zentralen Datenbestand zugreifen kann (☞ *Kapitel 3, DV-technischer Informationsaustausch*). Da die eingesetzten Software-Programme je nach Aufgabe verschieden sind, sind möglicherweise auch die dafür benötigten Hardware-Voraussetzungen unterschiedlich. In einem Büro darf sich jedoch keine nicht aufeinander abgestimmte, heterogene Hardware-Umgebung entwickeln. Deshalb muß sichergestellt werden, daß die Rechner der Typen A bis C in ein gemeinsames DV-System integriert sind. Die dabei auftretenden Hindernisse können auch bei unterschiedlichen Betriebssystemen überbrückt werden. Die Fernausführung von Programmen stellt kein Problem dar, und auch der Filetransfer ist ohne Einschränkungen möglich.

Als Industriestandards für die In-house-Vernetzung von Arbeitsplatzrechnern unterschiedlicher Leistungsklassen bieten sich *Ethernet* und *Token-Ring* an. Diese Systeme zeichnen sich dadurch aus, daß die Vernetzung mit einem geringen technischen Aufwand realisiert werden kann und Übertragungsraten von 10–12 Mbit/s möglich sind.

Generell sollte die Organisation so ausgerichtet sein, daß die Informationen, die für alle Planungsbeteiligten von Bedeutung sind, zentral auf einem Massenspeicher abgelegt sind. Damit wird sichergestellt, daß der gemeinsame Datenbestand immer aktuell ist, die zentrale Sicherung gewährleistet ist und alle Zugriffsrechte organisiert werden können. Ein weiterer Gesichtspunkt ist die effektive Nutzung gemeinsamer Ressourcen (Peripherie, Software usw.). So bieten die lokalen Netzwerke die Möglichkeit, Daten an einer Stelle aufzubereiten und sie zur Weiterverarbeitung über das Netz an eine andere Stelle zu leiten. Weitergehende Ausführungen zur internen Vernetzung sind in ☞ *Rechnerkommunikation, Kapitel 3,* zu finden.

Weitverkehrsnetze (Wide Area Network, WAN)

An der Planung eines Bauwerks sind immer mehrere Planungspartner (Bauherr, Architekt, Tragwerksplaner, Fachingenieure HKLS und Elt, Baubehörden u.a.) beteiligt.

Zur Erledigung der gemeinsamen Aufgaben wurde über Akten, Zeichnungen, technische Unterlagen usw. schon immer ein reger konventioneller Datenaustausch betrieben. Die neuen Möglichkeiten der Kommunikationstechnik, besonders der Nachrichten– und Datentransfer zwischen regional verteilten Teilnehmern, sollten vor allem für den unbedingt notwendigen Informationsaustausch im Planungsprozeß genutzt werden. Der Erfolg einer integrierten Projektbearbeitung wird in erheblichem Umfange davon abhängen, inwieweit die Einbindung der externen Planungsbeteiligten gelingt. Entscheidende Voraussetzung dafür ist ein kostengünstiger, schneller und effektiver Informationsaustausch zwischen den Beteiligten. Bereits bei der Erstellung des Soll–Konzeptes sollten deshalb Möglichkeiten vorgesehen werden, den Informationsaustausch der Planungspartner zu unterstützen.

In den nächsten Jahren sind erhebliche Veränderungen in der Kommunikation zu erwarten. Neben höheren Übertragungsgeschwindigkeiten werden auch neue Dienste angeboten werden. Standortübergreifende Netze werden als WAN (Wide Area Network) bezeichnet. Die Unterschiede verschiedener Netze liegen in den Übertragungsprotokollen und in der Sicherheit der Übertragung. In internationalen Gremien wird versucht, Standards zu definieren, die die Übertragungen von jedem Punkt der Erde zu jedem anderen ermöglichen. Der Anschluß der bürointernen DV–Anlage an das Weitverkehrsnetz ist problemlos möglich. Für kleinere und mittlere Ingenieurbüros stellen die derzeit noch hohen Übertragungsgebühren jedoch ein entscheidendes Hindernis für die umfassende Nutzung dar. Informationen zum Thema Weitverkehrsnetze sind unter ☞ *Rechnerkommunikation, Kapitel 3,* zu finden.

Literatur

[1] ISYBAU–Arbeitskreis 2.1.34 Konstruktiver Ingenieurbau: Verfahrensplanung. ISYBAU–Bericht 2.134.1.101. Druck: Oberfinanzdirektion Bremen 1991.

[2] Meißner, Udo, Thomas Hartmann, Manfred Brede u. Christian Niestroj: Entwicklung und Anwendung von CAE–Methoden in der Statik. In: Duddeck, Heinz u. Heinrich Rothert (Hrsg.): Baustatik–Baupraxis. Tagungsheft BB4. Hannover: Selbstverlag 1990.

Nutzen des CAD-Einsatzes

Jörg Abel

Eine Projektgruppe, die CAD in ihrem Unternehmen einführen will, bildet sich in der Regel erst, nachdem Entwicklungen sichtbar geworden sind, die einen CAD–Einsatz sinnvoll erscheinen lassen. Problematisch wäre es aber, diese Gründe, die den Anstoß für eine Beschäftigung mit dem Thema CAD bildeten, unkritisch als unumstößliche Ausgangspunkte des Einführungsprozesses zu akzeptieren. Es ist vielmehr dringend anzuraten, die Ursachen der Probleme im Büro ausführlich zu erforschen und organisatorische Lösungsmöglichkeiten in Betracht zu ziehen. Computer können kein Allheilmittel für die Bewältigung aller Probleme sein! Um das Bewußtsein für die Erreichbarkeit einzelner Ziele zu schärfen, wird nachfolgend auf verschiedene Gründe genauer eingegangen.

Sowohl in der Literatur als auch in der durchgeführten Studie ‘CAE in Ingenieurbüros der Bauwirtschaft‘ [1] lassen sich eine Vielzahl von Motiven für den Einsatz neuer Techniken im Konstruktionsprozeß finden. Aus Gründen einer besseren Übersichtlichkeit werden Einzelziele zu Zielgruppen zusammengefaßt, und es wird versucht, eine Einschätzung der Umsetzbarkeit und Erreichbarkeit zu geben:

- Produktivitätssteigerung,
- Qualitätsverbesserung,
- Sicherung der Wettbewerbsposition,
- mitarbeiterbezogene Gründe,
- Technologiestand.

Produktivitätssteigerung

Unter Produktivität wird das Verhältnis von mengenmäßigem Ertrag und mengenmäßigem Einsatz von Produktionsfaktoren (Arbeitsstunden, Betriebsmittel, Material) pro Zeiteinheit verstanden. Vor dem Hintergrund des Einsatzes von CAD–Techniken bedeutet Produktivitätssteigerung, daß durch Technikeinsatz beispielsweise mehr Statik oder Pläne pro Zeiteinheit "produziert" werden bzw. – bei gleichbleibendem Ertrag – mit weniger Personal erarbeitet werden können. Diese Intention – Personalabbau und/oder Steigerung des ‘Outputs‘ – ist von jeher sowohl in den Fertigungs–

als auch in den kaufmännisch-verwaltenden und Planungsabteilungen ein Hauptargument für die Technik-Enführung . In vielen Fällen konnte der angestrebte Effekt auch erzielt werden. Ob sich allerdings die Versprechungen der CAD-Software-Anbieter in bezug auf die Produktivitätssteigerung immer erfüllen werden, darf mit einigem Recht bezweifelt werden. Warum?

Die eigenen empirischen Untersuchungen sowie eine Fragebogenaktion unter den Mitgliedern des Verbandes Beratender Ingenieure haben ergeben, daß das Motiv 'Produktivitätssteigerung' bei den Begründungen für CAD an der Spitze der Nennungen steht (vgl. [1]). Bedenkt man die Situation auf dem Baumarkt mit ihren engen Terminen und wachsender Konkurrenz, erscheint die Forderung nach Verkürzung der Bearbeitungszeiten allzu verständlich. Dabei haben die Büroinhaber gar nicht im Sinn, die Produktivitätssteigerungen zum Personalabbau zu nutzen. Die Erfahrungen haben eher gezeigt, daß CAD als eine Art "Puffer" dienen soll, mit dem sich Spitzen im Tagesgeschäft abfangen lassen. Die Hoffnung auf Einsparung von Personal durch Entlassung wurde denn auch kaum geäußert, eher wollen die Geschäftsleitungen – über die bisher genannten Gründe hinaus – versuchen, sich vom Arbeitsmarkt unabhängiger zu machen. Vielfach war die Äußerung zu hören, daß auf dem Arbeitsmarkt keine 'geeigneten Kräfte' zu rekrutieren seien.

Voraussetzung für die Erfüllung dieser Wünsche und Hoffnungen ist, daß sich die erwartete Produktivitätssteigerung durch CAD real erreichen läßt. Hier sind beim derzeitigen Anwendungsstand Zweifel angebracht. Als Grundtendenz kann konstatiert werden, daß CAD bislang in den untersuchten Büros noch nicht den erwünschten Effekt einer Steigerung der Produktivität erbracht hat.

Wird diese sehr grobe Einschätzung differenzierter betrachtet, ergeben sich durchaus Hinweise auf Anwendungsgebiete, bei denen mittels CAD Produktivitätssteigerungen möglich werden. Die Betonung muß bei dieser Aussage auf "Hinweise" liegen, da es aufgrund der geringen Diffusion von CAD im Baubereich noch keine gesicherten Erkenntnisse über die Produktivitätsentwicklung geben kann. Man muß sogar noch weiter gehen und die Behauptung aufstellen, daß es aufgrund der besonderen Bedingungen im Bauwesen (Einzelfertigung) gar keine echten Produktivitätsvergleiche zwischen konventioneller und CAD-Bearbeitung unter Praxisbedingungen geben kann. Die folgenden Merkpunkte sind darum nur erste Annäherungen und Erfahrungen, die die untersuchten CAD-Anwender beim täglichen Einsatz gemacht haben:

- Der Produktivitätseffekt bei CAD ist *stark abhängig vom Arbeitsgebiet*. So ist davon auszugehen, daß der Hochbau (Wohnungsbau) z.B. 'CAD-freundlicher' ist als der Brückenbau.
- Bei der *Ersterstellung der Schal- und Bewehrungspläne* gibt es keine Produktivitätsfortschritte. Die meisten CAD-Anwender gehen von einem Ver-

hältnis von 1 : 1 beim Vergleich der konventionellen und der CAD-Bearbeitung aus. Wenn von Produktivitätseffekten berichtet wird, dann bewegen sie sich im Rahmen von 10 – 20 %. Bei komplizierten Bewehrungen scheint der Bearbeiter mit CAD sogar langsamer zu sein.

- Eine weitere wichtige Voraussetzung für positive Produktivitätseffekte ist die *stärkere Standardisierung und Verwendung von Wiederholteilen*. Die Standardisierung betrifft sowohl Formalien wie den einheitlichen Plankopf als auch fachliche Aspekte. Darunter sind beispielsweise die Versuche zu verstehen, auf wenige Stützentypen zurückzugreifen oder die Vielfalt bei den Bewehrungsmatten und -stäben zu reduzieren.

- Negativ schlägt zu Buche, daß *durch den Einsatz von CAD genauer und zeitaufwendiger gearbeitet werden muß*, z.B. wenn bei der Erstellung von Bewehrungsplänen die entsprechende Makrounterstützung fehlt. Viele Konstrukteure äußerten, daß sie z.B. bei der Erstellung von Bewehrungsplänen umfassender als früher arbeiten. Bei der konventionellen Arbeitsweise wurden nicht immer alle Bewehrungsdetails exakt gezeichnet, sondern nur "angedeutet", der Planer verließ sich auf die Kompetenz der Facharbeiter auf der Baustelle. Mit CAD ist das anders geworden.

- Bei *Objekt- bzw. Architekturplanungen* scheint sich CAD nicht zu lohnen. In dieser Phase – insbesondere beim Entwurf, weniger bei der Ausführungsplanung des Architekten oder Objektplaners – spielt der Zeichnungsaufwand eine untergeordnete Rolle, hier ist die Zeit für die Überlegungen und Gedanken über den eigentlichen Entwurf wichtiger. Diese Meinung deckt sich mit der Einführungsstrategie vieler Anwender, den CAD-Einsatz nur auf die *Ausführungsplanung* (also erst ab Phase 5 nach § 64 HOAI) zu beschränken. Dagegen findet CAD beispielsweise in Phase 3 ("Erarbeiten der Tragwerkslösung ... bis hin zum konstruktiven Entwurf mit *zeichnerischer Darstellung*"; Hervorhebung d. Verf.) keine Anwendung.

- *Zeitliche Vorteile* gibt es bei der *Stahllistengenerierung*, bei *Fertigteilen* (in Einzelfällen bis zu 60 %) und bei *Änderungen*, wobei die Meinungen zur Änderungsfreundlichkeit von CAD geteilt sind. Sollen die Änderungen im rechnerinternen Datenmodell mit einem erneuten Ausplotten des Planes erfolgen, wird – abgesehen von den Kosten – keine Zeit eingespart werden. Aus diesem Grunde wird meist der Fehler im CAD-Datenmodell berichtigt, und auf dem schon existierenden Papierplan wird nach bewährter Manier gekratzt und korrigiert. Dieser durchaus sinnvolle Kompromiß gerät bei den Konstrukteuren und Zeichnern mit der Zeit aber in Vergessenheit, so daß nur noch gekratzt wird, das rechnerinterne Modell aber fehlerhaft belassen wird. Diese Nachlässigkeit nimmt gegen Projektende sprunghaft zu. Aber selbst die Anwender, die in diesem Bereich Produktivitätsfortschritte realisiert haben, sprechen nur von einem 10 %igen Gewinn.

Über den gesamten Projektablauf betrachtet wird, so lautet die bisher gewonnene Einschätzung, durch den Einsatz von CAD nur geringfügig schneller gearbeitet. Diese Erkenntnis betrifft – von wenigen Ausnahmen abgesehen – alle untersuchten Büros, also unabhängig von der Größe der Büros oder der eingesetzten Software. Sie gilt übrigens auch für Ingenieurbüros, die ihre selbst entwickelte und am Markt angebotene Software einsetzen. Ob die durchschnittlich angegebenen 10 – 20 % Produktivitätsfortschritt den CAD-Einsatz aus dieser Motivation heraus rechtfertigen, ist fraglich, zumal viele Ingenieurbüros noch keine positiven Erfahrungen gemacht haben.

Die Gründe für dieses geringe Maß an Produktivitätssteigerung sind zahlreich. Beschränkt man sich auf die u.E. wichtigsten, so kristallisieren sich folgende drei heraus:

- Das CAD einsetzende Büro *läßt sich nicht voll auf die Technik ein*. Probieren und 'mal gucken' haben keinen Sinn. Dazu gehören insbesondere eine ausreichende Schulung der CAD-Anwender und die Gewährleistung der notwendigen Rahmenbedingungen bei der ☞ *Arbeitsorganisation* und der ☞ *Reorganisation der Projektbearbeitung* im *Kapitel 3* (Auswahl CAD-gerechter Projekte, Standardisierung etc.).

- Man muß sich darüber klarwerden, daß *CAD nicht alles kann*, sondern nur für bestimmte Arbeitsbereiche produktiv anwendbar ist.

- Der wohl bedeutsamste Grund ist die bisher *fehlende Durchgängigkeit der CAD-Bearbeitung*. Dahinter steht die Überlegung, daß, beginnend beim Architekten über den Tragwerksplaner bis zu den HKLS-Fachplanern, alle Planungsbeteiligten auf ein Datenmodell zurückgreifen sollen. Erst wenn der Tragwerksplaner aus den Architektenplänen seine Schal- und Bewehrungspläne herausziehen kann oder die Verbindung zu den Fachplanern für eine Übernahme der Aussparungen besonders interessant erscheint, lassen sich entscheidende Produktivitätsfortschritte erzielen. Doch auch hier melden sich die Skeptiker wieder zu Wort: Die Übernahme der Daten mag zwar technisch machbar sein, aber die Aufbereitung des Architektenplanes zu einem Schalplan sei so aufwendig, daß sich eine Übernahme eigentlich nicht lohne. Ähnliches gilt für die Weitergabe der Schalpläne an die Bewehrungsplanung. Die Realisierung einer Integration durch alle Leistungsphasen bringt, so zumindest die Meinung der Skeptiker, höchstens 20 % Produktivitätsgewinn. Welche der beiden Parteien im Recht ist, läßt sich aber aufgrund fehlender Erfahrungen nicht abschätzen.

Es ist zu erkennen, daß das Ziel Produktivitätssteigerung ein Wunsch vieler Büros ist, der sowohl durch das Auftreten der Anbieter auf Messen etc. als auch durch das 'blinde Vertrauen' vieler Anwender in Neue Technologien genährt wird. Erst wenige Anwender haben Produktivitätsfortschritte erzielt, aber dann auch nur in kleinen Ausschnitten ihres bürointernen Tätigkeitsspektrums. Diese eher skeptische Grundtendenz heißt nicht, daß es beim CAD-Einsatz keine Produktivitätseffekte gibt, aber sie sind an bestimmte Voraussetzungen gebunden. Damit ist auch nicht gesagt, daß CAD ein überflüssiges Arbeitsmittel ist, denn nachfolgend werden Argumente erörtert, die für eine CAD-Investition sprechen.

Qualitätsverbesserung

In der Rangfolge der Motive steht der Wunsch nach Verbesserung der Qualität – sowohl in bezug auf die inhaltlich-fachliche Seite als auch auf die äußere Form der Zeichnungen und Pläne – an zweiter Stelle.

Bezogen auf die technische Qualität der Konstruktion erwarten die Büroinhaber, daß sich durch den Computereinsatz *weniger Fehler* in die Zeichnungen einschleichen können. Diese Hoffnung ist nach unseren Erfahrungen meist berechtigt. So verzählt sich der Computer bei der automatischen Generierung der Stahllisten nicht. Ein anderes Beispiel ist die höhere Genauigkeit bei der Vermaßung. Die Verringerung der Fehlerhäufigkeit hat natürlich positive Rückwirkungen auf die Produktivität, da im weiteren Projektverlauf für Korrekturen weniger Zeit zu veranschlagen ist.

Darüber hinaus wird die Möglichkeit angeführt, daß der Konstrukteur mit CAD leichter mehrere *Lösungsvarianten* für ein Konstruktionsproblem erstellen kann. Ob dieser in der Literatur immer wieder auftauchende Vorzug, der grundsätzlich zu begrüßen wäre, auch für die Praxis relevant werden kann, ist aufgrund unserer empirischen Erhebungen nicht abschließend zu klären. Wir haben aber eher die Erfahrung gemacht, daß der *normale* Termindruck so stark ist, daß die Konstrukteure generell nicht – weder bei konventioneller noch bei CAD-Bearbeitung – die Zeit finden, sich mehrere Lösungsvarianten für ein Problem zu überlegen.

Bei der Diskussion über die *Ästhetik von Plänen* stoßen zwei Welten aufeinander. Während die einen die 'Handschrift' des Konstrukteurs auf den CAD-Plänen vermissen, finden es andere wiederum gut, daß die Pläne keine individuellen Unterschiede mehr aufweisen. Insbesondere bei Plänen, die mit Elektrostaten ausgeplottet werden, ist die Deutlichkeit und Sauberkeit der Zeichnung und der Schrift unübertroffen, aber dadurch gehen auch Teile des Berufsstolzes der Konstrukteure und Zeichner verloren, denen die *persönliche Note* wichtig ist.

Sicherung der Wettbewerbssituation

Das Motiv *Wettbewerbssicherung* könnte als übergeordnetes Einführungsziel Allgemeingültigkeit beanspruchen, wird hier aber so verstanden, daß durch den Einsatz von CAD versucht werden soll, die eigene Stellung auf dem Markt zu stabilisieren und gegebenenfalls auszubauen. Dahinter verbergen sich Argumente wie 'Imagewerbung' oder 'Akquisitionsvorteile', 'Kapazitätserweiterung' oder 'Reagieren auf den Druck von Bauherrn'.

Im Kontext dieser Einführungsüberlegungen steht das *Akquisitionsargument* an vorderster Position. Die Geschäftsleitungen versprechen sich, durch CAD Eindruck auf den Bauherrn machen zu können. CAD soll den hohen technischen Standard des Büros symbolisieren, die Anwendung neuester Technik soll die Gewährleistung hoher Planungsqualität suggerieren. Dieser Versuch, das Image aufzupolieren, mag funktionieren, solange CAD der 'Hauch des Neuen' anhaftet. Wenn sich diese Technik erst breiter durchgesetzt haben wird, kann dieses Motiv keine Bedeutung mehr für sich beanspruchen. Im übrigen kann das Image der neuen Technik auch unbeabsichtigt negative Auswirkungen haben. Beim Bauherrn werden Erwartungen geweckt, die der 'Image–CAD–Anwender' kaum erfüllen kann, mit der Folge, daß sich die Änderungshäufigkeit erhöht, z.B. beim Durchspielen diverser Varianten. Hier ist also Vorsicht geboten, zu sehr mit CAD 'hausieren' zu gehen.

Sicherung der Wettbewerbsfähigkeit bedeutet aber auch, die eigene *Kapazität zu erweitern* und sich *neue Arbeitsgebiete zu erschließen*. Dieses Argument ist für viele Inhaber zwar nicht so wichtig, hat aber bei den CAD–Anwendern, die das als Motiv angeführt haben, durchaus zu Erfolgen geführt. Das vermutlich wichtigste neue Arbeitsgebiet ist die Bestandsaufnahme vorhandener Bauwerke in CAD. Große Unternehmen beauftragen Ingenieurbüros, ihre Immobilien in ein CAD–Programm einzugeben, und wollen auf diesem Weg ihre Bestandsverwaltung verbessern.

Der *Druck der großen Bauherrn* auf die Planungsbeteiligten, CAD für die Projektbearbeitung einzusetzen, kann in Zukunft immer wichtiger werden. Schon jetzt zwingen z.B. große Automobilproduzenten die mit ihnen kooperierenden Architektur- und Ingenieurbüros, die Pläne in einem bestimmten CAD–Format abzugeben. Wollen die Ingenieurbüros diesen Auftrag akquirieren (in der Regel mit der Aussicht auf Folgeaufträge), sind sie gezwungen, sich diesen Vorgaben anzupassen und entsprechend zu investieren.

Mitarbeiterbezogene Gründe

Kaum von Bedeutung sind bislang Gründe, die auf eine Verbesserung der Arbeitssituation der Mitarbeiter zielen. So findet eines der am häufigsten genannten Argumente für CAD – die Entlastung der Konstrukteure von Routinetätigkeiten – in der Praxis kaum Widerhall. Auch weitere denkbare positive Gründe wie eine mögliche Ausdehnung der Arbeitsinhalte oder die Chance, dem Konstrukteur mehr kreative Spielräume zu eröffnen, sind für die Geschäftsleitungen offenbar keine stichhaltigen Argumente.

Inwieweit sich diese mitarbeiterbezogenen Einführungsmotive überhaupt erreichen lassen, ist zur Zeit empirisch nicht endgültig belegbar. Verschiedene Vermutungen lassen sich aber aufstellen:

- Die fachlichen Arbeitsinhalte haben sich durch CAD nicht erweitert. Die Erweiterung bezog sich nur auf den Umgang mit dem neuen Arbeitsmittel (☞ *Kapitel 3, Qualifikationsveränderungen*).
- Ein Abbau von Routinen ist zwar bei bestimmten Arbeitsschritten erkennbar (Bemaßung etc.), dafür entstehen durch das neue Arbeitsmittel aber neue Routinetätigkeiten, so daß der Anteil der Routinetätigkeiten an der Gesamtarbeit nicht zwangsläufig abgebaut wird.

Aus der Sicht der Mitarbeiter ist positiv zu vermerken, daß Ziele wie die stärkere Planbarkeit der Arbeitsabläufe oder die Kontrolle der Beschäftigten bei den Geschäftsleitungen keine Rolle spielen. Dazu ist aber auch anzumerken, daß sich beide Ziele aufgrund des komplexen Bauplanungsprozesses schwerlich realisieren lassen würden, und wenn, dann nur unter Inkaufnahme eines enormen Aufwandes.

Technologiestand

Sehr verbreitet bei den Geschäftsleitungen sind Äußerungen auf die Frage nach den CAD-Einsatzgründen wie: "CAD ist der Trend!", "CAD wird kommen!" oder "CAD fasziniert mich!". Dieser Optimismus und die Begeisterung für CAD sind momentan ein nicht zu unterschätzendes Motiv für den Kauf einer CAD-Anlage. Gerade die Faszination der 'Technik-Freaks', wie sie sich vielfach selbst titulieren, wird in Zukunft vorsichtigeren Herangehensweisen weichen.

Die Optimisten, für die CAD *das Arbeitsmittel der Zukunft* in der Konstruktionsabteilung sein wird, setzen jetzt auf CAD, weil "man irgendwann einmal anfangen muß" oder weil sie durch den frühzeitigen Einstieg einen Know-how-Vorsprung erwerben wollen. Der Wissensvorteil in bezug auf CAD soll es ihnen erleichtern, auch in Zukunft an der Spitze zu bleiben.

Diese Argumentation lebt implizit von der Überzeugung, daß sich durch CAD Ziele wie Qualitätsverbesserung oder Produktivitätssteigerung verwirklichen lassen, denn nur dann macht es Sinn, mit CAD an der technologischen Spitze bleiben zu wollen. Sollte CAD diese Erwartungen aber nicht erfüllen können, wird natürlich auch die Notwendigkeit des Einsatzes fraglich. Andererseits ist zu bedenken, daß in unserer Gesellschaft eine Technikzentriertheit existiert, die sich auch über negative Begleiterscheinungen hinwegzusetzen vermag.

Schlußbemerkung

Es gibt viele Gründe, CAD einzuführen, aber auch Argumente dagegen. In diesem Beitrag sollte das 'Für' und 'Wider' aufgezeigt werden. Dabei ist noch einmal hervorzuheben, daß der CAD-Einsatz im Bauwesen am Anfang der Entwicklung steht, so daß beispielsweise Aussagen über Produktivitätseffekte in ein paar Jahren kaum mehr Gültigkeit haben werden. Aber da die Entscheidung jetzt gefällt werden muß, haben Sie sich mit den heute zur Verfügung stehenden Argumenten auseinanderzusetzen. Versprechungen auf die Zukunft wird Ihnen niemand einlösen.

Werden CAD-Anwender befragt, ob sie ihre ursprünglichen Zielvorstellungen realisieren konnten, so wird man meist ein "noch nicht" zur Antwort bekommen. Selbst langjährige Anwender kommen zu folgendem Ergebnis: "Nach Jahren bitterer Enttäuschungen *scheint* CAD nunmehr in der Lage zu sein, dem Planen und Konstruieren deutliche Impulse zu geben". Bedenken Sie bei der Entscheidung für CAD aber auch, daß es durchaus andere Formen zur Lösung gibt (☞ *Kapitel 3, Reorganisation der Projektbearbeitung).* Ein CAD-Experte äußerte einmal in überspitzter, aber bedenkenswerter Art, daß die Konstruktionsabteilungen bei vernünftiger Organisation gar kein CAD benötigen. Bei konsequenter Fortführung dieser Äußerung würde das bedeuten, daß CAD dann als 'Organisationsmittel' gute Dienste leisten müßte, denn die Vorbereitungen, die ein rationeller CAD-Einsatz erfordert (etwa Standardisierungen und Normierungen), würden allein schon ausreichen, den Planungsablauf besser - im Sinne von rationeller - zu gestalten.

Abschließend sollen zwei Hinweise gegeben werden, die Sie bei der Bewertung Ihrer Gründe berücksichtigen sollten:

- Erfahrungen haben gezeigt, daß sich die Gründe, die vor der Einführung bei der Entscheidungsfindung eine Rolle gespielt haben, im nachhinein als weniger wichtig herausgestellt haben (z.B. 3D aus Akquisitionsgründen als 'Muß').
- Versteifen Sie sich bei der Suche nach Lösungen für Ihr betriebliches Problem nicht nur auf CAD. Es können auch andere Formen der Problembewältigung gefunden werden.

Insgesamt ist CAD zur Zeit noch nicht in dem Stadium, in dem man sagen könnte, daß sich alle damit verbundenen Ziele erfüllen oder nicht erfüllen lassen, dazu ist die Entwicklung in allen relevanten Bereichen noch zu sehr im Fluß. Abschließend kann festgehalten werden, daß bei einer realistischen Einschätzung der Möglichkeiten von CAD sowie der Bereitschaft, das richtige Umfeld zu gewährleisten, CAD als Arbeitsmittel im Ingenieurbüro sinnvoll eingesetzt werden kann.

Literatur

[1] Abel, Jörg u. Manfred Brede: Wie sinnvoll ist CAD im Ingenieurbüro? Beratende Ingenieure (1989), Nr. 1-2, S. 92/97.

[2] Obermeyer, Leonhard: Planen und Konstruieren mit dem Computer. Bauingenieur 62 (1987) Nr.10, S. 435/48.

Nutzung und Belegung von Arbeitsplätzen

Jörg Abel

Die Frage der Arbeitsplatznutzung und damit der Arbeitszeit, die grundsätzlich einen Teilaspekt der ☞ *Arbeitsorganisation, Kapitel 3,* darstellt, verdient aus zwei Gründen eine gesonderte Betrachtung. Zum einen ist der Auslastungsgrad des CAD–Systems u.a. abhängig von der im Betrieb bestehenden Arbeitszeitregelung, zum anderen berühren Arbeitszeitregelungen zentrale Interessen der Arbeitnehmer. Die folgende Auseinandersetzung mit dem Aspekt Arbeitszeit muß sich trotz ihrer formalen Herauslösung aus der Betrachtung der Arbeitsorganisation immer auf diesen übergeordneten Aspekt beziehen.

Zunächst zum Problem des Zusammenhanges zwischen Arbeitszeit und Auslastungsgrad des CAD–Systems: Ein entscheidender Faktor bei der ☞ *Wirtschaftlichkeitsbeurteilung, Kapitel 3,* eines CAD–Arbeitsplatzes ist die Nutzungszeit dieses Arbeitsplatzes. Vereinfacht ausgedrückt gehen die Betriebswirtschaftler bei Kosten–Nutzen–Betrachtungen davon aus, daß die Rentabilität einer technischen Anlage mit der Ausdehnung ihrer Nutzungszeit zunimmt. Vor dem Hintergrund der hohen Investitionskosten für CAD gewinnt der Versuch, die Nutzung der CAD–Arbeitsplätze über die betriebsübliche Arbeitszeit hinaus zu verlängern, an Bedeutung. Probate Mittel hierfür wären die Ausdehnung der Gleitzeitregelungen oder – als extremere Variante – der Einstieg in den 2– oder gar 3–Schicht–Betrieb.

Beide Arbeitszeitmodelle, insbesondere aber die Schichtarbeit, berühren das Interesse der betroffenen Arbeitnehmer. Gerade *Schichtarbeit* gefährdet die sozialen Beziehungen der Arbeitnehmer, sie ist aber auch aus arbeitsphysiologischen Gründen abzulehnen. Deshalb ist bei der Einführung von Schichtarbeit mit dem Widerstand der Arbeitnehmer zu rechnen. CAD–Schichtarbeit wird in der Praxis nur selten vorgefunden. So zeigen eigene Untersuchungen, daß zwar zwei Ingenieurbüros Schichtarbeit eingeführt haben, dies aber ausdrücklich als 'Übergang' deklarieren, der schon bald der Vergangenheit angehören solle.

Auch die Gleitzeitregelung, die in den meisten Ingenieurbüros praktiziert wird, zielt auf die Verlängerung der Betriebszeit. Hierbei teilen sich zwei CAD–Anwender einen Arbeitsplatz, wobei der eine von morgens 7.00 Uhr bis mittags 13.00 Uhr und der andere – mit entsprechend späterem Arbeitsbeginn – den CAD–Arbeitsplatz ab 13.00 Uhr bis in den Abend nutzt. Diese Gleitzeitvariante kann zwar der reinen Schichtarbeit gegenüber als die bessere gelten, sie hat aber prinzipiell aufgrund ihrer 'schleichenden' Tendenz zur Schichtarbeit doch ähnlich problematische Auswirkungen. Da in der Regel vergessen wird, daß durch die Gleitzeit- oder Schichtarbeit die Kommunikationsmöglichkeiten mit Kollegen erheblich beeinträchtigt werden, können diese Arbeitszeitmodelle nur als Übergangslösung für einen begrenzten Zeitraum akzeptiert werden.

Daher empfiehlt sich die Aufrechterhaltung der betriebsüblichen Arbeitszeit unter Einschluß bestehender Gleitzeitregelungen.

Doch auch hier entsteht Regelungsbedarf, damit bei einem ungünstigen Ausstattungsverhältnis von CAD-Arbeitsplätzen zu CAD-Nutzern der Zugang zum System gewährleistet werden kann. Dieser Zugang wird über *Belegungspläne* organisiert, bei denen zwischen starren und flexiblen Belegungsplänen unterschieden wird. Bei starren Belegungsplänen wird ex ante der Zugang zu den CAD-Arbeitsplätzen für einen bestimmten Zeitraum festgeschrieben. Zu diesen Zeiten dürfen dann die jeweiligen Anwender das System benutzen, um nach Ablauf der festgelegten Nutzungszeit den Platz wieder zu räumen.

Die starren Belegungspläne haben sich aus verschiedenen Gründen nicht durchsetzen lassen. Auf der einen Seite läßt sich die gesamte betriebliche Abwicklung der laufenden Projekte nicht so exakt vorherbestimmen, daß eine genaue Planung im Vorfeld funktionieren kann. Ad hoc zu erledigende Änderungswünsche seitens des Architekten sind nur ein Beispiel für die Unwägbarkeiten im Ablauf des Bauplanungsprozesses. Hinzu kommt noch der hohe Organisationsaufwand für die Erstellung des Belegungsplanes. Auf der anderen Seite stößt auch der einzelne CAD-Anwender auf Probleme, wenn er seinen Platz räumen muß, ohne daß er seine angefangene Arbeit beenden konnte. Das von ihm bearbeitete Projekt gerät ins Stocken, wenn der mit CAD begonnene Plan nicht konventionell weitergeführt werden kann. Bearbeitet er jedoch seinen Plan zu Ende, wird der nachfolgende CAD-Anwender blockiert, was nicht nur die vermeintliche Erhöhung des Auslastungsgrades in Frage stellt, sondern zudem noch Konflikte zwischen den Mitarbeitern bewirken kann.

Darum kommt eine starre Belegungsplanung in der Praxis kaum zur Anwendung. Wenn überhaupt Belegungspläne als Organisationsmittel benutzt werden, dann in einer sehr flexiblen, nicht formell geregelten Art und Weise. Die betroffenen Mitarbeiter sprechen sich untereinander ab. Die nur kurzfristig im voraus geplanten Zugangszeiten werden nicht 'eingefordert', sondern einmal getroffene Absprachen werden bei Bedarf korrigiert.

Doch auch eine flexible Handhabung der Belegungsplanung kann Schwierigkeiten nicht ausschließen. Müssen zwei CAD-Nutzer, die sich einen Arbeitsplatz teilen, ihren jeweiligen Plan kurzfristig fertigstellen, hilft auch der 'flexibelste' Belegungsplan nichts.

Dieses Hindernis vor Augen wird die Gewährleistung einer Arbeitsbereitschaft von 90% gefordert, was anders formuliert bedeutet, daß für zehn CAD-Anwender neun CAD-Arbeitsplätze zur Verfügung stehen müssen. Warum bei dieser Forderung nicht gleich für ein 1:1-Verhältnis plädiert wird, bleibt dabei im dunkeln.

Die in den Ingenieurbüros vorgefundenen Formen flexibler Belegungsplanung scheinen bis dato vor allem deshalb zu funktionieren, weil sich zwar mehrere CAD-Nutzer ein Terminal teilen müssen, aber die Zahl der mit CAD bearbeiteten Projekte noch so gering ist, daß kaum Koordinierungsprobleme entstehen.

Der entscheidende Nachteil, den sowohl die Schichtarbeit als auch ausgedehnte Gleitzeitregelungen mit oder ohne Belegungsplan verursachen, liegt aber in der Organisation des Projektablaufes, der unter diesen Bedingungen nicht optimal gestaltet werden kann. Bei Schichtarbeit oder bei einer Ausdehnung der Gleitzeitregelungen werden zwangsläufig Reibungsverluste bei der Projektarbeit auftreten. Muß z.B. der CAD-Anwender seine Arbeit am CAD-Terminal zwischen 13.00 und 19.00 Uhr erledigen, wird er kaum die Möglichkeit haben, bei auftretenden Problemen einen Ansprechpartner zu finden, wenn dieser in einer anderen Schicht tätig ist. Weder der Systembetreuer, der etwa bei einem Plotterstillstand weiterhilft, noch der zuständige Projektleiter, mit dem fachliche Aspekte erörtert werden müßten, sind erreichbar. Auch bei dem Versuch, mit externen Planungsbeteiligten Kontakt aufzunehmen, wird der CAD-Anwender scheitern. So gab es in einem der untersuchten Büros seitens der Projektleiter Klagen, daß ihre Koordination durch die differierenden Arbeitszeiten stark erschwert würde. Zwar lag die Ursache in diesem Fall an der Vielzahl der Teilzeitarbeitskräfte, aber dennoch macht dieses Beispiel deutlich, daß Reibungsverluste nicht nur bei einem mit Teilzeitregelungen durchgeführten CAD-Einsatz entstehen können, sondern quasi naturwüchsig bei derartigen Nutzungsmodellen entstehen müssen.

Vor dem Hintergrund der beschriebenen Schwierigkeiten strebte die Mehrzahl der untersuchten Büros ein *Verhältnis von einem Anwender pro CAD-Arbeitsplatz* an, weil sich so der Projektablauf auch bei CAD-Einsatz adäquat abwickeln läßt: "Man kommt ja auch nicht auf die Idee, daß sich zwei Mitarbeiter ein Reißbrett teilen müssen." Diese Aussage eines Gesprächpartners aus der Untersuchung macht deutlich, daß die Verteilung eines Arbeitsmittels auf mehrere Nutzer widersinnig ist, insbesondere wenn es – in diesem Fall der CAD-Arbeitsplatz – das zentrale Arbeitsmittel bei der Planerstellung ist.

Für das beschriebene 1:1–Ausstattungsverhältnis spricht gleichfalls, daß sich schon bei einem Verhältnis von 2:1 der Mitarbeiter mit den 'stärksten Ellenbogen' durchsetzen wird. Selbst wenn dieser Fall nicht eintreten würde, so ist es in der relativ langen Einarbeitungsphase für die gerade geschulten CAD–Anwender immens wichtig, ihr frisch erworbenes Wissen möglichst intensiv anzuwenden, auszubauen und den Umgang mit dem System zu vertiefen. Zu kurze Nutzungszeiten können nur kontraproduktiv wirken. Für den Betrieb hätte dies den Verlust von Investitionen in die Mitarbeiterschulung sowie entstehendes Desinteresse und Abneigung seitens der Betroffenen gegenüber CAD zur Folge.

Zusammenfassend kann festgehalten werden:

- Eine Ausdehnung der bislang betriebsüblichen Arbeitszeit in Richtung Schichtarbeit ist aus fachlichen, sozialen und gesundheitlichen Gründen abzulehnen.
- Flexible Belegungspläne sind nur für eine begrenzte Übergangszeit empfehlenswert.
- Anzustreben ist grundsätzlich ein Ausstattungsverhältnis von einem CAD–Arbeitsplatz pro CAD–Anwender, um die Anforderungen, die sich aus dem Projektablauf ergeben, auch angemessen erfüllen zu können.

Peripheriegeräte

Manfred Brede/Kornelia Werthebach

Für eine komfortable Auslegung der DV–Ausstattung ist es notwendig, verschiedene Geräte zur Erfassung und Ausgabe von Informationen zur Verfügung zu stellen. Entscheidet man sich für den Kauf eines Arbeitsplatzrechners (PC oder Workstation), so bietet der Hardware–Hersteller in der Regel eine Komplettlösung an. Neben dem eigentlichen Rechner (Zentraleinheit) umfaßt diese die Tastatur, evtl. eine Maus, den Bildschirm, einen Plattenspeicher und ein Diskettenlaufwerk. Es sind also bereits Peripheriegeräte enthalten, die die Benutzerschnittstelle Mensch – Maschine unterstützen.

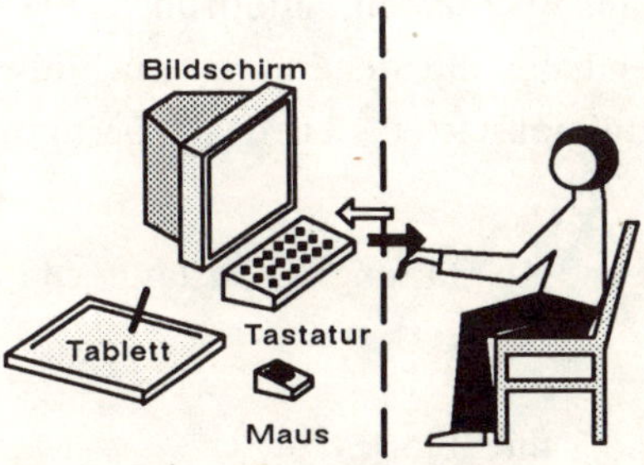

Bild 1: *Benutzerschnittstelle Mensch – Maschine*

Im Rahmen des Einführungsprozesses wird sicherlich die Frage zu klären sein, welche Peripherie zusätzlich notwendig ist, um ein zweckmäßiges Arbeiten zu ermöglichen. Es muß ebenfalls geklärt werden, welche Ein–und Ausgabemedien für die einzusetzende Software erforderlich sind. Einige Produkte fordern einen Digitalisierer, andere eine bestimmte Plottergröße oder einen firmenspezifischen Plotter.

Bei näherer Betrachtung der Peripherie bietet sich eine Unterscheidung in *Eingabe–*, *Ausgabe–* und *Speichergeräte* an, die im folgenden näher erläutert werden.

Eingabegeräte

Für einen graphisch–interaktiven Arbeitsplatz sind vier logische Funktionen gerätetechnisch zu realisieren:

- Befehlseingabe,
- Dateneingabe,
- Positionieren,
- Identifizieren.

Dafür werden dem Anwender Peripheriegeräte zur Verfügung gestellt, deren Einsatzformen und die an sie zu stellenden Forderungen sollen aus ingenieur– und arbeitswissenschaftlicher Sicht aufgezeigt werden.

Tastatur

Die *Tastatur* ist das wichtigste Instrument zur Dateneingabe. Hiermit werden Befehle und Texte (auch als Bestandteile von Zeichnungen) eingegeben.

Die Tastatur gliedert sich in einen alphanumerischen und einen funktionalen Teil. Im alphanumerischen Teil sind alle Buchstaben, Ziffern und einige Sonderzeichen enthalten. Der funktionale Teil beinhaltet die Steuertasten zur Bildschirmverwaltung (Cursorsteuerung) und einige Funktionstasten, denen eine bestimmte Belegung zugewiesen werden kann.

An Qualität, Funktionalität und Ausstattung der Tastatur sind folgende Forderungen zu stellen:

- getrennter Cursor– und Zahlenblock,
- deutsche Tastaturbelegung,
- programmierbare Funktionstasten,
- möglichst keine Mehrfachbelegung von Tasten,
- ergonomische Gestaltung der gesamten Tastatur.

Maus

Die *Maus* gestattet die benutzerfreundliche und tastaturunabhängige Bedienung eines Computers. Voraussetzung ist, daß die Anwendungsprogramme die Dialogführung mausgesteuert erlauben und entsprechende Treiberroutinen installiert sind.

Man unterscheidet die *mechanische Maus* (Übertragung der Bewegung der Maus durch eine Kugel, die auf einer festen Unterlage, z.B. einem Tisch, gerollt wird) und die *optische Maus* (Übertragung der Bewegung der Maus durch einen von einer Spezialunterlage reflektierten Lichtstrahl, der von der optischen Maus ausgesendet wird). Neben der so vorzunehmenden Positionierung des Cursors können über Funktionstasten auch Befehle ausgelöst werden. So wird die Maus häufig in Verbindung mit menügesteuerten Programmen eingesetzt, wobei die Auswahl eines Menüelementes durch Positionierung des Cursors mit der Maus erfolgt und durch Drücken einer Funktionstaste ausgeführt wird.

Folgende Ausstattungskriterien sind bei einer Maus zu beachten:

- Kompatibilität für mehrere Anwendungsprogramme (z.B. Tastenanzahl),
- ergonomische Formgebung der Maus (inkl. Druckpunkt der Tasten).

Graphisches Tablett

Das *Graphiktablett* dient zur Positionierung des Cursors, zur Befehlseingabe und zum Digitalisieren vorhandener Zeichnungen. Es besteht aus der *Digitalisierfläche* (Digitizer), aus einem *Tablettstift* mit beweglicher Stiftspitze und aus einer Funktionstaste oder einer Fadenkreuzlupe zur Befehlseingabe und Menüauswahl. Die Eingabe erfolgt durch Bewegung des Stiftes bzw. der Lupe auf der Digitalisierfläche.

Die Digitalisierfläche kann in Flächensegmente aufgeteilt sein, die vom Benutzer frei belegbar sind (Tablettmenü, eine anwendungsprogrammspezifische Folie, die auf dem Tablett befestigt wird) und so der einfachen Steuerung von Programmen dienen. Für den Bereich der Programmsteuerung oder das Digitalisieren kleiner Zeichnungen werden Graphiktabletts in den Größen DIN A2 oder A3 eingesetzt; zum Digitalisieren größerer Zeichnungen finden Digitalisiertabletts bzw. Digitalisierbretter in den Größen DIN A2 bis A0 Anwendung.

Folgende Forderungen sind an die Ausstattung eines Graphiktabletts zu stellen:

- Kompatibilität für mehrere Anwendungsprogramme,
- Auswahlmöglichkeit zwischen Lupe und Stift,
- ausreichende Anzahl von Funktionstasten und
- ergonomische Formgebung von Stift und Lupe.

Wird für ein CAD–Programm ein Graphiktablett für die Programmsteuerung benötigt, so ist vom Software–Hersteller eine Liste der von ihm unterstützten Tabletts anzufordern, denn eine Anpassung nicht unterstützter Peripherie ist im Regelfall vom Anwender nicht zu realisieren.

Scanner

Der Einsatz von *Scannern* ist im Bereich des Verlags– und Druckwesens sowie in der Geodäsie schon fast eine Selbstverständlichkeit. Für Ingenieuranwendungen werden sie aber bisher kaum eingesetzt. An Bedeutung wird der Scanner im Zuge der Realisierung der Technischen Dokumentation über *Desktop–Publishing–Systeme* (*DTP*) gewinnen.

Der Scanner dient zum Erfassen von Texten und Graphiken (z.B. Bildern und Zeichnungen), die von Anwendungsprogrammen weiterverarbeitet werden sollen. Je nach Größe des Scanners können Vorlagen bis zu DIN A0 bearbeitet werden. Die Erfassung der Informationen erfolgt durch Abgleich des Kontrastes, ähnlich dem Prinzip eines Fotokopierers. Das 'einzulesende' Objekt wird –in einzelne Punkte gerastert – aufgenommen. Nachlaufende Programme wandeln z.B. die als Punktmuster gescannten Texte für die Weiterbearbeitung in Buchstaben (im ASCII–Format) um. In Abhängigkeit von der Qualität der Vorlage werden bis zu 98 % des Textes richtig erkannt. Nachbesserungen von angezeigten fehlinterpretierten Buchstaben sind möglich bzw. erforderlich. Ferner gibt es Umwandlungsprogramme für gescannte Zeichnungen, die die Punktmuster in Vektoren umwandeln. Diese Programme sind jedoch für die Arbeit im CAD–Bereich meist noch zu ungenau.

Folgende Ausstattungskriterien sind zu beachten:

- Verfügbarkeit der Software für die Text– und Vektorgraphikerfassung,
- maximale Auflösungsrate (mindestens 300 dpi),
- Größe der Scannerfläche.

Ausgabegeräte

Ausgabegeräte dienen dazu, graphische und alphanumerische Informationen darzustellen.

Bildschirm

Der *Bildschirm* ist die wichtigste Kommunikationsschnittstelle zwischen Benutzer und Computer. Man unterscheidet zwischen *alphanumerischen* und *graphikfähigen* Bildschirmen. Für die CAD–Anwendung hat sich seit Mitte der 80er Jahre der Rasterbildschirm durchgesetzt, der analog zum Prinzip von Fernsehgeräten arbeitet. Ferner unterscheidet man zwischen monochromen (schwarz–weiß, grün–schwarz usw.) und farbigen Bildschirmen. In der reinen Textverarbeitung ist ein Monochrombildschirm ausreichend, während bei vielen Graphikanwendungen auf die Farbdarstellung nicht verzichtet werden kann. Einige CAD–Systeme unterstützen zwei Bildschirme: auf dem größeren,z.B. einem 19–Zoll–Bildschirm werden die graphischen Informationen dargestellt, während der kleinere (z.B. ein 12–Zoll–Bildschirm) zur alphanumerischen

Befehlseingabe sowie zur Ausgabe von Bildschirmmenüs und Systemmeldungen dient.

Bildschirme sollten folgende Ausstattungsmerkmale aufweisen:

- Die Größe des Bildschirms sollte mindestens 16 Zoll, für CAD-Anwendungen 19 Zoll betragen.
- Die Flimmerfreiheit ist bei einer Frequenz > 60 Hz gewährleistet.
- Der Bildaufbau sollte im Non-Interlacing-Mode erfolgen (d.h., das ganze Bild wird Zeile für Zeile regeneriert, während im Interlacing-Mode nur jede zweite Zeile neu aufgebaut wird).
- Die Anzahl der Bildpunkte sollte sich an dem Richtwert 1024 x 900 orientieren.
- Die individuelle Bildschirmeinstellung (Helligkeit, Kontrast usw.) sollte gewährleistet sein.
- Der Bildschirm sollte entspiegelt sein.
- Die Kompatibilität zur Zentraleinheit muß gewährleistet sein (Welche Graphikkarte verlangt der Bildschirm? Stimmen die Anschlüsse?).

Drucker

Mit Hilfe des Druckers werden alphanumerische und je nach Typ auch graphische Informationen auf Papier oder anderen Zeichnungsträgern ausgegeben. Ist die Ausgabe von Graphiken möglich, werden Drucker auch als *Hardcopygeräte* direkt am CAD-Arbeitsplatz eingesetzt. Diese Geräte erlauben die schnelle Ausgabe des momentanen Bildschirminhaltes. Es wird zwischen Impact-Druckern (Typenrad- und Nadeldrukker) und Non-Impact-Druckern (Tintenstrahl-, Thermo-, Thermotransfer- und Laserdrucker) unterschieden. Beim *Impact-Drucker* erfolgt die Ausgabe mechanisch durch Anschlag (hohe Geräuschentwicklung), während die Ausgabe bei den *Non-Impact-Druckern* berührungslos geschieht (geringe Geräuschentwicklung).

Da der *Typenraddrucker* keine graphischen Daten ausgeben kann, ist er für die Anwendungen im Ingenieurbüro nur bedingt einsetzbar. Die Ausgabe bei dem preisgünstigeren und nahezu wartungsfreien *Matrixdrucker* erfolgt über eine Punktmatrix, die über im Druckerkopf angeordnete Nadeln erzeugt wird. Die Anzahl der Nadeln (9, 18, 24, 48) bestimmt die Auflösungsrate, was insbesondere bei Graphikausgaben wichtig ist. Der Matrixdrucker hat als Arbeitsplatzdrucker weite Verbreitung gefunden.

Beim *Tintenstrahldrucker* sind 'die Nadeln des Matrixdruckers' durch dünne Tintenröhrchen ersetzt. Wie bei Nadeldruckern gibt es Tintenstrahldrucker auch als Farbdrucker. Auflösung und Druckgeschwindigkeit entsprechen denen des Nadeldruckers, wobei der Tintenstrahldrucker geräuschärmer arbeitet, jedoch teures Spezialpapier erfordert. Beim *Thermodrucker* wird der Toner matrixartig auf spezielles Papier geschmolzen (das verwendete Papier verändert bei längerer Lagerung seine Farbe). Mit dem *Thermotransferdrucker* können nach dem Prinzip des Thermodruckers hochwertige farbige Graphikausgaben auf normalem Papier erzeugt werden.

Der *Laserdrucker* arbeitet nach dem Fotokopierprinzip. Die darzustellenden Informationen werden in sehr eng beieinander liegende Punkte aufgelöst, was eine ausreichend große Auslegung des Pufferspeichers (1–4 MB) notwendig macht. Der in Anschaffung und Betrieb relativ teure Laserdrucker ist von der Geschwindigkeit und der Ausgabequalität her den anderen Druckern überlegen, wobei die momentane Preisentwicklung ihn immer attraktiver macht.

Folgende Druckereigenschaften sind also zu beachten:

- Geschwindigkeit,
- Druckdichte bzw. Auflösung,
- Anzahl und Art vorhandener Zeichensätze (Fonts),
- Graphikfähigkeit,
- Anzahl der Farben,
- Art des Papiereinzuges (Einzelblatt, Endlospapier),
- maximal zu verarbeitenden Papierbreite,
- Kompatibilität zur eingesetzten Software (Druckertreiber),
- Größe des Pufferspeichers,
- geringe Geräuschentwicklung.

Plotter

Der *Plotter* dient als Ausgabegerät für graphische Informationen und ist für das Ingenieurbüro das zentrale Ausgabegerät für Zeichnungen. Auf dem Markt stehen Plotter in den Größen DIN A0 bis DIN A4 zur Verfügung. Zur Ausgabe von Zeichnungen, und hier insbesondere für Ausführungszeichnungen, ist die Anschaffung eines DIN–A0–Plotters zu empfehlen.

Man unterscheidet zwischen Stiftplottern (Flachbett– und Trommelplotter) und Rasterplottern (elektrostatische Plotter, Laser– und Tintenstrahlplotter).

Beim *Stiftplotter* werden die Linien durch Bewegungen eines Zeichenstiftes über das Papier erzeugt. Bei den *Flachbettplottern* bewegt sich der Stift in X– und Y–Richtung über das mittels Unterdruck oder elektrostatischer Aufladung festgehaltene Papier. Bei den im Vergleich zu den Flachbettplottern billigeren *Trommelplottern* bewegt sich der Stift nur in X–Richtung, da die Trommel mit dem durch Reibung befestigten Papier die Y–Bewegung erzeugt. Es können verschiedene Stifttypen (Tusche, Faserschreiber, Kugelschreiber usw.) verwendet werden. Die meisten Plotter haben Vorrichtungen (Stiftkarussell, Stiftmagazine), aus denen sie sich die notwendigen Stifte zur Farbgebung holen. Um ein optimales Ergebnis zu erzielen, sollten die vom Plotterhersteller empfohlenen Stifte und Spezialpapiere verwendet werden.

Aus den durchgeführten Untersuchungen läßt sich ableiten, daß der Stiftplotter von allen Peripheriegeräten die meisten Probleme bereitet. Zu diesen Problemen zählen u.a. das Klecksen und Eintrocknen von Tuschestiften, die geringe Stiftgeschwindigkeit, das Fehlen von Tusche, bei Faserschreibern die Veränderung der Strichbreite während des Betriebes, lange Plotzeiten (bis zu einer Stunde) und Anpassungsprobleme an das CAD–System.Viele dieser Probleme lassen sich auf mangelnde Wartung und falsche Bedienung zurückführen.

Die seit den letzten Jahren fallenden Plotterpreise erzeugen einen deutlichen Trend zum Einsatz von Rasterplottern und dort insbesondere zum *elektrostatischen Plotter*. Seine Vorteile sind die höhere Ausgabegeschwindigkeit (Faktor 20–30), die hohe Auflösung, die Möglichkeit der Ausgabe von Schattierungen und die hohe Betriebssicherheit im Vergleich zu den Stiftplottern. Rasterplotter können auch farbige Plots erzeugen, sie sind jedoch zur Zeit noch sehr teuer. Bei den Rasterplottern werden die vektorisierten Informationen in ein Punktraster mit einer Auflösung von z.B. 400 Punkten pro Zoll umgerechnet. Bei elektrostatischen Plottern werden auf teurem Spezialpapier Punkte elektrisch aufgeladen, die den Toner aufnehmen, der dann fixiert wird. Die in der Praxis – aufgrund des hohen Preises – weniger anzutreffenden *Laser– und Tintenstrahlplotter* arbeiten nach dem für die Laser– bzw. Tintenstrahldrucker beschriebenen Prinzip. Durch die Rasterung wird eine große Menge Daten erzeugt, die den Einsatz von Festplatten mit 20 bis 40 MB als Pufferspeicher in Rasterplottern erforderlich machen.

Bei einem Plotter sind folgende Ausstattungskriterien zu beachten:

- die Geschwindigkeit,
- die Auflösung und Präzision,
- die Möglichkeit der Stiftwahl (Tusche, Faserschreiber, Kugelschreiber usw.),
- die Anzahl der Farben bzw. der darzustellenden Grautöne,
- die maximal zu verarbeitende Papierbreite und –länge (Einzel– oder Endlospapier),
- die unterstützten Graphikstandards (HPGL, Calcomp etc.),
- die internen Optimierungsmöglichkeiten für Zeichenwege und Stiftwechsel,

- die Größe des Pufferspeichers,
- die Geräuschentwicklung.

Speichergeräte

Unter Speichermedien werden die gerätetechnischen Einrichtungen verstanden, in denen Informationen in digitaler Form dauerhaft oder vorübergehend gespeichert werden. Sie lassen sich einteilen nach:

- physikalischer Beschaffenheit,
- Zugriffsform (direkt, zyklisch oder sequentiell),
- Zugriffszeit (Zeit, die zum Lesen bzw. Schreiben der Informationen benötigt wird),
- Speicherkapazität,
- Leistungsfähigkeit des Betriebssystems,
- Kosten je Speichereinheit.

Die Entscheidung, welche Art von Speichermedien eingesetzt werden sollte, hängt zu einem erheblichen Teil von den finanziellen Möglichkeiten und – mit niedrigerer Priorität – von der DV-Anwendung bzw. von dem Einsatzgebiet ab.

Hinsichtlich ihrer Datenhaltung lassen sich Speicher in *flüchtige (temporäre)* und *nichtflüchtige (permanente)* Medien einteilen.

Die in der Zentraleinheit befindlichen *internen* Speicher werden als *Festwertspeicher (ROM* –**R**ead **O**nly **M**emory) und als *Schreib–Lese–Speicher (RAM)* bezeichnet. Alle Festwertspeicher sind *nichtflüchtig*, da sie ihren Inhalt auch bei Stromausfall bzw. -abschaltung behalten. Der Festwertspeicher wird vom Hersteller einmalig mit Informationen programmiert. Diese können danach nur noch gelesen, aber nicht mehr überschrieben werden. In ROM–Chips werden in erster Linie elementare Maschinenoperationen gespeichert, z.B.

- Einschalt–Diagnose–Programme,
- Start–Routinen zum 'Booten' des Betriebssystems,
- ROM–BIOS für die Eingabe–/Ausgabesteuerung (BIOS = **B**asic **I**nput/ **O**utput **S**ystem).

Im Gegensatz zu ROM sind RAM und auch die Ein– und Ausgabepuffer *flüchtige Speicher.* Wird der Computer abgeschaltet, gehen alle dort gespeicherten Informationen verloren. Der Schreib–Lese–Speicher oder RAM (**R**andom **A**ccess **M**emory, direkter

Zugriff) kann mit elektrisch codierten Informationen beliebig oft beschrieben, überschrieben oder gelesen werden.

In diesem Kapitel sollen nun die *externen* und nichtflüchtigen Speichermedien, wie Festplatten, Hard-Disks (HD), Disketten, **F**loppy-**D**isks (FD), Bänder (Magnetband, Streamer) und optische Platten, erläutert werden.

Diese Speichereinheiten dienen zur Auslagerung von Daten aus dem Hauptspeicher, zur Speicherung von Programmen und Daten und bei nicht vorhandener Vernetzung zur Unterstützung des Datenaustausches mit anderen DV-Systemen. Die bekanntesten Medien hierfür sind Disketten und Streamer.

Neueste Entwicklungen gehen in die Richtung *optischer Speichermedien* mit Vorteilen wie großen Speicherkapazitäten (ca. 500 MB), kurzen Datenzugriffszeiten und einer großen Datensicherheit. Serienreif sind zur Zeit 'nur-lesbare' CD-Platten *(CD-ROM, Compact Disk - **R**ead **O**nly **M**emory)*. Sogenannte *"WORMs" (**W**rite-**O**nce, **R**ead-**M**ultiple)* sind optische Datenspeicher, die vom Anwender (mittels eines polarisierten Laserstrahls) wenigstens einmal mit Software beschrieben werden können, welche dann beliebig oft abzurufen ist.

Magnetische und optische Speichermedien lassen sich unter dem Begriff *Massenspeicher* zusammenfassen, weil diese in der Lage sind, große Datenmengen dauerhaft zu speichern (permanente Speicher). *Haupt- und Pufferspeicher* sind hingegen *Arbeitsspeicher*, die Daten nur zum Zweck der Verarbeitung zwischenspeichern (temporäre Speicher). Das Zusammenwirken verschiedener Speichertypen wird als Speicherhierarchie bezeichnet.

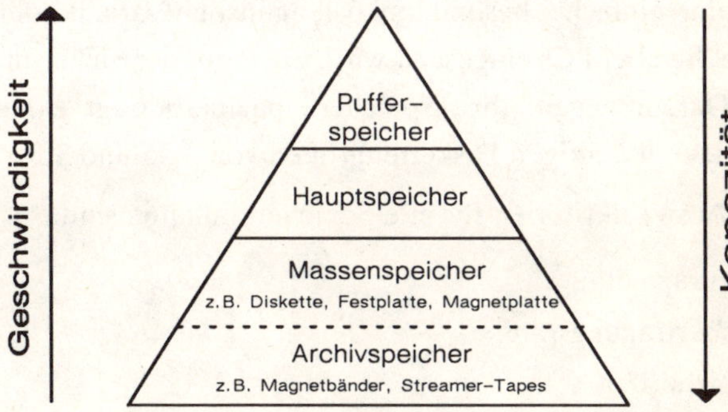

Bild 2: *Speicherhierarchie*

Plattenspeicher

Der *Plattenspeicher* ist der wichtigste Massenspeicher einer DV-Anlage. Ist eine bürointerne Vernetzung geplant (dezentrales Konzept), so sollte ein großer Plattenspeicher (> 1 GB) am Server angeschlossen werden, der allen Benutzern zur Verfügung steht. Weitere Plattenspeicher sind als lokale Plattenspeicher (100 - 300 MB) an die Arbeitsplatzrechner anzuschließen. Ein Magnetplattenlaufwerk kann eine fest eingebaute Platte (Festplatte) oder eine auswechselbare Platte (Wechselplatte) besitzen. Wechselplatten sind aufgrund der geringeren Datensicherheit und der höheren Zugriffszeit gegenüber vergleichbaren Festplatten nur begrenzt einsetzbar. In Rechnern der PC- und Workstation-Klasse werden Festplatten heute meist nach der Winchester-Technologie eingebaut.

Magnetbandspeicher/Streamer

Mit *Bandspeichern* können große Datenmengen, die nicht mehr im direkten Zugriff benötigt werden, gesichert und archiviert werden. Das *Magnetband* arbeitet im Gegensatz zu Plattenspeichern und Disketten im *sequentiellen Zugriffsverfahren*. Die relativ langen Such- und Umspulzeiten lassen den Einsatz als Speichermedium während der Programmausführung nicht zu. Bandlaufwerke der 70er Jahre werden heute in Verbindung mit modernen Arbeitsplatzrechnern durch *Kassettenlaufwerke (Streamer-Tapes)* ersetzt. Gebräuchliche Ausführungen können bis zu 40 - 150 MB auf eine Kassette speichern. In Entwicklung und teilweise schon auf dem Markt befinden sich Kassettenspeicher mit 1 - 5 GB Speicherkapazität, die sich für eine komplette Sicherung (Backup) der Festplatte eignen.

Diskettenlaufwerk

Die *Diskette* ist eine einfache, besonders kostengünstige Variante der Magnetplatte, die fast ausschließlich bei PCs eingesetzt wird. Sie dient der Sicherung und Archivierung kleinerer Datenmengen. Ihre Speicherkapazität beträgt je nach Ausführung 360 KB - 1,44 MB bei heutigen Diskettengrößen von 5,25 und 3,5 Zoll.

Die wichtigsten Auswahlkriterien für alle Speichereinheiten sind:

- die Speicherkapazität,
- die Datenübertragungsrate,
- die Datensicherheit,
- die Zugriffszeit.

Literatur

[1] Mehrmann, E.: Workstation von A - Z. Düsseldorf: VDI-Verlag 1991.

[2] Proebster, W.: Peripherie von Informationssystemen. Berlin: Springer Verlag 1987.

[3] Henning, H.: Entscheidungskriterien für den wirtschaftlichen Einsatz in der Konstruktion. Heidelberg: Hüthig-Verlag 1988.

Qualifikationsveränderungen

Martin Resch

Begriffsdefinition

Qualifikation ist ein weiter Begriff, der in verschiedenen Zusammenhängen recht unterschiedliche Deutungen erfährt. Hier soll daher zunächst eine kurze Definition vorangestellt werden:

- Unter 'Qualifikation' wird die Gesamtheit der Fertigkeiten, Fähigkeiten, Wissensbestände und Könnensformen verstanden, über die eine Person in ihrer Arbeit verfügt. Qualifikation ist also der Person zugeordnet.
- Mit 'Qualifikationsanforderungen' wird die Gesamtheit der Fertigkeiten, Fähigkeiten, Wissensbestände und Könnensformen bezeichnet, die eine Person benötigt, um die gestellte Arbeitsaufgabe zu erfüllen. Qualifikationsanforderungen sind also der Arbeitsaufgabe und den objektiven Ausführungsbedingungen zugeordnet.
- 'Qualifizierung' schließlich bezeichnet den Prozeß, in dem eine Person ihre Qualifikation herausbildet. Es kann sich um explizite Aus-, Weiter- oder Fortbildung handeln, aber auch um implizites Lernen während der Arbeit.

Im Zusammenhang mit dem Einsatz von CAD ist von besonderer Bedeutung, welche *neuen* Qualifikationsanforderungen durch CAD entstehen bzw. welche bekannten Qualifikationsanforderungen an Bedeutung verlieren oder wegfallen. Die gewandelten Qualifikationsanforderungen werden dann mit der tatsächlichen Qualifikation der Berufsgruppen in Ingenieurbüros verglichen (☞ *Kapitel 3, Schulungsanforderungen*).

Neue Qualifikationsanforderungen durch CAD

Bei der Untersuchung sehr verschiedener Technik-Einführungsprozesse hat sich eindeutig herausgestellt, daß die Arbeitsbedingungen nur zu einem kleinen Teil durch die Technik selbst bestimmt werden. Einen viel entscheidenderen Einfluß auf die Arbeitsbedingungen hat die Arbeitsorganisation, d.h. die Art und Weise, wie ein und dieselbe Technik im Betrieb eingesetzt wird.

Dieses Ergebnis hat sich auch bei den Feldstudien zum CAD-Einsatz in Ingenieurbüros des Bauwesens eindrucksvoll bestätigt. Der Einsatz von CAD stellt sehr unterschiedliche Qualifikationsanforderungen, je nachdem, welche Organisationsform vor dem DV-Einsatz in dem untersuchten Büro bestand und in welchem Ausmaß diese Organisationsform bei der CAD-Einführung umgestellt wurde. Die verschiedenen

Qualifikationsanforderungen werden im folgenden in ihrer Abhängigkeit von der Arbeitsorganisation im Büro dargestellt. Dabei muß allerdings eine Einschränkung gemacht werden: Unabhängig von der Arbeitsorganisation stellt der Umgang mit dem neuen Arbeitsmittel CAD andere Qualifikationsanforderungen als die Handhabung des Zeichenbrettes.

Veränderung der Qualifikationsanforderungen durch den Einsatz von CAD

Die Erstellung einer Bauzeichnung am Zeichenbrett erfordert handwerkliches Geschick und längere Übung. Die richtige Plazierung der Zeichnung auf dem Plan, die Anordnung von Bemaßung und Beschriftung erfordern vorheriges Durchdenken der zeichnerischen Aufgabe und Übung in der Abschätzung der Wirkung auf dem Plan. Für viele Bauzeichner ist ihre Zeichnung so persönlich wie die Handschrift. Sie erkennen sofort, welcher Mitarbeiter einen Plan angefertigt hat.

Bei der Arbeit mit CAD wird das handwerkliche Geschick überflüssig. Ästhetische Gesichtspunkte sind nicht so wichtig. Überlegungen zur Planaufteilung sind im Vorfeld nicht erforderlich. Die Anordnung auf dem Plan oder die Plazierung von Maßketten und Beschriftung können leicht wieder geändert werden. Wichtiger ist es, sich eine 'CAD–Arbeitsweise' anzueignen: Dabei wird relevant, ob die Zeichnung Kopier– und Spiegelungsmöglichkeiten enthält, ob die Anfertigung von Makros sinnvoll ist, wie die verschiedenen Folien belegt werden sollen. CAD–Pläne können weniger individuell gestaltet werden; Unterschiede zwischen den Zeichnungen ergeben sich eher aus der individuellen Arbeitsweise der Zeichner. Manche Zeichner artikulieren, daß ihre CAD–Pläne noch eine persönliche Note aufweisen.

Die Erstellung technischer Zeichnungen erfordert ein ausgeprägtes räumliches Vorstellungsvermögen. Bei der Arbeit mit CAD ist dies in noch größerem Maße erforderlich, insbesondere, wenn mit 3–D–Systemen gearbeitet wird. Anders als bei der 2–D–Darstellung muß bei 3–D die räumliche Vorstellung ständig präsent sein, denn die Zeichnung als äußere Gedächtnisstütze fehlt. Der aktuelle Ausschnitt auf dem Bildschirm ist nur ein dürftiger Ersatz dafür.

Veränderung der Qualifikationsanforderungen durch die Arbeitsorganisation

In den Feldstudien haben wir je nach ☞ *Arbeitsorganisation, Kapitel 3,* sehr unterschiedliche Formen der CAD–Arbeit vorgefunden. Die verschiedenen 'Qualifikationsprofile' sollen hier idealtypisch dargestellt werden, wenngleich sie sich in der Praxis vielleicht gar nicht so deutlich voneinander trennen lassen.

Der CAD–Zeichner

Wenn die CAD–Bearbeitung aus der Projektgruppe ausgelagert und auf einen 'CAD–Pool' übertragen wird, kann ein Aufgabenzuschnitt entstehen, der dem CAD–Zeichner nur noch die Zeichnungserstellung überläßt. Da dieser von der Fachabteilung getrennt arbeitet, müssen die Vorgaben zur Zeichnungserstellung sehr präzise sein. Die Aufgabe des CAD–Zeichners besteht nur noch darin, die Vorgaben mittels CAD umzusetzen und die Ausführungszeichnung zu erstellen.

Diese Organisationsform war zu Anfang des CAD–Einsatzes in anderen Branchen, z.B. im Maschinenbau, anzutreffen. Wir haben sie bei unserer Untersuchung in Ingenieurbüros nicht vorgefunden. Diese CAD–Einsatzform hat sehr nachteilige Auswirkungen auf die Qualifikationsanforderungen und ist vermutlich aufgrund des großen Reibungsverlustes zwischen Fachabteilung und CAD–Pool auch für den Betrieb langfristig uninteressant.

Der CAD–Bewehrungsplaner

Sehr häufig ist eine Organisationsform der CAD–Arbeit anzutreffen, die schon bei der konventionellen Arbeit in Ingenieurbüros verbreitet war. Zu den Aufgaben des Mitarbeiters gehören die Schalplanerstellung nach den Vorgaben des Architektenplans und die weitgehend selbständige Konstruktion der Bewehrung einschließlich des Zeichnens der Bewehrungspläne nach den Angaben der Statik. Diese Aufgabe wird überwiegend von gelernten Bauzeichnern ausgeübt. Durch den Einsatz von CAD verändert sich der Aufgabenzuschnitt nicht. Für die betroffenen Mitarbeiter ist positiv zu bemerken, daß die Qualifikationsanforderungen erhalten bleiben. Fraglich ist jedoch, ob diese strikte Aufgabenteilung auch in Zukunft Bestand haben wird.

Der CAD–Konstrukteur

Neben den erwähnten Aufgaben des 'Bewehrungsplaners' haben wir auch bei der konventionellen Bearbeitung Fachkräfte mit erweiterter Kompetenz vorgefunden. Zu ihrem Aufgabenspektrum gehört die Konstruktion bzw. Detailkonstruktion des Schalplans in enger Absprache mit dem Architekten und dem Statiker. In seltenen Fällen ist die Bewehrungsplanung Teil des Aufgabenspektrums, häufiger wird sie an andere Mitarbeiter oder an Externe vergeben. Die Fachkräfte, die diese Aufgaben wahrnehmen, sollen hier als 'CAD–Konstrukteure' bezeichnet werden: Die Ausführenden sind meist Bautechniker oder FH–Ingenieure, in seltenen Fällen auch Bauzeichner. Das Aufgabenspektrum hängt außer von der Arbeitsorganisation auch stark von der Art des Entwurfsobjekts und der Spezialisierung des Büros ab: Bei der Planung allgemeiner Tragwerke ist der CAD–Konstrukteur selten; bei der Planung von Industriebauten ist er häufig anzutreffen, weil dort die Aufgaben oft über die Tragwerksplanung hinausgehen. Mit dem Einsatz von CAD scheint sich das Aufgabenspektrum auszuweiten. Dafür gibt es verschiedene Gründe:

- Zum Teil wird die CAD–Bearbeitung von Anfang an von Ingenieuren übernommen; sie haben aufgrund ihrer Ausbildung dann auch größere Kompetenzen in der Konstruktion und übernehmen Aufgabenteile, die vorher beim Statiker lagen.

- Andere Büros versuchen, längerfristig ohne Bauzeichner auszukommen, sei es aus Kostengründen oder aus Mangel an geeigneten Bewerbern. In diesem Fall dient CAD dazu, den Ingenieuren die Zeichenarbeit schmackhaft zu machen. Es werden also die Aufgaben des Zeichners auf den Ingenieur verlagert.

Hier scheint eine Bedrohung für den Beruf des Bauzeichners zu entstehen. Dem könnte am besten begegnet werden, wenn die Ausbildung des Bauzeichners so verändert würde, daß er in jedem Fall als CAD–Konstrukteur arbeiten kann.

Der CAD–Ausführungsplaner

Aufgrund der Tendenz, daß größere Ingenieurbüros verstärkt Gesamtplanung anbieten, haben wir in unserer Feldstudie den CAD–Einsatz auch in der Architekturabteilung vorgefunden, allerdings nur in seltenen Fällen. CAD wird dabei für die Erstellung von Ausführungsplänen genutzt. Den denkbaren Fall, daß auch der Entwurfsarchitekt mit CAD arbeitet, konnten wir nirgendwo finden.

Für den Fall, daß Ausführungspläne im Architekturbüro mit CAD erstellt werden, ist folgende Fragestellung interessant: Wenn das geometrische Modell des Gebäudes bereits zu Anfang der Planungskette in CAD eingegeben wird, werden die nachfolgenden Planungsbeteiligten dann einen geringeren Aufwand für das Zeichnen haben? Aufgrund des derzeitigen Standes der Technik ist eine solche Lösung zwar noch Zukunftsmusik, dennoch muß klar sein, daß der Bauzeichner langfristig überflüssig wird. Auch hier muß bedacht werden, daß die 'Überlebenschancen' des Bauzeichners besser sind, wenn er zum CAD–Konstrukteur aus– und weitergebildet wird.

Der CAD–Betreuer

Schon bei einer geringen Anzahl von CAD–Arbeitsplätzen ergibt sich die Notwendigkeit, koordinierende und betreuende Funktionen an *einen* Mitarbeiter zu delegieren. So entsteht in vielen Büros ein neues Tätigkeitsfeld, das seinen Ursprung in der Sicherstellung der reibungslosen Projektbearbeitung mit CAD hat. Der Umfang dieser Tätigkeit ist sehr unterschiedlich geregelt, das Spektrum reicht von der Zuständigkeit für die Hardware bis zum hochbezahlten CAD–Experten mit Kompetenzen, die denen eines Projektleiters nahekommen. In den meisten Fällen sind Mitarbeiter – meist aus eigenem Interesse – allmählich in diese Funktion 'hineingewachsen', nur selten wurden neue Mitarbeiter dafür eingestellt. In manchen Fällen boten sich hier für Bauzeichner Aufstiegschancen.

Rechnerkommunikation

Manfred Brede/Udo Meißner

In vielen Bereichen werden heute moderne Kommunikations- und Informationssysteme eingesetzt. Intensiv genutzt werden diese Systeme im Banken- und Versicherungswesen, von großen Handelsketten, von Institutionen der öffentlichen Hand usw.

Im Bauwesen hat die Kommunikation mit externen Fachleuten einen besonderen Stellenwert, da die Planungsbeteiligten ihre Teilaufgaben an verschiedenen Standorten bewältigen. Bei der Einführung von DV-Betriebsmitteln sollten deshalb auch moderne Kommunikations- und Informationstechniken Beachtung finden.

Bei der Analyse typischer Arbeitsabläufe im Ingenieurbüro, z.B. der Erstellung statischer Berechnungen und der zugehörigen Pläne, zeigt sich, daß mehrere Personen (Statiker, Bauzeichner, Techniker) mit verschiedenen Betriebsmitteln an einem Projekt arbeiten. Ein Informationsaustausch zwischen den Beteiligten ist notwendig. Bisher erfolgte dieser Austausch zumeist über die Kommunikationsmittel Sprache, Schrift und Zeichnung. Mit der Einführung der DV kommt der Austausch digitaler Informationen hinzu. Als Übertragungsmedien dienen gegenwärtig Disketten oder Magnetbänder. Jeder DV-Anwender, der diese Art des Datentransfers bereits praktiziert hat, kennt die dabei auftretenden Probleme:

- Das Speichermedium ist in der Kapazität begrenzt.
- Die Speichermedien sind inkompatibel.
- Der Datenaustausch ist umständlich.
- Es ergibt sich kaum ein Zeitgewinn, der Transportweg bleibt.

Die hier nur beispielhaft angeführten Probleme zeigen, daß ein Datenaustausch längerfristig nur unter Einbindung moderner Übertragungstechniken möglich ist.

Beim Aufbau DV-gestützter Verbindungen ist es jedoch zunächst einmal notwendig, die Zielsetzungen zu untersuchen, die einen Einsatz der Kommunikationstechnologie rechtfertigen. Die technischen Voraussetzungen sind sowohl auf der Software- als auch auf der Hardware-Seite geschaffen. Die Deutsche Bundespost stellt *digitale Netzwerke* (z.B. *ISDN*) bereit, über die der Informationsaustausch preisgünstig, sicher und effektiv erfolgen kann.

Realisieren lassen sich zum heutigen Zeitpunkt folgende Dienste:

- *Datenverbund*
  Durch gemeinsame Dateiverwaltung stehen allen berechtigten Benutzern

aktuelle Daten zur Verfügung. Die dezentrale Aktualisierung (*updating*) für jeden und von jedem Arbeitsplatzrechner ist gewährleistet.

- *Kommunikationsverbund*
  Der Informationsaustausch ist sowohl intern als auch extern realisierbar mit dem Ziel, an jedem Arbeitsplatz schnell über Informationen verfügen zu können (*electronic mailing*).

- *Funktionsverbund*
  Jeder berechtigte Benutzer kann im Netzwerk auf alle Software- und Hardware-Betriebsmittel zurückgreifen (z.B. auf teure Peripheriegeräte wie Plotter, Massenspeicher, Scanner, Drucker), die nur einmal vorzuhalten sind.

- *Leistungsverbund*
  Rechner können über das Netz zusammengeschaltet werden und stellen ihre freie Leistung anderen Anwendern zur Verfügung. Als Beispiel sei auf die hohe Rechenleistung von Rechenzentren (z.B. Vektorrechner) hingewiesen.

- *Sicherheitsverbund*
  Der Ausfall von Rechnern kann zum Ausfall des ganzen Systems führen und damit müssen ggf. dringende Arbeiten unterbleiben. Der Verbund von Rechnersystemen stellt die weitere Projektbearbeitung sicher, indem z.B. weitere vergleichbare Rechner zur Verfügung stehen oder auch die Software auf andere Rechner portiert werden kann.

Es stehen technische Werkzeuge zur Verfügung, die den Datenaustausch zwischen verschiedenen DV-Arbeitsplätzen ermöglichen. Diese 'Inhouse-Netze', auch als *lokale bzw. interne Vernetzungen* (LAN - Local Area Network) bezeichnet, werden im nächsten Abschnitt dieses Artikels näher erläutert.

Werden die im Ingenieurbüro mit Hilfe der DV erstellten Daten über die Grundstücksgrenzen hinaus an einen Kommunikationspartner gesendet, der diese Daten in seiner DV-Umgebung weiterverarbeiten möchte, so müssen hierfür *Weitverkehrsnetze* bzw. *öffentliche Fernnetze* (WAN - Wide Area Network) in Anspruch genommen werden. Sie werden im letzten Abschnitt vorgestellt.

Lokale Netze (Local Area Network - LAN)

Unter *lokaler Vernetzung* wird die Verbindung von DV-Arbeitsplätzen einschließlich der vorhandenen Peripherie innerhalb eines Hauses, einer Abteilung bzw. einer lokal begrenzten Ausdehnung (100 m–10 km) verstanden. Im einzelnen soll die lokale Vernetzung folgenden Ansprüchen genügen:

- Unterschiedliche Rechnerarchitekturen, wie Systeme der Leistungsklasse Arbeitsplatzrechner (APR, 32-Bit-Workstations) und Personalcomputer (PC, 16-Bit-PCs), sollen in ein Netz eingebunden werden.

- Im Netz sollen Rechner unterschiedlicher Betriebssysteme betrieben werden.

- Die Einbindung weiterer Rechner in das Netz soll ohne zeitraubende Adaption möglich sein.
- Die effektive Nutzung gemeinsamer Ressourcen (Peripherie, Software usw.) soll sichergestellt werden.
- Die Pflege vorhandener Software soll erleichtert werden; sie sollte nur einmal im Netz vorhanden sein.
- Informationen, die für alle Planungsbeteiligten von Bedeutung sind, sollten zentral auf einem Massenspeicher abgelegt werden.
- Eine Datensicherung sollte zentral möglich sein. Der Datenbestand sollte in bestimmten Zeitintervallen gesichert werden können.
- Die Zugriffsrechte auf Programme und Daten sollten zentral, z.B. vom Systemadministrator, organisiert werden.
- Daten sollten an einem Rechner von einem Mitarbeiter aufbereitet und über das Netz zur Weiterverarbeitung durch einen anderen Mitarbeiter an dessen DV–Arbeitsplatz weitergeleitet werden können.
- Die Fernausführung von Programmen soll möglich sein. Das heißt, daß z.B. rechenintensive Anwendungen auf Rechner ausgelagert werden können, die nicht ausgenutzt sind, und somit der eigene DV–Arbeitsplatz keine Leistungseinbußen hinnehmen muß.

Die Basis für die lokale Vernetzung bilden Normen und Industriestandards, die die technischen Voraussetzungen (Übertragungsmedium, Übertragungsprotokoll, max. Anzahl der Stationen usw.) festlegen. So haben das IEEE (Institute of Electrical and Electronics Engineers, USA) die Standards IEEE/802.3 für *Ethernet* und IEEE/802.5 für *Token Ring* veröffentlicht und die *ISO (International Organization for Standardization)* das Referenzmodell *OSI (Open System Interconnection)* für offene Netzwerke entwickelt.

Als Übertragungsmedien kommen verdrillte Kupferadern, Koaxial– und Glasfaserkabel zum Einsatz, die über Brücken zu einem gemeinsamen Netz verbunden werden. Vielfach erprobt und bewährt haben sich Koaxialkabel, die sehr preisgünstig und relativ einfach zu verlegen sind. Hardwareseitig ist ein spezieller Controller mit eingebautem Transceiver erforderlich. Workstations verfügen in der Regel über einen solchen Anschluß, bei Rechnern der PC–Klasse ist mit geringem finanziellem Aufwand der Einbau eines Kommunikationsboards erforderlich.

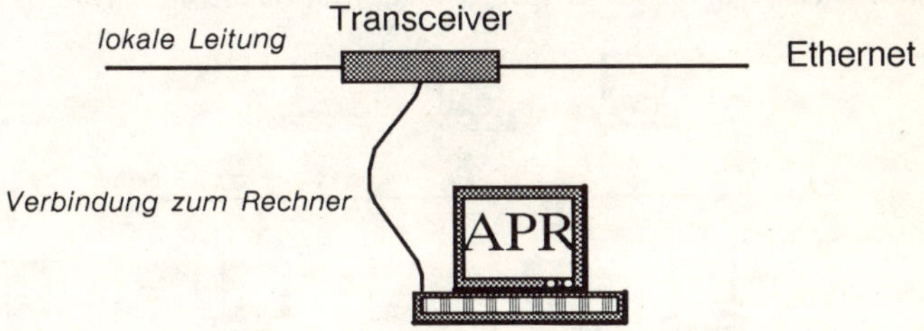

Bild 1: *Ethernet–Transceiver–Anschluß*

Netzwerke unterscheiden sich hauptsächlich durch ihre Topologie *(Stern–, Ring–, Bus– und Baumkonzept)* voneinander, d.h. durch die Transportarten und Zugriffsformen auf die Datenströme. Auf Stern–, Bus–, und Ringkonzept wird im folgenden näher eingegangen.

Sternkonzept

Eine Möglichkeit für den Aufbau eines Netzes bildet das *Sternkonzept.* Ein zentraler Rechner (= Sternknoten, Server), an den jede Datenstation (Terminal, APR) angeschlossen ist, organisiert die Kommunikation. Dieses Konzept wurde primär durch die *zentrale Datenverarbeitung* der 70er Jahre geprägt und ist noch heute in vielen Bereichen vorzufinden. Positiv ist hervorzuheben, daß gleichzeitig mehrere Verbindungen aufgebaut und auch bedient werden können (multi–user). Da sämtliche Übertragungen über den Zentralrechner laufen, bewirkt dessen Ausfall eine Störung des gesamten Netzes. Ein weiterer Nachteil dieses Konzeptes liegt in dem hohen Verkabelungsaufwand, der aufgrund der großen Anzahl von direkten Leitungen (Stichleitungen) auftritt. Zudem widerspricht seine zentralistische Struktur dem heutigen Gedanken der dezentralen Datenverarbeitung.

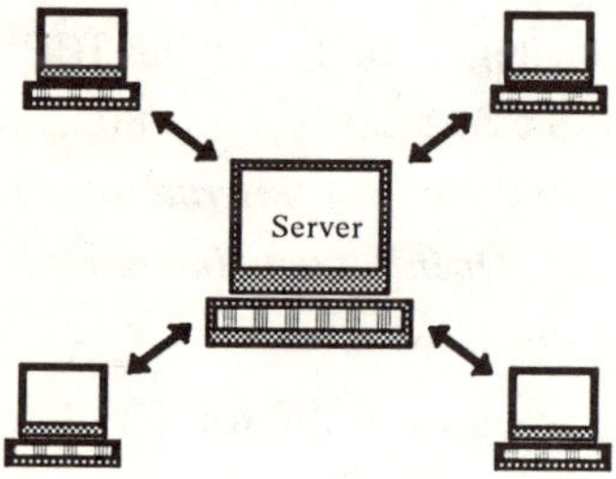

Bild 2: *Sternkonzept*

Buskonzept

Zukunftsweisende Technologien setzen neben dem Ringkonzept auf das *Buskonzept,* in dem die einzelnen Datenstationen entlang des Übertragungsmediums aufgereiht sind. Das bekannteste Beispiel für ein Buskonzept ist das *Ethernet*.

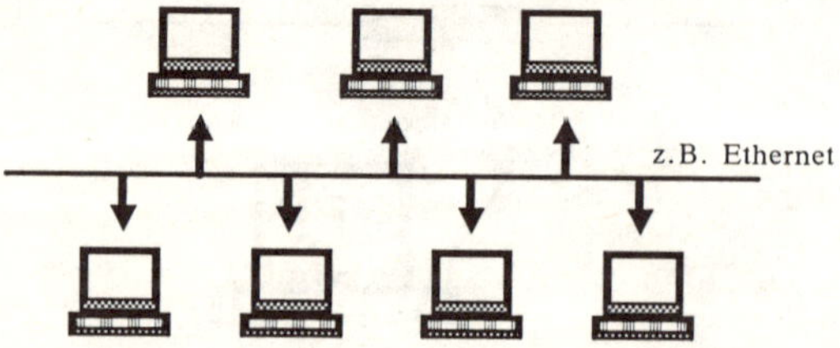

Bild 3: *Buskonzept*

Wichtige Merkmale eines Busnetzes sind eine hohe Übertragungsrate und eine sehr kleine Fehleranfälligkeit. Weitere Ausbauten können ohne großen technischen Aufwand sogar im laufenden Betrieb realisiert werden, weil die Stationen eines Busnetzes selbständig, ohne Zuhilfenahme einer zentralen Steuereinheit, Daten austauschen (*horizontale Kommunikation*). So ist der Informationsfluß hardwareseitig mit einer Datenrate von bis zu 10 MBit/s möglich, die es erlaubt, den gesamten Informationsinhalt eines 19–Zoll–Bildschirms (1024x1024 Pixel) mit einer Informationsdichte von 8 Bit pro Pixel in weniger als 1 Sekunde zu übertragen. Als Übertragungsmedium wird ein 50–Ohm–Koaxialkabel mit maximal 500 m Länge bzw. 185 m beim sogenannten Thin–Ethernet verwendet. Größere Längen benötigen die Zwischenschaltung eines Verstärkers (*repeater*). Die Zugriffssteuerung bzw. die Kollisionserkennung läuft nach dem CSMA–CD–Verfahren (**C**arrier **S**ense **M**ultiple **A**ccess–Collision **D**etection), über dessen Funktionsweise der interessierte Leser in der Literatur nachlesen kann (z.B. [2]) .

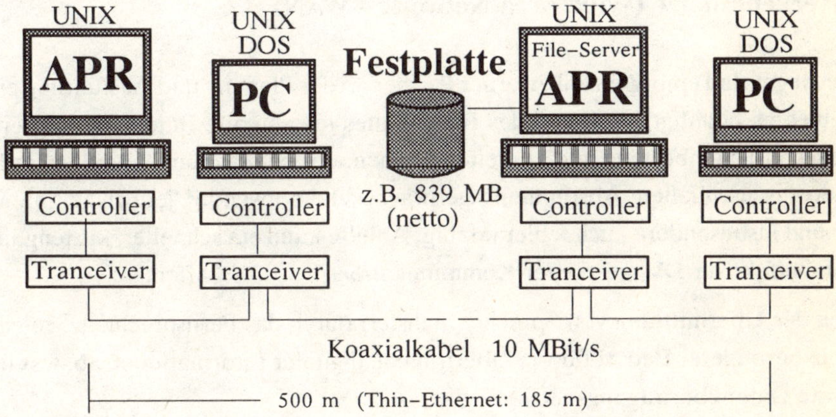

Bild 4: *Kommunikation über Ethernet (LAN)*

Ringkonzept

Beim *Ringkonzept* werden die Datenstationen durch ein ringförmig geschlossenes Netz miteinander verbunden. Ein bekannter Vertreter dieses Konzeptes ist der *Token Ring*. Die Datenübertragungsrate beträgt bis zu 12 MBit/s. Es besteht die Möglichkeit, über 100 Stationen anzuschließen. Als Übertragungsmedium wird ein Koaxialkabel verwendet. Der Datentransport erfolgt im Kreis und stets im gleichen Umlaufsinn. Da die einzelnen Stationen ihre Daten autonom auf das Ringnetz geben oder das an sie adressierte Datenvolumen abnehmen, entfallen zentrale Vermittlungs– oder Netzwerk–Managementfunktionen. Es wird immer nur ein Datenpaket transportiert, so daß eine mögliche Datenkollision ausgeschlossen ist und damit eine hohe Leistungsfähigkeit erreicht wird.

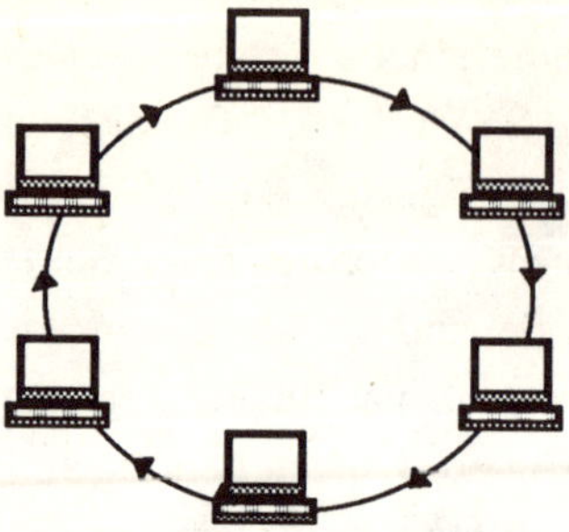

Bild 5: *Ringkonzept*

Weitverkehrsnetze (Wide Area Network - WAN)

In der Regel sind eine Vielzahl externer Partner an der Planung und Ausführung eines Bauobjektes beteiligt. Während des Bauablaufes müssen alle Beteiligten auf einen identischen Datenbestand zurückgreifen können, um Fehlplanungen und -entscheidungen auszuschließen. Abstimmungsgespräche sind notwendig, jedoch zeitintensiv, teuer und insbesondere auch fehleranfällig. Abhilfe kann ein schneller, kostengünstiger und effektiver DV-gestützter Kommunikationsprozeß schaffen.

Neben der Übermittlung von Sprache, realisiert durch das Fernsprechnetz, zeichnet sich ein besonderer Bedarf für die Übertragung digitaler Informationen ab, was über separate Datenübertragungsnetze möglich ist.

In den nächsten Jahren sind erhebliche Veränderungen in der Kommunikationstechnologie zu erwarten. Neben höheren Übertragungsgeschwindigkeiten werden auch neue Dienste angeboten. Die Weitverkehrsnetze basieren alle auf einer ähnlichen Architektur, wesentliche Unterschiede liegen jedoch in den Übertragungsprotokollen und in der Übertragungssicherheit. Es ist deshalb einsichtig, daß in internationalen Gremien versucht wird, Standards zu definieren, die die Übertragungen zu 'jedem Punkt der Erde' ermöglichen.

Die Deutsche Bundespost bietet *analoge* und *digitale* Kommunikationsnetze an. Gegenwärtig kann das digitale *Datex-P-Netz* für den Informationsaustausch genutzt werden. Eine Umstellung auf das *ISDN-Konzept (Integrated Services Digital Network)* kann teilweise bereits zum gegenwärtigen Zeitpunkt erfolgen, allerdings dient ISDN bei der Datenübermittlung z.Z. nur als Zubringernetz zum Datex-P-Netz. Die Integration der Datenübermittlungsdienste in das ISDN–Netz ist für 1993 vorgesehen. ISDN bietet die Vorteile, das vorhandene Telefonnetz einzubinden, geringe Umstellungen hinsichtlich der Hardware zu erfordern und schon jetzt höhere Übertragungsraten zu erlauben.

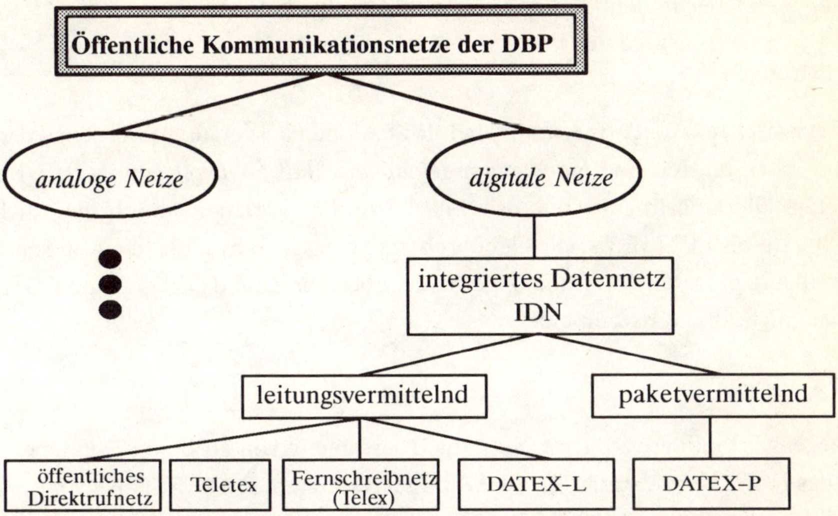

Bild 6: *Kommunikationsnetze der DBP (nach [3], S. 38)*

Punkt-zu-Punkt-Verbindung

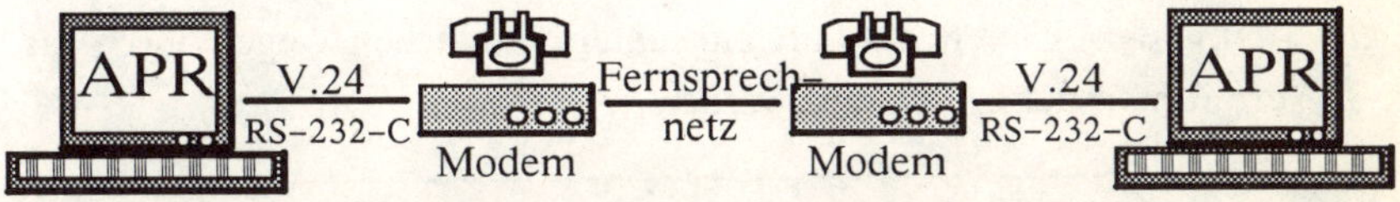

Postmodems (CCITT)	**Privatmodems (Bell)**
Akustikkoppler *300/1200 Baud*	Akustikkoppler *300/1200/2400 Baud*
Asynchronmodems *300/1200 Baud (2–Draht)*	Asynchronmodems *300 – 19200 Baud*
Synchronmodems *1200/2400 Baud (2–Draht)* *2400/4800/9600 Baud (4–Draht)*	Synchronmodems *300 – 19200 Baud*
	Ethernet *1 MBit/s*

Bild 7: *Kommunikation über das Telefonnetz*

Der einfachste Informationsaustausch als *Punkt–zu–Punkt–Verbindung* kann unter Nutzung der analogen Dienste über das Fernsprechnetz realisiert werden. Dies setzt voraus, daß die digitalen Informationen einer Datenendeinrichtung (DEE) mittels eines Modems oder Akustikkopplers in analoge Informationen umgesetzt, dann in das Fernsprechnetz der Bundespost eingespeist und auf dem umgekehrten Wege beim Empfänger wieder in digitale Informationen zurücktransformiert werden.

Standleitungen

Müssen zwischen zwei Partnern ständig Informationen ausgetauscht werden, so empfiehlt es sich, hierfür eine *Standleitung (**Hauptanschluß für Direktleitung**, HfD)* einzurichten. Die Übertragungsraten sind nach Preiskategorien gestaffelt und reichen von 1200 Bit bis 1.92 MBit/s. Die Gebührenregelung ist geschwindigkeits– und entfernungsabhängig. Da die Verbindung permanent besteht, geht das übertragene Datenvolumen nicht in die Kosten ein.

DATEX–P–Netz

Das gegenwärtig interessanteste Netz zur Übertragung von größeren Datenmengen stellt das *DATEX–P–Netz* dar. Die Übertragungsraten im DATEX–P–Netz betragen derzeit zwischen 300 und 48000 Bit/s. Die großen Vorteile dieses Netzes liegen in höheren Übertragungsraten, in der Fehlersicherheit und andererseits in der Möglichkeit, frei wählbare Endstationen zu erreichen. Zudem können unterschiedliche Übertragungsraten eingestellt werden. Das Netz besteht seit etwa 1980, hat durch den Aufbau zwischen zwei Teilnehmern Wählnetzcharakter und ist paketorientiert. Paketorientiert bedeutet, daß das Datenvolumen in einzelne, unterschiedlich große Teilpakete zerlegt wird und diese Pakete auf durchaus unterschiedlichen Wegen durch das DATEX–P–Vermittlungsnetz geschleust werden.

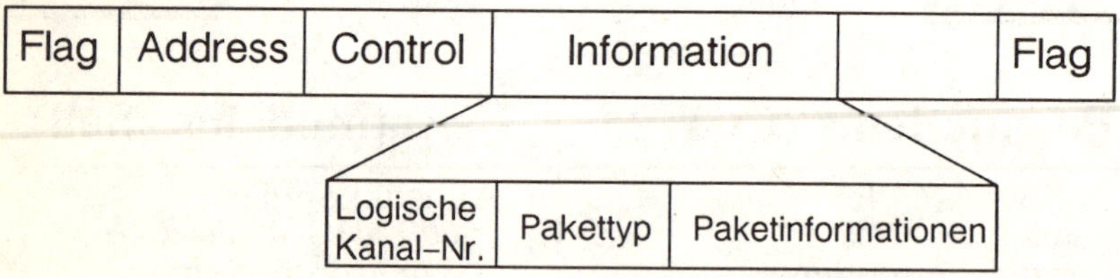

Bild 8: *Aufbau eines X.25–Datenpaketes im DATEX–P–Netz (nach [3], S. 45)*

Da die einzelnen Pakete auf unterschiedlichem Wege und ggf. auch in anderer Reihenfolge übermittelt werden, muß sichergestellt werden, daß am Bestimmungsort die richtige Reihenfolge gewahrt bleibt. Entsprechende Kommunikationssoftware sorgt für den einwandfreien und sicheren Transport der Datenströme.

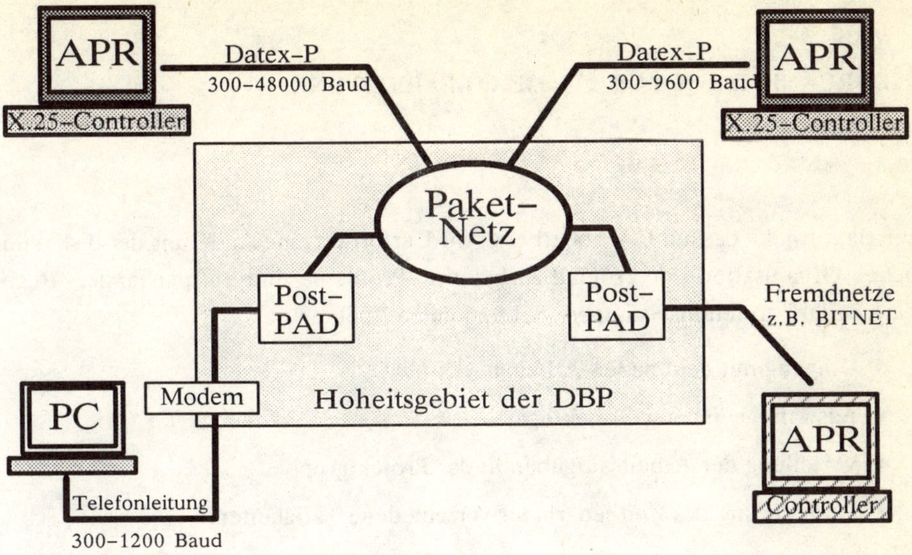

Bild 9: *Kommunikation über DATEX-P*

Zugang zu dem DATEX-P-Netz erhält der Nutzer über eine Datenendeinrichtung, die der internationalen *X.25-Norm* unterliegt und auf dieser Ebene die entsprechenden Protokolle erzeugt. Beim Nutzer ist der Einbau eines X.25-Controllers in den Rechner erforderlich, der die Kommunikation nach außen ermöglicht. Verfügt der Nutzer nicht über ein solches Endgerät, so ist der Zugang auch über ein Modem und einen zwischengeschalteten Post-*PAD (Assembly/Disassembly)* möglich. Der PAD sorgt dafür, daß die Informationen entsprechend dem X.25-Protokoll transformiert werden, und übernimmt die Generierung bzw. Auflösung der Datenpakete.

Literatur

[1] Kauffels, F. J.: Rechnernetzwerk - Systemarchitekturen und Datenkommunikation. 2. Aufl. Zürich: BI-Wissenschaftsverlag 1989.

[2] Kellermayer, Karl- Heinz: Lokale Computernetze -LAN-. Wien/New York: Springer-Verlag 1986.

[3] Pfeiffer, E. und K. Fischer: Physikalische Netzwerkkonzepte und Übertragungstechniken. 1. Studienbrief des Kurses E21: Einsatz von Kommunikationstechniken zur Projektbearbeitung im CAE. Universität Hannover: Arbeitsgruppe Weiterbildendes Studium Bauingenieurwesen (Eigenverlag) 1988.

[4] Schicker, P.: Datenübertragung und Rechnernetze. Stuttgart: Teubner 1983.

[5] Meißner, Udo und Peter Jan Pahl: Nutzung von Kommunikationsnetzen für das Bauwesen. FEM-Tagungsband. Bochum: 1988.

Reorganisation der Projektbearbeitung

Martin Resch

Ein Bauprojekt, das mit CAD bearbeitet wird, erfordert eine Änderung der bisher üblichen Organisation der Projektbearbeitung. Probleme und entspechender 'Regelungsbedarf' treten insbesondere bei folgenden Punkten auf:

- Umgang mit dem neuen Arbeitsmittel CAD,
- Auswahl geeigneter Projekte,
- Verteilung der Arbeitsaufgaben in der Projektgruppe,
- Veränderung des Zeitbedarfs für verschiedene Tätigkeiten,
- Vereinheitlichung der CAD–Arbeitsweisen,
- Archivierung,
- Betreuung und Beratung der Anwender,
- Pflege und Wartung des Systems.

Die Bedeutung einer klaren und überlegten CAD–Projektorganisation darf keinesfalls unterschätzt werden. Wenn keine eindeutigen Regelungen getroffen werden, kann der Erfolg der CAD–Einführung in Frage gestellt sein. Auf keinen Fall darf vom CAD–Bearbeiter erwartet werden, daß er sich 'so nebenbei' mit diesen Aufgaben beschäftigt und neben seiner normalen Arbeit noch eine CAD–Projektorganisation 'auf die Beine' stellt. In vielen Betrieben krankt der CAD–Einsatz daran, daß nicht genügend Arbeitskapazität für die *Organisation* der CAD–Arbeit bereitgestellt wird. Oft schafft erst die Freistellung der Mitarbeiter für diese Aufgaben die richtigen Rahmenbedingungen für eine reibungslose Projektbearbeitung mit CAD.

Regelungsbedarf

Umgang mit dem neuen Arbeitsmittel CAD

Neue Arbeitsmittel, das zeigt die Erfahrung, erfordern die Organisation und Abstimmung des Einführungsprozesses und die Sicherstellung eines reibungsfreien Betriebes. Ein dringender und oft unterschätzter Schritt ist die rechtzeitige Schulung der Mitarbeiter. Einsteiger benötigen während der Einarbeitung erfahrene Mitarbeiter, die ihnen zur Seite stehen, wenn Probleme zu klären sind. Probleme, die intern nicht zu lösen sind, bedürfen der Rücksprache mit dem Software–Haus (☞ *Kapitel 3, Schulungsplanung*). Die Betreuung der Hard– und Software verlangt die Benennung eines Mitarbeiters, der möglichst an einer Systemschulung teilgenommen haben sollte und als Ansprechpartner zur Verfügung steht. Die Pflege und Wartung der Geräte muß organisiert werden. Dies gilt sowohl für die Peripheriegeräte wie Drucker und Plotter als auch für Updates der verwendeten Software. Diese Arbeiten erfordern sowohl Zeit als auch Sachkenntnis.

Auswahl geeigneter Projekte

Nicht jedes Bauprojekt eignet sich für die CAD–Bearbeitung. Eine geschickte Projektauswahl ist für einen erfolgreichen CAD–Einsatz sehr entscheidend. Geklärt werden muß zunächst, *wer* darüber entscheidet, *welches* Projekt sich anbietet. In kleineren Büros kann diese Entscheidung beim einzelnen Bearbeiter liegen, in größeren Unternehmen wird sie oft von der Geschäftsleitung getroffen. Wünschenswert wäre die gemeinsame Entscheidungsfindung durch Geschäftsleitung, Projektleiter und CAD–Bearbeiter. In vielen Büros ist dies schon der Fall. Eine CAD–Bearbeitung um jeden Preis durchzusetzen, ist sicherlich nicht der richtige Weg.

Welche Projekte sind CAD–geeignet?

Wir haben diese Frage während unserer Feldstudie in jedem Büro gestellt und naturgemäß sehr unterschiedliche Antworten erhalten. Eine allgemeine Antwort gibt es darauf nicht, weil die Projekte, der Kenntnisstand der Anwender und die Leistungsmerkmale von CAD–Systemen zu unterschiedlich sind. Dennoch können einige allgemeine Hinweise gegeben werden.

Im Vordergrund stehen oft individuelle Gründe:

- Ist CAD–Kapazität vorhanden? Will der am besten geeignete Mitarbeiter mit CAD arbeiten?
- Kann das Büro den Auftraggeber mit CAD beeindrucken (z.B. mit 3–D–Perspektivzeichnungen)?

An zweiter Stelle steht die Frage nach der Weiterverwendung einmal erstellter Daten:

- Kann auf der Grundlage der CAD–Daten die Massenermittlung vorgenommen werden?
- Wird das Projekt im Hause durchgängig bearbeitet? Können die CAD–Daten vom Architekten, auch vom Tragwerksplaner oder anderen Planungsbeteiligten, genutzt werden?
- Ist eine spätere Wiederverwendung der Daten geplant (z.B. Bestandspflege, Nachfolgeaufträge)?

Wichtig ist auch die geometrische Form des Gebäudes:

- Gut zu bearbeiten sind Gebäude mit regelmäßiger Geometrie.
- Weniger geeignet sind unregelmäßige Geometrien, wie sie z.B. bei der Aufnahme von Altbauten vorkommen.
- In manchen Fällen ist auch eine geometrisch schwierige Form mit CAD gut zu bearbeiten, weil die Bemaßung viel einfacher ist.

Eine hohe Änderungshäufigkeit ist – entgegen den landläufigen Erwartungen – nicht zwingend ein Grund für den CAD–Einsatz. Ein Anwender führte hierzu aus: "Wenn wir mit Architekten zusammenarbeiten, dann wird so lange geändert, bis der Beton fließt!" Häufig setzt das Büro CAD deshalb ein, weil der Auftraggeber dies wünscht oder den CAD–Einsatz sogar zur Bedingung der Auftragsvergabe erhoben hat.

Verteilung der Arbeitsaufgaben in der Projektgruppe

Dieser Punkt soll hier nicht weiter ausgeführt werden, denn dazu gibt es den gesonderten Artikel ☞ *Arbeitsorganisation, Kapitel 3.* Die eng mit der Arbeitsorganisation verbundene Frage des Zugangs zum CAD–Arbeitsplatz wird im Artikel ☞ *Nutzung und Belegung von Arbeitsplätzen, Kapitel 3,* behandelt. Zu beachten sind auch die Veränderungen hinsichtlich der fachlichen Kontrolle, die im Artikel ☞ *Leistungskontrolle, Kapitel 3,* behandelt werden.

Veränderung des Zeitbedarfs für verschiedene Tätigkeiten

Zu einer regelmäßigen Quelle von Ärgernissen und Beschwerden gehört das Vorurteil, mit CAD *gehe alles schneller*. Das Vorurteil scheint besonders bei CAD–unkundigen Vorgesetzten verbreitet zu sein, weshalb auch sie unbedingt eine CAD–Einführung erhalten sollten (☞ *Kapitel 3, Schulungsplanung*). Arbeitskollegen, die nicht mit CAD arbeiten, hegen dieses Vorurteil ebensogern, sofern es ihnen nützt. "Können Sie nicht mal eben schnell dies und das ändern?! – Können Sie mir schnell mal einen neuen Plan 'ausplotten', ich finde das Original eben nicht?!"

Die CAD–Bearbeitung ist gegenwärtig genauso zeitintensiv wie die konventionelle Arbeit, und jede Änderung braucht Zeit. Das Programm muß aufgerufen, die Datei geladen und wieder abgespeichert werden. Soll im Anschluß eine Zeichnung ausgegeben werden, so muß das Plotprogramm aufgerufen und gestartet werden. Steht kein Elektrostat zur Verfügung, so dauert das 'Plotten' bis zu einer dreiviertel Stunde. Wenn in den letzten fünf Minuten ein Plotterstift versagt, dann kann das "eben mal schnell etwas ändern" einen ganzen Vormittag dauern. Abgesehen davon, daß Zeit und Geld investiert wurden, hat es den Bearbeiter viel *Nerven gekostet*.

CAD–Bearbeiter wünschen sich daher *realistische* Zeitvorgaben von ihren Vorgesetzten. Manche Schritte gehen schneller als bei der konventionellen Bearbeitung, während andere länger dauern.

Der CAD–Bearbeiter ist in der Zeitplanung vom DV–Betriebsmittel stärker abhängig als vom konventionellen Arbeitsmittel. Zeichenbrett und Tuschefedern funktionieren zuverlässiger, die Zeiten für das konventionelle Anfertigen eines Planes sind präziser zu kalkulieren. *Anders bei CAD.*

Die Software ist störanfälliger; in den meisten Büros gibt es bei einem Ausfall des Systems kurzfristig keinen Ersatzarbeitsplatz. Alle Büros, die mit Stiftplottern arbeiten, berichten über zeitweilige oder ständige Störungen. Zwar ist der Elektrostat als Alternative zuverlässiger, aber bei knappen Terminvorgaben stellt auch dieses Ausgabegerät einen Engpaß dar. Die Zeitpläne für die CAD–Projektbearbeitung müssen für solche nicht vorhersehbaren, aber zu erwartenden Ereignisse Puffer enthalten (☞ *Kapitel 3, Arbeitsbelastungen*).

Vereinheitlichung der CAD–Arbeitsweisen

Geregelt werden müssen u.a. folgende Fragen:

- *Zugriffsrechte*
  Bürointern müssen bei einem Mehrbenutzersystem *Zugriffsrechte* festgelegt werden: Wer darf Zeichnungen lesen, ändern, löschen etc.? Die Zugriffsrechte müssen projektbezogen definiert sein; sofern mehrere Fachrichtungen an der Planung beteiligt sind (z.B. Architekt und Heizungsfachingenieur), muß sichergestellt werden, daß alle Bearbeiter auf den jeweils neuesten Planungsstand zurückgreifen können.

- *Belegung der Ebenen (Layer, Schichten oder Folien)*
  Sie muß einheitlich geregelt werden, wenn die Daten weiterverwendet werden sollen; z.B. sollten alle für den Bewehrungsplan nötigen Daten von den übrigen Daten des Schalplans trennbar sein.
  Angenehm – wenngleich nicht unbedingt erforderlich – ist die büroeinheitliche Farbbelegung (z.B. Geometrie – grün, Bemaßung – rot).

- *Verwendung von Symbolen und Planköpfen*
  Für Planköpfe und Symbole sollte eine allen CAD–Bearbeitern zugängliche CAD–Bibliothek existieren. Die Bibliothek muß erstellt und regelmäßig weitergeführt werden. Verantwortlich hierfür sollte *ein* Mitarbeiter sein. Durch ihn sind Pflege, Wartung und Fortschreibung sicherzustellen.

- *Erstellung und Nutzung von Makros (Zellen oder Varianten)*
  Es sollte klar geregelt sein, wer Makros erstellt. Sofern jeder CAD–Bearbeiter selbst Makros erstellt, muß gewährleistet sein, daß alle Makros in einer CAD–Bibliothek zsammengefaßt werden und allen Bearbeitern zugänglich sind. Die Makro–Bibliothek muß gut dokumentiert sein (mit Ausdrucken, Anwendungshinweisen, Angabe des Plazierungspunktes usw.).

- *Änderung von CAD–Plänen*
  Ein kritischer Punkt bei der Weiterverwendung von CAD–Plänen sind die Änderungen. Da diese oft kurzfristig und unter Zeitdruck anfallen, wird in fast jedem Büro *auch mal einfach* die Zeichnung geändert. Die spätere Übernahme dieser Änderung ins CAD–System wird dann oft – trotz allen guten Willens – vergessen, weil andere Arbeiten dringlicher sind. Damit sind allerdings die CAD–Dateien wertlos – denn niemand kann nach eini-

ger Zeit mit Sicherheit sagen, ob sie den aktuellen Stand repräsentieren. Deshalb sollte ganz eindeutig geregelt werden, daß jede Änderung auch in CAD vorgenommen wird. Ein größeres Büro hat eigens für diesen Zweck ein Formblatt entwickelt - wohl aus gutem Grund.

Vorgesetzte und Mitarbeiter haben unterschiedliches Interesse an der Vereinheitlichung der CAD-Arbeitsweisen. Jede Vereinheitlichung schränkt auch den Spielraum des CAD-Anwenders zuungunsten seiner individuellen Bearbeitung ein. Deshalb sind solche Vereinheitlichungen schwer durchzusetzen. Das Aufstellen bürointerner Vorgaben könnte z.B. in einer CAD-Nutzergruppe geschehen, in der alle CAD-Bearbeiter vertreten sind. So wäre sichergestellt, daß die jeweils besten Vorgehensweisen zum Bürostandard erhoben würden, und die Bearbeiter könnten bei der Entscheidung hinsichtlich der Vorgaben mitreden.

Archivierung

CAD-Daten sollen auch noch bei späteren Projekten verwendet werden. Neben der kurzfristigen Datensicherung muß auch die längerfristige Archivierung gesichert werden. Dies erfordert die Vergabe von Dateinamen, die auch nach längerer Zeit noch verständlich sind. Im einzelnen müssen geregelt werden:

- *Kurzfristige Datensicherung*
  Diese Aufgabe sollte am ehesten dem Bearbeiter selbst übertragen werden. Bei PC und Workstation bietet es sich an, die Arbeit eines Tages auf Diskette zu speichern und in regelmäßigen Abständen (1x in der Woche) alle Daten auf Streamer-Tape o.ä. zu sichern. Wie wichtig die tägliche Datensicherung ist, merkt der Bearbeiter erst, wenn ihm plötzlich eine Datei fehlt . Deshalb sind gerade hier klare Regeln sehr wichtig, ihre Einhaltung sollte immer wieder angemahnt werden.

- *Vergabe von Dateinamen*
  Es empfiehlt sich sehr, bürointerne Vorgaben für die Benennung von Dateien aufzustellen, aus denen das Projekt, der Zeichnungstyp (Schalplan, Bewehrungsplan), der Gebäudeteil und die Version hervorgehen, z.B.

4701	S	2 OG	1
Projekt	Schalplan	2. Obergeschoß	1. Version

  Nur so kann gewährleistet werden, daß die anderen Mitarbeiter sich zurechtfinden. Auch der CAD-Bearbeiter selbst hat damit eine Chance, nach einem Monat noch bestimmte Dateien wiederzufinden.

- *Langfristige Archivierung*
  Das Problem der langfristigen Archivierung ist noch ungelöst. In manchen Büros gilt die Regel, daß der Projektleiter alle Pläne auf Diskette erhalten muß. Aber wer weiß, ob diese Diskette nach fünf oder zehn Jahren noch lesbar sein wird? Hier müssen noch überzeugende technische Lösungen entwickelt werden. Zur Zeit bleibt keine andere Wahl, als neben den Disketten auch die Originalpläne in der bekannten Weise zu archivieren.

Zuständigkeiten für die CAD-Organisation

Die Aufgabe, die CAD-Arbeit zu organisieren, ist von einem Anwender als "Planung der Planung" bezeichnet worden. Sie erfordert natürlich Zeit, d.h. Freistellung von der Projektbearbeitung. Wir haben in den untersuchten Büros sehr unterschiedliche Organisationsformen für diese Aufgabe gefunden. Zum Teil hängt das mit der Größe des Büros zusammen, zum Teil auch mit der 'Philosophie': Soll der CAD-Bearbeiter auch ein CAD-Experte sein, oder soll er alle DV-Fragen an den CAD-Spezialisten weiterreichen? Folgende Organisationsformen sind möglich:

- *CAD-Betreuung als Aufgabe der DV-Abteilung*
  Viele größere Büros haben eine eigene DV-Abteilung, die auch die CAD-Betreuung übernimmt. Vorteil dieser Lösung ist es, daß in der DV-Abteilung schon sehr viel DV-Wissen vorhanden ist. Allerdings kann die Distanz zu den Fachabteilungen in der CAD-Betreuung zum Problem werden, denn neben reinen DV-Fragen ergeben sich auch aus der fachlichen Arbeit viele Fragen (z.B. bei der Auswahl von Makros etc.).

- *CAD-Betreuer in der Fachabteilung*
  Andere Büros haben die mit CAD zusammenhängenden Fragen an einen Mitarbeiter delegiert, der aber der Fachabteilung zugeordnet ist. Er beschäftigt sich entweder mit allen Aspekten von CAD oder nur mit der Betreuung der Hardware. Der Vorteil liegt darin, daß der CAD-Betreuer die Probleme der Bearbeiter gut kennt, eventuell sogar aus eigener Erfahrung. Ein Nachteil könnte sein, daß ihm das umfassende Wissen im DV-Bereich fehlt - vor allem bei den Mitarbeitern, die eher zufällig in diese Aufgabe hineingewachsen sind.

- *CAD-Bearbeiter als CAD-Betreuer*
  Vorwiegend bei kleineren Büros liegen alle CAD-Betreuungsarbeiten beim Bearbeiter selbst. Der Vorteil besteht darin, daß der CAD-Bearbeiter am besten weiß, welche Probleme es gibt. Diese Organisation führt jedoch in den meisten Fällen zu einer schwerwiegenden Überforderung des CAD-Bearbeiters, sowohl fachlich, weil ihm umfassendes DV-Wissen fehlt, als auch zeitlich, weil ihm die Projektarbeit nicht genug Zeit für die "Planung der Planung" läßt.

Eine allgemeine Empfehlung läßt sich schwer geben, da die Organisation der CAD-Betreuung stark von den Eigenheiten des Büros abhängt. Wir gehen jedoch davon aus, daß ein 'mittlerer Weg' in den meisten Fällen der beste ist. Der CAD-Bearbeiter sollte Teile der CAD-Betreuung selbst übernehmen. Datensicherung, Dateiverwaltung, Anpassung von Software und Erstellen einfacher Makros können bei den meisten CAD-Systemen relativ leicht erlernt werden. Für Spezialfragen - Erstellen anspruchsvoller Makros, Aktualisierung der Makro-Bibliothek und Wartung der Hardware - sollte aber ein CAD-/DV-Spezialist zur Verfügung stehen, der auch den Austausch zwischen den CAD-Bearbeitern sicherstellen könnte. Er wäre also stärker ein CAD-Koordinator, während der CAD-Bearbeiter zum Teil auch Funktionen der CAD-Betreuung übernehmen könnte.

Schulungsanforderungen

*Frank Wehrmann/Kornelia Werthebach**

Im Rahmen des CAD–Einführungsprozesses muß den vorbereitenden CAD–Schulungen ein besonderer Stellenwert beigemessen werden. Der Erfolg des Einführungsprozesses kann durch sie zusätzlich abgesichert werden: Es soll gewährleistet werden, daß die Mitarbeiter die neue Technologie akzeptieren und daß die Qualität der Arbeitsergebnisse sowie die Produktivität durch den Systemeinsatz verbessert werden. Doch der Besuch von Schulungen allein kann diese Sicherheit nicht bieten. Vielmehr ist darauf zu achten, daß die CAD–Schulungen ein bestimmtes Qualitätsniveau aufweisen. Daraus entsteht für die Schulungskunden die Frage nach der Beurteilung der Schulungsqualität.

Um dieses Problem besser fassen zu können, werden im folgenden Kriterien beschrieben, die zur Beurteilung von CAD–Schulungsangeboten herangezogen bzw. als Forderungen an die Schulungsanbieter herangetragen werden können.

Schulungsmaßnahmen müssen je nach Zielgruppe unterschiedliche Anforderungen berücksichtigen. Pädagogische Ausgangsüberlegungen für Bildungsmaßnahmen sollten sich immer an der Frage orientieren, welche Besonderheiten das Lernen der Menschen charakterisieren, denen die Bildungsveranstaltung angeboten wird *(Schulungsprinzipien)*. So müssen Bildungskonzepte für Bauzeichner andere Aspekte beinhalten als solche für Bauingenieure. Auf der Grundlage der Schulungsprinzipien können dann *Schulungsziele* formuliert werden. Die Auswahl der *Schulungsinhalte* muß entsprechend der Zielgruppen– und der Zielbeschreibung vorgenommen werden. Dabei ist zu überlegen, ob mit dem Einsatz bestimmter Lehr–/Lernmethoden *(Schulungsmethode)* die Vermittlung des Lerngegenstandes für die Lernenden effektiver gestaltet werden kann.

Im folgenden werden diese Fragestellungen präzisiert, mögliche Qualitätskriterien benannt und Empfehlungen ausgesprochen, auf welche Aspekte sich der Kunde bei der Auswahl von Schulungen konzentrieren sollte.

Prinzipien

Die Zielgruppen der CAD–Schulungen sind Berufstätige. Sie sind seit mehreren Jahren praktisch tätig und daher nicht mehr an Lehr–/Lernsituationen gewöhnt.

Diese Zielgruppe ist also 'lernungewohnt', was bei der Konzipierung von Schulungsmaßnahmen berücksichtigt werden muß.

Damit eine Schulung Erfolg hat, sollten grundsätzlich vier Schulungsprinzipien beachtet werden [1],[8]:

Teilnehmerorientierung

Zielsetzung, Wahl der Inhalte und Methoden einer Schulung sollten sich an den alltäglichen Erfahrungen und Vorkenntnissen der Teilnehmer orientieren.

- Die Zielsetzung einer Schulung sollte an die Vorkenntnisse und Erfahrungen der Teilnehmer anknüpfen. Sind bei den Teilnehmern keine DV–Grundkenntnisse vorhanden, so muß deren Vermittlung als Zielbeschreibung in die Maßnahme mit aufgenommen werden.

- Die Inhalte von CAD–Schulungen, die für Teilnehmer aus Bauingenieurbüros angeboten werden, sollten branchenspezifisch zugeschnitten sein. Die in der Praxis ermittelten Qualifikationsbedürfnisse hinsichtlich der Fachaufgaben und ihrer Rechnerunterstützung müssen in entsprechenden Lernzielkatalogen und in der technischen Ausstattung zur Weiterbildung berücksichtigt werden.

- Schulungsmethoden sollten an die Arbeitsweisen der Teilnehmer angelehnt sein. Die Lehrkräfte sind somit adressatenspezifisch zu wählen und müssen geeignete Vermittlungsformen (wie Projektarbeit, Gruppenarbeit und Einzelarbeit) einsetzen können.

- Um eine Ausrichtung der Lehrinhalte an der Zielgruppe zu erreichen, müssen sich die Verantwortlichen der Schulungskonzepte über die Teilnehmerzusammensetzung im klaren sein. Schulungsmaßnahmen müssen je nach vorliegender Qualifikation gestuft erfolgen, Lernungewohnte berücksichtigen sowie geringer qualifizierte Beschäftigte mit einbeziehen. Zur genauen Ermittlung der zu berücksichtigenden Teilnehmervoraussetzungen sollten diese Informationen vor Beginn der Schulung direkt (z.B. per Fragebogen) von den angemeldeten Teilnehmern eingeholt werden.

Interessenorientierung

- Die Klärung der Interessenlagen der Schulungsteilnehmer und die Abstimmung mit dem Schulungsanbieter können zu einer erfolgversprechenden Schulung beitragen. Sind auf der einen Seite die Schulungsteilnehmer gefordert, ihre Interessen zu formulieren, so sind auch die Schulungsanbieter aufgefordert, die Interessen der Teilnehmer zu berücksichtigen und die Inhalte und Methoden variabel zu handhaben (pädagogische Qualifikation) bzw. diese bei den Schulungsteilnehmern vorab zu erfragen. Die Übungen während der Schulungsmaßnahmen müssen an die konkreten betrieblichen Aufgabenstellungen sowie an den Erfahrungsbereich der Beschäftigten anknüpfen.

- Interessen können sich auf die organisatorischen Rahmenbedingungen richten. Hierzu zählt auch die rechtzeitige Terminierung und Bekanntgabe der Schulungsmaßnahme (z.B. sind Frauen in besonderer Weise eingebunden und müssen einen evtl. außerhalb des Wohnortes stattfindenden Schulungsaufenthalt genau planen können). So müßten der Zeitpunkt und die Schulungsintervalle (Wechsel zwischen Schulung und praktischer Anwendung; (☞ *Kapitel 3, Schulungsplanung*) vor der Schulung mit dem Schulungsanbieter abgestimmt werden. So könnten auch bestimmte Projektarbeiten während der Schulung exemplarisch mit CAD nachgearbeitet werden.

Problemorientierung

Bestimmte Probleme tauchen in der CAD-Anwendung erfahrungsgemäß immer wieder auf. Diese sollten in der Schulung angesprochen und in speziellen Übungen durchgespielt werden. Die Schulungsanbieter sind aufgefordert, ihr eigenes Produkt kritisch zu betrachten und den Anwender mit seinen speziellen Problemen in den Mittelpunkt zu rücken.

- Beispiele für Probleme, die in der Schulung durchgesprochen werden sollten:
  - veränderte Arbeitsweise: Eine Zeichnung wird mit Hilfe von Funktionen wie Spiegeln, Drehen, Schieben, Strecken usw. erstellt bzw. modifiziert (was im Gegensatz zur konventionellen Arbeit eine enorme Umstellung in der Planung der Zeichnungserstellung bedeutet, ☞ *Kapitel 3, Qualifikationsveränderungen);*
  - erhöhte Anforderungen an das räumliche Vorstellungsvermögen, z.B. beim Betrachten der auf dem Monitor nur in Ausschnitten sichtbaren Zeichnung;
  - mögliche Systemabstürze und die damit notwendig werdenden, auch vorbeugenden Handlungsschritte (erneutes Starten des Systems, Datenverlust, Sicherheitskopien);
  - Fehlermeldungen vom System, die erkannt und in ihren Ursachen interpretiert werden müssen;
  - Fehlen des Zeichnungsoriginals, was z.B. zusätzliche Handskizzen oder Zwischenplots erforderlich macht;
  - die oftmals anzutreffende Uneinheitlichkeit der Folienbelegung innerhalb eines Büros und die damit zusammenhängenden Probleme der Verknüpfung von unterschiedlich erstellten Zeichnungsteilen;
  - die Verteilung von Zugriffsrechten (Password-Abfragen);
  - Probleme des Datenschutzes.

Handlungsorientierung

- Eines der zentralen Ziele beruflicher Weiterbildungsmaßnahmen ist die *Befähigung zum Handeln*. Die Schulungsteilnehmer sollten Kenntnisse, Fähigkeiten und Fertigkeiten erwerben, die sie in die Lage versetzen, das CAD-System in ihre Arbeit zu integrieren, statt selbst als Anhängsel in das CAD-System integriert zu werden.

- Die Inhalte von Schulungen sollten sich auf Themen konzentrieren, die die Anwendung des CAD–Systems erleichtern und einen Überblick über die Anwendungsmöglichkeiten und -grenzen geben (Kenntnisse).
- Inhalte von Schulungsübungen sollten das Erfassen und Analysieren von Situationen fördern (Fähigkeiten).
- Das Handling der Hardware sollte durch Übungen verinnerlicht werden, damit es zur 'Selbstverständlichkeit' wird (Fertigkeiten).

Damit soll erreicht werden, daß die Teilnehmer Kompetenzen erwerben, die es ihnen ermöglichen, in den auf sie zukommenden Situationen angemessen agieren und reagieren zu können. Hilflosigkeit führt zu Demotivierung und Arbeitsunzufriedenheit, was ein Scheitern der CAD–Einführung zur Folge haben kann.

Ziele

Die Suche nach den Zielen einer Schulung ist verbunden mit dem Bild des 'arbeitenden Menschen':

- Wird ein Büromitarbeiter nur rein funktional gesehen? Ist er nur dazu da, die Aufgaben zu erfüllen, die ihm vorgeschrieben werden?
- Oder wird man ihm eher gerecht, ihn als Wesen zu betrachten, das seine Bedürfnisse in seiner Arbeit befriedigen möchte, hier seine Fähigkeiten entfalten und selbstgesteckte Ziele erreichen möchte?

Diesen Fragen hat sich auch die berufliche Weiterbildung zu widmen. Die Antworten sollten sich in den Schulungszielen wiederfinden.

Sollen der Schulungsteilnehmer und seine Interessen im Mittelpunkt der Betrachtung stehen, so muß sich dies auch in den Lernzielkatalogen widerspiegeln. Die Ziele und Inhalte der Weiterbildung sollten dazu übersichtlich dargestellt werden. Solche Voraussetzungen werden meist nicht von CAD–Schulungen erfüllt , die den Teilnehmern lediglich Kenntnisse in der Handhabung der Systeme vermitteln (nach [2] "*NUR–Bediener*").

Übergeordnetes Ziel von CAD–Schulungen sollte es sein, die Teilnehmer zum Beherrschen des CAD–Systems zu befähigen. Damit ist das Bild des Fachmannes/der Fachfrau verbunden, der/die CAD als Arbeitswerkzeug und damit als Hilfsmittel für seine/ihre Tätigkeiten einsetzen kann. Übergeordnet bleiben die fachlichen Fähigkeiten, die Kreativität und die damit verbundenen notwendigen Freiräume in der Arbeit. Dazu zählt die Entscheidungsfreiheit über Einsatzzweck und -ziel von CAD im Rahmen der eigenen Aufgabenbereiche. Auf dem Weg zu diesem primären Ziel der CAD–Schulungsmaßnahmen können Teilziele benannt werden, die zusammengenommen dem Erreichen des übergeordneten Zieles dienen bzw. dieses präzisieren.

Die Teilziele beziehen sich auf das zu vermittelnde Wissen, auf auszubildende bzw. zu fördernde Fähigkeiten und Fertigkeiten. Im einzelnen bedeutet dies [2],[3],[7],[8]:

Der Nutzer von CAD–Systemen soll *wissen*,

- *wie DV– und CAD–Systeme prinzipiell funktionieren*, d.h.
  - wie Hard– und Software aufgebaut sind und zusammenarbeiten,
  - welche Funktionsweise und Leistungsfähigkeit dem Betriebssystem und der Anwendersoftware zugrunde liegen,
  - welche Funktionen die verschiedenen Datenträger übernehmen,
  - welche logische Datenorganisation verwendet wird,
  - welche Steuerungsmöglichkeiten die Software aufweist (über Menüs oder Kommandokürzel) und
  - welche mathematisch–geometrischen Modelle der rechnerinternen Geometriedarstellung zugrunde liegen;
- *wie die Arbeit mit CAD organisatorisch in die Aufgaben des Büros eingebunden werden kann*. Dazu ist es notwendig,
  - Einblicke in die Arbeitsorganisation zu erhalten,
  - die Notwendigkeit einer einheitlichen Folienbelegung zu erkennen,
  - das Zusammenspiel der Hardware–Komponenten zu kennen,
  - die Anpassungsmöglichkeiten der Software (z.B. Programmierung von Makros und ggf. Kenntnisse der Programmierung) und
  - die Möglichkeit und Ausgestaltung von Zugriffsrechten zu kennen;
- *welche Möglichkeiten und welche Grenzen die CAD–Arbeit hat*. Dies verlangt, daß die CAD–Nutzer
  - den Funktionsumfang des CAD–Systems kennen,
  - die Probleme beim Eingeben und 'Rausziehen von Daten', (z.B. für Stahllisten, Massenermittlungen, FEM–Kopplungen etc.) kennen.

Der Nutzer von CAD–Systemen soll *Fertigkeiten ausbilden*,

- *mit deren Hilfe er die Hardware bedienen kann*, d.h., neben den üblichen Geräten sollen auch
  - Eingabegeräte (wie Digitalisierbrett und Scanner),
  - Ausgabegeräte (wie Monitor) und
  - Datenträger (wie Bänder und Platten)

  bedient werden können.

Der Nutzer von CAD–Systemen soll *Fähigkeiten ausbilden*, mit deren Hilfe er

- Problemsituationen bei der Arbeit mit CAD analysieren kann, um z.B. Ursachen für Fehlermeldungen entdecken und entsprechend reagieren zu können (*Problemlösekompetenz);*
- Entscheidungen treffen kann, um beispielsweise geeignete Wege zur Problemlösung zu beschreiten *(Entscheidungskompetenz);*
- unterschiedliche Methoden anwenden kann, um auch auf anderen Gebieten allgemein befähigt zu sein, methodisch und planerisch zu denken oder Analysen durchführen zu können (*Methodenkompetenz);*
- komplexe Sachverhalte sprachlich darstellen kann, um sich mit Kollegen über Methoden und Probleme auseinandersetzen sowie sich aktiv an den organisatorischen und technischen Veränderungsprozessen beteiligen zu können (Verbesserung der individuellen Kommunikations– und Kooperationsfähigkeit) (*Sozialkompetenz);*
- in die Lage versetzt wird, lebenslang und berufsbegleitend zur eigenständigen Kompetenzerweiterung beitragen zu können. *(Selbstlernkompetenz)* (vgl. [2],[8]).

Das Erreichen dieser Ziele setzt die Auswahl geeigneter Schulungsinhalte und –methoden voraus, die es ermöglichen, die fachlichen und sozialen Voraussetzungen für die Beherrschung der Technik zu schaffen. Im folgenden wird auf diese Punkte eingegegangen.

Inhalte

CAD kann, wie alle DV–gestützten Systeme, als *Informationstechnik* (vorwiegend zur Speicherung und Bearbeitung von Konstruktionszeichnungen) und als *Organisationstechnik* (zur Integration mehrerer Aufgaben an einem Arbeitsplatz) eingesetzt werden. Für CAD–Schulungen bedeutet dies, daß die technischen Hintergründe vermittelt werden sollten (*Gebrauch als Informationstechnik*), aber ebenso mögliche organisatorische Veränderungen der Arbeit und absehbare Auswirkungen des Technikeinsatzes auf einzelne Arbeitsplätze (*Einsatz als Organisationstechnik*, *Auswirkungen auf Anwender*) aufgezeigt werden sollten.

Die Auswahl der Schulungsinhalte muß unter Berücksichtigung der bereits dargestellten Schulungsprinzipien erfolgen.

Im folgenden sind nun exemplarisch Inhalte für *eine DV–Grundschulung, eine CAD–Grundschulung und eine CAD–Aufbauschulung* dargestellt, die sich aufgrund genereller Erfahrungen mit Weiterbildungsangeboten als sinnvoll herauskristallisiert haben. Je nach Teilnehmerstruktur sind die inhaltlichen Schwerpunkte zu verändern. Die Auswahl unterliegt der Zielsetzung, ein bestimmtes, im Büro einzusetzendes *CAD–System beherrschen* zu können [4],[7],[8].

DV–Grundschulung

Dieser Schulungsteil soll den Teilnehmern die theoretischen und praktischen Grundlagen der DV–Technik und die software–spezifischen Basisqualifikationen (Betriebssystem, Anwendersoftware) vermitteln. Zusätzlich sollten arbeitswissenschaftliche Erkenntnisse in ihrer Bedeutung für den eigenen Arbeitsplatz erörtert und daraus abzuleitende Empfehlungen diskutiert werden.

Themen/Lerninhalte

- *Aufbau und allgemeine Arbeitsweise von Arbeitsplatzrechnern und den zugehörigen Hardware–Komponenten*
  - Rechneraufbau,
  - Kommunikationsmöglichkeiten zwischen Rechner und Peripherie,
  - Eingabemedien wie Tastatur und Maus,
  - Speichermedien wie Disketten und Festplatte,
  - Ausgabemedien wie Bildschirm und Drucker,
  - Funktions- und Anwendungsweise der Betriebssoftware (Befehls–, Verzeichnisstruktur, Dateiverwaltung, Dienstprogramme, Datensicherung),
  - Anwenderprogramme mit Beispielen.
- *Arbeitswissenschaftliche Erkenntnisse*
  - Belastungsminderung (Ergonomieaspekt),
  - Datenschutz (Bundesdatenschutzgesetz, Betriebsverfassungsgesetz usw.).

CAD–Grundschulung

In diesem Schulungsteil sollen die Teilnehmer den prinzipiellen Aufbau von CAD–Software, deren Grundfunktionen einschließlich der zugehörigen Hardware kennenlernen. Sie sollen das System starten, beenden und die entsprechende Dateisicherung vornehmen können. Den Teilnehmern sollen letztlich Möglichkeiten, Grenzen und Auswirkungen von CAD vermittelt werden.

Hierzu gehören :

- *die Handhabung* von CAD–Software mit Erläuterungen
  - zur Geometrieverarbeitung,

 - ○ zur Zeichnungserstellung,
 - ○ zur Datenhaltung (Steuerungsmöglichkeiten über Software);

- Aspekte der *Systembetreuung;*
- *hardware-technische Aspekte* eines CAD-Systems mit Erläuterungen zur Betreuung und Handhabung von
  - ○ speziellen Dateneingabegeräten (Digitalisierbrett und -stift usw.),
  - ○ Geräten zur graphischen Datenausgabe,
  - ○ Geräten zur Speicherung und Archivierung;
- generelle Prinzipien der *Planerstellung;*
- generelle Planungsprinzipien von *Software-Konzeptionen;*
- *rechnerinterne Darstellung technischer Objekte* (und z.B. Sicherung ihrer Konsistenz für die Planungstätigkeiten);
- *CAD-Systemausbau* (Datentransfermöglichkeiten/bürointerne Vernetzung);
- *arbeitswissenschaftliche Erkenntnisse* zur Arbeitsorganisation (Belegungspläne, Mischarbeit, Teamarbeit, Poolbildung, Qualifikationsveränderungen usw.).

CAD-Aufbauschulung

Kenntnisse der CAD-Grundschulung und bereits gewonnene Praxiserfahrungen können durch gezielte Nachschulungen (CAD-Aufbauschulungen) vertieft und erweitert werden. Vor allem sollen inzwischen erlernte CAD-Arbeitsweisen und -methoden intensiviert und bereichert werden. Dabei sind auch Möglichkeiten der Arbeitserleichterung, wie weitergehende Anpassungsmöglichkeiten der Benutzeroberfläche an die betrieblichen Anforderungen der Anwender, zu behandeln (Anwendungsprogrammierung, z.B. Erstellung von Menüs und Makros, Variantenprogrammierung und Programmierung von Standardabläufen bzw. Prozeduren auf Betriebssystem- und Kommandoebene).

Im einzelnen können dies z.B. sein [7]:

- Speicherung der firmenspezifischen Zeichnungsrahmen,
- Programmierung und Speicherung der am häufigsten verwendeten Symbole, Wiederholelemente, Funktionskomplexe usw.,
- Erstellung von Befehlsmakros, z.B. zum Plotten und zur Initialisierung von Grundparametern,
- Erstellung von Variantenprogrammen.

Ziel ist die Steigerung der Effizienz der CAD–Anwendung bezogen auf die rechnergestützte Durchführung aller Bearbeitungsschritte, die eine Baugruppe oder ein Einzelteil betreffen.

Zusätzliche Weiterbildungsmöglichkeiten bieten Fachmessen, Konferenzen, Seminare und anwendungsorientierte Veranstaltungen, in denen konkrete Anwenderbeispiele und –erfahrungen vermittelt werden (☞ *Kapitel 4.3, Beratungsinstitutionen und –adressen*).

Methodik

Eine sehr wichtige und in ihrer Bedeutung immer wieder unterschätzte Frage ist die nach dem Einsatz bestimmter Lehr– und Lernmethoden in Schulungen. So müssen sich Lehrende fragen, welche Unterrichtsmethoden dem Erreichen des Schulungszieles am ehesten dienen können. Am Beispiel des Erlernens der Bedienung von Eingabegeräten – wie Tastatur, Maus, Digitalisierbrett und –stift – soll die Unterscheidung zwischen theorie– und praxisorientierten Methoden verdeutlicht werden. Ein umfangreicher Vortrag über die Funktionsweise der Geräte könnte das Verständnis für die technischen Hintergründe fördern und dem Lernenden durch die Darstellung der Anwendung die Möglichkeit eröffnen, von diesem Wissen deren Gebrauch abzuleiten. Dies wäre eine sehr theoretische Vorgehensweise. Um die Bedienung der Geräte zu erlernen, wäre eine Schulung in Form praktischer Anwendungsübungen eher geeignet. Ein anschließender theoretischer Vortrag würde sich positiv auf das Anwendungsverständnis auswirken.

Überlegungen zu einem sinnvolleren Methodeneinsatz sichern den Schulungserfolg zusätzlich ab und sollten daher nicht vernachlässigt werden.

Das Ziel der CAD–Schulungen sollte die *Beherrschung des Systems* sein. Daher sollten Lernmethoden zum Zuge kommen, die es den Lernenden ermöglichen, sich der Einsatz– und Anwendungsmöglichkeiten *bewußt*zuwerden. Ziel sollte es auch sein, den Leistungsumfang des CAD–Systems durch praktische Übungen kennenzulernen. Der Lernende soll zum Akteur der Schulung werden.

Die Beherrschung eines CAD–Systems als Arbeitswerkzeug verlangt vom Nutzer bestimmte Fähigkeiten und Fertigkeiten. Er muß [5],[6]

- das System im Sinne des *Systemhandlings* handhaben können;
- die Technik durchschauen, um methodische und analytische Aufgabenanforderungen erfüllen zu können;
- die Arbeitszusammenhänge überblicken, um CAD nicht zum bestimmenden Moment seiner Arbeit werden zu lassen;

- die Anwendungsmöglichkeiten und -grenzen kennen, um es als Werkzeug in seine Arbeit integrieren zu können.

Inneres Bild, mentales und verbales Training

Für den Anwender ist es hilfreich, ein *inneres Bild* der Vorgänge, Zusammenhänge und Anwendungsmöglichkeiten des CAD-Systems zu haben. Dieses innere Bild soll dem Anwender als Richtschnur dienen, an der er sich zur Lösung des Problems bei etwa auftretenden Fehlermeldungen orientieren kann.

Beispiel:

Ist dem Anwender bewußt, daß die Datenverarbeitung nach dem Prinzip der Eingabe - Verarbeitung - Ausgabe (E-V-A) funktioniert, kann es ihm leichter fallen, die Eingabegeräte als Ausgangspunkt der Anwendung zu nutzen, d.h., die Daten einzugeben, die am Anfang einer jeden Datenverarbeitung stehen müssen, und abschließend den eigentlichen Verarbeitungsprozeß in Gang zu setzen. Damit ist eine Reihe kleinschrittiger Tätigkeiten am CAD-System verbunden:

- Jede Eingabe muß anschließend bestätigt werden,
- vor einer Neueingabe muß das Bereitschaftszeichen des Systems abgewartet werden,
- alle für einen Verarbeitungsprozeß notwendigen Daten müssen dem System bereitgestellt werden,
- bei der Eingabe dürfen keine Tippfehler auftauchen; bei der Menüauswahl müssen die Befehle angetippt werden, bevor sie ausgeführt werden können usw.

Diese Kleinschrittigkeit der Handlungen verlangt eine Systemstruktur vom Anwender. Diese Strukturierung ist entgegen den konventionellen Arbeitstätigkeiten sehr ungewohnt. Will man einer übermäßigen Belastung vorbeugen, muß die Arbeit automatisiert werden. Beispielsweise kann wiederholtes Durchdenken der auszuführenden und ausgeführten Tätigkeiten dem Nutzer eine Erleichterung bieten. Diese Form der gedanklichen Aneignung und Wiederholung von Tätigkeiten wird *mentales Training* genannt.

Die Schaffung eines inneren Bildes wird durch *verbales Training* gestützt. Dabei wird der Lernende aufgefordert, die eigenen Handlungen und die anderer zu beschreiben. Er soll Handlungen durchdenken und sich ihrer Zusammenhänge bewußtwerden. Gleichzeitig übt er, sich im neuen Fachgebiet auszudrücken, was den alltäglichen Austausch über CAD-Anwenderprobleme und das Weitergeben von Tips erleichtern dürfte.

Arbeitsweisen

Die beiden Trainingsmethoden können im Rahmen verschiedener *Arbeitsweisen* zum Einsatz kommen. Sie sollen bestimmte Fähigkeiten der Lernenden fördern. So wird beispielsweise "Gruppenarbeit" gewählt, um die kommunikativen und sozialen Fähigkeiten der Teilnehmer zu erweitern. In CAD–Schulungen können drei Kategorien zum Einsatz kommen:

- Lernen durch Informationsvermittlung,
- Lernen in Gesprächen,
- Lernen in der Praxis.

Lernen durch Informationsvermittlung

Bei der Informationsvermittlung geht es darum, dem Teilnehmer Kenntnisse über Sachverhalte und Zusammenhänge zu vermitteln. Hierfür stehen folgende Möglichkeiten zur Verfügung:

- Der Lehrende hält einen *Sachvortrag.* Dieser ist durch die logische Struktur des zu vermittelnden Gegenstandes geprägt.
- Der Lehrende hält einen *Lehrvortrag*. Diese Art der Information von Teilnehmern ist geprägt durch didaktisch–methodische Überlegungen, die sich an den Voraussetzungen der Teilnehmer orientieren.

Diese Art der Informationsaufnahme ist sinnvoll, wenn es darum geht, komplizierte theoretische Zusammenhänge und Fakten in geraffter Form vermitteln zu wollen (z.B. kann die Darstellung der funktionalen Zusammenhänge zwischen Software und Hardware sinnvoll in Form eines Vortrages geleistet werden). Nachteilig ist bei der Kenntnisvermittlung durch Vorträge, daß die Aufnahmekapazitäten der Zuhörenden schnell erschöpft sind und eine Erfolgskontrolle nicht durchgeführt wird. Vorträge sollten also sehr gut vorbereitet sein und durch den flankierenden Einsatz von optischen Medien – wie etwa Folien – für die Zuhörer vereinfacht werden.

Eine andere Art der Informationsvermittlung ist die, ein *Handbuch* und *Schulungsunterlagen* zu benutzen. Das Handbuch sollte

- nach Sachgebieten geordnet sein (um es beispielsweise auch als Nachschlagewerk wie ein Lexikon nutzen zu können);
- alle Befehle und Funktionen technischer Zusammenhänge sowie die Voraussetzungen auflisten, die das betreffende CAD–System bietet.

Einzelne Begriffe müßten mit Hilfe eines Indexes nachgeschlagen werden können. Dagegen sollten die eigentlichen Schulungsunterlagen nach didaktischen Kriterien zusammengestellt sein, um sie als Grundlage für das selbständige Lernen nach der Schulung nutzen zu können. Alle in der Schulung besprochenen Themen und alle Arbeitsschritte der bearbeiteten Übungen müßten in ihnen enthalten sein. Darüber hinaus sollte es Informationen und Anregungen für das weitergehende Lernen enthalten.

Lernen in Gesprächen

Die zweite Kategorie von Lernsituationen ist die des *Lernens in Gesprächen*. Im Gegensatz zur ersten Kategorie verschiebt sich hier das Gewicht der Lernaktivitäten in Richtung der Lerngruppe selbst. Generell können die kommunikativen Fähigkeiten der Teilnehmer mit Hilfe von Gesprächen gefördert werden, die für die Teamarbeit in einem Projekt unerläßlich sind. Auch hier unterscheidet man mehrere Formen:

- In einem *Lehrgespräch* werden durch den Lehrenden in Zusammenarbeit mit der Lerngruppe zielgerichtet Informationen gesammelt und besprochen. Der Lehrende lenkt das Gespräch jedoch in die von ihm gewünschte Richtung. Ziel ist es, den Teilnehmern Informationen offenzulegen, diese mit neuen Kenntnissen zu verbinden und die geänderten Sachverhalte durch eine Besprechung besser im Gedächtnis zu verankern.

- In einem *Problemgespräch* arbeiten Lehrender und Lerngruppe gleichberechtigt an der Lösung eines Problems. Der Lehrende mag zwar Kenntnisvorteile haben, doch hat er keine Ideallösung parat. Ziel ist es beispielsweise, gewonnene Kenntnisse und Fähigkeiten zur Lösung von Problemen praktisch anwenden zu lernen.

- Bei einem *Pro–und–Kontra–Gespräch* sammeln Lehrender und Teilnehmer ihre Interessen, Positionen und Forderungen zu einem Thema, stellen diese gegenüber, diskutieren sie und versuchen abschließend, einen Konsens herzustellen, der beispielsweise eine Grundlage für die weitere Arbeit darstellen soll. In dieser Lernsituation können die kommunikativen und analytischen Fähigkeiten der Teilnehmer gefördert werden.

Das Lernen in Gesprächen kann im Plenum, in Kleingruppen oder in Partnerarbeit stattfinden. Die Gruppengröße ist abhängig von der zu bearbeitenden Aufgabe, ihrer Zielrichtung und der pädagogischen Absicht. Sollen viele verschiedene Aspekte in einer Gruppenarbeit zusammengetragen werden, so bietet es sich an, die Gruppen zu vergrößern. Sollen dagegen möglichst viele Teilnehmer zu größtmöglicher Mitarbeit bewegt werden, so bieten sich kleinere Gruppen an.

Lernen in der Praxis

Die dritte Kategorie ist das *Lernen in der und durch die Praxis*. Zielsetzung dieser Methode ist die Verbindung von theoretischen Kenntnissen mit praktischem Handeln. Das Lernen findet unmittelbar statt, d.h., entweder wird direkt am CAD–System gearbeitet, um dessen Anwendung praxisgerecht zu erlernen, oder es wird z.B. in Gruppen gearbeitet, um die kommunikativen Fähigkeiten zu fördern. Das Lernen in der und durch die Praxis sollte in einer CAD–Schulung den größten Raum einnehmen, da das Beherrschen des CAD–Systems ein praxisbezogenes Ziel ist.

Im einzelnen weist das Lernen in der Praxis verschiedene Formen auf, die wiederum entsprechend den pädagogischen Absichten gewählt werden müssen:

- In der *Unterweisung* können beispielsweise die Bedienung der Ein– und Ausgabegeräte unter Anleitung direkt vor Ort erlernt oder auch einzelne Befehle in ihrer Anwendung demonstriert und nachvollzogen werden.
- Durch das *Beobachten* der CAD–Arbeit anderer Kollegen soll der Teilnehmer einen zusammenhängenden Eindruck von der Anwendung erhalten, seine Tätigkeiten besser in den Gesamtzusammenhang des Anwendens einordnen und mögliche Handlungen übernehmen können. In diesen Zusammenhang kann das verbale Training sehr gut eingebunden werden.
- Das *Bearbeiten von Übungsaufgaben* in der Gruppe, in Partner– oder Einzelarbeit direkt am CAD–System: Hier können z.B. Zeichnungen vorgegeben werden, die von den Teilnehmern mit Hilfe von CAD nachgezeichnet werden sollen – eine Aufgabenstellung, die gerade nach der Einführung von CAD und der damit verbundenen Übertragung der konventionellen Zeichnungen in das CAD–System alltägliche Arbeit ist. Hierbei gilt generell, daß die gestellten Aufgaben alltägliche Anwenderprobleme aufgreifen sollen und diese exemplarisch zu lösen sind.

Faustregeln

Bei der Planung von Vorgehensweisen und beim Lösen von Problemen können '*Faustregeln*' eingesetzt bzw. im Unterricht erarbeitet werden. Diese können helfen, sich selbständig auf Lösungsmöglichkeiten zu besinnen bzw. eigene zu finden. Sog. Faustregeln weisen auf Prinzipien und Strategien hin, welche analog auch in anderen Situationen Geltung haben können. Den Teilnehmern soll damit der Aufbau eines inneren Handlungsgerüstes erleichtert werden, das ihnen hilft, in Problemsituationen angemessene Handlungsmöglichkeiten zu finden und die Probleme zu lösen.

Beispiele:

Beachten Sie das "E–V–A–Prinzip"!

Nach diesem Prinzip sind die Handlungen bei der Arbeit mit der DV strukturiert. Unter Beachtung dieser Faustregel können die Tätigkeiten am CAD–System eher verinnerlicht werden. Erst im weiteren Verlauf der Schulung nehmen die Handlungen komplexere Formen an, die dann angepaßte und erweiterte Regeln benötigen. Doch gerade zu Anfang ist die Arbeit mit dem System geprägt durch die Eingabe von Daten, das Abwarten der Verarbeitung von Daten und die Beurteilung der Ausgabe von Daten, an die wiederum neue Eingaben anknüpfen.

Beobachten Sie den Bildschirm!

Bei der DV gestützten Bearbeitung ist bei Anfängern zu beobachten, daß sie Eingaben machen, obwohl der Rechner dazu noch nicht bereit ist. Dies geschieht vor allem dann, wenn nicht darauf geachtet wird, ob auf dem Bildschirm eine Bereitschaftsmeldung angezeigt wird. So kann es zu Fehlermeldungen kommen, die für den Anfänger schwer ergründbar sind. Die Teilnehmer sollen also aufgefordert werden, im 'Dialog mit dem Rechner' darauf zu achten, daß der Rechner 'eingabebereit' ist.

Versuchen Sie im Gespräch zu ermitteln, welche methodischen Überlegungen die Schulungsanbietern ihren Angeboten zugrunde legen. Wichtig erscheint es – und die Erfahrungen von Schulungsteilnehmern stützen das –, daß bei der verwendeten Methodik die Kompetenzen zum selbständigen Lösen von Problemen gefördert werden.

Empfehlungen

Wir haben versucht aufzuzeigen, welche *Prinzipien* bei der Konzeption einer Schulung beachtet werden sollten. Ziel dieser Schulungsprinzipien ist es, die Ziele, Inhalte und Methoden so zu wählen, daß die Schulung *effektiv* wird. Dafür ist es notwendig, sich an den Voraussetzungen der Teilnehmer zu orientieren (*Teilnehmerorientierung*), deren Interessen mit einzubeziehen (*Interessenorientierung*), absehbare Probleme zum inhaltlichen Gerüst der Schulung zu machen (*Problemorientierung)* und darauf hinzuwirken, die Teilnehmer im Umgang mit CAD handlungsfähig zu machen (*Handlungsfähigkeit*).

Das Ziel einer CAD–Schulung soll die Beherrschung des CAD–Systems sein. Dazu ist es erforderlich, nutzungsorientiertes Wissen zu vermitteln, das sich nicht nur an der Technik orientiert, sondern Veränderungen der Arbeitsinhalte, Arbeitsweisen und Arbeitsorganisation einbezieht.

Daneben müssen Fertigkeiten für das *Systemhandling* ausgebildet werden . Der kompetente Umgang mit dem System soll erzielt werden durch die Förderung der Fähigkeiten des Problemlösens, des Entscheidens, der angemessenen Methodenwahl, der Kommunikation und des Selbstlernens.

Orientiert an diesen Zielen muß die DV–Grundschulung *Inhalte* thematisieren, die den Aufbau des DV–Systems generell erfassen helfen und die Gestaltbarkeit der Systeme ansprechen. Darauf aufbauend sollte die CAD–Grundschulung helfen, die CAD–spezifischen Hard– und Software–Komponenten zu durchschauen. Die Probleme, die durch die Technik und die Veränderung von organisatorischen Maßnahmen auftauchen, sollten diskutiert werden. Letztendlich müssen Anwendungsmöglichkeiten und Lösungen für Probleme aufgezeigt werden. Aufbauschulungen sollten die Praxiserfahrungen reflektieren, Anwendungs– und Anpassungsmöglichkeiten des Systems vertiefen.

Insgesamt hat die Qualifizierung also eine Schlüsselfunktion für die CAD–Einsatzstrategie (Bild 1):

Durch angemessene *Methoden* ist das Erreichen der Ziele anzustreben. Anschauungsmaterial soll theoretische Zusammenhänge sichtbar machen. Mentales und verbales Training sollen helfen, das Gelernte zu verinnerlichen und verbal beschreiben zu können. Verschiedene Arbeitsweisen müssen entsprechend den pädagogischen Absichten sinnvoll initiiert werden. Faustregeln sollen helfen, mögliche Vorgehens– und Arbeitsweisen leichter in die eigene Arbeit aufnehmen zu können.

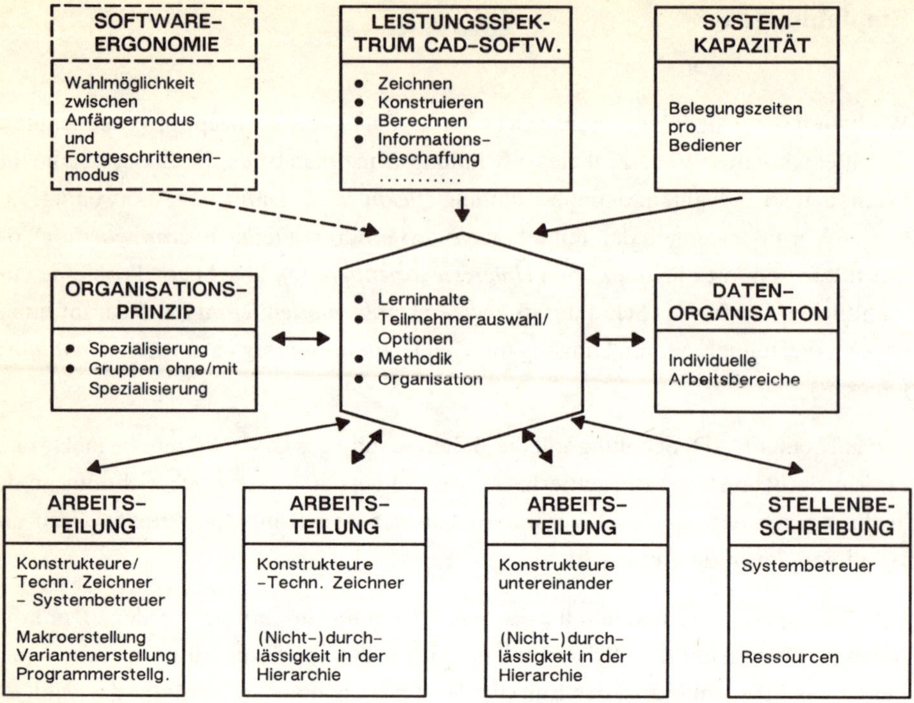

Bild 1: *CAD–Qualifizierung als Schlüsselfunktion für die CAD–Einsatzgestaltung [3]*

Zur Vorbereitung von Schulungsmaßnahmen sollte auf der Grundlage des Erweiterten *Pflichtenheftes* (☞ *Kapitel 2, Erstellen des Soll–Konzeptes)* unbedingt ausführlich mit dem Schulungsanbieter über die Ziele, Inhalte und Methoden der Schulung gesprochen werden. Der Anbieter sollte ein detailliertes Konzept vorlegen. Begutachten Sie es gemeinsam mit anderen Kollegen, erstellen Sie einen Katalog offener Fragen und fordern Sie den Schulungsanbieter damit heraus, sein Angebot zu präzisieren und ggf. zu verändern. Von Bedeutung ist auch die Frage, welche Mitarbeiter an der Schulung teilnehmen sollen. Bei Mitarbeitern, die bereits zeitig in den Entscheidungsprozeß eingebunden werden, kann auch von einer erhöhten Motivation und Bereitschaft zur Schulung ausgegangen werden.

Literatur

[1] Modellversuch Qualifizierungsberatung (Hrsg.) Faulstich, Peter: Qualitätskriterien für Bildungsangebote im Bereich Informationstechniken. Kassel: Gesamthochschul-Bibliothek 1988.

[2] Andersen, Else Nyvang, L. Baungaard Rasmussen u. Poul Tottrup: Anwenderorientiertes Gestalten – Konzepte zur Entwicklung von Konstruktionsarbeit und CAD-Systemen. In: Rauner, Felix (Hrsg.): CAD: Wandel der Konstruktionsarbeit und Berufsbildung. Bremerhaven: Wirtschaftsverlag NW 1989; 25/44.

[3] Eggers, Axel, Annegret Köchling u. Peter Mayr: Betriebliche CAD-Qualifizierung – Ansprüche, Probleme, Lösungskompromisse. In: Rauner, Felix (Hrsg.): CAD: Wandel der Konstruktionsarbeit und Berufsbildung. Bremerhaven: Wirtschaftsverlag NW 1989; 181/208.

[4] Frieling, Ekkhart u. Helmut Klein (Hrsg.): Rechnerunterstützte Konstruktion – Bedingungen und Auswirkungen von CAD. Bern, Stuttgart u. Toronto: Verlag Hans Huber 1988, S.90–133.

[5] Decker, Franz: Aus- und Weiterbildung am Arbeitsplatz – Neue Ansätze und erprobte berufspädagogische Programme. München: Lexika Verlag 1985.

[6] Gottschalch, Holm: Ausbildungsmethoden in CAD/CAM-Lehrgängen für technische Zeichner. In: Rauner, Felix (Hrsg.): CAD: Wandel der Konstruktionsarbeit und Berufsbildung. Bremerhaven: Wirtschaftsverlag NW 1989; S.145–180.

[7] Eversheim, W., B. Dahl, K. Spenrath: CAD/CAM Einführung. Köln: RKW-Verlag 1990.

[8] Döbele-Berger, Claudia u. Martin, Peter: Handlungsmöglichkeiten des Betriebsrates bei der Gestaltung von Arbeit und EDV-Techniken. Saarbrücken: Saarbrücker Druckerei und Verlag 1991.

[*] bearbeitet von Kornelia Werthebach

Schulungsplanung

Frank Wehrmann

Der Einführungsprozeß moderner Informations- und Kommunikationssysteme setzt neben der Auswahl und Installation der Hard- und Software-Produkte die rechtzeitige Schulung der Mitarbeiter voraus. Der Erfolg wird in entscheidendem Maße davon abhängig sein, wann die Schulung eingeleitet wird und welche Lehrinhalte vertreten werden. Nicht selten scheitern Einführungsprozesse an Problemen, die durch eine schlecht organisierte Qualifizierung entstehen. Die Ursachen hierfür liegen

- auf der Betriebsseite (z.B. Auftragsabwicklung hat Vorrang vor Schulung)
- und auf der Anbieterseite (z.B. werden Schulungsmaßnahmen nicht ausreichend auf die Bedürfnisse des Anwenders zugeschnitten).

Die Qualifizierung der Mitarbeiter ist eine entscheidende Bedingung für den Erfolg der Einführungsprozesse von DV-/CAD-Systemen. Bei der Planung und Vorbereitung von Qualifizierungsmaßnahmen müssen deshalb organisatorische Aspekte beachtet werden; im einzelnen betrifft das Fragen zur

- Auswahl und Freistellung der Teilnehmer,
- Koordinierung der Schulung mit den Anforderungen des Betriebes,
- Durchführungsform der Schulungen (interne oder externe Schulung).

Diese Aspekte werden ihrem Stellenwert entsprechend ausgewählt. Im folgenden sollen sie näher erläutert und Empfehlungen zur Lösung der Probleme gegeben werden.

Teilnehmerauswahl

Bei der Auswahl von Teilnehmern kommt es immer wieder vor, daß Mitarbeiter in nicht nachvollziehbarer Weise für Schulungen *bestimmt* werden. Dies geschieht auch dann, wenn das Interesse der Mitarbeiter an einer Schulung nur schwach oder gar nicht vorhanden ist. Konsequenz ist, daß die Motivation fehlt, evtl. mit Ablehnung gerechnet werden muß und somit ein Mißerfolg programmiert ist.

Primäres Kriterium für die Auswahl der zu schulenden Mitarbeiter sollte die *Freiwilligkeit der Teilnahme* sein. Dies ist eine Grundvoraussetzung für eine erfolgreiche Qualifizierung. Erfahrungen aus bereits durchgeführten Weiterbildungsmaßnahmen bestätigen, daß seitens der Mitarbeiter generell ein starkes Interesse vorliegt, an einer CAD-Fortbildung teilzunehmen.

Unter der Maßgabe, daß ausreichend Motivation vorhanden ist, sollte sich die Teilnehmerauswahl an dem gewählten arbeitsorganisatorischen Konzept (☞ *Kapitel 3, Arbeitsorganisation*) orientieren. Zu beobachten sind folgende drei Varianten:

- *Schulungskonzept 1 sieht nur diejenigen zur Schulung vor, die die eigentlichen CAD–Nutzer sein werden.*

  Der vermutete Vorteil einer solch eingeschränkten Qualifizierungsbreite sind die geringen Weiterbildungkosten, werden doch nur diejenigen geschult, die die CAD–Arbeit auch leisten sollen. Nachteil ist, daß die zu bearbeitenden CAD–Aufgaben auf wenige Arbeitsplätze konzentriert werden. Damit wird der CAD–kompetente Mitarbeiter, da er einer von wenigen ist, unentbehrlich für das Büro. Probleme tauchen dann bei Ausfall des betreffenden Mitarbeiters auf, z.B. bei Dienstreisen, Urlaub oder Krankheit. Als Ersatz steht niemand im Büro zur Verfügung, so daß die Arbeit entweder liegenbleibt, auf andere CAD–Arbeitsplätze verlagert werden muß oder kurzfristig externe Fachkräfte eingestellt werden müssen. Der aufgrund dieser 'Unentbehrlichkeit' bestehende Verantwortungsdruck lastet stark auf den betreffenden Mitarbeitern, die eher auf ihre vollkommene Genesung, Teile ihres Urlaubs oder wichtige Dienstreisen verzichten, als ihre Kollegen *hängenzulassen*. Damit kann auf Dauer weder die Arbeitszufriedenheit der Angestellten erhalten oder gesteigert, noch eine hohe Qualität der Arbeitsprodukte gewährleistet werden.

- *Schulungskonzept 2 begegnet den Schwierigkeiten der ersten Variante, indem mehr Mitarbeiter geschult werden, als Arbeitsplätze vorhanden sind.*

  Vorteilhaft ist daran, daß bei Ausfall eines CAD–Nutzers innerbetriebliche Ersatzkräfte zur Verfügung stehen, die die Einsicht in die Arbeitszusammenhänge haben und damit kürzere Einarbeitungszeiten als externe Aushilfskräfte brauchen. Der Arbeitsfluß wird nach diesem Konzept kaum gestört. Weiterhin sind für die CAD–Nutzer Kollegen greifbar, die bei auftauchenden Problemen zu Rate gezogen werden können.
  Zu beachten ist, daß die zusätzlich geschulten Mitarbeiter die Gelegenheit zur kontinuierlichen CAD–Arbeit erhalten, damit sie *in der Übung bleiben*. CAD–Systeme besitzen einen sehr komplexen Befehls– und Funktionsumfang, dessen Nutzungsmöglichkeiten kennen und anwenden zu lernen, nur in einer langen Anwendungspraxis erreicht werden kann. Gerade nach dem Abschluß einer Schulung ist die sofortige praktische Umsetzung des neuen Wissens für die gedankliche Festigung wichtig. Das muß bei der Organisation der bürointernen Zusammenarbeit beachtet werden. Bei einer begrenzten Anzahl von Geräten müssen Regelungen getroffen werden, die sicherstellen, daß auch für die Anfänger Nutzungszeiten zur Verfügung stehen. Dies kann beispielsweise in Form von Belegplänen geschehen (☞ *Kapitel 3, Arbeitsorganisation*). Die Anwendungszeiten für die nicht ständig mit CAD Beschäftigten sollten innerhalb der Arbeitszeit liegen. Sinnvoll ist es beispielsweise, von den Anfängern kleinere Aufgaben mit CAD bearbeiten zu lassen, um durch diese Übungszeiten die Einbindung in laufende Projekte sowohl für den Nutzer als auch für das Büro effektiv zu gestalten.

- *Schulungskonzept 3 sieht die Qualifizierung aller Mitarbeiter eines Büros vor.*

  Dahinter steht die Überlegung, daß durch die vielseitige Einsetzbarkeit der DV tendenziell alle Büromitarbeiter mit dieser Technik in Berührung kommen. Es müssen jedoch unterschiedliche Bildungsmaßnahmen angeboten werden, die auf die Anforderungen der Mitarbeiter beim Umgang mit der neuen Technik zugeschnitten sind.

Ist zu entscheiden, für welche Funktionsbereiche des Büros Qualifizierungsmaßnahmen durchzuführen sind, so lassen sich folgende Angebote unterscheiden:

- *Für CAD–Nutzer, die eine umfassende CAD–Schulung erhalten sollen. Dies schließt die DV–Grundschulung, die CAD–Grundschulung, die CAD–Aufbauschulung und die praxisbegleitenden Erweiterungsschulungen und Spezialkurse ein.*
  Soll in einem Büro zusätzlich ein CAD–Fachmann als Nutzerbetreuer eingesetzt werden, so muß dieser die umfassendste Fortbildung erhalten. Er besucht dieselben Kurse wie die CAD–Nutzer, muß darauf aufbauend aber weitergehende Kenntnisse über die technischen und organisatorischen Zusammenhänge erhalten. Bildungsangebote für diesen Fachmann (Systemadministrator) existieren z.B. in Form von Weiterbildungsangeboten der Hochschulen. Seine Aufgabe wäre u.a. auch die softwaretechnische Anpassung (Programmierung) der CAD–Systeme an die Bedürfnisse des Büros und der einzelnen Nutzer, so daß die Nutzer nur die Grundlagen der Programmierung erlernen müßten.

- *Für Vorgesetzte und Projektleiter, die einen Einblick in die Arbeitsweise von CAD und einen Überblick über die Möglichkeiten und Grenzen von DV/CAD erhalten sollen.*
  Dafür gibt es Kurse öffentlicher und privater Bildungsträger, die auf diese Zielgruppe zugeschnitten sind (☞ *Abschnitt 4.3, Beratungsinstitutionen und –adressen*). Ziel dieser Maßnahmen soll es sein, Kenntnisse zu vermitteln, die die Einsatzmöglichkeiten und die Leistungsfähigkeit der CAD–Arbeit verdeutlichen, um z.B. angemessene Anforderungen an die CAD–Nutzer zu stellen und die Auswahl CAD–geeigneter Projekte zu erleichtern.

- *Für die übrigen Büromitarbeiter, die Einblick in die technischen und organisatorischen Zusammenhänge der DV allgemein erhalten sollen.*
  Nur so kann gewährleistet werden, daß die neue Technik auch menschen- und arbeitsgerecht in die Büroarbeit integriert werden kann. Für später geplante Einführungen und Erweiterungen stehen dann Mitarbeiter zur Verfügung, die vorgebildet sind und durch ihre Kenntnisse und Erfahrungen den Prozeß unterstützen können (☞ *Kapitel 1, Technik–Einführung als organisierter Prozeß*).

Letztlich soll mit einer solch büroweiten Qualifizierung erreicht werden, daß

- die Kommunikation der Mitarbeiter untereinander vereinfacht wird,
- das Verständnis für die Probleme der angrenzenden Arbeitsbereiche erweitert wird,
- an die CAD–Nutzer keine überzogenen Anforderungen gestellt werden,
- künftige Veränderungen der DV–technischen Ausstattung mit Hilfe qualifizierter Mitarbeiter effektiv durchgeführt werden können,
- die Benutzer weniger Angst vor einer (Fehl–)Bedienung der neuen Geräte haben, von daher 'offensiver' an den Einsatz der Geräte herangehen,
- die Nutzer wissen, warum die penible Einhaltung von Arbeitsschritten bei der Anwendung des Systems notwendig ist und daß sie sich damit leichter in die Veränderung von Arbeitsweisen einfinden können,
- die Kommunikation zwischen DV–/CAD–Fachmann und Anwender bei betriebsspezifischer Anpassung und Erweiterung des Systems vereinfacht und damit beschleunigt wird (vgl. [2],[4]).

Zeitplanung

Neben der Teilnehmerauswahl stellt die Zeitplanung der Schulungen ein häufig vernachlässigtes Problem im Rahmen eines Einführungsprozesses dar. Dabei gilt es, folgende Fragen zu klären:

- Welcher *Zeitpunkt* ist für die Durchführung der Schulungen günstig?
- Welcher *Zeitaufwand* muß für die Schulungen eingeplant werden?

Der *Zeitpunkt für die Schulungen* sollte von zwei Faktoren abhängig gemacht werden:

- Einerseits sind die Schulungen zeitlich mit dem Einführungsprozeß abzustimmen. Hierbei sollte gefordert werden, daß mit Abschluß der Grundschulungen auch die CAD–Systeme fertig installiert sind. Denn je größer die Spanne zwischen Abschluß der Schulung und Anwendung des Gelernten in der Praxis ist, um so größer ist die Gefahr, daß die vermittelten Kenntnisse vergessen werden.

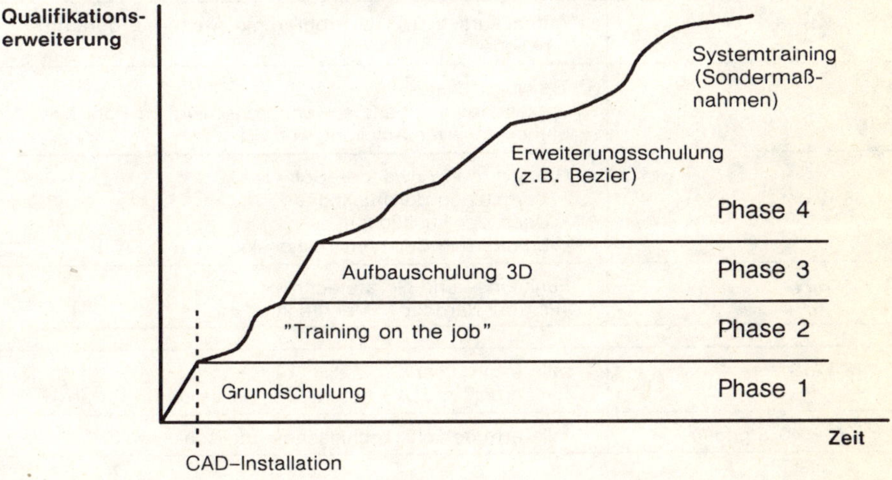

Bild 1: *Schulungskonzept im zeitlichen Verlauf*

- Andererseits sollte versucht werden, den durch die Schulungen verursachten Personalausfall so zu organisieren, daß kaum Beeinträchtigungen der betrieblichen Arbeit auftreten. Die Schulungen sind in auftragsärmere Zeiten zu legen. Das gilt vor allem für die CAD–Grundschulung, die zusammen mit der anschließenden Einarbeitungszeit den größten Zeitaufwand erfordert. Wird nicht darauf geachtet, so kann es im Büro zu Engpässen kommen, die entweder die Verlegung oder Aufgabe der Schulung oder den Einsatz externer Kräfte erfordern können.

Als besondere Empfehlung muß gelten: *Während der Schulungen sind die betreffenden Mitarbeiter von der Arbeit freizustellen,* und die Schulungszeitpunkte sind mit dem CAD–Einführungsprozeß und der konjunkturellen Lage des Büros abzustimmen. Es empfiehlt sich, dies zu beachten, denn es stellt für die Mitarbeiter eine hohe Anforderung dar, den Umgang mit einem CAD–System zu erlernen. CAD ist ein sehr komplexes Thema, dessen Vermittlung die volle Konzentration der zu schulenden Mitarbeiter erfordert. Daher ist es ein unzumutbarer Zustand, wenn Schulungsteilnehmer neben der Schulung weiterhin die Aufgaben ihres Arbeitsbereiches bewältigen sollen. Dies führt zu einer Überbelastung der Betreffenden und läßt den Schulungserfolg in weite Ferne rücken.

Zeitdauer der Ausbildungsblöcke	Ausbildungsinhalte
1 Woche	jährliche Auffrischung, Vermittlung neuer Funktionen über Software-Änderungen
1/2 - 1 Jahr	Training während der Arbeit mit Betreuungsmöglichkeit bzw. Informationsaustausch
1 Woche	Aufbaukurs, z.B. 3-D-Programme, weitere Programmfunktionen
4 - 6 Wochen	Trainingsphase Praktische Übungen, anwenderorientiert im Pool bzw. unter intensiver Anleitung vor Ort
2 Wochen	Grundkurs in Anwender-Software - Vermittlung der Funktionen - Üben der Funktionen - Erläuterung der Konstruktionslogik (CAD/Brett)
2 Tage	Funktions- und Gerätetechnik (Plotter, Hardcopy, Menütechnik etc.)
2 Wochen	falls erforderlich: Einführung in EDV, Aufbau der Hard- und Software
20 - 40 Stunden	falls erforderlich: Technisches Englisch

Bild 2: *Modellhafter Aufbau einer CAD–Qualifizierung,* [5]

Weiterhin ist zu beachten, daß die Schulungen und die daran anschließende Einarbeitungszeit im Büro einen *bestimmten Zeitumfang erfordern* (Bild 2), in dem die betreffenden Mitarbeiter dem Büro nicht bzw. nicht voll zur Verfügung stehen.

Für die DV–Grundschulung, die alle Büromitarbeiter erhalten sollen, muß etwa eine Woche eingeplant werden. Sie verfolgt das Ziel, einen Einblick in die technischen Zusammenhänge, die Systemanwendungen und die organisatorische Einbindung der DV in den Betrieb zu erhalten. Hinzu kommt für die CAD–Nutzer die eigentliche CAD–Schulung, wobei die CAD–Grundschulung zwei Wochen beanspruchen wird. Die CAD–Grundschulung soll Übungen zur veränderten Arbeitsmethodik anbieten, die Handhabung des Systems und die technischen Hintergründe vermitteln. Zusätzliche

Aufbau- und Spezialschulungen (angebracht nach einer Praxiszeit von etwa einem halben Jahr), die insgesamt weitere zwei bis vier Wochen in Anspruch nehmen können, sollten folgen. Hier geht es um Themen wie die Vertiefung und Erweiterung der CAD–Praxis und –Methodik, die Programmierung, Vernetzungsprobleme, Arbeitsorganisation u.ä.m. Darüber hinaus sollen die Vorgesetzten und Projektleiter geschult werden, wofür ca. ein bis zwei Wochen veranschlagt werden müssen. Sie sollen einen Einblick in die organisatorischen und technischen Zusammenhänge bekommen, um die Leistungsmöglichkeiten von CAD–Arbeit realistisch einschätzen zu können.

Die meiste Zeit werden die DV- und CAD- Grundschulungen in Anspruch nehmen. Hierfür sind ca. drei Wochen zu veranschlagen. Diese beiden Schulungstypen sollten nicht direkt hintereinander absolviert werden. Nach einer DV–Grundschulung, in der u.a. Kenntnisse über die Funktion und Anwendung des Betriebssystems vermittelt werden sollen, muß Zeit sein, das erworbene Wissen praktisch am Rechner anzuwenden. An dieses Wissen und die erworbenen Fertigkeiten knüpft eine CAD–Grundschulung an. Nach Beendigung dieser Schulung ist es sinnvoll, dem CAD–Nutzer einen Zeitraum von einem halben Jahr zur Umsetzung des Erlernten in die Praxis zu gewähren. Gerade zu Anfang sollte er vom Alltagsgeschäft entlastet werden, um sich auf die Einarbeitung konzentrieren zu können. Zwar wird immer wieder erwartet, daß die Arbeit mit CAD schneller und einfacher gehen soll, doch die Erfahrungen zeigen, daß sich diese Erwartung, gerade während der ersten Monate, als illusorisch erweist. CAD verändert die Arbeitsinhalte und Arbeitsweisen, woran sich die Arbeitenden gewöhnen müssen. Erst mit zunehmender Routine in der CAD–Arbeit und steigender Erfahrung mit den Einsatzmöglichkeiten von CAD können die Arbeitsanforderungen gesteigert werden. Es fällt jedoch schwer, zu bestimmen, wann etwa eine Produktivitätssteigerung gegenüber der konventionellen Arbeit erreicht sein könnte. Das ist abhängig von den zu bearbeitenden Projekten, der Leistungsfähigkeit und Bedienungsfreundlichkeit des CAD–Systems und den bei der Schulung vermittelten Kenntnissen. Letztlich sollte in diesem Zusammenhang die Entscheidung darüber, für welche Projekte CAD herangezogen wird, in enger Abstimmung mit den CAD–Konstrukteuren bzw. in deren Verantwortung und mit ihrer Erfahrung getroffen werden.

Nach Abschluß der CAD–Grundschulung und der ersten Praxisphase sollten die CAD–Nutzer Gelegenheit erhalten, in einer Aufbauschulung die gesammelten Erfahrungen zu überprüfen und ihre Kenntnisse zu vertiefen. Dies kann im Rahmen einer etwa einwöchigen Veranstaltung geleistet werden. Nach insgesamt etwa einem Jahr kann ein 'CAD–Geschulter' das System nahezu routiniert anwenden und dessen Leistungsbreite für seine Aufgaben sinnvoll einsetzen. Erst danach sollten weitere Fortbildungsveranstaltungen besucht werden.

Eine Schulungsmaßnahme sollte immer von mindestens zwei Büromitarbeitern besucht werden. Dadurch kann gesichert werden, daß bürointerne Ansprechpartner mit gleichem Wissensstand bei Problemen hilfreich eingreifen können.

Interne oder externe Schulung

Für viele Betriebe stellt sich die Frage, ob die notwendig gewordenen Schulungen betriebsintern oder extern durchgeführt werden sollen. Die Entscheidung hierüber wird in Abhängigkeit von der Betriebssituation zu treffen sein. Im einzelnen können dies sein:

- Wird innerbetriebliche Weiterbildung praktiziert und ist Fachpersonal vorhanden, das die Schulung übernehmen kann?
- Wieviele Mitarbeiter wollen bzw. sollen geschult werden?
- Wie ist ein Erfahrungsaustausch über Probleme der DV/CAD–Einführung zu bewerten, der beim Besuch externer Schulungen möglich ist?
- Wie stellt sich die Qualität des externen Angebotes dar, und können die Anforderungen erfüllt werden?

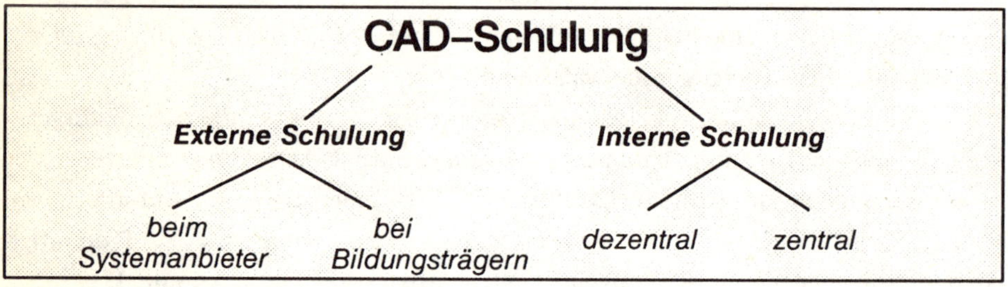

Bild 3: *Durchführungsorte von CAD–Schulung*

Innerbetriebliche Schulung

Existiert im Unternehmen eine innerbetriebliche Weiterbildungsabteilung, so sollte geprüft werden, ob sie die für die CAD–Fortbildung notwendige personelle und materielle Ausstattung hat.

Zu den materiellen Anforderungen gehören

- geeignete Schulungsräume, die vor Störungen durch den alltäglichen Betriebsablauf geschützt sind,
- eine angemessene Ausstattung mit Hilfsmitteln wie Tafeln, Overheadprojektoren, Metaplantafeln,

- entsprechende Rechnerkonfigurationen und Rechnerkapazitäten, die speziell für die Schulungen bereitstehen,

- gut ausgearbeitete Schulungsunterlagen.

Anforderungen an die personellen Voraussetzungen beziehen sich auf

- eine ausreichende Zahl an Ausbildern.
  Dies ist besonders bei größeren Gruppen zu beachten. Es sollte davon ausgegangen werden, daß etwa vier Lernende einem Ausbilder zuzuordnen sind.

- die pädagogische Qualifikation der Ausbilder
  Die Schulungsleiter sollten neben dem branchentypischen Hintergrundwissen und den DV–/CAD–Kenntnissen über erwachsenenpädagogische Fähigkeiten verfügen. Nur bei Ausarbeitung und Beachtung erwachsenengerechter didaktischer Konzepte, die auch kurzfristig von den Schulungsleitern an veränderte Lernsituationen angepaßt werden können, kann eine Schulung erfolgversprechend durchgeführt werden (☞ *Kapitel 3, Schulungsanforderungen*).

Dieselben Anforderungen gelten auch für externe Schulungen. Erfahrungen zeigen, daß die Forderung nach erwachsenenpädagogischer Qualifikation der Ausbilder in den meisten Schulungsangeboten nicht zum Tragen kommt. Im Zusammenhang mit DV–gestützten Arbeitswerkzeugen wird aber gerade diesen Aspekten von Experten erhöhte Bedeutung beigemessen [2],[3].

Zahl der zu schulenden Mitarbeiter

Hier sollen wirtschaftliche Aspekte angesprochen werden, die die Entscheidung für eine interne oder externe Schulung beeinflussen können. Bei externen Schulungen können neben den direkten Kosten für die Schulung weitere Kosten für An– und Abreise und Unterbringung der Teilnehmer anfallen. Handelt es sich um eine größere Gruppe von Mitarbeitern, so kann es sich als kostengünstiger erweisen, einen externen Schulungsanbieter mit einer betriebsinternen Schulung zu beauftragen. Diese könnte dann den spezifischen Bedingungen des Büros angepaßt werden.

Sollen dagegen nur wenige oder nur ein Mitarbeiter geschult werden, kann es kostengünstiger sein, externe Bildungsangebote wahrzunehmen, denn die Ausarbeitung eines betriebsspezifischen Schulungsprogramms kann kostenintensiv sein. Hier sollten in jedem Fall vergleichbare Angebote eingeholt werden.

Anders stellt es sich dar, wenn nur ein oder zwei Mitarbeiter geschult werden, die als *Multiplikatoren* für die DV– und CAD–Schulung fungieren sollen. Dies sind Personen, die ihre Kenntnisse, die sie beispielsweise extern erworben haben, in betriebsinternen Schulungen weitergeben. Zusätzlich müssen noch Qualifikationen in der Erwachsenenpädagogik erworben werden.

Die Multiplikatoren sollten höchsten Wert auf eine sehr gute eigene Aus-, Fort- oder Weiterbildung legen. Von ihnen wird in Zukunft der Qualifikationsgrad für die Arbeit mit CAD stark beeinflußt. Daher sollte für die Multiplikatoren eine Aus- oder Weiterbildungszeit von etwa einem Jahr veranschlagt werden. Sie kann direkt auf die Vermittlungsarbeit in einem bestimmten Themenfeld zugeschnitten sein. Für ihre Ausbildung müssen die künftigen Multiplikatoren zeitweise und für ihre Arbeit als Weiterbilder ganz von der sonstigen Arbeit freigestellt werden, denn die Ausarbeitung und die Durchführung von Weiterbildungsveranstaltungen stellen hohe Anforderungen an die damit Beauftragten.

Dieses Multiplikatorenmodell hat den Vorteil, daß die betriebsintern durchgeführten Schulungsmaßnahmen sehr stark an den betrieblichen Erfordernissen ausgerichtet werden können. Bis auf die ständig zu gewährleistende Weiterbildung der Ausbilder bestünde keine Abhängigkeit mehr von dem externen Weiterbildungsangebot. In Übungsphasen und alltäglicher Projektbearbeitung hätten die Teilnehmer und Anwender immer einen qualifizierten Ansprechpartner in erreichbarer Nähe.

Erfahrungsaustausch

Eine Überlegung, die bei Wahrnehmung betriebsexterner Weiterbildungsangebote angestellt werden sollte, ist die, ob der sich damit anbietende Erfahrungsaustausch für das eigene Büro hilfreich sein kann. Beobachtungen zeigen, daß dieser bei der Einführung neuer DV-Techniken generell nützlich ist . Darüber hinaus ist der Erfahrungsaustausch aber auch dienlich, wenn nach der Einführung Probleme wie

- Bedienungsfehler,
- Software-Fehler,
- Systemabstürze

auftreten. So könnte der Erfahrungsaustausch bei der Erweiterung des eigenen Kenntnisstandes sinnvoll sein, aber auch dazu beitragen, erhebliche Kosten zu sparen und evtl. terminliche Zwänge bei auftretenden Fehlern abzubauen.

Räumlichkeiten/Kapazitäten

Mitentscheidend für die Wahl eines Schulungsortes sind die räumlichen und technischen Möglichkeiten. Die Forderung "*Die Lernenden sollten konsequent vom Alltagsgeschäft (Arbeitsstreß und Auftragsdruck) befreit werden*" ist auf jeden Fall zu beachten.

Es sollte ein separater Schulungs- und Übungsraum vorhanden sein, um Störfaktoren für die übrigen Mitarbeiter auszuschließen.

Letztlich sollten pädagogische Hilfsmittel und Medien zur Verfügung stehen, die den Unterricht stützen und bereichern. Dazu zählen Overheadprojektoren, Tafeln, Möglichkeiten für das Erarbeiten und Aufhängen von Wandzeitungen, Overheaddisplay u.v.m. (☞ *Kapitel 3, Schulungsanforderungen).*

Externe Angebote

Grundsätzlich muß geklärt werden, ob es thematisch *passende* externe Weiterbildungsangebote gibt. Dabei ist darauf zu achten, daß die am Markt verfügbaren Angebote mit dem Software-System durchgeführt werden, das zukünftig im eigenen Büro eingesetzt werden soll. Dies gilt sowohl für das Betriebssystem als auch für die Anwendungen von CAD, Berechnungs-, Bemessungs- und Büroverwaltungsprogrammen.

Überwiegend nehmen Bauingenieurbüros die Schulungsangebote wahr, die ihnen mit der Software des CAD-Herstellers offeriert werden. Vorteil dieses Angebotes ist es, daß kein Aufwand betrieben werden muß, um ein zur Software passendes Schulungsangebot zu finden. Zudem ist sichergestellt, daß die verwendete Software auch dem aktuellsten Stand entspricht.

Es gibt aber auch autorisierte Schulungs- oder Trainingszentren. Dies sind private Bildungseinrichtungen, die vom Hersteller der Software beauftragt wurden, Bildungsangebote für ihre Programme anzubieten. Auch bei diesen Anbietern ist gewährleistet, daß die neuesten Versionen der betreffenden Programme zur Verfügung stehen.

Des weiteren ist darauf zu achten, welche Zielgruppen angesprochen werden sollen. Branchenspezifische Inhalte sollten in Schulungen - mit Ausnahme der DV-Grundschulung - eingebracht werden. Die Schulung ist inhaltlich und methodisch der Abnehmergruppe anzupassen. (☞ *Abschnitt 4.3, Beratungsinstitutionen und -adressen)*

Empfehlungen

Zusammenfassend sollen noch einmal die Punkte benannt werden, die aus heutiger Sicht zentrale Aspekte bei der Planung und Vorbereitung von Schulungen zur Einführung bzw. Erweiterung von DV-Systemen im Büro darstellen. Da ist zunächst die *Auswahl der Teilnehmer* nach den Kriterien:

- Bereitschaft der Mitarbeiter zur Wahrnehmung einer Schulungsmaßnahme (Freiwilligkeit),
- angestrebte Aufgabenverteilung (Arbeitsorganisation),
- Anzahl der zu schulenden Mitarbeiter (Selektion oder alle),
- Voraussetzungen der Mitarbeiter.

Die *Wahl des Zeitpunktes* sollte getroffen werden unter Berücksichtigung

- des Einführungskonzeptes,
- des Installationszeitpunktes der CAD-Systeme,
- der Auftragslage im Büro.

Weiterhin muß der *Umfang der Schulungszeiträume* berücksichtigt werden, der bei

- DV-Grundschulungen ein bis zwei Wochen,
- CAD-Grundschulungen zwei Wochen,
- Aufbauschulungen etwa ein bis zwei Wochen,
- Spezialschulungen etwa zwei bis vier Wochen,

beträgt.

Nach Abschluß der CAD-Grundschulung muß dem CAD-Konstrukteur eine *Einarbeitungszeit* zwischen drei und sechs Monaten gegeben werden, in der er sich auftragsentlastet die CAD-Praxis und -Routine selbständig, d.h. nach seinem eigenen Lerntempo, aneignen kann.

Die Entscheidung, ob eine Schulung *intern oder extern* durchgeführt werden soll, ist abhängig von

- der materiellen und personellen Ausstattung einer internen Weiterbildungsabteilung,
- der Anzahl der zu schulenden Mitarbeiter,
- der Bewertung des betriebsexternen Erfahrungsaustausches,
- den gegebenen räumlichen, unterrichtstechnischen und personellen Kapazitäten,
- der Qualität der angebotenen externen Schulungen.

Literatur

[1] Wehrmann, Frank, Mitschke-Collande, Peter von: Qualifizierung: Stiefkind des CAD-Einführungsprozesses - Probleme und Lösungsansätze einer anwenderorientierten Schulung für Ingenieurbüros der Bauwirtschaft. Beitrag für die AuT-Tagung "Software für die Arbeit von morgen" 28.-29.01.1991 in München.

[2] Heeg, F.J., G.Conrads, S.Schreuder u. K.D.Stinshoff: Entwicklung und Durchführung von CAD-Schulungsmaßnahmen. CAD-CAM Report Nr.7, 1987; S.54/62.

[3] Eggers, Axel, Annegret Köchling u. Peter Mayr, Betriebliche CAD Qualifizierung - Ansprüche, Probleme, Lösungskompromisse. In: Rauner, Felix (Hrsg.): CAD: Wandel der Konstruktionsarbeit und Berufsbildung. Bremerhaven: Wirtschaftsverlag NW 1989; S.181/208.

[4] Döbele-Berger, Claudia u. Martin, Peter: Handlungsmöglichkeiten des Betriebsrates bei der Gestaltung von Arbeit und EDV-Techniken. Saarbrücken: Saarbrücker Druckerei und Verlag 1991.

[5] Frieling,Ekkhart u. Helmut Klein (Hrsg.): Rechnerunterstützte Konstruktion - Bedingungen und Auswirkungen von CAD. Bern, Stuttgart u. Toronto: Verlag Hans Huber 1988, S.90-133.

Software–Ergonomie

Martin Resch

Die leichte und verständliche Handhabung der CAD–Software ist ein entscheidender Faktor dafür, ob sie von den Mitarbeitern angenommen und sinnvoll genutzt wird. Mit den Anforderungen an die menschengerechte Gestaltung der Software befaßt sich die Software–Ergonomie. Verschiedene Untersuchungen belegen, daß ergonomisch gestaltete Software hilft,

- Belastungen abzubauen,
- die Effektivität der Bearbeitung zu erhöhen und
- die Akzeptanz der EDV zu verbessern.

Deshalb sind Kriterien (Anforderungen) zu benennen, die bei der Auswahl von Software zu berücksichtigen sind.

Kriterien der Software–Ergonomie

Zentrale Kriterien der Software–Ergonomie sind in der DIN–Norm 66234, Teil 8, festgelegt. Diese Kriterien sind:

- Aufgabenangemessenheit,
- Selbstbeschreibungsfähigkeit,
- Steuerbarkeit,
- Erwartungskonformität,
- Fehlerrobustheit.

Sie sollen im folgenden kurz erläutert und mit Beispielen aus unseren Betriebsuntersuchungen verdeutlicht werden.

Aufgabenangemessenheit

Der Dialog sollte so gestaltet sein, daß er die Erledigung der Arbeitsaufgabe unterstützt, ohne den Benutzer durch die Eigenschaften des Dialogsystems zusätzlich zu belasten.

Beispiel:

Der Wechsel von der Totalansicht zur Detailansicht sollte bei einem CAD-Programm zu jedem Zeitpunkt ohne großen Bedienungsaufwand (z.B. ohne Menüwechsel) möglich sein.

Selbstbeschreibungsfähigkeit

Der Dialog sollte so gestaltet werden, daß jeder einzelne Dialogschritt unmittelbar verständlich ist oder der Benutzer auf Verlangen Erläuterungen zum jeweiligen Dialogschritt erhalten kann.

Beispiel:

Bei einem weitverzweigten Menü zur Geometrieerzeugung sollte es möglich sein, jederzeit Informationen über den akutellen Stand im Menü zu erhalten.

Steuerbarkeit

Der Dialog sollte so gestaltet sein, daß der Benutzer die Geschwindigkeit des Ablaufs sowie die Wahl und Reihenfolge der Befehle beeinflussen kann.

Beispiel:

Bei der Korrektur von Eingabedaten eines FEM-Programmes muß es möglich sein, einzelne Werte zu berichtigen, ohne alle Werte durchgehen oder sie sogar neu eingeben zu müssen.

Erwartungskonformität

Der Dialog sollte so gestaltet werden, daß er den Erwartungen der Benutzer entspricht, die diese aus der Erfahrung mit Arbeitsabläufen mitbringen und die sich im Umgang mit dem Dialogsystem gebildet haben. Voraussetzung ist, daß der Dialog und alle Hilfefunktionen (einschließlich des Handbuches) in deutscher Sprache vorliegen.

Beispiel:

Wenn der Benutzer mit mehreren Software-Paketen arbeitet, so muß derselbe Befehl bei verschiedenen Programmen gleich gestaltet sein (einheitliche Benutzeroberfläche).

Fehlerrobustheit

Der Dialog sollte so gestaltet werden, daß fehlerhafte Eingaben mit geringem Aufwand korrigiert werden können. Eingaben des Benutzers dürfen nicht zu undefinierten Systemzuständen oder Systemzusammenbrüchen führen.

Beispiel:

Es sollte einen Befehl geben, der den letzten Schritt oder die drei letzten Schritte rückgängig macht, z.B. wenn aus Versehen falsche Zeichnungsteile selektiert und gelöscht werden. Bei Systemabstürzen sollte der letzte Zustand gesichert sein.

Diese in der DIN-Norm 66234, Teil 8, festgelegten Grundsätze ergonomischer Dialoggestaltung wollen wir aufgrund unserer Erfahrung in den Büros noch erweitern:

Individualisierung

Der Dialog sollte so gestaltet sein, daß er dem Benutzer die Anpassung des Dialogs an die Aufgabe ermöglicht.

Beispiel:

Das System muß es ermöglichen, häufiger vorkommende Befehlsketten zusammenzufassen, so daß sie mit einem Befehl aufgerufen werden können. Das System muß die leichte Erstellung von Symbolen, Makros und anderen wiederverwendbaren Zeichnungsteilen ermöglichen.

Das System sollte freie Wahl lassen zwischen der Eingabe im Bildschirmmenü, auf dem Menütablett oder mit der Tastatur.

Erfahrungen aus den Ingenieurbüros

Unsere Erfahrungen aus den Ingenieurbüros zeigen, daß die Dialoggestaltung ein wichtiges Kriterium für die CAD-Bearbeiter ist. Eine gute Dialoggestaltung

- erleichtert die Schulung und Einarbeitung,
- verbessert den aufgabengerechten Einsatz von CAD,
- erleichtert auch den gelegentlichen Bearbeitern die Arbeit am System,
- schließt Zeitengpässe infolge umständlicher Bearbeitung oder versehentlicher Fehlbedienung aus.

Häufige Beschwerden aus der Praxis beziehen sich auf folgende Punkte:

- Unzuverlässigkeit und Systemabstürze,
- zu langsamer Wechsel des Bildschirmausschnittes,
- zu lange Bildaufbauzeit,
- mangelnde Berücksichtigung der DIN-Normen beim Zeichnungslayout (Bemaßung) oder bei Bewehrungsvorschlägen.

Schlußbemerkung

Eine allgemeingültige Überprüfung der Kriterien der Software-Ergonomie ist sehr schwierig, da keine geeigneten Überprüfungsverfahren bekannt sind.

Insbesondere 'Aufgabenangemessenheit' läßt sich nur im Zusammenhang mit der Analyse der Arbeitsaufgabe selbst überprüfen. Die Aufgabenangemessenheit ist also kein Wert an sich, sondern in starkem Maße von dem geplanten Einsatz des CAD–Systems abhängig. Dies gilt auch für die anderen Leitsätze.

Deshalb wird dafür plädiert, die genannten Kriterien als Anforderungen bei der Systemauswahl zu berücksichtigen und sie für den Aufgabenbereich des Büros genauer zu spezifizieren. Bei der Beurteilung können Sie sich ohne weiteres auf Ihr individuelles Urteil – oder das Ihres zukünftigen CAD–Bearbeiters – verlassen. Allerdings läßt sich die Qualität einer Dialoggestaltung erst erkennen, wenn längere Zeit mit dem System gearbeitet wird. Deshalb sollten vor der Systemauswahl längere Testphasen (z.B. in Schulungen oder durch Testintallationen) eingeplant werden.

Systemsoftware

Christian Niestroj/Günter Nitsche

Die Entwicklung der Software ist eng mit der technologischen Entwicklung der Hardware verbunden. Bis Anfang der 80er Jahre wurde die Hardware–Leistung durch Rechenzentren oder Abteilungsrechner zur Verfügung gestellt. Davon war auch die Software im Anwendungsbereich geprägt: Der Anwender stellte früher einen Stapeljob für die Warteschlange zusammen. Der Stapeljob bestand im wesentlichen aus Steuerkarten, ggf. dem Quellcode und den Eingabedaten und wurde beim Operator des Rechenzentrums abgegeben. Der Job wurde von der Eingabeeinheit gelesen, das Programm wurde übersetzt, gebunden und ausgeführt. Die Ergebnisse wurden auf den Ausgabeeinheiten ausgegeben. Je nach Auslastung des Rechners bekam der Anwender die Ergebnisse früher oder später ausgehändigt. War das Programm nicht ordnungsgemäß durchgelaufen, mußte die ganze Prozedur nach der Fehlerbeseitigung wiederholt werden. Die Software–Struktur war dieser Anwendungsweise angepaßt. Am Anfang des Programmes stand i.a. ein Block, der den Eingabedatensatz las. Im Mittelteil erfolgte die Verarbeitung, am Ende des Programms wurden die berechneten Ergebnisse ausgegeben. Diese Abwicklung der Verarbeitung wird auch *Stapelbetrieb* genannt und ist heute noch auf Großrechnern üblich.

Anfang der 80er Jahre wurde der 16–Bit–Personalcomputer (PC) für technisch–wissenschaftliche Berechnungen auf dem Markt eingeführt. Der begrenzte Hauptspeicher (max. 640 kB unter MS–DOS) mußte durch spezielle Programmstrukturen und Ladetechniken optimal genutzt werden. Größere Anwendungen konnten nur dadurch realisiert werden, daß die Datenhaltung im Hauptspeicher durch Zwischenspeicherung auf einem Massenspeicher realisiert wurde. Das hatte lange Transferzeiten zur Konsequenz. CAD–Anwendungen z.B. waren nur begrenzt möglich.

Inzwischen haben 32–Bit–Arbeitsplatzrechner (Workstation ☞ *Kapitel 3, Arbeitsplatzrechner*), die von ihren Rechen– und Graphikleistungen her besonders attraktiv sind, einen hohen Verbreitungsgrad erreicht. Diese Rechnersysteme sind für technisch–wissenschaftliche Anwendungen unter dem Gesichtspunkt des Preis–Leistungs–Verhältnisses sehr wirtschaftlich. Die Leistungsfähigkeit dieser Rechner unterstützt die Entwicklung der Software zum *interaktiven Dialog* mit dem Computer. Als Bindeglied zwischen Mensch und Maschine sind die Oberflächen der Software sehr anwendungsorientiert gestaltet. Durch die neue Fachdisziplin 'Software–Ergonomie' werden noch vorhandene Schwächen bei der Benutzerführung in zunehmendem Maße beseitigt.

Ungefähr ab 1986 begannen viele Software–Häuser für das Bauwesen, ihre Produkte der neuen Umgebung anzupassen und insbesondere die graphischen Fähigkeiten dieser Rechner zu nutzen. Stand zu Anfang mehr die Portierung von Software im Vordergrund, so ist in letzter Zeit der Trend zu beobachten, daß der Integrationsaspekt (Verkettung von Arbeitsprozessen ☞ *Kapitel 2, Erstellen des Soll–Konzeptes*) wesentlich stärker berücksichtigt wird. Inzwischen werden auf dem Markt Produkte angeboten, die den Entwurfsprozeß, die Berechnung, die Bemessung und die Erstellung von Schal– und Bewehrungsplänen integrieren. Neuere Entwicklungen aus den Bereichen der Wissensverarbeitung und der objektorientierten Oberflächen sind teilweise bereits eingeführt.

Betriebssysteme

Der Kern des Betriebssystems umfaßt Systemprogramme zum Betrieb der Hardware. Um diesen Kern herum sind Betriebsprogramme vorzufinden, die die Schnittstellen zum Anwender realisieren.

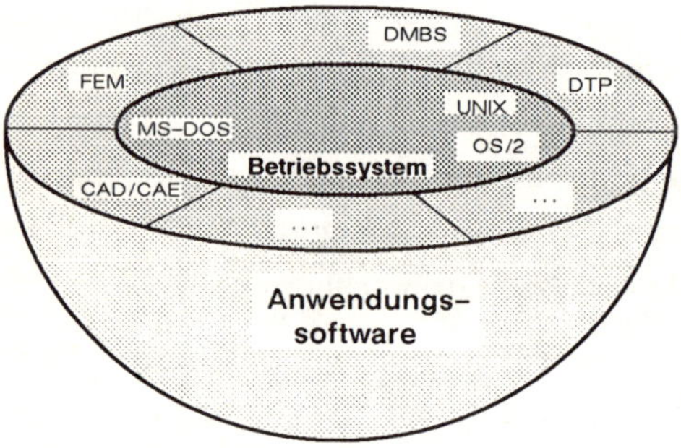

Bild 1: *Schalenmodell Hardware/Software (aus [3])*

Das Betriebssystem stellt das elementare Bindeglied zwischen der Hardware, der Systembedienung und den ablaufenden Programmen des Benutzers dar. In der Literatur wird dieser Sachverhalt durch ein Schalenmodell graphisch dargestellt.

Das Betriebssystem

- steuert und überwacht
  - die rechnerinternen Prozesse,
  - die Anforderungen der Peripheriegeräte,
  - alle verfügbaren Ressourcen;
- koordiniert
  - die Benutzeranforderungen,
  - die Programmanforderungen;

- gibt Auskünfte über die
  - Arbeitszustände,
  - Verbindungen,
  - Dateien,
  - Fehler;
- verwaltet Dateien durch
  - Anlegen,
  - Kopieren, Speichern und Sichern,
  - Löschen,
- bringt Anwendungsprogramme zur Ausführung.

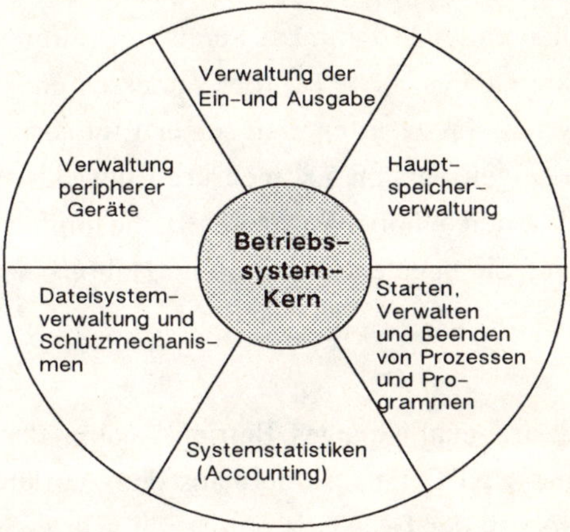

Bild 2: *Aufgaben des Betriebssystems*

In Bild 2 sind die anwenderorientierten Aufgaben des Betriebssystems graphisch dargestellt.

Die Entwicklung bis in die 60er Jahre war durch hardware-spezifische Betriebssysteme der Hersteller gekennzeichnet, die kaum portiert werden konnten. Mit Beginn der 70er Jahre kamen mehr und mehr (portable) Betriebssysteme zum Einsatz, die großteils von der Hardware unabhängig waren. Mit dem Aufkommen der Arbeitsplatzrechner wurden die weltweit am stärksten verbreiteten Betriebssysteme UNIX und MS-DOS für technisch-wissenschaftliche Anwendungen sehr interessant. Eine wesentliche Neuerung ergab sich etwa ab 1985 mit der Einführung netzwerkfähiger Systeme, die den Stand der heutigen Technik wesentlich prägen *(dezentrales Konzept)*. Dem Nutzer wird ein Client-Server-Modell zur Verfügung gestellt, durch das auch auf Betriebsmittel zugegriffen werden kann, die möglicherweise auf dem eigenen Rechner nicht vorhanden sind, sondern in lokalen oder weiten Netzen bereitgestellt werden. Zu nennen ist z.B. das Network-File-System (NFS), das den File-Zugriff unabhängig vom Betriebssystem und von der Hardware in verteilten Netzen erlaubt (☞ *Kapitel 3, Rechnerkommunikation*).

MS–DOS

Das Betriebssystem MS–DOS der Fa. MicroSoft ist ein Ein–Benutzer– (single–user) und Ein–Programm–System (single–task) für Personalcomputer mit Intel–Prozessoren (8086, 80286 usw.). Für den Benutzer stellt es sich als ein Satz von Programmen dar, die sämtliche Disketten– bzw. Plattenoperationen steuern und den Einsatz der verschiedenen Ein– und Ausgabeeinheiten, wie Bildschirm, Tastatur und Drucker, koordinieren. Es ist für die Verwaltung der vorhandenen Systemressourcen verantwortlich und dient so zur Verarbeitung der über Tastatur eingegebenen Befehle sowie zur Steuerung aller ablaufenden Programme. Seine Verbreitung als Industriestandard ist darauf zurückzuführen, daß sich die Fa. IBM seinerzeit entschlossen hat, ihre PCs mit diesem Betriebssystem auszustatten. Seit seiner Einführung am Markt im Jahre 1982 hat es bis zur heutigen Version 5.x mehrere Entwicklungsstufen durchlaufen, in denen einige Restriktionen behoben wurden, z.B. die limitierte Partitionsgröße auf Festplatten (32 MB) und die Segmentlimitation im Hauptspeicher (640 kB).

UNIX

Ein weitgehend hardware–unabhängiges Betriebssystem, das sich am Weltmarkt durchsetzen konnte, ist UNIX. Es resultiert aus dem Vorläufersystem MULTICS (1965), das in den USA von der Fa. AT&T entwickelt wurde. Seit 1971 wurden zwei Richtungen von UNIX verfolgt: SystemV, das von AT&T weiterentwickelt wurde, und BSD (Berkeley System Distribution) von der University of California in Berkeley. Heute gibt es mehr als 50 UNIX–Derivate der einzelnen Hardware– und Software–Hersteller. Zu nennen sind:

Firma	**Betriebssystem**
SUN	SUNOS
IBM	AIX
MicroSoft	XENIX
HP	HP–UX
SIEMENS	SINIX
DEC	ULTRIX

Sie alle basieren auf einer der beiden oder beiden Hauptlinien. Für 1993 ist die standardisierte Vereinigung von SystemV und BSD geplant.

Im Gegensatz zu MS-DOS ist UNIX für alle Rechnerklassen (Großcomputer, Minicomputer, Workstation, PC) verfügbar. Wesentliche Eigenschaften von UNIX sind:

- multiuser,
- multitasking,
- virtuelles Speichermanagement,
- Netzwerkfähigkeit,
- Dateien und Geräte werden einheitlich behandelt,
- Programme des Betriebssystems spielen keine Sonderrolle gegenüber den Anwenderprogrammen (Prozeßorientierung),
- Portabilität, weil es überwiegend in C geschrieben ist.

Zukünftige Entwicklungen

UNIX wird langfristig das Betriebssystem sein, das mit seiner Vielzahl nutzerfreundlicher Werkzeuge gerade bei Arbeitsplatzrechnern eine umfassende Funktionalität bietet und auch die Portierung von Software-Produkten auf unterschiedliche Rechnersysteme ermöglicht. Die Standardisierungsbestrebungen der führenden Hardware-Hersteller werden die Kompatibilitätsprobleme zunehmend beseitigen.

Daneben wird das Betriebssystem MS-DOS weiterhin erfolgreich am Markt bleiben. Dies ist einerseits durch seine einfache Handhabung begründet, andererseits durch die Verknüpfung des Verkaufserfolges bei PCs mit der Vielzahl der unter MS-DOS entwickelten Software-Produkte. Gerade der gegenüber UNIX bescheidene Befehlsumfang, also die einfache Handhabung, und die Vielzahl der auf dieses Betriebssystem abgestimmten Anwenderprogramme lassen auch weiterhin den erfolgreichen Einsatz von MS-DOS vermuten. Interessant sind hier Entwicklungen, die es erlauben, unter dem Betriebssystem UNIX eine MS-DOS-Software-Emulation zu betreiben (z.B. DOS-Merge). Einige Hersteller erschließen die MS-DOS-Welt durch den Einbau eines zusätzlichen Prozessors der X86er Klasse. Ob das von IBM angebotene Betriebssystem MS-DOS längerfristig durch OS/2 abgelöst wird, bleibt abzuwarten. OS/2 zeichnet sich dadurch aus, daß es Multitasking-Fähigkeit besitzt. Diese Tendenz ist zwar bereits vor einigen Jahren prognostiziert worden, sie hat sich aber bisher aufgrund der vielen Vorbehalte der Anwender gegenüber OS/2 nicht bestätigt. Es bleibt abzuwarten, wann sich die Entwicklung dieses Betriebssystems konsolidieren wird (vgl. [1],[2]).

Entwicklungsumgebung

Wird das Ziel verfolgt, eigene Software zu entwickeln, so sollten internationale Standards berücksichtigt werden. Außerdem setzt dies das Vorhandensein geeigneter Entwicklungswerkzeuge (Tools) voraus. Aktuell werden solche Aufgaben in Ingenieurbüros dann, wenn z.B. spezielle Informationen aus einer Datenbank verarbeitet werden sollen oder auch Schnittstellen zu anderen Programmsystemen verändert werden müssen, d.h., wenn Standardsoftware den spezifischen Bedürfnissen des Büros angepaßt werden soll. Grundlegende Voraussetzung dafür ist, daß die eingesetzte Standardsoftware über einen gewissen Grad an Offenheit verfügt (☞ *Kapitel 3, Gestaltung von CAD–Umgebungen*).

Im Bereich der Betriebssoftware haben sich in den letzten Jahren einige wichtige Entwicklungen durchgesetzt, die die Kompatibilität und Portabilität von Software–Produkten unterstützen und dem Benutzer besondere Vorteile hinsichtlich der Anwenderfreundlichkeit bieten. Hierzu zählen (vgl. [4]):

- höhere Standardprogrammiersprachen, wie C, C++, FORTRAN und PASCAL mit den üblichen Tools (Compiler, Library–Management, Linker, Debugger usw.);

- international und national genormte, geräteunabhängige graphische Kernsysteme im 2–D– bzw. 3–D–Bereich (z.B. GKS, PHIGS) mit Treibern für eine Vielzahl unterschiedlicher graphischer Ein– und Ausgabegeräte;
  Diese Systeme werden inzwischen auch hardwaremäßig durch entsprechende Graphikprozessoren unterstützt, so daß auch auf Arbeitsplatzrechnern anspruchsvolle dreidimensionale Präsentations– und Animationsgraphik möglich ist.

- netzwerkfähige, hardware–unabhängige Benutzeroberflächen in Form weitverbreiteter Industriestandards (X–Windows), die die Graphikfähigkeiten von Rasterbildschirmen unterstützen und Funktionen für Fenstertechnik, Menüs, Dialogboxen, graphische Interaktionen usw. zur Verfügung stellen;
  Dadurch können z.B. auch auf anderen Rechnern (z.B. Großrechnern) ablaufende Anwenderprogramme die lokale Graphikfähigkeit des Ausgabegerätes am Arbeitsplatz des Sachbearbeiters nutzen.

- Kommunikationssoftware für die standortübergreifende Vernetzung über Dienste der Deutschen Bundespost (Datex–P, ISDN) und damit für die weltweite Nutzung;
  Diese Entwicklung wurde in den letzten Jahren durch den Verein zur Förderung des Deutschen Forschungsnetzes e.V. (DFN–Verein, Berlin) besonders gefördert.

- Werkzeuge der *Künstlichen Intelligenz (KI)*, wie die Programmiersprachen LISP, PROLOG und Expertensystemschalen, mit denen die Entwicklung wissensbasierter Systeme unterstützt wird;
  Auch hier existieren Programmierschnittstellen zu traditionellen Programmiersprachen sowie Schnittstellen zu Datenbanken und Graphiksystemen, so daß die Entwicklungsumgebung der multifunktionalen Arbeitsplatzrechner vollständig genutzt werden kann.

- Datenbanksysteme mit der Datenbanksprache SQL (Structured Query Language) als Standard.

Die auf dem Markt verfügbaren DV–Betriebsmittel bieten dem Software–Entwickler eine Umgebung, die einen hohen Komfort bietet. Dadurch wird die Integration der Produkte zu leistungsfähigeren Systemen unterstützt und erleichtert. Bei Herstellern von Fachsoftware löst diese Entwicklung aber auch Probleme aus, weil hochqualifiziertes Personal benötigt wird, um die Vielfalt der Werkzeuge zum eigenen Vorteil zu beherrschen und wirtschaftlich anwenden zu können.

Literatur

[1] Adler, Gerhard: Entwicklungsstendenzen und strategische Bedeutung portabler Betriebssysteme bei Systementscheidungen. In: Bundesminister des Innern (Hrsg.): KBSt–Forum "Informationstechnik in der Bundesverwaltung" am 26.Oktober 1988 in Bonn. Schriftenreihe der KBSt Band 16. Bonn: Selbstverlag 1988.

[2] Goos, Gerhard: Portable Grundsysteme in Hard– und Software. In: Bundesminister des Innern (Hrsg.): KBSt–Forum "Informationstechnik in der Bundesverwaltung" am 26. Oktober 1988 in Bonn. Schriftenreihe der KBSt Band 16. Bonn: Selbstverlag 1988.

[3] Hartmann, D. u. E. Casper: Systemsoftware. 4. Studienbrief des Kurses G04: EDV mit Mikrocomputern – Hardware–Aspekte und Software–Entwicklung. Universität Hannover: Arbeitsgruppe Weiterbildendes Studium Bauingenieurwesen (Eigenverlag) 1989.

[4] Meißner, Udo, Thomas Hartmann, Manfred Brede u. Christian Niestroj: Entwicklung und Anwendung von CAE–Methoden in der Statik. In: Duddeck, Heinz u. Heinrich Rothert (Hrsg.): Baustatik–Baupraxis. Tagungsheft BB4. Hannover: Selbstverlag 1990.

Technische Abnahme eines DV-Systems

Günter Nitsche

Die Installation eines neuen DV–Systems umfaßt nicht nur das Unterschreiben eines Lieferscheins, sondern auch wesentliche Schritte, die den dauerhaften Betrieb gewährleisten sollen.

Erfahrungen im Umgang mit DV–Systemen zeigen, daß trotz aller Vorkehrungen immer wieder Fehler auftreten. Aus diesem Grunde ist es erforderlich, das System während des Abnahmezeitraums (30 Tage nach BVB [1]) hinsichtlich der versprochenen Leistungen auf

- Funktionsfähigkeit der Hardware,
- Leistungsumfang und Fehlerfreiheit der Software sowie
- Vollständigkeit der Dokumentationen zur Hard– und Software

zu überprüfen.

Kontrollieren Sie zunächst, ob überhaupt das in Auftrag gegebene System entsprechend den vereinbarten Bedingungen geliefert wurde. Falls vorhanden, sollte hierzu das Pflichtenheft herangezogen werden. Denken Sie daran, daß Hard– und Software-Systeme schnellebig sind. Liegen Monate zwischen Bestellung und Lieferung, so kann es durchaus möglich sein, daß die Hardware verbessert wurde und die Software mehrfach Änderungen unterworfen war. Änderungen haben zwangsläufig Auswirkungen auf die Dokumentation, im schlimmsten Fall kann es vorkommen, daß die Software auf der verbesserten Hardware nicht lauffähig ist.

Für einen reibungsfreien Betrieb ist sicherlich das Zusammenspiel der Hardware–Komponenten (Rechner und Peripherie) mit den einzelnen Software–Produkten von entscheidender Bedeutung. Bezogen auf die Abnahme stellt sich die Frage, ob Sie als Auftraggeber das DV–System komplett von einem Anbieter (Generalunternehmer) erwerben oder ob Hard– und Software von verschiedenen Anbietern geliefert werden. Hier stellen sich bei auftretenden Fehlern gegebenenfalls Zuständigkeitsprobleme ein. Sowohl der Hardware– als auch der Software–Lieferant fühlen sich für auftretende Fehler nicht verantwortlich. Einen Ausweg aus dieser Situation bietet nur der intensive Test aller Komponenten innerhalb des zur Verfügung stehenden Zeitraumes.

Hardware

Die Installation der Hardware sollte im Beisein eines Mitarbeiters des Büros erfolgen. Der Mitarbeiter ist über alle wichtigen Vorgänge zu unterrichten. Hier stellt sich die

Frage, über welches fachliche und technische Wissen dieser Mitarbeiter verfügen soll. Ist es ausreichend, wenn der Verantwortliche einen groben Überblick über die einzelnen Komponenten der Hardware einschließlich der Peripherie hat? Oder soll er das System bereits gut kennen?

Für den ersten Fall reicht es aus, daß der Mitarbeiter nur bei der Installation anwesend ist. Eine besondere Einweisung (Schulung) erscheint hier nicht angebracht. Der Verantwortliche muß mit seinen autodidaktischen Fähigkeiten das System verstehen lernen und im Rahmen eines Selbststudiums (Handbücher) die notwendigsten Systemarbeiten ausführen. Somit wird er in die Lage versetzt, das System zu bedienen. Zwangsläufig resultiert hieraus, daß Systemarbeiten (einschließlich Wartung) für einen bestimmten Zeitraum vergeben werden müssen. Aus unserer Sicht ist diese Vorgehensweise nicht zu empfehlen.

Für den zweiten Fall ist es wichtig, daß ein Mitarbeiter bereits im Vorfeld an einer Schulung über die Hardware und über die Systemverwaltung teilgenommen hat und ihm die wichtigsten Systemarbeiten theoretisch bekannt sind. Zum Zeitpunkt der Installation sind dann alle Grundlagen gelegt, um aktiv am Systemaufbau, am Systemtest und an der Abnahme mitzuwirken.

Der Mitarbeiter verfügt dann über ein Wissen, das es ihm erlaubt, folgende Aufgaben wahrzunehmen:

- Ausführung kleinerer Wartungsarbeiten,
- Einspielen neuerer Software,
- Veränderungen an der Benutzeroberfläche durch Zuweisung von Prioritäten und Ressourcen,
- Anschluß von Peripheriegeräten.

In beiden Fällen benötigt der verantwortliche Mitarbeiter für die Betreuung des Systems umfassende Dokumentationen zur Hardware.

Im Rahmen der Abnahme sollte zunächst einmal sichergestellt werden, daß die Funktion aller Komponenten gewährleistet ist. Ein verantwortlicher Mitarbeiter (Systemadministrator) sollte die Abnahme im Beisein der Lieferanten durch Vorführung der wichtigsten Geräte vollziehen. In dieser Phase sind auch die im Kaufvertrag festgehaltenen Leistungsmerkmale zu überprüfen. Innerhalb des Abnahmezeitraumes sind die einzelnen Hardware–Komponenten eingehend zu testen. Hierzu gehören beispielsweise:

- Leistungsvergleich der CPU durch Benchmarktests,
- Überprüfung der Bildschirmauflösung,
- Testen der Kommunikationsanschlüsse,

- Funktionsfähigkeit der Ein– und Ausgabemedien,
- Überprüfen des Speichermediums (Harddisk) auf Volumen, Verzeichnisse, Zugriffsrechte, Schreibschutz,
- Systemverhalten bei maximaler Beanspruchung.

Software

Die Software sollte im Rahmen kleinerer Aufgabenstellungen einem Test unterzogen werden. Eventuell besteht die Möglichkeit, einen freigestellten Mitarbeiter mit der Ausführung eines laufenden Projektes unter Einbeziehung der neuen Software zu beauftragen. Dabei muß sichergestellt sein, daß keine terminlichen Zwänge vorliegen und der Mitarbeiter bereits an einer Schulung teilgenommen hat. Der Zeitrahmen für die Tests ist eng gesteckt (30 Tage nach BVB). Nutzen Sie diese Wochen, um mögliche Schwachstellen, nicht eingehaltene Versprechungen oder auch Fehler im System zu ermitteln.

Erfahrungen zeigen: *Es gibt keine fehlerfreie Software.*

Oder positiv ausgedrückt: *Software ist fast immer fehlerfrei.*

Für den Anwender steht deshalb die Frage nach der Zuverlässigkeit im Vordergrund. Diese Frage ist jedoch nur zu beantworten, wenn die Entstehungsgeschichte, der Umfang und die Entwicklung der Software betrachtet werden.

Generell gilt: *Ein Software–Produkt wird nicht heute kreiert und morgen ausgeliefert.* Zwischen der Idee, der tatsächlichen Realisierung und der Markteinführung liegen Jahre. Bezogen auf den Aufwand muß bei CAD–Systemen von bis zu einhundert Mann–Jahren ausgegangen werden, also ein immenser personeller Einsatz, der Stabsabteilungen in der Entwicklung voraussetzt. Software–Produkte sind deshalb keine gänzlich neuen Entwicklungen, sondern Weiterentwicklungen. Global betrachtet wird nur ca. ein Viertel des Entwicklungsaufwandes an Software für Neuentwicklungen investiert. Die übrigen drei Viertel fließen in Anpassungen an neue Oberflächen, an Betriebssysteme bzw. an Betriebssystem–Versionen, in Verbesserungen der Benutzerführung, in die Neuorganisation der Datenverwaltung, in den Einsatz standardisierter Graphiksprachen u.ä. So haben sie alle gemeinsam, daß ein bestehendes Produkt verbessert oder eventuell in eine neue Umgebung portiert wurde. Es kann also davon ausgegangen werden, daß die Zuverlässigkeit gegeben ist. Die meisten Software–Hersteller sind bemüht, ihre Produkte erst dann für den Markt freizugeben, wenn diese einen intensiven Test durchlaufen haben. Fehler könnten somit ausgeschlossen werden, dennoch sind sie nicht unvermeidbar. Hierfür sind zwei Aspekte wesentlich:

- Die Anzahl der Fehler wächst mit dem Umfang und der Komplexität eines Produktes. Beachte: "CAD–Software besteht aus einer Vielzahl von Unterprogrammen. Nicht selten kann der Quellcode eines CAD–Systems aus 60 000 und mehr Programmzeilen bestehen."

- Das Auffinden von Fehlern wächst mit der Dauer des Einsatzes. Versteckte Fehler werden erst sehr spät oder rein zufällig entdeckt. Das liegt u.a. daran, daß einige Module der Software sehr selten benutzt werden und einige Fehler erst durch ein Zusammentreffen seltener Kombinationen der Anwendungsmodule zutage treten.

Bei der Überprüfung der Software sollten Fehler wie:

- Abbruch von Berechnungen oder des Konstruktionsprozesses mit Zerstörung von Ergebnissen und ohne Sicherung der bis dahin erzeugten Daten,

- Zerstörung der wichtigsten Datenbestände durch falsche oder fehlerhafte Kommandos oder Bedienung,

- Systemabbruch, z.B. infolge 'Division durch Null' oder Speicherplatzüberschreitung,

abgestellt sein.

Für den Anwender eines Software–Produktes ist es deshalb wichtig, die erworbene Software einem intensiven Test zu unterziehen.

Nach der Auslieferung der Software ist deren einwandfreier Betrieb bei der Abnahme im Beisein des Lieferanten zu überprüfen. Die eigentlichen Probleme beginnen, wenn das Software–Produkt unter realistischen Bedingungen eingesetzt wird. (Wiederholen Sie auch die Bearbeitung der Testbeispiele aus der Testinstallation!) Innerhalb der Abnahmefrist sollten deshalb folgende Merkmale näher untersucht werden:

- Leistungsfähigkeit (anhand der Bearbeitung entsprechender Projekte),
- Systemverhalten bei Eingabe unsinniger Befehle,
- Schnittstellen zu Ein- und Ausgabemedien (Treiberproblem),
- Datensicherung bei Systemstörungen,
- Unterstützung bei der Fehlerbehandlung,
- Größe des maximal möglichen Projektes,
- Organisation der Objektverwaltung,
- Vorhandensein von Bibliotheken.

Die festgestellten Software–Fehler sollten gewissenhaft dokumentiert werden, um dem Einwand des Herstellers zu begegnen, es handele sich hierbei um einen Bedienungsfehler. Sichern Sie den Stand des gerade bearbeiteten Projektes, notieren Sie die vorgenommenen Eingaben und halten Sie die Fehlermeldungen des Systems schriftlich fest. Viele Systeme halten eine Datei für Fehlermeldungen vor, überprüfen

Sie, ob eine solche Datei existiert und welchen Inhalt sie hat. Wiederholen Sie den Vorgang, der zum Fehler geführt hat. Sind Sie sich sicher, daß es sich um eine Fehlfunktion handelt, teilen Sie das dem Software–Hersteller schriftlich mit. Ihre Dokumentation des Fehlers sollte ebenfalls übersandt werden. Setzen Sie in dem Schreiben eine Frist, in der Sie eine Stellungnahme erwarten. Kommt es zu keinerlei Reaktionen des Herstellers, versuchen Sie, Ihren Forderungen gemeinsam mit anderen Anwendern dieser Software Nachdruck zu verleihen.

Dokumentation

These: *Eine gute Software benötigt keine Dokumentation.*

Folgerung: *Die Software muß selbsterklärend sein.*

Ganz so einfach stellt sich die Situation nicht dar. Zu vielfältig sind die Aufgaben, zu unterschiedlich die Voraussetzungen der Anwender, zu komplex ist das Anwendungsgebiet, zu unwahrscheinlich ist es, daß alle Fehlerquellen bekannt und abgestellt sind. Deshalb ist die Arbeitsfähigkeit in besonderem Maße von der Qualität der Dokumentation abhängig.

Die Anbieter von DV–Systemen unterscheiden nach Dokumentation für

- Hardware,
- Betriebssoftware,
- Anwendersoftware.

Die Dokumentationen für die Hardware–Komponenten und die Betriebssoftware sind Bestandteil des Hardware–Lieferumfangs. Bedauerlicherweise sind sie vielfach noch in englischer Sprache verfaßt.

Die Dokumentation der Anwendersoftware sollte Beschreibungen mit Beispielen zu folgenden Punkten enthalten:

- Leistungsfähigkeit,
- Aufbau und Bedienung,
- eingesetzte Methoden,
- Fehlerhandhabung,
- Handlungsanleitung.

Kontrollieren Sie, ob die Grundforderung *Gesamte Dokumentation in deutscher Sprache* eingehalten wurde. Ist dies nicht der Fall, überprüfen Sie den abgeschlossenen Kaufvertrag. Verweigern Sie wenn möglich die Abnahme.

Die Dokumentation muß sich an der Bewältigung praktischer Probleme orientieren. Um ein müheloses Arbeiten zu gewährleisten, muß die Dokumentation (Benutzerhandbuch) didaktisch-methodisch so aufbereitet sein, daß ein Quereinstieg möglich ist. Das Suchen von Stichwörtern, das Finden spezieller Angaben darf nicht über Gebühr lange dauern. Zentrale Bedeutung hat die Beschreibung der Eingabeaufbereitung einschließlich der Datensicherung. Sehr zweckmäßig ist die Beschreibung der Datenaufbereitung einschließlich des geführten Dialoges an einem einfachen Beispiel. Es ist zu überprüfen, wie in der Dokumentation Sonderfälle behandelt werden und wie die Ausführungen zur Abstellung von Fehlern gestaltet sind. Modernere Software-Produkte enthalten *Online-Help-Menüs*, mit deren Hilfe die wichtigsten Informationen zum aktuellen Bearbeitungszustand interaktiv direkt auf dem Bildschirm dargestellt werden können.

Gehen sie der Frage nach, ob die Dokumentation eine Auflistung der üblichen Fehler und Hinweise zu deren Beseitigung beinhaltet. Im Anlieferungsstadium wird der Versionsnummer des Software-Produkts viel zu wenig Aufmerksamkeit geschenkt, obwohl hier oft die Ursachen für ungenügendes Funkionieren der Software liegen. Sie haben beispielsweise die allerneueste Version Ihres CAD-Systems geliefert bekommen, die notwendige Treibersoftware (z.B. für den Plotter, der vielleicht erst einige Tage später geliefert wird) ist aber noch gar nicht dieser Version angepaßt. Achten Sie deshalb darauf, daß in den Änderungsmitteilungen *(Release Notes)* erklärt wird, wodurch sich diese Version von der vorherigen unterscheidet und welche Treibersoftware dazu gehört. Ferner ist zu klären, welcher Support, z.B. in Form einer Hotline (Telefonnummer, Zeitraum, Partner), angeboten wird.

Literatur

[1] Besondere Vertragsbedingungen für den Kauf von EDV-Anlagen und -Geräten. Köln: Bundesanzeiger Verlagsgesellschaft mbH 1989.

Universitäre Weiterbildung

Günter Nitsche/Kornelia Werthebach/Peter v. Mitschke-Collande

Im Rahmen der 'Einführung Neuer Technologien' stellt sich die Frage, welchen Beitrag die Universitäten zur Ausbildung von Hochschulabsolventen leisten und wie der Prozeß des *lebenslangen Lernens* organisiert werden kann.

Es hat sich gezeigt, daß das Wissen frisch ausgebildeter Ingenieure nach vier Jahren nur noch die Hälfte wert ist, weil die vermittelten Inhalte dann bereits veraltet sind. Bezogen auf die angewandte Informatik bedeutet dies, daß Lehrinhalte, die vor vier Jahren aktuell waren, heute nur noch punktuell von Bedeutung sind. Neue Inhalte, wie z.B. Expertensysteme, Datenbanken, standardisierte Oberflächen sind hinzugekommen, aber bisher in keinem Lehrplan eines Bauingenieurstudenten enthalten.

Zugleich werden zunehmend mehr Hochschulabsolventen als Fach- und Führungskräfte in Betrieben beschäftigt. Sie müssen dort im Zuge der kürzer werdenden Innovationszyklen ständig Entscheidungen über betriebliche Strukturveränderungen treffen, die unter anderem mit der Einführung Neuer Technologien verbunden sind. So kann die CAD-Technik zur Veränderung der betrieblichen Organisationsstruktur, der Projektabwicklung und der individuellen Arbeitsweisen führen. Deshalb müssen Fach- und Führungskräfte sich neben der Aktualisierung ihres Fachwissens auch der Entwicklung neuer Fähigkeiten zur aufgabengerechten und sozialverträglichen Strukturveränderung widmen.

Diese aktuellen Trends machen deutlich, daß sich eine moderne Industriegesellschaft nicht den Luxus erlauben kann, wichtige Ressourcen nur in der Erstausbildung zu binden, und in dem Glauben bleiben darf, daß das einmal erworbene Wissen ein ganzes Berufsleben ausreicht. Vielmehr muß der Prozeß des *lebenslangen Lernens* intensiv verfolgt und in Form der Weiterbildung sowohl in den Betrieben als auch in den Hochschulen konsequent realisiert werden. Von daher wurde den deutschen Hochschulen 1976 der gesetzliche Bildungsauftrag erteilt, sich an der wichtigen Aufgabe der Weiterbildung von Berufstätigen zu beteiligen. Die hierfür notwendige Grundlage wurde mit der Verabschiedung des Hochschulrahmengesetzes (HRG) geschaffen, das sich z.B. im Niedersächsischen Hochschulgesetz (NHG) wie folgt niederschlägt:

> "Die Hochschulen dienen dem weiterbildenden Studium und beteiligen sich an Veranstaltungen der Weiterbildung." (§2 NHG)

> "Das weiterbildende Studium steht Bewerbern mit abgeschlossenem Hochschulstudium und solchen Bewerbern offen, die die für eine Teilnahme erforderliche Eignung im Beruf oder auf andere Weise erworben haben ... Das Lehrangebot für das weiterbildende Studium soll aus in sich geschlossenen Abschnitten bestehen und die aus der beruflichen Praxis entstandenen Bedürfnisse der Teilnehmer berücksichtigen." (§30,3 NHG)

Mit diesem Bildungsauftrag stehen die Hochschulen für Wirtschaft und Gesellschaft als Partner zur Verfügung.

Die Weiterbildung stellt ein wichtiges Bindeglied zwischen der längerfristigen Erstausbildung und den kurzfristigen Seminarangeboten zur Deckung eines speziellen Bedarfs dar. Durch ein langfristig und berufsbegleitend angelegtes Weiterbildungsangebot kann der Berufstätige neben seinen täglichen Verpflichtungen studieren und somit den Veränderungen sowohl in technologischer als auch in gesellschaftspolitischer Hinsicht folgen.

Die Universität Hannover verfolgt in ihren Weiterbildungsangeboten insbesondere folgende Prinzipien:

- Teilnehmernähe,
- Problembezug,
- Interdisziplinarität und
- Umsetzungsorientierung.

Dies soll beispielhaft anhand der zwei weiterbildenden Studiengänge Bauingenieurwesen und Arbeitswissenschaft dargestellt werden.

Weiterbildendes Studium Bauingenieurwesen der Universität Hannover

Bedarf der Praxis

Das Weiterbildende Studium Bauingenieurwesen (WBBau) wendet sich mit seinem Angebot an Studienteilnehmer mit berufspraktischen Erfahrungen aus dem Bauwesen oder verwandten Fachdisziplinen, die in ihrer Arbeit mit dem Einsatz moderner Datenverarbeitungstechniken des Bereichs 'Computer Aided Engineering' und den damit einhergehenden Problemen konfrontiert werden. Hier sind besonders die Mitarbeiter aus klein- und mittelständischen Ingenieurbüros angesprochen.

Die Hochschulen sind aufgefordert, für diese Zielgruppen auch die aktuellen Entwicklungen im Bereich des Software-Engineerings in Forschung und Weiterbildung aufzubereiten. Marktbeobachtungen und internationale Entwicklungen zeigen eindeutig den Trend, immer komplexere Software einzusetzen, um die vielfältig verknüpften Probleme bei Planung, Entwurf, Berechnung, Fertigung, Kalkulation und Abrechnung zu lösen. Begründen läßt sich der verstärkte Computereinsatz damit, daß die DV–Systeme leistungsfähiger werden und die Hardware immer preisgünstiger wird.

In der Zukunft werden in zunehmendem Maße durchgängige Software–Lösungen für die umfassende Projektbearbeitung erforderlich sein. Es reicht nicht aus, für die Erledigung von Teilaufgaben vom Konzept her verschiedenartige Insellösungen einzusetzen, wie CAD für die Modellierung von Geometrien, FEM für die statische Berechnung und andere Programme für die Bemessung und Bearbeitung der Konstruktionen und die Optimierung von Tragwerksteilen. Da sich die einzelnen Bearbeitungsschritte im Sinne eines Regelsystems gegenseitig beeinflussen, ist es dringend erforderlich, neue Software–Konzepte zu verwirklichen, in die die Ingenieurmethoden und das Ingenieurwissen homogen einbezogen werden.

Für die Zukunft werden regelbasierte Expertensysteme erforderlich sein, die sowohl die Algorithmen der numerischen Methoden beinhalten als auch das kodifizierte und individuelle Wissen ingenieurgerecht verarbeiten. Hinzu kommen große Aufgaben bei der Kommunikation über Rechnernetze und bei der Archivierung von Plänen und anderen Informationen aus dem Bereich der technischen Dokumentation. Dazu sind neue Software–Komponenten zu entwickeln, die auf zentrale und dezentrale Datenbanksysteme zurückgreifen, um den Austausch von Informationen reibungslos zu gewährleisten.

Es ist unerläßlich, daß sich Ingenieure selbst an der Software–Herstellung beteiligen, um die Art und Weise ihrer Tätigkeit in der Zukunft mitzugestalten. Nicht von ungefähr versteht sich die Informatik selbst als Ingenieurwissenschaft. Die Software–Branche ist weltweit ein expandierender neuer Markt, der für Ingenieure mit Kenntnissen in der angewandten Informatik ein interessantes Berufsfeld bieten wird.

Aspekte der Archivierung, Bestandserhaltung und Pflege, aber auch der Kommunikation zwischen Planungsbeteiligten werden im Sinne der Arbeitsteilung an Bedeutung gewinnen und neue Anforderungen an die Ausbildung stellen. Gerade die dezentrale Organisationsform bei der Auftragsabwicklung stellt im Vergleich zum Maschinenbau (In–House–Lösung) besondere Anforderungen an die Kommunikation und an die Datenhaltung. Der Bedarf an Ingenieuren mit umfassenden Informatikkenntnissen ist folglich sehr groß.

Moderne Informations– und Kommunikationssysteme erfordern Systemdenken und Ingenieurleistungen, für die zum heutigen Zeitpunkt keine ausreichende Zahl qualifizierter Fachleute vorhanden ist.

Es sind Fachkräfte gefragt, die in der Lage sind, die komplexen Strukturen der Datenverarbeitung zu beherrschen und – wenn erforderlich – auch zu verändern. Von hoher

Bedeutung ist dabei sicherlich die Fähigkeit zur interdisziplinären Zusammenarbeit und zur Realisierung der 'Integrierten Projektbearbeitung' (Bild 1).

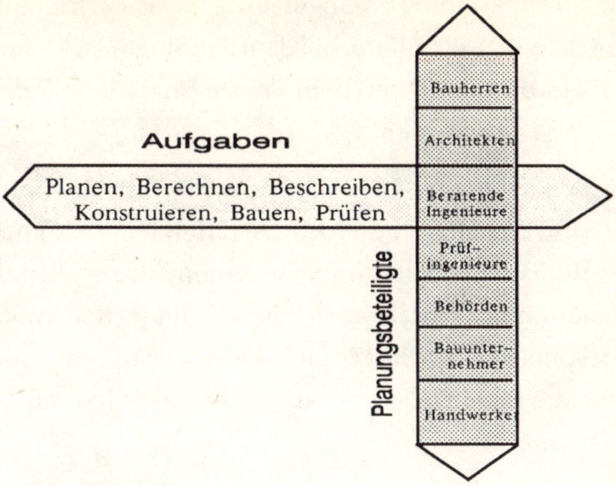

Bild 1: *Integrierter Planungsprozeß*

Betrachtet man den Aspekt der 'Integrierten Projektbearbeitung im Bauwesen', so wird sehr schnell deutlich, daß einerseits Fachleute gefragt sind, die diese Systeme handhaben können und bereit sind, vermehrt ihre Kreativität einzubringen, um unter wirtschaftlichen und fachlichen Aspekten zur optimalen Durchgängigkeit des Bauplanungsprozesses zu kommen. Gegenwärtige Schätzungen gehen davon aus, daß etwa 70% der Hochschulabsolventen eine solche Qualifikation aufweisen müssen. Auf der anderen Seite werden Ingenieure (etwa 30% der Absolventen) benötigt, die im Entwicklungsbereich an der Gestaltung von Software mitwirken können.

Konzept des Weiterbildenden Studiums Bauingenieurwesen (WBBau)

Hinsichtlich der Veranstaltungsform wurde für den Studiengang 'Weiterbildendes Studium Bauingenieurwesen' in Hannover das Fernstudium mit Präsenzseminaren gewählt. Diese Form bietet den Vorteil, ein flächendeckendes Angebot für die gesamte Bundesrepublik zu realisieren und insbesondere Teilnehmern aus strukturschwachen Gebieten das Studium neben dem Beruf zu ermöglichen. Ein entscheidender Aspekt für die Bereitschaft sind die Freistellung vom Arbeitsprozeß und die Kosten für An- und Abreise zum Studienort. Deshalb werden Präsenzseminare jeweils am Freitag und Samstag durchgeführt und die Teilnehmer i.d.R. nur zweimal im Semester zum Veranstaltungsort geladen. Bei mehr rechnerorientierten Kursen sind jedoch zwei bis drei weitere Zwischenpräsenzseminare erforderlich. Durch umfangreiche Befragungen im Rahmen der wissenschaftlichen Begleitung zeigte sich, daß ein *Fernstudium mit Präsenzphasen* den Bedingungen berufstätiger Teilnehmer am ehesten gerecht wird.

Es gewährt im Vergleich zum reinen Präsenzstudium eine große zeitliche Dispositionsfreiheit bei gleichzeitigem kontinuierlichem Studienfortschritt, der durch Studienberatung und individuelle Betreuung unterstützt wird. Das Fernstudium mit Präsenzphasen steht zwischen dem Selbststudium, bei dem der Student Ort und Zeit, Lernmittel und Lerntempo allein bestimmt, und dem Präsenzstudium, bei dem alle Komponenten von außen vorgegeben werden.

Bereits frühzeitig wurden neben den Lehrenden der Universität Hannover auch Wissenschaftler anderer Universitäten und Hochschulen in das Lehrangebot eingebunden. Von besonderer Bedeutung ist in diesem Zusammenhang auch die Vergabe von Lehraufträgen an Experten der Berufspraxis, die als Bindeglied zwischen Wirtschaft und Hochschule insbesondere ihr hohes Erfahrungswissen in das Studienangebot einbringen und somit für die fachliche Ausgewogenheit und Qualität der Lehre einen wichtigen Beitrag leisten.

Das Lehrangebot im Konstruktiven Ingenieurbau gliedert sich nach dem *Baukastenprinzip* in Einführungs–, Grund–, Vertiefungs– und Projektkurse. Leitgedanken für dieses Konzept waren die individuellen Bedürfnisse der Studierenden und die besonderen Anforderungen an ein Studium neben dem Beruf. Das *Baukastenprinzip* erfüllt dieses Anforderungsprofil am besten und erlaubt dem Studierenden, seinen Studienplan selbst zusammenzustellen und den zeitlichen Verlauf weitgehend frei zu gestalten. Angeboten werden z.Z. insgesamt 20 Kurse zu folgenden Themen:

- Statik mit numerischen Methoden,
- Lineare Matrizenstatik,
- Methode der Finiten Elemente,
- Nichtlineare Stabstatik,
- Traglastverfahren,
- Technische Optimierung,
- EDV mit Mikrocomputern,
- Datenverarbeitung für Ingenieure,
- Graphische Datenverarbeitung,
- Einsatz von Kommunikationstechniken,
- Technische Expertensysteme,
- CAD–Konzepte und CAD–Systeme im Bauwesen.

Dem Teilnehmer wird im Sinne einer Universitätsausbildung die Möglichkeit gegeben, sich grundlegend mit Erkenntnissen und Methoden der Wissenschaft auseinanderzusetzen. Das WBBau ist ein langfristig angelegter Studiengang und unterscheidet sich damit von anderen, meist kurzfristigen Fort- und Weiterbildungsaktivitäten, die sich auf besondere Themen beschränken.

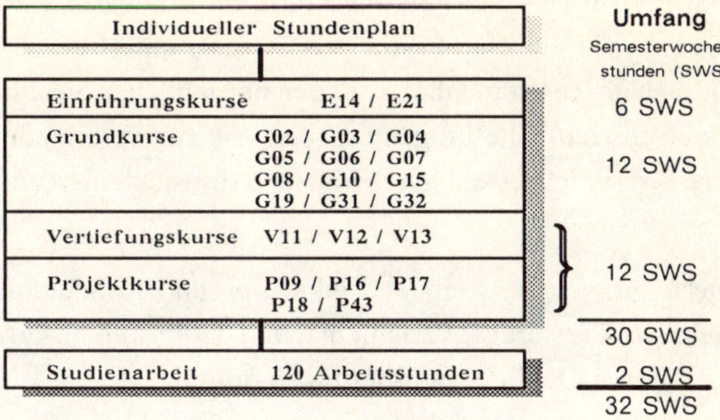

Bild 2: *Studienverlauf*

Der Studienverlauf kann von den Teilnehmern selbst bestimmt werden, auch Unterbrechungen sind möglich. Das WBBau wird mit einem Zertifikat der Universität Hannover abgeschlossen.

Beratung

Die Zielsetzung 'Technologietransfer auf kurzem Wege' läßt sich für eine Hochschule nur verwirklichen, wenn neben der Wissensvermittlung über Lehrangebote auch eine Beratung durchgeführt wird. Aus der Zusammenarbeit mit dem Berufsfeld des Konstruktiven Ingenieurbaus, aus der Durchführung verschiedener Forschungsvorhaben und aus dem direkten Kontakt zu den berufserfahrenen Studenten und Betrieben resultiert ein umfangreiches Know-how zu folgenden Themen:

- Konzepte zur Hardware- und Software-Ausstattung,
- Einsatz von Berechnungsverfahren im Bereich der Strukturanalyse,
- Konzepte zur DV-Integration von Planungsbeteiligten,
- Einsatz von standardisierten Schnittstellen zum Datenaustausch,
- Gestaltung von Oberflächen (Software-Ergonomie),
- Konzepte des Computer Aided Engineering (CAE).

Weiterbildungsstudium Arbeitswissenschaft der Universität Hannover

Bedarf der Praxis

Das WA richtet sich an Fach- und Führungskräfte im Produktions- und Dienstleistungsbereich. Es ist nicht auf eine bestimmte Berufsgruppe beschränkt. Vielmehr wird deutlich, daß sich im Zusammenhang mit den betrieblichen Strukturveränderungen viele arbeitswissenschaftliche Fragen ergeben, die von verschiedenen betrieblichen Gruppen zu lösen sind. Dies soll durch folgende Entwicklungstrends verdeutlicht werden.

Marktveränderungen bringen wachsende Konkurrenz und Kundenforderungen mit sich, die in Betrieben zu Preisdruck, Variantenvielfalt der Produkte, kürzeren Produktionszyklen und erhöhten Qualitätsanforderungen führen.

Technischer Fortschritt ist gekennzeichnet durch kürzere Innovationszyklen, sinkende Produktlebensdauer und Strukturwandel in Produktions- und Dienstleistungsbetrieben. Dies wiederum führt häufiger zum Produktwechsel, zur Änderung der technischen Arbeitsmittel, zu 'Neuen Technologien', zur Personalumsetzung und zur Notwendigkeit der Weiterbildung auf allen Ebenen.

Gestiegene gesellschaftliche Ansprüche, bedingt durch größeren Wohlstand und ein erhöhtes Bildungsniveau, veranlassen die Mitarbeiter der Betriebe zur Forderung nach erweiterten Arbeitsinhalten, größerer Verantwortung, ergonomisch gestalteten Arbeitsplätzen und entsprechender Bezahlung.

Erweiterte rechtliche Regelungen in Form von Gesetzen, Verträgen, Tarifverträgen, Richtlinien und Normen bedeuten für die Betriebe verstärkt Gestaltungsauflagen hinsichtlich der Arbeitsstätten, Arbeitsmittel, Arbeitsplätze, Arbeitsstoffe und Umgebungsbedingungen.

Konzept des WA

Die angeführten Trends machen deutlich, daß der Strukturwandel Teil des betrieblichen Alltags wird. Damit erhält auch die Arbeitswissenschaft in ihrem Anwendungsbezug wachsende Bedeutung. So gibt es Fortschritte hinsichtlich der gesicherten ergonomischen Erkenntnisse und weitreichende Erfahrungen mit neuen Formen der Arbeitsorganisation (z.B. mit Elementen wie Arbeitserweiterung, Arbeitsbereicherung, Arbeitswechsel, mit teilautonomen Arbeitsgruppen, flachen Hierarchien, Regelkreisen). Nicht zuletzt gibt es Erfahrungen mit Konzepten der Organisations- und Personalentwicklung (etwa Projektmanagement und Mitarbeiterbeteiligung bei betrieblichen Strukturveränderungen).

Diese Entwicklungstrends in der Arbeitswelt und in der Wissenschaft werden auch vom WA der Universität Hannover in Lehre, Forschung und Beratung aufgegriffen. Die Teilnehmer studieren neben ihrem Beruf und sind in folgenden Bereichen tätig:

- Konstruktion/Fertigungsplanung,
- Arbeitsplanung/Organisation,
- Arbeitsgestaltung/Ergonomie,
- EDV-Entwicklung/-Organisation,
- betrieblicher Gesundheits- und Umweltschutz,
- betriebliches Bildungswesen,
- Personalwesen,
- Organisations- und Personalentwicklung,
- Betriebsrat/Personalrat,
- arbeitswissenschaftliche Beratung.

Ziel des Studiums ist es,

- Arbeit und ihre Auswirkungen auf die Arbeitenden zu analysieren,
- arbeitswissenschaftliche Erkenntnisse für die Entwicklung technischer, organisatorischer und anderer Verbesserungen der Arbeitsbedingungen anzuwenden,
- sich mit wissenschaftlichen Aussagen und Fragestellungen auseinanderzusetzen, die auch zukünftige Arbeits- und Lebenssituationen bewältigen helfen sollen.

Das Weiterbildungsstudium fördert somit die Verbindung fachlicher und sozialer Kompetenz, die für die Erfüllung arbeitswissenschaftlicher Aufgaben in der betrieblichen Praxis benötigt wird.

Lehre

Das WA ist als Präsenzstudium nach dem Baukastensystem organisiert. Als Bausteine werden Einführungs-, Kern-, Vertiefungs- und Projektkurse unterschieden, die einen Umfang von durchschnittlich 30 Veranstaltungsstunden haben. In jedem Jahr gibt es zwei aktuell geplante Kursprogramme mit jeweils etwa 50 Kursen. Diese werden abends, an Wochenenden und im Rahmen des gesetzlichen Bildungsurlaubes angeboten. Im Interesse der Berufstätigen ist damit ein in inhaltlicher und zeitlicher Hinsicht flexibles Konzept gegeben, das eine individuelle Studienplanung erlaubt. Die Kurse werden durchgeführt von Wissenschaftlern der Universität Hannover und anderer Hochschulen sowie von Experten aus Industrie und Verwaltung. Die Lehre in Seminarform hat Vorrang. Eine besondere Veranstaltungsform bilden die Projektkurse. Sie verbinden Lernen, Forschen und Handeln und sollen zur Lösung praktischer betrieblicher Problemstellungen beitragen. Diese Form der *angewandten Forschung* hat sich außerordentlich bewährt.

Der gesamte Studiengang umfaßt 540 Veranstaltungsstunden, die Dauer des Studiums hängt von den zeitlichen Möglichkeiten der Teilnehmer ab. Der Studiengang Arbeitswissenschaften wird mit einem Zertifikat der Universität Hannover abgeschlossen.

Beratung

Im WA besteht ein kontinuierlicher Kontakt zu den Studierenden und ihren Tätigkeitsfeldern. Auf diesem Wege werden betriebliche Strukturprobleme sehr direkt an die Hochschule herangetragen. Besonders Studierende aus Klein- und Mittelbetrieben haben Bedarf an Beratung. Das WA hat deshalb auf der Grundlage seiner Lehr- und Forschungstätigkeit die folgenden Beratungsschwerpunkte entwickelt:

- Arbeitswissenschaftliche Begleitung der Planung und Einführung neuer IuK-Technologien in Industrie und Verwaltung (Prozeßberatung),
- Einführung von CAD in Technischen Büros,
- Software- und Hardware-Ergonomie,
- Arbeitsanalysen/Arbeitsplatz-/Arbeitssystemgestaltung,
- Anforderungsanalysen und Qualifizierungsprogramme in technischen Arbeitsbereichen,
- Beteiligungskonzepte zur Einführung von IuK-Technologien,
- Organisations- und Personalentwicklungsprojekte, (Coaching/Supervision und Teamberatung).

Schlußbemerkungen

Die Weiterbildungsaktivitäten der Universität Hannover zeigen, daß sich die Hochschulen den Herausforderungen der Strukturveränderungen in Wirtschaft und Gesellschaft stellen. Aber bisher sind das WBBau und das WA bundesweit die einzigen Angebote für ihre Fachgebiete. Beide Studiengänge sind bemüht, in Forschung und Lehre zu kooperieren und Fragen der Arbeitswelt in einer interdisziplinären Form aufzugreifen. Dies soll insbesondere den Beschäftigten der Ingenieurbüros der Bauwirtschaft zugute kommen.

Die Bedeutung der Weiterbildung wird zunehmen, weil sie durch ihre Nähe zu den Berufsfeldern rasch auf aktuelle Anforderungen reagieren kann. Durch die Einbindung von Wissenschaftlern aus unterschiedlichen Forschungsbereichen und von Experten aus der Wirtschaft kann der aktuelle Bedarf in flexible Angebote umgesetzt werden.

Vorgehensweise bei der Bewertung

Günter Nitsche

In den einzelnen Phasen des Einführungsprozesses sind immer wieder Entscheidungen notwendig, die in direktem Zusammenhang mit der Bewertung und Auswahl stehen. Bereits bei der ☞ *Zielfindung, Kapitel 2,* sind Entscheidungen zur Festlegung von Zielvorgaben zu treffen, z.B. durch Abwägen von Alternativen, Wünschen und Erwartungen der Mitarbeiter. Beim ☞ *Erstellen des Soll–Konzeptes, Kapitel 2,* ist die Bewertung auf zwei Ebenen vorzunehmen. Mit der Festlegung des Grobkonzeptes durch eine nähere Betrachtung der Lösungsalternativen sind sowohl die Bewertung nach der Nutzwertmethode (☞ *Kapitel 3, Wirtschaftlichkeitsbeurteilung*) als auch die Bewertung des Arbeitssystems unter technischen Gesichtspunkten erforderlich.

Der Abschluß der Entscheidungsfindung wird mit der ☞ *Systemauswahl und –bewertung, Kapitel 2,* eingeleitet. In dieser Phase sind bereits alle Anforderungen an das zukünftige Arbeitssystem bekannt (Pflichtenheft). Somit ist unter den am Markt verfügbaren Systemen das auszuwählen, das die gestellten Anforderungen erfüllt, kostengünstig ist und zudem den entsprechenden Support der Anbieter erwarten läßt. Dieser Auswahlprozeß läßt sich in drei Schritten durchführen.

- Im ersten Schritt ist der Anbieterkreis durch Festforderungen (K.o.–Kriterien) einzuengen (vgl. *Vorauswahl im Kapitel 2, Systemauswahl und –bewertung*).
- Im zweiten Schritt ist eine Entscheidung über Mindestforderungen und Wünsche herbeizuführen. Hierdurch kann der Anbieterkreis weiter eingeengt werden (vgl. *Feinauswahl im Kapitel 2, Systemauswahl und –bewertung*).
- Im dritten Schritt ist möglicherweise eine Testinstallation einzuleiten, und zwar dann, wenn der Entscheidungsprozeß noch nicht zur Findung nur eines Systems geführt hat bzw. noch eine Absicherung der Kaufentscheidung durch Überprüfung der Zielvorgaben notwendig ist (vgl. *Testinstallation im Kapitel 2, Systemauswahl und –bewertung*).

Die Schritte haben zum Ziel, das zukünftige Arbeitssystem unter technischen und software–ergonomischen Gesichtspunkten zu bewerten; andere, z.B. arbeitsorganisatorische Ziele, sind bereits zu einem früheren Zeitpunkt (☞ *Kapitel 2, Erstellen des Soll–Konzeptes*) berücksichtigt worden.

Die Bewertung und damit die Auswahl eines Systems sollte auch durch andere Instrumente, z.B. Benchmarktests oder Beratung durch externe Spezialisten, abgesichert werden.

Mit sog. Benchmarktests haben einige Büros gute Erfahrungen gemacht. Ein Benchmark ist ein Leistungstest anhand vorgegebener Kriterien, um einen Vergleich unterschiedlicher Hard- und/oder Software verschiedener Hersteller zu ermöglichen. Im CAD-Bereich ist ein solcher Test mit relativ geringem Vorbereitungsaufwand durchzuführen (allerdings ist der Aufwand der *Testdurchführung* immer noch hoch).

Als 'echter Benchmark' wird ein Test bezeichnet, in dem eine typische Büroaufgabe mit verschiedenen Software-Paketen bearbeitet wird. Vorteil ist, daß die Aufgabe nicht weiter vorbereitet werden muß und praxisnah ist. Der Nachteil liegt darin, daß selten alle möglichen Probleme in einem Projekt zusammen auftreten.

Als 'synthetischer Benchmark' wird ein Test bezeichnet, in dem eine extra für diesen Test aufgestellte Aufgabe bearbeitet wird, die alle möglichen Problembereiche enthält. Die Erstellung einer solchen Testaufgabe kann recht zeitaufwendig sein. Zur Verkürzung der Bearbeitungszeit ist es ratsam, diese Aufgabe pro Software-Produkt nur einmal durchzutesten. Ist die Bewertung eines bauspezifischen CAD-Systems beabsichtigt, so sollte diese Aufgabe mindestens aus einem Grundriß bestehen. Zudem sollte eine Vorgabe gemacht werden, welche Informationen aus diesem Plan anschließend weiter zu verarbeiten sind, z.B. für die Bewehrungsplanerstellung oder die Massenermittlung. Diese Testaufgabe ist im Anschluß von ausgewählten Software-Anbietern im Beisein des Kaufinteressenten zu bearbeiten. Im Prinzip kann auch eine Bearbeitung durch den Software-Anbieter auf einer Messe erfolgen, allerdings empfiehlt es sich, vorher einen Termin zu vereinbaren. Natürlich müssen zur Bewertung eines Benchmarktests wiederum die Anforderungen des Soll-Konzeptes beachtet werden (Pflichtenheft).

Bewertung des Arbeitssystems unter technischen Gesichtspunkten

Die Bewertung ist für jedes System und möglicherweise auch für jede vorgeschlagene Alternative durchzuführen. Jede Bewertung wird in entscheidendem Maße von der Art der Fragestellung beeinflußt. Zum Beispiel kann auf die Frage: *"Existiert eine Schnittstelle zur Massenermittlung?"* nur eindeutig mit Ja oder Nein geantwortet werden (Erfüllung oder Nichterfüllung der Anforderung). Hier lassen sich objektive Maßstäbe (meßbar, eindeutig zuzuordnen) anlegen. Andere Fragen sind hingegen auf die Erfassung von Meinungen, z.B. der Mitarbeiter oder der Projektgruppe, gerichtet. Sie sind erst nach einer Testinstallation oder einer Systemvorführung zu beantworten. Als Beispiel sei angeführt *"Sind Sie mit den Ausführungen in den Handbüchern zufrieden?"* Hier wird jeder eine andere Bewertung abgeben. Die Bewertung ist also stark abhängig von der Person, von deren Kenntnisstand, von Vorurteilen usw. Die Meinungen lassen sich nur einbeziehen, wenn ein Bewertungsmaßstab vorgegeben ist, z.B. in Form von Punkten einer Werteskala.

Bewertung objektiver Aspekte

Für die Vorbereitung der Systemauswahl sind die Zielkriterien, das Pflichtenheft und die beigefügten Checklisten zu benutzen. Die auf die Erfüllung definierter Anforderungen (objektiv) gerichteten Fragen können überwiegend mit Ja / Nein beantwortet werden. Achten Sie darauf, daß die Fragen von den Anbietern wahrheitsgemäß, korrekt und schlüssig beantwortet wurden. Die Personen, die mit der Auswertung beauftragt sind, sollten stichpunktartige Kontrollen durchführen, z.B. über Rückfragen oder Nachschlagen in der Leistungsbeschreibung.

Es stellt sich in dieser Phase die zentrale Frage, wie die Befragungsergebnisse zu wichten sind. Eine für alle Einsatzbereiche allgemein gültige Vorgehensweise kann nicht empfohlen werden. Zu unterschiedlich sind die Anforderungen, die Organisationsstrukturen und die anfallenden Aufgaben.

Als Empfehlung sollte jedoch eine Wichtung der für das Ingenieurbüro bedeutenden Anforderungen vorgenommen werden.

- *Strategische Anforderungen*
  Produktphilosophie mit Angaben zum Modellkonzept (Software–Organisation), die Entwicklungskapazität des Software–Herstellers, die Anzahl der bereits im deutschsprachigen Raum erfolgten Installationen, die Marktstellung des Anbieters, die Organisation der Software–Betreuung.

- *Software–ergonomische Anforderungen*
  Gestaltung der Software (Benutzerführung, Hilfestellung bei der Eingabe, Oberflächengestaltung, aber auch generell die Handhabung des Arbeitssystems).

- *Hardware–ergonomische Anforderungen*
  Gestaltung des Bildschirmarbeitsplatzes (Tastatur, Eingabemedien, Flimmern des Bildschirms usw.).

- *Funktionsbezogene Anforderungen*
  Variantenkonstruktion, Makrotechniken, automatische Schnittführung, Anbindung von vor– und nachgelagerten Prozessen, Ausbaufähigkeit des Systems, Restriktionen der Hardware.

Wie die Wichtung der einzelnen Anforderungen zu erfolgen hat, kann für den Einzelfall nicht vorgeschrieben werden. Es ist jedoch ratsam, Gruppen aus Einzelanforderungen zu bilden und diese mit dem Wichtungsfaktor $\mathbf{W_G}$ zu belegen, während der Einzelanforderung der Faktor $\mathbf{W_E}$ zuzuordnen ist. Somit ergibt sich die Bewertung:

$$B = W_G * W_E * B_o$$

- B_o — Bewertungsergebnis (objektiv)
- W_E — Wichtung der Einzelanforderung
- W_G — Wichtung der Gruppe

Bewertung subjektiver Aspekte

Die Bewertung des neuen Arbeitssystems hinsichtlich Tauglichkeit, Handhabbarkeit, Aufgabenangemessenheit, Effektivität und Integration erfordert ein anderes Vorgehen. Dieses sind Anforderungen, die nur nach längerer Beobachtung und entsprechenden Erfahrungen beurteilt werden können. Hierbei kommt der mit der Bewertung beauftragte Personenkreis möglicherweise zu sehr unterschiedlichen Aussagen (subjektive Meinung).

Die Bewertung von Meinungen und Eindrücken ist nur im Rahmen von Testinstallationen oder Vorführungen vorzunehmen. Letztere ist risikobehaftet, weil die Schwächen des zu untersuchenden Arbeitssystems nicht vorgeführt werden bzw. in der begrenzten Zeit nicht aufgedeckt werden können.

Für die Bewertung einzelner Systeme ist es ratsam, diese zunächst voneinander getrennt durchzuführen. Hierdurch wird erreicht, daß mögliche Voreingenommenheit oder auch das Favorisieren einer bestimmten Variante ausgeschlossen wird. Erst nach Abschluß aller Bewertungen sind die Einzelergebnisse in eine Übersichtsmatrix einzubringen. Auch hier sollten die für die einzelnen Kriterien bereits genannten Wichtungsfaktoren eingeführt werden. Es empfiehlt sich, zur Erfassung der subjektiven Bewertung eine Werteskala [1] einzuführen, die den Bereich von 0 bis 5 überstreicht.

Dabei bedeuteten

- 0 ➧ nicht erfüllt,
- 1 ➧ schlecht,
- 2 ➧ ausreichend,
- 3 ➧ befriedigend,
- 4 ➧ gut,
- 5 ➧ sehr gut.

Innerhalb der Gruppen können wichtige Anforderungen wiederum mit einem höheren Wichtungsfaktor belegt werden. Somit ergibt sich die Bewertung:

$$B = W_G * W_E * B_s$$

- B_s — Bewertungsergebnis (subjektiv)
- W_E — Wichtung der Einzelanforderung
- W_G — Wichtung der Gruppe

Ein Konsens über die subjektiven Auffassungen hinweg kann erzielt werden, wenn ein unabhängiges Beraterteam die Bewertung vornimmt (i.d.R. zu teuer und zu zeitaufwendig); er kann aber auch dadurch erreicht werden, daß mehrere Personen, z.B. aus dem eigenen Hause, die Bewertung vornehmen und sich in Abstimmungsgesprächen einigen.

Monetäre Bewertung des Arbeitssystems

Hier sind alle bei der Einführung eines neuen Systems relevanten Investitionskosten zu ermitteln. Dies sind:

- Anschaffungskosten des Systems,
- Einrichtungskosten (Mobiliar),
- Kosten für bauliche Veränderungen,
- Kosten für Umzug (Transport),
- Kosten für Planung und Einführung,
- Kosten für Schulung (Fahrtkosten, Unterbringung usw.),
- Kosten für Fehlzeiten (Anlernphase).

Es ist denkbar, daß ein Großteil dieser Kosten systemunabhängig ist. Die übrigen Kosten sind als systemabhängige Kosten einzuordnen. Die Kosten für eine Schulung können differieren (z.B. für interne oder externe Schulung, ☞ *Kapitel 3, Schulungsplanung*).

In die Gesamtkosten müssen auch die finanziellen Aufwendungen eingebracht werden, die mit der Planung verbunden sind, d.h. die

- Beratungskosten (Einbindung externer Berater),
- Kosten für Informationsbeschaffung (Messen, Reisen, Literatur),
- Kosten für die Freistellung von Personal.

Ferner sind die laufenden Kosten zu erfassen. Dies sind:

- Kosten für den Kapitaldienst,
- Kosten für Versicherungen,
- Kosten für die Wartung des Systems,
- Kosten für Verbrauchsmaterialien,
- Kosten für die Energieversorgung.

Es sollte auch bedacht werden, daß mit der Einführung eventuell die Lohnkosten steigen, sich die Materialkosten verändern und die Bearbeitungszeiten verkürzen. Wichtig ist aber auch, daß beim Systemvergleich die Einsparungen/Jahr und die Marginalrendite berücksichtigt werden.

Schlußbemerkung

Wenn die Ergebnisse der Bewertung vorliegen, sollte das System ausgewählt werden, das die besten Werte erreicht hat. Schwer wird in dieser Phase noch die Zuordnung der monetären Zielkriterien zu den technischen sein. Hier bleibt nur die unternehmerische Entscheidung, möglichst unter Einbindung der anderen Planungsbeteiligten.

Die durchgeführte Bewertung deckt sehr plastisch die Vorteile, aber auch die Schwachstellen der untersuchten Varianten auf. Dennoch sollte das Ergebnis, insbesondere dann, wenn zwei gleichartige Produkte in die engere Wahl kommen, durch eine Testinstallation, durch Benchmarktests oder auch durch das Urteil von Fachkollegen untermauert werden. Alle Bewertungsverfahren sind nicht frei von subjektiver Einflußnahme. Bereits bei der Zielfindung, bei der durchgeführten Ist-Erhebung und -Analyse, aber insbesondere beim Aufstellen des Soll-Konzeptes, sind subjektiv beeinflußbare Randbedingungen (gewollt oder ungewollt) eingeflossen.
Dennoch hat sich diese Art der Bewertung in der Praxis bewährt. Ihr Vorteil ist darin zu sehen, daß alle erhobenen Informationen und die zur Bewertung angelegten Maßstäbe offengelegt werden können und jederzeit nachprüfbar bzw. korrigierbar sind.

Literatur

[1] Eversheim, Walter, Bodo Dahl u. Klaus Spenrath: CAD/CAM Einführung, Leitfaden mit Arbeitsmitteln für den Maschinenbau. RKW-Verlag, Verlag TÜV Rheinland

Vorstudie

Günter Nitsche

Eine Vorstudie zur Zielfindung sollte generell nur für große Organisationseinheiten veranlaßt werden, und zwar dann, wenn das Untersuchungsfeld zu unübersichtlich oder zu komplex ist und die Arbeitsabläufe zu unterschiedlich sind. Von [1] wird vorgeschlagen, eine Vorstudie in insgesamt acht Abschnitte aufzuteilen:

- Zielvorgabe
  - Was soll überhaupt erreicht werden?

- Forderungen an die späteren Nutzer
  - Wer sind die späteren Nutzer?
  - Welche Qualifikationen müssen sie haben?
  - Über welche Qualifikation verfügen sie derzeit?

- Forderungen der Nutzer an das Arbeitssystem
  - Welchen Leistungsumfang erwarten die Nutzer vom neuen System?

- Technische Forderungen an das Arbeitssystem
  - Welche neue Technik soll eingesetzt werden?
  - Sind infolge der neuen Technik arbeitsorganisatorische Veränderungen zu erwarten?
  - Sind wirtschaftliche Randbedingungen einzuhalten?

- Lösungsalternativen
  - Gibt es Lösungsalternativen, z.B. durch
    - Qualifizierung des Personals,
    - partielle Änderung des Arbeitssystems,
    - ein vollkommen neues Arbeitssystem?

- Aufwandsabschätzung
  - Welcher grobe Aufwand ist für die einzelnen Alternativen zu erwarten?

- Bewertung
  - Wie werden die vorgegebenen Ziele unter Einsatz der einzelnen Lösungsalternativen gewichtet?

- Entscheidung
  - Wer entscheidet unter welchen Vorgaben?

Im Vorfeld ist zunächst zu entscheiden, wer oder welcher Personenkreis mit der Durchführung einer Vorstudie beauftragt wird. In Frage kommen:

- eine externe Gruppe, z.B. eine Unternehmensberatung;
- eine interne Gruppe, gebildet aus Firmenleitung, zukünftigen Nutzern und Interessensvertretern;
- eine Einzelperson, die
  - mit den inneren Strukturen der Organisationseinheit vertraut ist;
  - das Aufgabengebiet genauestens kennt;
  - das Vertrauen der späteren Nutzer genießt;
  - das Tätigkeitsumfeld und den Problembereich kennt.

Eine Entscheidung kann an dieser Stelle nicht getroffen werden, weil die Strukturen des Untersuchungsfeldes sehr stark vom Einzelfall abhängig sind.

Von Bedeutung ist auch, mit welcher Intensität und mit welchen Methoden eine Vorstudie durchgeführt werden soll. Als Methode kommen die Beobachtung, das Interview und die Nutzwertanalyse in Betracht. Hinsichtlich der Intensität sei die Empfehlung ausgesprochen, das Untersuchungsfeld einzuengen, deduktiv vorzugehen und die Erhebung und Analyse auf grobe Strukturen zu beschränken.

Zielvorgabe

Hier sollten die Kriterien aufgelistet werden, die sich aus einer ersten Beobachtung der Probleme in der Organisationseinheit ergeben, z.B. könnten dies Schwachstellen beim Arbeitsablauf oder auch mangelnde Produktivität sein. Es sind aber auch Randbedingungen und Restriktionen anzuführen. Zum Beispiel, daß die vorhandenen Räume bei der geplanten Gestaltung nicht verändert werden sollen oder daß die Peripheriegeräte (Drucker, Plotter usw.) in das neue Konzept einzubinden sind.

Kriterien für die Zielvorgabe könnten sein:

- Steigerung der Planungsqualität und Minimierung des Änderungsdienstes,
- Beschaffung eines CAD–Systems, das kompatibel zum System des Auftraggebers ist,
- Die vorhandene Software soll weiterhin verfügbar sein, das vorhandene Personal soll als späterer Nutzer eingebracht werden,
- Die gesamte Datenhaltung soll DV–gestützt und zentral organisiert werden.

Forderungen an die späteren Nutzer

Hier ist insbesondere von Interesse, welcher Personenkreis für die spätere Nutzung in Betracht kommt. Möglicherweise ist dieser Kreis identisch mit den Personen, die gegenwärtig in der Organisationseinheit beschäftigt sind. Dies ist wichtig, weil die Einführung Neuer Technologien mit einer Schulung verbunden ist. Es kann auch sein, daß die neue Technik so hohe Forderungen an die Mitarbeiter stellt, daß einzelne Personen als spätere Nutzer ausscheiden, evtl. muß neues Personal eingestellt werden.

Kriterien für die späteren Nutzer könnten sein:

- Vorwiegend sollen technische Zeichner mit CAD-Erfahrung zur Erstellung von Schal- und Bewehrungsplänen zum Einsatz kommen.
- Nur im Bedarfsfall sollen Ingenieure, wenn konstruktive Details zu lösen oder Fragen zur Bemessung zu beantworten sind, eingesetzt werden.
- Der Schulungsaufwand soll minimal gehalten werden, da zunächst nur die Einführung weniger Systeme geplant ist.
- Neueinstellungen sollen vermieden werden.

Forderungen der Nutzer an das Arbeitssystem

Es wird davon ausgegangen, daß die vorhandenen Mitarbeiter auch die späteren Nutzer des Arbeitssystems sind.
Erfahrungen haben gezeigt, daß die zukünftigen Nutzer klare Vorstellungen über das Leistungsspektrum der neuen Technik haben. Es sind bereits Erwartungen vorhanden, die es gilt abzufragen und stichpunktartig niederzuschreiben.

Kriterien aus der Sicht der Nutzer können sein:

- weitgehend DV-gestützte Bearbeitung aller Konstruktionsschritte (Positionspläne, Schalpläne, Bewehrungspläne, automatische Stücklistenerstellung),
- Anbindung an Massenermittlungsprogramme,
- Übernahme der Architektenpläne über eine geeignete Schnittstelle.

Technische Forderungen an das Arbeitssystem

Von Interesse ist hier, welche Forderungen an das technische System zu stellen sind. Als Kriterien sollten solche aufgenommen werden, die sich infolge einer ersten Schwachstellenanalyse als problematisch herauskristalliert haben und der dringenden Abstellung bedürfen. Wenn bereits CAD-Software eingesetzt wurde, so könnten dies z.B. sein: Bedienerführung, bessere Unterstützung bei der bauspezifischen Anwendung oder schnellere Bearbeitung (Prozessorleistung, Graphikunterstützung, schnelle Speichermedien usw.).

Weitere Kriterien aus technischer Sicht könnten sein:

- bauspezifisches CAD–System (2–D),
- Benutzerführung über Pop–up–Menüs,
- Arbeitsplatzrechner mit entsprechender Graphikunterstützung,
- Einbindung in ein lokales Netz,
- Kommunikation mit externen Partnern,
- ausbaufähiges System,
- Anbindung ergänzender Software (z.B. Statik).

Lösungsalternativen

Zur Findung von Lösungsalternativen muß der Frage nachgegangen werden, ob die beabsichtigte Veränderung sich mit konventionellen Methoden realisieren läßt, ob eine Teillösung durch Verwendung vorhandener Betriebsmittel und Beschaffung neuer Systeme oder eine Komplettlösung durch Einführung gänzlich neuer Technik erfolgen soll. Es ist aber auch die Frage von Bedeutung, ob die Realisierung der Lösungsalternative durch Bindung an einen Generalunternehmer erfolgt, der sowohl die Hardware als auch die Software liefert, oder durch Verträge mit verschiedenen Unternehmen, die einzelne Komponenten des DV–Systems liefern. Fällt die Entscheidung zugunsten eines Generalunternehmers, so reduziert sich evtl. der Planungsaufwand. Soll die Hard- und Software–Beschaffung einschließlich aller Planungsaufgaben in die Verantwortung einer zu bildenden Projektgruppe gelegt werden, so sind sicherlich Mehraufwendungen damit verbunden, die aber durch eine Steigerung der Flexibilität und Akzeptanz bei den Mitarbeitern ausgeglichen werden.

Lösungsalternativen könnten sein:

- L1: Beschaffung nur eines CAD–Systems (Arbeitsplatzteilung),
- L2: Komplettlösung von einem Lieferanten, sonst wie L1,
- L3: Beschaffung getrennt nach Hard- und Software, sonst wie L1,
- L4: insgesamt durch konventionelle Unterstützung.

Aufwandsabschätzung

Zur späteren Bewertung und Entscheidungsfindung sind die einzelnen Lösungsalternativen hinsichtlich ihres Aufwandes zu erfassen. Es sollte aber keine detaillierte Erfassung aller Kosten erfolgen, dafür gibt es in dieser Phase zu wenig Anhaltspunkte. Es ist sinnvoll, sich auf den Aufwand bezüglich der einzusetzenden Mitarbeiter und der auszustattenden Arbeitsplätze zu beschränken.

Die einzelnen Lösungsalternativen erfordern:

Alternative	Mitarbeiter	Sachkosten
L1	1	70.000,–
L2	1	120.000,–
L3	1	90.000,–
L4	2	40.000,–

Bewertung

Zur besseren Übersicht sollte die Bewertung in eine grobe Graphik einfließen, in der die Lösungsalternativen je nach Aufwand dargestellt werden.

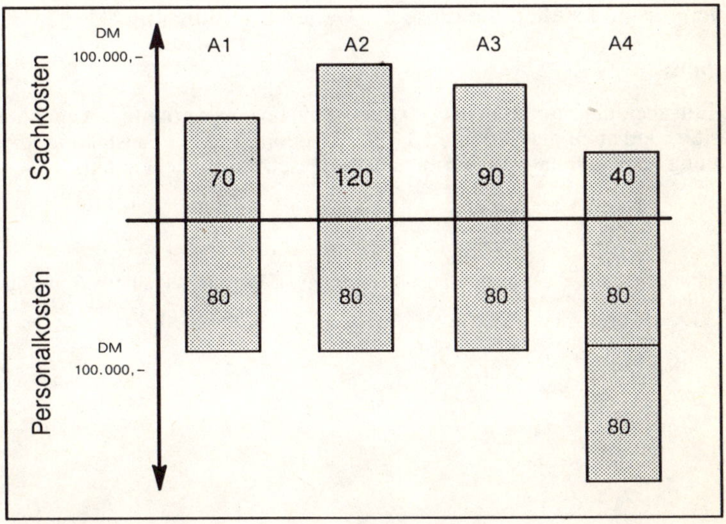

Bild 1: *Grobe Bewertung*

Lösungsalternative L1 bietet den Vorteil, daß der Finanzrahmen begrenzt bleibt und die Situation in der Organisationseinheit damit befriedigend gelöst wird.

Lösungsalternative L2 verschafft den Vorteil, daß von einem Anbieter eine Komplettlösung geliefert wird. Diese Variante ist teurer als L1 oder L3, bietet aber den großen Vorteil, daß mögliche Probleme beim Betrieb des Systems minimal sind. Da es sich um einen marktführenden Anbieter handelt, sind die Schulungen und der Support sichergestellt.

Lösungsalternative L3 setzt voraus, daß Personal mit entsprechender Qualifikation vorhanden ist, um die Komponenten des DV-Systems zusammenzustellen. Da solches vorhanden ist und die Kosten im Rahmen bleiben, kommt diese Variante in die nähere Betrachtung.

Lösungsalternative L4 verzichtet gänzlich auf neue Technologien und führt statt dessen altbewährte Arbeitsmethoden ein. Zur Bewältigung der Aufgaben muß zusätzlich ein qualifizierter Fachhochschulingenieur eingestellt werden. Der jährliche Aufwand hierfür wird auf DM 80.000,- geschätzt. Eine Steigerung der Planungsqualität und eine Minimierung des Änderungsdienstes werden in Frage gestellt. Alternative L4 soll nicht weiter verfolgt werden.

Entscheidung

Da es sich um eine Vorstudie handelt, die zur Verfügung stehenden Eingangsinformationen dürftig sind, der Kostenrahmen nur grob zu schätzen ist, sollte eine Entscheidung nur mit Vorbehalten getroffen werden. Wählen Sie möglichst die bestplazierten Alternativen aus und stellen Sie diese zur weiteren Diskussion.

Ergebnis:

Das Entscheidungsgremium hat einstimmig die Lösungsvariante L2 (mit höchster Priorität) und auch die Variante L3 (mit der Bedingung zur Einstellung bzw. der Schulung von Personal) zur Verfolgung der gesetzten Ziele benannt.

Literatur

[1] Spitta, Thorsten, Software-Engineering und Prototyping. Berlin, Heidelberg, New York: Springer-Verlag, 1989.

Wirtschaftlichkeitsbeurteilung

Jörg Abel/Peter v. Mitschke-Collande

Die Frage nach der Wirtschaftlichkeit im Zusammenhang mit der Einführung neuer Techniken berührt eines der heikelsten und umstrittensten Themen. Nicht nur, daß sich der Einsatz Neuer Technologien wie CAD mit klassischen betriebswirtschaftlichen Berechnungsmethoden kaum adäquat beurteilen läßt, sondern auch die Schwierigkeit der klein- und mittelbetrieblichen Struktur des Bauwesens, deren Beschäftigte mit der Durchführung einer Wirtschaftlichkeitsbeurteilung nicht so vertraut sind, erschwert die Behandlung dieses Problemfeldes und die Hilfestellung zu einer – zumindest ansatzweisen – Lösung erheblich. Vor diesem Hintergrund kann es auch nicht Sinn und Zweck der folgenden Ausführungen sein, *die* Antwort auf die Frage nach der Wirtschaftlichkeit von CAD zu geben. Statt dessen soll versucht werden, aus den Erfahrungen der Feldstudie sowie anhand von Überlegungen aus ökonomischer und sozialwissenschaftlicher Sicht Hinweise zu geben, auf Risiken aufmerksam zu machen und Einschätzungen der Brauchbarkeit einzelner Methoden zu ermöglichen. Es kann hier nur darum gehen, den überlieferten Ausspruch eines Experten zu entkräften: "Der Mittelstand rechnet nicht so lang, der greift zu – oder daneben!" (vgl. [1], S. 93).

Wirtschaftlichkeit der CAD-Einführung

Planung und Auswahl eines CAD-Systems beinhalten nicht nur technische, organisatorische oder qualifikatorische Aspekte, sondern auch ganz entscheidend die Beachtung ökonomischer Überlegungen. Das in die neue Technik investierte Kapital muß sich "rechnen", und um dies schon im Vorfeld der Investition abschätzen zu können, werden sog. Wirtschaftlichkeits- oder Investitionsrechnungen durchgeführt. Betriebswirtschaftlich formuliert sollte es

> "... Ziel einer jeden Investitionsrechnung sein, die Rentabilität einer geplanten Investition zu ermitteln, d.h. festzustellen, ob das in einem Investitionsobjekt gebundene Kapital sich in einer Höhe verzinst, die aufgrund alternativer Anlagemöglichkeiten als ausreichend angesehen wird. ... Eine Investition ist vorteilhaft, wenn die Summe der mit dem Investitionsobjekt erzielten Einzahlungen die Summe der laufenden Auszahlungen übersteigt und der Überschuß der Einzahlungen über die Auszahlungen, die Amortisation und eine angemessene Verzinsung des eingesetzten Kapitals ermöglicht" ([7], S. 682).

Um dieses nun auch in Zahlen ausdrücken zu können, bietet die Betriebswirtschaftslehre eine Vielzahl von Methoden an, die sich grob in *statische* und *dynamische* Verfahren differenzieren lassen. An diesen Verfahren wird u.a. auch aus den Reihen der Betriebswirtschaftler selbst kritisiert, daß sie wesentliche Aspekte einer Investitionsanalyse vernachlässigen oder gar nicht berücksichtigen.

Doch bevor auf die unterschiedlichen Methoden der Wirtschaftlichkeitsbeurteilung näher eingegangen wird, sollen zunächst die empirisch ermittelten Ergebnisse zur praktischen Bedeutung von Wirtschaftlichkeitsbeurteilungen als Teil der Investitionsplanung in Ingenieurbüros vorgestellt werden.

Wird in der betriebswirtschaftlichen Fachliteratur unter dem Stichwort 'Investitionsplanung' nachgeschlagen, so ist festzustellen, daß jeder Investition "eine genaue Investitionsplanung vorhergehen *muß* ...", deren "... *wichtigstes* Hilfsmittel ... die Investitionsrechnung ist." ([7], S. 680 f.; Hervorhebung durch die Verfasser). Sieht man sich dagegen in der rauhen Wirklichkeit der klein- und mittelbetrieblich strukturierten Bauingenieurbüros um, werden derartige, durch die Betriebswirtschaft vorgegebene Zwänge für die CAD-Einführung schlicht negiert; verallgemeinert: Investitionsrechnungen spielen in den untersuchten Büros keine Rolle.

Einige Ergebnisse mögen diese generelle Feststellung verdeutlichen: Gemäß einer unter den Mitgliedern des Verbandes Beratender Ingenieure 1988 durchgeführten Umfrage haben zwar 40% der CAD anwendenden Büros eine Wirtschaftlichkeitsanalyse durchgeführt; 75 % davon haben sich jedoch mit einfachen statischen Methoden begnügt. Nur 25 % haben aufwendigere Verfahren wie die 'Nutzwertanalyse' verwendet.

Die Skepsis an solchen quantitativen Ergebnissen wurde durch unsere Betriebsuntersuchungen noch verstärkt: Investitionsentscheidungen werden in den meisten Fällen nicht durch Wirtschaftlichkeitsbeurteilungen abgesichert. Bei den Entscheidungsträgern war eher die Frage vorherrschend, ob man sich das CAD-System leisten könne, nicht aber, ob die Investition auf Dauer wirtschaftlich sei. Gekauft wird immer dann, wenn gerade die nötigen Finanzmittel bereitstehen. Selbst die in die Untersuchung aufgenommene große Bauunternehmung hatte keine ausgefeilte Investitionsrechnung vorgenommen. Statt dessen wird meist auf das 'Prinzip Hoffnung' gesetzt.

Diese mangelnde Einsicht in die Notwendigkeit von Investitionsrechnungen hat nach unserer Einschätzung mehrere Ursachen:

- Die Gründe für den CAD-Einstieg liegen nicht nur auf in klassischer Manier quantifizierbaren Ebenen, vielmehr werden mit dem CAD-Einstieg Ziele verfolgt (CAD als Akquisitionsargument, "CAD ist die Zukunft!" etc.), die sich nicht in eine rein betriebswirtschaftlich ausgerichtete Rechnung pressen lassen. An diesem Punkt greifen, insbesondere bei Büroinhabern mit einem Hang zur Technikbegeisterung, andere Entscheidungsstrukturen.
- Gerade den kleinen Büros fehlen sowohl das betriebswirtschaftliche Know-how als auch die zeitliche und personelle Kapazität. Dieses Problem

läßt sich branchenunabhängig verallgemeinern. Verstärkt wird dieses Handicap durch den großen Aufwand, der für die Anwendung aussagekräftigerer Methoden der Wirtschaftlichkeitsbeurteilung betrieben werden muß.

- Bei Investitionsentscheidungen für eine neue Technik wie CAD gewinnen immer mehr Kriterien an Bedeutung, die sich nicht exakt quantifizieren lassen. Wie soll ein Ingenieurbüro die Flexibilitätssteigerung und den Imagegewinn, den es durch den Einsatz moderner Technik erzielt, in Mark und Pfennig ausdrücken? Wie kann eine bessere Plan- und Planungsqualität finanziell bewertet werden? Hier wird deutlich, daß neue Kriterien an Bedeutung gewinnen, die sich nicht immer monetär oder quantitativ bewerten lassen, sondern oft nur einer qualitativen Beurteilung zugänglich sind. Dies ist auch einer der Gründe dafür, daß es bisher wenige erprobte und für den Praktiker handhabbare Verfahren einer 'erweiterten' Wirtschaftlichkeitsbeurteilung gibt.

Es kann in diesem Handbuch nicht darum gehen, die CAD einführenden Planer zu Betriebswirten umzuschulen. Darum wird auf die ausführliche Darstellung einzelner Verfahren verzichtet und nur auf die entsprechende Fachliteratur verwiesen. Die folgenden Ausführungen werden sich vielmehr auf eine Auswahl von Verfahren, ihre Anwendbarkeit sowie ihre Vor- und Nachteile konzentrieren.

Die klassische Wirtschaftlichkeitsrechnung

Die Betriebswirtschaftslehre unterscheidet zunächst zwischen statischen und dynamischen Wirtschaftlichkeitsverfahren. Dabei lassen sich die *statischen Methoden* wie folgt weiter differenzieren:

- Bei der *Kostenvergleichsrechnung* werden nur die Kosten einer oder mehrerer Investitionsalternativen in einer Periode bei einem bestimmten Output miteinander verglichen. Das in der Betriebswirtschaft sog. Vorteilhaftigkeitskriterium ist ausschließlich die Kostendifferenz zwischen den verschiedenen Alternativen ([7], S. 684 f.; [1], S. 66).

- Die *Gewinnvergleichsrechnung* bewertet die Alternativinvestitionsmöglichkeiten nach ihrem jeweiligen Mehrgewinn. In Erweiterung der Kostenvergleichsrechnung bezieht sie die Erlöse mit ein ([7], S. 685 f.; [1], S. 66 f.; [2], S. 121 f.).

- Bei der *Rentabilitätsrechnung* wird das Investitionsobjekt mit der größten Rentabilität ausgewählt. Die Rentabilität läßt sich nach folgender Formel ermitteln ([7], S. 686 ff.; [1], S. 67; [2], S. 122):

  Rentabilität = (Gewinn : Umsatz) x (Umsatz : investiertes Kapital) x 100

- Bei der *Amortisationsrechnung* hängt die Entscheidung für eine Investition von der Amortisationsdauer ab. Diese "Pay-off-Periode bezeichnet ... den Zeitraum, in dem es möglich ist, die Anschaffungsauszahlungen einer Anlage wiederzugewinnen, d.h. die Anlage hat sich amortisiert, sobald die Erlöse die Anschaffungsauszahlungen und die laufenden Betriebskosten dekken" ([7], S. 688).

Der entscheidende Vorteil der *dynamischen Verfahren* gegenüber den statischen Berechnungsmethoden liegt in der Berücksichtigung der Zeitdimension (z.B. Lebensdauer des Investitionsgutes). Dieser Zeitfaktor erlaubt, die Veränderungen der auch bei den statischen Verfahren berücksichtigten Größen (Ertrag, Aufwand, Kosten) in ihrem Zeitverlauf zu erfassen und in die Beurteilung einzubeziehen. Auf vier dynamische Wirtschaftlichkeitsberechnungsverfahren soll kurz eingegangen werden:

- Bei der *Kapitalwertmethode* wird die Vergleichbarkeit der Investitionsalternativen "dadurch hergestellt, daß alle zukünftigen Einzahlungen auf den Zeitpunkt unmittelbar vor Beginn der Investition abgezinst werden. Eine auf einen Zeitpunkt abgezinste Zahlung bezeichnet man als Barwert. Der Kapitalwert einer Investition ergibt sich als Differenz zwischen der Summe der Barwerte aller Einzahlungen und der Summe der Barwerte aller Auszahlungen, die mit dieser Investition zusammenhängen." ([7], S. 690) Investiert wird nach diesem Verfahren dann, wenn der errechnete Kapitalwert mindestens bei Null liegt oder darüber ([7], S. 689 ff.; [1], S. 68; [2], S. 123).

- Mittels der *Methode des internen Zinsfußes* wird das Investitionsvorhaben, dessen interner Zinsfuß am höchsten ist, am positivsten bewertet. Der Zinsfuß ist derjenige, der bei der Abzinsung der Einnahmen und Ausgaben zu einem Kapitalwert von Null führt.

- Die *Annuitätenmethode* ist eine Weiterentwicklung der Kapitalwertmethode. Durch das Aufrechnen der durchschnittlichen jährlichen Einnahmen und Ausgaben im Zeitablauf werden die Investitionsabsichten beurteilt.

- Bei der *Pay–off–Methode* wird die schon beschriebene Amortisationsrechnung wiederum durch Einbezug des Zeitfaktors verbessert.

Diese Grundtypen wurden immer wieder weiterentwickelt, um so zu versuchen, ihre jeweiligen Schwächen auszumerzen. Interpretiert man jedoch die vorliegende Literatur richtig, so wurden mit den Weiterentwicklungen nur punktuelle Verbesserungen erzielt, die strukturellen Schwächen blieben jedoch davon unberührt.

Zur Kritik der traditionellen Wirtschaftlichkeitsrechnung

Nicht umsonst bezeichnet Wöhe [7] in seinem Standardlehrbuch zur Betriebswirtschaftslehre die statischen Investitionsrechnungsmethoden als "Praktikerverfahren" ([7], S. 686). Damit ist ein Grundproblem der Wirtschaftlichkeitsrechnung ausgedrückt: Der entscheidende Vorteil sowohl der statischen als auch – mit Einschränkungen – der anspruchsvolleren dynamischen Verfahren ist ihre leichte *Handhabbarkeit* für die Investitionsplaner im Betrieb. Das Kriterium der Praktikabilität gewinnt naturgemäß mit abnehmender Betriebsgröße steigende Bedeutung. Jedoch stehen diesem Vorzug eine Vielzahl von Nachteilen gegenüber. Die Betriebswirtschaftslehre selbst stellt die Aussagefähigkeit der Investitionsrechnung in Frage und problematisiert die gesamte, nur auf die Betriebswirtschaft ausgerichtete Investitionsplanungsrechnung.

Die Schwächen der Methoden lassen sich – über spezifische Mängel einzelner Verfahren hinaus – in drei Punkte fassen:

- Die statischen Verfahren verzichten auf den *Zeitfaktor,* der aber – wie gezeigt – bei den dynamischen Methoden Berücksichtigung findet.
- Dies ändert nichts daran, daß sowohl statische als auch dynamische Verfahren davon ausgehen (müssen), "daß die zukünftigen Werte der Zahlungsreihen bekannt sind, also *vollkommene Voraussicht* besteht" ([7], S. 695). Die naturgemäß entstehenden Unsicherheiten bei den Schätzwerten werden bei der Investitionsentscheidung nicht ausreichend gewürdigt. Dieses Problem tritt schon bei der Bewertung bekannter Faktoren auf (z.B. bei dem Produktivitätsvergleich zwischen alter und neuer Anlage), verschärft sich aber bei Neuinvestitionen, da eine für das Unternehmen völlig neue Technik eingeführt werden soll. Wie können in diesem Fall einigermaßen verläßlich geschätzte Produktivitätsfaktoren, z.B. bei der Schal- oder Bewehrungsplanerstellung, definiert werden?
- Die nur auf die Geldströme ausgerichteten Investitionsrechnungsverfahren müssen immer dann scheitern, wenn das mit dem Investitionsgut angestrebte *Ziel sich nicht monetär bewerten* läßt, der Sinn einer Investition sich somit nicht auf Kosten und Erlöse reduziert.

Unter anderem sind aufgrund dieser Kritikpunkte von der Betriebswirtschaftslehre Versuche unternommen worden, bisher nicht beachtete Kriterien einzubeziehen. Hier werden jedoch wiederum nur Kriterien gewählt, die sich monetär bewerten lassen, so z.B. Kosten im Zusammenhang mit der Einführung neuer Formen der Arbeitsorganisation (vgl. [2], S. 128 ff.). Dazu zählen etwa die Kosten für Fluktuation, Fehlzeiten, Schulung etc. Im Zusammenhang mit der Einführung von CAD im Ingenieurbüro sollen aber auch neue Ziele wie Qualitätsverbesserung, Flexibilitätssteigerung, erhöhte Arbeitszufriedenheit angestrebt werden, alles "... Kriterien für die Unternehmung und die Betroffenen, die sich einer monetären Quantifizierung entziehen" ([2], S.139).

Arbeitssystembewertung

Gerade im Zusammenhang mit dem Forschungsprogramm zur "Humanisierung des Arbeitslebens" wurde die Frage erhoben, wie man aus der Beschränkung der Investitionsentscheidung auf "Geldströme" herauskommen und andere relevante Faktoren mit in die Investitionsbetrachtung einbeziehen könne. So gibt es Ansätze, die etwa eine "gesellschaftsbezogene Rechnungslegung" fordern und den gesamten betrieblichen Leistungserstellungs- und Leistungsverwertungsprozeß in seinen gesellschaftlichen Auswirkungen und Folgekosten untersuchen (vgl. [1], S. 72 f.). An dieser Stelle soll jedoch nur auf unternehmensintern orientierte Ansätze eingegangen werden.

Für alle diese Ansätze der 'erweiterten' Wirtschaftlichkeitsbeurteilung gilt, daß sie sich noch in der Entwicklung befinden. Die Diskussion alternativer Ansätze ist zum einen noch im Fluß, zum anderen nicht frei von Widersprüchen und Unzulänglichkeiten. Trotzdem lassen sich wertvolle Anregungen geben, die in die Investitionsentscheidung Eingang finden sollten.

Beispielhaft soll nachfolgend die *Arbeitssystemwert–Ermittlung* in Anlehnung an [4] vorgestellt werden, ein Planungsinstrument, das einerseits in der Industrie schon sehr verbreitet und zum anderen auch handhabbar ist (vgl. [2], S. 152). Das Konzept der Arbeitssystemwert–Ermittlung geht davon aus, daß die Abteilung eines Betriebes, ein Ingenieurbüro oder auch ein einzelner Arbeitsplatz als 'Arbeitssystem' gilt. Das Arbeitssystem ist nach DIN wie folgt definiert:

> "Ein Arbeitssystem dient der Erfüllung einer Arbeitsaufgabe; hierbei wirken Mensch und Arbeitsmittel im Arbeitsablauf am Arbeitsplatz in einer Arbeitsumgebung unter den Bedingungen dieses Arbeitssystems zusammen" (Bild 1; zur Vernachlässigung der Dimension der "subjektiven Wahrnehmung" vgl. ebd., S. 17 ff.; und Bild 2)

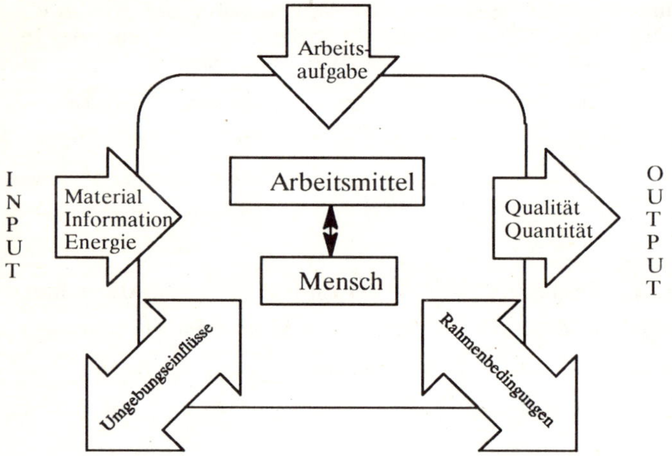

Bild 1: *Elemente und Beziehungen im Arbeitssystem ([5], S. 18)*

Beim Vergleich von Arbeitssystemen und bei der Auswahlentscheidung werden nun im Unterschied zur traditionellen Wirtschaftlichkeitsrechnung nicht nur betriebswirtschaftliche Kennzahlen zugrunde gelegt, sondern Aussagen über die gesamte "Effizienz" des Systems getroffen. Diese Effizienz wird sich anhand des Katalogs von Gestaltungszielen (☞ *Kapitel 2, Zielfindung*) beurteilen lassen, der im Zuge der Planung des neuen Arbeitssystems entwickelt wurde. Vorstellbar ist eine Unterscheidung in

- organisatorische Ziele (Verkürzung der Bearbeitungszeit etc.),
- technische Ziele (Qualitätsverbesserung etc.),
- Kostenziele (Senkung der Herstellkosten) und
- personelle Ziele (Abbau von Fluktuation und Fehlzeiten, höhere Motivation etc.).

Während die quantitativ bewertbaren Ziele mit Kosten und/oder Erträgen belegt werden können, muß für nicht monetär bewertbare Ziele ein anderer Weg gefunden werden. Von daher macht die Arbeitssystemwertmethode [3] und [4] eine "Duale Vorgehensweise" erforderlich:

> "Dem kaufmännischen Rechenergebnis, erstellt auf der Basis konventioneller Investitionsrechenverfahren, wird mit der Ermittlung eines Arbeitssystemwertes – im wesentlichen errechnet nach den bekannten Punktwertverfahren (Scoring), wie sie für Modelle der Nutzwertanalyse entwickelt wurden – ein zusätzliches Entscheidungskriterium hinzugefügt. Angestrebt wird daher nicht eine 'einfache' Aussage zur Wirtschaftlichkeit, vielmehr eine Gesamtbewertung der Effizienz des geplanten Arbeitssystems." ([1], S. 77 f.)

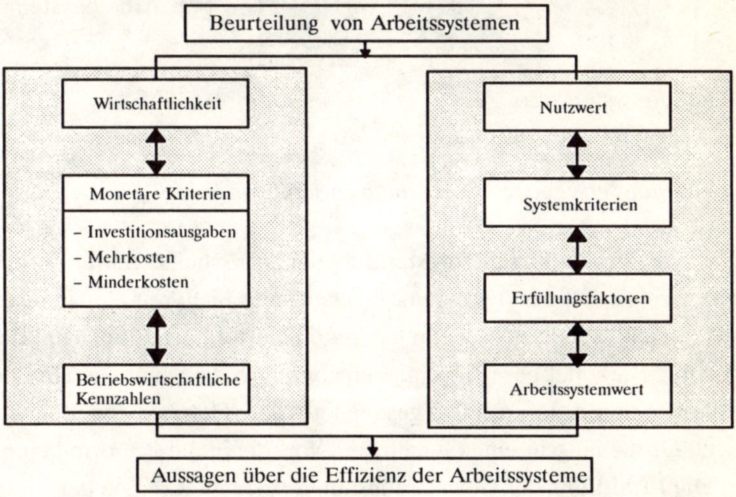

Bild 2: *Duale Bewertung von Arbeitssystemen ([1], S. 78)*

Die *betriebswirtschaftlichen Kennzahlen* errechnen sich aufgrund der oben beschriebenen traditionellen Investitionsrechenverfahren.

Um den Arbeitssystemwert zu ermitteln, schlägt [3] folgende Arbeitsschritte vor:

- Operationalisierung der Gestaltungsziele (Meßbarkeit),
- Gewichtung der Gestaltungsziele (paarweiser Vergleich),
- Entwicklung alternativer Arbeitssysteme,
- Festlegung der Erfüllungsgrade,
- Berechnung der Arbeitssystemwerte,
- Bilanzierung des Arbeitssystemvergleiches (betriebswirtschaftliche Kennzahlen und Arbeitssystemwert) (Bild 3),
- Auswahlentscheidung.

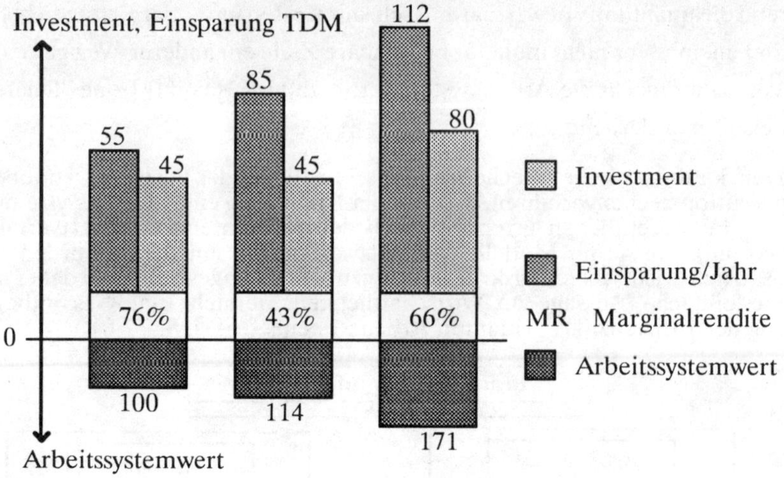

Bild 3: *Bewertungsergebnisse der alternativen Grobkonzepte [4]*

Die langjährige Anwendung dieser Methode bei der Arbeitsstrukturierung in der Industrie hat gezeigt, daß der Bewertungsmechanismus nicht nur eine plausible Vorgehensweise darstellt, sondern – eventuell in modifizierter Form – auch für kleinere Unternehmen noch handhabbar ist. Es müssen aber auch die Schwächen hervorgehoben werden, die von den Autoren selbst gesehen werden: Der Arbeitssystemwert als mathematische Größe täuscht eine Genauigkeit vor, die in dieser Form keine Berechtigung hat. Die Ermittlung der Gewichtungspunktwerte im Rahmen der Zieldiskussion erfolgt auf einem "ordinalen Meßniveau", d.h., es werden Relationen betrachtet, die zu vergebenden Zahlen bewirken eine Rangfolge oder Prioritätenliste. Diese ordinal bewertete Zielrangfolge wird durch "Multiplikation und Addition im weiteren Verlauf zu einem (Zahlen–)Wert 'verdichtet'. " Der so ermittelte Arbeitssystemwert darf nicht als exakte Größe im weiteren Entscheidungsprozeß verwendet, sondern muß mit äußerster Vorsicht behandelt werden (vgl. [1], S. 81 f.; [2], S. 159 ff.).

Insgesamt muß aber die Bedeutung der Arbeitssystemwertmethode darin gesehen werden, daß sie auf die Konsensbildung innerhalb der Projektgruppe ausgerichtet ist, was eine wichtige Bedingung einer erfolgreichen CAD–Einführung ist:

> "Der 'Ertrag' der Ermittlung von Arbeitssystemwerten liegt denn auch nicht im Ergebnis der 'errechneten' Größe Arbeitssystemwert, sondern im Bewertungsprozeß selbst, der Formulierung von Zielen, der Diskussion um Systemkriterien, Gewichtungen und Erfüllungsgrade, mit dem – zumindest ein Stück – der 'innerbetrieblichen Handlungskonstellation' und 'allgemeinen betrieblichen Handlungsbedingungen' sichtbar gemacht werden (können), – allerdings sehr in Abhängigkeit von der Zusammensetzung des Planungs- und Beratungsgremiums und der 'Diskursform'." ([1], S. 82)

Empfehlungen

Bei den bisherigen Ausführungen zur Wirtschaftlichkeit von neuen Techniken mag beim Leser der Eindruck entstanden sein, daß sich Wirtschaftlichkeitsbeurteilungen gar nicht durchführen lassen, weil

- die Materie zu kompliziert ist,
- der Aufwand für kleine Ingenieurbüros zu hoch ist und
- die Vielzahl der unsicheren Einflußfaktoren so groß ist, daß die Ergebnisse wenig aussagekräftig werden.

Wenn diese Bedenken auch prinzipiell zutreffen, so ist trotzdem zu einer Wirtschaftlichkeitsbetrachtung – selbst in klassischer Form – zu raten, weil so eine schwierige Entscheidung mit weiteren Pro– und Kontra–Argumenten abgesichert werden kann. Hinzu kommt, daß allein schon die Überlegungen, die im Rahmen etwa eines – auch vereinfachten – Verfahrens der Arbeitssystembewertung vorgenommen werden müssen, Hinweise, Meinungen und Vorschläge erbringen können, die sonst nicht in die Diskussion gekommen wären. Auch der 'Beratungsprozeß selbst' als konsensbildender Dialog ist ein wichtiger Faktor einer erfolgreichen CAD–Einführung.

Welche praktischen Hinweise zur Wirtschaftlichkeitsbeurteilung lassen sich den Ingenieurbüros geben?

- Bei einer 'erweiterten' Wirtschaftlichkeitsbetrachtung steht nicht allein das betriebswirtschaftliche Ergebnis, sondern der gesamte Effektivitätsgewinn des Ingenieurbüros im Blickfeld.
- Die folgenden Aspekte sind *quantitativ* (☞ *Abschnitt 4.2, Checkliste Kosten*) bewertbar:
  - *einmalig anfallende Kosten:* Ist–Analyse, Beratungskosten, Informationskosten etwa für Messebesuche, Installationskosten, Einführungskosten, erste Schulungsmaßnahmen inkl. Ausfallzeiten der betroffenen Mitarbeiter, Mobiliar und natürlich die Investition für die Hard– und Software.
  - *laufende Kosten:* weiterführende Schulungen, Wartungsvertrag, Reparaturen, Zinsen, Versicherung, Maschinenkosten etwa für Strom, Materialkosten etc.
  - Einsparungen,
  - Rentabilität,
  - Amortisation.
- Neben den genannten Kostenfaktoren sind die nur *schwer* bzw. *nicht monetär* bewertbaren Kosten zu ermitteln. Dazu zählen beispielsweise die nicht kalkulierbare Einarbeitungszeit, Fehlzeiten bei einer schlechten arbeitsorganisatorischen Einbindung oder fehlender Berücksichtigung ergonomischer Aspekte.

- Die *Leistungseffekte* sind den monetär bewertbaren Kosten gegenüberzustellen. Sie sind in der Regel kaum exakt zu bestimmen. Betrachtet man nur den bei vielen Investitionsvorhaben erwarteten Produktivitätseffekt, wird man erkennen müssen, daß es keine gesicherten Annahmen über Steigerungen der Produktivität oder reduzierte Durchlaufzeiten gibt. In Abhängigkeit von einer Vielzahl von Faktoren sind Werte im Umlauf, die vom 1:1– bis zum 1:10–Verhältnis reichen können. Aber es lassen sich durchaus auch Aussagen finden, die eine konventionelle Bearbeitung in bestimmten Bereichen für effektiver halten (☞ *Kapitel 3, Nutzen des CAD–Einsatzes*).

- Der *qualitative Nutzen* läßt sich monetär nicht bewerten, sondern muß über das beschriebene Gewichtungsverfahren eingebracht werden. Nutzeffekte dieser Art sind u.a. höhere Motivation und Akzeptanz bei den Beschäftigten, Qualitätsverbesserungen bei der Planung, höhere Qualifikationen der Mitarbeiter, Akquisitionsvorteile oder höhere Flexibilität. Alles, was nicht in die traditionellen betriebswirtschaftlichen Verfahren paßt, muß in jedem Falle qualitativ erhoben und bewertet werden. Gerade diese qualitativen Zielsetzungen mit ihrem nicht berechenbaren Kosten–Nutzen–Effekt können über Erfolg und Mißerfolg entscheiden.

- Beziehen Sie *beide Betrachtungsweisen* in die Entscheidung ein und verfallen Sie nicht in den Fehler, wieder nur auf vermeintlich 'harte Fakten' wie Preise, Zinsen etc. zu vertrauen. Niemand wird Ihnen etwa die Zinsentwicklung in den nächsten Jahren exakt prognostizieren können. Auch diese harten Fakten sind erheblich weicher, als sie auf den ersten Blick aussehen.

- Insgesamt ist wichtig, daß man sich bei der Durchführung einer Wirtschaftlichkeitsbetrachtung darüber im klaren ist, daß nicht so sehr das einzelne Kriterium von Bedeutung ist, sondern daß die Einführung von CAD eher als eine 'strategische Investitionsentscheidung' zu sehen ist, die nicht aus kurzfristigen Rentabilitätsüberlegungen heraus getroffen werden darf.

Literatur

[1] Braczyk, Hans–Joachim, Christian Kerst u. Joachim Niebuhr: Eine starke Behauptung ist besser als ein schwacher Beweis. Beschaffungsentscheidungen im Betrieb. Werkstattberichte Humanisierung des Arbeitslebens Wb 1. Bremerhaven: Wirtschaftsverlag NW 1987.

[2] Elias, Hermann–Josef, Bernhard Gottschalk u. Wolfgang Staehle: Gestaltung und Bewertung von Arbeitssystemen. Frankfurt am Main/New York: Campus Verlag 1985.

[3] Grob, Robert: Erweiterte Wirtschaftlichkeits- und Nutzenrechnung. Duale Bewertung von Maßnahmen zur Arbeitsgestaltung. Köln: Verlag TÜV Rheinland 1984.

[4] Grob, Robert u. Helmut Haffner: Planungsleitlinien Arbeitsstrukturierung. Systematik zur Gestaltung von Arbeitssystemen. Berlin/München: Siemens Aktiengesellschaft 1982.

[5] Karg, Peter u. Wolfgang Staehle: Analyse der Arbeitssituation. Verfahren und Instrumente. Freiburg: Rudolf Haufe Verlag 1982.

[6] Warnecke, Hans–Joachim: Probleme und Lösungsansätze zur Beurteilung von Arbeitssystemen aus der Sicht der Betriebe und der Begleitforschung. Klausurtagung – HdA und Wirtschaftlichkeit. Bonn: 1981.

[7] Wöhe, Günter: Einführung in die Allgemeine Betriebswirtschaftslehre. 14. Aufl. München: Verlag Franz Vahlen 1981.

Zwei- oder dreidimensionale CAD-Systeme

Christian Niestroj

Über die Frage, ob 2-D- oder 3-D-CAD für das Bauwesen geeigneter ist, herrscht unter Fachleuten keine Einigkeit. Bevor einige Vor- und Nachteile des jeweiligen Typus angeführt werden, erfolgt eine kurze Beschreibung der 2-D- und 3-D-Systeme. Die rechnerinterne Darstellung (RID) von Geometrieobjekten, bestehend aus Daten des Objektes, deren Struktur und den zugehörigen Modellierungsalgorithmen, ist ein wesentliches Merkmal von CAD-Systemen. Sie bestimmt in hohem Maße die Funktionalität und Handhabung. Abhängig davon können ebene Modelle 2-dimensional, reine Profil- und Rotationskörper 2½-dimensional oder Bauteile mit beliebiger Geometrie 3-dimensional repräsentiert werden (vgl. [1],[2],[3],[4]).

2-D-CAD

Die RID geometrischer Objekte erfolgt mit Hilfe einfacher Elemente (Punkte, Linien, Kegelschnitte und ebene Freiformkurven (analytisch nicht beschreibbar → Interpolation bzw. Approximation)) als ebene Darstellung. Die Menge der Daten für ein Geometrieobjekt ist relativ gering. Somit ist auch die Anzahl und Komplexität der Rechenoperationen für eine Geometriemanipulation vergleichsweise niedrig.

Neben den reinen 2-D-Systemen gibt es noch die sog. 2½-D-Systeme, die in der Lage sind, in der Ebene konstruierte Geometrie räumlich darzustellen und/oder daraus Schnitte zu erzeugen. Jedem Geometrieobjekt heftet der Anwender eine Höhenkote an. Die Erzeugung von Folgedarstellungen (Schnitte, Ansichten) wird dann innerhalb des CAD-Programms über die dritte Dimension (Höhenkote) möglich. Die erzeugten Darstellungen sind nicht unbedingt miteinander verknüpft, so daß Änderungen einer Darstellung nicht automatisch zu assoziativen Änderungen anderer Darstellungen führen müssen.

Vorteile:

- Der Kaufpreis für 2-D- oder 2½-D-CAD ist in der Regel niedriger als für 3-D-CAD.
- Die Hardware-Anforderungen sind für 2-D bescheidener, d.h., die Hardware ist preisgünstiger. Eventuell reicht ein gut ausgerüsteter PC aus.
- Das Systemverhalten (Bildaufbau, Antwortzeiten des Systems usw.) ist meist gut bis sehr gut.

- Die Handhabung von 2-D-CAD ist leicht erlernbar, der Anwenderkreis beschränkt sich nicht auf Hochschulabsolventen.
- Auf der Baustelle wird auch weiterhin nach 2-D-Werkplänen gebaut; es ist nicht abzusehen, ob hier in Zukunft eine Änderung eintreten wird.

Nachteile:

- In einem 2½-D-CAD-System ist die Geometrie in der dritten Dimension nur unvollständig beschrieben. Beispielsweise kann die Höhe einer Wand nur als Attribut an die Grundrißdarstellung angehängt werden, sofern die Wandhöhe konstant ist. Weiterhin ist es möglich, bei linear veränderlicher Wandhöhe den beiden Endpunkten der Wand die jeweilige Höhe anzuheften, diese Methode hat jedoch von der Handhabbarkeit her ihre Grenzen.
- Daraus ergibt sich unmittelbar, daß Folgedarstellungen aus einer Zeichnung (z.B. automatische Schnittdarstellung aus einem Grundriß) in nur wenigen Regelfällen (konstante oder linear veränderliche Höhe) möglich und die Massenermittlungen unvollständig sind.
- In 2-D ist keine Kollisionsprüfung von Bauteilen möglich.

3-D-CAD

Die Darstellung von Geometrieobjekten in 3-D kann als kantenorientiertes Modell *(Drahtmodell)*, als flächenorientiertes Modell *(Flächenmodell)* oder als volumenorientiertes Modell *(Volumenmodell)* erfolgen.

Bei einem *Drahtmodell* werden die Geometrieobjekte über Punkt- und Linienelemente repräsentiert. Die Darstellung erfolgt bei CAD vorzugsweise über ebene Flächen und Kanten. Dieses einfachste 3-D-Modell erfordert relativ wenig Rechenzeit und Speicherplatz, deckt aber nur den Teil der Geometrieobjekte ab, die durch ebene Flächen begrenzt sind. Ferner sind zwar beliebige Ansichten möglich, diese Darstellungen sind aber im allgemeinen nicht räumlich erkennbar. Erst durch *Hidden-Line-Algorithmen* kann eine Hierarchie in der Darstellung der Kanten errechnet und unsichtbare Kanten können somit am Bildschirm ausgeblendet werden.

Das *Flächenmodell* wird rechnerintern durch die begrenzenden Außenflächen (Ebenen, Zylindermantelflächen, Freiformflächen usw.) definiert. Die Flächen ihrerseits werden durch Konturen begrenzt, diese sind wiederum Schnittlinien zweier sich berührender oder schneidender Flächen. Punkte sind schließlich Schnittmengen dreier sich schneidender Flächen oder charakteristische Orte bei der Festlegung von Konturelementen. Die das Objekt definierenden Flächen werden in CAD grundsätzlich durch zwei Typen dargestellt: durch analytisch beschriebene (ebene) Flächen oder durch interpolierende bzw. approximierende Flächen. Da mathematische Operationen für Flächen allgemeiner Form (Freiformflächen) ungleich komplizierter sind, wird die Annäherung (Approximation) dieser Flächen durch ebene Flächen erreicht, so daß die dafür notwendigen mathematischen Operationen wesentlich einfacher sind. Je besser jedoch die Annäherung an eine Freiformfläche sein soll, desto mehr ebene Approximationsflächen müssen zur Beschreibung herangezogen werden. Das bedeutet gleichzeitig eine Vervielfachung der vom Rechner zu verarbeitenden Daten, was wiederum eine Erhöhung der Verarbeitungszeit und/oder rasch das Erreichen der zur Verfügung stehenden Speichergrenzen bedeutet. Auch bei diesem Modell läßt sich die nichteindeutige Darstellung nur durch *Hidden–Surfaces–Algorithmen* beheben.

Volumenmodelle lassen sich durch Raumpunkte beschreiben, die hinsichtlich ihrer Lage zum Objekt entweder innen- oder außenliegend sind. Die Orientierung kann durch die sie umhüllenden Flächen erfolgen, wobei die Flächen im Raum orientiert sind. Bei einer Fläche läßt sich somit angeben, auf welcher Seite sich das Material befindet. Die Modellierung von Volumenobjekten kann durch *Akkumulation* oder durch *Generation* erfolgen. Bei der akkumulativen Volumenmodellierung werden zuerst die das Objekt begrenzenden (orientierten) Flächen definiert, anschließend wird das Volumen durch Identifikation der betreffenden Flächen zusammengesetzt. Die generative Volumenmodellierung beruht darauf, daß ein komplexes Volumenobjekt durch Mengenoperationen (Vereinigung, Durchschnitt, Differenz) aus mehreren Volumenprimitiven (Quader, Kugel, Zylinder, Kegel, Freiformkörper usw.) verknüpft wird. Die erforderlichen Operationen beider Verfahren sind rechenintensiv, entsprechend lang sind die Antwortzeiten des Rechners. Volumenmodelle beschreiben die Geometrie am genauesten, sind in der Handhabung und in der RID jedoch am aufwendigsten.

Vorteile:

- Mit 3–D–CAD kann die Massenermittlung konsistent vorgenommen werden.
- Aus Zeichnungen können eindeutige Folgedarstellungen (Schnitte, Perspektiven usw.) gewonnen werden.
- Mit 3–D–CAD kann eine ansprechende Präsentationsgraphik (zu Akquisitionszwecken) aufgestellt werden. Der Bauherr kann das Bauwerk bereits vor der Fertigstellung am Bildschirm 'durchlaufen'.
- Eine Kollisionsprüfung von Bauteilen ist möglich. Damit kann verhindert werden, daß an Durchdringungsstellen Widersprüche auftreten.
- In der Tragwerksplanung treten oft statische Systeme auf, die sinnvollerweise im 3–D–Bereich berechnet werden sollten (räumliches Stabwerk, Faltwerke, Kontinua usw.), oft fehlen aber die Werkzeuge für die geometrische Modellierung, um die Eingabe für eine solche 3–D–Strukturanalyse durchführen zu können. 3–D–CAD könnte diese Werkzeuge liefern.

Nachteile:

- 3-D-CAD ist im Regelfall schwerer zu erlernen, weil ein höherer Anspruch an das räumliche Abstraktionsvermögen gestellt wird. Somit wird bestimmten Berufsgruppen der Zugang zur Anwendung erschwert und andererseits die Zeichnungsbearbeitung durch hohe Personalkosten verteuert.

- Die Eingabe von Geometrie ist wesentlich umfangreicher als bei 2-D-CAD, wobei das Eingeben der dritten Koordinate noch den geringsten Mehraufwand erfordert. Hinzu kommt u.a. die Orientierung von Körpern im Raum.

- Die Software ist i.d.R. teurer und setzt Bedingungen voraus, die nur spezielle Hardware erfüllen kann. So sind für 3-D-Anwendungen entsprechende Graphikprozessoren erforderlich.

- Trotz des speziellen Hardware-Einsatzes ist das Systemverhalten im Vergleich zu 2-D immer noch unbefriedigend. Generierung und Bildaufbau von Schnitten oder perspektivischen Darstellungen verursachen oft erheblichen Zeitaufwand.

Vergleich

Untersuchungen in Ingenieurbüros der Bauwirtschaft haben ergeben, daß die Anwender fast ausschließlich mit dem 2-D-Modul arbeiten, obwohl 3-D vorhanden ist. Als wesentliche Gründe dafür wurden genannt, daß

- 2-D für die Erstellung von Schal- und Bewehrungsplänen als völlig ausreichend angesehen wird,

- der Eingabeaufwand in keinem Verhältnis zu den Vorteilen steht, die sich aus einer rechtzeitigen Massenermittlung ergeben, und

- in den ersten Phasen der Objektplanung die exakten Eingangsdaten nicht in dem Maße vorliegen, wie sie für eine 3-D-Bearbeitung nötig wären.

Das gegenseitige Abwägen von Vor- und Nachteilen zeigt, daß der Einsatz von 2-D oder 3-D von den konkret zu bewältigenden Aufgabenstellungen abhängt. Für Aufgaben im Entwurfsbereich kann der Einsatz von 3-D bis zu einem bestimmten Detaillierungsgrad durchaus sinnvoll sein, z.B. um dem räumlichen Vorstellungsvermögen des Bauherrn entgegenzukommen. Ebenso könnte der konstruktive Ingenieur sein Tragwerk etwas realitätsnäher räumlich modellieren und mit entsprechenden Statikprogrammen das tatsächliche Tragverhalten besser erfassen.

Andererseits ist der Eingabeaufwand bei 3-D ab einem bestimmten Detaillierungsgrad so immens, daß ab einem festzulegenden Planungsstand die zeichnerische Bearbeitung in 2-D erfolgen sollte. Hat die Bearbeitung in 3-D einen bestimmten Stand erreicht, so sollten die maßgebenden Schnittebenen für einen Datenabzug definiert werden und ein Datenabzug für die weitere 2-D-Bearbeitung erfolgen. Diese Vorgehensweise hat den Nachteil, daß 2-D- und 3-D-Modell auf verschiedenen Datenbasen aufbauen. Die Folge ist, daß Änderungen, die im 2-D-Modell vorgenommen werden, sich nicht auf das 3-D-Modell auswirken und umgekehrt Modifikationen des 3-D-Modells im 2-D-Modell unberücksichtigt bleiben. Ob der Übergang der Bearbeitung von 2-D zu 3-D zwischen Vorentwurf und Entwurf oder zwischen Entwurf und Ausführungsplanung stattfindet, sollte von konkreten Kriterien abhängig gemacht werden: Komplexität des Bauwerkes, Auffassungsvermögen des Anwenders, Eingabekomfort der Software usw. Nach Ansicht des Verfassers wäre es jedoch unzweckmäßig, beim derzeitigen Software-Stand die Ausführungspläne mit 3-D erstellen zu wollen. Aus den geschilderten Umständen ergibt sich, daß die Kombination von 2-D- und 3-D-Modellen in einem Software-Paket durchaus wünschenswert wäre. Leider ist die Existenz solcher Mischlösungen nicht häufig anzutreffen, d.h., ein CAD-System ist in erster Linie entweder ein 2-D- oder ein 3-D-System. Ein aus einem 2-D- und einem 3-D-Modul bestehendes System ist nicht auf beiden Gebieten gleich leistungsfähig, der Anwender muß sich also in seinen Ansprüchen einschränken. So ist beispielsweise anzutreffen, daß die Datenübergabe aus dem 3-D-Modell zum 2-D-Modul mängelbehaftet ist. Jedoch kann erwartet werden, daß diese Einschränkungen aufgrund der raschen Fortentwicklung mittelfristig behoben werden und dem Anwender bald CAD-Lösungen zur Verfügung stehen, die ihn auf dem 2-D- und 3-D-Gebiet optimal unterstützen.

Literatur

[1] DIN 1356: Bauzeichnungen. Berlin: Beuth Verlag 1987.

[2] Helmerich, Rolf u. Peter Schwindt: CAD-Grundlagen. 3. Aufl. Würzburg: Vogel Buchverlag 1989.

[3] Henning, Harry: CAD-Technologie. Entscheidungskriterien für den wirtschaftlichen Einsatz in der Konstruktion. Heidelberg: Dr. Alfred Hüthig Verlag 1988.

[4] Pfeiffer, Thomas: CAD für Bauingenieure. Braunschweig/Wiesbaden: Friedr. Vieweg & Sohn Verlagsgesellschaft 1989.

4. Anhang

4.1 Glossar zu technischen Begriffen

In diesem Abschnitt sollen einige ausgewählte technische Begriffe kurz erläutert werden. Die Auswahl beschränkt sich auf solche Begriffe, die für die Beschreibung des CAD–Umfeldes unbedingt notwendig sind. Insofern kann nicht der Anspruch auf ein vollständiges Glossar zu allen DV–technischen Begriffen erhoben werden; dazu existiert eine Vielzahl von Nachschlagwerken ([1],[2],[3]).

Anwendung

Als Anwendung (Applikation) bezeichnet man den Einsatz von Software für eine spezielle Aufgabenstellung. Solche Aufgaben können z.B. Bearbeitung von Texten, Erstellen von Zeichnungen, Aufstellen von statischen Nachweisen etc. sein, für deren Unterstützung auf dem Markt eine Vielzahl von Programmen zur Verfügung steht. Zur Realisierung einer Anwendung bedarf es eines → Anwendungsprogramms.

Anwenderprogramm

Ein Programm, das auf die genauen Bedürfnisse der vom Rechner zu lösenden Aufgaben eines Anwenders zugeschnitten ist. Der Begriff Anwenderprogramm zielt also auf die speziellen Aufgabenstrukturen eines Anwenders, insofern deckt sich der Begriff nicht vollständig mit → Anwendungsprogramm.

Anwendungsprogramm

Unter Anwendungsprogrammen (Anwendungssoftware) sind Programme zu verstehen, die die Bearbeitung bestimmter Aufgaben unterstützen. Für die Textverarbeitung, die Erstellung technischer Zeichnungen, die Ermittlung von Zustandsgrößen in der Statik, die Erstellung von Leistungsverzeichnissen u.v.m. existiert eine Vielzahl von → Anwendungsprogrammen. CAD–Systeme sind Anwendungsprogramme, weil sie die Aufgabenstellung 'Erstellung von (technischen) Zeichnungen' unterstützen. Ein Anwendungsprogramm wird durch Anpassung an die spezielle Aufgabenstellung eines Anwenders zum → Anwenderprogramm.

Applikation → Anwendung

Arbeitsplatzrechner

Arbeitsplatzrechner sind Mikrorechner, die hauptsächlich der individuellen Arbeit an einem bestimmten Arbeitsplatz dienen. Arbeitsplatzrechner werden gemäß ihrer Leistung in → Personalcomputer und → Workstations eingeteilt.

ASCII *(American Standard Code for Information Interchange)*

Der gebräuchlichste Code zur Verschlüsselung von Zeichen (Buchstaben, Ziffern und Sonderzeichen). Er enthält 128 (bzw. 256) darstellbare Zeichen, wobei jedes Zeichen eine bestimmte Position innerhalb einer (ASCII–) Tabelle hat; so hat der Buchstabe A die Position bzw. ASCII–Nummer 65, der Buchstabe C aufgrund seiner Stellung im Alphabet die Position bzw. ASCII–Nummer 67. Die Positionsnummern der einzelnen Zeichen werden zur weiteren rechnerinternen Verarbeitung in eine Binärdarstellung (→ Byte) umgewandelt.

Auflösung

Als Auflösung bezeichnet man die Anzahl der → Bildpunkte, die auf einer Darstellungsfläche (z.B. Bildschirm, → Plotter, Drucker) angesteuert werden können. Die gebräuchliche Einheit für die Auflösung ist die Anzahl der Bildpunkte pro Zoll (dpi = *dots per inch*). Bildschirme für CAD–Aufgaben haben i.d.R. eine Größe von 16, 19 oder 21 Zoll in der Diagonale. Darauf sind horizontal 1152 oder 1280 und vertikal 1024 oder 900 Bildpunkte untergebracht. Das entspricht einer Auflösung von 87 bis 100 dpi. Übliche Laser–Drucker verfügen über eine Auflösung von etwa 300 dpi.

Backup

Mit Backup wird die Datensicherung in der DV–Technik bezeichnet. Um einem möglichen Datenverlust zu begegnen (z.B. bei einem Defekt der → Hardware), müssen Dateien, die mit Hilfe von → Anwendungsprogrammen bei der täglichen Arbeit erzeugt werden, auf externen Speichermedien kopiert werden. Das → Betriebssystem bietet bestimmte → Dienstleistungsprogramme an, mit deren Hilfe die Datensicherung auf Diskette, Magnetbänder usw. vorgenommen werden kann. Die Datensicherung von → Zeichnungsdateien sollte streng organisiert werden und mindestens einmal am Tag erfolgen.

Benchmarktest

Verschiedene Verfahren zur vergleichenden Beurteilung der Leistungsfähigkeit eines DV–Systems. Unter vorgegebenen Randbedingungen wird mit dem System eine bestimmte Aufgabe (z.B. das Löschen verdeckter Linien bei der Darstellung von Volumenkörpern auf dem Bildschirm) bearbeitet. Es wird die für die Lösung benötigte Zeit gemessen. Ein weiteres Vergleichsmerkmal ist u.U. auch der Speicherbedarf.

Betriebssystem

Das Betriebssystem stellt das Bindeglied zwischen der → Hardware und der → Anwendungssoftware dar. Es gehört zur Systemsoftware und ermöglicht, daß Programme ausgeführt werden.

Zur Bewältigung der vielfältigen Aufgaben (Überwachung, Steuerung, Verwaltung usw. von Prozessen) stellt das Betriebssystem eine Vielzahl von Kommandos zur Verfügung. Standardisierungsbemühungen der 70er Jahre haben zur Entwicklung weitgehend hardware-unabhängiger Betriebssysteme geführt. Die bekanntesten Betriebssysteme sind → UNIX und → MS-DOS.

Um dem Anwender die Arbeit zu erleichtern, werden die eigentlichen Betriebssystemkommandos unter einer grafischen Oberfläche, bestehend aus → Fenstern, grafischen Symbolen, Menüs (→ Bildschirmmenü) u.v.m., verdeckt. Der Anwender wählt beispielsweise mit der Maus graphische Symbole (z.B. Papierkorb) aus, die die Ausführung von Befehlen auf Betriebssystemebene bewirken (Löschen von Dateien). Bekannte grafische Benutzeroberflächen zum Betriebssystem sind z.B. XTREE, WINDOWS oder OpenWindows.

Bildpunkt

Unter einem Bildpunkt (Pixel) wird die kleinste darstellbare Informationseinheit auf einem Rasterbildschirm verstanden. Dem Bildpunkt können Farbe und Intensität zugeordnet werden. Beim Farbbildschirm wird der Bildpunkt aus den drei Farben Rot, Grün und Blau gebildet. Der Monochrombildschirm enthält hingegen nur eine Grundfarbe. Auf jedem Bildschirm sind die Bildpunkte matrixartig angeordnet und können über Treiberroutinen angesteuert und aktiviert werden (→ Auflösung).

Bildschirmmenü

Ein Bildschirmmenü ist als graphischer Dienstleistungskatalog zu verstehen, der dem Benutzer verschiedene Auswahlmöglichkeiten an Objekten, Dienstleistungen oder Eigenschaften anbietet. Aus dem Menü wird durch den Anwender, z.B. mit der Maus, eine Auswahl getroffen und anschließend die damit verbundene Aktion durchgeführt.

Bildschirmmenüs können in vielfältiger Form dargestellt werden. Die einfachste Form ist die permanente Darstellung eines Menüs durch Optionen. Bei Pop-up-Menüs erscheinen die Auswahlmöglichkeiten erst durch Aktivieren. Menüs können weitere Sub-Menüs enthalten usw., wobei mit zunehmender Verschachtelungstiefe die Übersichtlichkeit verlorengeht.

Bit *(Binary digit)*

Ein Bit ist die kleinste in einem Computer darstellbare Informationseinheit. Ein Bit kann zwei Zustände annehmen: '1 oder 0' oder auch ' ja oder nein'. Durch Kombination mehrerer Bits erfolgt die Darstellung von Informationen im Binärcode. 8 Bit werden zu einem → Byte zusammengefaßt. 1 KBit = 1024 Bit, 1 MBit = 1024 KBit.

Byte

Kleinste Informationseinheit zur rechnerinternen Darstellung eines Zeichens (z.B. → ASCII). 1 Byte wird aus 8 → Bit gebildet. Häufig sind einem Byte noch zwei Prüfbit zugeordnet. Zur Darstellung einer Zahl werden je nach Genauigkeit mehrere Byte zusammengefaßt; für ganze Zahlen benötigt man zwei oder vier Byte, für reelle Zahlen vier oder acht Byte. Das Byte ist aber auch ein Maß für die Speicherkapazität. So sind (z.B. Festplatten, Disketten, Magnetbänder, optische Platten) und nicht-permanente Speicher (z.B. Arbeitsspeicher) mit der Angabe KByte (KB), MByte (MB), GByte (GB) dimensioniert. 1GB = 1024 MB, 1MB = 1024 KB, 1KB = 1024 Byte.

C

Name einer höheren → Programmiersprache, die Anfang der 70er Jahre im Rahmen der Arbeiten an dem → Betriebssystem → UNIX entwickelt wurde. Der Zweck dieser Sprache ist einerseits die maschinennahe Entwicklung von → Anwendungsprogrammen, andererseits die Entwicklung von Systemprogrammen. Es ist die erste Sprache, in der sowohl ein Betriebssystem, nämlich UNIX, programmiert wurde, als auch die Programme geschrieben werden, die zusammen mit UNIX für die → Anwendung eingesetzt werden. C kann auch in Verbindung mit anderen Betriebssystemen eingesetzt werden, besitzt deshalb eine außerordentliche → Portabilität. Wesentliche Eigenschaften von C aus programmiertechnischer Sicht sind gute Strukturierbarkeit, ein relativ kleiner, jedoch elementarer Befehlssatz, der z.T. eng an die maschinellen Möglichkeiten des → Prozessors angelehnt ist (zeit- und speicheroptimale Programmierung).

CAD[1] *(Computer Aided Drafting)*

Anwendungssoftware (→ Anwendungsprogramm) zur Unterstützung bei der Erstellung von Zeichnungen.

CAD[2] *(Computer Aided Design)*

Zusammenfassung aller → Software- und → Hardware-Komponenten zu einem komplexen Werkzeug zur Unterstützung beim Planen, Konzipieren, Entwerfen und Ausarbeiten von Objekten. Im Sinne dieser Definition ist dabei die Entstehung von Zeichnungen 'Abfallprodukt' der graphischen Fähigkeiten der Hard- und Software.

CAE *(Computer Aided Engineering)*

CAE umschreibt alle computergestützten Arbeiten in einem Ingenieurbüro oder im technischen Unternehmensbereich. Es umfaßt alle Tätgkeitsbereiche, wie Entwerfen, Konstruieren, Berechnen, Bemessen, Dokumentieren, Zeichnen und Abrechnen, unter Einsatz von DV-Betriebsmitteln.

CAM *(Computer Aided Manufacturing)*

CAM bezeichnet den Rechnereinsatz im Produktionsbereich. Bei CAM werden alle mit der Fertigung verknüpften Arbeitsprozesse über den Rechnereinsatz gesteuert. Hierzu zählen die numerische Steuerung von Maschinen, die Logistik, die Qualitätskontrolle, die Produktionsüberwachung u.ä.

CIB *(Computer Integrated Building)*

CIB ist ein analoger Begriff zu → CIM im Maschinenbau und bezeichnet die DV–Unterstützung beim Bauplanungs- und Ausführungsprozeß. Ziel des CIB ist es, die einzelnen Phasen der Bauplanung (Objektplanung, Tragwerksplanung usw.) bis hin zur Vorbereitung und Überwachung der Bauausführung im DV–technischen Sinne zu integrieren. Dabei wird das Ziel verfolgt, einmal erzeugte Daten allen weiteren Gliedern einer Prozeßkette bereitzustellen.

CIM *(Computer Integrated Manufacturing)*

CIM bezeichnet die "integrierte" Anwendung von Rechnern in allen betrieblichen Bereichen, besonders in denen des Maschinenbaus. Alle Arbeitsschritte vom Entwurf bis zur Auslieferung des Produktes sind durch Rechner miteinander verbunden. Die damit erreichte nahe Verbindung der Abteilungen untereinander soll einen schnelleren Informationsfluß und eine flexiblere Produktion von Waren und Dienstleistungen ermöglichen.

Compiler

Unter Compiler (Übersetzer) wird ein Software–Werkzeug verstanden, das eine mit einem → Editor erzeugte Quelle - die ein Programm in einer höheren → Programmiersprache als Text enthält - in die Maschinensprache des → Prozessors übersetzt. Das Quellprogramm ist erst nach dem Übersetzen (Compilieren) und dem folgenden Binden (Linken) ablauffähig. Siehe auch → Interpreter.

Datenbank

Die Datenbank ist eine kompakte Ansammlung von Datensätzen, die mit Software–Werkzeugen, die das → Datenbanksystem zur Verfügung stellt, erzeugt, manipuliert und nach bestimmten Kriterien durchsucht werden können. Physisch werden die Datensätze in Dateien vorgehalten.

Datenbanksystem

Ein Datenbanksystem im weiteren Sinne ist die Gesamtheit aller für den Betrieb einer → Datenbank notwendigen Informationskomponenten. Ein Datenbanksystem im engeren Sinne umfaßt jene besonderen Software–Komponenten, welche eine Datenbank–Lösung charakterisieren, das sind das → Datenbankverwaltungssystem und die zugehörigen Werkzeuge zur Definition der Datenstruktur und zur Manipulation der Daten in der Datenbank.

In diesem Sinne kann → CAD² als eine spezielle Datenbankanwendung (→ Anwendung) verstanden werden. Die geometrischen und nichtgeometrischen Daten einer CAD–Zeichnung sind in der Datenbasis gespeichert (=Datenbank). Das CAD–System als Daten(bank)verwaltungssystem bietet dem CAD–Anwender eine bestimmte Anzahl von Funktionen zur Erzeugung und Manipulation von Geometriedaten. Die Definition der Datenstruktur erfolgte bereits während der Festlegung der Architektur des CAD–Systems. Die Datenstruktur eines CAD–Systems ist an die besonderen Erfordernisse der Verwaltung von Geometriedaten angepaßt.

Datenbankverwaltungssystem

Darunter versteht man im wesentlichen ein Paket von Systemroutinen eines → Datenbanksystems, um üblichen Funktionen in einer → Datenbank (Suchen, Lesen, Schreiben) auszuführen. Daneben gibt es nur intern aufrufbare Funktionen, welche vor allem Maßnahmen im Bereich der Datenintegrität (automatische Eingabekontrollen, Rekonstruktionsprogramme, Zugriffskontrollen usw.) unterstützen.

Datenträger

Datenträger sind Medien zur Speicherung von Informationen. Im Bereich der Datenverarbeitung werden Informationen in Form von Dateien auf Datenträgern, wie Festplatten, Disketten, Magnetbänder u.a., gespeichert.

DATEX–P *(Data–Exchange–Package)*

Spezielles Leitungsnetz der Bundespost zur Übertragung von Datenpaketen. Die Informationen werden zu Datenpaketen gebündelt und dann vom Rechner des Absenders über regionale Knotenrechner zum Rechner des Empfängers geschickt. Dabei kann der Weg der einzelnen Datenpakete eines Übertragungsvorganges zwischen den Knotenrechnern durchaus unterschiedlich sein.

DBMS *(Data Base Management System)* → Datenbankverwaltungssystem

DFN *(Deutsches Forschungsnetz)*

Zusammenschluß von Universitäten, Forschungseinrichtungen und Wirtschaftsunternehmen zur Intensivierung der fachübergreifenden Forschungsaktivitäten auf dem Gebiet der überregionalen Datenübertragung. Sitz der Geschäftsstelle ist Berlin.

Dialogbetrieb

Unter Dialogbetrieb wird eine bestimmte Betriebsart auf einer DV–Anlage verstanden, bei der der Anwender während des Ablaufs eines Programmes Eingaben tätigt, die den Programmablauf beeinflussen. Es findet also ein interaktiver Dialog zwischen Programm und Anwender statt. Im Gegensatz dazu → Stapelbetrieb. Typische → Anwendungen für dialogorientierte → Anwendungsprogramme sind → CAD oder Textverarbeitungssysteme.

Dienstleistungsprogramm

Dienstleistungsprogramme (utilities) werden zur Erledigung häufig vorkommender Aufgaben auf Betriebssystemebene eingesetzt. Sie sollen das Verwalten von Dateien (löschen, erzeugen, editieren, sortieren u.v.m.) erleichtern und werden vom → Betriebssystem bereitgestellt. Daneben gibt es Dienstleistungsprogramme, die nicht zum Betriebssystem gehören, wie z.B. 'XTREE' oder 'NORTON UTILITIES'.

Digitalisiertablett

Digitalisiertabletts (auch Digitizer, Graphik–Tablett) gehören zu den Eingabegeräten (→ Peripheriegeräte). Zu den wichtigsten Komponenten eines Digitalisiertabletts zählen die Digitalisierfläche und ein Zeigegerät (Digitalisierstift bzw. -lupe). Die Position des Zeigegerätes auf der Digitalisierfläche wird vom aktiven Programm koordinatenmäßig lokalisiert und dazugehörige Aktionen ausgelöst.

Das Digitalisiertablett wird für verschiedene Aufgaben eingesetzt. Zum einen können vorhandene Zeichnungen durch den Rechner geometrisch erfaßt werden (digitalisieren). Ferner kann der Digitizer zur komfortablen Befehlseingabe bei → CAD genutzt werden. Dazu gehören die koordinatenmäßige Eingabe von Punkten bei der Geometrieerzeugung, die Auswahl von CAD–Befehlen aus einem → Tablettmenü und die sog. Freihandsymbole, das sind mit dem Stift oder Lupe ausgeführten Linienzüge, die das CAD–System als Befehl erkennt.

DTP *(Desk Top Publishing)*

Unter DTP wird ein Software–System verstanden, das die Bearbeitung von komplexen Dokumenten unterstützt. Besondere Eigenschaften sind, daß Text, Formeln, Tabellen und Grafik miteinander vermischt werden können, Verbindungen zwischen mehreren Textdateien hergestellt werden und das Dokument in der Form auf dem Bildschirm dargestellt wird, wie es später ausgedruckt wird (→ WYSIWYG). Auch das Importieren von CAD–Zeichnungen in das Dokument ist möglich. DTP–Systeme eignen sich im Bauwesen u.a. zur Erstellung technischer Unterlagen (Gutachten, Statiken, Ausschreibungsunterlagen usw.). Sie erfordern eine leistungsfähige → Hardware (→ Workstation, großer und hochauflösender Grafik–Bildschirm, Laserdrucker). Die Vorlage zu diesem Buch wurde mit einem DTP–System erzeugt.

DXF *(Drawing Exchange Format)*

DXF ist eine Schnittstellendefinition (→ Schnittstelle) des CAD–Systems AutoCAD zum Austausch von allgemeinen Geometrie–Daten zwischen verschiedenen CAD–Systemen. Die Geometrie–Daten sind in einer lesbaren Form in einer sog. DXF–Datei enthalten. Sie wird von dem sendenden CAD–System erzeugt und vom empfangenden CAD–System eingelesen und interpretiert. DXF ist quasi zum Industrie–Standard geworden, obwohl es herstellerspezifisch ist.

Ebene → Folie

Editor

Ein Editor ist ein → Dienstleistungsprogramm zur Bearbeitung von Dateien. Mit einem Texteditor können Textdateien bearbeitet werden. Im → CAD bezeichnet man den (Geometrie–) Editor als das Hilfsmittel, mit dem das Erzeugen und Verändern von Geometriedaten in einer → Zeichnungsdatei möglich ist. Darüber hinaus ist das Aufrufen eines Texteditors innerhalb eines CAD–Systems möglich, um z.B. einen Text zu erzeugen, der auf der Zeichnung erscheinen soll.

Einplatzsystem *(single user system)*

Einplatzsysteme sind DV–Arbeitsplätze, die während der → Anwendung nur einem einzigen Nutzer zur Verfügung stehen. Typisch für diese Klasse sind → Personalcomputer, die unter dem → Betriebssystem → MS–DOS betrieben werden.

Extension

Mit Extension wird der Dateinamen–Suffix bezeichnet, das ist der Teil eines Dateinamens, der sich hinter dem Punkt befindet. Mit dem Anhängen einer Extension an den Dateinamen kann einer Datei eine zusätzliche Bedeutung gegeben werden. Unter dem → Betriebssystem → MS–DOS haben die Extensions noch eine weitere Bedeutung: nur Dateien mit einer bestimmten Endung werden als ausführbare Programme behandelt. Allgemein üblich unter MS–DOS sind u.a. folgende Extensions:

Verwendung	Dateiname
Textdatei	name.txt
→ Zeichnungsdatei	name.drw
→ FORTRAN-Quell-Datei	name.for
Ausführbare Programmdatei	name.exe
...	...

FEM *(Finite-Elemente-Methode)*

Die FEM ist ein computerorientiertes Konzept für Näherungsverfahren zur Berechnung beliebiger kontinuierlicher mechanischer Strukturen mit Hilfe strukturgleicher Elemente. Die das Problem beschreibende Differentialgleichung wird in ein lineares Gleichungssystem übergeführt, indem die gesuchten Lösungsfunktionen durch Ansatzfunktionen ersetzt werden, die nur in diskreten Punkten der exakten Lösung entsprechen. Die Ansatzfunktionen verhalten sich affin zur gesuchten Lösung.

In der Baustatik wird die FEM zur Strukturanalyse von Stab-, Scheiben-, Platten- und Kontinuumsproblemen genutzt. Beispiel: Die Plattengleichung $\Delta\Delta w = q$ wird durch ein lineares Gleichungssystem ersetzt, die Lösung des Gleichungssystems liefert die Durchbiegung der Platte an diskreten Punkten. Die Schnittgrößen der Platte werden durch Integration ermittelt.

Fenster

Ein separater Bereich auf dem Monitor, der die Funktionen eines Bildschirms erfüllt. Das Fenster (window) ist vom übrigen Monitorbereich durch einen Rahmen (frame) abgegrenzt. In einem Fenster können Befehle eingegeben werden oder Programme ablaufen. Auf einem Monitor können (beliebig) viele Fenster neben- oder übereinander aufgebaut sein. Ein Fenster kann geschlossen werden (→ Icon), dadurch kann Platz auf dem Bildschirm gespart und mehr Übersichtlichkeit erreicht werden. Die Fenstertechnik wird durch entsprechende Systemsoftware (z.B. MS-WINDOWS, X-Windows) unterstützt. Der besondere Vorteil ist darin zu sehen, daß in den einzelnen Fenstern verschiedene Programme und Prozesse ablaufen können. So ist es möglich, in einem Fenster ein Rechenprogramm zur Ausführung zu bringen und gleichzeitig in einem anderen Fenster mit einem Textverarbeitungsprogramm Dateien zu editieren. Die Fenstertechnik kommt dem planenden Ingenieur sehr entgegen, ist er es doch gewohnt, verschiedene Tätigkeiten nebeneinander durchzuführen (Nachschlagen in Vorschriften, Ausführen von Berechnungen, Konstruieren von Details usw.). All diese Prozesse könnten z.B. in verschiedenen Fenstern angelegt werden.

Folientechnik

Im → CAD gebräuchliche Technik zur Auflösung komplexer Zeichnungsinhalte in logisch zusammengehörende Teile, auch Folien oder Ebenen genannt. So ist es z.B. sinnvoll, die Bemaßung, die Wände, die Einrichtungsgegenstände usw. einer CAD-Zeichnung auf getrennte Folien zu plazieren, die beliebig übereinander projeziert werden können. Geometrieobjekte einer Folie können dann globale Eigenschaften, wie Farbe, Linienart und -stärke, sichtbar/unsichtbar erhalten. Die Folientechnik dient dem Anwender, Geometrie nach verschiedenen Gesichtspunkten zu 'sortieren' und wahlweise getrennt oder gemeinsam zu bearbeiten. Obwohl die gesamte Geometrie in einer Zeichnung abgelegt ist, kann sie getrennt bearbeitet werden. Dem Anwender wird dadurch mehr Übersichtlichkeit und schnellere Bearbeitungsgeschwindigkeit geboten.

FORTRAN ***(FOR**mula **TRAN**slator language)*

FORTRAN ist die älteste (zwischen 1954 und 1957 entwickelt) höhere → Programmiersprache, die hauptsächlich für mathematisch-technische Problemstellungen angewendet wird. Dementsprechend wird FORTRAN für die Abbildung von mathematischen Funktionen in Algorithmen genutzt (Lösung großer Gleichungssysteme, Vektoroperationen u.a.). Die aktuelle Fassung ist FORTRAN 77, in Vorbereitung ist FORTRAN 90.

GKS *(**G**raphisches **K**ernsystem)*

Deutscher (DIN 66252) und internationaler Standard (ISO 7942) für die graphische Datenverarbeitung. Es legt alle Grundformen für die zweidimensionale Darstellung von Linien und → Bildpunkten fest, beinhaltet 2-D- und 3-D-Funktionen und ist systemunabhängig. GKS ist eine → Schnittstelle zwischen den → Anwendungsprogrammen und den Systemkomponenten für die graphische Ein- und Ausgabe.

Hardware

Hardware sind alle elektronischen Bauteile und Geräte einer DV-Anlage. Sie sind gegenständlich. Die wichtigsten Bestandteile der Hardware sind der → Mikroprozessor, der Bildschirm, die Tastatur und der Massenspeicher. Erst durch die Kombination von Hardware, → Betriebssystem und → Anwendungssoftware wird die DV-Anlage einsatzfähig (→ Software).

Icon

Ein kleines graphisches Symbol auf dem Bildschirm, das ein geschlossenes → Fenster repräsentiert, hinter dem ein Prozeß (z.B. Uhr) abgelegt ist.

IGES *(Initial Graphics Exchange Specification)*

IGES ist eine neutrale Schnittstellendefinition (→ Schnittstelle), die den Datenaustausch zwischen verschiedenen CAD–Systemen ermöglicht. Es handelt sich hierbei um einen internationalen Standard.

Interface → Schnittstelle

Interpreter

Im Gegensatz zum → Compiler wird zur Ausführung eines Programms der Quellcode aufgerufen und während der Ausführung zeilenweise interpretiert, in die Maschinensprache übersetzt und ausgeführt.

ISDN *(Integrated Services Digital Network)*

Dienstintegrierendes Digitalnetz. Netzwerk der Bundespost, in dem das Fernsprechnetz und das integrierte Text– und Datennetz zusammengefaßt werden. Es wird zur Zeit flächendeckend in der Bundesrepublik eingeführt, bietet den Vorteil, z.B. parallel Informationen zu übertragen (Telefon und Telefax, Datenfernübertragung, Bildtelefon, Videokonferenz). Die Übertragungsrate beträgt derzeit 64 KBit/sec (→ Bit).

Kompatibilität

Kompatibilität bezeichnet die Eigenschaft verschiedener Hard– und Software–Komponenten, untereinander austauschbar zu sein oder zu einem gemeinsamen System zusammengesetzt werden zu können, ohne ihre Funktionsfähigkeit einzubüßen. Man unterscheidet zwei Formen der Kompatibilität:

- *Steckerkompatibilität.* Einzelne Geräte können miteinander über Standardanschlüsse und Stecker einfach zu einem funktionsfähigen Gesamtsystem verbunden werden.
- *Schnittstellenkompatibilität* wird durch Einsatz von → Schnittstellen erreicht, die die Unterschiede zwischen den verbundenen Geräten/Programmen ausgleichen.

LAN *(Local Area Network)*

Lokales Datenübertragungsnetz (Ortsnetz, → Netzwerk), das innerhalb der Grenzen eines privaten Grundstückes installiert ist, d.h., die Posthoheit wird nicht berührt. LAN bedeutet einerseits die einfache Verbindung weniger Terminals mit einer Zentraleinheit (→ Mikroprozessor), inzwischen jedoch die Kopplung von beliebig vielen Rechnern und → Peripheriegeräten zu einem komplexen Rechner–Verbundsystem.

Als Datenübertragungsmedien werden Koaxialkabel oder Glasfiberkabel eingesetzt. Je nach Ausbildung des Netzwerkes können 10 MBit/sec. (→ Bit) und mehr übertragen werden.

Layertechnik → Folientechnik

LISP *(LISt Processor)*

Name einer nichtprozeduralen Sprache, die in den späten 50er Jahren entwickelt wurde. Ihr Hauptzweck besteht in der Verarbeitung von Zeichenketten, weniger um Lösung numerischer Probleme. Bedeutung hat LISP im Bereich der Künstlichen Intelligenz. Sie wird als → Programmiersprache der 5. Generation bezeichnet und gilt als funktionale Sprache.

Makro

Der Begriff Makro bezeichnet die Zusammenfassung einer immer wieder gebrauchten Folge von Befehlen zu einem einzigen Befehl. Beispiel im → CAD: Die Befehlsfolge – Darstellungsattribute (Farbe, Linienart, -dicke und -stärke) einstellen – Rechteck erzeugen – schraffieren – auf einer bestimmten Ebene plazieren –, kann zu einem Makrobefehl zusammengefaßt werden. Der Anwender kann dann beliebig oft den Befehl aufrufen und so zeitsparend Geometrie erzeugen. Weitere Begriffe in diesem Zusammenhang sind → Symbolbibliothek, → Teilebibliothek und → Zelle.

Mehrbenutzersystem *(multi user system)*

Mehrbenutzersysteme sind DV-Systeme, die nur eine Zentraleinheit (→ Mikroprozessor) aufweisen, an die weitere DV-Arbeitsplätze angeschlossen sind. Die Zentraleinheit ist in der Lage, die Rechenleistung wiederholt in kurzen Zeitabschnitten mehreren Benutzern zur Verfügung zu stellen. Diese Betriebsart wird häufig auch als *Time-sharing-Betrieb* bezeichnet und erfordert ein für diese Betriebsart ausgelegtes Betriebssystem (z.B. UNIX). Dabei entsteht beim Benutzer der subjektive Eindruck, er würde allein den Rechner beanspruchen. Der Vorteil dieses Systems liegt in der effektiveren Nutzung der Prozessorleistung. Typische Mehrbenutzersysteme sind Großrechner, Minirechner und → Arbeitsplatzrechner (vgl. → Einplatzsystem).

Mehrprogrammsystem *(multi tasking system)*

Multitasking ist die Möglichkeit, auf einem Rechner mehrere Programme aus der Sicht des Anwenders gleichzeitig auszuführen. Der Prozessor wird nicht effektiv genutzt, wenn Programme mit erheblicher Ein- und Ausgabe (z.B. bei Textverarbeitungsprogrammen) zu bedienen sind. Die 'brachliegende' Prozessorleistung kann anderen Programmen zur Verfügung gestellt werden. Während das eine Programm rechnet, bleiben die anderen in 'Warteposition'. Typische → Betriebssysteme mit Multitasking–Fähigkeiten sind → UNIX und → OS/2. Aus der Multitasking–Fähigkeit resultiert auch der Mehrbenutzerbetrieb (→ Mehrbenutzersystem).

Menü → Bildschirmmenü

Mikroprozessor

Der Mikroprozessor ist das Herzstück eines Rechners. Er stellt die Zentraleinheit (CPU = **C**entral **P**rocessing **U**nit) ohne die Speicherelemente dar. In den Mikroprozessor sind Rechen– und Steuerwerk sowie das Register integriert. Der Mikroprozessor ist verantwortlich für alle anfallenden arithmetischen und logischen Operationen im Rechner, außerdem organisiert und kontrolliert er alle internen Vorgänge und benutzt Register zum Ablegen von Zwischeninformationen. Man unterscheidet Mikroprozessoren hinsichtlich ihrer Arbeitsgeschwindigkeit, ihres Befehlsformates, ihres Befehlsvorrates, ihrer Wortlänge (8, 16, 32 → Bit) und ihrer Grenzen in der Verwaltung verschiedener Arbeitsspeichergrößen. Die bekanntesten Hersteller von Mikroprozessoren sind die Firmen Intel, Motorola und Texas Instruments.

MS–DOS *(**M**icrosoft **D**isk **O**perating **S**ystem)*

MS–DOS ist das weltweit am stärksten verbreitete → Betriebssystem (70 Millionen Installationen) vorwiegend für Rechner der PC–Klasse. Es wurde von der Fa. Microsoft entwickelt und 1981 von der Fa. IBM mit der Einführung der PC–Rechner übernommen. Es ist für → Einplatzsysteme entwickelt und besitzt keine *multi user*– (→ Mehrbenutzersystem) und *multi tasking*–Fähigkeiten (→ Mehrprogrammbetrieb).

Multiplexer

Ein Kommunikationsanschluß, der mehreren → Peripheriegeräten erlaubt, über eine → Schnittstelle an den Rechner angebunden zu werden. So können z.B. bis zu 16 → Peripheriegeräte über den Multiplexer an den Rechner angeschlossen werden.

Multitasking

Mehrprogrammbetrieb (→ Mehrprogrammsystem).

Multiusersystem → Mehrbenutzersystem

Netzwerk

In einem Netzwerk werden DV–technische Systeme über Leitungen miteinander verbunden, so daß Daten untereinander ausgetauscht werden können. Man unterscheidet hinsichtlich der Reichweite zwischen lokalen Netzwerken (→ LAN) und großräumigen Netzwerken (→ WAN) sowie nach ihrem Aufbau (Ring-, Bus-, Stern-Topologie).

Offenes System

Unter offenen Systemen werden Systeme verstanden, die durch ihre Architektur und über offengelegte → Schnittstellen geeignet sind, mit beliebigen anderen Systemen zu kommunizieren. Der Begriff wird sowohl für die → Hardware als auch für die → Software verwendet. Im CAD-Bereich wird damit u.a. die Eigenschaft beschrieben, spezielle Forderungen der Anwender bezüglich Änderungen oder Erweiterungen zu befriedigen.

OS/2 *(Operating-System/Version 2)*

Name eines → Betriebssystems der Firma IBM für → Arbeitsplatzrechner der Modellreihe PS/2 (→ Prozessoren 80386 und 80486). Es besitzt Multitasking-Fähigkeiten (→ Mehrprogrammsystem) und sollte → MS-DOS ablösen.

Peripheriegeräte

Peripheriegeräte sind Hardware-Komponenten, wie Ein- und Ausgabeeinheiten, externe Speicher usw., die um eine Zentraleinheit gruppiert sind. Dazu zählen also Geräte, wie Tastatur, Drucker, → Plotter, Disketten- und Festplattenlaufwerk usw.

Personalcomputer

Der Personalcomputer (PC) ist ein → Arbeitsplatzrechner, der von einer einzigen Person und nur für die Aufgaben dieser Personen verwendet wird. Die Grenzen zwischen einem hochaufgerüsteten PC und einer → Workstation sind nicht eindeutig zu ziehen.

PHIGS *(Programmers Hierarchical Interactive Graphics System)*

Internationaler Standard für 3-D-Anwendungen in der graphischen Datenverarbeitung. Es ist ein mächtiges, geräteunabhängiges System, hauptsächlich für graphische Problemstellungen aus dem Bereich → CAD, → CAE, → CAM entwickelt. Das System hat einen vergleichbaren Funktionsumfang wie → GKS.

Pixel → Bildpunkt

Plotter

Der Plotter ist ein Zeichengerät für graphische Darstellungen, die aus digital gespeicherten Daten angefertigt werden. Der Plotter gehört zu den → Peripheriegeräten. Im

→ CAD dient der Plotter dazu, die digital gespeicherte Zeichnungsgeometrie auf einem analogen → Datenträger (Zeichenpapier, -folie) darzustellen.

Portabilität

Auch Übertragbarkeit, Verpflanzbarkeit. Die Eigenschaft von Programmen, auf unterschiedlichen Rechnern ohne oder nur mit geringfügigen Änderungen eingesetzt werden zu können. Besonders im Bereich der → Arbeitsplatzrechner hat der Einsatz von nur wenigen standardisierten → Betriebssystemen (→ MS-DOS, → UNIX) zur portabler → Software geführt. Die Portabilität wird durch die Verwendung standardisierter Programmier- und Graphiksprachen wesentlich gesteigert.

Programmiersprache

Eine Programmiersprache ist ein künstliches Sprachsystem zur Formulierung von Computerbefehlen. Sie enthalten einen Vorrat an formalisierten Sprachelementen, die als Befehle jeweils eine bestimmte Elementarfunktion des Rechners auslösen. Man kann grob drei Typen von Programmiersprachen unterscheiden:

- *Maschinensprachen*, die auf den jeweiligen → Mikroprozessor abzustimmen sind.
- *Maschinenorientierte Programmiersprachen*, auch Assembler genannt, sind den Maschinensprachen sehr ähnlich.
- *Problemorientierte Programmiersprachen* wie → FORTRAN, → C usw., auch als höhere Programmiersprachen bezeichnet. Die in höheren Programmiersprachen formulierten Programme müssen zuerst in die Maschinensprache übersetzt werden, bevor sie ablauffähig sind (→ Compiler, → Interpreter).

Protokoll

Vereinbarung über den Aufbau, die Durchführung und den Abbau einer Datenübertragung (Kommunikationsprotokoll). Das ISO-Kommunikationsprotokoll ist ein Vorschlag über den Aufbau eines Kommunikationsprotokolls (Quasi-Norm) und bildet ein Modell genereller Art für die Entwicklung von → Schnittstellen für den komplexen Prozeß der Kommunikation unterschiedlichster Systeme über unterschiedlichste → Netzwerke.

Prozessor → Mikroprozessor

Scanner

Scanner sind den → Peripheriegeräten zuzuordnen. Es handelt sich hierbei um Abtastgeräte zum Erfassen analoger Darstellungen und anschließender Umwandlung in digitale Informationen. In seiner einfachsten Form wird der Scanner in Warenhäusern dazu benutzt, den Strichcode auf der Verpackung zu erfassen und der Kasse (Rechner) die Artikelnummer und darüber den Preis mitzuteilen (Streifenabtaster). Graphische Scanner können Zeichenvorlagen erfassen und in digitaler Form zur weiteren Verarbeitung ablegen. Mit spezieller Texterkennungssoftware können Textvorlagen erfaßt werden und in Textdateien umgewandelt werden, die mit Textverarbeitungsprogrammen weiterbearbeitet werden können. Das ist auch im → DTP–Bereich von Bedeutung.

Schnittstelle

Nach DIN 44 300 "gedachter oder tatsächlicher Übergang an der Grenze zwischen zwei gleichartigen Einheiten, wie Funktionseinheiten, Baueinheiten oder Programmbausteinen, mit den vereinbarten Regeln für die Übergabe von Daten oder Signalen". Es handelt sich im weitesten Sinne um Übergangsstellen, an denen zwei verschiedene Systeme kooperieren, um Daten, Texte, Bilder, Sprache, Nachrichten oder Signale auszutauschen. Schnittstellen dienen der Kopplung beliebiger Systeme mit durchgängiger Möglichkeit der Übertragung, Weitergabe oder sonstiger Kooperation, wobei der Begriff sowohl auf die → Hardware als auch auf die → Software angewandt wird. Prinzipiell sind dabei die technischen Einrichtungen anzupassen, z.B. Verbindungsstecker, die Art der gegenseitig übertragenen Signale sowie die Festlegung, welche Bedeutung die Signale haben sollen (Schnittstellendefinition). Im übertragenen Sinne gibt es auch Schnittstellen zwischen dem Menschen und DV–Systemen und zwischen unterschiedlichen Organisationen.

Im Bereich der Software werden Schnittstellen verwendet, um den gemeinsamen Einsatz unterschiedlicher Programme zu ermöglichen (Programmschnittstellen). Dabei geht es vor allem um die gegenseitige Anpassung unterschiedlicher Arbeitsweisen und Darstellungsarten von Daten usw. sowie den Zugriff auf Dateien und → Datenbanksysteme. Dies erfolgt immer durch Programm–Module (Schnittstellenprogramme, Konverter usw.), die die unterschiedlichen Darstellungsarten der Daten innerhalb eines Systems angleichen. Hier kann nach quasi standardisierten (z.B. → DXF, → GKS, → STEP–2DBS,) und individuellen Schnittstellen unterschieden werden.

Software

Unter Software sind alle Programme zu verstehen, die auf einer DV–Anlage zur Verfügung stehen. Es wird unterschieden nach Systemsoftware (→ Betriebssystem) und → Anwendungssoftware. Im Gegensatz zur → Hardware ist Software nicht sichtbar, nicht gegenständlich; aber sie ist auf Hardware–Komponenten gespeichert, z.B. permanent auf Disketten, Festplatten oder nichtpermanent in → (Mikro) Prozessoren.

Software–Engineering

Beinhaltet die grundlegenden Prinzipien, Methoden und Verfahren zur professionellen Entwicklung von → Software. Es wird hauptsächlich das Ziel verfolgt, Software kostengünstig und unter der Verwendung von Standards sowie ingenieurmäßigen Methoden zu entwerfen, zu codieren und zu implementieren.

Stapelverarbeitung

Die Stapelverarbeitung, auch Batch–Betrieb genannt, leitet sich aus der Datenverarbeitung der 70er Jahre ab. Es wurde ein Stapel von Lochkarten in der Eingabestation abgegeben und auf Anweisung des Operateurs verarbeitet. Bei der Stapelverarbeitung kann, im Gegensatz zum → Dialogbetrieb, nicht in den Ablauf bei der Verarbeitung eingegriffen werden; dieser kann nur auf Anweisung des Operateurs abgebrochen werden. Nach Aufruf des ausführbaren Programms läuft dieses automatisch bis zum Schluß ab. Ziel des Stapelbetriebes ist die Maximierung des Durchsatzes einer Rechenanlage. Die Betriebsart eignet sich für rechenintensive Aufgaben, z.B. aus dem Bereich der Mathematik oder auch für statische Berechnungen, die nicht im Dialog ablaufen müssen. Die Bedeutung des Stapelbetriebes nimmt ab.

STEP *(Standard for the Exchange of Product Model Data)*

International genormte → Schnittstelle für den Austausch geometrischer und produktdefinierender Daten zwischen verschiedenen CAD–Systemen.

STEP–2DBS *(Standard for the Exchange of Product Model Data – 2–dimensional Building Subset)*

Hierbei handelt es sich um die Definition einer Geometriedaten–Schnittstelle (→ Schnittstelle) zum Austausch geometrischer Informationen, die auf der Basis von → STEP speziell für die Belange des Bauwesens abgestimmt wurde. Führende deutsche Bausoftware–Häuser und Verbände des Bauwesens unterstützen die Verbreitung dieser Schnittstelle, um den Zeichnungsaustausch zwischen bauspezifischen CAD–Systemen zu ermöglichen.

Symbolbibliothek

Eine Symbolbibliothek eines CAD–Systems beinhaltet graphische Symbole, die auf Zeichnungen plaziert werden können. Die Symbolgeometrie ist in der Symbolbibliothek gespeichert, in der Zeichnung ist nur der Einfügepunkt und u.U. der Drehwinkel gegenüber dem Zeichnungskoordinatensystem gespeichert. Entscheidendes Merkmal eines Symbols ist, daß es in seiner geometrischen Form nicht mehr verändert werden kann. Typische Symbole sind z.B. Höhenkoten–Dreiecke, Nordpfeile, Maßbegrenzungspfeile usw.

Tablettmenü

Tablettmenüs sind definierte Flächen auf Menüvorlagen aus Papier oder Folie, denen eine bestimmte Funktion zugewiesen ist. Sie werden auf der Digitalisierfläche eines → Digitalisiertabletts befestigt. Die Bedeutung einer Menüfläche wird durch eine Beschriftung oder ein Symbol (z.B. Radiergummi für Löschen von Geometrie) dem Anwender angezeigt. Die Ausführung wird durch Positionierung des Zeigegerätes (Digitalisierstift oder Digitalisierlupe) auf das gewünschte Menüfeld und Betätigen entsprechender Funktionstasten ausgelöst. Dabei wird die Position des Zeigegerätes vom aktiven Programm koordinatenmäßig lokalisiert, einer Menüfläche zugeordnet und entsprechende Aktionen initiiert.

TCP/IP *(Transmission Control Protocol/Internet Protocol)*

Hierbei handelt es sich um ein Kommunikationsprotokoll, das zum Übertragen von Informationen in lokalen → Netzwerken (→ LAN) eingesetzt wird (→ Protokoll). Es stimmt mit dem ISO–Kommunikationsprotokoll auf der Netz– und Transportschicht überein. Das Protokoll findet sowohl im Workstationbereich (→ Workstation) als auch bei der PC–Einbindung (→ Personalcomputer) in lokale Netzwerke Verwendung. Es werden keine strukturierten Daten übertragen, sondern ein Byte–Datenstrom, wobei jedes → Byte eine fortlaufende Nummer erhält und diese vom Empfänger überprüft und quittiert wird. Erst dann erfolgt die Übertragung des nächsten Datenstromes.

Teilebibliothek

Eine CAD–Teilebibliothek enthält häufig wiederkehrende Bauteile, wie z.B. Stahlbauprofile oder Fenster, die der CAD–Konstrukteur in der Zeichnung plazieren kann. Im Gegensatz zu Symbolen (→ Symbolbibliothek) ist die geometrische Gestalt der eingefügten Bauteile im gewissen Umfang variabel, d.h. die Bauteilparameter (z.B. Abmessungen oder Profilbezeichnung) werden vor dem Einfügen abgefragt. In einigen CAD–Systemen wird dafür auch der Begriff Makrobibliothek benutzt, in anderen CAD–Systemen heißt diese Konstruktionstechnik auch Variantentechnik. So konstruierte Bauteile können auch nach dem Einfügen noch geändert werden.

UNIX

UNIX ist ein sehr verbreitetes → Betriebssystem für nahezu alle Computerklassen, das als → Mehrbenutzersystem und → Mehrprogrammsystem betrieben werden kann. Etwa 90% des gesamten Betriebssystems sind in der extra dafür entwickelten → Programmiersprache → C geschrieben, der Rest in Assembler (→ Programmiersprachen), deshalb kann es überall dort portiert werden, wo ein → Compiler für C zur Verfügung steht (→ Portabilität). Es ermöglicht → Dialogbetrieb und → Stapelverarbeitung. UNIX steht seit etwa 1970 auf dem Markt zur Verfügung. Heute gibt es eine Vielzahl von hardwarespezifischen UNIX-Derivaten (XENIX, MUNIX, AIX, SINIX, AEGIS u.a.).

Utilities → Dienstleistungsprogramme

V.24-Schnittstelle

Die V.24-Schnittstelle entspricht im wesentlichen der amerikanischen Schnittstellennorm RS 232-C und dient zur Datenübertragung zwischen Datenendgeräten. Sie repräsentiert die meistgenutzte → Schnittstelle zwischen Terminals, Rechnern, Modems oder auch → Multiplexern.

WAN *(Wide Area Network)*

Vernetzung von weitverzweigten Computer-Systemen über öffentliche Datenfernleitungen.Von der Deutschen Bundespost Telekom werden unterschiedliche → Netzwerke angeboten (z.B. → DATEX-P, → ISDN). Zur Übertragung werden bestimmte Datenendgeräte zur Ver- bzw. Entschlüsselung der auszutauschenden Informationen benötigt.

WYSIWYG *(What You See Is What You Get)*

Schlagwort (was Sie sehen, bekommen Sie!) aus der Publikationserstellung (→ DTP), das ausdrücken soll, daß auf dem Bildschirm original das gezeigt wird, was später auch ausgedruckt wird.

Window → Fenster

Workstation

Unter einer Workstation ist ein → Arbeitsplatzrechner zu verstehen, der sich durch besondere Leistungsmerkmale auszeichnet, die speziell auf die Bedürfnisse zur Erledigung aller Arbeiten am Arbeitsplatz zugeschnitten sind. Hervorzuheben sind insbesondere die Prozessorleistung, die Graphikunterstützung und die Netzwerkfähigkeit. Arbeitsplatzrechner sind besonders geeignet für den Betrieb von CAD-Systemen.

Zentraleinheit → Mikroprozessor

Zeichnungsdatei

In einer Zeichnungsdatei sind alle geometrischen und nichtgeometrischen Informationen enthalten, die eine Zeichnung in digitaler Form beschreiben. Ferner gehören auch Informationen organisatorischer Art dazu, die den Zugriff des CAD–Programms auf die gespeicherten Daten betreffen. Die Zeichnungsdatei wird mit den vom CAD–Programm zur Verfügung gestellten Befehlen bearbeitet

Zelle

In einigen CAD–Systemen der Begriff für ein plaziertes Bauteil (→ Teilebibliothek), wobei in der → Zeichnungsdatei nur der Plazierungspunkt gespeichert ist, die eigentliche Geometriebeschreibung aber in einer Zellbibliothek enthalten ist.

Literatur

[1] Schulze, H. H.: Computer Enzyklopädie. Reinbek bei Hamburg: ro ro ro 1989.

[2] Löns, K. u. H. Westerfeld: CAE Lexikon. Heidelberg, Hüthig Verlag 1987.

[3] Duden: Informatik. Mannheim, Wien, Zürich, Duden Verlag 1989.

4.2 CHECKLISTEN

Hinweise zum Gebrauch

In diesem Kapitel finden Sie einige Checklisten, die Ihnen bei der Entscheidungsvorbereitung zur Einführung von CAD helfen sollen. Wir unterscheiden dabei zwei Arten:

- Checklisten, die *Teilschritte zur Abwicklung* des Planungsprozesses enthalten und
- Checklisten, die *Eigenschaften zur Auswahl* oder *Prüfung* von DV–Betriebsmitteln abfragen.

Die Checklisten sind den Phasen des Einführungsprozesses wie folgt zugeordnet:

Tabelle 1: Checklistenübersicht

Planungsphase	Checkliste	
I. Zielfindung	I.1	Zielfindung
	I.2	Projektaufgaben
	I.3	CAD–Betriebsvereinbarung
II. Ist–Erhebung und –Analyse	II.1	Ist–Erhebung und Forderungen
III. Erstellen des Soll–Konzeptes	III.1	Grobkonzept für die Organisation
	III.2	DV–technisches Feinkonzept
	III.3	Pflichtenheft
IV. Systemauswahl und –bewertung	IV.1	CAD–Software
	IV.2	CAD–Hardware
	IV.3	Kosten
	IV.4	Finanzierung
V. Vorbereitung des CAD–Einsatzes	V.1	Arbeitsplatzgestaltung
	V.2	Schulung
	V.3	Beschaffung von DV–Betriebsmitteln
VI. Installation und Erfolgskontrolle	VI.1	Installation
	VI.2	Erfolgskontrolle

Diese Checklisten stellen nur eine Auswahl dar, die wir für wichtig halten. Auch die einzelnen Checklisten erheben nicht den Anspruch auf Vollständigkeit. Wir empfehlen folgende Vorgehensweise:

- Sie finden die Checklisten in der Reihenfolge der Planungsphasen.
- Verschaffen Sie sich zunächst einen groben Überblick über die Einsatzbereiche der Checklisten.
- In jeder Checkliste sind einleitend Zweck und Zeitpunkt des Einsatzes erläutert.
- Einige Checklisten sind mehrfach in verschiedenen Planungsphasen einsetzbar.
- Kopieren Sie die Checkliste, die Sie zur Unterstützung Ihrer Arbeit für geeignet halten.

Die Checklisten sind nicht auf eine quantifizierende Bewertung ausgerichtet; sie sollen vielmehr nur als Orientierungshilfe für Ihre Entscheidungsfindung dienen.

I.1 Checkliste Zielfindung

Günter Nitsche

Bevor ein Projekt zur Reorganisation in Gang gesetzt wird, muß sich das Ingenieurbüro Klarheit über die Zielsetzungen verschaffen. Diese Checkliste soll dazu dienen, eine Orientierungshilfe zur Zielfindung zu geben und nach Abschluß der Zielfindung noch einmal zu überprüfen, ob alle wichtigen Aspekte zur Definition der zu verfolgenden Ziele berücksichtigt worden sind.

	ja	nein
❍ Gibt es feste Vorgaben zu den Zielen der Reorganisation?	❑	❑
❍ Ist die Firmenleitung der Meinung, daß eine Vorstudie zur Erfassung der Probleme notwendig ist?	❑	❑
○ Sind die Personen benannt, die die Vorstudie durchführen?	❑	❑
○ Sind die Ergebnisse der Vorstudie mit den Beteiligungsgruppen abgestimmt worden?	❑	❑
❍ Haben Sie die Schwachstellen in Ihrer Organisationseinheit ermittelt?	❑	❑
○ Haben Sie festgestellt, daß Arbeitsvorgänge mehrfach anfallen (Doppelarbeit)?	❑	❑
○ Ist es die Auftragslage, die eine Steigerung der Produktivität verlangt?	❑	❑
○ Zwingt Sie die Personalsituation zur Reorganisation?	❑	❑
○ Führt Ihre Konkurrenz DV–Systeme ein?	❑	❑
○ Werden Sie durch Ihre Auftraggeber zur Einführung eines neuen Systems veranlaßt?	❑	❑
○ Ist Ihre Wettbewerbsfähigkeit gefährdet, wenn Sie keine Reorganisation durchführen?	❑	❑
❍ Haben Sie das Ergebnis einer ersten Schwachstellenanalyse der Organisationseinheit in einem Problembaum festgehalten?	❑	❑
❍ Welches sind die Hauptziele der Reorganisation?	❑	❑

	ja	nein
❍ Sind die wichtigsten Unterziele der Reorganisation benannt worden:		
○ Erweiterung der Arbeitskapazität?	❑	❑
○ Erhöhung der Arbeitsproduktivität?	❑	❑
○ Steigerung der Auftragsflexibilität?	❑	❑
○ Verbesserung der Zeichnungsqualität?	❑	❑
○ Verbesserung der Durchgängigkeit der internen Projektbearbeitung?	❑	❑
○ Optimierung der eingesetzten Arbeitsmittel?	❑	❑
○ Reduzierung der Arbeitsbelastungen?	❑	❑
○ Qualifizierung der Mitarbeiter?	❑	❑
○ Reduzierung der Kosten?	❑	❑
❍ Sind die Erwartungen der späteren Nutzer an das neue Arbeitssystem bekannt?	❑	❑
❍ Wurde ein detaillierter Zielbaum aufgestellt?	❑	❑
❍ Haben Sie das Ergebnis der Zielfindungsphase schriftlich festgehalten?	❑	❑
❍ Haben Sie die Randbedingungen benannt, die zur Durchsetzung der Ziele unbedingt einzuhalten sind?	❑	❑
❍ Sind die Ziele zwischen Geschäftsleitung und Mitarbeitern abgestimmt?	❑	❑

I.2 Checkliste Projektaufgaben

Peter v. Mitschke-Collande/Günter Nitsche

Sobald die Reorganisation im Rahmen eines Projektes abgewickelt wird, bedarf es einiger Vorgaben zum 'Projektmanagement'. Diese Checkliste soll dazu dienen, Struktur und Aufgaben des Projektes zu definieren.

	ja	nein
❍ Ist festgelegt worden, welche Bürobereiche reorganisiert werden sollen?	❑	❑
❍ Sind die Mitarbeiter über die bevorstehenden Veränderungen informiert worden?	❑	❑
❍ Sind der Projektleiter und die anderen Mitglieder der Projektgruppe benannt?	❑	❑
❍ Sind Mitarbeitervertreter an der Projektgruppe beteiligt?	❑	❑
❍ Sind die Partner festgelegt worden, die als externe Berater am Einführungsprozeß zu beteiligen sind?	❑	❑
❍ Sind die Zuständigkeiten der Projektgruppe eindeutig geregelt?	❑	❑
❍ Ist klar geregelt, von welchem Personenkreis die Entscheidungen (z.B. zum Soll-Konzept und zur Systemauswahl) getroffen werden?	❑	❑
❍ Ist festgelegt worden, wie die Einzelziele gegeneinander gewichtet werden (Priorität)?	❑	❑
❍ Wurde der Finanzrahmen festgelegt, der insgesamt zur Realisierung der Ziele zur Verfügung steht?	❑	❑
❍ Haben Sie den Zeitraum definiert, in dem die Veränderung begonnen bzw. beendet werden soll?	❑	❑
❍ Sind die wichtigsten Phasen und Arbeitsschritte des Reorganisationsprozesses festgelegt worden?	❑	❑

I.3 Checkliste CAD-Betriebsvereinbarung

Jörg Abel

Aus der Sicht der Mitarbeiter lassen sich die Erwartungen zum Verlauf und zu den Ergebnissen des Reorganisationsprozesses im Rahmen einer Betriebsvereinbarung (BV) regeln. Eine ausformulierte BV wird hier nicht vorgestellt. Die nachfolgend aufgeführten Regelungsinhalte sind lediglich als Merkpunkte zur Aushandlung einer BV zu verstehen. Auf Ausführungen zu weiteren, weniger CAD-spezifischen Inhalten einer Betriebsvereinbarung (etwa Beilegung von Streitigkeiten oder Inkrafttreten) wird an dieser Stelle verzichtet. Wird *nein* angekreuzt, soll die Mitarbeitervertretung versuchen, diese fehlenden Punkte noch in die BV aufzunehmen. Inhaltliche Detailregelungen lassen sich den anderen Checklisten entnehmen.

	ja	nein
Gegenstand und Geltungsbereich		
❍ Regelt diese BV:		
○ den Verlauf der Reorganisation?	❑	❑
○ die Ergebnisse der Reorganisation?	❑	❑
❍ Ist eine klare Abgrenzung des angestrebten CAD-Konzeptes erfolgt?	❑	❑
❍ Werden alle betroffenen Beschäftigten von der BV erfaßt?	❑	❑
❍ Sind alle betroffenen Abteilungen in die BV aufgenommen?	❑	❑
❍ Sind auch die Auswirkungen auf Nachbarabteilungen aufgenommen worden, die indirekt vom CAD-Einsatz betroffenen werden (z.B. Arbeitsverlagerungen)?	❑	❑
❍ Deckt die BV den aktuellen Stand (Hard- und Software) ab?	❑	❑
❍ Deckt die BV die möglichen zukünftigen Veränderungen ab?	❑	❑

Information und Beratung

❍ Wird der Betriebsrat in allen Planungsphasen rechtzeitig und umfassend informiert über:

	ja	nein
○ Ziel, Art und Umfang der CAD-Planungen und des -Einsatzes?	❑	❑
○ Auswirkungen auf Arbeitsorganisation, -inhalte, -methoden, -umfang etc.?	❑	❑
○ Auswirkungen auf die Qualifikation der Betroffenen?	❑	❑
○ Wirtschaftliche Auswirkungen der CAD-Einführung auf das Unternehmen?	❑	❑
❍ Sind zwischen Betriebsrat und Geschäftsleitung auch Abstimmungsgespräche mit Ergebnisprotokollen zu folgenden Punkten vereinbart:		
○ Auswirkungen auf die Arbeitsplätze?	❑	❑
○ Personaleinsatz und Stellenplanung?	❑	❑
○ Arbeitsorganisation?	❑	❑
○ Gestaltung von Arbeitsbedingungen?	❑	❑
○ Kontrolle?	❑	❑
○ Datenschutz?	❑	❑
○ Qualifizierungsmaßnahmen?	❑	❑
❍ Ist die Einbeziehung der direkt und indirekt betroffenen Beschäftigten gewährleistet (etwa im Rahmen einer zu bildenden Projektgruppe)?	❑	❑
❍ Haben die Betroffenen ein Vorschlagsrecht?	❑	❑

Technikgestaltung

❍ Sind Betriebsrat und/oder Projektgruppe an der Zielfindung beteiligt?	❑	❑
❍ Ist die Grundsatzentscheidung zur Reorganisation des Büros mit oder ohne CAD-Einführung noch offen?	❑	❑
❍ Nimmt der Betriebsrat und/oder die Projektgruppe an der Auswahl der Organisationsform und der CAD-Betriebsmittel teil?	❑	❑

	ja	nein
❍ Werden software-ergonomische Kriterien berücksichtigt?	❑	❑
❍ Werden hardware-ergonomische Kriterien berücksichtigt?	❑	❑

Organisationsgestaltung

❍ Arbeitsorganisatorische Veränderungen haben sich an der Grundforderung der Sicherung bzw. Schaffung ganzheitlicher Arbeitszusammenhänge zu orientieren. Kooperative Arbeitsformen sind anzustreben. Neu entstehende Arbeitsteilungen sind zu verhindern. Sind diese Forderungen berücksichtigt?	❑	❑
❍ Die Möglichkeit der Mischarbeit im Sinne eines Wechsels zwischen CAD-Bildschirm und Zeichenbrett muß prinzipiell möglich sein. Dem Anwender soll die Entscheidung über das zu verwendende Arbeitsmittel überlassen bleiben. Ist das Mischarbeitsprinzip gewährleistet?	❑	❑
❍ Gibt es Alternativen zur Schichtarbeit oder zur "schleichenden" Einführung von Schichtarbeit durch eine Ausdehnung der betrieblichen Gleitzeitregelung?	❑	❑
❍ Falls erforderlich: Gibt es Absprachen über die Gestaltung von Belegungsplänen?	❑	❑
❍ Sind im Rahmen der Datenorganisation den Anwendern eigene Benutzerarbeitsbereiche zugesichert, Zugriffsberechtigungen festgelegt, die Benutzerprogrammierung abgestimmt etc.?	❑	❑
❍ Durch die CAD-Einführung darf die Arbeitsplatzsicherheit nicht gefährdet sein. Sind Arbeitsplatzeinsparungen unvermeidbar, werden dem/den betroffenen Beschäftigten gleichwertige Arbeitsplätze angeboten. Ist das vereinbart?	❑	❑

Qualifizierung

❍ Ist der Anspruch auf eine ausreichende CAD-Qualifizierung festgeschrieben?	❑	❑
❍ Gibt es eine Beteiligung an der Qualifizierungsplanung?	❑	❑

	ja	nein
❍ Ist die Teilnehmerauswahl festgelegt?	❑	❑
❍ Sind die organisatorischen Rahmenbedingungen (z.B. die Mitarbeiterfreistellung) für die Schulung festgeschrieben?	❑	❑

Arbeitsschutz

❍ Sind arbeitsmedizinische Untersuchungen (insbes. Augenuntersuchungen) vereinbart?	❑	❑
❍ Ist vereinbart, daß Schwangere nur mit Zustimmung des behandelnden Arztes an CAD-Arbeitsplätzen arbeiten dürfen?	❑	❑
❍ Sind die ergonomischen Mindestforderungen an CAD-Arbeitsplätze (Beleuchtung, Raumklima, Bestuhlung etc.) vereinbart?	❑	❑
❍ Sind erweiterte Pausenregelungen vereinbart?	❑	❑

Kontrolle

❍ Ist vereinbart, daß das CAD-System nicht für Leistungskontrollen der Anwender benutzt wird?	❑	❑
❍ Sind die Datenschutzregelungen berücksichtigt ?	❑	❑

II.1 Checkliste Ist–Erhebung und Forderungen

Manfred Brede

Diese Checkliste stellt keine Handlungsanleitung für die Ist–Erhebung und –Analyse dar. Sie soll demjenigen, der Untersuchungen initiiert oder durchführt, lediglich die Überprüfung der Vollständigkeit der Planungsschritte ermöglichen und zur Aufstellung von Forderungen an das zukünftige Arbeitssystem dienen.

	ja	nein
❍ Haben Sie im Vorfeld der Ist–Erhebung folgende Punkte beachtet:		
○ Sind die Mitarbeiter über den Grund, über die Ziele und den Umfang der Analyse des Ist–Zustandes informiert worden?	❑	❑
○ Ist die Projektgruppe für die Ist–Erhebung benannt worden?	❑	❑
○ Wurde die Möglichkeit der Einbindung externer Personen in die Projektgruppe untersucht?	❑	❑
○ Wurden der Projektgruppe die Untersuchungsziele erläutert?	❑	❑
○ Ist die Projektgruppe mit Erhebungs– und Auswertetechniken vertraut gemacht worden?	❑	❑
○ Wurde ein Arbeitsplan mit Umfang und zeitlichem Rahmen der Erhebungen und Analysen aufgestellt?	❑	❑
○ Sind Interviews (personen– und funktionsabhängiger Gesprächsleitfaden, Protokollant etc.) oder Fragebogenaktionen (Form, Inhalt, Auswertung etc.) ausreichend vorbereitet?	❑	❑
❍ Sind folgende Gegenstandsbereiche in der Ist–Erhebung dokumentiert worden:		
○ Organisationsstruktur der Abteilung?	❑	❑
○ Aufgaben der Abteilung?	❑	❑

	ja	nein
○ Arbeitsabläufe?	❑	❑
○ Tätigkeiten der Mitarbeiter?	❑	❑
○ Informationsträger und Informationen?	❑	❑
○ Kommunikationspartner und -beziehungen?	❑	❑
○ Mengengerüst?	❑	❑
○ Arbeitsplätze?	❑	❑
○ Arbeitsmittel?	❑	❑
❍ Wurde die Ist–Situation auf der Grundlage der Zielvorgaben analysiert und beurteilt?	❑	❑
❍ Haben Sie die Gestaltungsfehler der Gesamtorganisation definiert:		
○ In organisatorischer Hinsicht?	❑	❑
○ In technischer Hinsicht?	❑	❑
○ In betriebswirtschaftlicher Hinsicht?	❑	❑
○ Aus Mitarbeitersicht?	❑	❑
❍ Sollen die Ergebnisse der Ist–Analyse als Forderungen in das Soll–Konzept einfließen?	❑	❑
❍ Wurden aus der Ist–Analyse Forderungen zu folgenden Aspekten abgeleitet:		
○ Aufbauorganisation?	❑	❑
○ Kommunikationsstrukturen?	❑	❑
○ Aufgaben, Arbeits- und Informationsabläufe?	❑	❑
○ Tätigkeiten?	❑	❑
○ Mengengerüst?	❑	❑
○ Arbeitsplätze und Arbeitsmittel?	❑	❑
❍ Sind auch die Forderungen der Mitarbeitervertretung berücksichtigt worden?	❑	❑

III.1 Checkliste Grobkonzept für die Organisation

Christian Niestroj

Das Soll–Konzept beinhaltet das Grobkonzept zur Gesamtorganisation und das DV–technische Feinkonzept. Diese Checkliste dient dazu, die wichtigsten Aspekte in die Planung der Gesamtorganisation des Büros einzubeziehen. Die für die Aufstellung des Soll–Konzeptes verantwortlichen Personen können anhand der vorliegenden Fragen feststellen, ob alle Planungsschritte und Inhalte des Soll–Konzeptes berücksichtigt worden sind.

	ja	nein
Rahmenvorgaben		
❍ Ist für die künftige Struktur des Ingenieurbüros eine Änderung der folgenden Rahmenvorgaben zu erwarten:		
○ Auftragsspektrum?	❑	❑
○ Kooperationspartner?	❑	❑
○ Organisatorische bzw. technische Schnittstellen?	❑	❑
○ Personalkapazität?	❑	❑
○ vorhandene Arbeitsmittel (konventionelle, DV etc.)?	❑	❑
○ vorhandene Räume?	❑	❑
○ vorhandene Richtlinien im Büro?	❑	❑
❍ Gibt es schon eine Vorentscheidung zugunsten einer konventionellen organisatorischen Lösung?	❑	❑
❍ Gibt es schon eine Vorentscheidung zugunsten der Einführung einer technischen Lösung?	❑	❑

Grobkonzept

Erarbeitung von Lösungsansätzen zur Gesamtorganisation

Bei der Erstellung des Grobkonzeptes werden im ersten Schritt Lösungsansätze gesucht.

❍ Ist untersucht worden, ob alle in der Ist–Erhebung dokumentierten Arbeiten auch künftig notwendig sind?	❑	❑

	ja	nein
❍ Ist der Bereich, in dem Aufgaben bereits mit DV-Unterstützung gelöst werden, in die Betrachtungen einbezogen?	❑	❑
❍ Sind weitere Aufgaben identifiziert worden, die sich für eine DV-Unterstützung eignen?	❑	❑
❍ Sind für diese Aufgaben auch konventionelle Reorganisationslösungen möglich?	❑	❑
❍ Wurden sowohl organisatorische als auch technische Lösungsansätze entwickelt?	❑	❑
○ Wurden dabei die Forderungen aus der Zielfindung berücksichtigt?	❑	❑
○ Wurden dabei die Forderungen aus der Ist-Analyse berücksichtigt?	❑	❑

Rückwirkungsuntersuchungen für jeden Lösungsansatz

❍ Sind die Folgen der Lösungsansätze für die Aufbau- und Ablauforganisation erkennbar?	❑	❑
❍ Sind die Konsequenzen auf Nachbarsysteme berücksichtigt worden?	❑	❑
❍ Sind die Folgen für die Tätigkeits- und Qualifikationsprofile berücksichtigt worden?	❑	❑
❍ Ist der Personalbedarf untersucht worden?	❑	❑
❍ Ist die Auswirkung auf Motivation und Akzeptanz der Mitarbeiter erkannt worden?	❑	❑
❍ Ist der Kostenaufwand geschätzt worden?	❑	❑
❍ Sind nicht realisierbare Lösungsansätze ausgesondert worden?	❑	❑

Erarbeitung von Lösungsalternativen für die Gesamtorganisation

Aus den Lösungsansätzen werden alternative Varianten entwickelt, die so weit ausgereift sind, daß sie sich mittels einer Wirtschaftlichkeitsuntersuchung vergleichen und auswählen lassen.

Die nachfolgenden Fragen dienen dazu, die organisatorischen Alternativen auf Vollständigkeit zu überprüfen. Jede Lösungsalternative sollte folgende Strukturmerkmale aufweisen:

	ja	nein
❍ **Arbeitsmittel**		
○ Ist eine ausschließlich CAD-gestützte Zeichnungserstellung vorgesehen?	❑	❑
○ Ist eine Kombination von CAD-gestützter und konventioneller Zeichnungserstellung vorgesehen?	❑	❑
○ Sind auch Mischarbeitsplätze (CAD und Zeichenbrett) vorgesehen?	❑	❑
○ Ist eine direkte Anordnung der Arbeitsmittel am Arbeitsplatz vorgesehen?	❑	❑
○ Ist eine feste Ausstattungsrelation Nutzer/Rechner geplant?	❑	❑
○ Soll diese Ausstattungsrelation in mehreren Investitionsschritten erreicht werden?	❑	❑
○ Läßt sich die erforderliche Anzahl der CAD-Arbeitsplätze pro Investitionsphase bestimmen?	❑	❑
○ Sind die neuen Möbel in die Betrachtungen einbezogen?	❑	❑
○ Sind die Kosten für die Arbeitsmittel berücksichtigt worden?	❑	❑
❍ **Materialfluß**		
○ Sind alle technischen Unterlagen erfaßt:		
◦ Zeichnungen?	❑	❑
◦ statische Berechnungen?	❑	❑
◦ Gutachten?	❑	❑
◦ Stellungnahmen?	❑	❑
◦ AVA?	❑	❑
◦ Normen und weitere Vorschriften?	❑	❑
◦ Texte?	❑	❑
○ Ist die Herkunft der eingehenden Unterlagen ersichtlich?	❑	❑
○ Ist der Weg der Unterlagen während der Projektbearbeitung beschrieben?	❑	❑

	ja	nein
○ Ist der Weg der Unterlagen nach Fertigstellung im Hause beschrieben?	❑	❑
○ Ist entschieden, wo die Unterlagen abgelegt werden sollen?	❑	❑
○ Ist geklärt, wer die Unterlagen nutzt?	❑	❑
○ Greifen mehrere Personen gleichzeitig auf diese Unterlagen zu?	❑	❑
○ Ist die Fortschreibung (Aktualisierung) organisiert?	❑	❑
❍ Ist vorgesehen, die o.g. technischen Informationen in einer Datenbank zu speichern?	❑	❑
❍ Kommunikationsstruktur des Büros:		
○ Existiert ein grobes Schema zur bürointernen Kommunikationsstruktur?	❑	❑
○ Sind die beteiligten internen Partner festgelegt?	❑	❑
○ Sind die beteiligten externen Partner festgelegt?	❑	❑
○ Muß die Kommunikation zu jeder Zeit und mit jedem Arbeitsplatz möglich sein?	❑	❑
○ Sind die organisatorischen und technischen Schnittstellen zu Nachbarbereichen und -systemen innerhalb und außerhalb des Büros festgelegt?	❑	❑
○ Ist an eine kommunikationsgerechte Aufteilung der Büroräume gedacht worden?	❑	❑
○ Ist festgelegt worden, welche Kommunikationsprozesse konventionell und welche DV-technisch ablaufen sollen?	❑	❑
○ Sind die konventionellen Kommunikationsformen (Besprechungen etc.) festgelegt?	❑	❑
❍ Ablauforganisation:		
○ Sind die verschiedenen Auftragsarten des Büros als Projektabläufe dargestellt worden?	❑	❑
○ Sind alle beteiligten Arbeitsplätze einbezogen?	❑	❑
○ Ist dargestellt, in welcher Art, in welchem Umfang und an welchem Bestimmungsort sich das Ergebnis der einzelnen Abläufe präsentiert?	❑	❑

	ja	nein
○ Läßt sich erkennen, ob die neuen Arbeitsabläufe in die vorhandene Ablaufstruktur integrierbar sind?	❑	❑
○ Sind die neuen Arbeitsabläufe mit der vorhandenen DV–Infrastruktur vereinbar?	❑	❑
○ Sind die Funktionen aller Mitarbeiter in der Projektabwicklung festgelegt worden?	❑	❑
○ Sind die Zuständigkeiten der Abteilungen für die Projektabwicklung geregelt?	❑	❑
○ Sind die Abläufe zu Ende gedacht worden?	❑	❑
○ Ist die Beschreibung der Abläufe ausreichend?	❑	❑

Festlegung des Grobkonzeptes zur Gesamtorganisation

❍ Ist jede Lösungsalternative zur Gesamtorganisation so dokumentiert, daß sie zur Entscheidung vorgelegt werden kann?	❑	❑
❍ Wurde entschieden, welche Bewertungsmethode sich für die Auswahl der Lösungsalternativen eignet?	❑	❑
❍ Wurden die Lösungsalternativen vergleichend bewertet?	❑	❑
❍ Wurde eine der Lösungsalternativen zur Gesamtorganisation des Büros verbindlich als Ausgangsbasis für das DV–technische Feinkonzept festgelegt?	❑	❑
❍ Sind folgende Aspekte des Grobkonzeptes im Detail beschrieben:		
○ Aufbaustruktur?	❑	❑
○ Aufgaben der Organisationseinheiten?	❑	❑
○ Ablauforganisation?	❑	❑
○ Arbeitsabläufe und Materialfluß?	❑	❑
○ Kommunikationsstruktur?	❑	❑
○ Struktur der Datenbasis?	❑	❑
○ Betriebsmittel/Arbeitsplatzeinrichtung?	❑	❑

III.2 Checkliste DV-technisches Feinkonzept

Christian Niestroj/Günter Nitsche

Nach der Festlegung des Grobkonzeptes steht die Aufgabe an, das zugehörige DV-technische Feinkonzept zu erstellen. Dabei stellt sich die Frage, welche Aspekte der Informationsverarbeitung aus der Sicht eines mittleren Ingenieurbüros für die Aufstellung eines DV-technischen Feinkonzeptes von Bedeutung sind.

Zur Eingrenzung der vielfältigen Gestaltungsmöglichkeiten soll das im Abschnitt 2.3 vorgestellte Konzept in die weitere Betrachtung einbezogen werden. Die Gesamtkonfiguration, die sich aus diesem Fallbeispiel ergibt, geht von einem Grobkonzept aus, das den Aufbau von DV-Arbeitsplätzen für die Bereiche Konstruktion (Schal- und Bewehrungsplanung) und die Integration der Anwendungen Statik, AVA und Administration beinhaltet. Für den Verbund der Rechnersysteme wurde ein Netzwerk gewählt. Für die DV-gestützte Kommunikation sollen die Dienstleistungen der Deutschen Bundespost in Anspruch genommen werden. Die Peripheriegeräte sind zentral an einen Server anzuschließen, der sich in einem separaten Raum befinden soll.

Die Checklisten sind so aufgebaut, daß wichtige Aspekte zum Aufbau der skizzierten Gesamtkonfiguration nacheinander und in getrennten Themenblöcken angesprochen werden, im einzelnen sind dies:

- Integrierte Projektbearbeitung,
- Zuordnung der DV-Anwendungen,
  - Informationsbedarf,
  - Informationsfluß,
  - Datenhaltung,
- DV-Betriebsmittel,
  - Anwendersoftware,
  - Entwicklungssoftware,
  - Netzwerk,
- Verfahrenstests.

Die Checklisten können u.a. dazu benutzt werden, die Anzahl der DV-Arbeitsplätze festzulegen, die Leistungsfähigkeit der Rechner zu bestimmen, den Leistungsumfang der Software zu ermitteln, aber auch die interne/externe DV-gestützten Kommunikation in das Gesamtkonzept einzubinden und damit die Integration zu ermöglichen.

Integrierte Projektbearbeitung

Der Einsatz von DV-Betriebsmitteln erfordert Überlegungen zur Integration einzelner DV-Anwendungen in ein Gesamtkonzept. Dabei werden die folgenden Ziele verfolgt: Minimierung von Doppelarbeiten, Abbau von Transformationsprozessen, Beseitigung von Redundanzen, Verkürzung der Durchlaufzeiten durch schnelleren Informationsaustausch sowie Verwendung einheitlicher Oberflächen zur einfacheren Handhabung. Die DV-Unterstützung der durchgängigen Projektbearbeitung ist bereits in einigen Anwendungsbereichen Stand der Technik. Für die Aufstellung des DV-technischen Feinkonzeptes stellen sich zur Integration Fragen wie:

	ja	nein
❍ Erfordert die Ablauforganisation die Integration von DV-Anwendungen?	❑	❑
❍ Soll der Zugriff auf alle DV-Anwendungen von jedem Arbeitsplatz aus möglich sein?	❑	❑
❍ Ist die Reihenfolge der einzelnen Schritte der Projektbearbeitung festgelegt?	❑	❑
❍ Soll eine Spezialisierung (Arbeitsteilung) bei der Projektbearbeitung angestrebt werden?	❑	❑
❍ Sind diese Schritte als Aufgaben den einzelnen DV-Arbeitsplätzen zugewiesen?	❑	❑
❍ Ist festgelegt, zwischen welchen Arbeitsplätzen (Anwendungen) Informationen auszutauschen sind?	❑	❑
❍ Sind die technischen Voraussetzungen für diesen Informationsaustausch (Informationsfluß) konzipiert?	❑	❑
❍ Sind die Schnittstellen zwischen den Anwendungen beschrieben?	❑	❑
❍ Ist der Informationsbedarf der einzelnen Anwendungen ermittelt worden?	❑	❑
❍ Ist entschieden worden, welche Informationen (Daten) wo vorzuhalten sind:		
○ Zentrale Datenhaltung?	❑	❑
○ Dezentrale Datenhaltung?	❑	❑

Zuordnung der DV–Anwendungen

Hier ist die Frage zu klären, welcher Rechner ist mit welchen Anwendungen zu belegen. Sind auf den einzelnen Rechnern mehrere Anwendungen gleichzeitig auszuführen? Dies erfordert ein Betriebssystem mit mindestens Multitasking–Fähigkeiten, oder sollen die einzelnen Anwendungen auf verschiedene Rechner verteilt werden, was ggf. den Aufbau eines lokalen Netzwerkes verlangt.

	ja	nein
❍ Welche Aufgaben sollen durch Software unterstützt werden:		
○ Planerstellung?	❑	❑
○ Technische Berechnungen (z.B. Statik)?	❑	❑
○ Administration (z.B. Verwaltung, Korrespondenz)?	❑	❑
○ Technische Dokumentation (Berichte usw.)?	❑	❑
○ Andere?	❑	❑
❍ Haben Sie diese DV–Anwendungen den Arbeitsplätzen zugeordnet?	❑	❑
❍ Ist die Anzahl der Rechner, gegliedert nach Leistungsklassen (WS, PC), für das Büro festgelegt?	❑	❑
❍ Ist die Ausstattung der DV–Arbeitsplätze mit zusätzlicher Peripherie (z.B. Plotter, Drucker) erforderlich?	❑	❑
❍ Soll ein bestimmter Rechner Server–Funktionen übernehmen?	❑	❑
❍ Können die einzelnen Rechnerklassen in einem gemeinsamen Netzwerk betrieben werden?	❑	❑
❍ Erfordern die DV–Anwendungen den Einsatz besonderer Ein– und Ausgabemedien?	❑	❑
❍ Haben Sie die Anordnung der zusätzlichen Medien in einem seperaten Raum bedacht?	❑	❑

Informationsbedarf

Durch die Zuordnung der Anwendungen zu den einzelnen Arbeitsplätzen ist der Informationsbedarf der einzelnen Anwendungsbereiche definiert. Hierbei geht es hauptsächlich um die Frage, welche Informationen die Anwendung aus vorgelagerten Prozessen benötigt.

	ja	nein
❍ Ist ermittelt worden, welche Informationen zur Aufgabenerfüllung am jeweiligen Arbeitsplatz erforderlich sind?	❑	❑
❍ Welchen Ursprung haben die Informationen:		
○ Aus vorgelagerten Prozessen?	❑	❑
○ Aus Abstimmungsgesprächen mit Fachkolegen?	❑	❑
○ Aus Recherchen in internen / externen Datenbanken?	❑	❑
○ Aus Ablagen direkt am Arbeitsplatz?	❑	❑
○ Aus Ablagen in einem zentralen Archiv?	❑	❑
❍ Welche Informationen sollen in digitalisierter Form abrufbar sein:		
○ Zeichnungen?	❑	❑
○ Konstruktionsvarianten?	❑	❑
○ Skizzen?	❑	❑
○ Normen?	❑	❑
○ Andere?	❑	❑
❍ Ist die Menge der digitalen Informationen, der Zeitpunkt und der Ort für deren Bereitstellung im Hinblick auf die einzelnen Bearbeitungsschritte ermittelt?	❑	❑
❍ Ist eine Mengenbetrachtung zur Festlegung der technischen Anforderungen an die Hardware durchgeführt worden?	❑	❑
○ Erforderliche Speicherkapazität?	❑	❑
○ Kapazität des Netzwerkes?	❑	❑
○ Leistung der Datenendgeräte?	❑	❑

Informationsfluß

Der Informationsfluß beinhaltet den Abruf von Daten (z.B. Informationen aus einer Datenbank oder vorgelagerten Aufgaben) und deren Weitergabe. Der Informationsfluß ist ein instationärer Vorgang, weil er in entscheidendem Maße vom zeitlichen Verlauf geprägt wird. Es müssen Zugriffsrechte geregelt, die Konsistenz sichergestellt,

Redundanzen bewältigt sowie Schutzmaßnahmen ergriffen werden, damit eine Zerstörung des Datenbestandes unterbleibt.

	ja	nein
❍ Ist die Herkunft der digitalen Informationen vor der Bearbeitung bekannt:		
○ Aus einer Zwischenablage?	❑	❑
○ Aus einer Datenbank?	❑	❑
○ Aus eigener Generierung?	❑	❑
❍ Ist die Übergabe der digitalen Informationen nach der Bearbeitung definiert:		
○ Übergabe an eine Zwischenablage? (Datei)	❑	❑
○ Übergabe an eine Datenbank?	❑	❑
❍ Sind zur Übernahme und Übergabe der digitalen Informationen spezielle Konverter erforderlich?	❑	❑
❍ Sind die technischen Eckwerte des Informationsflusses bekannt (Übertragungsgeschwindigkeit, Menge der Informationen)?	❑	❑
❍ Sind spezielle Datenformate oder auch Protokolle zur Übertragung erforderlich?	❑	❑
❍ Erfordert der Informationsfluß besondere Informationsträger (z.B. Ethernet)?	❑	❑
❍ Setzt der Informationsfluß eine Koordinierung voraus (z.B. Datenmanager)?	❑	❑
❍ Ist die Konsistenz der Daten sichergestellt?	❑	❑
❍ Sind Schutzmaßnahmen für den Datenfluß erforderlich?	❑	❑

Datenhaltung

Ein Teil der Randbedingungen zur digitalen Datenhaltung ergibt sich aus festgelegten Anwendungsprogrammen (Programmdateien, Zeichnungsdateien usw.) und dem Informationsbedarf. Zum anderen bestimmen die Größe und die Bearbeitungsdauer der anfallenden Projekte die Datenhaltung in beträchtlichem Maße.

	ja	nein
❍ Sind alle Datenarten ermittelt worden?	❑	❑
○ Textdateien?	❑	❑
○ Zeichnungsdateien?	❑	❑
○ Programmdateien?	❑	❑
○ Andere?	❑	❑
❍ Ist die Menge der zu speichernden Daten bekannt?	❑	❑
❍ Ist eine logische Strukturierung der Daten vorgenommen worden?	❑	❑
❍ Ist definiert worden, auf welchem Speichermedium die Daten vorrätig zu halten sind?	❑	❑
○ Festplatte?	❑	❑
○ Diskette?	❑	❑
○ Streamer-Tape?	❑	❑
○ Optical-Disk?	❑	❑
❍ Wie sind die Daten vorrätig zu halten:		
○ zentral?	❑	❑
○ dezentral?	❑	❑
❍ Bestehen Zusammenhänge/Verknüpfungen zwischen einzelnen Datenhaltungen?	❑	❑
❍ Sind Überlegungen angestellt worden, wie die langfristige Archivierung der Daten erfolgen soll (Medien und Sicherungsart)?	❑	❑
❍ Sind Schutzmaßnahmen zur Datenhaltung vorgesehen?	❑	❑

DV-Betriebsmittel

Der Aufbau oder die Veränderung einer DV-Infrastruktur erfordert gründliche Überlegungen über die einzusetzenden Betriebsmittel. Unter Betriebsmitteln sind die Anwendersoftware, die Systemsoftware (z.B. Betriebssystem, Entwicklungssoftware), die Hardware (Rechner und Peripherie), das Netzwerk und weitere Arbeitsmittel wie Zeichenbrett, Schreibmaschine etc. zu verstehen. Aspekte der konventionellen Arbeitsmittel werden hier jedoch nicht behandelt. Mit der Zuordnung der DV-Anwendungen sind bereits den Rechnern bestimmte Aufgaben zugewiesen. Ziel dieser Checkliste soll deshalb das Finden der Betriebsmittel sein, die das Betreiben der festgelegten Anwendungen mit ihren Spezifikationen ermöglichen.

	ja	nein
❍ Sollen die zu beschaffenden Betriebsmittel lediglich in die vorhandene Infrastruktur eingebunden werden?	❑	❑
❍ Ist vorhandene Hard- und Software in das neue Soll-Konzept einzubinden?	❑	❑
❍ Ist beim Ausbau der Hardware (inkl. Neubeschaffung) daran gedacht worden, daß eine problemlose Übernahme der vorhandenen Daten und Programme möglich ist?	❑	❑
❍ Sind die strategischen Konsequenzen in technischer Hinsicht erkennbar (technologische Entwicklung der nächsten 5 Jahre)?	❑	❑
❍ Soll die zu beschaffende Anwendersoftware auf Rechnern unterschiedlicher Leistungsklassen lauffähig sein?	❑	❑
❍ Ist erkennbar, welches Betriebssystem eingesetzt werden soll (z.B. DOS oder UNIX)?	❑	❑
❍ Ist bedacht worden, daß nur bestimmte Betriebssysteme Multiuser- und Multitasking-Fähigkeiten besitzen?	❑	❑
❍ Ist zur Realisierung der Integration mehrerer DV-gestützter Bearbeitungsschritte die Beschaffung von Entwicklungssoftware erforderlich?	❑	❑
❍ Ist zum Betreiben des LAN-/WAN-Netzwerkes die Beschaffung von Kommunikationssoftware notwendig?	❑	❑

Anwender-Software

Hierunter wird im folgenden nur die Software verstanden, die im direkten Zusammenhang mit der Unterstützung der anfallenden Aufgaben in einem Büro für Tragwerksplanung steht. Der Bereich CAD wird nur stichpunktartig angesprochen. Vertiefende Informationen, Aspekte und mögliche Anforderungen für das Pflichtenheft können der *Checkliste CAD–Software* entnommen werden. Vor Bearbeitung dieser Checkliste wird auf die Fachartikel im Kapitel 3 verwiesen. Erst im Anschluß sollte diese Checkliste bearbeitet werden.

	ja	nein
CAD–Software		
❍ Muß CAD zur Bewältigung aller Aufgaben eingeführt werden?	❑	❑
❍ Lassen sich die künftigen Aufgaben auch mit Standard–CAD–Systemen erledigen?	❑	❑
❍ Erfordern die Konstruktionsarbeiten ein bauspezifisches:		
○ 3–D–CAD–System?	❑	❑
○ 2 ½–D–CAD–System?	❑	❑
○ 2–D–CAD–System?	❑	❑
❍ Muß das CAD–System sowohl die Bearbeitung in der 3–D– als auch in der 2–D–Beschreibung ermöglichen?	❑	❑

Statiksoftware

DV–Anwendungen für den Bereich Statik können sehr unterschiedlich und sehr komplex ausgerichtet sein. Für das Büro muß aufgrund des Aufgabenspektrums entschieden werden, welche Software–Produkte in Frage kommen und wie diese möglicherweise mit CAD–Systemen zu koppeln sind.

	ja	nein
❍ Müssen neue Statik–Programme eingesetzt werden?	❑	❑
❍ Für welche Tragwerkssysteme ist Statik–Software erforderlich:		
○ Fachwerke?	❑	❑
○ Stabtragwerke?	❑	❑
○ Flächentragwerke?	❑	❑
∘ Scheiben?	❑	❑
∘ Platten?	❑	❑
∘ Schalen?	❑	❑

	ja	nein
○ Dachtragwerke?	❑	❑
○ Grundbausysteme?	❑	❑
❍ Sind Programme erforderlich, die sowohl physikalische als auch geometrische Nichtliniaritäten berücksichtigen?	❑	❑
❍ Sind Programme zur Bemessung erforderlich?	❑	❑
○ Im Stahlbau?	❑	❑
○ Im Holzbau?	❑	❑
○ Im Massivbau?	❑	❑
❍ Ist die Kopplung von Statik-Software und CAD beabsichtigt?	❑	❑

AVA-Software

Moderne CAD-Systeme beinhalten bereits Software-Module zur Ermittlung der Mengen (Stückliste). Zur Aufstellung eines DV-technischen Feinkonzeptes sollte der Frage nachgegangen werden, ob es sinnvoll ist, den Aufgabenbereich AVA direkt mit einzubinden.

❍ Ist das Büro auch für die Ausschreibung, Vergabe und Abrechnung (AVA) von Bauleistungen verantwortlich?	❑	❑
❍ Soll der AVA-Bereich durch Software unterstützt werden?	❑	❑
❍ Sind die notwendigen Mengenermittlungen aus der CAD-Bearbeitung zu übernehmen?	❑	❑

Administrationssoftware

Software zur Unterstützung der administrativen Aufgaben gehört zur Grundausstattung eines Ingenieurbüros. Es ist zu prüfen, welche Software die anfallen Aufgaben am besten bewältigt. Es muß auch der Frage nachgegangen werden, ob zur Aufstellung der Standsicherheitsnachweise Berechnungs- und Bemessungsergebnisse aus der Strukturanalyse über standardisierte Schnittstellen in ein Textverarbeitungssystem eingebunden werden können.

❍ Reicht ein PC-gebundenes Textverarbeitungssystem zur Abwicklung der Korrespondenz aus?	❑	❑
❍ Erfordern die Aufgaben die Einführung eines DTP-Systems (Erstellung anspruchsvoller Dokumente)?	❑	❑

	ja	nein
❍ Können Berechnungs– und Bemessungsergebnisse über eine Schnittstelle in das Publikationsprogramm eingeladen werden?	❑	❑
❍ Erfordern die Terminplanung und die Projektfortschrittskontrolle die Einführung spezieller Software?	❑	❑
❍ Soll die Finanzbuchhaltung durch Software unterstützt werden?	❑	❑
❍ Sollen Personalinformationssysteme eingeführt werden?	❑	❑

Integrationsaspekte zur Software

	ja	nein
❍ Lassen sich die verschiedenen Software–Produkte in die vorhandene DV–Infrastruktur einbinden?	❑	❑
❍ Ist die Kompatibilität der zu beschaffenden Software zum vorhandenen Netzwerk gegeben?	❑	❑
❍ Sollen die verschiedenen Software–Produkte integriert agieren?	❑	❑
❍ Sind spezielle Anpassungen der Software–Produkte an Betriebsbelange notwendig?	❑	❑
○ Erfolgt die Anpassung durch Fremdfirmen?	❑	❑
○ Erfolgt die Anpassung durch Eigenentwicklung?	❑	❑

Entwicklungssoftware

Die Realisierung der Integration und die Anpassung der Software an die firmenspezifischen Belange erfordern den Einsatz von Entwicklungsumgebungen. Planen Sie, mehrere DV–gestützte Bearbeitungsprozesse miteinander zu verbinden, so setzt dies die Entwicklung von Konvertern oder auch Pre– und Postprozessoren voraus. Zur Gestaltung von Schnittstellen und zum Einsatz von Entwicklungsumgebungen können den Artikeln ☞ *Gestaltung von CAD–Umgebungen* und *DV–technischer Informationsaustausch* im *Kapitel 3* vertiefende Informationen entnommen werden.

Bedenken Sie, daß Eigenentwicklungen sehr zeitaufwendig und kostenintensiv sind! Möglicherweise kann ein zu beauftragender externer Software–Entwickler diese Aufgabe wirtschaftlicher erledigen. Diese Checkliste ist deshalb nur an Büros gerichtet, die eigene Programmierarbeiten durchführen wollen. Für den Fall der Beschaffung von Standard–Software hat diese Checkliste keine Bedeutung.

	ja	nein
❍ Welche Programmiersprachen sind für eigene Software-Entwicklungen einzusetzen:		
○ Eine technisch orientierte Programmiersprache (z.B. Basic., FORTRAN, Pascal)?	❑	❑
○ Eine objektorientierte Programmiersprache (z.B. C++)?	❑	❑
○ Eine wissensorientierte Sprache (z.B. Prolog, Lisp)?	❑	❑
❍ Beabsichtigen Sie die Einführung von Benutzeroberflächen?	❑	❑
○ Programm-Manager zur Softwareverwaltung?	❑	❑
○ Windows zur einfachen, Icon-gestützten Dateiverwaltung?	❑	❑
○ Windows als zwingende Oberfläche für weitere Software?	❑	❑
○ Windows zur Gestaltung von Eigenentwicklungen?	❑	❑
❍ Beabsichtigen Sie Graphiksprachen (wie GKS, PHIGS) zur Entwicklung von Pre- und Postprozessoren einzusetzen?	❑	❑
❍ Benötigen Sie Werkzeuge (wie SQL (Standard Query Language), DDL (Data Description Language), DML (Data Management Language)) zur Auswertung von Datenbanken?	❑	❑
❍ Stellt das CAD-System eine eigene Entwicklungsumgebung zur Verfügung (z.B. LISP bei AUTOCAD)?	❑	❑

Netzwerk

Diese Checkliste ist nur von Bedeutung, wenn mehrere Rechner beschafft werden sollen und/oder der Bedarf zur DV-gestützten Kommunikation mit Rechnern externer Partner besteht. Lesen Sie zunächst die Artikel ☞ *Rechnerkommunikation* und *DV-technischer Informationsaustausch* im *Kapitel 3*. Überprüfen Sie, welche Art der Kommunikation für Ihre Belange von Bedeutung ist; erst im Anschluß daran sollte diese Checkliste ausgefüllt werden.

Hardware, LAN

❍ Soll ein lokales Netz (LAN) aufgebaut werden?	❑	❑
○ Art des Netzes:		
∘ Sternnetz ?	❑	❑

	ja	nein
○ Busnetz (z.B. Ethernet)?	❑	❑
○ Ringnetz (z.B. Token Ring)?	❑	❑
○ Ist die Beschaffung von Koppelgeräten (z.B. Transceiver und Netzwerkkarten) erforderlich?	❑	❑
○ Sind etwaige Übertragungsmedien wie z.B. Kupfer- oder Glasfaserkabel ausreichend?	❑	❑
❍ Ist ein Kommunikationsrechner zur Koordination mehrerer lokaler Netze erforderlich (Bridge-Rechner)?	❑	❑

Hardware, WAN

	ja	nein
❍ Soll ein Weitverkehrsnetz (WAN) genutzt werden?	❑	❑
❍ Muß bei der Realisierung das Hoheitsgebiet der Deutschen Bundespost in Anspruch genommen werden?	❑	❑
❍ Können auch andere Netze genutzt werden?	❑	❑
○ Behördeneigene Netze ?	❑	❑
○ Privatnetze?	❑	❑
❍ Ist ein zusätzlicher Kommunikationsrechner zur Koordination der WAN-Anschlüsse erforderlich ?	❑	❑
❍ Haben Sie an die Beschaffung von Datenendgeräten (z.B. Modems, X.25-Controller) gedacht?	❑	❑
❍ Haben Sie überlegt, welche Konditionen zur Nutzung der Datenendgeräte für Sie interessant sind (Kauf, Miete etc.)?	❑	❑

Netzwerksoftware

	ja	nein
❍ Welche Dienste sollen mit der Software unterstützt werden:		
○ File-Transfer (Austausch von Dateien)?	❑	❑
○ Remote-Login (Arbeiten auf einem Zielrechner)?	❑	❑
○ Server-Dienste (Speichern von Dateien)?	❑	❑
○ Mail and Messages (Austausch von Nachrichten)?	❑	❑
❍ Erfordert die Datenmenge ein spezielles Übertragungsverfahren?	❑	❑

Verfahrenstests

Die Beschaffung von Hard– und Software erfordert eine intensive Überprüfung der erworbenen Produkte nach erfolgter Installation. Es kann nicht davon ausgegangen werden, daß die DV–gestützte Bearbeitung sofort mit der Inbetriebnahme und ohne Störungen beginnen kann. Deshalb sollten bereits in der Phase *Erstellen des Soll–Konzeptes* Überlegungen angestellt werden, wie das zukünftige Arbeitssystem hinsichtlich der Belange des Büros überprüft werden kann. Nützlich sind diese Überlegungen bereits bei ersten Tests, z.B. bei Verkaufsgesprächen oder auch Demonstrationsvorführungen.

	ja	nein
❍ Existieren Überlegungen, wie die neue Software während des Abnahmezeitraumes zu überprüfen ist?	☐	☐
❍ Besteht ein Stufenplan für die Überprüfung der einzelnen Komponenten?	☐	☐
❍ Welche DV–Anwendungen sollen getestet werden?		
○ CAD–Bereich:		
◦ Geometrische Basisfunktionen?	☐	☐
◦ Schalplanung?	☐	☐
◦ Bewehrungsplanung?	☐	☐
○ Statik–Bereich:		
◦ Systemgenerierung?	☐	☐
◦ Berechnungs–Software (Genauigkeit der Ergebnisse)?	☐	☐
◦ Graphische Darstellung?	☐	☐
○ Datenaustausch (intern/extern)?	☐	☐
○ Das Zusammenwirken der Software–Produkte im Verbund?	☐	☐
○ Weitere?	☐	☐
❍ Was soll getestet (überprüft) werden:		
○ Das Zeitverhalten?	☐	☐
○ Die Handhabung des Systems?	☐	☐
○ Die Größe der verarbeitbaren Projekte?	☐	☐

	ja	nein
○ Anforderungen des Pflichtenheftes?	❑	❑
∘ funktionsbezogen?	❑	❑
∘ mengenbezogen?	❑	❑
∘ strategische?	❑	❑
∘ ergonomische?	❑	❑
❍ Sind kleinere Testbeispiele für Demonstrationsvorführungen generiert worden?	❑	❑
❍ Erfolgte die Auswahl von Testbeispielen für:		
○ Standardfälle?	❑	❑
○ Extremfälle?	❑	❑
❍ Sollen auch fehlerhafte Fälle in die Tests einbezogen werden?	❑	❑
❍ Sind Überlegungen angestellt worden, mit welchen Projekten die DV-gestützte Bearbeitung nach Inbetriebnahme erfolgen soll?	❑	❑
❍ Sind Kriterien benannt worden, anhand deren die Beurteilung der durchzuführenden Tests erfolgen soll?	❑	❑
❍ Sollen die Tests parallel zur laufenden Projektbearbeitung erfolgen?	❑	❑

III.3 Checkliste Pflichtenheft

Christian Niestroj

Mit dieser Checkliste soll erreicht werden, daß alle wichtigen Anforderungsbereiche im Pflichtenheft berücksichtigt werden. Die Einzelanforderungen sind bereits in den *Checklisten CAD–Hardware, CAD–Software, CAD–Arbeitsplatzgestaltung* oder auch *Schulung* enthalten.

Denken Sie daran, daß das *nackte* Pflichtenheft für die Anbieter unverständlich ist. Deshalb werden bei der Ausschreibung und zur Beantwortung betreffs der Anforderungen im Pflichtenheft auch Aussagen zu den angestrebten Zielen, zum Soll–Konzept und zu den Rahmenbedingungen benötigt. Das Pflichtenheft sollte einige allgemeine Ausführungen zu den genannten Punkten enthalten.

	ja	nein
❍ Haben Sie die mit der Reorganisation angestrebten Ziele aufgelistet?	❑	❑
❍ Wollen Sie den Anbietern eine Skizze zum Soll–Konzept zur Verfügung stellen?	❑	❑
❍ Sind hinsichtlich des CAD–Systems		
○ funktionsbezogene Anforderungen aufgestellt?	❑	❑
○ die mengenbezogenen Anforderungen aufgestellt und	❑	❑
○ der Bereich der strategischen Anforderungen abgedeckt?	❑	❑
❍ Enthält das Pflichtenheft ergonomische Anfordungen?	❑	❑
❍ Sind Anforderungen an die Arbeitsorganisation gestellt?	❑	❑
❍ Sind die Anforderungen an Qualifizierungsmaßnahmen Teil des Pflichtenheftes?	❑	❑
❍ Ist jede Anforderung als Festforderung, Mindestforderung oder Wunsch gekennzeichnet?	❑	❑
❍ Haben Sie daran gedacht, daß die Formulierung der Fragen möglichst nur im *Ja/Nein*–Modus erfolgen sollte?	❑	❑
❍ Sind die möglichen Anbieter ermittelt worden?	❑	❑

	ja	nein
❍ Ist der Zeitrahmen zur Beantwortung des Pflichtenheftes definiert?	❑	❑
❍ Sind die einzelnen Anforderungsbereiche entsprechend der beigemessenen Bedeutung gewichtet worden?	❑	❑
❍ Ist sichergestellt worden, daß die Wichtung für die Anbieter nicht erkennbar ist?	❑	❑
❍ Sind die Personen benannt, die die Systemauswahl und -bewertung vornehmen sollen?	❑	❑

IV.1 Checkliste CAD-Software

Christian Niestroj

Mit dieser Checkliste wird das Ziel verfolgt, alle für die Beschaffung eines CAD-Systems relevanten Kriterien aufzulisten. Die Checkliste ist aufgeteilt in die Bereiche:

- Kriterien zur Beurteilung des Software-Anbieters,
- allgemeine Leistungskriterien,
- Systemarchitektur,
- Bedienungskomfort,
- Schnittstellen,
- Eignung für den Konstruktiven Ingenieurbau,
- Hardware-Voraussetzungen,
- Kriterien zur Wartung,
- Kriterien für die Schulung,
- Kosten pro Arbeitsplatz.

Die Checkliste soll dazu dienen, verschiedene CAD-Systeme miteinander zu vergleichen und auf dieser Informationsbasis eine spätere Bewertung und Systemauswahl durchzuführen. Die Aufnahme der Kriterien hinsichtlich der Kosten für Hard- und Software soll dabei nur als Grundlage für eine spätere Beurteilung dienen. Die tatsächlichen Kosten sind detaillierter nach der ☞ *Checkliste Kosten* zu ermitteln. Je nach Intention kann diese Checkliste flexibel gehandhabt werden. Je genauer der Anforderungskatalog der Konzeptionsphase formuliert ist, desto vollständiger sollte diese Checkliste bearbeitet werden. Sind nur grobe Anforderungen aufgestellt, so können Teile dieser Liste durchaus offengelassen werden und u.U. später noch verfeinert werden.

Kriterien zur Beurteilung des Software-Anbieters

❍ Unternehmerische Bedeutung des Anbieters

○ Mutterfirma ....

○ Hersteller ....

○ Vertriebsfirma ....

	ja	nein
❍ Besteht Präsenz am CAD-Markt in Deutschland?	❑	❑
❍ Anzahl der verkauften CAD-Systeme? (insgesamt)		
❍ Anzahl der verkauften CAD-Systeme? (letzte 12 Mon.)		
❍ Wird die Systemverfügbarkeit definitiv zugesagt?	❑	❑
○ Wann?		
❍ In welchen Intervallen werden Software-Updates zur Verfügung gestellt?		
❍ Sind die Software-Updates Gegenstand des Kaufvertrages?	❑	❑
❍ Kann die Software auch im Leasing erworben werden?	❑	❑
❍ Existiert eine Hotline?	❑	❑
❍ Anzahl der Service-Niederlassungen in Deutschland		
○ wieviel?		
○ wo?		
❍ Wird vom Anbieter ein eigenes Schulungsprogramm angeboten?	❑	❑
❍ Kann der Anbieter auf individuelle Forderungen eingehen?	❑	❑
❍ Dauer der Preisbindung auf das Angebot?		

Allgemeine Leistungsmerkmale der CAD-Software

❍ Einsatzgebiete des CAD-Systems:		
○ allgemeines CAD-System?	❑	❑
○ allgemeines CAD-System mit bauspezifischer Anpassung?	❑	❑
○ bauspezifisches CAD-System?	❑	❑
∘ für Architektur?	❑	❑

	ja	nein
◦ für Konstruktiven Ingenieurbau?	❑	❑
◦	❑	❑

❍ Besondere Eigenschaften des Systems:

....
....
....
....
....
....

	ja	nein
❍ Handelt es sich der Tendenz nach eher um ein		
○ geschlossenes CAD- System?	❑	❑
○ offenes CAD-System?	❑	❑

Systemarchitektur

	ja	nein
❍ Bietet das CAD-System Werkzeuge zur eigenen Programmierung?	❑	❑
❍ Welche Darstellungsform erlaubt das CAD-System:		
○ 2-D?	❑	❑
○ 2½-D?	❑	❑
○ 3-D?	❑	❑
◦ Drahtmodell?	❑	❑
◦ Flächenmodell?	❑	❑
◦ Volumenmodell?	❑	❑
○ Welche Form hat die Datenbasis der CAD-Zeichnung?		
◦ abgelegt in binären Dateien?	❑	❑
◦ abgelegt in Standard-Datenbanken?	❑	❑
❍ Wird die Struktur der Daten offengelegt?	❑	❑

	ja	nein
❍ Welche Anwendungswerkzeuge werden zur Verfügung gestellt:		
○ Makrotechnik?	❑	❑
∘ Geometriemakros?	❑	❑
∘ Befehlsmakros?	❑	❑
○ Variantentechnik?	❑	❑
∘ Maßvarianten?	❑	❑
∘ Gestaltvarianten?	❑	❑
∘ Erzeugungsmöglichkeiten?	❑	❑
° graphische Befehlsprozeduren?	❑	❑
° graphische Programmiersprache?	❑	❑
° Unterprogrammschnittstelle zu externer Programmiersprache?	❑	❑
° Skizzentechnik?	❑	❑
○ Anwendungsprogrammierung möglich?	❑	❑
∘ externe Programmiersprache?	❑	❑
∘ Verfügbar sind:		
....		
....		
∘ mit Datenbankaufrufen?	❑	❑
∘ Systemerweiterungen möglich?	❑	❑
❍ Gruppenbildung von graphischen und nichtgraphischen		
○ Objekten?	❑	❑
○ Gruppen von Elementen?	❑	❑
○ Gruppen von Gruppen?	❑	❑
○ Verschachtelte Gruppen (Gruppen in Gruppen)?	❑	❑
❍ Ebenentechnik:		
○ Anzahl verfügbarer Ebenen?		
....		

	ja	nein
○ Ist der Status von Ebenen veränderbar?	❑	❑
∘ unsichtbar/sichtbar	❑	❑
∘ unveränderbar/veränderbar	❑	❑
○ Können mehrere Ebenen gleichzeitig aktiviert werden?	❑	❑
❍ Besteht eine Kopplung zwischen Schraffur und Geometrie?	❑	❑
❍ Anbindung nichtgraphischer Daten:		
○ an Punkte?	❑	❑
○ an Linien?	❑	❑
○ an Komponenten?	❑	❑
○ an Flächen?	❑	❑
○ an Volumina?	❑	❑
○ an beliebige Elemente?	❑	❑
○ Mehrfachdatensätze?	❑	❑
○ Länge der Datensätze (Zeichen)		
....		

Bedieneroberfläche

❍ Erfolgt die graphische Darstellung durch:		
○ spezielle, nicht offengelegte Oberfläche?	❑	❑
○ X-WINDOWS-Oberfläche?	❑	❑
❍ Erfolgt die Befehlseingabe mittels:		
○ Kommandosprache (Eingabe von Befehlen über Tastatur)?	❑	❑
○ Menübaum?	❑	❑
∘ Quereinstieg erlaubt?	❑	❑
○ Erfolgt die Eingabe über:		
∘ Bildschirm?	❑	❑

	ja	nein
○ Tablett?	❑	❑
○ Tastatur?	❑	❑
○ Kombination von Bildschirm, Tablett, Tastatur?	❑	❑
○ Dialogsprache Deutsch?	❑	❑
○ Erklärende Kommentare?	❑	❑
○ Hilfefunktion?	❑	❑
○ 'Expertenmodus' ein-/ausschaltbar?	❑	❑
○ Erfolgt die Dateneingabe:		
○ interaktiv?	❑	❑
○ über Bildschirmmenü?	❑	❑
❍ Erfolgt die Bemaßung:		
○ interaktiv?	❑	❑
○ automatisiert?	❑	❑
○ über Kopplung Geometrie – Bemaßung?	❑	❑
❍ Ist die Flexibilität gegeben durch:		
○ veränderbare Tastenzuordnung?	❑	❑
○ Erstellung eigener Masken?	❑	❑
○ Erstellung eigener Menüs?	❑	❑
○ frei definierbare Menüfelder auf dem Tablett?	❑	❑
❍ Können bei der Eingabe gemachte Fehler durch eine Annulierfunktion (undo–Taste) rückgängig gemacht werden?	❑	❑

Schnittstellen zu vor- und nachgelagerten Prozessen

❍ Welche Austauschformate unterstützt das System:		
○ IGES?	❑	❑
○ STEP?	❑	❑

	ja	nein
○ STEP–2DBS?	❑	❑
○ DXF?	❑	❑
○ sonstige		
....		
❍ Können Zeichnungen aus anderen CAD–Systemen eingelesen werden?	❑	❑
❍ Existieren Schnittstellen zur Mengenermittlung?	❑	❑
❍ Existieren Schnittstellen zur Durchführung einer Strukturanalyse?	❑	❑

Eignung für den Konstruktiven Ingenieurbau

❍ Ist die Oberfläche für den Konstruktiven Ingenieurbau geeignet?	❑	❑
❍ Sind bauspezifische Voreinstellungen bei der Ebenenbelegung möglich?	❑	❑
❍ Sind bauwesenadäquate Menüs vorhanden?	❑	❑
○ für Schalpläne?	❑	❑
○ für Bewehrungspläne?	❑	❑
○	❑	❑
○	❑	❑
❍ Bemaßung:		
○ Erfolgt die Bemaßung nach DIN 1356 und DIN 406?	❑	❑
○ Erfolgt die Anordnung des Bemaßungstextes:		
◦ oberhalb der Maßlinie?	❑	❑
◦ innerhalb der Maßlinie?	❑	❑
◦ oder ist die Lage frei definierbar?	❑	❑
○ Haben die Maßbegrenzungslinien:		
◦ feste Länge?	❑	❑

	ja	nein
○ variable Länge?	❑	❑
○ Erfolgt die Maßbegrenzung durch Symbole wie:		
○ Punkte?	❑	❑
○ Kreise?	❑	❑
○ Schrägstriche?		
○ Pfeile?	❑	❑
○ oder frei definierbar?	❑	❑
○ Ist beim Bemaßungstext die:		
○ Schriftart frei definierbar?	❑	❑
○ Zahl der Nachkommastellen frei definierbar?	❑	❑
○ letzte Nachkommastelle hochgestellt?	❑	❑
○ Ist Koordinatenbemaßung möglich?	❑	❑
❍ Welche Bauteile sind konstruierbar:		
○ Wände?	❑	❑
○ Ebenflächige Wände?	❑	❑
○ lotrecht stehende Wände?	❑	❑
○ schiefstehende Wände?	❑	❑
○ im Grundriß gekrümmte Wände?	❑	❑
○ im Schnitt gekrümmte Wände?	❑	❑
○ zweiachsig gekrümmte Wände?	❑	❑
○ in beliebigem Winkel zueinander stehende Wände?	❑	❑
○ Wände mit nichtkonstanter Höhe?	❑	❑
○ Decken?	❑	❑
○ ebenflächige Decken?	❑	❑
○ horizontale Decken?	❑	❑
○ geneigte Decken?	❑	❑
○ gekrümmte Decken?	❑	❑
○ kuppelförmige Decken?	❑	❑

	ja	nein
○ Dächer?	❑	❑
◦ ebenflächige Dächer?	❑	❑
◦ geneigte Dächer?	❑	❑
◦ horizontale Dächer?	❑	❑
◦ gekrümmte Dächer?	❑	❑
◦ kuppelförmige Dächer?	❑	❑
◦ Dächer, zusammengesetzt aus unterschiedlichen Dachformen?	❑	❑
○ Stützen?	❑	❑
○ Balken?	❑	❑
❍ Erfolgt eine Kennzeichnung der Bauteile nach Baustoffen wie:		
○ Mauerwerk?	❑	❑
○ Stahlbeton?	❑	❑
○ Holz?	❑	❑
○ Stahl?	❑	❑
○ sonstige	❑	❑
❍ Erfolgt eine Mengenermittlung nach VOB?	❑	❑
❍ Ist ein Modul zur Schalplanerstellung vorhanden?	❑	❑
❍ Ist ein Modul zur Bewehrungsplanerstellung vorhanden?	❑	❑
○ Welche stabförmigen Bauteile werden bei der Bewehrungsführung unterstützt:		
◦ Balken?	❑	❑
◦ Stützen?	❑	❑
◦ Fundamente?	❑	❑
○ Wird bei stabförmigen Bauteilen ein automatischer Bewehrungsvorschlag angeboten?	❑	❑
○ Werden bei Flächentragwerken folgende Bewehrungsarten unterstützt:		

	ja	nein
○ Stabstahlbewehrung?	❑	❑
○ Mattenbewehrung?	❑	❑
○ Wird bei Flächentragwerken ein automatischer Bewehrungsvorschlag angeboten?	❑	❑

Hardware-Voraussetzungen

❍ Ist das System hardware-unabhängig? ❑ ❑

....

....

❍ Auf welcher Hardware ist die Software lauffähig?

○ Hersteller, Typ

....

....

....

....

○ Welche Größe muß der Hauptspeicher mindestens haben?

....

○ Sind zusätzliche Prozessoren (z.B. Graphik) erforderlich? ❑ ❑

....

❍ Welcher Bildschirm ist notwendig?

○ Typ ....

○ Anzahl Bildpunkte

....

○ Bildschirmdiagonale

....

○ Bildwiederholungsrate

....

❍ Welche Forderungen werden an den Massenspeicher gestellt?

○ Größe der Festplatte?

....

	ja	nein
○ Welche Zugriffszeiten sind erforderlich?		
....		
❍ Erfolgt die Datensicherung auf:		
○ Disketten?	❑	❑
○ Magnetband?	❑	❑
○ anderen Medien?		
....	❑	❑
❍ Sind spezielle Eingabemedien erforderlich?	❑	❑
○ Welche?		
....		
○ Sind zusätzliche Schnittstellen für die Eingabemedien erforderlich?	❑	❑
❍ Sind spezielle Ausgabemedien erforderlich?	❑	❑
○ Welche?		
....		
○ In welcher Geometriebeschreibungssprache werden die graphischen Informationen auf das Ausgabemedium geleitet:		
∘ HPGL?	❑	❑
∘ Postscript?	❑	❑
∘ CalComp?	❑	❑
∘ andere	❑	❑
○ Sind zusätzliche Schnittstellen für die Ausgabemedien erforderlich?	❑	❑
❍ Welches Betriebssystem wird gefordert:		
○ UNIX?	❑	❑
○ MS-DOS?	❑	❑
○ hardwarespezifisches Betriebssystem?	❑	❑

Wartung

- In welchem Intervall wird die Wartung durchgeführt?

  ....

- Welche Stufenmodelle gibt es für den Wartungsumfang?

  ....

  ....

- Wie und wo werden auftretende Mängel abgestellt?

  ....

	ja	nein
Schulung von seiten des System-Anbieters		
Grundschulung?	❑	❑
○ Dauer		
Aufbauschulung?	❑	❑
○ Dauer		
Spezialschulung (Anwendungsprogrammierung u.ä.)?	❑	❑
○ Dauer		
Handbücher in Deutsch?	❑	❑

Kosten für einen Arbeitsplatz

- Kosten für Hardware und Peripherie? ....DM
- Kosten für das CAD-Grundsystem? ....DM
- Kosten für weitere Module? ....DM
- Kosten für weitere Software-Lizenzen? ....DM
- Kosten für Installation ....DM
- Kosten für Wartung pro Jahr? ....DM
- Kosten für Anwenderschulung? ....DM

IV.2 Checkliste Hardware

Manfred Brede

Diese Checkliste soll dazu dienen, eine Hardware-Konfiguration zusammenzustellen, die einerseits aus dem Soll-Konzept resultiert und andererseits den Forderungen der zu implementierenden Software genügt. In dieser Phase ist es sicherlich schwierig abzuschätzen, welchen Randbedingungen Sie den Vorzug geben. Ist es die Hardware, die im Vordergrund stehen soll, oder ist es die Software? Unsere Empfehlung geht eindeutig in Richtung der Hardware, denn Sie beabsichtigen, langfristig mehrere Software-Produkte auf einer Hardware-Plattform zu installieren und nicht für jedes Software-Produkt eine spezielle Hardware einzusetzen. Diese Checkliste können Sie verwenden, wenn die Planung des Soll-Konzeptes ansteht, um z.B. ein Pflichtenheft aufzustellen. Ebenso ist sie zur Systemauswahl zu verwenden. Die Checkliste ist daher so aufgebaut, daß nacheinander alle wichtigen Kriterien abgefragt werden können, die zur Auswahl des Rechners und der Peripheriegeräte nötig sind.

Versuchen Sie die Aspekte aus dem Soll-Konzept mit Forderungen aus der Software zu verknüpfen. Empfehlenswert ist auch die Einbindung der technischen Informationen seitens der Hardware-Lieferanten. Lassen Sie sich von Ihrem Software-Lieferanten alle wichtigen technischen Anforderungen mitteilen, damit Sie sicher sein können, daß der spätere Betrieb reibungslos verläuft. Wenn Sie die Checkliste ausgefüllt haben, evtl. einige Aspekte nachgelesen und vertieft haben, dann sollte die Vorbereitung getroffen werden, um die Systemauswahl herbeizuführen. Benutzen Sie ggf. auch die ☞ *Checkliste Kosten*, um diesen Schritt durchführen und absichern zu können.

	ja	nein
Arbeitsplatzrechner		
❍ Welches Konzept soll ausgeführt werden:		
○ zentrales Konzept?	❑	❑
○ dezentrales Konzept?	❑	❑
❍ Welcher Leistungsklasse soll der Rechner angehören:		
○ PC (Personalcomputer)?	❑	❑
○ WS (Workstation)?	❑	❑

	ja	nein
❍ Welche Taktfrequenz des Prozessors wird gewünscht?		
.... MHz		
❍ Ist ein Prozessor für Gleitkomma–Arithmetik erforderlich?	❑	❑
❍ Leistungswerte für den numerischen Bereich		
○ MIPS		
○ MFLOPS		
❍ Leistungswerte für den graphischen Bereich		
○ z.B. Pixel, Vektoren oder Polygone pro Sekunde		
....		
....		
❍ Wie groß muß der Hauptspeicher sein? (mindestens 4 MB) .... MB		
○ maximal erweiterbar auf .... MB		
❍ Welche Graphikkarte wird gefordert?		
....		
○ Auflösung .... Bildpunkte?		
○ .... Farben		
○ Bildspeicher .... MB		
○ Besteht Aufwärtskompatibilität zu anderen Graphikkarten?	❑	❑
○ Welche?		
....		
....		
❍ Stehen Schnittstellen für Ein- und Ausgabegeräte in ausreichender Zahl zur Verfügung?		
○ serielle Schnittstellen (mindestens 2)?	❑	❑
○ parallele Schnittstellen (mindestens 2)?	❑	❑
❍ Wird der Aufbau eines lokalen Netzes gewünscht?	❑	❑
○ Sind Netzwerkkarten vorhanden?	❑	❑

	ja	nein
❍ Sollen gemeinsame Ressourcen (z.B. Plotter, Drucker) zentral verwaltet werden?	❑	❑
○ Ist eine Multifunktionskarte erforderlich?	❑	❑
∘ Welche?		
....		
....		
❍ Welches Betriebssystem soll eingesetzt werden:		
○ DOS?	❑	❑
○ UNIX?	❑	❑
○ beide?	❑	❑

Peripheriegeräte

Tastatur

	ja	nein
❍ Werden besondere Anforderungen an die Tastatur gestellt?	❑	❑
○ getrennter Zahlenblock?	❑	❑
○ getrennter Cursorblock?	❑	❑
○ deutsche Tastaturbelegung?	❑	❑
○ Anzahl der programmierbaren Funktionstasten (mindestens 10)		
○ ergonomische Gestaltungsaspekte wie:		
∘ Einstellung der Neigung?	❑	❑
∘ Druckpunkt der Tasten?	❑	❑
∘ Größe der Tasten?	❑	❑
∘ Lage der Tasten?	❑	❑
∘ Farbgebung der Tasten?	❑	❑
∘ Beschriftung der Tasten?	❑	❑

	ja	nein
Maus		
❍ Verlangt die eingesetzte Software den Einsatz einer Maus?	❑	❑
○ mechanische Maus?	❑	❑
○ optische Maus?	❑	❑
○ Kompatibilität für mehrere Anwendungsprogramme?	❑	❑
○ Anzahl der Funktionstasten		
○ ergonomische Formgebung?	❑	❑
❍ Wird zur Eingabe ein Digitalisierer benötigt?	❑	❑
○ Größe der Digitalisierfläche .... x .... cm		
○ Kompatibilität für mehrere Anwendungsprogramme?	❑	❑
○ Soll eine Lupe/ein Stift eingesetzt werden?	❑	❑
Scanner		
❍ Wollen Sie einen Scanner zur Erfassung von Texten und Abbildungen (Vektoren) einsetzen?	❑	❑
○ Größe der Scanner–Fläche .... x .... cm		
○ maximale Auflösungsrate (mindestens 300 dpi) .... dpi		
○ Verfügen Sie über Software zur Text– und Vektorgraphikerkennung?	❑	❑
Bildschirm		
❍ Welcher Bildschirm soll eingesetzt werden?		
○ Bildschirmtyp (möglichst Rasterbildschirm)		
◦ alphanumerischer Bildschirm?	❑	❑
◦ graphikfähiger Bildschirm?	❑	❑
○ Monochrombildschirm?	❑	❑

	ja	nein
○ Farbbildschirm?	❑	❑
○ Größe des Bildschirms (mindestens 16 Zoll) .... Zoll		
○ Bildwiederholfrequenz? (> 60 Hz) .... Hz		
○ Bildaufbau (möglichst Non–Interlacing–Mode)		
○ Anzahl der Bildpunkte (bei 19 Zoll ca. 1000x1000 Pixel) .... Pixel		
○ Haben Sie an die ergonomischen Gestaltungsaspekte gedacht?	❑	❑
○ ausreichende Höhen– und Seitenverstellmöglichkeiten?	❑	❑
○ Entspiegelung des Bildschirms?	❑	❑
○ Einstellmöglichkeiten für Helligkeit, Kontrast und evtl. Farbe?	❑	❑

Drucker

❍ Welchen Drucker wollen Sie zur Ausgabe von Informationen einsetzen? Denken Sie dabei an die Geräuschentwicklung, an die Kosten und an die Forderungen seitens der Software!

	ja	nein
○ Impact–Drucker (laut)		
○ Typenraddrucker?	❑	❑
○ Nadeldrucker mit .... Nadeln?	❑	❑
○ Nonimpact–Drucker (geräuscharm)		
○ Tintenstrahldrucker?	❑	❑
○ Thermodrucker?	❑	❑
○ Thermotransferdrucker?	❑	❑
○ Laserdrucker?	❑	❑
○ Wird Graphikfähigkeit des Druckers gefordert?	❑	❑

	ja	nein
○ Welche Graphikstandards werden unterstützt:		
∘ Postscript?	❑	❑
∘ HPGL?	❑	❑
∘ andere?	❑	❑

○ Druckgeschwindigkeit
Anzahl der Zeichen/s ....

○ Druckdichte bzw. Auflösung
....

○ Welche Zeichensätze sind vorhanden?
....
....

○ Welche nachrüstbaren Zeichensätze sind möglich?
....
....

○ Wieviele Farben können dargestellt werden?
....

○ Welche maximale Papierbreite kann eingelegt werden?
....

	ja	nein
○ Gibt es Einzelblatteinzug?	❑	❑
○ Sind die Traktoren für Endlospapier vorhanden?	❑	❑
○ Kann Spezialpapier eingelegt werden?	❑	❑
∘ Welches?		
○ Besteht Kompatibilität zur eingesetzten Software (Druckertreiber)?	❑	❑

○ Welche Größe hat der Pufferspeicher?
.... MB

○ Welche Geräuschentwicklung liegt vor?
.... dB

ja nein

Plotter

- Was für eine Art von Plotter soll zum Einsatz kommen:
  - Flachbettplotter? ❑ ❑
  - Trommelplotter? ❑ ❑
  - Welche Größe hat der Pufferspeicher?
    .... MB
  - Wie groß ist die Anzahl der einsetzbaren Stifte?
    ....
  - Welche Art von Stiften kann eingesetzt werden:
    - Tuscheschreiber? ❑ ❑
    - Bleistift? ❑ ❑
    - Filzschreiber? ❑ ❑
    - andere .... ❑ ❑
  - Stiftgeschwindigkeit .... cm/s
    (für Tuschestifte)
  - Welche Auflösung als adressierbare Schrittgröße ist möglich? .... mm
  - Besteht eine Möglichkeit zur Optimierung der Zeichenwege? ❑ ❑
  - Lassen sich die Stiftwechsel optimieren? ❑ ❑
- Soll ein Rasterplotter zum Einsatz kommen?
  - Laserplotter? ❑ ❑
  - Tintenstrahlplotter? ❑ ❑
  - Elektrostat? ❑ ❑
    - Druckdichte bzw. Auflösung
      ....
    - Ausgabegeschwindigkeit .... cm/s
    - Anzahl der Farben bzw Grautöne
      ....

ja nein

- Welche Größe hat der Pufferspeicher?

  .... MB

- ○ Welche Graphikstandards werden unterstützt?

  ....

  ....

- ○ Zeichenmedien

  ....

- ○ Formate der Zeichenmedien

  ....

❍ Ist Einzelblatteinzug möglich? ❑ ❑

❍ Kann Endlospapier auf Rollen verwandt werden? ❑ ❑

❍ Besteht Kompatibilität zur eingesetzten Software? ❑ ❑

❍ Wie hoch ist die Geräuschentwicklung?

.... db

Massenspeicher

❍ Wie ist der Plattenspeicher ausgebildet?

- ○ als Festplatte? ❑ ❑
- ○ als Wechselplatte? ❑ ❑
- ○ Einbaugröße .... Zoll
- ○ Speicherkapazität (PCs mindestens 40 MB, Workstations mindestens 200 MB)

  .... MB

- ○ Zugriffszeit ($\leq$ 20 ms) .... ms

❍ Wie ist der Magnetbandspeicher/Streamer aufgebaut?

- ○ als Magnetbandeinheit? ❑ ❑
- ○ als Streamertape? ❑ ❑

ja nein

- ○ Speicherkapazität (mindestens 40 MB)
  .... MB
- ○ Zugriffszeit .... ms

❍ Welche Leistungsdaten besitzt das Diskettenlaufwerk?

- ○ Diskettengröße
  - ○ 3,5 Zoll? ❑ ❑
  - ○ 5,25? Zoll ❑ ❑
  - ○ Spezialgröße? ❑ ❑
- ○ Wie groß ist die Speicherkapazität der Disketten?
  .... MB
- ○ Welche Zugriffszeit wird benötigt? (< 100 ms)
  .... ms

IV.3 Checkliste Kosten

Jörg Abel

Bei der Investitionsentscheidung wird in vielen Fällen nur der Aspekt der reinen Hardware- und Software-Kosten betrachtet, ohne daran zu denken, daß die CAD-Einführung eine Vielzahl weiterer Kostenfaktoren in sich birgt, die - in einmalige und laufende Kosten unterteilt - ohne den Anspruch auf Vollständigkeit nachfolgend aufgezählt werden. Während bei einigen Positionen die Kosten sehr genau beziffert werden können (etwa bei der Hardware), gibt es andere Kostengrößen (z.B. Höhe des Eigenanteils bei der Ist-Erhebung und -Analyse oder bei den Fehlzeiten aufgrund ergonomisch mangelhaft gestalteter CAD-Arbeitsplätze), die sich nur schwer zahlenmäßig ausdrücken lassen. Wichtiger als eine exakte Zahl ist in diesen Fällen denn auch die Einsicht, daß an diesen Punkten Kosten entstehen, die normalerweise ignoriert oder zumindest vergessen werden.
Der Hauptzweck der *Checkliste Kosten* liegt in der Untermauerung der Wirtschaftlichkeitsentscheidung in der Phase 4 *Systemauswahl und -bewertung*. Darüber hinaus kann sie in der Phase 1 *Zielfindung* zur Orientierung über möglicherweise anfallende Kosten dienen.

Einmalige Kosten

❍ Einführungsprozeß

- ○ Kosten für eigene Arbeitszeit und die der Mitarbeiter zur Informationsbeschaffung und -auswertung etc. ....DM
- ○ Kosten für Messebesuche, Händlerbesuche, Teilnahme an "Schnupperkursen" etc. ....DM
- ○ Kosten für Beratungsleistungen ....DM
- ○ Kosten für die Ist-Analyse und die Erstellung des Soll-Konzeptes ....DM
- ○ Kosten für das Aufbringen der Finanzmittel (Notariatsgebühren etc.) ....DM

- Hardware
  - Arbeitsplatzrechner/Bildschirm ....DM
  - Digitalisierer/Menütablett/Maus ....DM
  - Plotter ....DM
  - Drucker ....DM
  - Kosten für Hardware–Anpassung bei der Integration in eine bestehende DV–Anlage ....DM
  - Transportkosten ....DM
  - Installationskosten ....DM
- Software
  - Kosten für das (die) Programm(e) ....DM
  - Kosten für Software–Anpassung bei Kopplung mit vorhandener Software ....DM
  - Kosten für betriebsspezifisch zu erstellende Makros, Anwendungsprogramme etc. ....DM
  - Installationskosten ....DM
- Schulung
  - Seminarkosten ....DM
  - Reise– und Übernachtungskosten für die Mitarbeiter ....DM
  - Ausfallzeiten der Mitarbeiter ....DM
  - Einarbeitungszeiten nach der Schulung ....DM
- Arbeitsplatzgestaltung
  - Arbeitstische ....DM
  - Bestuhlung ....DM
  - Beleuchtung ....DM
  - Jalousien ....DM
  - antistatischer Teppich ....DM
- Sonstiges ....DM

Laufende Kosten

- Finanzierung
  - Zinsbelastung ....DM
  - Leasinggebühren ....DM
  - Abschreibung ....DM
- Hard- und Software
  - Wartungsvertrag für Hardware ....DM
  - Wartungsvertrag für Software ....DM
  - Betriebskosten (Strom etc.) ....DM
  - Materialkosten (Plotterstifte, Papier etc.) ....DM
  - Versicherung ....DM
  - u.U. Reparaturen ....DM
- Mitarbeiterbezogene Kosten
  - Nachschulungen bzw. weiterführende Schulungen ....DM
  - zusätzliche Personalkosten für CAD-Betreuung ....DM
  - u.U. Fehlzeiten aufgrund der Nichteinhaltung ergonomischer Standards oder schlechter organisatorischer Einbindung in den Projektablauf ....DM
- Sonstiges ....DM

IV.4 Checkliste Finanzierung

Jörg Abel

Diese Checkliste soll Ihnen vor der endgültigen Kaufentscheidung noch einmal zur Überprüfung der Finanzierung der CAD-Investition dienen. Im Rahmen des Phasenmodells ist die Checkliste der Systemauswahl und -bewertung zuzuordnen.

	ja	nein
❍ Liegen Ihnen die Finanzierungsalternativen für Kauf/Leasing und/oder Miete schriftlich vor? (Achten Sie auf die Verbindlichkeit der jeweiligen Angebote!)	❑	❑
❍ Haben Sie sich ausreichend über Kreditmöglichkeiten und über die Zinssätze der Banken informiert?	❑	❑
❍ Sind die Vor- und Nachteile der einzelnen Finanzierungsmodelle abgewogen worden?	❑	❑
❍ Sind Sie sich über die Abschreibungsmöglichkeiten im klaren?	❑	❑
❍ Liegen Ihnen Alternativangebote beim Leasing vor (etwa von Ihrem Kreditinstitut)?	❑	❑
❍ Werden beim Leasing Leistungen durch den Leasinggeber verlangt, die bei einem Kauf nicht anfallen würden (etwa zusätzliche Versicherungen oder Wartungsverträge)?	❑	❑
❍ Haben Sie sich noch einmal die Auswirkungen der einzelnen Finanzierungsalternativen auf Ihre zukünftige Kreditwürdigkeit, die steuerlichen Folgen etc. verdeutlicht?	❑	❑
❍ Haben Sie alle Möglichkeiten vorhandener Finanzierungshilfen ausgeschöpft? (Siehe Adressenliste)	❑	❑
❍ Ist der Rahmen möglicher Preisnachlässe beim Kauf wirklich ausgeschöpft?	❑	❑

V.1 Checkliste Arbeitsplatzgestaltung

Martin Resch/Andreas Heinze

Die Checkliste zur Arbeitsplatzgestaltung eignet sich, um bei der ☞ *Ist–Erhebung und –Analyse* bereits bestehende CAD–Arbeitsplätze zu untersuchen. Die Checkliste sollte jedoch insbesondere dann herangezogen werden, wenn neue CAD–Arbeitsplätze eingerichtet werden. Sie ist deshalb hauptsächlich auf die Phase 5 *Vorbereitung des CAD–Einsatzes* ausgerichtet. Weiterhin kann sie aber auch in der Phase 6 *Installation und Erfolgskontrolle* eingesetzt werden, um die Gestaltungsmaßnahmen zu überprüfen.

Bei der Arbeitsplatzgestaltung ist auf den Artikel ☞ *Arbeitsplatzgestaltung, Kapitel 3* Bezugzunehmen. Details zur Hardware–Ergonomie sind der ☞ *Checkliste Hardware, Kapitel 4.2,* zu entnehmen. Die durch die Checkliste deutlich werdenden Mängel in der Raumgestaltung (Beleuchtung, Klima, usw.) sowie das benötigte zusätzliche Mobiliar müssen auch in die Kostenrechnung aufgenommen werden (☞ *Kapitel 4.2, Checkliste Kosten*).

Jede mit *Nein* beantwortete Frage deutet auf einen Mangel hin. Eine Gewichtung der Mängel wird mit der Checkliste nicht angestrebt. Vielmehr sollte durch eine gute Arbeitsplatzgestaltung erreicht werden, daß möglichst wenige Fragen mit *Nein* beantwortet werden müssen.

Die folgenden Gestaltungsbereiche werden betrachtet:

- Eigenschaften der Hardware,
- Arbeitsplatz,
- Arbeitsumgebung,

	ja	nein
Eigenschaften der Hardware		
❍ Ist der Bildschirm ausreichend groß (mindestens 19 Zoll Bildschirmdiagonale)?	❑	❑
❍ Ist der Bildschirm flimmerfrei (mindestens 70 Hz Bildelementwiederholungsfrequenz)?	❑	❑

	ja	nein
❍ Entsprechen die Obergrenzen der emittierten Strahlung der Monitore den einschlägigen Verordnungen?		
○ Nach der Röntgenverordnung?	❑	❑
○ Nach der Schwedennorm?	❑	❑
○ Nach "TÜV Rheinland, ergonomiegeprüft"?	❑	❑
❍ Besitzt der Bildschirm auch eine positive Zeichendarstellung (dunkle Zeichen auf hellem Grund)?	❑	❑
❍ Ist die Auflösung des Bildschirms hinreichend (mindestens 140 dpi)?	❑	❑
❍ Ist die Zeichendarstellung ausreichend groß (mindestens 3 mm bei 50 cm Sehabstand)?	❑	❑
❍ Sind die Zeichen auch am Rand des Bildschirms ausreichend scharf abgebildet (Kissen– /Tonnenverzeichnung)?	❑	❑
❍ Ist die Bildschirmneigung verstellbar?	❑	❑
❍ Ist der Bildschirm kipp– und standsicher aufstellbar?	❑	❑
❍ Besitzt die Tastatur den deutschen Zeichensatz (DIN 2137)?	❑	❑
❍ Ist ein zusätzliches Zahlentastenfeld vorhanden?	❑	❑
❍ Beträgt die Höhe der Tastatur maximal 30 mm, die Neigung maximal 15°?	❑	❑
❍ Sind die Tastaturbeschriftungen lichtecht und abriebfest (eingelegte Zeichen)?	❑	❑
❍ Lassen sich Tastatur und Tablett unverschieblich aufstellen?	❑	❑
❍ Läßt sich die Menütablettauflage leicht auswechseln?	❑	❑
❍ Ist sichergestellt, daß die Geräte keine Gase oder Dämpfe emittieren? (Einhaltung der MAK–Werte)	❑	❑
❍ Ensprechen die Gehäuse aller Geräte mindestens der Klasse B3 der Brandschutznorm DIN 4102 (Bedingungen der Sachversicher beachten)?	❑	❑

	ja	nein

Arbeitsplatz

	ja	nein
❍ Wurden bei der Raumgestaltung die Bedingungen der Arbeitsstättenverordnung berücksichtigt?	❑	❑
❍ Ermöglicht die Anordnung der Arbeitsplätze fachliche und private Kommunikation mit den Kollegen?	❑	❑
❍ Ist die Höhe des Arbeitstisches variabel einstellbar?	❑	❑
❍ Ist die Plazierung des Monitors unabhängig vom Arbeitstisch in Höhe und Sehabstand variabel einstellbar?	❑	❑
❍ Ist die Tischfläche ausreichend groß (mindestens 1400 mm breit, mindestens 600 mm nutzbare Tiefe)?	❑	❑
❍ Sind zusätzliche Flächen zur Ablage und zum Aufhängen von Zeichnungen etc. vorhanden?	❑	❑
❍ Sind Sitzhöhe, Sitzneigung und Rückenlehne des Stuhles verstellbar?	❑	❑
❍ Ist der Bezug der Stuhlpolsterung antistatisch?	❑	❑

Arbeitsumgebung

	ja	nein
❍ Werden Spiegelungen und Blendungen dadurch vermieden, daß		
○ die Blickrichtung der Beschäftigten parallel zur Fensterfront verläuft?	❑	❑
○ die Beleuchtungskörper parallel zur Blickrichtung des Arbeitenden angebracht sind?	❑	❑
○ die Leuchten mit Prismen- oder Rasterabdeckung ausgestattet sind?	❑	❑
○ die Fenster bei Tageslichteinfall durch Jalousien abgedeckt werden können?	❑	❑
❍ Sind die individuellen Arbeitsplatzleuchten so gestaltet, daß die Arbeitsfläche optimal ausgeleuchtet wird, ohne den Bildschirm zu beeinträchtigen?	❑	❑

	ja	nein
❍ Ist der Raum insgesamt gut ausgeleuchtet (300 – 500 Lux)?	❑	❑
❍ Sind die Lichtfarben der Lichtquellen so gewählt, daß die Farbwiedergabe des Bildschirms nicht beeinträchtigt wird?	❑	❑
❍ Ist bei der Auswahl bzw. der räumlichen Anordnung der DV–Geräte darauf geachtet worden, daß der durch Drucker und Lüfter verursachte Lärmpegel am Arbeitsplatz unter 55 dBA liegt?	❑	❑
❍ Ist auch im Sommer gewährleistet, daß trotz Sonneneinstrahlung und Wärmeerzeugung durch DV–Geräte die Raumtemperatur zwischen 21° und 23°C liegt?	❑	❑
❍ Ist eine individuelle Regelung der Raumtemperatur möglich?	❑	❑
❍ Ist gewährleistet, daß die durch Geräte emittierten Wärmemengen, Gase und Dämpfe abgeführt werden?	❑	❑
❍ Liegt die durch die Klimatisierung bedingte Luftgeschwindigkeit in einem Bereich, der Erkältungsgefahren und Unbehagen der Mitarbeiter vermeidet?	❑	❑
❍ Teppichboden		
○ Ist ein Teppichboden zur Verbesserung der Lärmdämmung eingeplant?	❑	❑
○ Ist bei der Auswahl und Verlegung des Teppichbodens darauf geachtet worden, daß er antistatisch ist, eingewebte Erdungsfasern hat und daß diese mit dem Potentialausgleich zur Ableitung der statischen Elektrizität verbunden sind ?	❑	❑
❍ Wurden bei der Gestaltung der Arbeitsräume gedeckte Farben ausgewählt?	❑	❑

V.2 Checkliste Schulung

Frank Wehrmann

Diese Checkliste soll dazu dienen, Schulungsmaßnahmen vorzubereiten und diese an Ihren Bedürfnissen auszurichten. Berücksichtigt werden daher organisatorische, technische und didaktisch–methodische Rahmenbedingungen. Zu Fragen der inhaltlichen Gestaltung von Weiterbildungsmaßnahmen verweisen wir auf ☞ *Kapitel 3, Schulungsanforderungen.*

Nutzen Sie die Checkliste rechtzeitig! Das bedeutet, daß Sie sie bei den ersten Überlegungen zur Mitarbeiterqualifizierung heranziehen sollten, also schon bei der Qualifizierung der Projektgruppen–Mitglieder und bis hin zur Schulung der CAD–Nutzer.

Die einzelnen Fragen sind so ausgerichtet, daß sie mit *Ja* oder *Nein* beantwortet werden können. Die Checkliste ist als Stütze gedacht, um wichtige Randbedingungen zu berücksichtigen und Problembereiche sichtbar zu machen. Wenn sie auf einen Bildungsträger zugehen, sollten Sie die Checkliste als Raster zur Ausrichtung bzw. Beurteilung einer Maßnahme heranziehen. Denkbar ist es, daß Sie mit Schulungsanbietern die einzelnen Aspekte der Checkliste durchgehen und bei Unklarheiten auf einer Klärung zu Ihrer Zufriedenheit bestehen.

Organisatorischer Rahmen

	ja	nein
❍ Kann ein Ablaufplan der Veranstaltung vorgelegt werden?	❑	❑
❍ Sind zeitliche Anpassungen an die Bedürfnisse der Teilnehmer möglich?	❑	❑
❍ Werden mehr als acht Teilnehmer aufgenommen?	❑	❑
❍ Ist die Freistellung der Mitarbeiter gesichert?	❑	❑
❍ Handelt es sich um Ganztagskurse?	❑	❑
❍ Wenn nicht, wird mindestens vier Stunden durchgehend geschult?	❑	❑
❍ Sind die einzelnen Veranstaltungsteile aufeinander bezogen?	❑	❑
❍ Ist ein Wechsel zwischen Lerneinheiten und Praxisphasen vorgesehen?	❑	❑

	ja	nein
❍ Werden Aufbauveranstaltungen angeboten?	❑	❑
❍ Gibt es gruppenspezifische Veranstaltungen?	❑	❑

Technische Ausstattung

❍ Sind die Räume in einem lernförderlichen Zustand?	❑	❑
❍ Gibt es separate Unterrichts–, Übungs– und Sozialräume?	❑	❑
❍ Bieten der Unterrichts– und der Übungsraum die Möglichkeit, geeignete Medien einzusetzen (z.B. Aufhängen von Wandzeitungen, Verdunkeln für die Nutzung von Overheadprojektoren (OHP), Diaprojektoren und Filmgeräten, Overheaddisplay)?	❑	❑
❍ Steht eine ausreichende Anzahl von Hardware–Geräten zur Verfügung (mindestens ein Arbeitsplatz für zwei Personen)?	❑	❑
❍ Sind die Geräte vergleichbar mit dem zukünftigen eigenen Arbeitsplatzsystem?	❑	❑
❍ Bietet das Mobiliar die Möglichkeit zur Anpassung an die ergonomischen Bedürfnisse der Teilnehmer?	❑	❑

Schulungspersonal

❍ Welche fachliche Ausbildung und welche hauptberufliche Tätigkeit haben die Schulungsleiter/innen?	❑	❑
❍ Sind die Schulungsleiter/innen pädagogisch geschult und haben sie Unterrichtserfahrungen?	❑	❑
❍ Haben die Schulungsleiter/innen genügend Zeit zur Vorbereitung und Durchführung der Schulung?	❑	❑
❍ Werden die Schulungsleiter/innen fachlich, technisch und pädagogisch weitergebildet?	❑	❑

ja nein

Didaktik und Methodik

- Teilnehmerorientierung
  - Sollen die Erwartungen der Teilnehmer/innen berücksichtigt werden? ❑ ❑
  - Können Aufbau und Ablauf des Programms/Kurses durch die Teilnehmer/innen verändert werden? ❑ ❑
  - Werden die Voraussetzungen der Teilnehmer/innen erhoben? ❑ ❑
- Interessenorientierung
  - Werden die Lernziele vorab bekanntgegeben? ❑ ❑
  - Werden Fähigkeiten, Kenntnisse und Fertigkeiten angestrebt, die die Nutzung von CAD erleichtern können? ❑ ❑
  - Wird die Fachkompetenz der Teilnehmer/innen mit in die Schulung einbezogen? ❑ ❑
  - Soll selbständiges und selbstgesteuertes Lernen geübt werden? ❑ ❑
- Problemorientierung
  - Werden in der Schulung typische Alltagsprobleme exemplarisch bearbeitet? ❑ ❑
  - Werden die Übungsaufgaben und Arbeitsweisen an der betrieblichen Praxis orientiert? ❑ ❑
- Handlungsorientierung
  - Wird dem praktischen Üben in der Schulung viel Zeit gegeben? ❑ ❑
  - Welche Lehr-/Lernmethoden werden eingesetzt?

    ....

    ....
  - Werden verschiedene Lernstile mit dem Einsatz verschiedener Methoden berücksichtigt? ❑ ❑

	ja	nein
○ Soll auf unterschiedliche Lerngeschwindigkeiten eingegangen werden?	❑	❑
○ Findet eine Reflexion über das Gelernte statt?	❑	❑

Abschluß

❍ Wird ein Zertifikat ausgestellt, das detaillierte Informationen über die vermittelten Kenntnisse, Fähigkeiten und Fertigkeiten gibt?	❑	❑
❍ Wird der erworbene Abschluß bei der Festsetzung des Gehaltes berücksichtigt?	❑	❑

V.3 Checkliste Beschaffung von DV-Betriebsmitteln

Jörg Abel

Die folgende Checkliste sollten Sie bei der Aushandlung des Kaufvertrages in Phase 4 *Systemauswahl und –bewertung* sowie abschließend vor Ihrer Vertragsunterschrift in Phase 5 zur Hand nehmen. Sie soll Ihnen helfen, die Vertragsbedingungen beim Kauf oder Leasing einer CAD–Anlage kritisch zu überprüfen, um gegebenenfalls Nachbesserungen des Vertragswerkes fordern zu können. Grundsätzlich sollten Sie sich an den 'Besonderen Vertragsbedingungen' (BVB) orientieren.

	ja	nein
Allgemeines		
❍ Sind Sie im Besitz der Allgemeinen Geschäftsbedingungen (AGB) als der Grundlage für den Erwerb? (Wenn nicht, müssen Sie sich diese unbedingt besorgen.)	❑	❑
❍ Sind Lieferfristen vertraglich fixiert worden?	❑	❑
❍ Ist das Kündigungsrecht in dem Vertrag geregelt?	❑	❑

(Grundsätzlich sollten Sie die Allgemeinen Geschäftsbedingungen nicht eigenmächtig und einseitig ändern. Vielmehr sollten sog. Individualabreden aufgenommen werden, die dann Vorrang vor den AGB haben. Vgl. dazu auch das "Gesetz zur Regelung der Allgemeinen Geschäftsbedingungen".)

Leistungsumfang

	ja	nein
❍ Ist der komplette Leistungsumfang (Hard– und Software) in dem Vertrag festgehalten? Sie sollten das Pflichtenheft zum Bestandteil des Vertrages machen. Des weiteren sollten abgesprochene Sondervereinbarungen ebenfalls mit in den Vertrag aufgenommen werden.	❑	❑
❍ Ist die Übernahme des Transportrisikos und der Transportkosten vereinbart?	❑	❑
❍ Ist darauf geachtet worden, daß der Aufbau der bestellten Anlage sowie die Integration in die bestehende EDV vom Anbieter kostenlos übernommen wird?	❑	❑

ja nein

- Sind die Schulungsmodalitäten genau fixiert (Ort, Dauer, Kosten etc.)? ❑ ❑
- Bekommen Sie eine ausführliche Dokumentation für die Anlage? ❑ ❑

Lieferung und Abnahme

- Ist der Liefertermin verbindlich im Vertrag festgehalten? ❑ ❑
- Sind die Modalitäten für den Fall einer Überschreitung des Liefertermins geklärt? ❑ ❑
- Behalten Sie sich eine ausführliche Funktionsprüfung vor. Erst wenn die vollständig installierte Anlage alle im Vertrag vereinbarten Leistungen erfüllt, sollten Sie die Anlage abnehmen und das Abnahmeprotokoll unterschreiben. Dies umfaßt sowohl eine Funktionsprüfung im Anschluß an die Installation als auch eine mindestens zweiwöchige Frist zur Prüfung durch den Nutzer. Ist die Funktionsprüfung (Art und Umfang) im Vertrag vereinbart? ❑ ❑
- Beginnt die Garantiezeit erst nach der Abnahme der Anlage durch den Kunden ? ❑ ❑

Zahlungsmodalitäten

- Verlangt der Anbieter Vorauszahlungen? Wenn ja, erkundigen Sie sich genau nach den Gründen. Zahlen Sie nicht mehr als 50 % der Gesamtsumme. Verlangen Sie u.U. bei Vorauszahlungen Sicherheiten des Anbieters (z.B. selbstschuldnerische Bankbürgschaft). ❑ ❑
- Ist vereinbart, daß Sie den vollständigen Kaufpreis erst nach der Abnahme bezahlen? Solange die Anlage aufgrund berechtigter Mängelrügen von Ihnen nicht abgenommen ist, sollten Sie nicht den vollen Kaufpreis entrichten. ❑ ❑

ja nein

Garantie

- Ist die Garantiezeit über die gesetzliche Mindestfrist von 6 Monaten hinaus auf ein Jahr verlängert? ❑ ❑
- Haben Sie sehr genau die Bedingungen, die zum Verlust von Garantieansprüchen führen, geprüft (Wandlung oder Minderung des Kaufpreises dürfen nicht ausgeschlossen sein; Mängelbeseitigung erst nach der Bezahlung des gesamten Kaufpreises ist abzulehnen etc.)? ❑ ❑
- Ist abgeklärt, unter welchen Bedingungen eine Ersatzanlage gestellt wird? ❑ ❑
- Sind Schadensersatzforderungen an den Anbieter grundsätzlich ausgeschlossen? ❑ ❑
- Sind die Fristen für die Erfüllung Ihrer Garantieansprüche festgelegt? ❑ ❑
- Beginnt der Wartungsvertrag erst nach der Garantiezeit? ❑ ❑

VI.1 Checkliste Installation

Andreas Heinze/Günter Nitsche

Wenn nach gründlicher Planung die Hardware–Komponenten und die Software angeliefert werden, der Hauch des Neuen sich ausbreitet, muß in den nächsten Tagen und Wochen das neue Arbeitssystem installiert werden. Zwar kann man die Installtion auch selbst in Angriff nehmen, aber wohl dem, der einen Vertrag nach BVB abgeschlossen hat und hoffen darf, eine funktionsfähige DV–Anlage zu übernehmen. In jedem Fall bedarf die vermeintlich funktionierende DV–Anlage der Überprüfung. Dazu sollen hier die erforderlichen Hardware– und Software–Checks aufgezeigt werden.

Diese Checkliste ist auf die technisch–juristische Funktionsprüfung gerichtet; dagegen sind die Checklisten zum Soll–Konzept zur Festlegung der Anforderungen an das System gedacht.

Die Checkliste gliedert sich in die folgenden Abschnitte:

- Technische Rahmenbedingungen,
- Hardware,
- Software,
  - Allgemeine Funktionsprüfungen
  - Systemsoftware,
  - Anwendersoftware,
  - Kommunikationssoftware,
- Dokumentation zur Hard– und Software,
  - Allgemeines zur Dokumentation der Hard– und Software
  - Hardware
  - Software

Ob für das Büro das richtige System ermittelt und erworben wurde, kann durch diese Checkliste nicht abgeprüft werden. Dazu sind detaillierte Informationen im Kapitel 3 und den zugehörigen Checklisten zu finden. Forderungen zum Arbeitsumfeld und zu ergonomischen Aspekten sind in der ☞ *Checkliste Arbeitsplatzgestaltung* nachzulesen.

Technische Rahmenbedingungen

Hierunter werden die zum Betrieb der beschafften Geräte erforderlichen Versorgungsleitungen verstanden sowie die Folgen für das Raumklima und die Richtigkeit der Gerätespezifikationen (☞ *Vorbereitung des CAD-Einsatzes, Kapitel 2* und *Technische Abnahme eines DV-Systems, Kapitel 3*).

	ja	nein
❍ Stromversorgung		
○ Sind die Anschlußleistungen pro Steckdose einschließlich nachgeschalteter Mehrfachsteckdosen auf die in den VDE-Vorschriften genannten Höchstwerte begrenzt (z.B. für LS-abgesicherte Stromkreise in Hausinstallationen 2300 Watt)?	❑	❑
○ Liegt der Gesamtanschlußwert des Büros nach der Installation der neuen DV-Geräte unterhalb der zulässigen Gesamtbelastung?	❑	❑
○ Liegt der Grenzfehlerstrom ($I_{\Delta N}$) je Stromkeis unter 30 mA, um das Auslösen etwaiger FI-Schalter zu vermeiden?	❑	❑
○ Arbeitet die Ersatzstromversorgung unterbrechungs- und fehlerfrei?	❑	❑
❍ Sind die Netzspannungssteckvorichtungen VDE-geprüft?	❑	❑
❍ Haben die Netzteile das VDE- oder GS-Zeichen?	❑	❑
❍ Sind die FTZ-Nummern auf den Geräten vorhanden?	❑	❑
❍ Sind alle einphasigen Netzteile auf die Betriebsspannung von 230 V eingestellt?	❑	❑
❍ Wärmeprobleme		
○ Bei hoher Rechenleistung der Prozessoren?	❑	❑
○ Infolge der installierten Peripherie?	❑	❑
○ Ist die Ableitung der erzeugten Wärmemenge auch im Sommer gesichert?	❑	❑
❍ Raumklima		
○ Ist die Luftfeuchtigkeit so eingestellt, daß die Geräte problemlos arbeiten?	❑	❑

	ja	nein
○ Ist die Luftfeuchtigkeit so eingestellt, daß Papier und Datenträger keinen Schaden nehmen?	❑	❑
❍ Sind die Übertragungsmedien zur Kommunikation fachgerecht verlegt worden?		
○ Nach den Vorschriften der Hersteller?	❑	❑
○ Nach den VDE–Richtlinien?	❑	❑
○ Ist die maximale Länge der Datenleitungen eingehalten (z.B. thin Ethernet l < 185 m)?	❑	❑
○ Haben die Übertragungsmedien die richtigen Kennwerte (z.B. Wellenwiderstand der Koaxialkabel, max. Dämpfung der LWL etc.)?	❑	❑
❍ Sind die Schwachstromleitungen und ihre Verteilerdosen physikalisch von den Starkstromleitungen getrennt?	❑	❑
❍ Abschirmung der Datenleitungen		
○ Ist die Abschirmung wirksam?	❑	❑
○ Ist die Abschirmung der Kabel und die der Verteilerdosen inkl. Deckel leitend miteinander verbunden?	❑	❑
○ Ist die Abschirmung mit dem Potentialausgleich verbunden?	❑	❑
○ Sind die Trennstellen der Abschirmung zur Vermeidung von Induktionsschleifen wirksam (50 Hz Interferenzen)?	❑	❑
○ Ist eine kapazitive Kopplung ausgeschlossen?	❑	❑
❍ Sind die Verteilerdosen zum Anschluß der einzelnen Geräte nach Zeichnung (☞ *Soll–Konzept*) installiert worden?	❑	❑
❍ Schwachstromsteckverbindungen		
○ Sind die Verbindungen verwechselungssicher konzipiert?	❑	❑
○ Sind die Stecker verschraubt?	❑	❑
○ Sind die Kabel und Steckvorrichtungen beschriftet?	❑	❑

Hardware

Zur Überprüfung der Hardware sollte die Leistungsbeschreibung des Kaufvertrages und/oder das Pflichtenheft einbezogen werden. Überprüfen Sie im Vorfeld, ob die gelieferte Hardware den im Soll-Konzept vorgegebenen Rahmenbedingungen entspricht. Binden Sie die ☞ *Checkliste Hardware* ein, mit der die einzelnen Komponenten sehr dezidiert zu überprüfen sind.

	ja	nein
❍ Ist die Hardware vollständig geliefert (z.B. Kabel nebst Verbindern und Adaptern etc.)?	❑	❑
❍ Haben die PCs und WS den Selbsttest bestanden?	❑	❑
❍ Haben die PCs und WS die volle RAM-Kapazität hochgezählt?	❑	❑
❍ Schnittstellen		
○ Sind die parallelen und seriellen Schnittstellen physikalisch vorhanden?	❑	❑
○ Sind die parallelen und seriellen Schnittstellen elektrisch stabil?	❑	❑
❍ Sind die Dateneingabegeräte (Maus, Tablett) ansprechbar?	❑	❑
❍ Stimmt die Tastaturbeschriftung mit den erzeugten Zeichen überein?	❑	❑
❍ Netzwerkanschlüsse		
○ Sind die Anschlüsse (z.B. Ethernet) physikalisch vorhanden?	❑	❑
○ Sind die Steckkarten, Transceiver etc. vorhanden?	❑	❑
○ Sind in den Ethernet-Installationen alle 50Ω Abschlußwiderstände vorhanden?	❑	❑
❍ Leistet die Graphikkarte die gewünschte Auflösung?	❑	❑
❍ Ist in den PCs der bestellte CO-Prozessor (Intel 80X87, Weitek, etc.) eingebaut?	❑	❑

	ja	nein
❍ Dateneingabe		
○ Erfolgt die Dateneingabe über magnetische Datenträger fehlerfrei?	❑	❑
○ Ist das Lesen der optical disks einwandfrei möglich?	❑	❑
❍ Datensicherung		
○ Ist die Sicherung auf Harddisk möglich?	❑	❑
○ Ist die Sicherung auf portablen Datenträgern möglich?	❑	❑
❍ Datenspeicherung		
○ Erfolgt die Datenspeicherung in der vorgegebenen Geschwindigkeit?	❑	❑
○ Arbeitet die Software zur Datenkomprimierung fehlerfrei?	❑	❑
❍ Erfolgt die Datenübertragung fehlerfrei?		
○ intern (LAN)?	❑	❑
○ extern (WAN)?	❑	❑
❍ Peripherie		
○ Sind alle Peripheriegeräte geliefert und haben sie den Selbsttest erfolgreich bestanden?	❑	❑
○ Ist hinreichend Verbrauchsmaterial, z.B. Drucker- und Plotterpapier, vorhanden?	❑	❑
○ Arbeiten die Plotterstifte mit dem Plotterpapier/der Plotterfolie einwandfrei (Stiftplotter)?	❑	❑
○ Eigenschaften der Plots und Prints:		
∘ dokumentenecht?	❑	❑
∘ lagerfähig?	❑	❑
∘ lichtpausfähig?	❑	❑
∘ Erreichen die Prints und Plots die vorgesehene Größe (Randabstand)?	❑	❑
❍ Sind die Tests der Hardware so verlaufen, daß eine Abnahme innerhalb der festgesetzten Frist erfolgen kann?	❑	❑

Software

Nach Installation der Software sind noch eine Reihe von Einzelheiten zu prüfen. Aus dem DV–technischen Feinkonzept ergibt sich, daß eine Vielzahl von Software–Produkten installiert werden muß. In der Regel sind dies: System–, Anwender–, Entwicklungs– und Kommunikationssoftware. Nicht die Qualität der Software steht dabei im Vordergrund, sie wird sich erst nach einer Reihe von Projektbearbeitungen herausstellen, sondern die Funktionsfähigkeit der Software – im Verbund – aufgrund der formulierten Anforderungen im Pflichtenheft. Zur Überprüfung sind auch die ☞ *Checkliste CAD–Software* und die Fachartikel System– und CAD–Software für die Tragwerksplanung heranzuziehen.

	ja	nein
Allgemeine Funktionsprüfungen		
❍ Sind alle für den Schutz der Software–Anwendung erforderlichen Hardkeys vorhanden?	❑	❑
❍ Ist die Software im Status 'turn on and go' installiert?	❑	❑
❍ Sind alle Software–Module (ADEs) vorhanden?	❑	❑
❍ Ist die Software im Gesamteinsatz getestet?	❑	❑
❍ Sind die für die Datenendgeräte erforderlichen Treiber vorhanden und funktionsfähig?	❑	❑
Systemsoftware		
❍ Gestattet die Software zur Projektbearbeitung die Eröffnung einer hinreichenden Anzahl von Windows auf dem Bildschirm?	❑	❑
❍ Betriebssystem		
○ Ist das Betriebssystem in der allerneuesten Version geliefert?	❑	❑
○ Ist die Version bug(mängel)–frei?	❑	❑
❍ Datum und Uhrzeit		
○ Sind die Parameter richtig gesetzt?	❑	❑
○ Ist der SysOp informiert, wie er die System–Uhrzeit von Sommer– auf Winterzeit umstellt?	❑	❑

Anwendersoftware

Die Anwendersoftware besteht aus einer Vielzahl von Programm–Modulen. In dieser Phase ist zu überprüfen, ob die einzelnen Modulen angesprochen werden können und ob die gelieferte Software den Ansprüchen des Büros genügt. Hierzu sollen auch die ☞ *Checkliste CAD–Software* und die zugehörigen Fachartikel im Kapitel 3 benutzt werden. Im Vordergrund steht dabei allerdings die Funktionsprüfung.

	ja	nein
❍ Ist die Software in Modulen getestet?	❑	❑
❍ Ist das Systemverhalten unter extremer Belastung (z.B. Ctrl c) zufriedenstellend?	❑	❑
❍ Erfolgt der Datenaustausch fehlerfrei?		
○ Innerhalb der neu erworbenen Software?	❑	❑
○ Zu vorhandener Software?	❑	❑
❍ Sind die deutschen Sonderzeichen verfügbar?		
○ In der Textverarbeitung?	❑	❑
○ In der Zeichnungsverarbeitung?	❑	❑
❍ Sind die Menüfolien des Digitizers vorhanden?	❑	❑
❍ Können die einzelnen Menüs (Funktionen) des Digitizers ausgeführt werden?	❑	❑
❍ Ist die Online–Hilfe verfügbar?	❑	❑
❍ Arbeitet die Zeichnungsdarstellung des CAD–Systems voll nach dem WYSIWYG–Grundsatz?	❑	❑
❍ Arbeiten die beschafften Software–Produkte einwandfrei mit dem installierten Betriebssystem?	❑	❑
❍ Ist die interne Dateiorganisationsstruktur so gestaltet, daß die Software und deren Module auf dem Rechner problemlos zugänglich sind?	❑	❑
❍ Sind Printer und Plotter kalibriert?	❑	❑
❍ Sind die Tests der Software so verlaufen, daß eine Abnahme innerhalb der festgesetzen Frist erfolgen kann?	❑	❑

Kommunikationssoftware

Wird im Büro ein lokales Netzwerk aufgebaut, so setzt dieses die Beschaffung von Kommunikationssoftware voraus. In dieser Phase ist es notwendig, das Zusammenwirken der Rechner im Verbund zu überprüfen. Einen Überblick über die Leistungsfähigkeit von Netzwerken kann dem Artikel ☞ *Rechnerkommunikation, Kapitel 3*, entnommen werden.

	ja	nein
❍ Ist die Kommunikationssoftware im Detailbereich getestet?	❑	❑
○ im Datenverbund?	❑	❑
○ im Kommunikationsverbund?	❑	❑
○ im Funktionsverbund?	❑	❑
○ im Leistungsverbund?	❑	❑
○ im Sicherheitsverbund?	❑	❑
❍ Sind die Auswirkungen des Zugriffs mehrerer Bearbeiter auf ein Projekt auf dem Server überprüft?	❑	❑

Dokumentation zur Hard- und Software

Die Hard- und Softwarelieferanten stellen i.d.R. Handbücher für ihre Produkte zur Verfügung. Diese werden immer dann erforderlich, wenn Probleme bei der Anwendung oder bei der Bearbeitung von Sonderfällen auftreten. Sie können sich bei unsachgemäßer Bedienung oder auch infolge eines technischen Defekts einstellen. Insofern bildet die Dokumentation die Informationsquelle zum Nachschlagen (Hilfe zur Selbsthilfe). Erst dann, wenn keine Klärung durch Nachlesen erreicht werden kann, ist der Produktlieferant (Service-Abteilung) einzubinden. Die Dokumentation muß zur Sicherstellung eines reibungslosen Betriebes mit möglichst geringen Ausfallzeiten einer Reihe von Ansprüchen genügen. Eine optisch ansprechende Aufmachung läßt vermuten, daß die Dokumentation benutzerfreundlich, vollständig und in den Details richtig ist. Ob die Informationen dieser Literatur jedoch den Erwartungen entsprechen, ist keineswegs gesichert. Sollte die Bewertung in wesentlichen Punkten negativ ausfallen, müssen die Lieferanten aufgefordert werden, alle fehlenden oder ungenügenden Teile der Dokumentation nachzubessern. Deshalb sollen im folgenden die wichtigsten Aspekte getrennt nach Hard- und Software abgefragt werden.

Allgemeines zur Dokumentation der Hard– und Software

Für jedes Gerät und Modul sollte die Liste gesondert beantwortet werden!

	ja	nein
❍ Wurde die Dokumentation mitgeliefert?	❑	❑
❍ Ist die Dokumentation vollständig?	❑	❑
❍ Sind die 'Last Minute'–Änderungen zumindest auf einem Datenträger verfügbar?	❑	❑
❍ Liegt die Dokumentation in deutscher Fassung vor?	❑	❑
❍ Ist die deutsche Fassung allgemein verständlich?	❑	❑
❍ Ist die Dokumentation durch Icons bzw. Piktogramme ergänzt?	❑	❑
❍ Ist die Dokumentation nach Zielgruppen aufgeteilt?	❑	❑
○ Benutzer?	❑	❑
○ SysOp?	❑	❑
❍ Ist das Handbuch benutzerfreundlich gestaltet?	❑	❑
○ Ist ein Kapitel 'Overview' vorhanden?	❑	❑
○ Ist ein Kapitel 'Schnelleinstieg' vorhanden?	❑	❑
○ Ist ein Kapitel 'Leistungsfähigkeit' vorhanden?	❑	❑
○ Ist das Stichwortverzeichnis ausreichend detailliert gegliedert, um sicher und schnell zur Information zu gelangen?	❑	❑
∘ nach Kapiteln?	❑	❑
∘ nach Elementen?	❑	❑
∘ nach Bediener–Hinweisen?	❑	❑
○ Ist ein Kapitel 'Tips und Tricks' vorhanden?	❑	❑
○ Ist ein Kapitel zur Fehlerbehandlung vorhanden?	❑	❑
∘ Fehlermeldungen?	❑	❑
∘ Fehleranalyse?	❑	❑
∘ Fehlerquellen?	❑	❑
∘ Fehlerbeseitigung?	❑	❑

	ja	nein
Hardware		
❍ Gibt es eine Bestandsliste (Inventarverzeichnis)?	❑	❑
❍ Sind die Seriennummern der Geräte verzeichnet?	❑	❑
❍ Sind die Versionsnummern der Hardware-Elektronik dokumentiert?	❑	❑
❍ Sind die Anmeldekarten für Hochfrequenzgeräte für die Bundespost vorhanden?	❑	❑
Software		
❍ Ist die zur gelieferten Software gehörende Dokumentation (korrekte Versionsnummer) geliefert?	❑	❑
❍ Ist die Dokumentation zur Datenbank als Extrakapitel ausgewiesen?	❑	❑
❍ Sind die technischen Unterlagen über Datenformate etc. inbegriffen?	❑	❑
❍ Sind hinreichend Beispiele vorhanden?	❑	❑
❍ Sind Extremwerte über die Grenzen des Systems benannt?	❑	❑
❍ Ist sichergestellt, daß die aktuellen Mitteilungen des Software-Herstellers in die vorhanden Dokumentationen eingearbeitet werden können?	❑	❑

VI.2 Checkliste Erfolgskontrolle

Peter v. Mitschke–Collande

Diese Checkliste soll Sie bei der Kontrolle des Verlaufs und der Ergebnisse des CAD–Einführungsprozesses unterstützen. Mit ihrer Hilfe ist insbesondere zu entscheiden, ob der jeweilige Teilschritt oder das Gesamtprojekt als erfolgreich abgeschlossen gelten kann, ob noch Anpassungsmaßnahmen erforderlich sind und welche neuen Daueraufgaben künftig im Ingenieurbüro anfallen werden.

	ja	nein
❍ Wurden alle in Phase 1 gesetzten Ziele erreicht?	❑	❑
❍ War die Ist–Erhebung für die Analyse und Bewertung der Schwachstellen (Problembaum) ausreichend?	❑	❑
❍ Mußten Ziele und Projektaufgaben modifiziert werden?	❑	❑
❍ Konnten die modifizierten Ziele realisiert werden?	❑	❑
❍ War das Pflichtenheft differenziert genug für die Auswahlentscheidungen?	❑	❑
❍ Erfüllt das gewählte arbeitsorganisatorische Konzept (Grobkonzept) die heutigen Anforderungen des Ingenieurbüros?	❑	❑
❍ Ist das DV–technische Feinkonzept geeignet für die heutigen Aufgaben und offen für den künftigen Ausbau?	❑	❑
❍ Wurden alle Lieferbedingungen für die Hard– und Software erfüllt?	❑	❑
❍ Waren Maßnahmen und Zeitumfang angemessen für die:		
○ organisatorischen Umstellungen?	❑	❑
○ DV–technische Installation?	❑	❑
○ Raum– und Arbeitsplatzgestaltung?	❑	❑
○ Einarbeitung und Qualifizierung der Mitarbeiter?	❑	❑
❍ Sind alle externen Beratungs– und Schulungsleistungen abgeschlossen?	❑	❑

	ja	nein
❍ Sind die neuen *internen* Daueraufgaben klar geregelt und festgeschrieben, z.B.:		
○ CAD-Organisation?	☐	☐
○ Änderungsdienste?	☐	☐
○ Systembetreuung?	☐	☐
○ Nutzerbetreuung?	☐	☐
○ etc .?	☐	☐
❍ Gibt es Verträge für weitere *externe* Dienste:		
○ Versicherungen (u.A. Elektronikversicherung)?	☐	☐
○ Wartungsdienste?	☐	☐
○ Software-Anpassungen?	☐	☐
○ Beratung (Hotline)?	☐	☐
○ Schulungsmaßnahmen?	☐	☐
○ etc. ?	☐	☐
❍ Konnte die CAD-Betriebsvereinbarung eingehalten werden?	☐	☐
❍ Gibt es betriebliche Vereinbarungen zur regelmäßigen Überprüfung der arbeitsorganisatorischen und DV-technischen Struktur (z.B. über Qualitätszirkel und Schwachstellenanalysen) sowie zur Einleitung weiterer Reorganisationsmaßnahmen?	☐	☐

4.3 Beratungsinstitutionen und -adressen

Corinna Pientka

In diesem Abschnitt soll für den Bereich Architektur und Bauwesen ein Überblick über Beratungsinstitutionen und -adressen gegeben werden.

4.3.1 Beratungsinstitutionen

Vor allem Ingenieurbüros, kleine und mittlere Unternehmen der Bauindustrie, Architekturbüros und Betriebs- oder Personalräte finden in der folgenden Liste mögliche Ansprechpartner, die

- allgemeine Informationen zu Neuen Technologien erteilen,
- unternehmensspezifische Beratungen anbieten und/oder
- Schulungen im Bereich DV/CAD durchführen.

Die Angaben basieren auf einer schriftlichen Befragung (Stand 1990). Vorab sind für die genannten Bereiche einige Institutionen angeführt, die sich im Rahmen ihrer Verbandstätigkeit oder auch Institutsausrichtung mit der Einführung von IuK-Techniken befassen. Im Anschluß finden Sie eine Auflistung der Institutionen auf Bundes- und Landesebene.

Ingenieurbüros

- Verband Beratender Ingenieure e.V., Bonn
- Bund Deutscher Baumeister, Architekten und Ingenieure e.V. (BDB), Bonn
- Bundesvereinigung der Prüfingenieure für Baustatik, Stuttgart
- Landesgewerbeanstalt Bayern, Nürnberg
- Verband Deutscher Ingenieure - Gesellschaft für Bautechnik (VDI), Düsseldorf
- Verband Selbständiger Ingenieure und Archtitekten e.V. (VSIA), Karlsruhe
- Zentralverband des Deutschen Baugewerbes, Bonn

Bauindustrie

- Computeranwendung in der Bauplanung (CAB), München
- Hauptverband der Deutschen Bauindustrie, Wiesbaden (nur EDV)
- Institut für Architektur und Planungstheorie (IAP), Hannover
- Landesgewerbeanstalt Bayern, Nürnberg
- Verband Deutscher Ingenieure – Gesellschaft Bautechnik (VDI), Düsseldorf

Architektenbüros

- Bundesarchitektenkammer, Bonn
- Architektenkammern der Länder (Kosten auf Anfrage)
- Bund Deutscher Baumeister, Architekten und Ingenieure e.V. (BDB), Bonn
- Computeranwendung in der Bauplanung (CAB), München
- Institut für Architektur und Planungstheorie (IAP), Hannover
- Landesgewerbeanstalt Bayern, Nürnberg
- Verband Deutscher Ingenieure – Gesellschaft Bautechnik (VDI), Düsseldorf
- Verband Selbständiger Ingenieure und Architekten e.V. (VSIA), Karlsruhe

Betriebs- /Personalräte

- BAIT, Dortmund
- BEST, Saarbrücken
- Berufsforschungs- und Beratungsinstitut für interdisziplinäre Technikgestaltung e.V. (BIT), Bochum
- Bildungsstätte der IG Bau-Steine-Erden
- FORBA, Berlin
- Institut für Informationstechnologie und Bildung e.V., Bielefeld (nur EDV)
- Technologieberatungsstellen des DGB

4.3.2 Beratungsadressen

Sie finden im folgenden eine Auswahl von Beratungsadressen in alphabetischer Reihenfolge.

Anwenderverband
Deutscher Informationsverarbeiter e.V. (Adi)
Skipperweg 3
2300 Kiel
Tel. (0431) 37790

Arbeitgeberverband der Bauwirtschaft des Saarlandes e.V.
Ursulinenstr. 33
6600 Saarbrücken 3
Tel. (0681)39467

Arbeitskreis Brandenburgische Ingenieurkammer
c/o Kammer der Technik
Weinbergstraße 20
Postfach 27
O-1561 Potsdam
Tel. (003733) 94693

Arbeitskreis für eine Kammerbildung in Bayern
Hermann-Lingg-Straße
8000 München 2
Tel. (089) 51450

Arbeitskreis Hamburgische Ingenieurkammer
Heinrich-Hertz-Straße 116
2000 Hamburg 76
Tel. (040) 227000-0

Arbeitskreis Ingenieurkammern Baden-Württemberg
Feldbergstraße 45-47
6800 Mannheim
Tel. (0621) 811048

Arbeitskreis Ingenieurkammer Bremen
Rembertistraße 32
2800 Bremen
Tel. (0421) 326506

Arbeitskreis Ingenieurkammer Mecklenburg-Vorpommern
Arsenalstraße 7
O-2750 Schwerin
Tel. (003784) 821272

Arbeitskreis Ingenieurkammer Niedersachsen
Gehägestraße 46
3000 Hannover 51
Tel. (0511) 697061

Arbeitskreis Ingenieurkammer Sachsen
Straße der Nationen 25
O-9001 Chemnitz
Tel. (003771) 358374

Arbeitskreis Ingenieurkammer Sachsen-Anhalt
Im Langenfelde 21
O-4020 Halle/S.14.
Tel. (003746) 38036

Arbeitskreis Ingenieurkammer Thüringen
Cyriakstraße 27
O-6500 Gera
Tel. (003770) 22094

ARBIT
Nußbergstraße 11
3300 Braunschweig
Tel. (0531) 71163

Architektenkammer Baden-Württemberg
Danneckerstraße 52
7000 Stuttgart 1
Tel. (0711) 2196-0

Architektenkammer Berlin
Flensburger Straße 5
1000 Berlin 21
Tel. (030) 3912091

Architektenkammer der Freien Hansestadt Bremen
Geeren 41-43
2800 Bremen 1
Tel. (0421) 170007

Architektenkammer des Saarlandes
Neumarkt 11
6600 Saarbrücken
Tel. (0681) 54343

Architektenkammer Hessen
Mainzer Straße 10
6200 Wiesbaden
Tel. (0611) 1738-0

Architektenkammer Niedersachsen
Hindenburgstraße 26
3000 Hannover 1
Tel. (0511) 28096-0

Architektenkammer Nordrhein-Westfalen
Inselstraße 27
4000 Düsseldorf 30
Tel. (0211) 4967-0

Architektenkammer Rheinland-Pfalz
Hindenburgplatz 2-6
6500 Mainz 1
Tel. (06121) 677055

Architekten- und Ingenieurkammer Schleswig-Holstein
Düsternbrooker Weg 77a
2300 Kiel 1
Tel. (0431) 562066

BAIT - Beratungs- und Forschungsinstitut Arbeit und Informationstechnologie e.V.
Brückstraße 21
4600 Dortmund
Tel. (0231) 528036

Bauindustrieverband Hessen-Thüringen e.V.
Annastraße 25
6000 Frankfurt/Main 1
Tel. (069) 598088

Baukammer Berlin
Aßmannshauser Straße 11
1000 Berlin 33
Tel. (030) 8215071

Bayerische Architektenkammer
Bavariaring 6
8000 München 2
Tel. (089) 530999-0

Bayrischer Bauindustrieverband e.V.
Oberanger 32/V
8000 München 2
Tel. (089) 2350030

Bayerische Ingenieurkammer
Galeriestraße 69
8000 München 22
Tel. (089) 290144-0

Behörde für Wirtschaft, Verkehr und Landwirtschaft
Alter Steinweg 4
2000 Hamburg 11
Tel. (040) 35040

Beratungsstelle für Technologiefolgen und Qualifizierung (BTQ)
Donnerschwerstraße 84
2900 Oldenburg
Tel.: (0441) 82068

Berufsforschungs- und Beratungsinstitut für interdisziplinäre Technikgestaltung e.V. (BIT)
Unterstraße 21
4630 Bochum 7
Tel. (0234) 704999

BESIT
Georg-Strobel-Straße 9
8500 Nürnberg 20
Tel. (0911) 537833

BEST e.V. Arbeitskammer des Saarlandes
Abt. Wirtschaft
Franz-Dobisch-Straße 6-8
6600 Saarbrücken
Tel. (0681) 40050

BIFA
Universität Bremen
Bibliotheksstraße
2800 Bremen
Tel. (0421) 218-1

Bund Deutscher Architekten in Niedersachsen e.V.
Alleehof 4
3000 Hannover
Tel. (0511) 7010328
(Hier können die Adressen der Landesverbände erfragt werden).

Bund Deutscher Baumeister, Architekten und Ingenieure e.V. (BDB)
Kennedyallee 11
5300 Bonn 2
Tel. (0228) 376784
(Hier ist die Liste der Landesverbände erhältlich.)

Bund Deutscher Unternehmensberater e.V. (BDU)
Friedrich-Wilhelm-Straße 2
5300 Bonn 1
Tel. (0228) 376784
(Über diese Adresse kann das Beraterverzeichnis des BDU angefordert werden.)

Bundesarchitektenkammer
Landhaus Oberkassel
Königswinterer Straße 709
5300 Bonn 3
Tel. (0228) 441041

Bundesingenieurkammer
Lüerstraße 4
3000 Hannover 1
Tel. (0511) 819297

Bundesvereinigung der Prüfingenieure für Baustatik
Teckstraße 44
7000 Stuttgart 1
Tel. (0711) 283239

CAD/CAM-Labor Kernforschungszentrum Karlsruhe
Haid- und Neu-Straße 7
7500 Karlsruhe 1
Tel. (0721) 662315

Computeranwendung in der Bauplanung (CAB)
Beratungsgesellschaft mbH
Osterwaldstraße 10
8000 München
Tel. (089) 369030

Deutsche Ausgleichsbank
Wielandstraße 4
5300 Bonn 2
Tel. (0228) 831-0

Fachgemeinschaft Bau Berlin und Brandenburg e.V.
Nassauische Straße 15
1000 Berlin 31
Tel. (030) 8600040

Fachverband Bau Württemberg e.V.
Hohenzollernstraße 25
7000 Stuttgart 1
Tel. (0711) 6485349

FORBIT
Eimsbütteler Straße 18
2000 Hamburg 50
Tel. (040) 4392336

Forschungs- und Beratungsstelle für betriebliche Arbeitnehmerfragen e.V. (FORBA)
Dominionsstraße 3
1000 Berlin 62
Tel.: (030) 7819766

Hamburgische Architektenkammer
Alsterkamp 41
2000 Hamburg 13
Tel. (040) 444455

Hauptverband der Deutschen Bauindustrie
Abraham-Lincoln-Straße 30
6200 Wiesbaden
Tel. (0611) 7720
(Hier ist eine Liste der Landesverbände erhältlich.)

IG Bau-Steine-Erden
Bundesvorstand
Bockenheimer Landstraße 73-77
6000 Frankfurt 1
Tel. (0691) 74371

IG Bau-Steine-Erden
Bildungstätte Schwalbach
Am Kronberger Hang 6
6231 Schwalbach/Ts.
Tel. (06196) 3004

Informationszentrum für Architekten
Schillerstraße 30
6478 Nidda 1
Tel. (06043) 958

Ingenieurkammer
Baden-Würtemberg
Staffelbergerstraße 20
7000 Stuttgart 1
Tel. (0711) 16483-0

Ingenieurkammer des Landes Hessen
Kirchstraße 9
5200 Wiesbaden
Tel. (0611) 307679

Ingenieurkammer Niedersachsen
Lüerstraße 4
3000 Hannover 1
Tel. (0511) 819297

Institut für Architektur und Planungstheorie (IAP)
Universität Hannover
Callinstraße 18
3000 Hannover 1
Tel. (0511) 762-3793

Institut für Informationstechnologie und Bildung e.V.
Friedrich-Verleger-Straße 16
4800 Bielefeld
Tel. (0521) 175993

Kammer der Beratenden Ingenieure
des Landes Rheinland-Pfalz
Im Euler 9
6500 Mainz
Tel. (06131) 59494

Kammer der Beratenden Ingenieure
des Saarlandes
Richard-Wagner-Straße
6650 Homburg
Tel. (06841) 1341

Kontaktkreis Bau Nordrhein-Westfalen
Halbe Höhe 59
4300 Essen 1
Tel. (0201) 701064

Kreditanstalt für Wiederaufbau
Postfach 11 11 41
6000 Frankfurt/M. 11
Tel. (069) 7431-0

Landesgewerbeanstalt Bayern
CAD-Beratungsstelle
Postfach 3022
8500 Nürnberg
Tel. (0911) 20171

Landesverband Bauindustrie
Rheinland-Pfalz
Südallee 31-35
5400 Koblenz
Tel. (0261) 37033

Landesverband der Bauindustrie
für Sachsen-Anhalt e.V.
Julius-Bremer-Straße 10
O-3010 Magdeburg
Tel. (003791)562393

Minister für Wirtschaft
Mecklenburg-Vorpommern
Johannes-Stelling-Str. 14
O-2755 Schwerin
Tel. (003784)5151

Minister für Wirtschaft, Mittelstand und
Technologie Baden-Württemberg
Theodor-Heuss-Straße 4
7000 Stuttgart 1
Tel. (0711) 123-0

Minister für Wirtschaft, Mittelstand und
Technologie Brandenburg
Heinrich-Mann-Allee 107
O-1561 Potsdam
Tel. (030) 8022196

Minister für Wirtschaft, Mittelstand und
Technologie Nordrhein-Westfalen
Haroldstraße 4
4000 Düsseldorf 1
Tel. (0221) 83702

Minister für Wirtschaft
Saarland
Hardenbergstraße 8
6600 Saarbrücken 1
Tel. (0681) 501-1

Minister für Wirtschaft, Technik
und Verkehr Schleswig-Holstein
Landeshaus
2300 Kiel
Tel. (0431) 596-1

Minister für Wirtschaft, Technologie
und Verkehr Niedersachsen
Friedrichswall 1
3000 Hannover 1
Tel. (0511) 120-1

Minister für Wirtschaft, Technologie
und Verkehr Sachsen-Anhalt
Wilhelm-Höpfner-Ring 4
O-3037 Magdeburg
Tel. (003791) 6613600

Minister für Wirtschaft und Verkehr
Rheinland-Pfalz
Bauhofstraße 4
6500 Mainz
Tel. (06131) 16-0

Minister für Wirtschaft und Verkehr Thüringen
Johann-Sebastian-Bach-Str. 1
O-5085 Erfurt
Tel. (003761) 6630

Minister für Wirtschaft, Verkehr und Technologie Hessen
Kaiser-Friedrich-Ring 75
6200 Wiesbaden
Tel. (0611) 815-0

Rationalisierungskuratorium der Deutschen Wirtschaft e.V. (RKW)
RG Bau
Düsseldorfer Straße 40
6236 Eschborn/Taunus
Tel. (06196) 495-312
(Hier sind die Adressen der Landesverbände erhältlich.)

Sächsischer Bauindustrieverband e.V. Hauptgeschäftsstelle
Strehlener Straße 24
O-8020 Dresden
Tel. (003751)4643404

Senator für Wirtschaft, Mittelstand und Technologie Bremen
Zweite Schachtpforte 3
2800 Bremen 1
Tel. (0421) 397-1

Senator für Wirtschaft und Technologie Berlin
Martin-Luther-Straße 105
1000 Berlin 62
Tel. (030) 783-1

Staatsminister für Wirtschaft und Arbeit Sachsen
Budapester Straße 5
O-8010 Dresden
Tel. (003751) 4852550

Staatsminister für Wirtschaft und Verkehr Bayern
Prinzregentenstraße 28
8000 München 22
Tel. (089) 216201

Technologieberatungsstelle (TBS) Berlin
Keithstraße 1
1000 Berlin 30
Tel. (030) 2191135

TBS Hessen
Oeder Weg 52-54
6000 Frankfurt/M. 1
Tel. (069) 5975992

TBS Kreis Hannover
Brüderstraße 2
3000 Hannover 1
Tel. (0511) 131343

TBS Münsterland
Geiststraße 26a
4400 Münster
Tel. (0251) 522820

TBS Niedersachsen
Dreyerstraße 6
3000 Hannover 1
Tel. (0511) 131373

TBS Nordrhein-Westfalen
Lothringer Straße 62
4200 Oberhausen
Tel. (0208) 25046

TBS Ostwestfalen-Lippe
Nikolaus-Dürrkopp-Straße 11
4800 Bielefeld 1
Tel. (0521) 172385

TBS Rheinland
Hans-Böckler-Platz 9
5000 Köln 1
Tel. (0221) 233134

TBS Rheinland-Pfalz
Landesbezirk
Kaiserstraße 26-30
6500 Mainz
Tel. (06131) 230366

TBS Schleswig-Holstein
Wischhoferstraße 1-3
2300 Kiel 1
Tel. (0431) 722035

TBS Südwestfalen
Sedanstraße 41
5800 Hagen
Tel. (02331) 13053

Technologie-Beratungs-Zentrum Hamburg
Zippelhaus 5
2000 Hamburg 11
Tel. (040) 331186

Verband Beratender Ingenieure e.V. (VBI)
Am Fronhof 2
5300 Bonn 2
Tel. (0228) 358071

VBI Baden - Würtemberg
Fehlbergstr. 45-47
6800 Mannheim
Tel. (0621) 811048

VBI Bayern
Pacellistr. 8
8000 München
Tel. (089) 298647

VBI Berlin
Momsenstr. 5
1000 Berlin 12
Tel. (030) 8815008

VBI Berlin-Brandenburg
Fanningerstr. 5
O-1130 Berlin
Tel. (00372) 5592265

VBI Bremen
Rembertistr. 32
2800 Bremen
Tel. (0421) 326506-07

VBI Hamburg
Blücherstr. 7
2000 Hamburg 50
Tel. (040) 381964

VBI Hessen
Danziger Str. 47
6200 Wiesbaden 1
Tel. (0611) 54654

VBI Mecklenburg-Vorpommern
Johannes-Stelling-Str. 14
O-2755 Schwerin
Tel. (0037) 84291155

VBI Niedersachsen
Schützenallee 5
3000 Hannover 81
Tel. (0511) 834656

VBI Nordrhein-Westfalen
Halbe Höhe 59
4300 Essen 1
Tel. (0201) 701064

VBI Rheinland-Pfalz
Nicolaus-Otto-Str. 27
6500 Mainz 42
Tel. (06131) 59035

VBI Saarland
Bühler Str. 113
6601 Saarbr.-Güdingen
Tel. (0681) 871070

VBI Sachsen
Leubnitzer Str. 12a
O-8010 Dresden
Tel. (0037) 574713869

VBI Sachsen-Anhalt
Gr. Diesdorfer Str. 56
O-3031 Magdeburg
Tel. (0037) 9133916

VBI Schleswig-Holstein
Köpenicker Str. 63
2300 Kiel
Tel. (0431) 69647-0

VBI Thüringen
Dichterweg 2
O-5300 Weimar
Tel. (0037) 6212419

Verband Deutscher Architekten- und Ingenieurvereine e.V. (DAI)
Adenauerallee 58
5300 Bonn 1
Tel. (0228) 211453
(Hier ist eine Adressenliste der Architekten- und Ingenieurvereine erhältlich.)

Verband Selbständiger Ingenieure und Architekten e.V. (VSIA)
Humboldtstraße 25a
7500 Karlsruhe 1
Tel. (0721) 614090

Verband unabhängig beratender Ingenieurfirmen e.V. (VUBI)
Winston-Churchill-Straße 1
5300 Bonn 1
Tel. (0228) 217063

Verein Deutscher Ingenieure (VDI)
Graf-Recke-Straße 84
4000 Düsseldorf 1
Tel. (0211) 6214-201

Weiterbildendes Studium Bauingenieurwesen (WBBau)
Universität Hannover
Am Kleinen Felde 30
3000 Hannover 1
Tel. (0511) 762-5981

Weiterbildungsstudium Arbeitswissenschaft (WA)
Universität Hannover
Lange Laube 32
3000 Hannover 1
Tel. (0511) 762-5977

Wirtschaftsbehörde
Stellvertreter des Präsidenten des Senats Hamburg
Alter Steinweg 4
2000 Hamburg 11
Tel. (040) 35040

Wirtschaftsvereinigung Bauindustrie e.V. Nordrhein-Westfalen
Uhlandstraße 56
4000 Düsseldorf 1
Tel. (0211) 6703

Zentralverband des Deutschen Baugewerbes
Godesberger Allee 99
5300 Bonn
Tel. (0228) 8102158

5. Stichwortverzeichnis

Stichwortverzeichnis

A

B